Vertriebsmanagement

Sönke Albers / Manfred Krafft

Vertriebsmanagement

Organisation – Planung – Controlling – Support

 **Springer** Gabler

Prof. Dr. Dr. h. c. Sönke Albers
Kühne Logistics University - The KLU
Wissenschaftliche Hochschule für Logistik
Hamburg, Deutschland

Prof. Dr. Manfred Krafft
Universität Münster
Institut für Marketing
Münster, Deutschland

ISBN 978-3-409-11965-8
DOI 10.1007/978-3-8349-3663-9

ISBN 978-3-8349-3663-9 (eBook)

Die Deutsche Nationalbibliothek verzeichnet diese Publikation in der Deutschen Nationalbibliographie; detaillierte bibliographische Daten sind im Internet über http://dnb.d-nb.de abrufbar.

Springer Gabler
© Springer Fachmedien Wiesbaden 2013

Lektorat: Barbara Roscher, Angela Pfeiffer

Gedruckt auf säurefreiem und chlorfrei gebleichtem Papier.

Springer Gabler ist eine Marke von Springer DE. Springer DE ist ein Teil der Fachverlagsgruppe Springer Science+Business Media
www.springer-gabler.de

Vorwort

Die bedeutende Rolle des Vertriebs und Persönlichen Verkaufs in Unternehmen manifestiert sich durch die große Anzahl von Verkaufsaußendienstmitarbeitern und die substanziellen Vertriebsbudgets. In Unternehmen der Pharmabranche oder dem Finanzdienstleistungssektor arbeiten oft Tausende von Referenten oder Kundenberatern unter der Leitung von Hunderten von Vertriebsführungskräften, während nur eine zwei- oder dreistellige Mitarbeiterzahl im Marketingbereich tätig ist. Dies ist damit zu begründen, dass in diesen Branchen Maßnahmen des Persönlichen Verkaufs drei Mal so produktiv sind wie Werbung. Vergleichbare Relationen sind auch im Industriegüterbereich und weiteren Branchen anzutreffen.

Aufgrund der betriebs- und gesamtwirtschaftlichen Bedeutung des Vertriebs sollte man meinen, dass es eine große Anzahl einschlägiger Lehrbücher für das Vertriebsmanagement gibt und die universitäre Lehre Fragen des Persönlichen Verkaufs und des Vertriebsmanagements obligatorisch im Bachelor- und Masterstudium adressiert. Im deutschsprachigen Raum stellt man allerdings sehr schnell fest, dass dies nur selten der Fall ist und aktuelle Lehrbücher Mangelware darstellen, in denen auf solidem wissenschaftlichen Fundament theoretisch-konzeptionelle und empirische Erkenntnisse zum Vertriebsmanagement in systematischer Form dargelegt werden. Diese Lücke soll unser neues Lehrbuch schließen, das wir nunmehr vorlegen können.

Die Planungen für das Lehrbuch Vertriebsmanagement begannen bereits vor einigen Jahren. Wir haben in dieser zurückliegenden Zeit die Struktur und die einzelnen Kapitel immer wieder diskutiert und als Ergebnis überarbeitet und auf den neuesten Stand gebracht. Aufgrund unserer räumlichen Distanz bedeutete das gemeinsame Arbeiten am Buch, dass unzählige Bahn- und Flugkilometer und Hotelübernachtungen nötig waren, um das vorliegende Werk fertigstellen zu können. Einen Schub brachte uns der einmonatige gemeinsame Aufenthalt an der University of Houston, wo wir uns wirklich fast vollständig auf das Schreiben dieses Buchs konzentrieren konnten. Ein herzlicher Dank gilt an dieser Stelle unserem Kollegen Michael Ahearne von der University of Houston, der uns nicht nur geräumige Büros besorgte, sondern auch bei Fachfragen eine wertvolle Hilfe war.

Grundsätzlich ist die Frage gerechtfertigt, ob denn überhaupt ein deutsches Lehrbuch zum Vertriebsmanagement benötigt wird. Wir sehen einen nachhaltigen Bedarf für ein derartiges Lehrbuch, das auf die Besonderheiten von Verkaufsaußendiensten im deutschsprachigen Raum zugeschnitten ist. Unseres Erachtens ist ein derartiges Werk nicht vorhanden. Vielmehr sind die wenigen Vertriebsbücher des deutschsprachigen Raums zumeist so stark anwendungsorientiert, dass sie eher Beraterschriften darstellen denn Lehrbücher, in denen die Komplexität des Vertriebsmanagements erklärt oder aktuelle Erkenntnisse der internationalen Vertriebsforschung wiedergegeben werden. Wir haben zudem die vielen US-amerikanischen und internationalen Bücher zum Sales Management sehr intensiv geprüft. Dabei fiel uns schnell auf, dass diese Werke sehr US-zentriert sind, oft zu simplistisch angelegt sind und aktuelle Erkenntnisse der Mitarbeiterführung oder Außendienstentlohnung weitestgehend ignorieren. Insofern hilft es also auch nicht, sich mit englischsprachigen Büchern zu behelfen.

Auch wenn ein gutes Lehrbuch Zeit zum Reifen benötigt, die durch den längeren Entstehungsprozess für unser Buch gegeben ist, bestehen immer Verbesserungsmöglichkeiten. Wir hoffen, dass wir dabei auf Ihre Mitwirkung bauen können und Sie uns in Ihrer Rolle als Dozent, Forscher, Vertriebsmitarbeiter oder –führungskraft, als Student oder thematisch interessierter Leser entsprechende Hinweise geben. Während eventuelle Schwächen des vorliegenden Buchs selbstverständlich auf unsere Kappe gehen, gilt der Dank für die erfolgreiche Fertigstellung mehreren Mitarbeitern des Springer Gabler-Verlags, in erster Linie Barbara Roscher und Angela Pfeiffer. Einige unserer Mitarbeiter lieferten Anregungen und dienten als gedankliche Sparringspartner für einzelne Buchabschnitte, insbesondere Simone Elsner, Heiko Frenzen, Goetz Greve, Stephan Nass und Florian Söhnchen. Eine große Hilfe waren zudem Maria Friehoff, Karin Krystossek und Christin Becker, die als wissenschaftliche Hilfskräfte bei der Durchsicht der Kapitel, der Erstellung einzelner Abbildungen und dem Entwerfen von Mini-Cases mitwirkten.

Abschließend wollen wir uns bei unseren Mitarbeitern, noch mehr aber bei unseren Ehefrauen und mittlerweile erwachsenen Kindern entschuldigen für die wertvolle Zeit, die wir in dieses Lehrbuch investiert haben. Unsere Familien wissen natürlich, dass wir eine Leidenschaft für Fragen des Persönlichen Verkaufs und Vertriebsmanagements entwickelt haben, die letztlich dazu geführt hat, dass viele unserer Forschungsprojekte Themen dieser betriebswirtschaftlichen Funktion beleuchtet haben. Daher haben wir bei ihnen viel Verständnis dafür gefunden, ein Lehrbuch verfassen zu müssen, das zentrale Aspekte des Vertriebsmanagements abdeckt. Es bleibt uns Petra und Christine sowie Timon und Tineke bzw. Lisa, Ole und Anna zu danken – euch widmen wir dieses Werk!

Hamburg und Münster   *Sönke Albers und Manfred Krafft*

Inhalt

1   Einführung

Lernziele

–   Der Leser weiß um die volks- und betriebswirtschaftliche Bedeutung des Vertriebs
    und Verkaufs im nationalen und internationalen Bereich und kennt die begriff-
    lichen Unterschiede.

–   Der Leser versteht die zentralen Leitgedanken des Buchs, also die Suche nach dem
    jeweiligen Kernproblem, das Identifizieren von alternativen Lösungen und deren
    Bewertung auf Basis theoretisch-konzeptioneller oder empirischer Erkenntnisse
    oder von Einsichten aus mathematischer Modellierung.

–   Der Leser kennt die Struktur des Lehrbuchs Vertriebsmanagement, in dem die Per-
    spektive des Unternehmens und der Vertriebsleitung eingenommen wird, mit den
    zentralen Elementen der Vertriebskonzeption, der Verkaufsorganisation, der Ver-
    kaufsplanung, des Außendienstmanagements und des Performance Managements.

1.1   Stellenwert von Vertrieb und Verkauf

Die Wirtschaft Deutschlands ist mittelständisch und industriell geprägt. Viele unserer ca.
drei Millionen Unternehmen bedienen mit Dienstleistungen oder Produkten gewerbliche
und private Abnehmer und setzen dabei im Rahmen ihrer Vertriebsaktivitäten nachhaltig
auf Mitarbeiter im Persönlichen Verkauf. Schätzungen zu Folge sind mehr als eine Million
Menschen in Deutschland in erster Linie mit verkaufenden Tätigkeiten im Außendienst
betraut. Zusätzlich sind für die Führung dieser Mitarbeiter weit mehr als 100.000 Manager
erforderlich. Diese hohe Bedeutung des Verkaufs spiegelt sich in den substanziellen Vertriebsbudgets wider, die in vielen Unternehmen die Ausgaben für Werbung und weitere
Marketingaktivitäten deutlich übersteigen. Letztlich nutzen Unternehmen, die umfassend
auf Verkaufstätigkeiten setzen, dabei nur die hohe Effektivität des Außendienstes, die
auch in wissenschaftlichen Studien bestätigt wird: Eine viele Business-to-Business (B2B-)
Branchen, Länder und Zeiträume umfassende aktuelle Meta-Analyse belegt, dass die Elastizität von Budgets für Verkaufsbesuche dreimal so hoch ist wie für klassische Werbung
(Albers, Mantrala und Sridhar 2010; zur Definition des Elastizitäts-Begriffs siehe Abschnitt
6.2.2). Zudem gilt, dass der Vertrieb in der Regel die einzige betriebswirtschaftliche Funktion ist, mit der Umsatzerlöse nicht nur ermöglicht, sondern tatsächlich realisiert werden
(Krafft, Albers und Lal 2004, Mantrala et al. 2010). Demnach ist es für B2B-Unternehmen
grundsätzlich richtig, deutlich mehr für den Vertrieb als für Werbung in Print-, TV- oder
Hörfunk-Medien aufzuwenden.

Wir verstehen dabei die Begriffe Verkauf und Vertrieb nicht als deckungsgleich. Vielmehr definieren wir Verkauf als die Menge aller vertrieblichen Aktivitäten durch eigene Mitarbeiter. Den Begriff **Vertrieb** fassen wir dagegen umfassender auf, nämlich als das Verkaufen von Produkten und Leistungen durch eigene Mitarbeiter, Dritte oder unpersönliche Kanäle wie Direct Mailings, das Internet oder Telefon. Der (persönliche) Verkauf ist dabei die wichtigste Komponente im Rahmen des Vertriebs und bildet daher im vorliegenden Werk den Schwerpunkt der Ausführungen. Wir werden uns zudem mit ausgewählten Fragestellungen des umfassenderen Begriffs Vertrieb beschäftigen, der bspw. auch die physische Distribution von Produkten einschließen kann. Eine besondere Aufgabe des Vertriebs ist dabei die Steuerung der Außendienstorganisation und die Pflege von Beziehungen des Herstellers zu gewerblichen Abnehmern, Intermediären oder Endkunden. Dem Kundenmanagement kommt in dieser Beziehungspflege eine spezielle Bedeutung zu.

Gemäß unserer Begriffsauffassung von Vertrieb und Verkauf umfasst unser Buch zum Vertriebsmanagement neben dem Verkaufsmanagement auch Grundfragen des Vertriebs, bspw. ob ein Unternehmen überhaupt die Vertriebs- oder Verkaufsfunktion selbst ausfüllen oder ganz von Dritten erbringen lassen sollte. Und selbst wenn das Unternehmen diese Aufgabe selbst wahrnimmt, stehen bspw. eigene Fachhändler, E-Business oder das Telemarketing alternativ zum verkaufenden Außendienst oder als ergänzende Vertriebsoptionen zur Verfügung. Da wir diese Optionen im Weiteren ebenfalls behandeln, sehen wir „Vertriebsmanagement" als passenden Titel für das vorliegende Werk an. Es handelt sich demnach nicht um ein Buch zum Persönlichen Verkauf, wenngleich wir ausgewählte Fragen behandeln, die Einsteigern in einer Tätigkeit im Persönlichen Verkauf bspw. helfen, zentrale Gesprächs- und Verkaufstechniken oder Entlohnungs- bzw. Motivationsmechanismen in Grundzügen kennenzulernen.

Im vorliegenden Werk werden wir statt des korrekten Begriffs „Verkaufsaußendienstmitarbeiter" zur Vereinfachung häufig auch den umgangssprachlichen und in der Praxis geläufigen Begriff „Verkäufer" verwenden. Damit meinen wir alle überwiegend im Persönlichen Verkauf tätigen Mitarbeiter, und schließen ausdrücklich Mitarbeiter im stationären Handel aus.

Die oben genannten Investitionen in den Vertrieb spiegeln sich auch in aktuellen Stellenangeboten wider: Es werden sehr viel mehr Stellen im Vertrieb als im Marketing angeboten, die zumeist auch noch deutlich besser dotiert sind. Dabei handelt es sich überwiegend um sehr anspruchsvolle Positionen, bspw. als Vertriebsingenieure, Key-Account-Manager oder Verkaufsleiter. Und da zu erwarten ist, dass in naher Zukunft auch Absolventen aus Bachelorstudiengängen als Berufseinsteiger für den Persönlichen Verkauf rekrutiert werden, wird sich die Bedeutung von Verkaufspositionen für Hochschulabsolventen noch erhöhen, da dieser Unternehmensbereich den typischen Einstieg für Karrierepfade im Marketing und Vertrieb darstellt.

Vor diesem Hintergrund der volkswirtschaftlichen und betriebswirtschaftlichen Bedeutung erwartet man, dass dem Verkaufsmanagement und dem Persönlichen Verkauf ein

hoher Stellenwert in der Marketingforschung und entsprechend im Lehrprogramm mo-
derner Bachelor- und Masterstudiengänge zukommt. Zumindest für den deutschen
Sprachraum ist festzustellen, dass zwar an den Fachhochschulen und Berufsakademien ein
gewisses Angebot vorhanden ist, aber nur an sehr wenigen Universitäten Veranstaltungen
im Verkaufsmanagement angeboten werden. Dies ist sicherlich auch auf die verzerrten
Wahrnehmungen des Persönlichen Verkaufens und das Image von Vertriebstätigkeiten
zurückzuführen. So haftet dem Verkauf häufig das Bild an, dass Drückerkolonnen zum
Klinkenputzen ausschwärmen, um Kunden mit Hilfe manipulativer Verkaufstechniken
Produkte aufzudrängen, die niemand braucht (Löhr 2010).

Das vorliegende Werk soll einen Beitrag zum Ausräumen dieser Klischees leisten. Es soll
Licht gebracht werden in die Vielfalt und den Facettenreichtum vertrieblicher Aufgaben
und Aktivitäten. Und da Hochschulabsolventen nur anfänglich direkt als Verkäufer arbeiten, um mittel- und langfristig für Führungsaufgaben eingesetzt zu werden, wollen wir
insbesondere verdeutlichen, welche Aufgaben in der strategischen, taktischen und operativen Verkaufsleitung anfallen. Somit liegt der Schwerpunkt dieses Lehrbuchs auf Fragen
des Vertriebs- und Verkaufsmanagements. Für Außendienstmitarbeiter bietet unser Werk
zudem Hinweise zur Verbesserung der operativen Verkaufsplanung.

1.2   Leitgedanke des Buchs

Mit dem vorliegenden Buch präsentieren wir ein Lehrwerk, das in strukturierter Form
zentrale Aspekte des Vertriebsmanagements vorstellt. Dabei lassen wir uns in den einzelnen Kapiteln von folgenden Fragen leiten:

- Worin besteht die zentrale Herausforderung bzw. das grundsätzliche Problem?

- Welche Lösungsalternativen stehen prinzipiell zur Verfügung?

- Inwieweit helfen Theorien bei der Lösung?

- Gibt es Entscheidungshilfen auf der Basis von mathematischen Modellen?

- Sind Ergebnisse der empirischen Forschung bei der Lösung behilflich?

- Welcher Lösungsbeitrag kann aus Erfahrungen von Verkaufsmanagern gewonnen
  werden?

Diese Leitfragen erweisen sich sowohl für das Selbststudium als auch für das Arbeiten mit
dem Buch in Vorlesungen, Seminaren oder Fortbildungsveranstaltungen für Dozenten und
Leser als hilfreich, da erstens Fragen des Verkaufsmanagements problemorientiert aufgefasst werden, also erkannt werden kann, inwieweit ein ökonomisches, soziales oder
verhaltenswissenschaftliches Problem gegeben ist. Zweitens wird verdeutlicht, welche
Lösungsmöglichkeiten grundsätzlich zur Verfügung stehen, um die benannten Probleme
anzugehen. Da die Problemlösung in allen Fällen komplex ist, werden drittens in fundierter Form auf theoretisch-konzeptioneller, modellierter oder empirischer Basis adäquate

oder sogar optimale Lösungswege aufgezeigt. Dabei bekommt der Leser schon aus der Strukturierung der Probleme, den präsentierten Lösungsmöglichkeiten und den Überlegungen zur Auswahl der Lösungen grundlegende Hinweise, die auch dabei helfen, analoge, hier nicht behandelte Fragestellungen angehen zu können.

Während ein deutschsprachiges Angebot an Lehrwerken zum Vertriebsmanagement kaum vorhanden ist, gilt für den englischsprachigen Raum, dass es sehr viele Lehrbücher gibt, die teilweise schon seit Jahrzehnten an internationalen Business Schools eingesetzt werden. Vom englischsprachigen Angebot an Sales-Management-Werken grenzen wir uns dadurch ab, dass die Struktur des Buchs und seiner Inhalte von neuesten wissenschaftlichen Erkenntnissen geprägt sind. Die von US-Kollegen oft übersehenen Beiträge der europäischen Vertriebsforschung wurden ebenfalls verstärkt berücksichtigt. Dadurch gelingt es, die für den europäischen Wirtschaftsraum zentralen Rahmenbedingungen und Spezifika herauszuarbeiten, die mit Überlegungen der eher operativ-taktisch geprägten Verkaufsmanagement-Sicht Nordamerikas nicht immer in Einklang zu bringen sind (Albers, Krafft und Bielert 1998). Zu guter Letzt haben wir uns bemüht, verstärkt europäische bzw. deutsche Beispiele zu verwenden und uns auf den industriellen Sektor und das Geschäft zwischen Organisationen zu konzentrieren, also das sogenannte B2B-Geschäft primär zu betrachten. Wir decken aber auch ausgewählte Fragen des Verkaufsmanagements ab, die mit dem Endkunden- und Handelsgeschäft verbunden sind.

1.3   Inhalt und Struktur des Buchs im Überblick

Unser Buch zum Vertriebsmanagement ist so aufgebaut, dass jedem neuen Kapitel oder Hauptabschnitt zentrale Lernziele vorangestellt sind und der folgende Text diese Ziele explizit aufgreift. Wir haben zudem alle Inhalte durch Beispiele, aussagekräftige Abbildungen und Tabellen sowie durch Inserts ergänzt. Abweichend von in Büchern sonst üblichen Zählweisen gibt es getrennt für jeden Hauptabschnitt der ersten Gliederungsebene jeweils **eine** fortlaufende Nummerierung für Abbildungen, Tabellen und Inserts. Bei den Inserts handelt es sich insbesondere um Fallbeispiele, Kurzdarstellungen von Theorien oder Statements von Experten. In jedem Kapitel zitieren wir zudem die wichtigsten Veröffentlichungen zu den diskutierten Fragestellungen und führen diese Publikationen in einer aggregierten Literaturliste am Ende des Kapitels auf. Da ein zentrales Ziel unseres Lehrbuchs in der Aufbereitung von Erkenntnissen der seriösen akademischen Vertriebs- und Verkaufsforschung besteht, vermeiden wir explizit das Formulieren von Rezepten oder eine Wiedergabe von Checklisten. Im folgenden Abschnitt 2.1 verdeutlichen wir, warum derartige Rezepte und Checklisten grundsätzlich nicht dazu dienen können, der realen Komplexität im Absatzbereich gerecht zu werden.

Unser Lehrwerk Vertriebsmanagement ist wie folgt strukturiert:

Die Auswahl und Gestaltung von Entscheidungen des Vertriebsmanagements hängt von zentralen Rahmenbedingungen ab, die in **Kapitel 2** erörtert werden. Zu den dort behandelten Aspekten der **Vertriebskonzeption** zählen die Phasen von Geschäftsbeziehungen

(Akquisition, Bindung, Up-/Cross-Selling, Churn-Prevention, Rückgewinnung) und Geschäftstypen (Produkt-, Zuliefer-, Anlagen-, Systemgeschäft). Da der Dialog zwischen Anbietern und Abnehmern im Vertrieb von zentraler Bedeutung ist, werden zudem ausgewählte Kommunikationsmethoden diskutiert, insbesondere die Rolle der Medien, Kommunikationspartner und Verkaufsansätze (Soft versus Hard Selling und Canned versus Adaptive Selling).

Wie in **Kapitel 3** gezeigt wird, kann der Vertrieb von Produkten und Leistungen über alternative Vertriebswege erfolgen, die in das Unternehmen integriert oder ausgelagert werden. Dabei werden die Vertriebswege nach Produkten, Regionen, Kunden oder Verkaufsprozessphasen spezialisiert. Mit zunehmendem Grad der Spezialisierung im Vertrieb steigt zugleich die Notwendigkeit der Koordination, die neben der im Verkauf bedeutenden Frage der Gebietseinteilung ebenfalls in diesem Kapitel zur **Organisation des Verkaufs** behandelt wird.

Während die Vertriebskonzeption den allgemeinen Rahmen aller Vertriebsaktivitäten absteckt, konzentrieren wir uns in **Kapitel 4** auf zentrale Aspekte der Planung im Verkaufsmanagement, insbesondere auf die **Operative Verkaufsplanung**. Zur Abdeckung aller operativ-taktischen Aufgaben im Persönlichen Verkauf stehen dem Unternehmen Mitarbeiter zur Verfügung, deren Anzahl im Rahmen der Festlegung der Außendienstgröße zu bestimmen ist. Diese knappe Ressource ist dann möglichst optimal auf das reguläre und das Projektgeschäft zu verteilen. Im regulären Geschäft muss das Verkaufsmanagement vorab entscheiden, wie umfangreich der Kundenstamm gepflegt oder Neukunden akquiriert werden sollen. Bei der Stammkundenpflege ist abschließend im Rahmen der Besuchsplanung zu klären, welche Kunden wie oft und wie intensiv zu besuchen sind.

Im Verkaufsmanagement kommt der Umsetzung der Vertriebskonzeption und der Verkaufsplanung eine zentrale Rolle zu. In **Kapitel 5** widmen wir uns anfänglich der prinzipiellen Frage, ob die Steuerung des Verkaufs insgesamt eher verhaltens- oder ergebnisorientiert erfolgen soll, da diese grundlegende Orientierung sich auf alle nachgelagerten Aspekte zum **Management des Außendienstes** auswirkt. Als weitere grundlegende Entscheidungen stehen u.a. Maßnahmen zur Rekrutierung und Auswahl, zum Training und zur Schulung an, die Gegenstand der Außendienst-Entwicklung sind. Eine traditionelle Rolle kommt insbesondere der Gestaltung von Anreizsystemen zu. Im vorliegenden Buch zeigen wir, welche Herausforderungen insbesondere bei der Bestimmung der Einkommenshöhe, der fixen und variablen Anteile, aber auch bei der Gestaltung von Provisionen, Prämien, Zielvorgaben, Verkaufswettbewerben und der Delegation von Preiskompetenzen an Verkäufer bestehen. Alle bisher genannten Abschnitte und Inhalte sind Teil des Verkaufsmanagements – davon zu trennen sind Aspekte der direkten Verhaltenssteuerung oder Führung, die im abschließenden Abschnitt diskutiert werden. Dabei konzentrieren wir uns auf ausgewählte Führungsphilosophien, das Coaching samt Supervision sowie auf Karrierepfade im Verkauf.

Der Aufbau des Buchs folgt dem traditionellen Verständnis von Management als einer Sequenz von Analyse, Planung, Umsetzung und Controlling. In **Kapitel 6** diskutieren wir im Rahmen des **Performance Managements** die Messebene sämtlicher Stufen dieses Managementprozesses. Auf den Stufen der Analyse und Planung dienen Reaktionsfunktionen dazu, Elastizitäten zu ermitteln, die zur Verbesserung von Allokationsentscheidungen eingesetzt werden können. Zudem helfen Reaktionsfunktionen, Potenziale zu prognostizieren sowie Umsatzvorgaben zu ermitteln. Bei der Diskussion der weiteren Stufen des Managementprozesses nehmen Aspekte der Erfolgsmessung und Leistungsbeurteilung einen bedeutenden Platz ein. Abschließend widmen wir uns aktuellen ethischen Fragen im Persönlichen Verkauf.

Die Effizienz und Effektivität im Persönlichen Verkauf kann durch Systeme gesteigert werden, die als **Technologie-Unterstützung im Verkauf** bezeichnet werden. Im letzten **Kapitel 7** zeigen wir anfänglich die vier zentralen Komponenten dieser Technologie-Unterstützung auf, d.h. Kontakt- und Dokumentations-Systeme, Auftragsbearbeitungs-Systeme, Systeme zur Planung der Verkaufsaktivitäten und Systeme für den Verkaufsprozess. Anschließend wird das Internet als wirkungsvolle Technologie für den Dialog mit und das Verkaufen an Kunden vorgestellt. Allerdings führt der Einsatz dieses Mediums zu Konflikten und Koordinationsproblemen. Der Erfolg der Technologie-Unterstützung hängt dabei nachhaltig davon ab, dass nicht nur die Verkaufsleiter, sondern auch die einzelnen Außendienstmitarbeiter den persönlichen Nutzen erkennen, der aus der intensiven Verwendung von Sales Force Automation folgen kann. Dies wird abschließend aufgezeigt.

Die folgende **Abbildung 1.3-1** zeigt nochmals die zentralen Bestandteile des Vertriebsmanagements auf und verdeutlicht die Wechselwirkungen zwischen diesen Elementen.

Abbildung 1.3-1   Überblick über Vertriebsmanagement

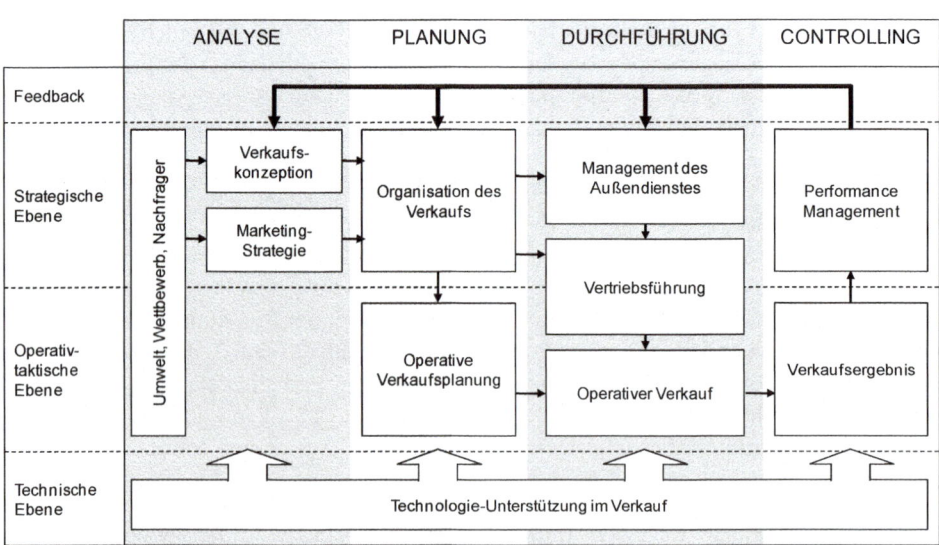

Literatur

Albers, Sönke; Manfred Krafft und Wilhelm Bielert (1998): Global Sales Force Management: Comparing German and U.S. Practices, in: Bauer, Gerald J.; Mark S. Baunchalk; Thomas N. Ingram und Raymond W. LaForge (Hrsg.): *Emerging Trends in Sales Thought and Practice*, Quorum Books, Westport / London, 193-211.

Albers, Sönke; Murali K. Mantrala und Srihari Sridhar (2010): Personal Selling Elasticities: A Meta-Analysis, *Journal of Marketing Research*, 47 (5), 840-853.

Krafft, Manfred; Sönke Albers und Rajiv Lal (2004): Relative explanatory power of agency theory and transaction cost analysis in German salesforces, *International Journal of Research in Marketing*, 21 (3), 265-283.

Löhr, Julia (2010): Gestatten: Verkäufer, *Frankfurter Allgemeine Zeitung*, 49, 27./28. Februar (Beruf und Chance), C1.

Mantrala, Murali K.; Sönke Albers; Fabio Caldieraro; Ove Jensen; Kissan Joseph; Manfred Krafft; Chakravarthi Narasimhan; Srinath Gopalakrishna; Andris Zoltners; Rajiv Lal und Leonard Lodish (2010): Sales force modeling: State of the field and research agenda, *Marketing Letters*, 21 (3), 255-272.

2   Verkaufskonzeptionen

Lernziele

- Der Leser weiß, dass es keine „goldenen Regeln" im Verkauf gibt, aber situativ adäquates Verkaufsverhalten.

- Der Leser versteht die Bedeutung des Beziehungsmanagements und anderer Rahmenbedingungen für den Erfolg im Vertrieb.

- Der Leser kennt Geschäfts- und Verkäufertypen, zentrale Phasen von Kundenbeziehungen sowie Kommunikationsmethoden.

- Der Leser kann begründete Empfehlungen für die Wahl von Kommunikationsmedien und Verkaufsansätzen abgeben.

2.1   Überblick

Die Unternehmens- und Vertriebsleitung ebenso wie die im Außendienst tätigen Mitarbeiter würden viel darum geben, universell effektive Verhaltensweisen, Einstellungen oder Gesprächs- und Verhandlungstechniken zu kennen. So ist die praxisnahe Verkaufsliteratur noch heute von Werken geprägt, in denen „goldene Regeln" und Erfolgsrezepte vorgestellt werden (Tracy 2006; Ziglar 2006). Und auch wissenschaftliche Studien waren lange von der Idee beseelt, allgemein gültige Aussagen ableiten zu können, welche Neigungen, Fähigkeiten und Fertigkeiten Mitarbeiter aufweisen sollten, um im Persönlichen Verkauf erfolgreich sein zu können. Zahlreiche empirische Studien sprechen allerdings eine eindeutige Sprache: Nur ein geringer Prozentsatz des Erfolgs im Vertrieb kann durch Größen erklärt werden wie Rollenmerkmale des Mitarbeiters im Verkauf, Fertigkeiten, Motivation, persönliche Merkmale, Neigungen der Verkäufer oder Unternehmens- bzw. Umweltfaktoren (Churchill et al. 1985, S. 113). Dies impliziert allerdings nicht, dass von diesen Merkmalen kein Einfluss auf den Erfolg im Außendienst ausgeht – vielmehr ist die Effektivität im Persönlichen Verkauf das Ergebnis eines Zusammenspiels von Rahmenbedingungen, der Gestaltung des Vertriebsmanagements und der Qualität und des Einsatzes der Verkäufer. Diese Kontextabhängigkeit der Erfolgswirkung von Vertriebskonzeptionen führt dazu, dass universell gültige Aussagen zur Effektivität von Kommunikationsformen oder Gesprächstechniken isoliert nicht möglich sind, sondern nur im Zusammenspiel mit Rahmenbedingungen wie:

- Phase der Kundenbeziehung,

- Ressourcen des Verkäufers,

- Merkmale der Einkaufs- bzw. Verkaufssituation.

Ein früher Ansatz zur Verdeutlichung der situativen Abhängigkeit des erfolgreichen Einsatzes von Verkaufsverhalten, insbesondere in Form von Verkaufstechniken und Kommunikationsformen, wurde von Weitz (1981) entwickelt. **Abbildung 2.1-1** verdeutlicht diesen kontingenztheoretischen Ansatz.

Abbildung 2.1-1   Kontingenzmodell der Effektivität von Verkäufern
                      (angelehnt an Weitz 1981, S. 90)

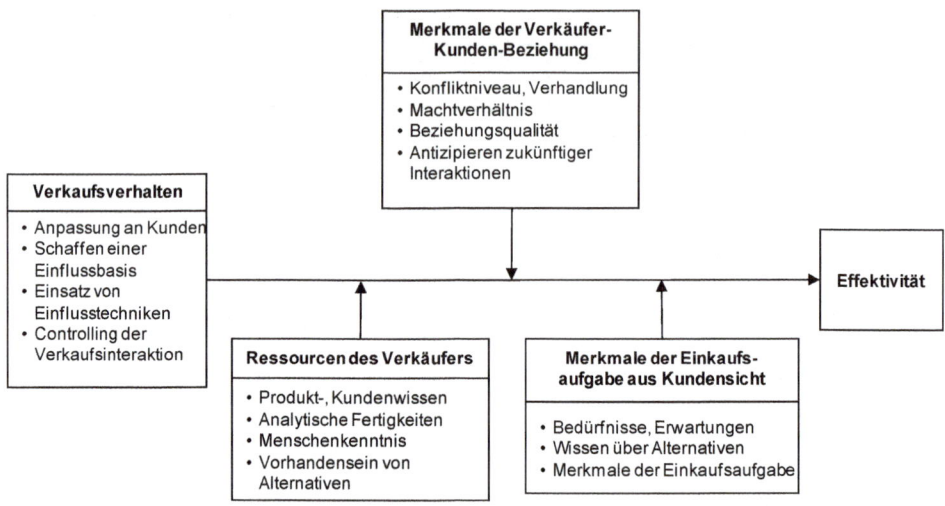

Den grundlegenden Überlegungen von Weitz zur Kontextabhängigkeit eines effektiven Verkaufs folgen wir auch im Rahmen dieses Buchs. Dabei konzentrieren wir uns auf zentrale Elemente der Verkaufskonzeption, denen im alltäglichen Vertriebsgeschäft eine besondere Rolle zukommt und die sich zugleich in empirischen Studien als nachhaltige Treiber oder Moderatoren der Verkaufseffektivität erwiesen haben. Als zentrale Kontextfaktoren für die Wahl der Verkaufskonzeption sind dabei die Phasen der Kundenbeziehung (Abschnitt 2.2.1), die Einkaufs- bzw. Verkaufssituation (2.2.2) und der Branchen-bezogene Verkäufertyp (2.2.3) anzusehen. Wie Kunden und Anbieter miteinander kommunizieren, wird daraufhin nach der dabei eingesetzten Kommunikationsart (2.3.3) unterschieden.

2.2   Kontextfaktoren

In diesem Abschnitt wird diskutiert, welche ausgewählten Dimensionen und Ausprägungen von Kontextfaktoren die Wahl von Verkaufskonzeptionen beeinflussen. Als eine zentrale Kontingenzgröße wird die Phase der Kundenbeziehung angesehen, da für potenzielle Kunden in der Akquisition bspw. ein völlig anderes Verkaufsverhalten adäquat ist als für die Betreuung von loyalen Stammkunden (vgl. Abschnitt 2.2.1). Des Weiteren hängt die

Entscheidung für die zur Auswahl stehenden Verkaufskonzeptionen davon ab, ob es sich bei der Einkaufs- bzw. Verkaufssituation eher um ein System- oder Beziehungsgeschäft handelt. Die daraus resultierenden Geschäftstypen des Produkt-, Zuliefer-, Anlagen- und Systemgeschäfts führen dementsprechend zu sehr unterschiedlichen Konzeptionen im Verkauf bzw. Vertrieb (vgl. Abschnitt 2.2.2). Als dritte Dimension der Kontextfaktoren sind Verkäufertypen zu nennen, die unterschiedliche Vertriebstätigkeiten ausüben, insbesondere in Form des Missionary Selling, Channel Development Selling bzw. Delivery Selling und des Technischen Verkaufs. Im Gegensatz zu den beiden erstgenannten Dimensionen handelt es sich bei dieser Verkäufer-Typologie nicht um eine Rahmenbedingung, sondern um eine Gestaltungsgröße – die Unternehmensleitung bzw. das Vertriebsmanagement kann bewusst entscheiden, in welchem Maße Verkäufer die vier genannten Archetypen in ihrer Tätigkeit widerspiegeln sollen (vgl. Abschnitt 2.2.3). **Abbildung 2.2-1** zeigt die drei zentralen Dimensionen von Kontextfaktoren bei der Wahl der Verkaufskonzeption im Überblick auf.

Abbildung 2.2-1   Zentrale Rahmenbedingungen der Verkaufskonzeption

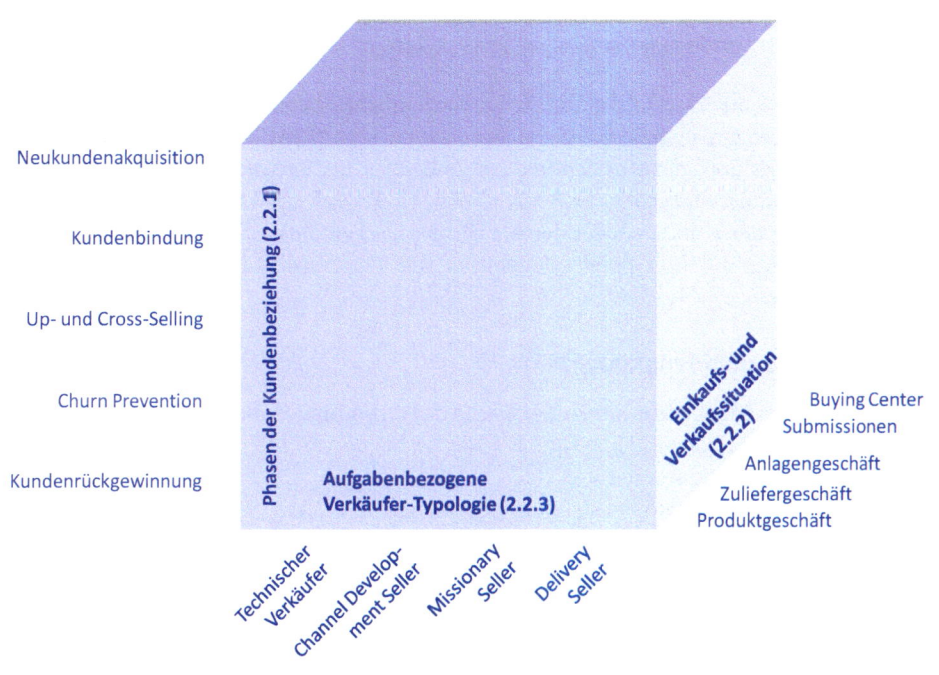

2.2.1   Phasen der Kundenbeziehung

Eine der zentralen Aufgaben der Steuerung von Verkaufsaußendiensten besteht in der Initiierung, Entwicklung und Förderung von profitablen und langlebigen Kundenbeziehungen (Krafft 1995, S. 9). Aus Sicht des Persönlichen Verkaufs ist eine differenzierte Betrachtung zentraler Phasen der Geschäftsbeziehungen erforderlich, da je nach Phase unterschiedliche Aufwendungen und Erträge anfallen, das langfristige Bestehen profitabler und nutzenstiftender Beziehungen von vorlaufenden Phasen beeinflusst wird, seitens der Kunden sehr unterschiedliche Bedürfnisse sowie Anforderungen bestehen und demzufolge spezifische Aktivitäten anfallen. Aus Sicht der Vertriebsleitung und insbesondere der Verkäufer steht aber einem systematischen Entwickeln neuer Geschäftsbeziehungen und der Pflege von Stammkundenbeziehungen entgegen, dass die Erwartungen an kurzfristige Abschluserfolge und das substanzielle Vergüten derartiger Erfolge dazu führen, dass Außendienstmitarbeiter den Beziehungs-orientierten Anstrengungen Verkauftätigkeiten vorziehen, die sich unmittelbar Vergütungs-steigernd auswirken. Zudem sind Überlegungen zur systematischen Verbesserung langfristiger Kundenbeziehungen für Verkaufsaußendienstleiter und -mitarbeiter kaum lohnend, da sie aufgrund der zu erwartenden, meist eher kurzen Unternehmenszugehörigkeit damit rechnen müssen, dass sich diese Aktivitäten erst für ihre Nachfolger auszahlen werden.

Abbildung 2.2-2 auf der folgenden Seite verdeutlicht, welche Phasen im Laufe von Geschäftsbeziehungen üblicherweise zu beobachten sind. Im Weiteren werden mit der Neukundenakquisition, der Kundenbindung und der Kundenrückgewinnung die zentralen Stufen des Kundenlebenszyklus beschrieben, wobei das Up- und Cross-Selling sowie die Vermeidung der Kundenabwanderung (Churn Prevention) als Teilelemente der Kundenbindung aufgrund ihrer hohen Bedeutung für den Persönlichen Verkauf gesondert behandelt werden.

2.2.1.1   Neukundenakquisition

Ein Unternehmen muss nicht nur in der Phase der Gründung, sondern auch während der regulären Geschäftätigkeit ein systematisches Managen von Interessenten und Neukunden verfolgen. Das Akquirieren von Interessenten und Neukunden dient dabei nicht nur dem Aufbau, sondern auch der strukturellen Pflege eines Kundenstamms. So gehen laufend einige Stammkunden durch Abwanderung, entfallenden Bedarf oder Geschäftsaufgabe verloren, und diese Kunden gilt es zu ersetzen. Zudem ist eine strukturelle Auffrischung nötig, was sich gut am Beispiel der Assekuranz verdeutlichen lässt: Gelingt es einem Versicherer, eine substanzielle Anzahl junger, neuer Kunden zu akquirieren, verbessert sich die Risikostruktur des Bestands, so dass günstigere Tarife für alle Kunden gewährt werden können, was wiederum zusätzliche Neukunden anzieht. Erfolgt dagegen keine ständige Erneuerung des Kundenstamms, droht dessen Überalterung und eine Erosion des Kapitalwerts aller Kunden (Kundenstammwert).

Abbildung 2.2-2 Lebenszyklusphasen der Kundenbeziehung
(in Anlehnung an Krafft und Götz 2011, S. 217)

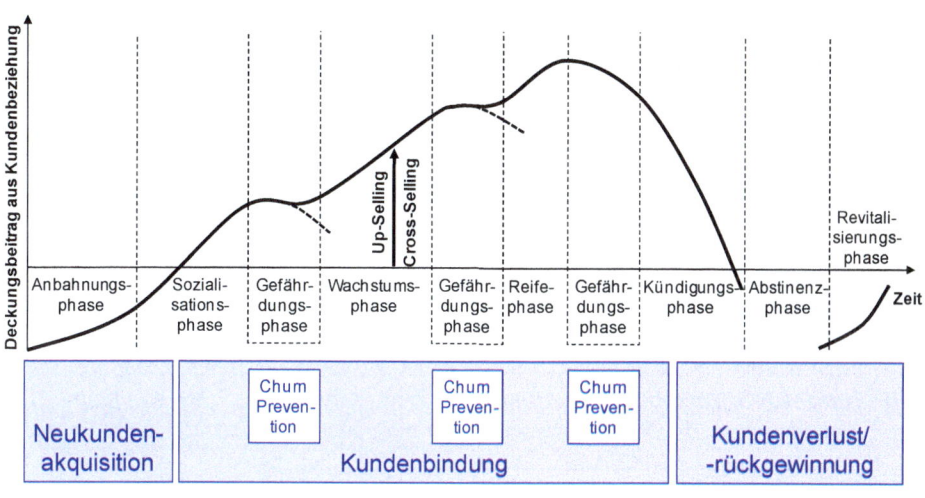

Allerdings erweist sich die Gewinnung neuer Kunden gegenüber der Stammkundenpflege als sehr aufwändig und riskant. So werden im Projektgeschäft Akquisitionswahrschein-lichkeiten von unter 5% genannt, sofern es sich um neue Anbieter handelt, die ein Angebot einreichen (Albers und Krafft 2000, S. 1084) – es wird also nur jeder zwanzigste Auftrag gewonnen. Zudem sind erhebliche Investitionen über einen längeren Zeitraum nötig, um unwissende sowie uninteressierte Marktteilnehmer zu Interessenten zu machen, die schließlich einen Erstkauf tätigen und damit zu Neukunden werden. So zeigen Studien in Deutschland, dass bei Erstkäufen zwischen dem ersten Besuch und dem erfolgreichen Abschluss mehr als 12 Wochen vergehen und drei Besuche zu tätigen sind (Krafft 1995, S. 227 f.; Söhnchen und Albers 2010). Wenn diese Besuche mit 250 € veranschlagt werden, und von 20 Interessenten nur einer als Neukunde gewonnen werden kann, betragen die Anfangsinvestitionen in die Akquisition eines einzigen Neukunden somit 3 * 250 € * 20 = 15.000 €! Derart hohe Investitionen in neue Geschäftsbeziehungen lohnen sich natürlich nur bei industriellen Aufträgen mit einem hohen Wert. Es ist aber möglich, die sehr hohen Akquisitionsaufwendungen und langen Zeiten bis zum erfolgreichen Abschluss deutlich zu verringern, wenn Simulationen und Wirtschaftlichkeitsrechnungen zur Unterstützung der Verkaufsgespräche eingesetzt werden (Gavirneni, Morrice und Mullarkey 2004).

Im Zuge der Anbahnungsphase besteht die erste Stufe der Neukundenakquisition darin, ein systematisches Interessentenmanagement zu betreiben (Haas 2006). Diese Aufgabe ist organisatorisch oft der Marketing-Abteilung zugeordnet, die für eine breite und positive Bekanntheit des Unternehmens und seiner Produkte zu sorgen hat (Smith, Gopalakrishna und Chatterjee 2006). Für das Interessentenmanagement muss zuerst bestimmt werden, welches Marktsegment angesprochen bzw. welche Zielkunden gewonnen werden sollen.

Da nicht alle Zielkunden einen Bedarf aufweisen bzw. einige Zielkunden mit Sicherheit beim Wettbewerb bleiben, sind im nächsten Schritt potenzielle von Nicht-Interessenten zu trennen. Dazu wird oft versucht, möglichst viele Interessenten zu identifizieren und diese anschließend anhand von Bewertungskriterien zu qualifizieren. Zur Identifizierung von Interessenten können dem Anbieter folgende Quellen dienen:

- Kontakte auf Messen oder vergleichbaren Events,

- Adresslisten kommerzieller Anbieter,

- Weiterempfehlungen von Stammkunden oder

- Unternehmensverzeichnisse, „gelbe Seiten" sowie Internetrecherchen.

Selbstverständlich können Interessenten auch initiativ werden und als Ergebnis von eigenen Recherchen an Anbieter herantreten oder aufgrund von traditioneller Werbung, Werbebriefen oder E-Mail-Kampagnen auf die Angebote und Leistungen von Unternehmen aufmerksam werden. In der jüngsten Vergangenheit gewinnen zudem sogenannte Soziale Medien (wie XING, Facebook oder Twitter) auch im Rahmen des Interessentenmanagements an Bedeutung, da ihre inhärenten Netzwerkeigenschaften dazu genutzt werden können, über bestehende Verbindungen Zugang zu weiteren potenziellen Geschäftspartnern zu erlangen (Böttcher 2010). Zur Qualifizierung der gesammelten Adressen von Interessenten („leads") können sozioökonomische und weitere Kriterien herangezogen werden. Zudem kann im allerersten Kontakt, bspw. durch ein Call-Center oder auf einer Messe, bereits erhoben werden, welcher Informations- oder Lösungsbedarf besteht, welcher Branche der Interessent angehört oder welche Strukturen im Einkaufsbereich zu beachten sind. Bei der Qualifizierung ist auch zu prüfen, ob überhaupt ein akuter Bedarf besteht, die dafür nötigen finanziellen Mittel vorhanden sind und der Interessent über Entscheidungskompetenz verfügt sowie Kaufbereitschaft zeigt.

Da die finanziellen und zeitlichen Aufwendungen zur Gewinnung von Neukunden substanziell und die vorhandenen Ressourcen begrenzt sind, müssen anschließend die Kontaktadressen danach priorisiert werden, welche Interessenten wie intensiv anzusprechen sind, um sie für das Unternehmen zu akquirieren. Die Priorisierung kann sich aus rein monetärer Sicht auf eine Erwartungswert-Betrachtung beschränken, in welcher der Kundenlebenszeitwert (Customer Lifetime Value / CLV) mit der Wahrscheinlichkeit multipliziert wird, dass der Interessent gewonnen werden kann. Dieses Vorgehen ist in zweierlei Hinsicht problematisch: Der zukünftige CLV von Interessenten kann kaum verlässlich abgeschätzt werden, da über diese potenziellen Kunden bisher fast nichts bekannt ist. Zudem vernachlässigt man bei einer rein monetären Bewertung indirekte Beiträge zukünftiger Kunden zum Unternehmenserfolg, die bspw. im Wert des Kunden als Referenz oder aktiver Weiterempfehler begründet sind. In der Praxis bedient man sich daher alternativ gerne sogenannter Scoring-Methoden zur Abschätzung der Attraktivität von Kunden und der erwarteten Gewinnungswahrscheinlichkeit (Albers und Krafft 2000).

Die auf Basis der Priorisierung gerankten Kunden sind anschließend zum Erstkauf zu bewegen. Dabei ist zu beachten, dass aus Sicht der Interessenten subjektive und objektive

Barrieren der Etablierung einer neuen Geschäftsbeziehung im Wege stehen. Als objektive Widerstände sind hohe Kosten eines Wechsels vom derzeitigen Anbieter oder ein nicht vorhandener Bedarf anzusehen, als subjektive Barrieren gelten dagegen ein fehlendes Vertrauen in die Fähigkeiten des neuen Anbieters oder die Angst vor einer nachhaltigen Abhängigkeit („lock in"-Effekt). Bei der Initiierung des Kaufprozesses und insbesondere der Überwindung der genannten Kaufwiderstände kommt dem Verkaufsaußendienst eine sehr hohe Bedeutung zu. Viele Unternehmen formen zu diesem Zweck separate Vertriebs- organisationen, in denen die Verkäufer als „hunter" oder „order getter" so ausgewählt, geschult und trainiert werden, dass sie eine ausgeprägte Abschlussorientierung aufweisen. Zur Förderung der Abschlussneigung der Erstkäufer sind für diese oft Kaufanreize nötig, bspw. in Form von Preisnachlässen, Zugaben oder kundenspezifischen Produktanpassun- gen (Haas 2006, S. 462). Und wie eine aktuelle Studie berichtet, sind immerhin ein Viertel aller dort erfassten Mitarbeiter als „New Business/Channel Development Seller" tätig (Moncrief, Marshall und Lassk 2006, S. 62), also überwiegend auf Neukundenakquise spezialisiert.

Mit dem Erstkauf hat sich ein Interessent nicht unmittelbar zum Stammkunden entwickelt – von einem loyalen, dauerhaften Kunden kann vielmehr erst nach mehreren Käufen aus- gegangen werden, wenn sich also eine gewisse Normalität in der Kundenbeziehung fest- stellen lässt. Die Sozialisationsphase als Zeit unmittelbar nach dem ersten Kauf wird in Forschung und Praxis gleichermaßen als kritische Phase der neuen Kundenbeziehung gesehen, da der Kunde seine Entscheidung überdenkt, Bestätigung für sein Handeln sucht, aber auch mit Nachkaufdissonanzen konfrontiert wird. Vor diesem Hintergrund sollte sich an die Akquisition eine Betreuung der Neukunden anschließen, in der ein wichtiges Ziel in der Festigung der noch frischen Geschäftsbeziehung und der nachhaltigen Bindung des Kunden an das Unternehmen besteht. Das im Anschluss an die Kundengewinnung einset- zende Neukundenmanagement verfolgt daher das Ziel, kognitive Dissonanzen zu begren- zen, den Kunden in seiner Entscheidung zu bestärken, dessen Zufriedenheit und das Ver- trauen in die Leistungsfähigkeit des Anbieters zu steigern. Als zentrales Instrument zur Messung der Befindlichkeit des Neukunden kommen dabei Zufriedenheitsbefragungen in Betracht, die in diesem Zusammenhang als Novizen- oder Honey-Moon-Befragungen bezeichnet werden (weiterführend zum Neukundenmanagement vgl. Gouthier 2004 und 2006).

Ein zentrales Instrument zur Beurteilung und Steuerung sämtlicher Aktivitäten zur Akqui- sition neuer Kunden bzw. Projekte ist das Pipeline-Management, das auf Basis des soge- nannten Verkaufstrichters („sales funnel", siehe Abschnitt 6.2.4) einen Überblick ermög- licht, wie viele Interessenten identifiziert, qualifiziert, priorisiert, kontaktiert und gewon- nen bzw. nicht akquiriert werden konnten. Gängige CRM-Systeme bieten hierfür eine technische Unterstützung in Form von Pipeline Management-Cockpits, die den Status des Verkaufstrichters für einzelne Mitarbeiter oder Regionen visualisieren. Die Elemente des Verkaufstrichters werden in der folgenden **Abbildung 2.2-3** sizziert.

Abbildung 2.2-3   Beispielhafter Verkaufstrichter
                     (in Anlehnung an Söhnchen und Albers 2010, S. 1358)

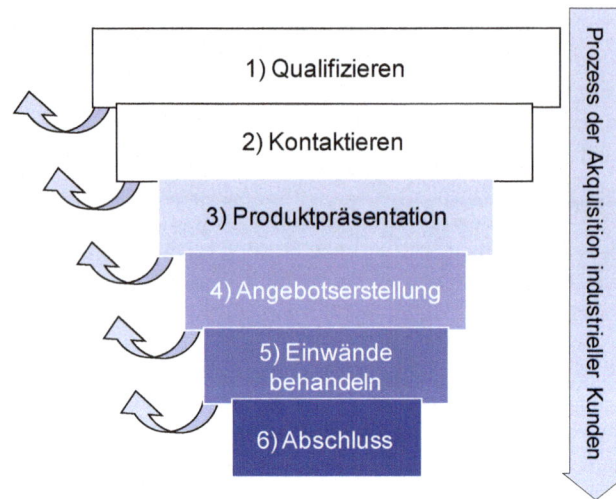

Aufgrund der Bedeutung sowohl der Neukundengewinnung als auch der Stammkundenbindung, die für das Unternehmen von strategischer Bedeutung sind, zugleich aber riskante Investitionen darstellen, muss die Unternehmens- bzw. Vertriebsleitung die komplexe
Abwägung vornehmen, in welchem Umfang in diese beiden Bereiche investiert wird.
Diese ökonomische Problemstellung wird in Abschnitt 4.5 behandelt.

2.2.1.2   Kundenbindung

Im Rahmen eines systematischen Kundenbindungsmanagements sind die neuen Geschäftsbeziehungen in der Wachstums- und Reifephase aufrechtzuerhalten, zu stärken und
zu intensivieren, da durch attraktive Konkurrenzangebote ständig eine Abwanderung
oder Kündigung des Kunden droht. Dabei ist zu bedenken, dass die Betreuung von
Stammkunden von zentraler Bedeutung für den Erfolg des Unternehmens ist – der Kundenstamm generiert die Liquidität, die für alle Unternehmensaktivitäten benötigt werden,
und der Verkaufsaußendienst ist insbesondere im B2B-Bereich die organisatorische Einheit, die diese Stammkunden persönlich betreut. Zu den Zielen des Kundenbindungsmanagements gehören dabei insbesondere die Stabilisierung und der Ausbau des Geschäfts-
volumens, die Steigerung der Profitabilität, die Förderung von Up- und Cross-Selling
sowie von Weiterempfehlungen durch Stammkunden. Zudem ist im Sinne eines Früh-
warnsystems zu verhindern, dass profitable Kunden zum Wettbewerb abwandern (Churn
Prevention), d.h. die Geschäftsbeziehung ist zu sichern und deren Dauer ist zu verlängern.
Aufgrund ihrer Bedeutung für den Persönlichen Verkauf behandeln wir das Up- und
Cross-Selling bzw. die Churn Prevention separat in den Abschnitten 2.2.1.3 bzw. 2.2.1.4.

Aktivitäten zur Bindung von Stammkunden erweisen sich im Vergleich zur Gewinnung von Neukunden zum einen als sehr effizient, da Bestellprozesse (teilweise) standardisiert und Kosteneinsparungen durch Economies of Scale realisiert werden können. Zum anderen ist die Stammkundenbindung insoweit zugleich effektiv, da eine Erfahrungs- und Vertrauensbasis vorhanden ist und zudem höhere Zahlungsbereitschaften sowie Up- und Cross-Buying-Potenziale erschlossen werden können. Es ist daher nicht verwunderlich, dass Verkäufer dazu tendieren, viel Zeit mit der Betreuung von Stammkunden zu verbringen, und die aufwändige, riskante und weniger Erfolg versprechende Gewinnung von Neukunden eher vernachlässigen.

Zur Steigerung der Kundenbindung kann das Unternehmen bzw. der Vertrieb die Produkte und Dienstleistungen technisch-funktional, vertraglich oder ökonomisch so gestalten, dass der Kunde an das Unternehmen gebunden ist (Eggert 2000). Eine technisch-funktionale **Gebundenheit** kann bspw. durch Inkompatibilitäten oder das Anbieten von Leistungspaketen bewirkt werden, die vom Wettbewerb in dieser Form nicht dargestellt werden können. Vertragliche Bindungen sind im Service-Bereich in Form von Wartungsverträgen oder im Finanzdienstleistungsbereich in Form von Leasing- oder Versicherungsverträgen mit Kündigungsfristen oder vorab festgelegten Vertragslaufzeiten üblich. Ökonomische Bindungen werden durch Loyalitätsprogramme oder Treuerabatte aufgebaut, deren Vorteile bei einem Wechsel zum Wettbewerber entfallen. Diese Maßnahmen weisen allerdings den Nachteil auf, dass keine Kundenbindung aus innerer Überzeugung gefördert wird, sondern rationale und objektive Fakten geschaffen werden, die eine Abwanderung erschweren, also letztlich Wechselkosten steigern und eine Austrittsbarriere darstellen. Nehmen Kunden diese Bindung als erzwungen wahr, sind daher Reaktanzen zu befürchten. Vorteilhafter ist daher die Förderung der **Verbundenheit** des Kunden durch emotionale Kundenbindungsmaßnahmen, die bspw. in Form psychischer Wechselbarrieren die Loyalität des Kunden gegenüber dem Unternehmen erhöht. Dabei kommt neben der emotionalen Aufladung der Marken des Anbieters den persönlichen Beziehungen des Kunden zum Verkäufer eine entscheidende Rolle zu (Peter 1997).

In diesem Zusammenhang ist eine zentrale Frage, inwiefern sich die Loyalität des Kunden zum Außendienstmitarbeiter bzw. zum Unternehmen unterschiedlich auswirken. Eine aktuelle Studie von industriellen Geschäftsbeziehungen zeigt, dass sich nur die Loyalität des Kunden zum Verkäufer direkt auf den finanziellen Erfolg des Unternehmens auswirkt. Dieser Zusammenhang wird auch in einer langfristigen Analyse bestätigt (Palmatier, Scheer und Steenkamp 2007). Da somit der Verkäufer die Loyalität des Kunden „besitzt", besteht das Risiko, dass der Außendienstmitarbeiter bei einem Arbeitgeberwechsel einen großen Teil der Geschäftsbeziehungen zum Wettbewerber überführen wird (Bendapudi und Leone 2002). Vor diesem Hintergrund muss die Vertriebsleitung die Vorteile und Risiken der Verkäufer-bezogenen Kundenbindung abwägen und versuchen, die Verkäufer-bezogene Loyalität dadurch zu begrenzen, dass Maßnahmen zur Stärkung der Unternehmens-bezogenen Loyalität ergriffen werden. Dies kann unter anderem durch hohe Markenbekanntheit, einzigartigen Service oder überlegene Produkte bewirkt werden.

Ist die Loyalität des Kunden gegenüber dem Unternehmen so ausgeprägt, dass der Kunde nicht nur zufrieden ist, sondern überzeugt und begeistert, kann sich der Kunde zum aktiven Weiterempfehler entwickeln oder vom Verkäufer in Verhandlungen mit anderen Kunden zumindest als Referenz herangezogen werden. Dieser Aspekt spielt gerade im industriellen Verkauf eine bedeutende Rolle, da potenzielle Kunden und Interessenten der Weiterempfehlung und Referenz eine viel höhere Glaubwürdigkeit beimessen als den Bemühungen eines Außendienstmitarbeiters. Die hohe Bedeutung von Weiterempfehlungen ist auch in der Praxis erkannt worden: Eine steigende Zahl von Unternehmen basiert Anreiz- und Steuerungssysteme von Verkäufern oder Führungskräften auf erzielten Net Promoter Scores (NPS). Der NPS bildet dabei als Index die Wahrscheinlichkeit ab, ob Kunden einen Anbieter weiterempfehlen werden, und wird gebildet aus der Differenz des Anteils der Kunden, die das Unternehmen sehr wahrscheinlich empfehlen werden („promoter"), und des Anteils der Kunden, die höchst wahrscheinlich keine Weiterempfehlung aussprechen werden („detractor"). Die Anteile werden aus den Antworten von Kunden auf eine einzige Frage ermittelt, die lautet: „Würden Sie diese Marke/dieses Unternehmen einem Freund empfehlen?" Wer auf einer 10er Skala mit 9 oder 10 sehr nachhaltig zustimmt, wird als Promoter, bei Werten von 6 oder weniger als Detractor gezählt. Da sich der NPS gegenüber anderen Frühwarnindikatoren des Erfolgs wie der Kundenzufriedenheit allerdings als nicht überlegen erweist (Keiningham et al. 2007), sollte diese Kennziffer nur als ergänzende Metrik eingesetzt werden.

Insbesondere in der Wachstumsphase der Geschäftsbeziehung kommt dem Up- und Cross-Selling eine zentrale Rolle zu. Dies wird im folgenden Abschnitt separat diskutiert.

2.2.1.3   Up- und Cross-Selling

Da sich der mit einem Kunden erzielte Umsatz aus der Absatzmenge und dem Preis ergibt, sind zwei zentrale Ansatzpunkte zur Erzielung höherer Erlöse denkbar: Dem Kunden kann mehr oder zu höheren Preisen verkauft werden. Als Cross-Selling wird dabei das Verkaufen zusätzlicher Produkte an denselben Kunden bezeichnet (Homburg und Schäfer 2002, S. 7), während der Begriff des Up-Selling das Anbieten höherwertiger und höher bepreister Produkte umfasst (Wilkie, Mela und Gundlach 1998). Sowohl das Cross- als auch das Up-Selling dienen der Intensivierung bestehender Geschäftsbeziehungen und tragen in der Wachstumsphase dazu bei, dass der Erlös bzw. Ertrag einer Kundenbeziehung gesteigert werden kann. Aus Sicht des Anbieters ist das Ziel des Cross- und Up-Selling, den Bedarf des Kunden umfassend zu befriedigen und zugleich die gesamte Zahlungsbereitschaft des Kunden abzuschöpfen. Aus Kundenperspektive bieten diese Konzepte den Vorteil, dass der gesamte Bedarf von einem Anbieter zufriedengestellt wird und ein weiteres Beratungsgespräch mit Mitarbeitern anderer Anbieter entfällt.

Der Zusammenhang der Kundenmanagement-Aufgabe des **Cross-Selling** mit dem Persönlichen Verkauf ist schon begrifflich offensichtlich. Ziel des Cross-Selling ist das Ausschöpfen des Potenzials von Kunden, die bisher nur bestimmte Leistungen und Produkte eines Anbieters kaufen, der aber ein Spektrum weiterer Angebote offerieren kann, die der Kunde ebenfalls benötigt. Offensichtlich sind diese Cross-Selling-Potenziale bei komplementären Produkten und Leistungen, also bei sogenannten Verbundkäufen. So benötigt ein Abnehmer im industriellen Anlagengeschäft nicht nur eine Maschine, sondern Zusatzleistungen wie Installation, Inbetriebnahme, Erstschulung, Wartungen und unverzügliche Reparaturleistungen, die mit dem Kernprodukt angeboten werden können. Für deutsche Unternehmen aus dem Dienstleistungsbereich und dem produzierenden Gewerbe konnte durch Homburg und Schäfer (2002) gezeigt werden, dass Cross-Selling sehr nachhaltig mit wirtschaftlichem Erfolg der Unternehmen einhergeht, sofern ein breites Produktprogramm vorhanden ist, Kunden häufig von Verkäufern kontaktiert werden, kundenorientierte Anreiz- und Informationssysteme sowie die Unternehmenskultur ebenso wie die Außendienstmitarbeiter kundenorientiert sind. Allerdings besteht ein ökonomischer Konflikt dergestalt, dass ein breites Produktprogramm direkte Kosten und Komplexitätskosten hervorruft, die mit den Vorteilen des Cross-Selling abzuwägen sind.

Wenn Außendienstmitarbeiter versuchen, ihren Kunden Produkte zu verkaufen, die eine höhere Qualität und höhere Preise aufweisen als die bisher erworbenen Produkte, wird dies als **Up-Selling** oder Trading-up bezeichnet (Wilkie, Mela und Gundlach 1998). Wie beim Cross-Selling dient Up-Selling aus Anbietersicht der Ausschöpfung des ökomischen Potenzials von Kundenbeziehungen. Aus Sicht einer langfristigen Zufriedenheit des Kunden muss dabei darauf geachtet werden, dass ein Up-Buying auch dem Kunden Vorteile vermittelt, bspw. in Form leistungsfähigerer, dauerhafterer oder bequemerer Lösungen. So kann einer Druckerei bei der anstehenden Ersatzbeschaffung einer Bogenoffset-Druckmaschine eine produktivere und flexiblere Maschine angeboten werden, die zusätzliche Automatisierungsoptionen bietet und damit nicht nur dem Anbieter höhere Erlöse, sondern auch dem Kunden spurbare Effizienz- und Effektivitätsvorteile bietet. So bietet das Unternehmen Heidelberger Druckmaschinen AG im Bogenoffset-Druck aktuell zwei Einstiegsmodelle („Printmaster") und zwölf High-End-Modelle („Speedmaster") an. Näheres hierzu unter www.heidelberg.com. Da beim Up-Selling nicht nur höhere Qualität angeboten wird, sondern auch höhere Preise durchzusetzen sind, stellt das Up-Selling hohe Anforderungen an professionelle Verhandlungsfähigkeiten der Verkäufer (zur Preisdurchsetzung durch Verkäufer siehe Abschnitt 5.3.7).

2.2.1.4   Churn Prevention (Abwanderungsverhinderung)

Die Abwanderungsverhinderung oder **Churn Prevention** beschäftigt sich mit der Identifikation, Analyse und Stabilisierung von Geschäftsbeziehungen, die als gefährdet einzuschätzen sind. Obwohl diese Thematik durch den zentralen Beitrag von Reichheld und Sasser (1990) Auslöser umfangreicher Überlegungen zum Kundenmanagement und zur Entwicklung von CRM-Software war, hat sich die Aufmerksamkeit der Forschung und Praxis auf Kernfragen der Kundenbindung konzentriert und die Thematik der Identifikation instabiler Geschäftsbeziehungen und der Verhinderung von Kundenabwanderung eher vernachlässigt. Dies ist umso erstaunlicher, als durch geringe Reduzierungen der Kundenmigration substanzielle Gewinnsteigerungen erzielt werden können, wie Marktschadensberechnungen oder die fallweisen Betrachtungen von Reichheld und Sasser zeigen. So wird berichtet, dass Gewinnsteigerungen von 25% (Kreditversicherung) bis 85% (Depotverwaltung) möglich sind, wenn die Abwanderungsquote relevanter Kunden um

5% gesenkt werden kann (Reichheld und Sasser 1990, S. 110). Da für unterschiedliche Branchen Migrationsquoten von bis zu 66% berichtet werden (Thomas, Blattberg und Fox 2004, S. 31), wird deutlich, dass eine erfolgreiche Abwanderungsprävention einen sehr nachhaltigen positiven Einfluss auf den langfristigen Unternehmenserfolg entfalten kann. Ein systematischer Ansatz erfordert fünf zentrale Schritte (vgl. **Abbildung 2.2-4**), die im Folgenden aus vertrieblicher Perspektive kurz erläutert werden.

Abbildung 2.2-4   Zentrale Schritte systematischer Abwanderungsprävention
(Rüger 2003, S. 32)

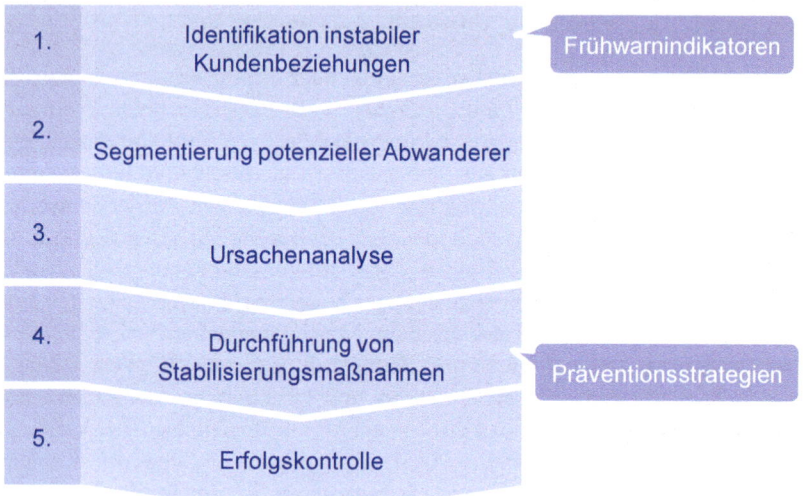

Um gefährdete Kundenbeziehungen zu identifizieren, kann auf Frühwarnindikatoren zurückgegriffen werden, die einer Abwanderung oder Kündigung vorangehen. Als wichtige Indikatoren gelten eine sinkende Zufriedenheit, Beschwerden sowie abweichendes Bestellverhalten. Sofern der Gesamtbedarf eines Kunden („total wallet") bekannt ist, kann anhand von Veränderungen des Lieferanteils beim Kunden („share of wallet") festgestellt werden, ob die Beziehung zum Kunden von relativem Wachstum, Stagnation oder partieller Abwanderung gekennzeichnet ist. Im Dienstleistungsbereich werden auch sogenannte „trigger events" zur Prognose der Abwanderungswahrscheinlichkeit herangezogen, wie bspw. das Kündigen einzelner Verträge bei Aufrechterhaltung des Basisvertrags. Potenzielle Abwanderer sind in einem zweiten Schritt hinsichtlich ihres zukünftigen Ertragswerts und der Wahrscheinlichkeit zu bewerten, ob sie als Kunden gehalten werden können. Die Abwanderungswahrscheinlichkeit kann dabei im gewerblichen Dienstleistungsbereich und im Zubehör- und Komponentengeschäft mit Hilfe fortschrittlicher statistischer Methoden ermittelt werden, wobei Hazard-Rate-Modelle als überlegen gelten. Diese Modelle werden zur Schätzung und Interpretation der Veränderung der Wahrscheinlichkeit eingesetzt, mit der ein Ereignis wie die Kundenabwanderung eintritt (Hüppelshäuser,

Krafft und Rüger 2006). Im Vertrieb sollten dann die Maßnahmen zur Sicherung der gefährdeten Kundenbeziehungen nach Maßgabe der resultierenden Erwartungswerte verteilt werden. Zur Vermeidung zukünftiger Abwanderungsrisiken sollte im dritten Schritt analysiert werden, ob die Abwanderungsneigung insbesondere auf grundsätzliche unternehmensinterne Ursachen zurückzuführen ist, die dann im Rahmen korrigierender Maßnahmen beseitigt werden sollten. Um die gefährdeten Geschäftsbeziehungen zu stabilisieren, stehen dem Außendienst im vierten Schritt zur Prävention eine Anreiz-, Kompensationsbzw. Dialogstrategie sowie der Aufbau von Austrittsbarrieren zur Verfügung (Michalski 2006, S. 599). Im Rahmen der Anreizstrategie können Kunden bspw. zu besonderen Events eingeladen werden, während die Kompensationsmaßnahmen dazu dienen, den Kunden entstandene Schäden oder Verluste auszugleichen. Im Rahmen von Dialogaktivitäten können Kundenberater und Verkäufer versuchen, das Vertrauen in das Unternehmen, seine Mitarbeiter und Leistungen durch persönliche Gespräche wieder aufzubauen. Austrittsbarrieren werden durch technisch-funktionale, vertragliche, ökonomische und emotionale Bindungsmaßnahmen aufgebaut (siehe Abschnitt 2.2.1.2). Im Rahmen der Erfolgskontrolle sind die Maßnahmen zur Abwanderungsprävention abschließend auf ihre Wirtschaftlichkeit hin zu prüfen.

Aufgrund ihrer zentralen Bedeutung als Frühwarnindikator werden Beschwerden abschließend separat behandelt. **Beschwerden** stellen Artikulationen von wahrgenommenen Leistungsmängeln oder einer emotionalen Betroffenheit dar. Insofern bietet jede geäußerte Beschwerde dem Anbieter die Chance, objektive bzw. subjektiv empfundene Mängel zu beseitigen. Allerdings werden geäußerte Beschwerden von Mitarbeitern häufig als persönliche Kritik aufgefasst und gerne verdrängt. Aus Sicht des Unternehmens muss es daher auch Ziel eines systematischen Beschwerdemanagements sein, dass Kunden explizit motiviert werden, sich im Fall von wahrgenommenen Problemen unmittelbar zu äußern. Zur Annahme und Handhabung von Beschwerden sind seitens der Unternehmens Strukturen, Prozesse und Systeme vorzusehen, die eine zügige und zufriedenstellende Bearbeitung von Beschwerden ermöglichen (siehe auch Abschnitt 6.4.5).

Da Beschwerden der Kunden bei intakten Geschäftsbeziehungen oft gegenüber dem Außendienstmitarbeiter geäußert werden, kommt dem Verkäufer die Rolle des „complaint owner" zu, der also aus Kundensicht die Verantwortung für eine kundenorientierte Beschwerdebehandlung trägt. Stellt sich bei Kunden durch eine gute Behandlung der Beschwerde Zufriedenheit ein, so beobachtet man besonders im industriellen Bereich, dass diese ursprünglich unzufriedenen Kunden danach zufriedener sind als Kunden, die gar nicht erst unzufrieden waren, bei denen also alles immer erfüllt wurde (Hart, Heskett und Sasser 1990, S. 148). In jedem Fall ist sicherzustellen, dass der durch die Beschwerde offengelegten Unzufriedenheit durch ein systematisches Beschwerdemanagement entgegengewirkt wird. Damit wird zugleich die Abwanderungsneigung des sich beschwerenden Kunden reduziert und dessen Geschäftsbeziehung stabilisiert.

2.2.1.5   Kundenrückgewinnung (Recovery Management)

Ist es nicht gelungen, gefährdete Kundenbeziehungen zu sichern oder deren Gefährdung rechtzeitig zu identifizieren, gehen diese Geschäftsbeziehungen durch Kündigung von Verträgen bzw. die vollständige Abwanderung der Kunden verloren. Da sich zügig Wechselbarrieren aufbauen, sind die Aufwendungen zur Rückgewinnung verlorengegangener Kunden häufig vier bis fünf Mal so hoch wie der Aufwand zur Sicherung bestehender Beziehungen mit Stammkunden (Manning, Reece und Ahearne 2010, S. 327). Neben dieser reinen Kostenbetrachtung der Kundenrückgewinnung stehen die Vertriebsleitung und die Mitarbeiter im Persönlichen Verkauf vor der Herausforderung, die knappe Ressource der Besuchszeit optimal zwischen Interessenten, Neukunden, loyalen, abwanderungsgefährdeten und verloren gegangenen Kunden zu verteilen. Dabei sind neben direkten auch indirekte Kosten und Erlöse dieser Alternativen abzuschätzen. Beim Verlust sehr unzufriedener Kunden spielen bspw. indirekte Kosten in Form negativer Mundpropaganda eine bedeutende Rolle, während das Referenz- und Weiterempfehlungspotenzial bei einer erfolgreichen Rückgewinnung als indirekter Erlös positiv zu Buche schlägt (Pick und Krafft 2009, S. 129). Zudem besteht eine psychologische und kulturelle Barriere darin, dass es Verkäufern und Vertriebsleitern leichter fällt, die aufwändigere Akquisition von Interessenten und Neukunden auf sich zu nehmen, die bei positivem Ausgang einen Erfolg darstellt, als sich einzugestehen, dass Kunden verloren gegangen sind, und diesen Misserfolg durch Rückgewinnungsmaßnahmen auszugleichen.

Vor diesem Hintergrund ist es Gegenstand des Rückgewinnungsmanagements, Kunden zurückzugewinnen, die eine Geschäftsbeziehung durch Kündigung oder Abwanderung abgebrochen haben (Büttgen 2003). Analog zur Abwanderungsprävention sind im Rahmen dieser – auch als Customer Recovery Management bezeichneten – letzten Teilaufgabe des Kundenmanagements abgewanderte Kunden zuerst zu bewerten, wiederkehrende Gründe der Abwanderung aufzudecken und zu beseitigen, Rückgewinnungsmaßnahmen zu ergreifen und zu kontrollieren. Als Maßnahmen der Rückgewinnung kommen analog zur Churn Prevention Entschuldigungen (Dialog), Wiedergutmachungen (Kompensation) oder Preisnachlässe (Anreiz) in Frage. Mehrere Studien belegen, dass derartige systematische Aktivitäten zur Rückgewinnung von Kunden nachhaltig zum Unternehmens- und Vertriebserfolg beitragen können (siehe bspw. Schäfer, Karlshaus und Sieben 2000; Thomas, Blattberg und Fox 2004).

2.2.2   Einkaufs- und Verkaufssituation

Im Überblick zu Kapitel 2 haben wir bereits verdeutlicht, dass der Erfolg der Vertriebs- und Verkaufsanstrengungen nachhaltig davon abhängt, dass die Besonderheiten der Einkaufssituation aus Kundenperspektive berücksichtigt werden. Wie in Abschnitt 2.2.2.3 gezeigt wird, beeinflusst die Anzahl und funktionale Zugehörigkeit der beteiligten Führungskräfte und Mitarbeiter des Kunden deren Einkaufssituation, also ob es sich bspw. um die Entscheidung eines Einzelnen oder eines Buying Centers handelt. Zudem kann die Einkaufssituation stärker objektiviert werden, indem standardmäßig mehrere Angebote oder ein geregeltes Bieterverfahren („competitive bidding") vorgesehen wird. Welche Rolle dem Vertrieb zukommt, hängt aber auch wesentlich vom Geschäftstyp ab, wobei im industriellen Bereich oft das Produkt-, Zuliefer-, System- und Anlagengeschäft als unterschiedliche Formen genannt werden (Backhaus und Voeth 2010, S. 204). Aus der Perspektive des Vertriebsmanagements klassifizieren wir diese Geschäftstypen danach, inwieweit dabei die Ansätze des Relationship Selling und des Systems Selling zum Tragen kommen, oder aber eine transaktionale Perspektive dominiert, also ein Produkt einmalig ge- bzw. verkauft wird (Abschnitt 2.2.2.1). Die einzelnen Geschäftstypen werden komprimiert in Abschnitt 2.2.2.2 aus vertrieblicher Sicht diskutiert. Die folgende **Abbildung 2.2-5** verdeutlicht die Zusammenhänge der folgenden zwei Abschnitte.

Abbildung 2.2-5   Dimensionen der Einkaufs- und Verkaufssituation

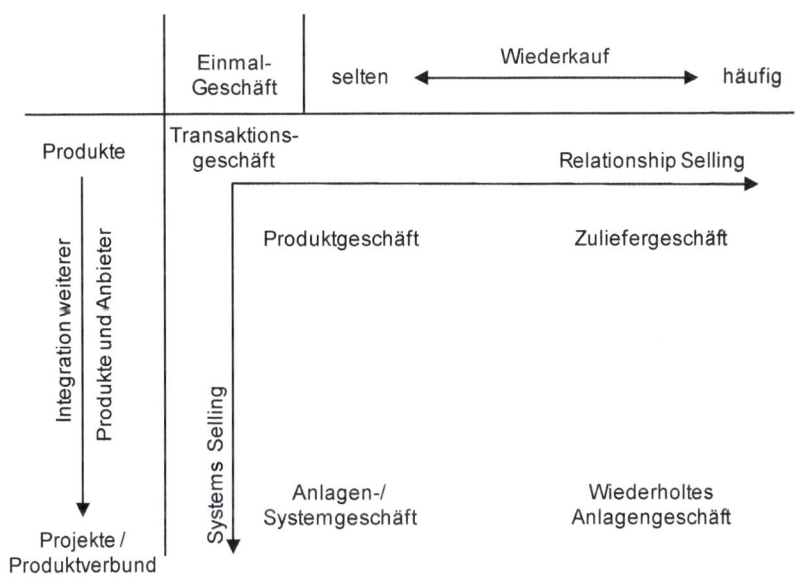

2.2.2.1   Systems Selling und Relationship Selling

Die im folgenden Abschnitt diskutierten Geschäftstypen können aus der Perspektive des Vertriebs nach den Dimensionen des Systems Selling und Relationship Selling typisiert werden. Gegenüber dem Transaktionsgeschäft, das durch den einmaligen Verkauf einzelner Produkte gekennzeichnet ist, zielt die Konzeption des **Systems Selling** darauf ab, Kombinationen von Produkten oder Dienstleistungen im Verbund anzubieten (Günter 1979, S. 7 f.). Diese Bündel werden aufgrund ihrer Vermarktungsfähigkeit gebildet und dienen häufig der Befriedigung eines komplexen Bedarfs, wobei die angebotene Leistung grundsätzlich maßgeschneidert wird. Insbesondere im Investitionsgütermarketing finden sich dazu oft mehrere Anbieter oder Dienstleister zusammen, um in gemeinsamen Angeboten komplexe Produkt-Dienstleistungs-Bündel bzw. Software-Hardware-Kombinationen zu offerieren. Die sich ergebenden Verbunde unterscheiden sich vom transaktionalen Produktgeschäft in erster Linie durch zusätzliche Dienstleistungen, bspw. die Koordination von Bietergemeinschaften, das Betreiben komplexer Anlagen (etwa in Form des „build – operate – transfer") oder Pre- bzw. After Sales-Services. Systems Selling ist im internationalen industriellen Vertrieb häufig anzutreffen. Die Beschaffungsentscheidungs-, Erstellungs- und Abwicklungsprozesse sind dabei langfristig angelegt, was sowohl innerhalb der Anbieterkoalitionen als auch bei einzelnen Kunden mit komplexen Interaktionen verbunden ist. Da es beim Systems Selling in der Regel um hohe Auftragswerte geht, kommt der Auftragsfinanzierung eine hohe Bedeutung zu, wobei die Finanzierung dabei selbst wiederum einen Teil des Produkt-Dienstleistungs-Bündels darstellt.

Als zweite Dimension zur Systematisierung von Geschäftstypen dient das Ausmaß des **Relationship Selling,** also die Frage, inwieweit es gegenüber einem rein transaktionalen Geschäft um wiederholte Vorgänge zwischen denselben Marktpartnern geht. Neben dieser Perspektive der Anzahl der Wiederkäufe spielt beim Relationship Selling auch die Bereitschaft von Anbietern und Kunden eine wesentliche Rolle, ob langfristige Beziehungen zum wechselseitigen Vorteil angestrebt werden. Alle Beteiligten sind im Rahmen dieses Konzepts bemüht, Vertrauen zueinander aufzubauen, und der Außendienst des Anbieters agiert kundenorientiert, indem Produkte und Dienstleistungen angeboten werden, die primär mit den Zielen der Kunden kongruieren, und erst an zweiter Stelle den Zielen des Anbieters nutzen (Gonzales, Hoffman und Ingram 2005, S. 57).

Aus der Kombination dieser beiden Dimensionen resultieren vier Konstellationen: Das Produkt- oder Transaktionsgeschäft ist dabei durch niedrige Ausprägungen des Systems Selling- und Relationship Selling-Konzepts gekennzeichnet, während gleichzeitig hohe Ausmaße dieser beiden Dimensionen beim wiederholten Anlagengeschäft zu beobachten sind. Beim einmaligen System- bzw. Anlagengeschäft ist dagegen nur das Systems Selling nachhaltig ausgeprägt, während das Zuliefergeschäft durch den umfassenden Einsatz des Relationship Selling gekennzeichnet ist. Die genannten vier Geschäftstypen werden im folgenden Abschnitt aus vertrieblicher Perspektive diskutiert.

2.2.2.2 Produktgeschäft, Zuliefergeschäft sowie Anlagen- und Systemgeschäft

Beim **Produktgeschäft** geht es um die Vermarktung von Leistungen, die einem großen Kreis von prinzipiell anonymen Nachfragern angeboten werden, die nicht oder nur in sehr großen Abständen wiederkaufen werden (Backhaus und Voeth 2010, S. 206). Zudem handelt es sich um eher einfache und leicht erklärbare Produkte und Dienstleistungen, die von einem einzigen Anbieter ohne Unterstützung durch Drittunternehmen erstellt bzw. erbracht werden können. Um im Produktgeschäft erfolgreich zu sein, bedarf es also weder eines ausgeprägten Relationship Selling- noch Systems Selling-Ansatzes. Vielmehr wenden Verkäufer das Konzept des **Transactional Selling** an, indem sie extensiv Neukundenakquisition betreiben, jede Verkaufschance mit Nachdruck nutzen, wenig Zeit zur Erkennung des Kundenproblems aufwenden, Verkaufstechniken zur Entkräftung von Kundeneinwänden einsetzen, auf den Abschluss drängen und sich weder um die Zufriedenheit der Kunden noch die Qualität des After-Sales-Service kümmern. Als Verkaufsansatz entspricht diese zumeist standardisierte und abschlussorientierte Gesprächsführung dem Stimulus-Response-Ansatz (siehe Abschnitt 2.3.3.3).

Ist die Beziehung zwischen einem Anbieter und Abnehmer von wechselseitiger Abhängigkeit gekennzeichnet, da der Kunde und der Lieferant das gehandelte Produkt gemeinsam entwickelt haben, es sich dabei um ein komplexes Gut handelt oder dessen zuverlässige Produktion und Lieferung in hoher Qualität von großer Bedeutung für den Abnehmer sind, bilden sich dauerhafte Geschäftsbeziehungen, die als **Zuliefergeschäft** bezeichnet werden. Die hohen Kosten sowie der Grad der Spezifität der Leistung binden den Kunden entweder faktisch oder aufgrund geschlossener Verträge langfristig an den Lieferanten. Ein typisches Beispiel für das Zuliefergeschäft sind die Beziehungen zwischen Automobilherstellern und ihren Zulieferern (Backhaus und Voeth 2010, S. 207). Aufgrund der hohen Abhängigkeit des Anbieters von einzelnen Abnehmern werden diese Kunden oftmals aufwändig durch gut ausgebildete Key-Account-Mitarbeiter betreut, die nur wenige oder nur einen Schlüsselkunden (Key Account) betreuen. Im Extremfall bedeutet dies, dass der Außendienstmitarbeiter nur für den Schlüsselkunden arbeitet, und oft gemeinsam mit weiteren Mitarbeitern des Anbieters ausschließlich am Standort des Kunden tätig ist. In Gesprächen mit Führungskräften und Mitarbeitern des Kunden verfolgen Verkäufer den Ansatz des Relationship Selling. Dies stellt hohe Ansprüche an die Ausbildung des Vertriebsmitarbeiters. Zur Vermeidung einer in diesem Kontext nicht erwünschten ausgeprägten Abschlussorientierung wird diesen Mitarbeitern in der Praxis ein hohes Festgehalt, aber nur geringe Leistungsanreize gewährt. Das Zusammenspiel vom Verkaufskontext und der erfolgsabhängigen Entlohnung wird umfassend in Abschnitt 5.3.4 diskutiert.

Anders als beim Produkt- und Zuliefergeschäft ist das System- und Anlagengeschäft davon geprägt, dass es um das Vermarkten eines Verbunds von Produkten oder komplexer Projekte geht. Dabei gibt es keine fertigen Lösungen, sondern diese werden in Kooperation mit dem potenziellen Kunden oder Drittunternehmen entwickelt. Beide Geschäftstypen erfordern den oben beschriebenen Ansatz des Systems Selling. Das **Anlagengeschäft** ist zwar ähnlich wie das Produktgeschäft durch einen in sich abgeschlossenen Marktprozess gekennzeichnet, es geht dabei aber um die Vermarktung eines Projekts in Einzel- oder Auftragsfertigung, also bspw. das Verkaufen einer Schiffs, eines Gebäudes oder einer Fertigungsanlage. Für derart spezifische Projekte gibt es häufig keinen alternativen Käufer, was die Abhängigkeit des Herstellers vom Kunden unterstreicht (Backhaus und Voeth 2010, S. 206 f.).

Beim **Systemgeschäft** werden potenziellen Kunden nicht nur eigene Produkte, sondern auch ergänzende Produkte weiterer Hersteller angeboten. Die grundlegendste Form des Systemgeschäfts ist der Verbund von Soft- und Hardware im Computer- und Datentechniksegment, wie er sich bspw. in den 1980er Jahren zwischen IBM-kompatiblen Rechnern und Windows als Betriebssoftware entwickelte. Weitere typische Beispiele für Systemgeschäfte sind Büro- und Telekommunikationssysteme, sofern sie nicht als Komplett-

lösungen, sondern sukzessiv als einzelne Technologien in einer logischen Folge von Be-
schaffungsschritten angeboten werden (Backhaus und Voeth 2010, S. 207).

Sofern ein Kunde Anlagen- oder Systemgeschäfte wiederholt mit einem oder nur wenigen
Anbietern abschließt, ist aus Vertriebssicht eine Kombination von Relationship und Systems Selling angezeigt, bei der also die Geschäftsbeziehung und das Lösen eines komplexen Kundenproblems im Mittelpunkt steht. Derartige **wiederholte Anlagen- und Systemgeschäfte** sind im internationalen Bereich zwischen großen Anbietern und Abnehmern zu
beobachten, wenn bspw. Bechtel Corp. als Federführer von Bieterkoalitionen über mehrere
Jahre in vielen Ländern Supermärkte für Walmart baut oder die Deutsche Telekom für
eine international agierende Strategieberatung in mehreren Ländern Telekommunikations-
lösungen aus einer Hand anbietet.

2.2.2.3   Entscheidungssituationen im Einkauf

Die Beschaffungsprozesse von Unternehmen sind in den letzten Jahren deutlich professionalisiert worden. Insbesondere in kleinen oder mittelständischen Unternehmen sowie bei
sehr spezifischen Produkten oder Leistungen erfolgt die Auswahl des Anbieters durch die
jeweilige Fachabteilung. Sofern die Beschaffungsentscheidungen nicht komplex und die zu
kaufenden Güter nicht teuer sind, werden derartige Käufe von einem Entscheider getätigt
und die Bestellvorgänge teilweise automatisiert, bspw. in Form von kooperativen Just-in-
Time-Konzepten (Wildemann 2001). Bei weit reichenden Entscheidungen oder in größeren
Unternehmen, die Beschaffungsprozesse durch organisatorische Strukturen hinterlegen,
werden dagegen mindestens zwei Entscheider beteiligt, die zudem Mitglied einer Ein-
kaufsabteilung sind. Um dysfunktionales oder gar unethisches Verhalten zu beschränken,
werden häufig umfassende Regelwerke aufgestellt, die bei der Auftragsvergabe zu beachten sind. Zudem wird auf das Konzept der Job Rotation zurückgegriffen, und es sind standardmäßig drei oder mehr Angebote von Lieferanten einzuholen. Fragestellungen der
Business-Ethik werden ausführlicher in Kapitel 6 erörtert.

Ein übergreifendes Konzept in der Beschaffung stellen sogenannte Buying Center dar, die
von Mitarbeitern der Einkaufs- und Fachabteilungen gebildet werden. Ziel dieser Teams
im Einkauf ist es, komplexe Kaufentscheidungen mit weit reichenden Konsequenzen für
das beschaffende Unternehmen professionell und auf breiter Basis zu treffen. Die von
Anbietern gebildeten Verkaufsteams sind dabei als Reaktion auf die zunehmende Verbreitung von Buying Centers der beschaffenden Unternehmen zu sehen.

Als am nachhaltigsten standardisierte Form der Beschaffung sind Ausschreibungen oder
Submissionen anzusehen, bei denen potenzielle Anbieter aufgefordert werden, für eine
spezifizierte Leistung schriftliche Angebote einzureichen. Das unter Berücksichtigung aller
Umstände günstigste bzw. vorteilhafteste Angebot aus Sicht des Nachfragers erhält dann
den Zuschlag (Alznauer und Krafft 2004, S. 1059 f.). Neben der vorab zu klärenden Frage,
ob ein Anbieter überhaupt an der Ausschreibung teilnehmen sollte, geht es im Wesentlichen um die Festlegung des Preisangebotes, mit dem ein Anbieter an der Ausschreibung
teilnehmen möchte. Formen des Submissionswettbewerbs (oder „competitive bidding")
werden detailliert in Abschnitt 4.4 behandelt.

Je nach Entscheidungssituation im Einkauf ist das Ausmaß und die Gestaltung der Verkaufskonzeption zu wählen. So bietet sich der Vertrieb durch den Verkaufsaußendienst an, wenn die Beschaffung durch einzelne Mitarbeiter der Fachabteilungen erfolgt. Sofern Buying Center eingesetzt werden, empfiehlt es sich, analog auf Verkaufsteams zurückzugreifen (vgl. Abschnitt 2.3.2.1 zu Selling Center und Selling Teams).

Abbildung 2.2-6 Anzahl und Art der Entscheider im Einkauf

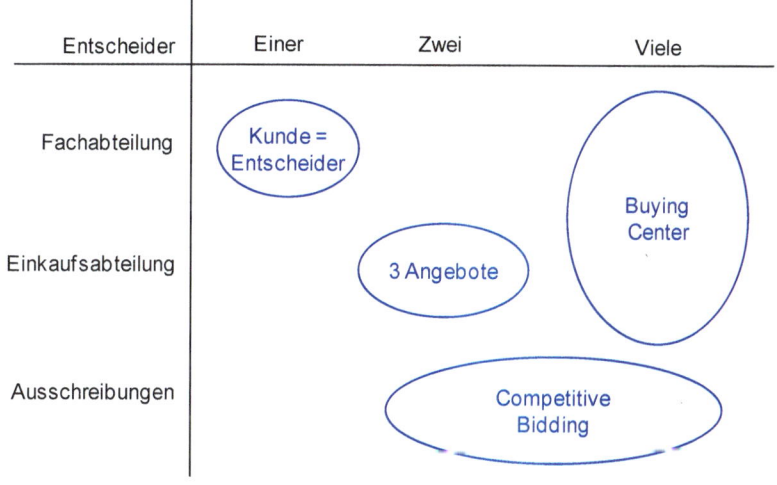

2.2.3   Aufgabenbezogene Verkäufer-Typologie

Wie schon in Kapitel 1 gezeigt wurde, verbindet man mit dem Beruf des Verkäufers landläufig das Klischee des Vertreters oder Klinkenputzers, der Endkunden manipuliert oder Einkäufer von Unternehmen hofieren muss (Löhr 2010). Das Berufsbild im Verkauf bzw. Vertrieb ist somit vom Direktverkauf und Endkundengeschäft geprägt, obwohl in diesen Bereichen nur ein Bruchteil aller Außendienstmitarbeiter tätig ist. Ganz überwiegend sind die Aktivitäten im Persönlichen Verkauf vielschichtig und anspruchsvoll – und insbesondere die im Fokus dieses Buchs stehenden Tätigkeiten im Vertrieb von Produkten und Dienstleistungen an gewerbliche Abnehmer sind mit höchsten Anforderungen an die Fähigkeiten und Fertigkeiten der Mitarbeiter verbunden.

Verkaufstätigkeiten könnten unterschiedlich klassifiziert werden – bspw. nach den in Abschnitt 2.2.2 präsentierten Einkaufs- und Verkaufssituationen, dem Arbeitgeber (Hersteller, Großhändler/Händler), dem betreuten Kunden (Industrie, Handel, Endkunden) oder den Produkten (Dienstleistungen, tangible Produkte). Diese Systematisierungen weisen allesamt die Schwäche auf, dass die resultierenden Kategorien immer noch sehr heterogen hinsichtlich der von diesen Verkäufertypen zu erfüllenden Aufgaben sind. Wir orientieren uns daher an einer Taxonomie von Aufgabenfeldern im Außendienst, die es möglich macht, konkrete Positionen im Persönlichen Verkauf zu klassifizieren. Dabei greifen wir auf eine aktuelle großzahlige Studie zu zentralen Aufgaben im Persönlichen Verkauf zurück:

Moncrief, Marshall und Lassk (2006) befragten mehr als 1.000 Verkäufer aus 61 Unternehmen zu 105 Einzeltätigkeiten, die mit Hilfe einer Faktorenanalyse zu 12 übergeordneten Tätigkeitsdimensionen (Faktoren) zusammengefasst wurden. Die Sequenz der in der nachfolgenden Aufzählung aufgelisteten Faktoren spiegelt dabei die Bedeutung der einzelnen Tätigkeitsdimension zur Identifikation von Verkäufertypen wider (vgl. Moncrief, Marshall und Lassk 2006):

1. Relationship Selling

2. Verkaufsförderungsaktivitäten und Sales Service

3. Kunden-Entertainment

4. Neukundenakquisition

5. Computertätigkeiten

6. Reisetätigkeit

7. Trainieren und Rekrutieren

8. Liefertätigkeit, Merchandising

9. Produktunterstützung

10. Fortbildung

11. Bürotätigkeiten

12. Betreuung von Intermediären

Anhand dieser 12 Tätigkeitsdimensionen wurde wiederum eine Clusterung aller Verkäufer durchgeführt, um zu einer aktuellen Taxonomie von Verkaufstätigkeiten zu gelangen (Moncrief, Marshall und Lassk 2006, S. 58-64). Die Clusteranalyse ergab eine optimale Anzahl von sechs Clustern (in Klammern ist die relative Größe des jeweiligen Clusters wiedergegeben):

■ Technischer Verkäufer (34,2 %),

■ Channel Development Seller (24,7 %),

■ Missionary Seller (15,1 %),

■ Delivery Seller (9,1 %),

■ Sales Support (8,6 %) und

■ Key Account Seller (8,3 %).

Die Liste der Tätigkeitsdimensionen und insbesondere die vier zuerst genannten Cluster weisen eine erstaunliche Robustheit gegenüber Studien aus 1986, 1973 und 1961 auf, was darauf hindeutet, dass es sich um grundlegende Außendiensttätigkeiten handelt (Moncrief, Marshall und Lassk 2006, S. 62). Daher werden diese vier Archetypen im Weiteren in komprimierter Form vorgestellt. Bei den genannten Tätigkeiten ist die Bezeichnung „Verkäufer" (oder „seller") dabei insofern irreführend, als der Anteil der Verkaufstätigkeit eher gering ausfällt. Dies wird zusätzlich durch eine empirische Untersuchung deutscher Unternehmen unterstrichen – obwohl in dieser Studie auch sehr viele Verkaufsorganisationen im Endkundengeschäft betrachtet wurden, betrug der mittlere Anteil der Verkaufsgespräche an der gesamten Arbeitszeit nur ein Drittel (Krafft 1995, S. 228 f.). Alle Studien deuten also darauf hin, dass das reine Verkaufen zunehmend in den Hintergrund tritt und Verkaufsaußendienstmitarbeiter immer mehr Aufgaben übernehmen, die zur Vor- und Nachbereitung von Verkaufsabschlüssen dienen.

2.2.3.1   Technischer Verkäufer

Insbesondere in Beziehungen zwischen Organisationen sind viele der gehandelten Dienstleistungen oder Produkte hochgradig komplex. Die primäre Aufgabe des Technischen Verkaufs besteht vor diesem Hintergrund darin, die Kunden technisch zu beraten und zu unterstützen, damit die mit ihnen bestehende Geschäftsbeziehung gesichert wird. Aber auch nach der Lieferung der Produkte und Dienstleistungen soll der Technische Vertrieb bei der Lösung von Problemen helfen und als Fürsprecher für Angelegenheiten des Kunden beim eigenen Unternehmen fungieren. Da Technische Verkäufer mit den Bedürfnissen ihrer Kunden gut vertraut sind, können sie zudem bei der Identifikation von Problemen, innovativen Ideen und der Entwicklung neuer Produkte hilfreich sein. Hauptansprechpartner des technischen Vertriebs sind die Einkäufer gewerblicher Kunden, aber auch deren technische Fachkräfte. Technische Verkäufer kooperieren zudem intensiv mit Mitarbeitern weiterer Bereiche des Kunden, wie Produktion, Forschung & Entwicklung, oder mit Drittunternehmen, um gemeinsam mit diesen herauszufinden, wie Produkte und Dienstleistungen gestaltet oder verändert werden müssen, um den Bedürfnissen der Kunden gerecht zu werden. Technische Verkäufer unterstützen Kunden zudem dabei, die gelieferten Produkte sinnvoll so einzusetzen, dass sie die Wertschöpfung des Käufers steigern.

Da die Gesprächsführung im Technischen Vertrieb überwiegend von beratenden Elementen gekennzeichnet ist, wird diese Aufgabe im Vertrieb auch als Consultative Selling (siehe Abschnitt 2.3.3.3) bezeichnet. Von den Verkäufern im Technischen Vertrieb wird erwartet, dass sie geduldige Beobachter und Zuhörer sind, deren primäres Interesse das Lösen von Kundenproblemen ist. Karrierepfade im Technischen Verkauf schließen oft Fachhochschul- oder Universitätsabschlüsse in den Ingenieurswissenschaften ein, und fundierte Kenntnisse aus den Bereichen Forschung & Entwicklung sowie der Produktion sind oft eine notwendige Voraussetzung, um die Herausforderungen der Kunden identifizieren und adäquate Lösungen entwickeln zu können. Da auch der Technische Einkauf auf Kundenseite professionell ist, werden von den Mitarbeitern im Technischen Vertrieb zudem analytische Fähigkeiten erwartet, um die Vorteilhaftigkeit der eigenen Lösungen möglichst präzise darlegen zu können – oft auf der Grundlage ausführlicher Simulationen oder wissenschaftlicher Tests.

In der Studie von Moncrief, Marshall und Lask (2006, S. 58-64) wurden 34,2% aller Befragten der Gruppe Technischer Vertrieb (Consultative Selling) zugeordnet, die damit das größte Cluster bildete. Diese Mitarbeiter weisen die höchsten Werte für die Tätigkeitsdimensionen des Relationship Selling, der Verkaufsförderungs- und Sales Service-Aktivitäten sowie der Produktunterstützung auf. Der Technische Vertrieb ist besonders stark ausgeprägt im Maschinen- und Anlagenbau, in der Luftfahrt, der Chemie- und Metallbranche sowie der Medizinelektronik. Auffällig sind der (noch) geringe Frauenanteil sowie die hohen Einkommen der Vertriebsingenieure. Hinsichtlich des Beziehungsmanagements zeigt der Technische Vertrieb einen eindeutigen Schwerpunkt bei der Betreuung von Stammkunden, die sehr häufig besucht werden. Neukundenakquisition wird dagegen fast gar nicht betrieben.

2.2.3.2   Channel Development Seller

Ähnlich wie das **Missionary Selling** ist das **Channel Development Selling** oder **Trade Selling** eine unaufdringliche Form des Verkaufens, die sich aber darin unterscheidet, dass den Intermediären als direkten Kunden des Unternehmens Hilfestellung in Form von Sales Promotions geleistet wird, damit diese wiederum an ihre Kunden Produkte des Herstellers erfolgreich weiter verkaufen können. Insofern weist das Channel Development eher einen „push"-Charakter auf. Die Tätigkeit des Channel Developers kann sowohl im Konsumgüter-, Dienstleistungs- als auch im Industriegüterbereich sinnvoll ausgeübt werden – sobald ein zwei- oder mehrstufiger Absatz mittels Groß- oder Fachhandel gegeben ist, dient die Aufgabe des Channel Development dazu, den Abverkauf der Intermediäre durch Verkaufsförderungsmaßnahmen des Herstellers zu unterstützen. Das Channel Development erfolgt dabei in Form einer direkten Betreuung der Zentralen der Handelspartner. Die Unterstützung der einzelnen Filialen oder Outlets durch einen Verkaufsaußendienst ist dagegen Aufgabe des **Delivery Selling** (siehe Abschnitt 2.2.3.4).

Als Persönlichkeitsmerkmale werden von Channel Development-Mitarbeitern in erster Linie Einfühlungsvermögen, Reife und Kundenkenntnisse erwartet. Durch die zunehmende Professionalisierung und Systematisierung des Einkaufs der Intermediäre ist davon auszugehen, dass Verhandlungsstärke und Durchsetzungsvermögen immer wichtiger werden. Mitarbeiter, die überwiegend mit Aufgaben des Channel Development betraut sind, sind häufig Akademiker, wobei es sich in der Regel um einen wirtschaftswissenschaftlichen Abschluss handelt.

Laut Moncrief, Marshall und Lassk (2006, S. 62) ist mit 24,7% aller Befragten etwa jeder vierte Mitarbeiter der dort betrachteten institutionellen Vertriebstätigkeiten überwiegend mit Aufgaben des Channel Development betraut. Zu den primären Tätigkeiten dieser Trade Seller gehört die Betreuung von Intermediären und das Kunden-Entertainment. Viel Zeit nehmen zudem vor- und nachbereitende Computertätigkeiten sowie Reisetätigkeiten in Anspruch. Die Autoren berichten des Weiteren, dass sowohl die Anzahl der Besuche, der betreuten Kunden als auch die Höhe der Gesamtvergütung durchschnittlich ausfallen.

Besonders ausgeprägt ist das Channel Development und Trade Selling im Verhältnis zwischen Markenartikelherstellern und Handelsunternehmen, wo Verkäufer im Rahmen des Key-Account-Managements den Handel darin unterstützen, die Produkte des Anbieters erfolgreich abzusetzen (Newton 1969, S. 133-136). Dies geschieht insbesondere in Form von bereitgestellten Handels-Promotions, also beispielsweise Displays oder Werbekostenzuschüssen (Gedenk 2002). Die Tätigkeit des Channel Development ist in den Marktsegmenten schnell drehender Produkte (Fast Moving Consumer Goods), Bekleidung sowie Textilien in ausgeprägter Form zu beobachten.

2.2.3.3   Missionary Seller

In den einschlägigen Studien zu Taxonomien von Verkaufsaktivitäten wird die Aufgabe des Missionary Selling als einzige seit 50 Jahren durchgängig als wichtiger Archetyp herausgestellt (Moncrief, Marshall und Lassk 2006, S. 63). Dabei erfasst der Begriff des Missionary Selling alle Aktivitäten, die nur mittelbar zum erfolgreichen Abschluss führen, indem Bekanntheit und Vertrauen in Produkte, Dienstleistungen und Marken aufgebaut sowie indirekte Kunden über die Leistungsfähigkeit der Angebote eines Unternehmens aufgeklärt werden. **Indirekte Kunden** sind dabei Ärzte, Apotheker oder Krankenhäuser in der Pharmazeutischen Branche bzw. Restaurants im Spirituosenbereich, da sie nicht direkt beim Hersteller, sondern über Intermediäre wie den Pharmagroßhandel bzw. den Getränkefachhandel kaufen. Die Produzenten erhoffen sich vom Missionary Selling verzögerte Pull-Effekte dergestalt, dass Endkunden Präparate verschrieben bzw. Spirituosen empfohlen bekommen, die sie dann auch zukünftig nachfragen. Es werden somit weder Endkunden noch Groß- oder Einzelhändler (als direkte Kunden der Hersteller) angesprochen. Außendienstmitarbeiter, die ausschließlich Missionary-Selling-Aktivitäten entfalten, schreiben also keine Aufträge, sondern stellen Lösungen vor und liefern empirische Studien sowie Referenzen. **Abbildung 2.2-7** verdeutlicht für die Pharmabranche, wie Missionary Selling in Form des Detailing (Produktpräsentationen bei Besuchen) bei indirekten Kunden eingesetzt wird, um Endkunden für die Präparate des Herstellers zu gewinnen.

Als für das Missionary Selling zentrale Merkmale der Verkäufer haben sich deren Anpassungs- und Lernfähigkeit sowie Fertigkeiten in der Kommunikation, dem Verstehen und Fragestellen erwiesen (vgl. Weilbaker 1990, S. 55). Demzufolge ist der missionarische Verkäufer in erster Linie Kommunikator und versucht zu überzeugen, ist aber weniger zuständig für das Lösen von Kundenproblemen (Newton 1969, S. 136). Das Profil derartiger Mitarbeiter besteht häufig darin, dass sie eine abgeschlossene Ausbildung aufweisen, etwa die eines Medizinisch- oder Pharmazeutisch-Technischen Assistenten (MTA/PTA), oder Akademiker sind mit Abschlüssen in Biologie, Pharmazie usw. Um das Vertrauen von Ärzten oder Apothekern gewinnen zu können und deren wertvolle Zeit gewährt zu bekommen, sind zudem spezifische Fachkenntnisse und wenig Verkaufsdruck angezeigt. Eine ausgeprägte Abschlussorientierung ist im Missionary Selling daher nicht zu beobachten (Moncrief, Marshall und Lask 2006, S. 60).

Abbildung 2.2-7   Missionary Selling in der Pharmazeutischen Branche (Krafft 2001, S. 646)

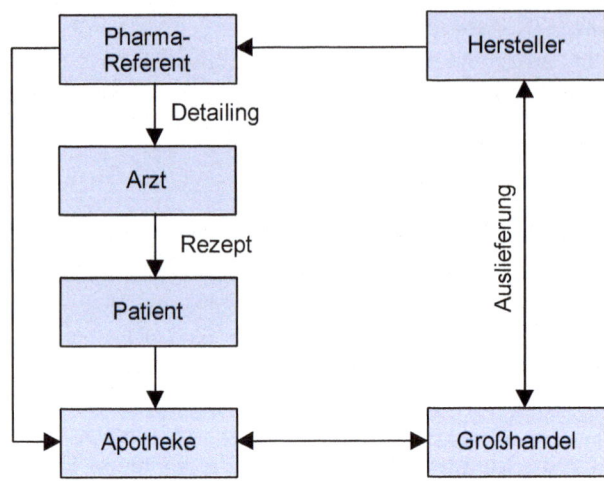

Moncrief, Marshall und Lask (2006, S. 62 f.) berichten, dass 15,1% der von ihnen befragten Außendienstmitarbeiter überwiegend im Missionary Selling tätig sind. Diese Mitarbeiter weisen hohe Ausprägungen bei den Tätigkeitsdimensionen des Trainierens und Rekrutierens, des Auslieferns von Samples und bei der Fortbildung auf. Zudem ist ihre Tätigkeit von einer umfangreichen Reisetätigkeit gekennzeichnet. Diese Autoren berichten zudem, dass die Mitarbeiter im Missionary Selling relativ alt sind und sowohl die Einkommen als auch der Frauenanteil überproportional hoch ausfallen. Am nachhaltigsten ist das Missionary Selling in der Pharmabranche ausgeprägt. Wie zudem bereits verdeutlicht wurde, sind ähnliche Strukturen in Geschäftsbeziehungen zwischen Brauereien bzw. Spirituosenherstellern und Restaurants gegeben.

2.2.3.4   Delivery Seller

Da der Vertrieb von Produkten und Dienstleistungen ganz überwiegend zwei- oder mehrstufig ist und häufig den Verkauf über Absatzmittler wie Groß-, Fach- und Einzelhändler einschließt, ergibt sich die Herausforderung, wer für die Qualität der Darbietung der Herstellerleistungen im Handel Verantwortung trägt. Dabei geht es um Aspekte der Beratungsqualität, der Prominenz der Produktpräsentation, aber auch um die Frage, ob die Produkte überhaupt bereitgehalten werden oder im Regal bzw. auf Lager nicht vorhanden sind. Die Nicht-Verfügbarkeit von Produkten im Regal bzw. Lager („out of shelf/stock") stellt dabei ein sehr substanzielles ökonomisches Problem dar: Alleine in den USA werden die dadurch verursachten Deckungsbeitragseinbußen des Handels und der Hersteller auf 7 bis 12 Milliarden US-$ beziffert (Verhoef und Sloot 2010, S. 285). Der Delivery Seller als Mitglied des Hersteller-Feldaußendienstes berät überwiegend Niederlassungsleiter und weitere Mitarbeiter von Filialen der Handelspartner mit dem Ziel, dass die Intermediäre möglichst viele Produkte des Herstellers erfolgreich absetzen können. Dabei erwarten Hersteller von ihren Delivery-Selling-Mitarbeitern, dass sie auf die Umsetzung der zentral vereinbarten Promotion-Aktivitäten achten, also dass bspw. Produkte zu Sonderpreisen angeboten oder gewährte Werbekostenzuschüsse zur Bewerbung der Herstellerprodukte verwendet werden. Im beschränkten Umfang kann der Delivery Seller dabei auf zusätzliches verkaufsförderndes Material zurückgreifen wie Sonder- oder Zweitplatzierungen, dessen Einsatz im Gespräch mit dem Leiter der Filiale durchgesetzt werden muss.

Gemäß der Verkaufstypologie-Studie von Moncrief, Marshall und Lassk (2006, S. 63) sind 9,1% aller Befragten überwiegend als „Delivery Seller" tätig, zu deren Aufgaben allgemeine Merchandising-Aktivitäten, die Regalpflege und Bestandsprüfungen bei Händlern gehören. Aufgrund technischer Entwicklungen entfällt dagegen zunehmend das früher übliche Aufnehmen von Bestellungen („order taking"). So ermöglichen bspw. moderne Efficient Consumer Response (ECR)-Systeme ein automatisches Nachbestellen zum Auffüllen des Lager- und Regalbestands der Intermediäre. Die Tätigkeiten des Delivery Selling erfordern keine außergewöhnlichen Kenntnisse und Fertigkeiten. Es ist daher nicht verwunderlich, dass kaum Akademiker im Merchandising tätig sind und der typische Delivery Seller eher jung ist, kurze Unternehmenszugehörigkeiten aufweist, viele Kunden betreut und häufige Besuche durchführt, zugleich aber deutlich unterdurchschnittliche Einkommen erzielt (Moncrief, Marshall und Lassk 2006, S. 63).

Mit der Aufgaben-bezogenen Verkäufertypologie, der jeweiligen Einkaufs- und Verkaufssituation und den Phasen der Kundenbeziehung wurden bisher die zentralen Kontextfaktoren der Verkaufskonzeption diskutiert. Im folgenden Abschnitt 2.3 wird nun die Gestaltung der Verkaufskonzeption in Form der im Kundenkontakt eingesetzten Kommunikationsmethoden erörtert.

2.3   Kommunikationsmethoden

Das Verkaufen ist durch eine zweiseitige Kommunikation zwischen Anbietern und Interessenten bzw. Kunden gekennzeichnet, die in persönlicher oder medial unterstützter Form erfolgen kann. In Abschnitt 2.3.1 werden ausgewählte Formen von **Kommunikationsmedien** diskutiert, die auch danach unterschieden werden, ob der Dialog eher vom Kunden oder vom Anbieter initiiert wird. Des Weiteren hängt der Erfolg des Dialogs davon ab, welche und wie viele Personen auf Seiten der Kunden und der anbietenden Unternehmen an der Kommunikation beteiligt sind. In Abschnitt 2.3.2 werden mit den multipersonalen Formen des Core Selling Teams, des Selling Centers und des Messegeschäfts für das Verkaufsmanagement wichtige **Kommunikationspartner**-Konstellationen vorgestellt und erörtert. Das Kapitel 2 schließt mit wichtigen **Verkaufsansätzen**, die mit Hilfe der Extrempole Soft versus Hard Selling und Adaptive versus Canned Selling systematisiert und diskutiert werden (Abschnitt 2.3.3). Die folgende **Abbildung 2.3-1** veranschaulicht die zentralen Dimensionen und Elemente des Abschnitts zu Kommunikationsmethoden.

Abbildung 2.3-1   Taxonomie der Kommunikationsmethoden

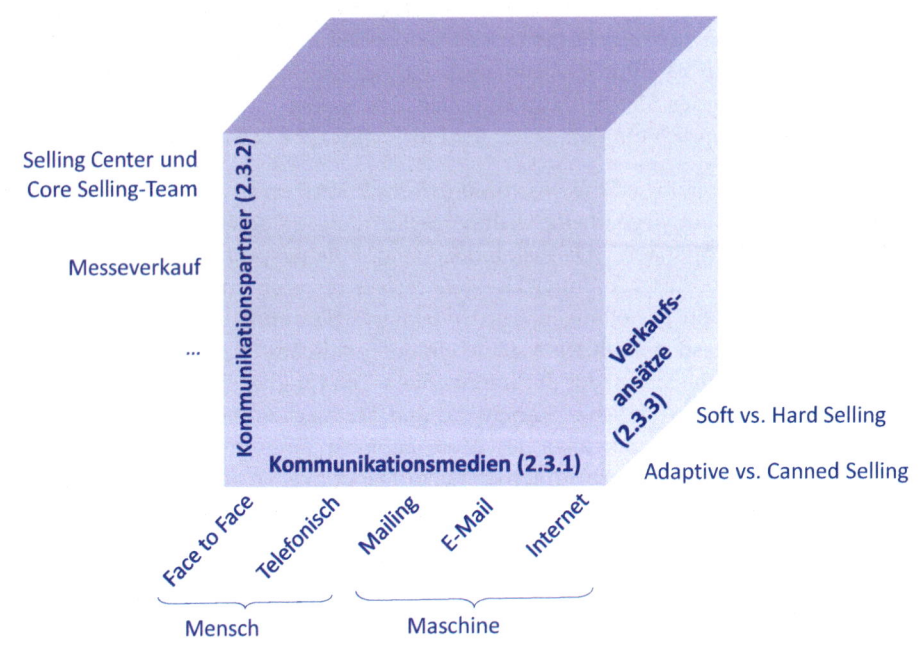

2.3.1   Kommunikationsmedien

Im Vertriebsmanagement kommt dem Zusammenspiel des Persönlichen Verkaufs mit weiteren Medien im Sinne einer koordinierten oder gar integrierten Kommunikation eine besondere Rolle zu. Wie in **Abbildung 2.3-2** dargestellt, stellt der Persönliche Verkauf aus Sicht des Unternehmens ein Push-Medium dar, bei dem das Unternehmen bewusst steuert sowie agiert, und das gleichzeitig durch persönliche Interaktion gekennzeichnet ist. Außerdem wird in der Abbildung eine Differenzierung der im Weiteren betrachteten Medien nach persönlichen bzw. rein medialen („unpersönlichen") Kontakten vorgenommen. Diese Dimension erfasst zudem die Reichhaltigkeit der Medien („media richness"), die bei persönlicher Kommunikation hoch, bei rein medialer Kommunikation dagegen niedrig ist. Push- bzw. Pull-Marketing können auch als Endpunkte einer zweiten Unterscheidungsdimension dienen, wobei im Extrem nur das Unternehmen (Push) oder der Kunde (Pull) initiativ wird. Diese beiden Dimensionen können zur Einordnung ausgewählter Medien dienen (siehe **Abbildung 2.3-2**), die im Folgenden in komprimierter Form vorgestellt und bewertet werden. Zur Bewertung werden dabei insbesondere die Kriterien der Kommunikationseffizienz (Schnelligkeit, Kostengünstigkeit, hohe Kontaktzahl) und -effektivität (wie hoher Abverkauf, Mediensynergien) herangezogen. Eine erschöpfende Beschreibung und Systematisierung von kommunikationspolitischen Instrumenten soll hier nicht erfolgen. Dazu sei auf Bruhn (2005, S. 209-259) und vergleichbare Quellen verwiesen.

Abbildung 2.3-2   Taxonomie der Kommunikationsmedien

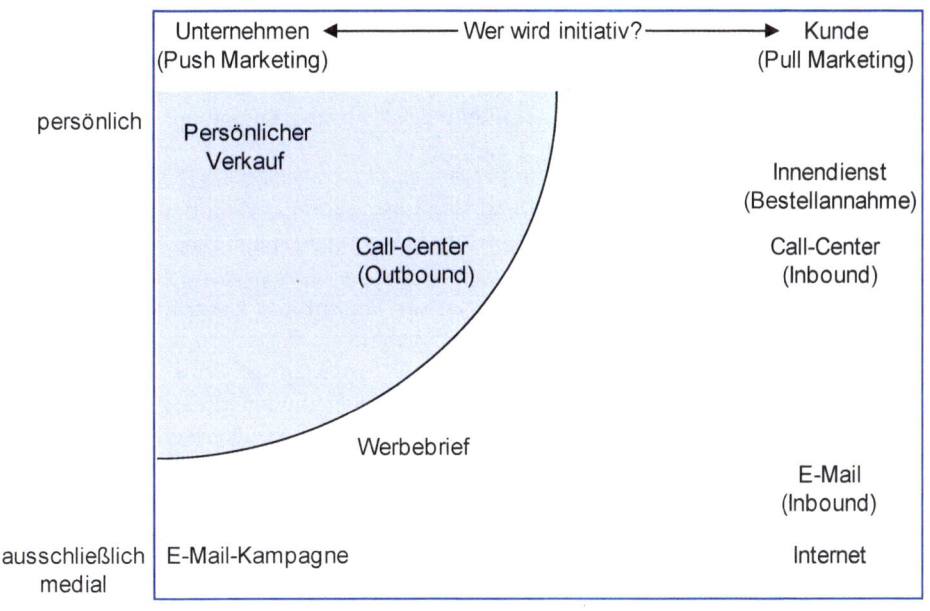

2.3.1.1   Persönlicher Verkauf (Feldaußendienst)

Der in regionalen Verkaufsgebieten tätige Vertrieb wird auch als Feldaußendienst bezeichnet und hat zur Aufgabe, im direkten Dialog von Mensch zu Mensch Geschäftsbeziehungen aufzubauen, zu pflegen und zu intensivieren. Feldaußendienste sind in der Betreuung von Handels-Outlets und im Pharmabereich besonders verbreitet, also im Missionary bzw. Trade Selling (vgl. Abschnitt 2.2.3.3 und 2.2.3.4). Der Persönliche Verkauf ist dabei die teuerste Form der Kommunikation mit Kunden, denn ein Besuch durch einen Reisenden kostet durchschnittlich 145 €, wenn man das durchschnittliche Bruttogehalt laut Kienbaum von 65.000 € sowie 2,5 Besuche/Tag an 180 aktiven Verkaufstagen pro Jahr zugrunde legt. Für Junior-Verkäufer bzw. Key-Account-Manager betragen die Kosten pro Besuch 110 € bzw. 195 € und schwanken für Top-Verkäufer zwischen 160 € in der Baustoffe-Branche und 230 € in der Elektrotechnik-Branche (vgl. Kienbaum 2009, S. 37, in Verbindung mit Krafft 1996, S. 46). Ein Verkaufsbesuch kostet demnach rund zehn Mal so viel wie ein Telemarketing-Kontakt und hundert Mal so viel wie ein Werbebrief (siehe auch Zoltners, Sinha und Lorimer 2004, S. 106). Zudem kann ein Verkäufer nur eine sehr begrenzte Anzahl von Beratungs- und Verkaufsgesprächen bei Interessenten und Kunden durchführen, und es dauert folglich sehr lange, bis ein neues Produkt dem gesamten Kundenstamm und allen Interessenten persönlich präsentiert werden kann. Es ist somit offensichtlich, dass eine reine Effizienzbetrachtung eindeutig gegen den Einsatz von Außendienstmitarbeitern spricht. Die substanziellen Budgetanteile und Mitarbeiterzahlen im

Vertrieb deuten aber darauf hin, dass der Persönliche Verkauf Effektivitätsvorteile bieten muss, welche die Effizienznachteile von Besuchen mehr als aufwiegen.

Der persönliche Kontakt ermöglicht den Verkäufern, nicht nur den Bedarf, sondern auch Stimmungen und Befindlichkeiten des Kunden wahrzunehmen und darauf zu reagieren, bspw. in Form von Adaptive Selling (vgl. Abschnitt 2.3.3.2). Zudem können Außendienstmitarbeiter mit ausgeprägtem Einfühlungsvermögen (Empathie) im Gesprächsverlauf schwache Signale des Kunden einfangen und Reaktionen auf eigene Argumente und Verhaltensweisen an der Mimik und Gestik des Gesprächspartners ablesen. Zudem sind persönliche Kundenkontakte nötig und wirksam, wenn die Ermittlung des Kundenbedarfs bzw. die Lösung des Problems einen Dialog mit unterschiedlichen Fachkräften des Kunden erfordert, und aufgrund der Komplexität der Kaufentscheidung viel persönliches Vertrauen aufgebaut werden muss, was durch die Präsenz der Gesprächspartner, aber auch Phänomene wie Ausstrahlung oder wahrzunehmende Begeisterung des Verkäufers für die Leistungen und Produkte des Unternehmens transportiert wird. Zu guter Letzt erwarten viele Kunden auch Besuche durch Außendienstmitarbeiter, da dies als Zeichen der Wertschätzung des Anbieters gedeutet wird, und da die soziale Interaktion mit Verkäufern als Vertrauens-bildend eingeschätzt wird. Durch organisatorische Maßnahmen versuchen jedoch Anbieter und Kunden gleicher Maßen, den potenziellen Einfluss von persönlichen Beziehungen auf Entscheidungen zu begrenzen, bspw. durch Job Rotation im Einkauf wie im Vertrieb.

2.3.1.2   Call-Center (Outbound)

Neben dem Persönlichen Verkauf kann die Kommunikation alternativ oder unterstützend per Telefon erfolgen. Findet dieser Kontakt im größeren Maßstab statt, werden dazu Call-Center eingesetzt, die vom Unternehmen selbst oder von Dienstleistern betrieben werden. In Deutschland arbeiten rund 420.000 Mitarbeiter in ca. 5.700 Call-Centers (www.ddv.de). Geht die Initiative zum telefonischen Kontakt vom Kunden oder Interessenten aus, handelt es sich um einen „inbound"-Anruf (vgl. Abschnitt 2.3.1.5). Beim Einsatz eines sogenannten Outbound-Call-Centers wird dagegen das Unternehmen aktiv – daher wird diese Kommunikationsform auch als aktives Telefonmarketing bezeichnet. Das Outbound-Call-Center kann zur Unterstützung des Außendienstes eingesetzt werden, indem vor dem persönlichen Kundengespräch Adressen qualifiziert oder Besuche der Verkäufer durch telefonische Terminabsprachen vorbereitet werden und nach dem Verkaufsgespräch eine Bestätigung des Auftragseingangs erfolgt sowie die Zufriedenheit mit dem Produkt und der persönlichen Beratung erfragt wird. Call-Center wurden aber auch mit großem Erfolg zur Neukundenakquisition, Stammkundenbindung oder Kundenrückgewinnung eingesetzt (Bruns 2007, S. 191-214). So haben weltweit erfolgreiche Unternehmen wie DELL die Basis ihres Erfolgs durch aktives Telefonmarketing geschaffen. Die Aufwendungen für Outbound-Call-Center haben sich in Deutschland in den letzten Jahren stabilisiert und betrugen in 2011 rund 2,0 Milliarden €, wobei etwa jedes fünfte Unternehmen Call-Center einsetzt (Deutsche Post 2012, S. 15).

Werden Call-Center mit erfahrenen Verkäufern besetzt, die gegebenenfalls per Bildtelefon, Skype oder Videokonferenz für den Kunden sichtbar sind, und die dabei auf audiovisuell unterstützte Produktpräsentationen zurückgreifen, kommt dieses Medium in seiner Wirkung dem traditionellen Verkaufsgespräch sehr nahe (siehe hierzu auch das Beispiel in Abschnitt 2.3.1.5). Aus Effizienzsicht bieten Outbound-Call-Center Vorteile durch entfallende Reisekosten und Wartezeiten, nicht zuletzt, da bei Nichterreichen eines Kunden unmittelbar ein neues Telefonat initiiert werden kann. Call-Center können zudem von der Geschäftsführung bzw. dem Vertriebs- oder Marketingleiter direkter gesteuert werden als Vertriebsorganisationen, da die Qualität und der Umfang der Verkaufstätigkeit aufgrund der Reisetätigkeit der Verkäufer nicht bestimmt werden kann. Es ist auch schneller möglich, Trainings für neue Produkte oder effektive Gesprächstechniken durchzuführen, da die Call-Center-Mitarbeiter an einem oder wenigen Orten stationiert sind, während die Außendienstmitarbeiter in der Fläche tätig sind. Und gegenüber stärker medial geprägten Kommunikationswegen wie den neuen Medien oder dem Werbebrief bieten Outbound-Call-Center den Vorteil, dass es sich um eine zwischenmenschliche Kommunikation handelt, in der die Stärken der Anpassungsfähigkeit der Mitarbeiter genutzt werden können.

2.3.1.3 Werbebrief und E-Mail-Outbound-Kampagnen

Ähnlich wie beim aktiven Telefonmarketing geht die Initiative zu Werbebrief- und E-Mail-Kampagnen ganz überwiegend vom Unternehmen aus. Da aber das Versenden individualisierter Mailings und E-Mail-Aktionen ohne ausdrückliche vorherige Einwilligung des Empfängers („opt-in") in Deutschland verboten ist, bedarf es einer ausdrücklichen Zustimmung der Empfänger, dass ein Unternehmen die Kunden oder Interessenten kontaktieren darf. Liegt diese Zustimmung vor, stellen Kampagnen mit Hilfe klassischer Mailings oder von E-Mails eine sehr kostengünstige Form der Kontaktierung, Information und des Bewerbens konkreter Produkte dar. Klassische Mailings werden im gewerblichen Vertrieb zur Qualifizierung von Leads, zum Versenden von Unternehmensbroschüren oder Katalogen und zur Kontaktpflege eingesetzt. Eine aktuelle Studie zeigt zudem, dass Direktmarketing-Aktivitäten effizient zur Unterstützung des Persönlichen Verkaufs eingesetzt werden können und im Zusammenspiel mit den Außendienstanstrengungen deren Effektivität steigern, insbesondere in Form höherer Kundenzufriedenheit und Unternehmenserfolge (Hansen 2009, S. 105). Im Vergleich zu traditionellen Werbeformen haben die Ausgaben für adressierte Werbebriefe und personalisierte E-Mail-Kampagnen in den letzten Jahren zugenommen und machen zusammen gut 41% des gesamten Budgets für Direktmarketingaktivitäten aus. Jedes vierte Unternehmen setzt Mailings, E-Mails oder beides ein (Deutsche Post 2012, S. 15; Peters und Krafft 2005). Und in Industriegüterunternehmen werden sogar drei Viertel des Kommunikationsbudgets für Direktmarketing verausgabt, wobei neue Medien die höchsten Wachstumsraten aufweisen (Frenzen, Krafft und Peters 2007, S. 382).

Gegenüber E-Mail-Kampagnen bieten Werbebriefe den Vorteil, dass sie bei seriöser und aufmerksamkeitsstarker Gestaltung höhere Responsequoten aufweisen, was nicht zuletzt durch die Haptik des Mediums und die Möglichkeit gefördert wird, Wertschätzung gegenüber dem Empfänger durch eine aufwendige Gestaltung des Briefs zu signalisieren.

Die Papierform der Werbebriefe stellt aber zugleich einen Nachteil gegenüber E-Mails dar, weil die Gestaltung und Inhalte des Mailings mit dem Zeitpunkt des Druckens fixiert sind. E-Mail-Kampagnen können dagegen noch unmittelbar vor dem Versenden verändert werden. Zudem können E-Mail-Empfänger durch aktive Links direkt auf Websites des Absenders geführt werden, wo neben aktivierenden audiovisuellen Elementen Möglichkeiten zur Anforderung von Samples oder ein direktes Bestellen vorgesehen werden können. Handelt es sich beim Empfänger der E-Mail um einen registrierten Besteller des Unternehmens, kann zudem der Bestell- und Zahlungsvorgang weitestgehend vorbereitet sein, so dass nur wenige Klicks für den Abschluss von Transaktionen nötig sind. Zu guter Letzt sind die Kosten je E-Mail deutlich niedriger als bei hochwertigen Werbebriefen. Insbesondere in wirtschaftlich schwierigen Zeiten haben viele Unternehmen vermehrt E-Mail-Kampagnen eingesetzt.

2.3.1.4   Internet und E-Mail (Inbound)

Seit Mitte der 1990er Jahre ist ein stetiges und teilweise rasantes Wachstum der Nutzung des Internets zu verzeichnen, was insbesondere auf die Verfügbarkeit von Breitbandnetzen, die weite Verbreitung von PCs und mobilen Endgeräten, die schnell zu aktualisierenden Inhalte und die Eigenschaften des World Wide Web als maßgeschneidertes und kostengünstiges Massenmedium zurückgeführt wird. Während das Internet anfänglich überwiegend als für Endnutzer interessantes Medium eingestuft wurde, haben in den letzten 10 Jahren B2B-Anwendungen eine zunehmende Verbreitung gefunden. Dies ist auch eine Folge der Entwicklung, dass zunehmend Mitarbeiter und Führungskräfte in Unternehmen arbeiten, die wie selbstverständlich mit neuen Medien umgehen, da sie mit diesen aufgewachsen sind. Diese Gruppe wird daher als „digital natives" oder auch „Generation Upload" bezeichnet (www.digitalnative.org). Als zentrale Dienste des Internets aus Vertriebssicht sind E-Mails und das World Wide Web anzusehen.

Bezogen auf die zentralen Aufgaben des Vertriebs bietet das Internet die Möglichkeit, dass Anbieter und Interessenten bzw. Kunden ubiquitär, also Zeit-, Standort- und Geräteunabhängig kommunizieren können. Zudem können im World Wide Web nicht nur Produkte in ansprechender Form dargeboten und verkauft werden, sondern auch deren Bezahlung digital abgewickelt werden. Aus Sicht der Distribution ist zudem bei digitalen oder digitalisierbaren Leistungen (bspw. Software, Informationen, audiovisuelle Inhalte) von Vorteil, dass Produkte auch unmittelbar über das Medium distribuiert werden können, also zeitnah, kostengünstig und ohne Medienbruch (Mantrala und Albers 2012).

Eine eindeutige Einordnung des Internets, auch in Form des vom Unternehmen nicht gesteuerten E-Mail-Austausches, in das Raster aus **Abbildung 2.3-2** ist nicht möglich. Das Internet weist aber überwiegend den Charakter eines Pull-Mediums auf, da Kunden und Interessenten eigene Inhalte einstellen, über Suchmaschinen sammeln oder mit Hilfe von persönlichen, dynamisch aktualisierten Webseiten automatisch erstellen können. Besonders deutlich werden die Initiative und der Einfluss der Kunden bei sogenannten Sozialen Medien wie XING, Facebook, Youtube, myspace.com oder Twitter. Diese Medien sind dadurch gekennzeichnet, dass die Inhalte von den Nutzern dieser Dienste generiert und vielen zur Verfügung gestellt werden (Böttcher 2010). Versuchen kommerzielle Anbieter die Kommunikation in Sozialen Medien aktiv zu steuern und wird dies aufgedeckt, löst dies oft heftige negative Reaktionen aus, bspw. in Form sogenannter „shitstorms". Als ähnlich riskant erweist sich das Ignorieren der Kommunikation innerhalb dieser Medien, da negative Nachrichten schnell exponentielle Verbreitung finden können. Die drei zentralen Eigenschaften der Sozialen Medien, d.h. die Kommunikation, Kollaboration (bspw. in Form von Wikis) und das Bereitstellen („sharing") von Inhalten sind für Unternehmen interessant, wenn es gelingt, präferierter Anbieter von für Teilnehmern sehr nützlichen Diensten zu werden. Die mediale, also eher unpersönliche Prägung des Internets stellt einerseits zwar eine Schwäche dieses Mediums dar, da die physische Nähe der Beteiligten fehlt, die aus vertrieblicher Sicht Vertrauen und Sympathie erzeugen kann. Andererseits bietet die mediale Form der Kommunikation aber die Möglichkeit, überlegene Produkte und Leistungen einer praktisch unbegrenzten Zahl von Interessenten und Kunden bekannt zu machen. Insofern ermöglichen das World Wide Web und der E-Mail-Dialog eine potenziell sehr hohe Kontaktzahl, die gleichzeitig äußerst günstig erzeugt werden kann. So werden als laufende jährliche Aufwendungen für den Internetauftritt ca. 3.000 € je Unternehmen genannt, wobei große Unternehmen mit 60.000 € deutlich höhere Ausgaben tätigen (Deutsche Post 2012, S. 71-73). In Form von E-Newsletters, Unternehmens-Websites oder sogenannten Webinars kann das Internet die Verkaufsbemühungen des Außendienstes vorbereiten, unterstützen und nachbereiten. Und im B2B-Bereich können Verkäufer das Internet nutzen, um Stammkunden effektiv zu betreuen und deren Beziehungsdauer zu erhöhen (Long, Tellefsen und Lichtenthal 2007). Sofern auch Bestellungen und die Distribution von Leistungen über das Internet möglich sind, kann dieses Medium den traditionellen Persönlichen Verkauf auch partiell ablösen (Disintermediation). Zur Rolle des Internet als alternativen Kommunikations- und Vertriebskanal siehe Abschnitt 7.3.

2.3.1.5   Hotline (Inbound-Call-Center) und Innendienst

Gegenüber dem oben beschriebenen Unternehmens-gesteuerten Verkaufen mit Hilfe von Outbound-Call-Centers ergreift der Kunde beim Anrufen des Inbound-Call-Centers die Initiative. Aus Unternehmenssicht wird diese Form des Dialogs daher auch als passives Marketing bezeichnet, für das deutsche Unternehmen in 2011 1,6 Mrd. € aufgewendet haben (Deutsche Post 2012, S. 64-66). Auslöser des Anrufs bei der Service-Hotline sind häufig Beschwerden oder Fragen nach dem Status eines Auftrags oder einer ausstehenden Lieferung. Da die Bestellannahme durch den telefonisch kontaktierten Innendienst wie bei den Hotlines durch ein hohes Maß an Kundeninitiative und persönlicher Kommunikation geprägt ist, wird sie in diesem Abschnitt mit behandelt.

Das Inbound-Call-Center bzw. der Innendienst können verkaufsvorbereitend hilfreich sein, indem sie Interessenten und Kunden erfragte Produktinformationen bereitstellen oder Kataloge und Bestellformulare zusenden. In der Nachbereitung des Verkaufs kann die Hotline oder der Innendienst Reklamationen entgegennehmen oder Hinweise zur Bedienung und Nutzung der verkauften Produkte geben. Insbesondere bei langjährigen Geschäftsbeziehungen oder Bestellvolumina, die den Einsatz des Persönlichen Verkaufs nicht wirtschaftlich erscheinen lassen, kann auch der Abschluss selbst über eine Bestellannahme durch den Innendienst erfolgen (Bruns 2007, S. 193-199). Die etwas unpersönlich anmutende Beratung am Telefon wird dabei zunehmend durch den Einsatz neuer Medien in Form von Videogesprächen oder parallelen Produktpräsentationen auf der Website des Anbieters professionalisiert. Mit sehr gutem Erfolg konnte bspw. in der Pharmabranche der reguläre Besuch des Referenten teilweise durch Videogespräche ersetzt werden („eDetailing"). Hierbei stehen bspw. auf dem Web-Portal www.webMD.com in geschlossenen Bereichen erfahrene Pharma-Referenten für Anrufe von Ärzten zur Verfügung, die sich Informationen zu Indikationen und Präparaten bzw. medizinischen Studien einholen, wenn sie dafür zeitliche Freiräume haben (Krafft 2001; Alkhateeb und Doucette 2008; vgl. **Abbildung 2.3-3**). Zudem gibt es Dienstleister wie Siren Interactive, die für einzelne Anbieter Komplettlösungen entwickeln, die von Ärzten bei Bedarf in Anspruch genommen werden können (siehe http://www.sireninteractive.com). Aufgrund der gegenüber dem Persönlichen Verkauf offensichtlichen Effizienzvorteile, der kaum geringeren Effektivität und einer zunehmenden Akzeptanz der medialen Kommunikation durch gewerbliche Kunden ist zu erwarten, dass telefonische und neue Medien zunehmend zu einer ernst zu nehmenden Alternative des Feldaußendienstes in der Betreuung Umsatz-schwacher Kunden und im Standardgeschäft werden (Hansen 2009, S. 128-133).

Abbildung 2.3-3   Kunden-initiiertes eDetailing (Krafft 2001, S. 655)

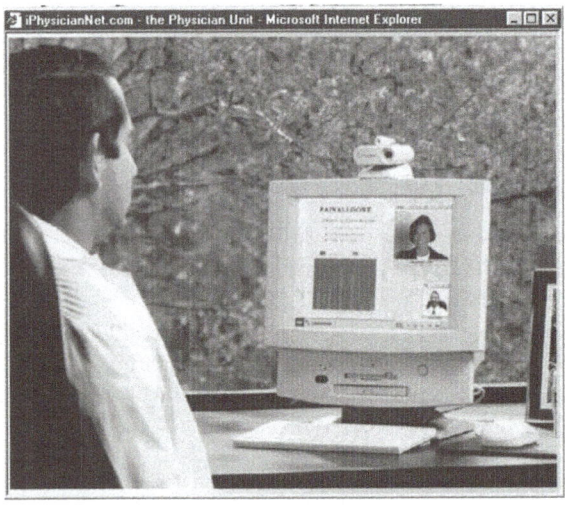

2.3.1.6   Medienübergreifende Effekte

Die komprimierte Darstellung ausgewählter Medien zur Ansprache und Betreuung von Kunden hat verdeutlicht, dass diese Dialogformen unterschiedliche Stärken und Schwächen aufweisen, sofern sie als separate Medien eingesetzt werden. Da aber drei Viertel aller deutschen Unternehmen – neben dem Außendienst – mindestens zwei Medien einsetzen (Deutsche Post 2012, S. 85), stehen diese Unternehmen vor Herausforderungen, die aus medienübergreifenden Effekten resultieren. Es herrscht dabei in Forschung und Praxis weitestgehend Einigkeit, dass die eingesetzten Kommunikationsmedien inhaltlich, formal und zeitlich aufeinander abgestimmt werden sollten, um vom Empfänger als konsistent, prägnant, widerspruchsfrei und klar wahrgenommen zu werden. Abgestimmte Aktionen verstärken die Effektivität des gesamten Kommunikationsmix bzw. helfen Budgets einzusparen, da durch integrierte Kampagnen mit weniger Aufwand dasselbe Kommunikationsziel erreicht werden kann. Dem steht allerdings entgegen, dass verschiedene organisatorische Einheiten im Unternehmen bzw. verschiedene Dienstleister und Agenturen für die einzelnen Medien zuständig sind. So ist häufig die Vertriebsleitung für Aktivitäten des Außendienstes, die Marketingabteilung für klassische Werbekampagnen und der IT-Bereich für den Internet-Auftritt und Online-Aktivitäten verantwortlich.

Eine Option zur Lösung dieser Herausforderungen der Integrierten Marketing-Kommunikation (IMK) besteht in der Einrichtung einer IMK-Koordinationsstelle, die für die inhaltliche, formale und zeitliche Abstimmung sorgt. Alternativ kann diese Koordinationsaufgabe Dienstleistern oder Agenturen aufgetragen werden. Eine besondere Problematik stellen dabei die persönlichen Medien dar, also der Feldaußendienst und das Outbound-Call-Center – die Mitarbeiter im Verkauf sind rechtzeitig zu schulen, damit Inhalte und Argumente im persönlichen Gespräch mit den weiteren kommunikativen Elementen übereinstimmen und Irritationen bzw. Reaktanzen bei den Kunden oder Interessenten vermieden werden. Neben der inhaltlichen, formalen und zeitlichen Abstimmung ist zu beachten, dass zwischen den Kommunikationsmedien funktionale Beziehungen bestehen, die zu einer wechselseitigen Verstärkung oder Abschwächung der Aktivitäten führen können (Bruhn 2003, S. 85-90).

Über das Zusammenwirken von Vertriebsaktivitäten und weiteren Medien liegen nur wenige gesicherte Erkenntnisse vor. Zur Bestimmung der direkten Wirkungen samt der medienübergreifenden zeitlichen Interdependenzen sind umfassende Zeitreihenanalysen durchzuführen, und die verschiedenen Medien müssen dabei inhaltlich konsistent gehalten werden, zugleich aber in ihrer Intensität variiert werden, um Effekte nachweisen zu können. In einer aktuellen Studie konnten Smith, Gopalakrishna und Chatterjee (2006) nachweisen, dass der abgestimmte, sequenzielle Einsatz von Medien zu einer substanziellen Steigerung des Unternehmenserfolgs führen kann. So zeigen diese Autoren auf Basis eines selbst entwickelten Entscheidungsunterstützungssystems, dass der prognostizierte Umsatz für das betrachtete Unternehmen bei einer Beibehaltung der Mediabudget-Allokation durch optimierte zeitliche Koordination der Medien um 5,3% und der Gewinn um 8% gesteigert werden kann. Wird zusätzlich die Allokation des Mediabudgets optimiert, sind sogar Umsatz- bzw. Profitsteigerungen von 7,5% bzw. 11,3% zu erwarten. Allerdings zeigen die Autoren auch, dass die Konzentration auf das Generieren neuer Leads den Druck auf die Mitarbeiter im Vertrieb weiter erhöht und die Verkäufer noch weniger in der Lage sind, qualifizierte Leads zu verfolgen. Zudem bindet das Besuchen von Interessenten die wertvolle Zeit der Außendienstmitarbeiter, die dann nicht in der Lage sind, Stammkunden zu betreuen (ebenda, S. 576 f.). Insofern sind auch Aspekte wie Arbeitszufriedenheit im Außendienst und Rückwirkungen auf das Stammkundengeschäft zu beachten.

2.3.2   Kommunikationspartner

Für den Verlauf und das Ergebnis von Kommunikation im Allgemeinen und Verhandlungen zwischen Geschäftspartnern im Besonderen spielt die Anzahl der Beteiligten, deren Erfahrungen, Neigungen und Fertigkeiten eine bedeutende Rolle (Neale und Northcraft 1991). Bezogen auf Gespräche zwischen Anbietern und Kunden oder Interessenten ist vorstellbar, dass jeweils nur eine, wenige oder viele Personen beteiligt sind. Bei vergleichbarer Kompetenz der Beteiligten könnte nun eine Unausgewogenheit der Anzahl der involvierten Vertreter der Kunden- bzw. Anbieterseite eine Dominanz nach sich ziehen, die das Ergebnis der Gespräche einseitig beeinflussen würde. Daher ist die Tatsache, dass die meisten Formen der Zusammensetzung von Kommunikationspartnern eine auf beiden Seiten ähnliche Anzahl von Teilnehmern aufweisen, wenig verwunderlich (siehe **Abbildung 2.3-4**). Da wir den Feldaußendienst und die Dialogmedien Call-Center, E-Mail, Internet und Werbebrief bereits in Abschnitt 2.3.1 behandelt haben, werden diese im Zusammenhang mit den Kommunikationspartner-Konstellationen ausgeklammert. Im Folgenden werden mit dem Selling Center und dem Messeverkauf zwei zentrale Gestaltungen der Kommunikation von Anbietern und Interessenten bzw. Kunden dargestellt, die im interorganisationalen Geschäft besondere Bedeutung haben. Daneben spielt bei der Neukundenakquisition insbesondere im Endkundenbereich noch der Konferenz- oder **Seminarverkauf** eine Rolle – so basiert das Geschäftsmodell der MLP AG in erster Linie darauf, dass Interessenten durch Fachvorträge für ihren Versicherungs- und Finanzberatungsbedarf sensibilisiert und anschließend für Produkte gewonnen werden. In gewerblichen Kundenbeziehungen ist diese Form nur sehr selten anzutreffen und zudem den Aktivitäten des Team Selling zuzuordnen (MacKenzie 2008, S. 134 f.), so dass der Seminarverkauf an dieser Stelle nicht separat diskutiert wird.

Abbildung 2.3-4 Taxonomie der Kommunikationsmedien nach der Anzahl beteiligter Kommunikationspartner

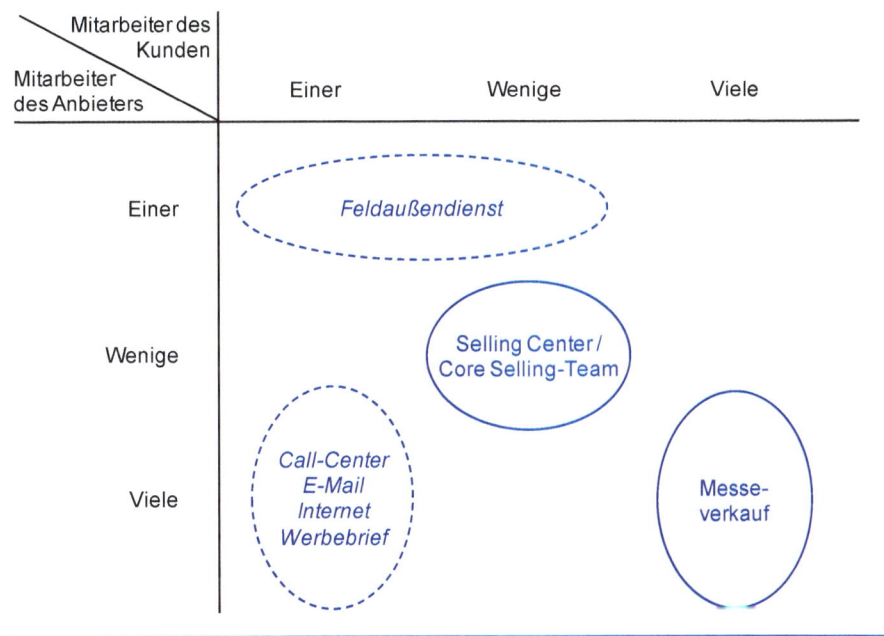

2.3.2.1 Selling Center und Core Selling-Teams

Geschäftsbeziehungen zwischen Unternehmen sind regelmäßig gekennzeichnet von hoher Komplexität, langen Verkaufszyklen, vielfältigen Aufgaben und einer großen Bedeutung der jeweiligen Kaufentscheidung für den Kunden. Diesem Kontext wurde im Laufe der letzten Jahre im Rahmen der Professionalisierung des Einkaufs Rechnung getragen. So wurden seitens der Interessenten und Abnehmer zunehmend Buying Center eingesetzt, deren Mitglieder unterschiedliche Rollen einnehmen, bspw. die des späteren Nutzers oder des Technischen bzw. Kaufmännischen Einkäufers. Zudem sind oft weitere Personen beteiligt, die auf die Kaufentscheidung Einfluss nehmen, wie beispielsweise Befürworter oder „Information Gatekeeper" (MacKenzie 2008, S. 124 f.). Gerade in mittelständischen Unternehmen sind die Mitgliedschaften in derartigen Einkaufsteams fließend oder werden ad hoc entschieden, während sehr große Unternehmen häufig fest installierte Buying Center einsetzen.

Als Reaktion auf diese Professionalisierung des Einkaufs haben viele Anbieter Vertriebsteams gebildet, die in den Extremformen einer temporären oder kontinuierlichen Zusammensetzung mit Interessenten und Kunden interagieren. Diese Vertriebsteams setzen sich aus Mitarbeitern und Führungskräften verschiedener Ebenen und Fachrichtungen zusammen, also nicht nur aus dem Außendienst. Fallweise gebildete Teams werden dabei als

Selling Center bezeichnet, dauerhafte und fest in die Organisation des Unternehmens verankerte Vertriebsteams dagegen als Core Selling-Team (Moon und Armstrong 1994, S. 20-22). Beide Formen können von Anbietern gleichzeitig oder als Mischformen eingesetzt werden, da sie unterschiedlichen Zielsetzungen dienen: So werden Selling Center gebildet, um die für das jeweilige Verkaufsprojekt geeigneten Mitarbeiter funktionsübergreifend zu bündeln mit dem Ziel, das Projekt zum erfolgreichen Abschluss zu führen. **Core Selling-Teams** sollen dagegen als fest installierte Organisationseinheiten dem Aufbau und der Pflege langfristiger Kundenbeziehungen dienen bzw. für die Betreuung von Produkten oder Regionen verantwortlich zeichnen. Core Selling-Teams werden bspw. von Procter & Gamble als Customer Business Development Teams bei der Betreuung von Handelszentralen eingesetzt, wie das folgende Beispiel verdeutlicht (**Abbildung 2.3-5**). Bildlich gesprochen scharen sich dabei Mitarbeiter aus neun verschiedenen Funktionsbereichen von Procter & Gamble um den Key Account „Handelszentrale".

Abbildung 2.3-5   Core Selling-Team von Procter & Gamble (Leitz und Ney 2000, S. 27)

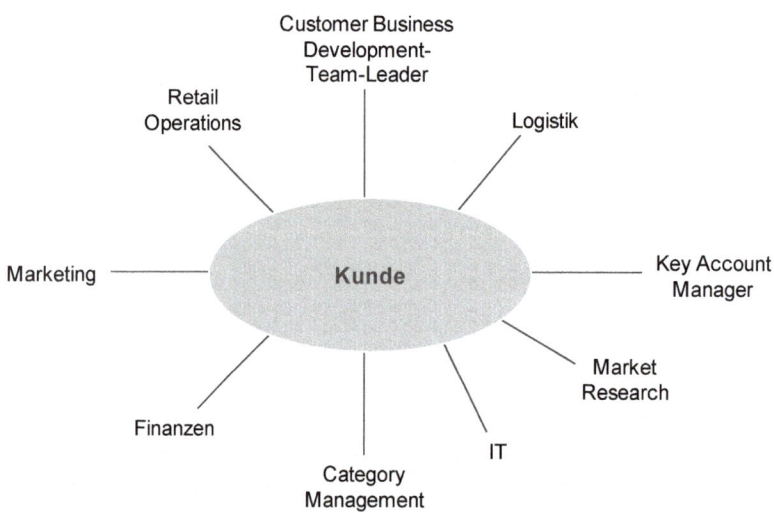

Eine auf Core Selling-Teams fokussierte Untersuchung von deutschen Unternehmen des Maschinenbaus sowie der Elektronik-/Elektrotechnik-Branche verdeutlicht, dass diese Teams überwiegend strategische Vertriebsaufgaben erfüllen, feste Teamstrukturen aufweisen und organisatorisch fest installiert sind. Core Selling-Teams werden in Deutschland in erster Linie als Regional- oder kundenbezogene Teams eingesetzt und setzen sich aus Mitgliedern des Außen- und Innendienstes oder bereichsübergreifend aus Mitarbeitern der Abteilungen Marketing, Forschung & Entwicklung, Produktion, Logistik, Finanzen usw. zusammen (Frenzen 2009, S. 217-220, und Abschnitt 3.4.2.2).

Selling Center sind dagegen durch zeitlich befristete Mitgliedschaften der Teammitglieder und eine ausgeprägte Projektbezogenheit gekennzeichnet. Diese Projektteams werden als Gegenstück zu Buying Centers interessierter Kunden fallweise gebildet, also nach Abschluss der Transaktion wieder aufgelöst (Hutt, Johnston und Ronchetto 1985). Für jedes Verkaufsprojekt existiert somit ein separates Selling Center, dessen Zusammensetzung von den Besonderheiten des Kundenprojekts abhängt. Selling und Buying Center werden oft bei erklärungsbedürftigen Produkten und bedeutenden Volumina der Transaktionen eingesetzt. Ist das Einkaufs- bzw. Verkaufsprojekt dagegen weniger komplex und die Aufgabe schnell zu bearbeiten, werden Ad-hoc-Verkaufsteams gebildet. Als typisches Beispiel von Selling Centers gelten Projektteams von Unternehmensberatungen (Frenzen 2009, S. 26). In der folgenden **Tabelle 2.3-1** werden zentrale Merkmale von Selling Centers und Core Selling-Teams noch einmal in komprimierter Form einander gegenübergestellt.

Durch den Einsatz von vielen Mitarbeitern unterschiedlicher Funktionen und Entscheidungsebenen mit abweichenden Interessen und Zielen entstehen Konflikte, die in Kapitel 3 behandelt werden.

Tabelle 2.3-1   Merkmale von Core Selling-Teams und Selling Centers
(Frenzen 2009, S. 27)

Core Selling-Team	Selling Center
Relativ permanente, kunden-, produkt- oder regional-fokussierte Gruppe	Relativ temporäre, transaktions-fokussierte Gruppe
Festlegung der Mitgliedschaft entsprechend dem Aufgabengebiet des Mitglieds im Unternehmen	Festlegung der Mitgliedschaft abhängig vom Einsatz bei einer bestimmten Verkaufstransaktion eines Gutes oder einer Dienstleistung
Ein Team pro beschaffender Organisation, Region oder Produkt(-gruppe)	Ein Selling Center pro Verkaufsopportunität
Mitgliedschaft im Core Selling-Team ist relativ stabil	Mitgliedschaft im Selling Center ist sehr wechselhaft (i.S.v. variabel)
Teameigenschaften sind abhängig von den kunden-, produkt- oder regionenspezifischen Eigenschaften	Teameigenschaften sind abhängig von den Eigenschaften der Verkaufsgelegenheit
Aufgabe ist eher strategisch angelegt	Aufgabe ist in Bezug auf die Verkaufsopportunität taktischer Natur

2.3.2.2   Messeverkauf

Deutschland zählt international in vielen Branchen zu den führenden Messestandorten, und mit 24 Messeplätzen und 2,7 Millionen m² Hallenfläche steht ein reichhaltiges Angebot zur Durchführung von Messen zur Verfügung. So werden rund 150 internationale Messen pro Jahr mit 170.000 Ausstellern und etwa 10 Millionen Besuchern durchgeführt, und fünf der weltweit 10 größten Messegesellschaften haben ihren Sitz in Deutschland. Gewerbliche Anbieter nutzen Messen als Ort, um Produkte und Leistungen auszustellen, zu erläutern und zu verkaufen. Besondere Bedeutung hat das Messegeschäft in Produktkategorien, die modisch (wie Bekleidung, Schmuck) oder technisch geprägt sind (bspw. Computer, Medien, Nanotechnologien). Die an Messen teilnehmenden Anbieter sehen dabei Messen und Ausstellungen nach dem eigenen Internetauftritt noch vor dem Persönlichen Verkauf als zweitwichtigstes Instrument der B2B-Kommunikation an, für das jährlich rund 353.000 € aufgewendet werden (AUMA 2012, S. 12 und S. 19). Als primäre Ziele der Anbieter werden dabei die Neukundengewinnung, Steigerung der Bekanntheit, Stammkundenpflege und das Präsentieren von Produkten angeführt. Insbesondere neu gegründete oder kleine Unternehmen können unmittelbar in das Bewusstsein der Messeteilnehmer dringen. Für Interessenten und Kunden bieten Messen dagegen den Vorteil, sich einen unverbindlichen und anbieterübergreifenden Überblick über Neuheiten bzw. interessante Anbieter zu verschaffen oder Geschäftskontakte anzubahnen sowie zu pflegen – allerdings wollen nur 7% die Messe zum Kauf nutzen. Aus Vertriebssicht sind Messen dennoch sehr reizvoll, da die Mehrzahl der Fachbesucher auch Entscheider sind, und eine große Anzahl qualifizierter Leads relativ kostengünstig gesammelt werden können (AUMA 2003, S. 19 und S. 40). Und insbesondere bei größeren Geräten oder Maschinen haben Interessenten zudem die Möglichkeit, die Produkte sozusagen auf neutralem Boden im laufenden Betrieb zu prüfen.

Seitens der Anbieter werden die Messestände von Marketing- und Vertriebsmitarbeitern, Servicekräften und weiterem Fachpersonal betreut. Wie beim Selling Center und Core Selling-Team verfolgen Unternehmen damit das Ziel, sowohl fachkundig als auch beratend und verkaufend kompetent aufzutreten. Aus ökonomischer Sicht stellt sich hierbei die Frage, an welchen Messen ein Anbieter teilnehmen soll und wie viele Ressourcen dabei einzusetzen sind. Dekimpe et al. (1997, S. 60 f.) ermitteln für Messen in den USA und England, dass Messeteilnahmen für bekannte Unternehmen effektiver sind und sich eher für thematisch eng eingegrenzte Ausstellungen lohnen. Zudem zeigt sich, dass umfangreiche Promotion-Aktivitäten vor der Messe und größere Messestände, die mit relativ vielen Verkäufern besetzt sind, zwar die Wahrscheinlichkeit steigern, dass ein Stand von interessierten Kunden besucht wird. Allerdings wurden in dieser Studie keine Nettoerträge betrachtet, und auch die Opportunitätskosten durch den Einsatz der Verkäufer auf Messen statt in ihren Verkaufsgebieten wurden vernachlässigt, so dass keine Aussage über das optimale Messe-Engagement von Unternehmen möglich ist. Hinweise zur Optimalität liefert dagegen eine aktuellere Analyse, in der das Zusammenwirken von Messe-Engagements und Verkaufsanstrengungen durch den Außendienst untersucht wird. Die Studie verdeutlicht, dass Verkäufer höhere Erfolge erzielen bei Kunden, die zuvor die Produkte des Unternehmens auf einer Messe kennengelernt haben. Des Weiteren zeigen Messeteilnehmer höhere Kaufbereitschaften und Umsatzrenditen als Nicht-Teilnehmer. Demnach lohnt es sich, die Aktivitäten im Messebereich und Verkaufsaußendienst aufeinander abzustimmen, um das Unternehmensergebnis zu maximieren (Smith, Gopalakrishna und Smith 2004, S. 67-72).

Wie in Abschnitt 2.3.1.6 ausführlich dargelegt wurde, stellen Messen den Außendienst in der Nachbereitung vor die Herausforderung, ob in erster Linie Stammkunden betreut oder generierte Leads zu verfolgen sind. Dieser inhärente Konflikt kann durch Vorgaben der Vertriebsleitung oder das Incentivieren erwünschten Verhaltens gelöst werden. Das Verfolgen von Leads kann zudem durch Informationstechnologie unterstützt werden, wenn bspw. Daten von Interessenten auf einer Messe in das Kundeninformationssystem eingepflegt werden. Moderne Sales Force Automation (SFA)- und Customer Relationship Management (CRM)-Systeme bieten Möglichkeiten, diese Leads nachzuhalten – im Falle von Verzögerungen beim Nachfassen werden automatisch Hinweise an Führungskräfte oder alternative Kontaktpersonen erzeugt („lead retrieval systems", vgl. Kapitel 7).

2.3.3   Verkaufsansätze

In der Verkaufspraxis ebenso wie in der akademischen Literatur gibt es zwar eine fast unüberschaubare Vielfalt an Gesprächs-, Verhandlungs- und Abschlusskonzepten, diese Ansätze lassen sich aber nach zwei grundlegenden Ausrichtungen systematisieren: (1) der Kundenorientierung im Sinne von Hard oder Soft Selling, und (2) dem Grad der Anpassungsfähigkeit der Verkäufer, die sich in den Extremformen des Canned und Adaptive Selling konkretisieren. Diese beiden Dimensionen werden im Folgenden vorab präsentiert, um danach mit dem (a) Stimulus-Response Selling, (b) Need-Satisfaction Selling und (c) Consultative Selling exemplarisch drei in der Praxis verbreitete Verkaufsansätze in dieses Raster einzuordnen.

2.3.3.1   Hard versus Soft Selling als Grad der Kundenorientierung

Im Persönlichen Verkauf gilt es, die Ziele der Vertriebsmitarbeiter, des Unternehmens und der Kunden in Einklang zu bringen. Wenn Außendienstmitarbeiter ausschließlich ihre persönlichen Ziele und Erfolge im Blick haben, werden sie versucht sein, die betreuten Kunden mit Hilfe von Verkaufs- und Einflusstechniken zum Abschluss zu bewegen bzw. zu überreden, selbst wenn dies zu Lasten der Zufriedenheit ihrer Kunden geht. Es ist dabei nicht verwunderlich, dass eine derartige **Hard-Selling**-Orientierung in Außendiensten auch heute noch verbreitet ist, da Unternehmen bevorzugt abschlussorientierte Mitarbeiter rekrutieren und zusätzlich in Verkaufsfertigkeiten schulen und trainieren. Zudem konditionieren substanzielle variable Vergütungsanteile die Verkäufer und verstärken diese Verkaufsorientierung zusätzlich, obwohl eine derartige kurzfristige Sicht zu einer Vernachlässigung des mittel- und langfristigen Wohls des Unternehmens und der Kunden führt. Eine alternative Perspektive, warum sich Hard Selling in marktwirtschaftlichen Systemen halten kann, liefern Chu, Gerstner und Hess (1995, S. 102), die modelltheoretisch zeigen, dass Hard Selling

- den Preiswettbewerb abschwächt,

- für alle Kunden schädlich ist (im Sinne geringerer Konsumentenrenten), aber

- in moderater Form aus Sicht der gesamten Volkswirtschaft Wohlfahrt-steigernd wirkt, da die Verkäufer durch das verbesserte Matching von Produkt und Kunde in Summe mehr gewinnen als die Konsumenten verlieren.

Die Verbreitung von Hard-Selling-Ansätzen wird also durch den letztgenannten Wohl-fahrtsgewinn erklärt, der bspw. zwischen Kunden und Verkäufer geteilt werden kann.

Während die Kunden eines Unternehmens Lösungen für ihre Probleme suchen und eine Zufriedenstellung ihrer Bedürfnisse anstreben, verfolgt das Unternehmen in erster Linie eine mittel- und langfristige Maximierung des Gewinns oder Marktanteils. In Abschnitt 2.2 wurde bereits verdeutlicht, dass eine derartige langfristige Gewinnmaximierung leichter erreicht werden kann, wenn profitable Kunden langfristig an das Unternehmen gebunden werden. Dazu bedarf es einer Verkaufskonzeption, die Interessen des Kunden nachhaltig berücksichtigt. Eine derartige Konzeption stellt das **Soft Selling** dar, das auch als Custo-mer-Oriented Selling bezeichnet wird. Soft Selling ist dadurch gekennzeichnet, dass der Verkäufer auf die Bedürfnisse der Kunden eingeht, ihnen aufmerksam zuhört und Pro-dukte anbietet, die dazu beitragen, dass Kundenprobleme gelöst werden. Die Argumenta-tion im Verkaufsgespräch ist sachlich gehalten und orientiert sich an Fakten und den kon-kreten Problemen des einzelnen Kunden (Stock und Hoyer 2005, S. 538).

Zur Messung der Ausprägung von Hard bzw. Soft Selling in Verkaufsaußendiensten wur-de mit der SOCO-Skala ein Messinstrument geschaffen, das vielfach empirisch überprüft wurde (vgl. Saxe und Weitz 1982; Jaramillo et al. 2007). Allerdings zeigt sich in aktuellen Studien, dass die SOCO-Skala nur begrenzt hilfreich ist, um den Erfolg im Verkauf zu erklären. So ist die Verkaufsorientierung (SO steht für „selling orientation") negativ mit Verkaufserfolgen korreliert, und die Kundenorientierung (CO bedeutet „customer orienta-tion") ist nur schwach signifikant positiv mit Verkaufserfolgen korreliert. Als deutlich aussagekräftiger erweisen sich dagegen Skalen, die das Ausmaß adaptiver Kommunikati-onstechniken quantifizieren (Plouffe, Hulland und Wachner 2009, S. 429). Diese Techniken werden im Folgenden näher dargelegt.

2.3.3.2   Adaptive versus Canned Selling als Grad der Anpassungsfähigkeit

Gegenüber unpersönlichen Kommunikationsmedien bietet der Persönliche Verkauf die Möglichkeit, zum einen Stimmungen und Befindlichkeiten der Gesprächspartner aufmerk-sam und feinfühlig im Laufe des Dialogs zu erfassen. Zum anderen kann der Außen-dienstmitarbeiter sein Verhalten und seine Argumentation zwischen und innerhalb von Gesprächen variieren. Dagegen sind insbesondere die traditionellen Kommunikations-medien wie Zeitung, Zeitschrift, TV oder Radio aufgrund der Eigenheiten dieser Medien weitestgehend standardisiert und können demzufolge nur einheitliche Botschaften für alle Empfänger vermitteln, deren Inhalte zudem nicht kurzfristig angepasst werden können. Werden derartige Medien im Verkauf eingesetzt oder wenden Verkäufer undifferenziert ein einheitliches Rezept auf alle Kunden an, wird dieses Vorgehen als **Canned Selling** oder standardisiertes Verkaufen bezeichnet (Jolson 1975; Spiro und Weitz 1990, S. 61). Dabei greifen Außendienstmitarbeiter auf Argumente und Formulierungen zurück, die sich in vielen Fällen als wirksam erwiesen haben. Das standardisierte Verkaufen ist nicht per se ineffektiv, sondern kann bei Produkten, die für fast alle Kunden identische Vorteile bieten, wirksam sein. Dann wäre allerdings der Einsatz von teuren Verkäufern ineffizient, da einheitliche Botschaften und Vorteilhaftigkeits-Argumentationen günstiger über traditionelle Medien transportiert werden können. Die größte Verbreitung weist das Canned Selling auf im Haustürgeschäft, im Einzelhandel sowie im Telefonverkauf, wo Endkunden mit weitestgehend einheitlichen Gesprächs- und Verkaufsargumenten überzeugt werden sollen.

Adaptive Selling beschreibt dagegen die Anpassungsfähigkeit von Verkäufern, sich zwischen verschiedenen Gesprächspartnern, aber auch im Verlaufe eines Gesprächs in seinem kommunikativen Verhalten auf den Kunden einzustellen (Weitz, Sujan und Sujan 1986; Tebbe 2000). Adaptives Verkaufen erfordert von den Außendienstmitarbeitern ein hohes Maß an Flexibilität sowie ungeteilte Aufmerksamkeit beim Sammeln von Informationen über Kundenbedürfnisse, auf die dann im Sinne einer Problem-Lösungsorientierung einzugehen ist. Adaptive Selling muss nicht zwangsläufig vorteilhaft sein – vielmehr entstehen hohe Aufwendungen durch den Einsatz ausgewählter und gut trainierter Mitarbeiter, die sich gegenüber standardisierten Gesprächen mehr Zeit nehmen müssen für das Sammeln relevanter Informationen über Kundenbedürfnisse. Empirische Studien belegen, dass ein Adaptive-Selling-Verhalten der Mitarbeiter den Verkaufserfolg deutlich stärker beeinflusst als bspw. deren Kundenorientierung (Franke und Park 2006), wobei dieser Zusammenhang aber Kontext-abhängig ist (Giacobbe et al. 2006; McFarland, Challagalla und Shervani 2006). So ist Adaptive Selling insbesondere dann vorteilhaft, wenn (Spiro und Weitz 1990, S. 62):

■ die Kundenbasis breit ist und heterogene Bedürfnisse aufweist,

■ es sich bei der Verkaufsaufgabe um große Aufträge handelt,

■ der Anbieter über Ressourcen zur Anpassung der Leistungen verfügt und

■ die Verkäufer in der Lage sind, sich im Gesprächsverlauf anzupassen.

Die nachhaltige, erfolgssteigernde Wirkung von Adaptive Selling hat dazu geführt, dass dieses Kommunikationsverhalten in der akademischen Literatur mit dem Begriff „working smart" gleichgesetzt worden ist (Sujan 1986; Sujan, Weitz und Kumar 1994, S. 40).

Nachdem mit der Kundenorientierung (Soft versus Hard Selling) und der Anpassungsfähigkeit (Adaptive versus Canned Selling) die Dimensionen zur Systematisierung von Verkaufsansätzen aufgespannt wurden, werden im Folgenden mit dem (a) Stimulus-Response Selling, (b) Need-Satisfaction Selling und (c) Consultative Selling drei zentrale Konzepte in dieses Raster eingeordnet und bewertet. Die Evaluierung erfolgt dabei anhand der Kriterien Aufwand, Anforderungen an die Verkäufer, Eingehen auf Kundenanforderungen, Einflussnahme durch Vorgesetzte sowie Eignung für Marktsegmente bzw. Produkte.

2.3.3.3   Stimulus-Response, Need-Satisfaction und Consultative Selling

a. **Stimulus-Response Selling:**

Ausgehend von der Beobachtung in Experimenten, dass menschliches Verhalten durch Stimuli beeinflusst werden kann, und von Erkenntnissen der Lerntheorie wurde der Stimulus-Response-Ansatz sozusagen als primitivste Form des Verkaufens entwickelt. Dieses Konzept geht davon aus, dass die Stimuli des Verkäufers (Aussagen, Fragen, Handlungen, Produktdemonstrationen) eine prognostizierbare Reaktion der Kunden hervorruft. Wenn dies der Fall ist, müssen Außendienstmitarbeiter lediglich darin geschult werden, die richtigen Stimuli einzusetzen, die dann zwangsläufig zum Abschluss führen. Die Rolle des Verkäufers besteht im Stimulus-Response Selling darin, das Gespräch mit dem Kunden zu dominieren, auf der Basis einer standardisierten Argumentationskette viele Vorzüge des vertretenen Produkts herauszustellen und somit viel Zustimmung beim Kunden hervorzurufen. Der Stimulus-Response-Ansatz sieht nicht vor, dass individuelle Bedürfnisse des Kunden berücksichtigt werden. Der Verkäufer ist somit nicht kunden-, sondern abschlussorientiert und zeichnet sich im Gespräch durch den Einsatz von Canned-Selling-Taktiken aus.

In der reinen Form des Stimulus-Response-Ansatzes streben die Außendienstmitarbeiter mit Nachdruck einen Verkaufsabschluss an, selbst wenn keine geeigneten Produkte oder Dienstleistungen für die jeweiligen Kunden im Portfolio des Unternehmens geführt werden. Die Verkäufer würden dies ohnehin nicht bemerken, da sie ja gar keine Zeit dafür aufwenden, individuelle Bedürfnisse der Kunden zu identifizieren. Da mit diesem Ansatz in erster Linie einmalige, transaktionale Abschlüsse und kein langfristiges Beziehungsgeschäft angestrebt werden, ist die potenzielle Nachkaufreaktanz der Kunden aufgrund nicht nützlicher Produkte für den Verkäufer nachrangig. Ein Vorzug des Stimulus-Response-Konzepts sind die geringen Aufwendungen für die Ausbildung der Verkäufer und die niedrigen Anforderungen, die an Mitarbeiter im Persönlichen Verkauf gestellt werden. Aus Unternehmenssicht ist zudem vorteilhaft, dass das Verhalten der Verkäufer nachhaltig durch Schulungs- und Trainingsmaßnahmen gesteuert werden kann. Dies erweist sich im Haustürgeschäft oder Telefonverkauf als vorteilhaft, wo neue Mitarbeiter schnell in Verkaufstaktiken geschult werden können, die sich oft als erfolgreich erwiesen haben. Von Kunden häufig formulierte Einwendungen können im Rahmen von Trainingsmaßnahmen aufgegriffen und in positive Verkaufsargumente umgewandelt werden, so dass potenzielle Einwände im Voraus entkräftet werden können. Derartige Beeinflussungskonzepte scheitern allerdings in der Regel, wenn der Verkäufer mit professionellen Einkäufern konfrontiert wird. Vor diesem Hintergrund eignet sich Stimulus-Response Selling eher für das Endkundengeschäft und den Verkauf einfacher Produkte, deren Vorteile den Konsumenten anschaulich vermittelt werden können (wie Lexika, Staubsauger oder Haushaltswaren). Für den B2B-Fokus unseres Lehrwerks kommt das Stimulus-Response-Konzept dagegen grundsätzlich nicht in Frage.

b. **Need-Satisfaction Selling:**

Im Zentrum dieses Konzepts steht die Aufdeckung der Bedürfnisse des Kunden und deren Zufriedenstellung durch adäquate Produkte oder Dienstleistungen des Anbieters. Dem Verkäufer kommt somit die Aufgabe zu, zu Beginn des Gesprächs die Bedürfnisse des Kunden zu identifizieren und erst nach deren Ermittlung Angebote vorzustellen, die zur Befriedigung dieser Bedürfnisse beitragen können (Strong 1925). Zur Bedürfnisermittlung greift der Verkäufer auf Fragetechniken zurück, die unaufdringlich eingesetzt werden, und zeigt anschließend auf, inwieweit die eigenen Produkte diese Bedürfnisse befriedigen. Im Vergleich zum Stimulus-Response-Konzept kommt dem Verkäufer im Need-Satisfaction-Ansatz eine deutlich passivere Rolle zu, während der Kunde mit seinen Bedürfnissen in den Mittelpunkt rückt. Zudem wird das Verkaufsgespräch dialogorientierter und flexibler gestaltet. Das Gespräch weist dabei idealtypisch die drei Elemente der Bedürfnisaufdeckung, Verdeutlichung der Bedürfnisse durch den Verkäufer und Zufriedenstellung der Kundenbedürfnisse durch passende Angebote auf.

Der Schulungs- und Trainingsaufwand sowie die Anforderungen an die Fähigkeiten der Verkäufer sind moderat, und auf die Bedürfnisse des Kunden wird deutlicher eingegangen als beim Stimulus-Response-Konzept. Da die Verkaufsgespräche flexibel geführt werden und keinem vorab determinierten Muster folgen, ist eine Beeinflussung des Verkäuferverhaltens nur eingeschränkt möglich. Der Need-Satisfaction-Verkaufsansatz eignet sich besonders für Marktsegmente, die heterogene Kundenbedürfnisse aufweisen. Dies ist sowohl im B2B-Sektor als auch für langlebige, technische Konsumgüter (Home Entertainment Center, Telekommunikationssysteme) der Fall. Aufgrund der höheren Aufwendungen und Anforderungen an die Qualitäten der Außendienstmitarbeiter ist dieses Konzept nur für Produkte und Dienstleistungen wirtschaftlich einsetzbar, die relativ hohe Deckungsbeiträge versprechen. Zudem ist die Zufriedenheit der Kunden mit den erbrachten Leistungen insbesondere dann für den Anbieter interessant, wenn es sich um einen Beziehungskunden handelt, der ggf. mehrfach kauft, oder wenn Empfehlungen und Mundpropaganda von substanzieller Bedeutung sind.

c. **Consultative Selling:**

Die Rolle des Verkäufers besteht im Consultative Selling darin, die Bedürfnisse des Kunden zu bestimmen, maßgeschneiderte Lösungen zu entwickeln und dem Kunden Informationen bereitzustellen, damit dieser eine gut fundierte Entscheidung treffen kann. Der beratende Verkäufer ist somit sowohl nachhaltig kundenorientiert als auch durch eine hohe Anpassungsfähigkeit in der Gesprächsführung gekennzeichnet. Dabei versteht sich der Außendienstmitarbeiter des Unternehmens eher als Ratgeber des Kunden und sieht seine Rolle in der Unterstützung der Entscheidung des Kunden. Das Consultative Selling beschreibt zudem den Prozess, dass Kunden darin geholfen wird, ihre strategischen Ziele zu erreichen, indem die Produkte, Services und die Expertise der Vertriebsorganisation eingesetzt werden. Dabei gehen der Verkäufer und sein Kunde eine Partnerschaft ein, die davon gekennzeichnet ist, dass jeder seine strategischen Ziele offenlegt und gemeinsam versucht wird, diese Ziele zu erreichen. Im Extrem führt der Ansatz des Consultative Selling dazu, dass ein Außendienstmitarbeiter dem Kunden nahelegt, keine Produkte des Anbieters zu erwerben, sofern diese nicht geeignet sind, die Probleme des Kunden adäquat zu lösen. Aufwand und Anforderungen an Verkäufer sind sehr hoch, auf Kundenanforderungen wird nachhaltig eingegangen, eine Einflussnahme auf das Verhalten der Verkäufer ist nur äußerst eingeschränkt möglich.

Aufgrund der hohen Anpassungsfähigkeit der Verkäufer eignet sich Consultative Selling für Marktsegmente, die durch heterogene Kundenbedürfnisse gekennzeichnet sind. Durch die gleichzeitig ausgeprägte Kundenorientierung besteht eine hohe Eignung für das Beziehungsgeschäft mit komplexen Produkten, das im B2B-Sektor den Regelfall darstellt, wo Vertriebsingenieure auf der Grundlage fundierter Fach- und Produktkenntnisse in langen Beratungsgesprächen mit den Kunden deren Bedürfnisse ermitteln, Produktspezifikationen vornehmen und alternative Angebote entwickeln (Thompson 1989). Es ist daher kaum verwunderlich, dass in einer aktuellen Studie 34,2% aller Befragten als Consultative Seller eingeordnet wurden (Moncrief, Marshall und Lassk 2006). In Abschnitt 2.2.3 wurde der Technische Verkäufer oder Consultative Seller als am weitesten verbreiteter Verkäufer-Typ bereits umfassend vorgestellt.

In der Literatur findet sich noch das Formula Selling als Zwischenform des Stimulus-Response- und Need-Satisfaction Selling. Gegenüber dem Stimulus-Response-Ansatz wird dabei der Kunde stärker in das Verkaufsgespräch integriert, wobei der Außendienstmitarbeiter etwa zwei Drittel der Redezeit kontrolliert (Grikscheit, Cash und Crissy 1981). Der wohl bekannteste Formula-Selling-Ansatz ist die von E. St. Elmo Lewis 1898 entwickelte AIDA (**A**ttention, **I**nterest, **D**esire, **A**ction)-Formel (Strong 1925). Als Zwischenform des Consultative und Need-Satisfaction Selling wird das Problem-Solving Selling genannt, das durch einen hohen Grad der Anpassungsfähigkeit des Verkäufers im Beratungsgespräch gekennzeichnet ist. Anders als beim Need-Satisfaction Selling ist die Kundenorientierung dabei stärker ausgeprägt – bspw. wird mehr Zeit für die Ermittlung der Kundenprobleme aufgewendet, und es werden ggf. auch Produkte des Wettbewerbs zu deren Lösung empfohlen. Die abschließende **Abbildung 2.3-6** verdeutlicht, wie die drei ausführlicher dargestellten Konzepte sowie die beiden Zwischenformen des Formula- bzw. Problem-Solving Selling im Raster von Kundenorientierung und Anpassungsfähigkeit einzuordnen sind.

Abbildung 2.3-6 Dimensionen und Taxonomie der Verkaufsansätze

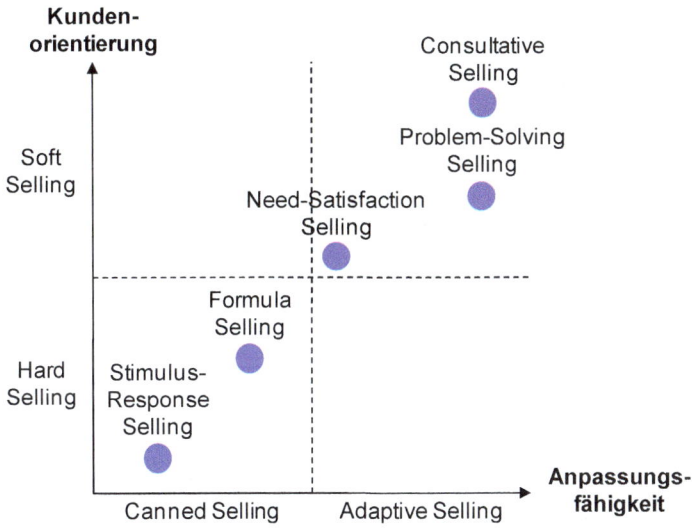

Literatur

Alkhateeb, Fadi M. und William R. Doucette (2008): Electronic detailing (e-Detailing) of pharmaceuticals to physicians: a review, *International Journal of Pharmaceutical and Healthcare Marketing*, 2 (3), 235-245.

Albers, Sönke und Manfred Krafft (2000): Regeln zur fast-optimalen Bestimmung des Angebotsaufwandes, *Zeitschrift für Betriebswirtschaft*, 70, 1083-1107.

Alznauer, Timo und Manfred Krafft (2004): Submissionen, in: Backhaus, Klaus und Markus Voeth (Hrsg.): *Handbuch Industriegütermarketing*, Gabler, Wiesbaden, 1057-1078.

AUMA (2003): *Informationsverhalten von Fachbesuchern auf Messen*, AUMA Ed. 17, AUMA: Berlin.

AUMA (2012): *AUMA_MesseTrend 2012*, Schriftenreihe Institut der Deutschen Messewirtschaft Ed. 33, AUMA: Berlin.

Backhaus, Klaus und Markus Voeth (2010): *Industriegütermarketing*, 9. Aufl., Vahlen: München.

Bendapudi, Neeli und Robert P. Leone (2002): Managing Business-to-Business Customer Relationships Following Key Contact Employee Turnover in a Vendor Firm, *Journal of Marketing*, 66 (2), 83–101.

Böttcher, Gabi (2010): Neue Wege zum Kunden mit Twitter, Xing & Co., *salesbusiness*, 19 (3), 8-11.

Bruhn, Manfred (2003): *Integrierte Unternehmens- und Markenkommunikation – Strategische Planung und operative Umsetzung*, 3. Auflage, Schäffer-Poeschel: Stuttgart.

Bruhn, Manfred (2005): *Unternehmens- und Marketingkommunikation – Handbuch für ein integriertes Kommunikationsmanagement*, Vahlen: München.

Bruns, Jürgen (2007): *Direktmarketing*, Kiehl: Ludwigshafen.

Büttgen, Marion (2003): Recovery Management – systematische Kundenrückgewinnung und Abwanderungsprävention zur Sicherung des Unternehmenserfolges, *Die Betriebswirtschaft*, 63 (1), 60-76.

Chu, Wujin; Eitan Gerstner und James D. Hess (1995): Costs and Benefits of Hard-Sell, *Journal of Marketing Research*, 32 (1), 97-102.

Churchill Jr., Gilbert A.; Neil M. Ford; Steven W. Hartley und Orville C. Walker Jr. (1985): The Determinants of Salesperson Performance: A Meta-Analysis, *Journal of Marketing Research*, 22 (2), 103-118.

Dekimpe, Marnik G.; Pierre Frangois; Srinath Gopalakrishna; Gary L. Lilien und Christophe Van den Bulte (1997): Generalizing About Trade Show Effectiveness: A Cross-National Comparison, *Journal of Marketing*, 61 (4), 55-64.

Deutsche Post (2012): *Dialogmarketing Deutschland 2012*, Deutsche Post DHL: Bonn.

Eggert, Andreas (2000): Konzeptualisierung und Operationalisierung der Kundenbindung aus Kundensicht, *Marketing – Zeitschrift für Forschung und Praxis*, 22 (2), 119-130.

Franke, George R. und Jeong-Eun Park (2006): Salesperson Adaptive Selling Behavior and Customer Orientation: A Meta-Analysis, *Journal of Marketing Research*, 43 (4), 693-702.

Frenzen, Heiko (2009): *Teams im Vertrieb: Gestaltung und Erfolgswirkungen*, Gabler: Wiesbaden.

Frenzen, Heiko; Manfred Krafft und Kay Peters (2007): Direktmarketing auf Industriegütermärkten – Bestandsaufnahme, Forschungsfelder und methodische Anforderungen, in: Büschken, Joachim; Markus Voeth und Ralf Weiber (Hrsg.): *Innovationen für das Industriegütermarketing: Festschrift für Prof. Dr. Dr. h.c. Klaus Backhaus zum 60. Geburtstag*, Schäffer-Poeschel: Stuttgart, 381-404.

Gavirneni, Srinagesh; Douglas J. Morrice und Peter Mullarkey (2004): Simulation Helps Maxager Shorten Its Sales Cycle, *Interfaces*, 34 (2), 87–96.

Gedenk, Karen (2002): *Verkaufsförderung*, Vahlen: München.

Giacobbe, Ralph W.; Donald W. Jackson Jr.; Lawrence A. Crosby und Claudia M. Bridges (2006): A Contingency Approach to Adaptive Selling Behavior and Sales Performance: Selling Situations and Salesperson Characteristics, *Journal of Personal Selling & Sales Management*, 26 (2), 115-142.

Gonzalez, Gabriel R.; K. Douglas Hoffman und Thomas N. Ingram (2005): Improving Relationship Selling Through Failure Analysis and Recovery Efforts: A Framework and Call to Action, *Journal of Personal Selling & Sales Management*, 25 (1), 57-65.

Gouthier, Matthias H. J. (2004): Das Management von Neukundenbeziehungen, *Wirtschaftswissenschaftliches Studium*, 33 (10), 590-596.

Gouthier, Matthias H. J. (2006): Neukundenmanagement, in: Hippner, Hajo und Klaus D. Wilde (Hrsg.): *Grundlagen des CRM*, 2. Aufl., 473-508.

Grikscheit, Gary M.; Harold C. Cash und William J. Crissy (1981): *Handbook of Selling: Psychological, Managerial, and Marketing Bases*, Wiley: New York et al.

Günter, Bernd (1979): *Das Marketing von Großanlagen: Strategieprobleme des Systems Selling*, Dunker & Humblot: Berlin.

Haas, Alexander (2006): Interessentenmanagement, in: Hippner, Hajo und Klaus D. Wilde (Hrsg.): *Grundlagen des CRM*, 2. Aufl., 443-472.

Hansen, Ann-Kristin (2009): *The Interplay of Personal Selling and Direct Marketing – An Exploratory Study in the Pharmaceutical Industry*, Working Paper, Universität Münster.

Hart, Christopher W. L., James L. Heskett und W. Earl Sasser, Jr. (1990), The Profitable Art of Service Recovery, *Harvard Business Review*, 68 (4), 148-156.

Homburg, Christian und Heiko Schäfer (2002): Die Erschließung von Kundenpotenzialen durch Cross-Selling: Konzeptionelle Grundlagen und empirische Ergebnisse, *Marketing – Zeitschrift für Forschung und Praxis*, 24 (1), 7-26.

Hüppelshäuser, Marco; Manfred Krafft und Edith Rüger (2006): Hazard-Raten-Modelle im Marketing, *Marketing – Zeitschrift für Forschung und Praxis*, 28 (3), 197-209.

Hutt, Michael D.; Wesley J. Johnston und John R. Ronchetto Jr. (1985): Selling Centers and Buying Centers: Formulating Strategic Exchange Patterns, *Journal of Personal Selling & Sales Management*, 5 (1), 32-40.

Jaramillo, Fernando; Daniel M. Ladik; Greg W. Marshall und Jay Prakash Mulki (2007): A meta-analysis of the relationship between sales orientation-customer orientation (SOCO) and salesperson job performance, *Journal of Business & Industrial Marketing*, 22 (5), 302-310.

Jolson, Marvin A. (1975): The Underestimated Potential of the Canned Sales Presentation, *Journal of Marketing*, 39 (1), 75-78.

Keiningham, Timothy L.; Bruce Cooil; Tor Wallin Andreassen und Lerzan Aksoy (2007): A Longitudinal Examination of Net Promoter and Firm Revenue Growth, *Journal of Marketing*, 71 (3), 39–51.

Kienbaum (2009): *Vergütungsstudie 2009 – Führungs- und Fachkräfte in Marketing und Vertrieb*, 29. Ausgabe, Kienbaum Management Consultants GmbH: Gummersbach.

Krafft, Manfred (1995): *Außendienstentlohnung im Licht der Neuen Institutionenlehre*, Gabler: Wiesbaden.

Krafft, Manfred (1996): *Ist das Vertriebsmanagement wirklich effektiv?*, Absatzwirtschaft, 39 (10), 44-46.

Krafft, Manfred (2001): Pharma-Marketing, in: Tscheulin, Dieter K. und Bernd Helmig (Hrsg.): *Branchenspezifische Besonderheiten des Marketing*, Gabler: Wiesbaden, 637 – 659.

Krafft, Manfred und Oliver Götz (2011): Der Zusammenhang zwischen Kundennähe, Kundenzufriedenheit und Kundenbindung sowie deren Erfolgswirkungen, in: Hippner, Hajo und Klaus D. Wilde (Hrsg.): *Grundlagen des CRM – Konzepte und Gestaltung*, 3. Aufl., Gabler: Wiesbaden, 213-246.

Leitz, Stefan und Florian Ney (2000): „Customer Business Development"-Teams bei Procter & Gamble, *Thexis*, 17 (4), 26-28.

Löhr, Julia (2010): Gestatten: Verkäufer, *Frankfurter Allgemeine Zeitung*, 49, 27./28. Februar (Beruf und Chance), C1.

Long, Mary M.; Thomas Tellefsen und J. David Lichtenthal (2007): Internet integration into the industrial selling process: A step-by-step approach, *Industrial Marketing Management*, 36 (5), 676-689.

MacKenzie, H. F. (Herb) (2008): *Sales Management in Canada*, Pearson: Toronto.

Manning, Gerald L.; Barry L. Reece und Michael Ahearne (2010): *Selling Today – Creating Customer Value*, 11th Ed., Prentice Hall.

Mantrala, Murali K. und Sönke Albers (2012): The Impact of the Internet on B2B Sales Force Size and Structure, in: Lilien, Gary L. and Rajdeep Grewal, (eds): *Handbook on Business to Business Marketing*, Gloucestershire, UK: Edward Elgar Publishing, 539–559.

McFarland, Richard G.; Goutam N. Challagalla und Tasadduq A. Shervani (2006): Influence Tactics for Effective Adaptive Selling, *Journal of Marketing*, 70 (4), 103-117.

Michalski, Silke (2006): Kündigungspräventionsmanagement, in: Hippner, Hajo und Klaus D. Wilde (Hrsg.): *Grundlagen des CRM – Konzepte und Gestaltung*, Gabler: Wiesbaden, 583-604.

Moncrief, William C.; Greg W. Marshall und Felicia G. Lassk (2006): A Contemporary Taxonomy of Sales Positions, *Journal of Personal Selling & Sales Management*, 26 (1), 55-65.

Moon, Mark A. und Gary M. Armstrong (1994): Selling Teams: A Conceptual Framework and Research Agenda, *Journal of Personal Selling & Sales Management*, 14 (1), 17-30.

Neale, Margaret A. und Gregory B. Northcraft (1991): Behavioral Negotiation Theory: A Framework for Conceptualizing Dyadic Bargaining, *Research in Organizational Behavior*, 13, 147-190.

Newton, Derek A. (1969): Get the most out of your sales force, *Harvard Business Review*, 47 (5), 130-143.

Palmatier, Robert W.; Lisa K. Scheer und Jan-Benedict E.M. Steenkamp (2007): Customer Loyalty to Whom? Managing the Benefits and Risks of Salesperson-Owned Loyalty, *Journal of Marketing Research*, 44 (2), 185-199.

Peter, Sibylle Isabelle (1997): *Kundenbindung als Marketingziel: Identifikation und Analyse zentraler Determinanten*, Gabler: Wiesbaden.

Peters, Kay und Manfred Krafft (2005): Direktmarketing und klassische Medien: State-of-the-Art in der Budgetallokation, *Zeitschrift für Betriebswirtschaft*, Special Issue 2/2005, 81-112.

Pick, Doreen und Manfred Krafft (2009): Status quo des Rückgewinnungsmanagements, in: Link, Jörg und Franziska Seidl (Hrsg.): *Kundenabwanderung. Früherkennung – Prävention – Kundenrückgewinnung*, Gabler: Wiesbaden, 119-141.

Plouffe, Christopher R.; John Hulland und Trent Wachner (2009): Customer-directed selling behaviors and performance: A comparison of existing perspectives, *Journal of the Academy of Marketing Science*, 37 (4), 422-439.

Reichheld, Frederik F. und W. Earl Sasser Jr. (1990): Zero Defections: Quality Comes to Services, *Harvard Business Review*, 68 (5), 105-111.

Rüger, Edith (2003): *Churn Management im Kontext des Relationship Marketing*, Dissertation, WHU: Koblenz.

Saxe, Robert und Barton A. Weitz (1982): The SOCO Scale: A Measure of the Customer Orientation of Salespeople, *Journal of Marketing Research*, 19 (3), 343-351.

Schäfer, Heiko; Jan-Thido Karlshaus und Frank Sieben (2000): Profitabilität durch systematisches Rückgewinnen von Kunden, in: *absatzwirtschaft*, 12, 56-64.

Smith, Timothy M.; Srinath Gopalakrishna und Paul M. Smith (2004): The complementary effect of trade shows on personal selling, *International Journal of Research in Marketing*, 21 (1), 61-76.

Smith, Timothy M.; Srinath Gopalakrishna und Rabikar Chatterjee (2006): A Three-Stage Model of Integrated Marketing Communications at the Sales-Marketing Interface, *Journal of Marketing Research*, 43 (4), 564-579.

Söhnchen, Florian und Sönke Albers (2010): Pipeline management for the acquisition of industrial projects, *Industrial Marketing Management*, 39 (8), 1356-1364.

Spiro, Rosann L. und Barton A. Weitz (1990): Adaptive Selling: Conceptualization, Measurement, and Nomological Validity, *Journal of Marketing Research*, 27 (1), 61-69.

Stock, Ruth Maria und Wayne D. Hoyer (2005): An Attitude-Behavior Model of Salespeople's Customer Orientation, *Journal of the Academy of Marketing Science*, 33 (4), 536-552.

Strong, Jr., Edward K. (1925): Theories of Selling, *Journal of Applied Psychology*, 9 (1), 75-86.

Sujan, Harish (1986): Smarter Versus Harder: An Exploratory Attributional Analysis of Salespeople's Motivation, *Journal of Marketing Research*, 23 (1), 41-49.

Sujan, Harish; Barton A. Weitz und Nirmalya Kumar (1994): Learning Orientation, Working Smart, and Effective Selling, *Journal of Marketing*, 58 (3), 39-52.

Tebbe, Cordula (2000): *Erfolgsfaktoren des persönlichen Verkaufsgespräches: Adaptives Verkaufen im Kundenkontakt*, in: Europäische Hochschulschriften, Reihe 5, Volks- und Betriebswirtschaft, Bd. 2659, Lang: Frankfurt am Main et al.

Thomas, Jacquelyn S.; Robert C. Blattberg und Edward J. Fox (2004): Recapturing Lost Customers, *Journal of Marketing Research*, 41 (1), 31-45.

Thompson, Kenneth N. (1989): Monte Carlo Simulation Approach to Product Profile Analysis: A Consultative Selling Tool, *Journal of Personal Selling & Sales Management*, 9 (Summer), 1-10.

Tracy, Brian (2006): *Verkaufsstrategien für Gewinner*, Redline: Heidelberg.

Verhoef, Peter C. und Laurens M. Sloot (2010): Out-of-Stock: Reactions, Antecedents, Management Solutions, and a Future Perspective, in: Krafft, Manfred und Murali K. Mantrala (Eds.): *Retailing in the 21st Century: Current and Future Trends*, 2nd ed., Springer: Berlin, Heidelberg, 285-299.

Weilbaker, Dan C. (1990): The Identification of Selling Abilities Needed for Missionary Type Sales, *Journal of Personal Selling & Sales Management*, 10 (3), 45-58.

Weitz, Barton A. (1981): Effectiveness in Sales Interactions: A Contingency Framework, *Journal of Marketing*, 45 (1), 85-103.

Weitz, Barton A.; Harish Sujan und Mita Sujan (1986): Knowledge, Motivation, and Adaptive Behavior: A Framework For Improving Selling Effectiveness, *Journal of Marketing*, 50 (4), 174-191.

Wildemann, Horst (2001): *Das Just-in-Time Konzept – Produktion und Zulieferung auf Abruf*, TCW: München.

Wilkie, William L.; Carl F. Mela und Gregory T. Gundlach (1998): Does "Bait and Switch" Really Benefit Consumers?, *Marketing Science*, 17 (3), 273-282.

Ziglar, Zig (2006): *Der totale Verkaufserfolg*, Redline: Heidelberg.

Zoltners, Andris A.; Prabhakant Sinha und Sally E. Lorimer (2004): *Sales Force Design for Strategic Advantage*, Palgrave Macmillan: Basingstoke.

3   Organisation des Verkaufs

Lernziele

- Der Leser weiß, dass der Vertrieb von Produkten über unterschiedliche Vertriebswege und mit unterschiedlichen Spezialisierungen erfolgen kann.

- Der Leser versteht die Grundlagen der Transaktionskostentheorie, auf denen Entscheidungen über die vertikale Integration basieren.

- Der Leser kennt unterschiedliche Vertriebswege, Spezialisierungsmöglichkeiten
  und Alternativen der Verkaufsgebietseinteilung.

- Der Leser kann unterschiedliche Formen der Organisation des Verkaufs bewerten
  und sehr gute und sogar optimale Formen bestimmen.

3.1   Überblick

Wenn ein Unternehmen so groß geworden ist, dass es nicht mehr einige wenige, sondern
viele Verkaufsaußendienstmitarbeiter braucht, dann stellt sich die Frage, wie die **Struktur
eines Verkaufsaußendienstes** gestaltet werden sollte. Sie konkretisiert sich durch
(Zoltners, Sinha und Lorimer 2004 und 2006):

1. die gewählten Vertriebswege, z.B. direkt über einen Verkaufsaußendienst oder indirekt
   über den Handel zu verkaufen,

2. die Größe des Verkaufsaußendienstes,

3. die Art und das Ausmaß der Spezialisierung der Verkaufsaußendienstmitarbeiter und

4. die Kontrolle und Koordination der Verkaufsaktivitäten sowie das damit verbundene
   Berichtswesen.

Die Struktur hat **Rückwirkungen** auf die Gestaltung der Verkaufsgebiete und die damit
verbundene Allokation von Verkaufsanstrengungen über Gebiete, Kunden und Produkte.
Da die Größe des Verkaufsaußendienstes und die Allokation der Verkaufsanstrengungen
nicht primär von Organisationsüberlegungen, sondern vielmehr von marginalanalytisch
orientierten Entscheidungen geprägt sind, werden diese Fragestellungen erst in Kapitel 4
zur operativen Verkaufsplanung behandelt.

Natürlich hat die Wahl der Verkaufsaußendienststruktur noch **weitere Auswirkungen** auf
Probleme des Vertriebsmanagements. Mit der Wahl in bestimmter Weise spezialisierter
Verkaufsaußendienstmitarbeiter muss das Unternehmen seine Anforderungsprofile für
das Anwerben von Mitarbeitern anpassen, und es müssen entsprechende Maßnahmen für

das Training vorhandener Verkaufsaußendienstmitarbeiter vereinbart werden. Je spezialisierter ein Verkaufsaußendienstmitarbeiter ist, desto weniger Möglichkeiten der Beförderung bestehen, was den Karrierepfad beeinflusst. Ist der Verkaufsaußendienst in Teams
organisiert, so wird die Leistungsbeurteilung schwieriger und als Folge davon auch die
Steuerung der Verkaufsaußendienstmitarbeiter (Zoltners, Sinha und Lorimer 2004).

Die verbliebenen Organisationsprobleme einschließlich der Verkaufsgebietseinteilung
werden in den folgenden Abschnitten detailliert behandelt. Dies muss dann durch Fokus-
sierung auf das jeweilige Teilproblem geschehen. Tatsächlich sind diese Probleme vielfach
miteinander verbunden und können nicht getrennt voneinander gelöst werden. Sie stellen
außerdem **strategische Entscheidungen** dar, die nicht so oft getroffen werden können und
bedeutende langfristige Auswirkungen besitzen. Die Wahl der Struktur für den Verkaufsaußendienst hängt zudem von den Marktbedingungen ab. Insofern zeigen Zoltners, Sinha
und Lorimer (2006) die Notwendigkeit auf, die Struktur dem Lebenszyklus eines Unternehmens oder einer strategischen Unternehmenseinheit anzupassen. **Tabelle 3.1-1** zeigt,
welche Bedeutung die einzelnen Faktoren der Struktur über die Phasen eines Lebenszyklus haben. Die Anzahl der Sterne spiegelt die jeweilige Bedeutung der Faktoren wider.

Tabelle 3.1-1   Struktur des Verkaufsaußendienstes in Abhängigkeit vom Lebenszyklus des
Unternehmens (in Anlehnung an Zoltners, Sinha und Lorimer 2006)

	Start-Up	**Wachstum**	**Reifephase**	**Rückgang**
Rolle von Verkaufs-außendienst und Verkaufspartnern	* * * *	* *	*	* * *
Größe des Ver-kaufsaußendienstes	* * *	* * * *	* *	* * * *
Art und Ausmaß der Spezialisierung	*	* * * *	* * *	* *
Allokation der Verkaufsanstren-gungen	* *	*	* * * *	*
Fokus	Generiere Awareness und eine schnelle Marktaufnahme durch Partner	Marktpenetrati-on durch Aus-dehnung und Spezialisierung der Verkaufs-anstrengungen	Fokus liegt auf effiziente Bedienung und Halten von Kunden	Schütze kriti-sche und been-de unprofitable Kunden-beziehungen

Im Folgenden wird zunächst das Problem behandelt, ob die Verkaufsfunktion direkt oder indirekt über den Handel und bei einem direkten Vertrieb dies über fest angestellte Reisende oder selbständige Handelsvertreter wahrgenommen werden soll.

3.2   Integration der Verkaufsfunktion

Lernziele

- Der Leser weiß, dass der Vertrieb indirekt über den Handel oder direkt entweder über einen eigenen oder einen unternehmensfremden Verkaufsaußendienst erfolgen kann.

- Der Leser versteht die zentralen Gesichtspunkte, welche die Entscheidung für eine bestimmte Vertriebsform leiten.

- Der Leser kennt die Transaktionskostentheorie als Grundlage.

- Der Leser kann eine wirtschaftlich vorteilhafte Entscheidung über die Vertriebsform treffen.

Der Vertrieb der Produkte und Dienstleistungen eines Unternehmens kann in sehr vielfältiger Weise erfolgen. So kann das Unternehmen seine Produkte über den Handel distribuieren. Will es den direkten Kundenkontakt ausnutzen, so ist der Vertrieb über einen Verkaufsaußendienst erforderlich. Bei diesem kann man alternativ Reisende oder Telefonverkäufer als eigenes Personal bzw. unabhängige Handelsvertreter oder geleaste Mitarbeiter als unternehmensfremde Kräfte einsetzen. Letztere können auch parallel für andere Unternehmen verkaufen. Daneben werden insbesondere Finanz- und Versicherungsdienstleistungen über Vermittler in Form von Maklern oder Strukturvertrieben verkauft.

Abbildung 3.2-1 zeigt das Beispiel eines komplexen Vertriebssystems, das viele der genannten **Vertriebswege** für unterschiedliche Interessenten und Kunden verwendet. Nach Cespedes und Corey (1990) handelt es sich um ein pluralistisches Multi-Channel-Vertriebssystem, in dem die einzelnen Kanäle für unterschiedliche Kundengruppen eingesetzt werden.

Abbildung 3.2-1 Beispiel für ein komplexes System von Vertriebswegen

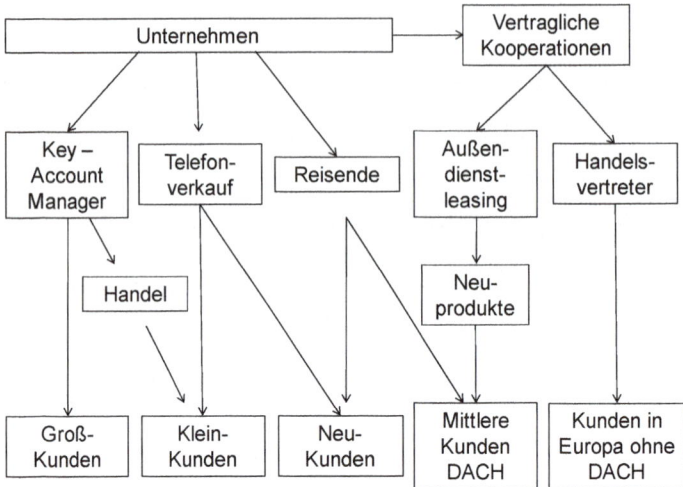

Bei einer solchen Vielfalt von **Vertriebskanälen** stellt sich die Frage, welcher Vertriebsweg unter welchen Bedingungen sinnvoll ist. Dazu werden die Vertriebswege vorab in **Tabelle 3.2-1** danach klassifiziert, ob man den Vertrieb direkt oder indirekt organisiert. Bei einem direkten Vertrieb wendet sich das Unternehmen direkt an seine Kunden. Alternativ könnte es den Vertrieb an darauf spezialisierte Händler vergeben und hätte dann nur indirekt mit den Kunden zu tun. Schließlich stellt sich die Frage, ob das Unternehmen den Vertrieb mit eigenem Personal durch Reisende bzw. Telefonverkäufer oder mit fremdem Personal durch z.B. Handelsvertreter oder Mitarbeiter aus anderen Unternehmen vornehmen soll. Diese beiden Fragestellungen werden in den nächsten beiden Abschnitten ausführlich erörtert. Dort wird auch die Vorteilhaftigkeit einzelner Vertriebswege diskutiert.

Tabelle 3.2-1   Formen der Integration der Verkaufsfunktion

Direkt vs. Indirekt / Beschäftigt	Direkt über Verkaufsaußendienst	Indirekt über Handel	Über Vermittler
Im eigenen Unternehmen	Reisende, Telefonverkauf	Hersteller-Outlets	
Hybrid (sowohl als auch)	Außendienst-Leasing		Strukturvertrieb
Außerhalb des eigenen Unternehmens	horizontal: Vertriebsallianz vertikal: Handelsvertreter	Groß- und Einzelhandel	Makler

3.2.1 Direkter oder Indirekter Vertrieb

Als erstes stellt sich einem Unternehmen die Frage, ob es seinen Vertrieb durch direkte Kundenansprache oder indirekt über den Handel vornehmen soll. Hierzu existieren Aussagen der **Transaktionskostentheorie** (siehe dazu **Insert 3.2-1**), zu der auch empirische Befunde vorliegen. Diese werden durch strategische Überlegungen komplettiert.

Das hier angesprochene Problem wird in der Literatur unter dem Stichwort der **vertikalen Integration** von Distributionskanälen behandelt (Majumdar und Ramaswamy 1995). Die Aufgabe besteht darin, diejenige Lösung zwischen **Hierarchie** (direkte Kundenansprache) und **Markt** (über den Handel) zu finden, die den Erlös abzüglich der Transaktionskosten und der Produktionskosten maximiert. Nach Maßgabe der Transaktionskostentheorie (vgl. **Tabelle 3.2-2**) ist eine hierarchische Lösung einer Marktlösung umso eher überlegen, je größer die Unsicherheit der Umwelt und des Verhaltens der Marktteilnehmer, je ausgeprägter die Spezifität der Ressourcen und je häufiger die Transaktionen sind.

Insert 3.2-1   Transaktionskostentheorie

Die Transaktionskostentheorie, ursprünglich vorgeschlagen von Coase (1937) und weiter entwickelt von Williamson (1975), wägt die Erlöse und Kosten einer wirtschaftlichen Aktivität unter verschiedenen Governance-Systemen gegen dessen **Transaktionskosten** ab. Dabei werden meist die Systeme der Ausführung der Aktivitäten über den Markt, über eine Integration in das Unternehmen (Hierarchie) oder über Zwischenformen untersucht. Die grundlegende Annahme lautet, dass eine Marktlösung vorteilhaft ist, wenn Anpassungen an Umweltveränderungen, Leistungsbeurteilungen und Absicherungen gegen opportunistisches Verhalten bei der Nutzung von spezifischen Anlagegütern relativ unwichtig sind. Wenn die damit verbundenen Transaktionskosten dagegen so hoch sind, dass sie die Kostenvorteile (z.B. der Produktion oder der Distribution) von Marktlösungen übersteigen, dann werden interne Lösungen (Hierarchie) gesucht (Rindfleisch und Heide 1997). Transaktionskosten sind schwierig zu messen, da sie gemäß **Tabelle 3.2-2** komplexe Sachverhalte umfassen.

Tabelle 3.2-2   Quellen und Arten von Transaktionskosten
                    (angelehnt an Rindfleisch und Heide 1997, S. 46)

Situation Quelle und Art	Spezifität der Anlagegüter	Unsicherheit der Umwelt	Verhaltens- unsicherheit
Quelle: Art des Governance-Problems	Absicherung gegen opportunistisches Verhalten	Anpassung	Leistungsbeurteilung
Art: Direkte Transaktions-kosten	Kosten der Absicherung	Kommunikations-, Verhandlungs- und Koordinationskosten	Kosten für Screening, Auswahl und Messung
Art: Opportuni-täts-Transaktions-kosten	Unvermögen in die richtigen Anlagegüter zu investieren	Falsche Anpassung	Unvermögen, die richtigen Partner zu identifizieren; Produktivitätsverluste durch Anpassung der Anstrengungen

Will man ohne spezifische Kenntnis von Transaktionskosten zu Aussagen kommen, welche Lösung vorteilhaft ist, muss man bestimmte Annahmen darüber treffen, wie ausgeprägt die Fähigkeiten von Unternehmen sind, bei internen Lösungen Transaktionskosten zu minimieren (Rindfleisch und Heide 1997). Dabei besteht die erste von drei **Annahmen der Transaktionskostentheorie** darin, dass interne Organisationen eher und kostengünstiger als der Markt in der Lage sind, die Leistungserstellung durch Kontrolle und Monitoring sicherzustellen, da sie mit Leistungsbeurteilungen und Anreizen arbeiten können, so dass insbesondere opportunistisches Verhalten eher aufgedeckt und eine Anpassung an Umweltveränderungen erleichtert wird. Zweitens können Organisationen mit langfristigen Anreizen arbeiten, was die Möglichkeiten zu opportunistischem Verhalten reduziert. Und drittens können Unternehmen durch eine geeignete Unternehmenskultur eher eine Konvergenz der verschiedenen Ziele der Unternehmensangehörigen untereinander herbeiführen. Je nach Situation gibt die Transaktionskostentheorie Empfehlungen zur Wahl von Governance-Strukturen, deren Vorteilhaftigkeit für die einzelnen Anwendungsgebiete inzwischen vielfältige empirische Überprüfungen erfahren haben.

Zieht man die Anzahl der Transaktionen heran, so erscheint ein indirekter Vertrieb vorteilhaft. Der Handel kauft ja auf eigenes Risiko ein und vertreibt die Produkte dann an viele Kunden. Diese Lösung kann nur dann sinnvoll sein, wenn der Handel den Verkauf kostengünstiger gestalten kann als das Unternehmen selbst über z.B. einen eigenen Verkaufsaußendienst. Dies ist immer dann der Fall, wenn der Handel eher kleine Kunden bedient, deren individuelle Betreuung durch einen Verkaufsaußendienst zu kostspielig wäre. Außerdem werden durch den Vertrieb über den Handel die Distributionskosten gesenkt, da der Versand gebündelt wird und nicht an jeden einzelnen Kunden stattfindet (Albers und Peters 1997 sowie Peters, Albers, Asselmann und Schäfers 2009). Voraussetzung ist natürlich, dass der Handel über ein besseres Know-how der Kundenwünsche verfügt als das Unternehmen selbst und die Bündelung der Produkte zu Sortimenten bei den Kunden Nutzen stiftet. Bei einem Kostenvergleich müssen die Kosten eines Verkaufs-außendienstes den Gewinnentgängen durch die Handelsspanne gegenüber gestellt werden. Weitere Vor- und Nachteile werden in **Tabelle 3.2-3** genannt.

Tabelle 3.2-3   Vor-und Nachteile eines direkten gegenüber einem indirekten Vertrieb

	Direkter Vertrieb durch Verkaufsaußendienst	**Indirekter Vertrieb über den Handel**
Vorteile	Bessere Durchsetzung am Markt; bessere Behandlung kundenindividueller Wünsche	Geringes Risiko
Nachteile	Dauert zu lange bei einem Start-Up	Keine Kontrolle der Aktivitäten; Keine direkte Beziehung zu Kunden; Stärke der Promotion bei Konkurrenz-produkten unklar

In empirischer Hinsicht werden die Empfehlungen der Transaktionskostentheorie und der zusätzlichen Aspekte in **Tabelle 3.2-3** weitgehend bestätigt. Rangan, Corey und Cespedes (1993) finden z.B. mit Hilfe von Fallstudien, dass Unternehmen bei transaktionsspezifischen Anlagegütern bzw. Wettbewerbsvorteilen eher einen eigenen Verkaufsaußendienst einsetzen, während bei hoher Unsicherheit kein eindeutiges Muster zu erkennen war. Majumbar und Ramaswamy (1995) bestätigen den starken **Einfluss transaktionsspezifischer Investitionen**. Sehr wichtig sind zudem die Möglichkeiten, den Markt zu durchdringen, direkten Kundenkontakt und damit besseres Feedback zu haben und kontrollieren zu können, in welchem Maße das eigene Produkt gegenüber Konkurrenzprodukten durch den Handel gefördert wird. Ist dies den Unternehmen wichtig, wählen sie zumeist den direkten Vertriebsweg.

Neben dem beschriebenen indirekten Vertriebsweg des Handels gibt es noch weitere Alternativen von indirekten Vertriebskanälen, nämlich die **Nutzung von Maklern** oder auch von Strukturvertrieben. Makler verkaufen typischerweise Finanz- und Versicherungsdienstleistungen und kaufen diese von den Unternehmen im Interesse bestimmter Kunden ein. Wenn also ein Unternehmen z.B. eine Versicherungspolice für Betriebsunterbrechungen abschließen will, dann analysiert ein Makler, welche Produkte verschiedener Anbieter am besten geeignet sind und vermittelt dann den Vertragsabschluss zwischen Anbieter und Kunde. In diesem Fall findet gar keine aktive Entscheidung des Unternehmens für einen solchen indirekten Vertrieb statt, sondern die Makler agieren immer für Kunden, wenngleich dies bei manchen Finanzdienstleistern bezweifelt werden kann.

Eine Besonderheit stellen dabei die **Strukturvertriebe** dar, die es ebenfalls vor allem für Finanz- und Versicherungsdienstleistungen gibt (Frehrking und Schöffski 1994). Der Unterschied zu Maklern besteht lediglich darin, dass die Verkaufsaußendienstmitarbeiter nicht unbedingt daran verdienen, dass sie hohe Verkaufsabschlüsse erzielen, sondern möglichst viele weitere selbständig tätige Mitarbeiter für den Vertrieb gewinnen (Schnedlitz, Kotzab und Cerha 1997, Coughlan und Grayson 1998). In diesen Strukturvertrieben erhalten nämlich die Mitarbeiter neben den Verkaufsprovisionen auf das direkt vermittelte Geschäft auch eine so genannte Superprovision auf die Umsätze, die durch vom Verkaufsaußendienstmitarbeiter selbst angeworbene Mitarbeiter erzielt werden. Strukturvertriebe sind offenbar sehr erfolgreich, doch in der öffentlichen Meinung stark umstritten. Durch die Anwerbung von weiteren Mitarbeitern, auf deren Umsätze der Anwerber eine Superprovision bekommt, ähneln diese Systeme den verbotenen Schneeball-Systemen. Trotzdem sind sie erlaubt und zum Teil gehören sie auch etablierten Unternehmen, insbesondere in der Finanzdienstleistungs- und Versicherungsbranche. Unter diesen Umständen sind Strukturvertriebe dann keine Makler mehr, sondern Sonderformen des eigenen Vertriebs, bei dem die Mitarbeiter meist nur nebenberuflich tätig sind und nur einige wenige Mitarbeiter bei dem Anbieter angestellt sind.

3.2.2   Eigener oder fremder Verkaufsaußendienst

Hat sich ein Unternehmen dafür entschieden, den Markt durch einen direkten Vertrieb zu bedienen, stellt sich anschließend die Frage, ob dies durch einen eigenen Außendienst geschehen oder ob man sich dabei unternehmensfremder Einheiten bedienen soll. Im ersteren Fall spricht man vom Einsatz von Reisenden, während als fremde Einheiten insbesondere Handelsvertreter in Frage kommen. Reisende sind vollständig bei einem Unternehmen beschäftigt und weisungsgebunden. **Handelsvertreter** sind unabhängige Absatzmittler, die auf eigene Kosten, aber für fremde Rechnung verkaufen. Gerade im industriellen Verkauf findet man vielfach Handelsvertreter-Organisationen, die nicht nur für ein Unternehmen Produkte verkaufen (als Einfirmenvertreter), sondern gleichzeitig auch Produkte anderer Hersteller vertreten. Bei der Wahl zwischen den beiden Absatzformen Handelsvertreter und Reisende hat man in der Literatur lange auf einen Kostenvergleich abgestellt. Bereits in den 1950er Jahren untersuchte Gutenberg (1955, S. 114 ff.), unter welchen Bedingungen Reisende, die ein höheres Festgehalt, aber einen geringeren Provisionssatz bezogen auf den Umsatz als Handelsvertreter erhalten, vorteilhaft sind. Dazu entwickelte er folgendes Modell:

Seien

F_R, F_{HV}: Festgehalt bzw. Fixum für Reisende (R) und Handelsvertreter (HV),

c_R, c_{HV}: Provisionssatz bezogen auf eine Umsatzeinheit für Reisende (R) und Handelsvertreter (HV),

U_k: kritischer Umsatz,

so ergibt sich ein **kritischer Umsatz** U_k, bei dem die Entlohnungskosten für beide **Absatzformen** gleich hoch sind. Dazu setzt man die beiden Gleichungen der Entlohnungskosten für Reisende und Handelsvertreter einander gleich und erhält:

$$F_R + c_R \cdot U_k = F_{HV} + c_{hv} \cdot U_k \tag{3.1}$$

$$U_k = \frac{F_R - F_{HV}}{c_{HV} - c_R} \tag{3.2}$$

Ist ein bestimmter Umsatz U geplant, so kann durch einen Vergleich mit dem kritischen Umsatz U_k eine Aussage über die Vorteilhaftigkeit des Einsatzes von Reisenden oder Handelsvertretern getroffen werden. Dies veranschaulicht **Abbildung 3.2-2**.

Abbildung 3.2-2   Absatzformwahl nach Maßgabe des kritischen Umsatzes

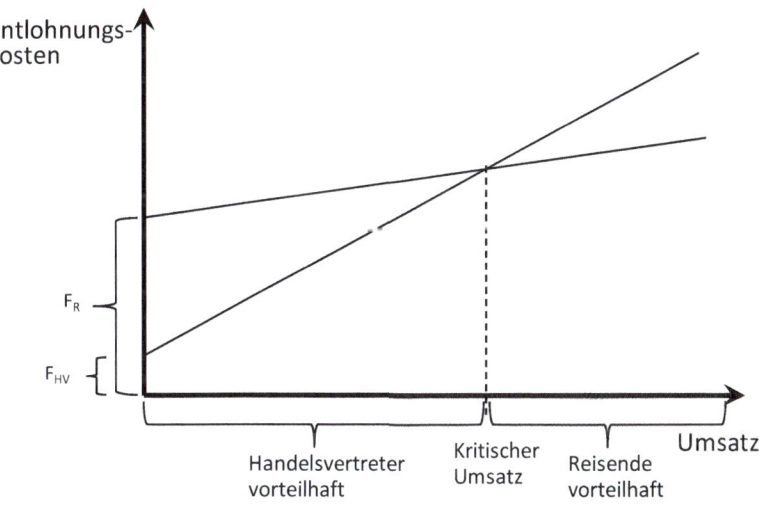

Inwieweit die auf das Entlohnungsproblem konzentrierten Überlegungen von Gutenberg Relevanz besitzen, kann man an dem durch Handelsvertreter vermittelten Umsatz erkennen. Dieser ist gemäß Batzer, Lachner und Meyerhöfer (1991) in den letzten 40 Jahren ständig gesunken. Als Grund wird angeführt, dass die Unternehmen aufgrund zunehmender Wirtschaftskraft und Konzentration immer größer geworden sind und dann auf fest angestellte Reisende gewechselt haben. Es sind wohl also vor allem die von Gutenberg intensiv beschriebenen Probleme des kritischen Umsatzes und nicht so sehr andere Gründe, die den Strukturwandel von Handelsvertretern zu Reisenden erklären (Albers 1999).

Die Überlegungen zu den Entlohnungskosten sind nicht die einzigen bei der Wahl von Reisenden oder Handelsvertretern. Zunächst einmal haben Dichtl, Raffeé und Niedetzki (1981) neben den Entlohnungskosten viele weitere Kosten bestimmt, um so zu einer realistischeren Entscheidung zu gelangen. Allerdings sind diese weitaus schwerer zu bestimmen und der kritische Umsatz nach Maßgabe der Entlohnungskosten macht das Problem bereits grundsätzlich klar. Während Gutenberg (1955) und Dichtl, Raffeé und Niedetzki (1981) ausschließlich auf einen Kostenvergleich abstellen, ergänzen Meffert, Kimmeskamp und Becker (1983) den Vergleich durch **strategische Überlegungen**.

Hierzu zählen, dass Handelsvertreter verglichen mit Reisenden mit geringeren Kosten Zugang zu einem bestehenden Kundenstamm erlangen können, und Handelsvertreter auch häufig über eine bessere Kenntnis der Kunden, der Marktlage und der Konkurrenzverhältnisse verfügen. Reisende kann man dagegen besser kontrollieren, da sie weisungsgebunden sind. Außerdem verfügen sie über bessere Produktkenntnisse und sind loyaler gegenüber dem Anbieter. Dies sind klassische Argumente der Transaktionskostentheorie, deren empirische Evidenz für die Wahl der Absatzform von Anderson (1985) und Krafft (1996) nachgewiesen wurde. Im Einzelnen konnte Anderson zeigen, dass sich der Einsatz von Reisenden dann lohnt, wenn der Verkaufsaußendienstmitarbeiter über ein hohes Produkt-Know-how und vertrauliche Unternehmensinformationen verfügt. Dann ist der Ersatz von Verkaufsaußendienstmitarbeitern mit Abfluss von Know-how verbunden und neue Verkaufsaußendienstmitarbeiter müssten erst geschult werden. Krafft, Albers und Lal (2004) zeigen in ähnlicher Weise, dass Unternehmen eher Handelsvertreter wählen, wenn die Produkte leicht erklärbar und substituierbar sind. In beiden Studien wird zudem deutlich, dass es auch darauf ankommt, ob man die Leistung der Verkaufsaußendienstmitarbeiter gut messen kann. Ist dies nur eingeschränkt möglich, weil die Umsätze z.B. weniger von dem Einsatz des Verkaufsaußendienstmitarbeiters als von den allgemeinen Marketing-Aktivitäten des Unternehmens abhängen, dann wählen Unternehmen eher Reisende. In der Praxis wird beobachtet, dass ein Unternehmen nicht entweder nur mit Reisenden oder mit Handelsvertretern arbeitet, sondern beide Formen gleichzeitig einsetzt (Krafft 1996). So wird beobachtet, dass Unternehmen für Verkaufsgebiete mit geringerer Kundendichte, z.B. in den neuen Bundesländern, Handelsvertreter einsetzen. Mitunter wird dies auch all Drohmittel eingesetzt, damit die Reisenden nicht eine zu hohe Entlohnung verlangen.

3.2.3   Sonderformen

In Tabelle 3.2-1 sind Hybrid- bzw. Sonderformen aufgeführt, deren Wahl nicht hinreichend durch die bisher gebrachten Argumente erklärt werden können, da sie nur für bestimmte Situationen geeignet sind. Dies sind die hybride Form des **Außendienst-Leasing** und die Sonderform der **Vertriebs-Allianz** (Smith 1997). Beide Formen werden eher temporär eingesetzt, um gewisse personelle Engpässe zu überwinden. In der Regel sind Veränderungen in der Anzahl der Verkaufsaußendienstmitarbeiter nicht kurzfristig und friktionsfrei zu bewerkstelligen. Vertriebsleiter von industriellen Verkaufsaußendiensten streben deshalb eher einigermaßen konstante Größen ihrer Verkaufsaußendienste an. Gerade bei spezialisierten pharmazeutischen Verkaufsaußendiensten sieht man dagegen, dass deren Größe mittelfristig relativ stark analog zum Lebenszyklus eines Produktes angepasst wird, wobei die ausscheidenden Mitarbeiter dann in andere Außendienste versetzt werden. Am höchsten ist die Außendienstkapazität zum Zeitpunkt der Einführung von neuen Produkten. Bereits rund zwei Jahre nach dem Launch werden die Kapazitäten bereits auf etwa die Hälfte reduziert, um gegen Ende der Patentlaufzeit auf etwa 25% zu sinken (Müller 2006). Um hier eine gewisse Flexibilität sicherstellen zu können, wird mit fremden Verkaufsaußendienst-Kapazitäten gearbeitet. So bietet das Unternehmen Pharmexx Vertriebsmitarbeiter an, die für eine gewisse Zeit „geleast" werden können, um neue Präparate eines Pharmaherstellers zu verkaufen.

In der pharmazeutischen Industrie findet man auch die Formen des **Co-Selling**. Dabei wird das Produkt vom Verkaufsaußendienst eines fremden Unternehmens mit verkauft. Insbesondere das weltgrößte Pharma-Unternehmen Pfizer ist bekannt dafür, dass es über einen schlagkräftigen Verkaufsaußendienst verfügt, der natürlich auch ausgelastet werden muss. Sind überschüssige Personalkapazitäten vorhanden, so werden diese anderen Unternehmen zur Verfügung gestellt, wenn keine unmittelbare Konkurrenz-Situation besteht. Inwieweit sich Co-Selling rechnet, hängt von den speziellen Konditionen ab, die zwischen den Unternehmen vereinbart werden. Allerdings besteht hier das Problem, dass nicht genau ermittelt werden kann, welche Verkäufe des Produkts auf welches Unternehmen zurückgehen. Eine genaue Zurechnung wäre nur dann möglich, wenn sich die Unternehmen darauf verständigt hätten, unterschiedliche Verkaufsgebiete zu bearbeiten. Häufig bearbeiten jedoch zwei national agierende Verkaufsaußendienste mehr oder weniger die gleichen Verkaufsgebiete, so dass die Umsätze nicht verursachungsgerecht den kooperierenden Außendiensten zugeordnet werden können, da man die Umsätze nur aufgrund der Verschreibungen der Ärzte ermitteln kann, aber nicht ursächlich weiß, aufgrund welcher Besuche die Ärzte sich für ein Präparat entschieden haben.

Beim **Außendienst-Leasing** gibt es unterschiedliche Formen. Personal-Leasing-Unternehmen sind eigentlich Zeitarbeits-Unternehmen. Sie „vermieten" nämlich ihre Mitarbeiter für eine gewisse Zeit an Unternehmen. Das wird gerne genutzt, wenn es längere Vakanzen bei einzelnen Verkaufsgebieten gibt, weil es dem Unternehmen die Flexibilität gibt, keine Person unbefristet einstellen zu müssen, ohne für sie langfristige Chancen zu sehen. Außendienst-Leasing wird aber auch gerne zum Produkt-Launch in Anspruch genommen, um mit einem verstärkten Außendienst das neue Produkt möglichst schnell im Markt etablieren zu können. Natürlich muss man dies mit höheren Außendienstkosten bezahlen, spart aber möglicherweise an Einstellungs-, Schulungs- und Entlassungskosten (siehe dazu Abschnitt 5.2). In Insert 3.2-2 werden einige Praxisbeispiele zum Außendienst-Leasing beschrieben.

Insert 3.2-2   Praxisbeispiele von Außendienst-Leasing

„**Brauereibranche:** Für einen internationalen Brauerei-Konzern wurde unbefristet ein geleastes Verkaufsaußendienstmitarbeiter-Team mit sieben Mitarbeitern zur Betreuung der Szene-Gastronomie für die Einführung neuer Produktvarianten am Rand des eigentlichen Kerngeschäftes eingesetzt. Ziele: Listungsaufbau, Abverkaufsforcierung sowie die Sicherstellung einer optimalen Produktpräsentation. Ergebnis: Innerhalb von drei Monaten wurden 500 Listungen erzielt." (Otte 2009, S. 52).

„Lebensmittelbranche: Für einen internationalen Lebensmittelkonzern wurde Anfang 2009 im Zeitraum von vier Wochen ein Talondurchgang mit einer Lease Sales Force von zweitweise bis zu 15 Mitarbeitern zum Aufbau der Distribution eines neuen Produktes im Selbstständigen Lebensmittelhandel (SEH) durchgeführt. Ziele: Distributionsaufbau und Sicherstellung eines optimalen Regalplatzes." (Otte 2009, S. 52)

„Die **Lindner Hotel AG** nutzt externe Verkaufskapazitäten seit Jahren. Für Andreas Krökel, Vorstand der Lindner Hotels & Resorts, eine Ergänzung der eigenen Vertriebsmaßnahmen: „Obwohl die Verkaufsabteilungen sowohl zentral als auch dezentral gut strukturiert und schlagkräftig sind, gibt es immer wieder aktuelle und außerplanmäßige Vertriebsmaßnahmen, die zusätzlich zu den Aktivitäten in den Marketingplänen durchgeführt werden müssen. Um diese Spitzen abdecken zu können und um flexibel zu bleiben, ist das Outsourcing von Kapazitäten eine optimale Lösung. Das ist wirtschaftlich kalkulierbar, terminlich steuerbar und hervorragend messbar." (Hassmann 2002, S. 16).

3.3   Spezialisierung

Lernziele

- Der Leser weiß, dass man Verkaufsaußendienstmitarbeiter nicht nur regional in Verkaufsgebiete einteilen, sondern auch nach Produkten, Kundengruppen und Phasen des Verkaufsprozesses spezialisieren kann.

- Der Leser versteht, dass man bei der Wahl der geeigneten Spezialisierungsform die dadurch möglichen höheren Umsatzerlöse gegen die zugleich höheren Reisekosten und längeren Reisezeiten abwägen muss.

- Der Leser kennt die Einsatzmöglichkeiten der Spezialisierung von Verkaufsaußendienstmitarbeitern.

- Der Leser kann auch komplexe Strukturen der Spezialisierung konstruieren.

Sieht man von Einzelfällen ab, wo man nur wenige Kunden zu betreuen hat, stellt sich das Problem, wie man die Menge der Interessenten und Kunden betreuen will. Hier bieten die Überlegungen der Arbeitsteilung und -spezialisierung (Bofinger 2011, S. 29) Hilfe. Diese Konzepte postulieren, dass eine Arbeitsteilung erforderlich ist, wenn die Menge von Aktivitäten so sehr zunimmt, dass sie nicht mehr von einem Einzelnen ausgeführt werden kann. Dabei kann es sinnvoll sein, nicht jede Arbeitskraft das gesamte Spektrum der Tätigkeiten ausführen zu lassen, sondern zu prüfen, ob eine **Spezialisierung** sinnvoll ist. Sie bietet einerseits den Vorteil, dass die Arbeitnehmer ihre Arbeiten effizienter und effektiver ausführen können. Andererseits entsteht dadurch die Notwendigkeit, die spezialisierten Kräfte untereinander zu koordinieren, was mit zusätzlichen Kosten verbunden ist.

Zur Prüfung der Vorteilhaftigkeit der Spezialisierung wird die Marginalanalyse vorgeschlagen, bei der die Vorteile der Spezialisierung solange ausgenutzt werden sollten, wie
die marginalen Zuwächse des Deckungsbeitrages (zusätzliche Erlöse aus der höheren
Effektivität abzüglich der zuordenbaren Produktions- und Absatzkosten) höher sind als
die zusätzlichen (marginalen) Kosten der **Koordination**. Allerdings liefert diese Aussage
keine handhabbare Entscheidungs-Unterstützung, da weder die Spezialisierungsvorteile
noch die marginalen Koordinationskosten leicht zu bestimmen sind. Bisher ist nur eine
wissenschaftliche Arbeit bekannt, in der dies erfolgreich unternommen worden ist. Rao
und Turner (1984) bestimmen dazu eine Reaktionsfunktion des Umsatzes in Abhängigkeit
von den Verkaufsfertigkeiten und den Verkaufsanstrengungen und ermitteln als Wir-
kungsgrad die in Tabelle 3.3-1 berichteten Elastizitäten (siehe dazu auch Abschnitt 6.2.2).
Allerdings geben sie keine Hinweise auf die Quantifizierung der Koordinationskosten.
Diese sind im Wesentlichen durch Reisezeiten und -kosten gegeben, da auf Kunden oder
Produkte spezialisierte Verkaufsaußendienstmitarbeiter zwangsläufig größere Verkaufsgebiete betreuen müssen und damit auch weniger Besuchszeit zur Verfügung haben.

Tabelle 3.3-1   Effekte der (Nicht-)Spezialisierung von Verkaufsaußendienstmitarbeitern
(in Anlehnung an Rao und Turner 1984, S. 28)

	Spezialisierter Verkaufsaußendienst	Nicht-spezialisierter Verkaufsaußendienst
Elastizität der Verkaufsfertigkeiten	0,62	-0,03
Elastizität der Verkaufsanstrengungen	0,07	0,87
Anzahl von untersuchten Verkaufs- außendiensten	12	20

In jüngerer Zeit vertreten Zoltners, Sinha und Lorimer (2004, S. 133-137) die Auffassung,
dass die Spezialisierung davon abhängt, inwieweit die Bandbreite der Produkte, Kunden
und Prozesse von einem Verkaufsaußendienstmitarbeiter bewältigt werden kann. Sie
führen das Beispiel der IBM an, bei der vom sogenannten Application Hosting über das e-
learning bis zu security services eine so große **Bandbreite von Produkten** verkauft werden
muss, dass eine Produkt-Spezialisierung unausweichlich ist. Allerdings geben die Autoren
auch keine genauen Hinweise, wie man die optimale Bandbreite bestimmt. Da eine optimale Bandbreite offensichtlich kaum bestimmt werden kann, wird im Folgenden – abgesehen vom Optimierungsmodell in Abschnitt 3.3.5 – ausschließlich dargestellt, unter welchen Umständen man nach welchen Kriterien spezialisieren sollte.

Dabei zeigt Tabelle 3.3-2 zentrale Möglichkeiten, die sich den Unternehmen bei der Spezialisierung ihrer Verkaufsaußendienstmitarbeiter bieten. Grundsätzlich können sie ihre
Verkaufsaußendienste nach den angebotenen Produkten, der Art der Kunden, den Phasen

des Verkaufsprozesses und nach Regionen untergliedern (Kahn und Shuchman 1961). Die dafür aufgeführten Argumente werden in den folgenden Unterabschnitten diskutiert.

Tabelle 3.3-2   Möglichkeiten der Spezialisierung von Verkaufsaußendienstmitarbeitern

	Alternative 1	Alternative 2	Alternative 3
Nach Produkten	Neuprodukte versus etablierte Produkte	Produkte nach unterschiedlicher Technologie	Produkte nach unterschiedlicher Anwendung
Nach Kunden	Neu- vs. Bestandskunden	Unternehmens-größe	Branchen-zugehörigkeit
Nach Phasen des Verkaufs-prozesses	Interessentengenerierung, Berater bei Angebots-erstellung, Abschlüsse		
Nach Regionen	Postleitzahlen	Verwaltungstech-nische Einheiten	
Kombinationen	Hierarchisch	Nicht-hierarchisch	

3.3.1   Spezialisierung nach Produkten

Vertreibt ein Unternehmen ein Sortiment mit sehr unterschiedlichen Produkten, so stellt sich die Frage, ob ein Verkaufsaußendienstmitarbeiter für alle diese Produkte gleicherma-ßen die nötigen Kenntnisse besitzt, diese den Kunden zu erläutern und Vor- und Nachteile zu konkurrierenden Produkten aufzuzeigen. Hat ein pharmazeutisches Unternehmen z.B. Mittel gegen Bluthochdruck, gegen Magenprobleme und zur Verhütung im Programm, so kann ein Verkaufsaußendienstmitarbeiter zwar genügend Kenntnisse haben, alle Arznei-mittel zu erklären. Allerdings kann es sein, dass er oder sie detailliertes **Produkt-Know-how** braucht, um den Ärzten glaubwürdig die Unterschiede verschiedener Medikamente, insbesondere ihrer Nebenwirkungen darzustellen. Natürlich kann man annehmen, dass spezialisierte Verkaufsaußendienstmitarbeiter bei den Ärzten eine höhere Wirkung erzie-len. Erkauft wird dies allerdings mit dem Nachteil, dass spezialisierte Verkaufsaußen-dienstmitarbeiter geographisch gesehen größere Verkaufsgebiete betreuen müssen und damit höhere Reisezeiten brauchen. Außerdem stellt sich das Problem, dass mehrere Mit-arbeiter eines Unternehmens bei ein und demselben Kunden auftauchen. Dies kann auf der einen Seite Ärger auslösen, weil der Kunde lediglich mit einem Verkaufsaußendienst-mitarbeiter zu tun haben möchte („one face to the customer") und dann die Verkaufs-außendienstmitarbeiter nicht in der von ihnen geplanten Frequenz empfängt, was insbe-sondere bei Ärzten der Fall ist, die zunehmend zögern, ihre wertvolle Zeit Pharma-

Referenten zur Verfügung stellen. Allerdings kann es auch sein, dass bei mehreren Verkaufsaußendienstmitarbeitern Kunden, die vielleicht eine Abneigung gegenüber einem Verkaufsaußendienstmitarbeiter entwickelt haben, wieder erreicht werden können. Bei Ärztebesuchen wird meist nicht nur ein Präparat, sondern es werden bis zu zwei weitere Medikamente besprochen, wenn auch natürlich mit geringerer Intensität. Trotzdem kann es gelingen, darüber Botschaften zu transportieren, die bei einer sonst gestörten Kommunikation nicht möglich wären. Die damit verbundenen Erlös- und Kosteneffekte gilt es gegeneinander abzuwägen, wenn man eine Spezialisierung nach Produkten analysiert. Dabei werden die Effekte umso weniger gravierend ausfallen, je weniger granular man die Spezialisierung plant, z.B. wenn ein Großunternehmen verschiedene Außendienste für große Teilsortimente, aber nicht für einzelne Produkte etablieren will. In **Abbildung 3.3-1** wird die Struktur eines nach Produkten spezialisierten Verkaufsaußendienstes skizziert.

Abbildung 3.3-1   Beispiel für einen nach Produkten spezialisierten Verkaufsaußendienst

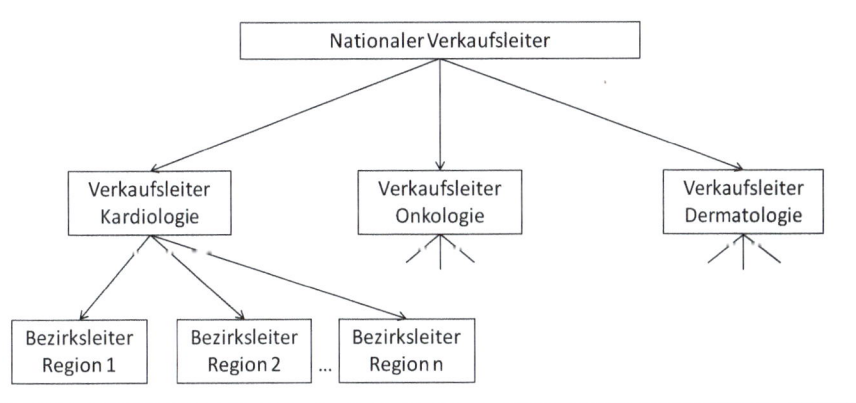

Gelegentlich findet man Verkaufsaußendienstmitarbeiter; die auf den Verkauf von **Neuprodukten** spezialisiert sind. Besonders augenfällig ist dies erneut in der pharmazeutischen Industrie, wo besonders viele Verkaufsaußendienstmitarbeiter dem Verkauf neuer Produkte zugeordnet werden, damit das Produkt rasch eine Penetration im Markt erreicht. Hier kann man Erkenntnisse zu optimalen Werbebudgets entlang dem Produktlebenszyklus heranziehen, um die Anzahl der Verkaufsaußendienstmitarbeiter für neue Produkte bestimmen zu können (z.B. Krishnan und Jain 2006).

Abgesehen davon werden spezielle Verkaufsaußendienstmitarbeiter für Neuprodukte eingesetzt, weil sich Neuprodukte meist schwerer als bereits gut eingeführte Produkte verkaufen lassen. Wird der Verkauf nicht durch finanzielle Anreize besonders gefördert, dann besteht bei den Verkaufsaußendienstmitarbeitern keine Motivation, die neuen Produkte gegenüber den existierenden besonders zu priorisieren. Da man solche Verkaufsaußendienstmitarbeiter meist nur für eine gewisse Zeit braucht, wird für die Neuprodukteinführung oft ein geleaster Verkaufsaußendienst eingesetzt oder man einigt sich auf Co-Selling (siehe dazu auch den Abschnitt 3.2.3 zu Sonderformen des Vertriebs).

3.3.2   Spezialisierung nach Kunden

Mit zum Teil ähnlichen Argumenten wie bei der Spezialisierung nach Produkten kann man auch eine Spezialisierung der Verkaufsaußendienstmitarbeiter nach Kunden unterschiedlicher Branchen begründen. Hat man z.B. Software entwickelt, die auf die Bedürfnisse einzelner Branchen abgestimmt ist, z.B. auf Produktionsbetriebe, Handel oder Banken, kann es sinnvoll sein, dafür spezialisierte Verkaufsaußendienstmitarbeiter einzusetzen. Um diese Produkte verkaufen zu können, braucht man nämlich spezifische Kenntnisse der Prozesse in diesen Branchen. Hier ergibt sich der besondere Fall, dass eine Spezialisierung nach Branchen eine Spezialisierung nach Produkten und Kunden gleichermaßen bedeutet. Das Problem der Koordinierung verschiedener Verkaufsaußendienstmitarbeiter bezüglich ihrer Aktivitäten bei ein und demselben Kunden entfällt somit. Allerdings bleibt das Argument bestehen, dass die Spezialisierungsvorteile durch höhere Reisekosten erkauft werden.

Eine vielfach vorgenommene Spezialisierung findet man **nach Kundengröße**. Es ist offensichtlich, dass große Kunden wie z.B. Siemens mit einer viel höheren Intensität betreut werden müssen als kleine Kunden. Dementsprechend arbeiten viele Unternehmen mit Key-Account-Managern für Großkunden. Ihre Aufgabe besteht darin, alle Aktivitäten gegenüber einem solchen Kunden zu koordinieren. Mitunter sind die für Key Accounts verantwortlichen Mitarbeiter gar nicht mit dem operativen Verkaufen beschäftigt, sondern nur mit dem Koordinieren der Aktivitäten anderer Verkaufsaußendienstmitarbeiter, die den eigentlichen Verkauf vornehmen. Im Gegensatz dazu werden Kleinkunden mitunter nur durch einen Telefonverkauf oder einen Internet-Kanal bedient, weil die Kosten der Betreuung die dadurch erzielten Deckungsbeiträge nicht rechtfertigen (siehe dazu auch die Abschnitte 2.3.1 und 7.3). In solchen Fällen werden dann nur mittelgroße Kunden vom normalen Feld-Verkaufsaußendienst betreut.

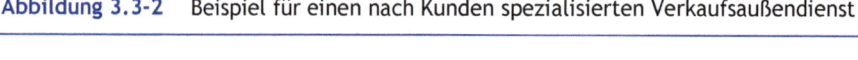

Abbildung 3.3-2   Beispiel für einen nach Kunden spezialisierten Verkaufsaußendienst

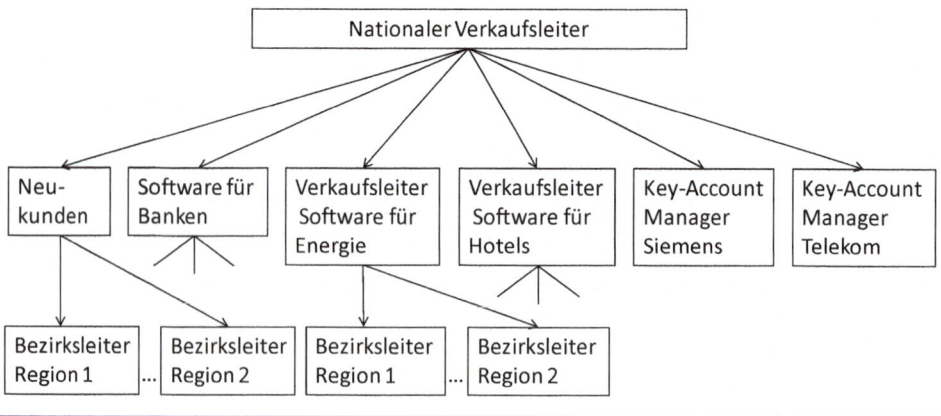

Relativ häufig findet man auch eine **Spezialisierung nach Neukunden** und Bestandskunden. Dies erfolgt, weil Neukunden von den normalen Verkaufsaußendienstmitarbeitern meist zu wenig Aufmerksamkeit geschenkt wird. Wie bereits in Abschnitt 2.2.1 umfassende dargelegt wurde, ist es sehr schwierig Neukunden zu gewinnen, und die Chance, Geschäfte zu tätigen, ist dabei nur mit einer geringen Wahrscheinlichkeit verbunden. In manchen Fällen werden nur Erfolgsquoten von unter 5 % erzielt, was natürlich frustrierend sein kann, wenn die Wahrscheinlichkeit sehr viel höher ist, mit existierenden Kunden Umsätze zu tätigen. Da aber zugleich bekannt ist, dass man über die Zeit aus den verschiedensten Gründen immer **Stammkunden** verliert, müssen stetig Neukunden akquiriert werden (Krafft 2007). Dabei erfordert die Akquisition von Neukunden andere verkäuferische Fähigkeiten als die Betreuung von Bestandskunden (siehe dazu ausführlicher Abschnitt 2.2.1.1). Eine Kombination dieser Spezialisierungen ist beispielhaft in **Abbildung 3.3-2** skizziert. **Insert 3.3-1** beschreibt die neue Vertriebsstruktur der ASL Auto Service-Leasing GmbH, in der überwiegend eine Spezialisierung nach Kundengröße erfolgte.

Insert 3.3-1   Vertrieb und Innendienst auf Augenhöhe. Die neue Vertriebsstruktur der ASL Auto Service-Leasing GmbH zeigt den Weg (Quelle: Hassmann 2006)

Mit der neuen Vertriebsstruktur wurden unterschiedliche Strategien für die Kundensegmente „Key Account" (Unternehmen mit Fuhrparkpotenzial über 500 Fahrzeuge) und „Firmenkunden" (große und mittlere Unternehmen mit Fuhrparkpotenzial über zehn Fahrzeuge) festgelegt. Die Gewinnung und Betreuung des dritten Bereiches Geschäfts- und Privatkunden wird als eigenständiger Vertriebsweg im Vertrieb Innendienst angesiedelt. Die Folge: Während sich der Außendienst früher in der Gebietsverantwortung um alle Kundensegmente kümmerte, werden die Ressourcen jetzt konzentriert. Highlight der neuen Struktur ist der Vertrieb Innendienst, der sich zum professionellen Dienstleister mit Vertriebskompetenz wandelte. Geregelt wird die Zusammenarbeit mit dem Außendienst in einem Dienstleistungsvertrag. Die Rollenverteilung ist klar: Der Außendienst ist Auftraggeber, der Innendienst Auftragnehmer. Auch das zentrale Interessentenmanagement samt Telemarketing, Direktmarketing und Besuchsvereinbarung für den Außendienst übernimmt der Innendienst im dokumentierten und überwachten Dienstleistungsauftrag.

Bemerkenswert: Die Umstrukturierung erfolgte überwiegend mit der vorhandenen Personalkapazität. Die Mitarbeiter und Führungskräfte im Innendienst wurden in einem Change Management-Prozess für die neue Rolle und die Aufgaben fit gemacht. Neue Stellenbeschreibungen für die sehr unterschiedlichen Zielsetzungen, Tätigkeiten und Kompetenzen verdeutlichten die neuen Anforderungen. Obwohl im Zuge der Umstrukturierung Ressourcen gebunden waren, steigerte der Außendienst den Vertragsbestand in 2005 um zehn Prozent und das Neugeschäft lag deutlich über Plan. Die Produktivität des Innendienstes (durchschnittliche Vertragsbetreuung pro Mitarbeiter) stieg um 15 Prozent. Doch mindestens genauso wichtig wie die Zahlen: Der Innendienst wird heute als gleichberechtigter Partner vom Außendienst akzeptiert.

3.3.3   Spezialisierung nach Phasen des Verkaufsprozesses

Der Verkauf entlang des Verkaufsprozesses erfordert unterschiedliche Fähigkeiten. In der Phase der **Interessenten-Generierung** kommt es darauf an, mögliche Interessenten aus Datenbanken zu identifizieren und herauszufinden, ob ein gewisses Interesse an den verkauften Produkten besteht. Kann dies bejaht werden, sollte man herausfinden, wie hoch der Bedarf ist. Auf diese Weise werden Interessenten qualifiziert und können dann weiter bearbeitet werden. In der weiteren Folge müssen gerade bei technisch komplexen Produkten wie maschinellen Anlagen detaillierte Angebote ausgearbeitet werden, bei denen eine Anpassung an Kundenwünsche erforderlich ist. Schließlich braucht man Personal, das Verkaufsabschlüsse herbeiführt. Selbst danach ist After-Sales-Service zu leisten. Wie im Folgenden ausgeführt wird, werden für alle diese Aufgaben unterschiedliche Qualifikationen und Fähigkeiten benötigt (siehe auch Abschnitt 2.2.1.1).

Für die Interessenten-Generierung und Qualifizierung von Leads braucht man geschultes Personal, das in strukturierter Weise Interviews führen kann. Insofern hat man diese Aufgabe häufig auf Call-Center verlagert. Wichtig ist dann die Übergabe der gewonnenen Information an das Verkaufspersonal. Da das Ausarbeiten von Angeboten ausschließlich technische Fertigkeiten, aber nicht unbedingt verkäuferische Fähigkeiten erfordert, wird dafür häufig spezielles Personal in Form von Verkaufsingenieuren oder reinem Innendienstpersonal eingesetzt. Auch der After-Sales-Service bedarf nicht unbedingt eines Verkäufers, so dass dafür auch wiederum spezialisierte Service-Leute verwendet werden. Dann verbleibt nur die eigentliche Verkaufsaufgabe, insbesondere der Abschluss von Aufträgen, bei den Verkaufsaußendienstmitarbeitern. In aller Regel ist dabei das nicht-verkäuferisch ausgerichtete Personal deutlich kostengünstiger, so dass hier die Spezialisierung dann ökonomisch empfehlenswert ist, wenn die Einsparungen höher sind als eventuelle Umsatzrückgänge dadurch, dass die Betreuung nicht aus einer Hand erfolgt.

3.3.4   Spezialisierung nach Regionen

Nur wenn die Anzahl der Produkt- oder Kundensegmente mit der Anzahl der Verkaufsaußendienstmitarbeiter übereinstimmt, gibt es keinen regionalen Bezug bei der Zuordnung von Verkaufsaußendienstmitarbeiter. Ansonsten betreuen Verkaufsaußendienstmitarbeiter immer geographisch abgegrenzte Regionen, selbst wenn sie nach Produkten oder Kundenart spezialisiert sind. Allerdings ist jede Spezialisierung immer damit verbunden, dass Verkaufsaußendienstmitarbeiter geographisch große Verkaufsgebiete zu betreuen haben, was impliziert, dass der Verkaufsaußendienstmitarbeiter wesentlich mehr reisen muss, um seine Kunden besuchen zu können. Im Gegensatz dazu führt eine ausschließliche **Zuordnung** von Kunden **nach geographischen Gebieten** zu einer Minimierung der Reisezeiten und -kosten und gleichzeitig zu einer Erhöhung der Besuchszeiten. Bei der Abwägung verschiedener Spezialisierungen muss man also die Deckungsbeiträge aus den durch Spezialisierung resultierenden zusätzlichen Umsätzen gegen die damit verbundenen Reisekosten und verlorenen Besuchszeiten abwägen. Natürlich können auch geographisch abgegrenzte Verkaufsgebiete eine Spezialisierung darstellen, wenn es kulturelle

Unterschiede beim Verkaufen über Regionen gibt. Dann müsste man die Spezialisierungs-gewinne daraus zusätzlich berücksichtigen (siehe dazu auch Albers, Krafft und Bielert 1998).

3.3.5   Kombinierte Spezialisierungsformen

Die vorgenannten Prinzipien der Spezialisierung können natürlich auch **in Kombination** angewandt werden. Dabei schließt man Kompromisse zwischen Spezialisierungsvorteilen und verlorenen Besuchszeiten sowie Reisekosten. Eine solche komplexe Struktur zeigt die folgende **Abbildung 3.3-3**.

Abbildung 3.3-3   Komplexe Struktur eines spezialisierten Verkaufsaußendienstes

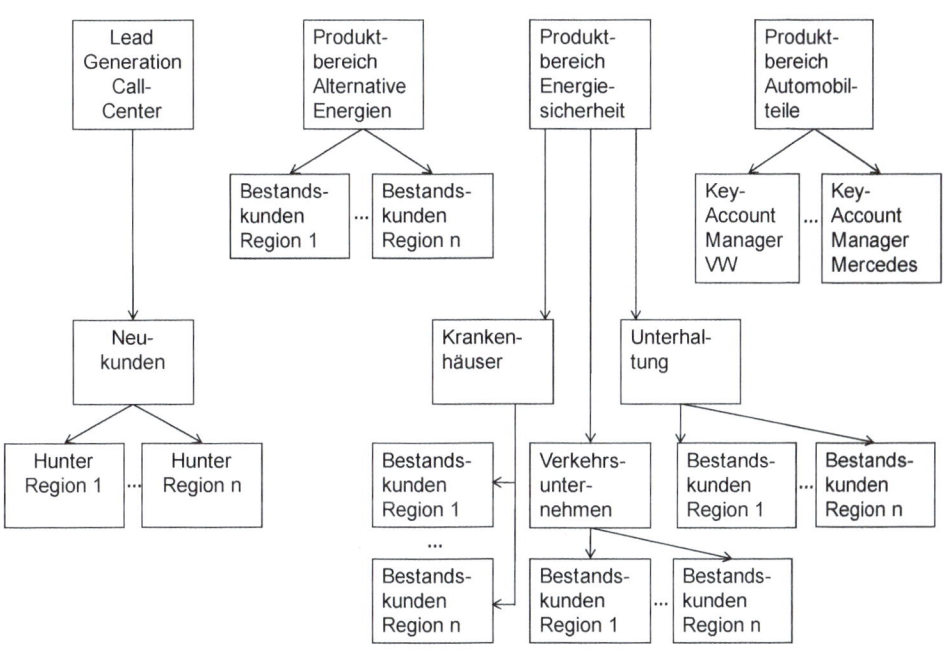

Die zentrale Frage bei der **Gestaltung kombinierter Spezialisierungsformen** besteht da-rin, wie man die optimale Struktur bestimmen kann. Letztendlich müssen dabei verschie-dene Spezialisierungsvorteile mit den zusätzlichen Kosten verglichen werden, was eine hoch komplexe und kombinatorische Aufgabe darstellt. Der einzige Versuch, solche Ent-scheidungen mit einem formalen Modell zu unterstützen, stammt von Rangaswamy, Sinha und Zoltners (1990). Sie gehen davon aus, dass ein Unternehmen mehrere Produkte an Kunden verkauft und wissen möchte, wie viele Außendienste es dafür einsetzen sollte und wie groß die einzelnen Außendienste dafür sein sollen. Damit ist bereits eine Vereinfa-chung des eigentlichen Problems vorgenommen worden, indem eine Spezialisierung nach

Kundenart oder -größe sowie nach Phasen des Verkaufsprozesses nicht berücksichtigt wird. Da das eigentliche Strukturproblem, nämlich wie viele und welche Produkte von einem Außendienst übernommen werden sollen, ein hochgradig kombinatorisches Problem darstellt, das vermutlich nicht innerhalb einer sinnvollen Planungszeit auf einem Computer exakt gelöst werden kann, gehen die Autoren davon aus, dass das Management in der Regel bestimmte Strukturen als relevante Alternativen ansieht. Eine solche Struktur besteht aus der Entscheidung, wie viele Außendienste eingesetzt werden sollen und welche Produkte die einzelnen Außendienste den Kunden verkaufen sollen. Zur weiteren Reduzierung der Modellkomplexität werden die Kunden zu Marktsegmenten zusammengefasst. Damit wird das Problem stark vereinfacht, weil nur noch bestimmte, bereits weitgehend spezifizierte Strukturalternativen bewertet werden müssen.

Für eine ausgewählte Außendienststruktur besteht das reduzierte Problem darin, zunächst pro Produkt und Marktsegment eine Reaktionsfunktion des Umsatzes in Abhängigkeit von der Anzahl der Produkt-Promotions zu schätzen. Dabei wird davon ausgegangen, dass ein Verkaufsaußendienstmitarbeiter mehrere Produkte bei einem Besuch dem Kunden vorstellen kann. Dies ist besonders in der pharmazeutischen Industrie üblich, wobei dort sehr stark zwischen einer intensiven Besprechung eines Produktes an vorderster Stelle und einer weniger intensiven Besprechung an nachgeordneter Stelle unterschieden wird, was aber in dem **Modell von Rangaswamy, Sinha und Zoltners** (1990) nicht abgebildet wird. Da die Struktur des Außendienstes vorher festgelegt worden ist, kann man in der Reaktionsfunktion Spezialisierungsvorteile erfassen, indem man die Reaktion auf Produkt-Promotions höher unterstellt als bei alternativen Außendienststrukturen mit weniger Spezialisierung. Auf der Basis dieser Reaktionsfunktionen wird dann aufbauend auf den Prinzipien einer Marginalanalyse bestimmt, wie viele Produkt-Promotions in den einzelnen Marktsegmenten vorgenommen werden sollen. Dabei werden die mit den Deckungsbeitragssätzen multiplizierten Erlöse gegen die Kosten des Verkaufsaußendienstes abgewogen. Abschließend ist in geeigneter Weise aus den Anzahlen an Produkt-Promotions die Anzahl der benötigten Verkaufsaußendienstmitarbeiter zu berechnen. Im Einzelnen schlagen Rangaswamy, Sinha und Zoltners (1990) folgendes Entscheidungsmodell vor:

$$\sum_{k-1}^{n_s} \left[\sum_{i \in M} \sum_{j \in P_k^S} \left(g_{ij} \cdot R_{ijS}(x_{ij}) - C_j x_{ij} \right) - \sum_{i \in M} t_i \cdot z_{ik} - Q \cdot N_k \right] \Rightarrow \text{Max!} \tag{3.3}$$

Dabei darf die Anzahl der Produkt-Promotions eine bestimmte Höchstanzahl nicht überschreiten, was durch folgende Nebenbedingung (3.4) abgebildet ist:

$$0 \leq x_{ij} \leq u_{ij} \qquad\qquad i \in M, j \in P_k^S, k = 1, \dots, n_S \tag{3.4}$$

wobei:

P: Indexmenge der zu vertreibenden Produkte (indiziert mit j),
S: Menge der Partitionen von P (geben die Struktur an, welche Produkte durch welchen Verkaufsaußendienst verkauft werden sollen),
n_S: Anzahl der zu bildenden Verkaufsaußendienste,
k: Index für Verkaufsaußendienst,

P_k^S: Menge der Produkte, die dem k-ten Verkaufsdienst bei der s-ten gewählten Struktur zum Verkauf zugeordnet sind,

N_k: Anzahl der Mitarbeiter (Größe) des k-ten Verkaufsaußendienstes ,

M: Indexmenge der zu bedienenden Marktsegmente (indiziert durch i),

g_{ij}:   Deckungsbeitragssatz des j-ten Produktes verkauft an das i-te Marktsegment,

x_{ij}:   Verkaufsanstrengungen (z.B. Anzahl Produkt-Promotions) für das j-te Produkt gerichtet an das i-te Marktsegment,

R_{ijs}:   Reaktionsfunktion des Umsatzes von Produkt j in Marktsegment i bei der Verkaufsaußendienststruktur s,

C_j: einer Produkt-Promotion direkt zurechenbare Kosten (z.B. Samples, Verkaufshilfen, Promotion-Material),

t_i: Kosten eines Verkaufsbesuches (z.B. Reisekosten),

Q: Kosten eines Verkaufsaußendienstmitarbeiters (Gehalt, zugeordneter Overhead),

u_{ij}:   Obergrenze der Produkt-Promotions bezüglich Produkt j beim Marktsegment i.

Die Autoren schlagen demnach ein Modell vor, bei dem die Anzahl der Produkt-Promotions die Anzahl der Besuche pro Kombination von Produkt und Marktsegment nicht übersteigen darf. Damit wird gewährleistet, dass – wenn ein Besuch zu b Produktbesprechungen genutzt werden kann – die Gesamtanzahl der Produkt-Promotions die Anzahl der Besuche multipliziert mit b nicht übersteigt. Schließlich stellt eine weitere Nebenbedingung sicher, dass die Anzahl der Besuche nicht die Kapazität eines aus einer bestimmten Anzahl von Verkaufsaußendienstmitarbeitern bestehenden Außendienstes übersteigt. Damit werden korrekterweise Diskontinuitäten bei den Beziehungen zwischen den Größen berücksichtigt. Da eine optimale Bandbreite offensichtlich kaum bestimmt werden kann, werden direkt aus der Anzahl der Produkt-Promotions die Anzahl der damit verbundenen Besuche und daraus wiederum die Anzahl der benötigten Verkaufsaußendienstmitarbeiter berechnet. Damit vereinfacht sich die Zielfunktion zu:

$$\sum_{k-1}^{n_s} \sum_{i \in M} \sum_{j \in P_k^s} \left(g_{ij} \cdot R_{ijs}(x_{ij}) - C_j \cdot x_{ij} - q \cdot x_{ij} - \frac{t_i \cdot x_{ij}}{b_i} \right) \Rightarrow \text{Max!} \tag{3.5}$$

wobei:

q: Kosten einer Produkt-Promotion einschließlich proportionalisierter Besuchskosten,

b_i: Anzahl von Produkt-Promotions pro Besuch in Marktsegment i.

Sofern die Reaktionsfunktion konkav ist, lässt sich dieses Problem in Excel sehr leicht mit dem Add-in-Programm SOLVER lösen (Albers 2000).

Dieses Modell ist viele Male durch die Unternehmensberatung ZS Associates angewandt worden. Der Erfolg dieses Modell hängt dabei offensichtlich sehr nachhaltig von guten Schätzungen der Parameter der Reaktionsfunktionen ab. Letzten Endes wird allerdings das eigentliche Strukturproblem auf den Vergleich weniger Alternativen verkürzt, die das Verkaufsmanagement als relevant erachtet. Insofern besteht der Vorteil eher in einer detaillierten Bewertung. Gelingt die Bewertung auch aggregiert, kann man natürlich auch gänzlich subjektiv vorgehen.

Bei der Vorgabe von Außendienststrukturen vereinfacht sich das Problem, wenn man die **Spezialisierung** nach den einzelnen Kriterien **hierarchisch organisiert**. Dies könnte z.B. bedeuten, dass man zunächst zwei separate Verkaufsaußendienste bildet, die für unterschiedliche Produkte zuständig sind, und anschließend die Aufteilung der Verkaufsaußendienstmitarbeiter in jedem Verkaufsaußendienst nach geographisch gebildeten Verkaufsgebieten erfolgt. Es ist auch denkbar, dass man zunächst größere Verkaufsgebiete wie z.B. Nord, West, Mitte, Südwest, Süd und Ost bildet und dann innerhalb dieser Verkaufsgebiete die Verkaufsaußendienstmitarbeiter nach Branchen spezialisiert, wobei bei mehreren Verkaufsaußendienstmitarbeitern in einem Gebiet ein Verkaufsteam gebildet wird.

Bei den bisher beschriebenen Formen der Spezialisierung war immer genau ein Verkaufsaußendienstmitarbeiter für eine Kombination aus Produkt und Kunde zuständig. In der Praxis findet man auch Formen, bei denen mehrere Verkaufsaußendienstmitarbeiter für einen bestimmten Kunden zuständig sind. Dies ist häufig bei **Verkaufsteams** der Fall. Will man hier die Vorteile von Teams realisieren (siehe dazu auch Abschnitt 3.4.1.2) und gleichzeitig eindeutigere Zuständigkeiten haben, so bieten sich hybride Formen an, bei denen jeweils ein Kunde von einem zuständigen Verkaufsaußendienstmitarbeiter betreut wird und dieser Verkäufer dann Produktspezialisten, denen kein Kunde verantwortlich zugeordnet ist, für Detailinformation nach Bedarf einsetzt (Zoltners, Sinha und Lorimer 2004, S. 152-155).

3.4 Koordination

Lernziele

- Der Leser weiß, dass bei einem spezialisierten Vertrieb die Aktivitäten untereinander koordiniert werden müssen.

- Der Leser versteht, dass umfangreichere Koordination umsatzsteigernd wirkt, aber mit höheren Personalkosten erkauft wird.

- Der Leser kennt die Möglichkeiten der vertikalen Koordination über Hierarchien und der horizontalen Koordination über Verkaufsteams.

- Der Leser kann die optimale Leitungsspanne eines Verkaufsaußendienstes bestimmen.

Erfolgen die Verkaufsaktivitäten durch eine Vielzahl von Verkaufsaußendienstmitarbeitern, müssen diese innerhalb der Verkaufsdienstmitarbeiter koordiniert werden. Dies kann eine Koordination sowohl vertikal zwischen Management und Mitarbeitern als auch horizontal zwischen gleichrangigen Verkaufsaußendienstmitarbeitern beinhalten. Bei der **vertikalen Koordination** muss festgelegt werden, mit wie vielen Verkaufsmanagement-

Ebenen man arbeiten möchte, wie die Leitungsspanne der Verkaufsmanager gestaltet und dann ganz konkret die Zuständigkeiten für bestimmte Kundengruppen zugeordnet werden sollen. Bei der **horizontalen Koordination** kann die Abstimmung der Verkaufsaktivitäten grundsätzlich hierarchisch durch das Verkaufsmanagement erfolgen. In der letzten Zeit geschieht dies allerdings immer häufiger durch die Bildung von Verkaufsteams, deren Mitglieder sich bspw. selbst innerhalb der Gruppe abstimmen können.

3.4.1   Vertikale Koordination

Eine vertikale Koordination bedeutet die Festlegung von Zuständigkeiten durch das Verkaufsmanagement. Die Verkaufsaußendienstmitarbeiter werden durch jeweils einen Verkaufsmanager geführt, der wiederum die Aktivitäten seiner Mitarbeiter mit Managern höherer Führungsebenen abstimmt. Dabei besteht die wichtigste Entscheidung darin, die Leitungsspanne festzulegen. Sie bestimmt, wie viele Verkaufsaußendienstmitarbeiter durch einen Verkaufsmanager geführt werden und an ihn berichten sollen. Erst nach dieser grundlegenden Entscheidung stellt sich das Problem, wie man ganz konkret die Zuständigkeiten einzelner Verkaufsaußendienstmitarbeiter für bestimmte Kundengruppen regelt.

3.4.1.1   Leitungsspanne

Im Mittelpunkt der Überlegungen zur optimalen Leitungsspanne steht die Frage, welchen Nutzen Verkaufsmanager erbringen. In den Abschnitten 5.2 (Außendienst-Entwicklung) und 5.4 (Führung) werden zentrale Aufgaben dargestellt, die ein Verkaufsmanager zu erbringen hat. Letztendlich geht es dabei um die Frage, wie stark und in welcher Form der Verkaufsmanager Einfluss auf die Verkaufstätigkeit seiner ihm zugeordneten Verkaufsaußendienstmitarbeiter nimmt. Wie in Abschnitt 5.1.2 beschrieben wird, kann man seinen Verkaufsaußendienst dadurch steuern, dass man entweder das Verhalten der zugeordneten Verkaufsaußendienstmitarbeiter beobachtet und direkt beeinflusst (verhaltensorientierte Steuerung) oder sich ausschließlich an den Ergebnissen orientiert (ergebnisorientierte Steuerung) und lediglich über Vorgaben und finanzielle Anreize eine Selbststeuerung der Verkaufsaußendienstmitarbeiter herbeiführt.

Im Fall der **verhaltensorientierten Steuerung** braucht man eine hohe Anzahl von Verkaufsmanagern, da die inhaltliche Führung der Verkaufsaußendienstmitarbeiter sehr zeitaufwändig ist. Mit dieser Steuerungsphilosophie verspricht man sich eine höhere Effektivität der Verkaufsaußendienstmitarbeiter, die sich in höheren Umsatzerlösen sowie Mitarbeiter- und Kundenzufriedenheit niederschlagen soll. Die daraus resultierenden Deckungsbeiträge werden allerdings durch die höheren Kosten einer hohen Anzahl von Verkaufsmanagern gemindert.

Bei der entgegengesetzten Steuerungsphilosophie der **ergebnisorientierten Steuerung** setzt man dagegen auf eine schlanke Hierarchie, d.h. nur wenige Verkaufsmanager führen vergleichsweise viele Verkaufsaußendienstmitarbeiter. Dies ist möglich, wenn die Verkaufsmanager nicht inhaltlich in die Verkaufsaktivitäten der Verkaufsaußendienstmitar-

beiter eingreifen, sondern nur die Rahmenbedingungen (z.B. Anreize und deren Bezugsgrößen) beeinflussen und Leistungsbewertungen vornehmen.

Um nun zu einer optimalen Entscheidung zu kommen, müsste man den Verlauf einer
Funktion der durch höhere Leitungsspannen resultierenden Deckungsbeiträge schätzen
und dann die Kosten für die Verkaufsmanager abziehen. Nimmt man dafür an, dass bei
einer Leitungsspanne von n Verkaufsaußendienstmitarbeitern der Verkaufsmanager Kosten von 120.000 €/n pro Verkaufsdienstmitarbeiter verursacht, und geht man weiter davon
aus, dass ein Verkaufsaußendienstmitarbeiter bei einer 1:1-Betreuung 250.000 € Deckungsbeitrag aus seinen Verkaufsaktivitäten erwirtschaften kann, dieser Betrag aber mit einer
konstanten Elastizität von -0,1 sinkt, d.h. jeweils 10% Deckungsbeitragsrückgang bei 100%
größerer Leitungsspanne, dann ergibt sich der Gesamtdeckungsbeitrag pro Verkaufsaußendienstmitarbeiter für die einzelnen Leitungsspannen nach Maßgabe von **Abbildung
3.4-1**, in der sich eine optimale Leitungsspanne von n=6 ergibt, was auch in der Praxis
einen sehr realistischen Wert darstellt.

Abbildung 3.4-1   Optimale Leitungsspanne

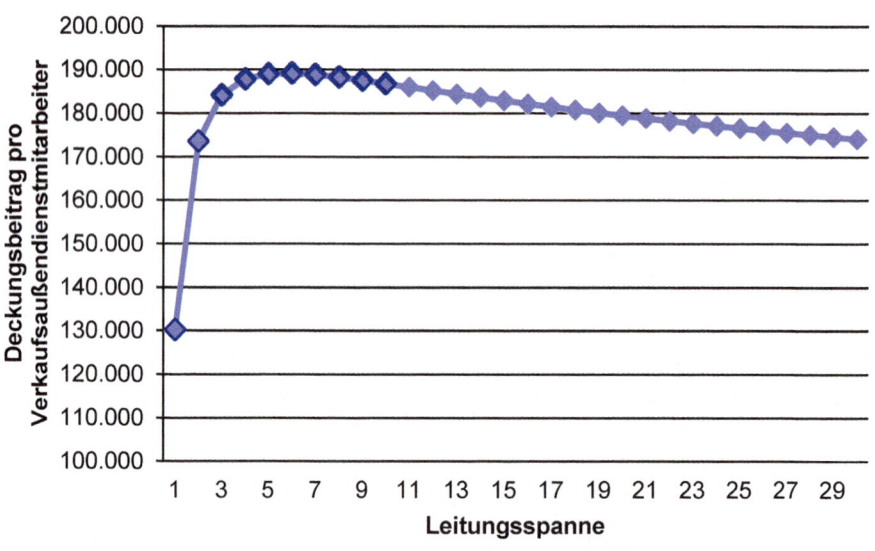

Eine zentrale Herausforderung besteht allerdings darin, dass man die **Wirkung der Leitungsspanne** auf die Effektivität der Verkaufsaußendienstmitarbeiter nur sehr schwer
empirisch bestimmen kann. Der Beitrag von Turner (2008) stellt eine Ausnahme dar, da es
dort gelingt, den Einfluss der Leitungsspanne zu quantifizieren. In der Regel sind Unternehmen darauf angewiesen, aus Daten anderer Unternehmen zu lernen. Solche Daten
werden regelmäßig von Personalberatungen zur Verfügung gestellt. Danach reichen die

Leitungsspannen von einer minimalen Zahl von 3 Mitarbeitern bis zu 30 Mitarbeitern. Aus Zoltners, Sinha und Lorimer (2006) ist bekannt, dass die Leitungsspanne über den **Lebenszyklus des Unternehmens** oder der strategischen Unternehmenseinheit variiert. Zu Beginn des Lebenszyklus zählen rasche Ergebnisse, die man eher durch eine hohe ergebnisorientierte Steuerung, finanzielle Anreize und hohe Leitungsspannen erreicht. Je reifer das Produktsortiment des Unternehmens oder der Einheit wird, desto eher versuchen Unternehmen, auf Effektivität zu setzen, also die Leitungsspanne zu verringern. Diese erhöht sich erst wieder zu Beginn der Degenerationsphase.

Aus den Statistiken ist auch bekannt, dass die Leitungsspannen **über die Branchen** stark variieren. In der Finanzdienstleistungs- und Versicherungsbranche sind hohe Leitungsspannen von über 12 Mitarbeitern zu finden. Im Industriegeschäft wählt man dagegen häufig vergleichsweise geringe Leitungsspannen von 6 bis 8 Mitarbeitern (Albers und Krafft 1992). In der Regel weisen dabei Verkaufsaußendienste, die komplexe Produkte vertreiben, geringere Leitungsspannen als Verkaufsorganisationen, die weniger komplexe Produkte anbieten.

Schließlich sei darauf hingewiesen, dass mit der Leitungsspanne bei gegebener Größe des Verkaufsaußendienstes auch indirekt die Anzahl der **Hierarchiestufen** festgelegt wird. Bei einer geringen Leistungsspanne auf der untersten Ebene müssten ja viele Verkaufsmanager an einen übergeordneten Verkaufsmanager berichten. Für höhere Führungsebenen gelten demnach ähnliche Überlegungen wie für das Verhältnis zwischen Verkaufsmanager und Verkaufsaußendienstmitarbeitern. Je eher verhaltensorientiert gesteuert wird, desto mehr Hierarchiestufen benötigt man, und je stärker ergebnisorientiert geführt wird, desto schlanker und flacher können die Hierarchien ausfallen. Allerdings stellt man fest, dass die Leitungsspannen umso geringer ausfallen, je höher man in der Hierarchie des Verkaufsmanagements ist – Organigramme laufen also spitzförmig zu in Form eines ▲.

3.4.1.2 Zuordnung von Mitarbeitern auf Zuständigkeitsbereiche

Hat man die Außendienststruktur grundsätzlich festgelegt und damit auch über die Spezialisierung der Verkaufsaußendienstmitarbeiter entschieden, geht es darum, welcher der Mitarbeiter wie spezialisiert ist und damit welcher Kombination von Produkten und Kundengruppe zuzuordnen ist. Bei einer **Produktspezialisierung** spielt das jeweilige Produkt-Know-how eine zentrale Rolle. Bei einer Spezialisierung auf bestimmte Kundengruppen, sei es nach Branchen oder nach Größe, werden dagegen Verkaufsaußendienstmitarbeiter den Kunden zugeordnet, für die sie die besten Branchenkenntnisse besitzen und den Umgang am besten beherrschen. Bei einer geographischen Zuordnung, die ja meist als zweites Kriterium nach einer Produkt- oder **Kundenspezialisierung** vorgesehen wird, zählt die Fähigkeit, die jeweiligen regionalen Besonderheiten zu beherrschen.

Diese Aufgabe wird in der Praxis meist intuitiv gelöst. Will man das Problem optimal lösen, so stellt man schnell fest, dass es sich um ein hoch-komplexes kombinatorisches Problem handelt. Sind die Verkaufsgebiete bereits festgelegt, so sollte man die Verkaufsaußendienstmitarbeiter gemäß ihren Fähigkeiten den Verkaufsgebieten zuordnen. Dies stellt das klassische „Assignment-Problem" aus dem Operations Research dar (Domschke und Drexl 2007, S. 93) Dazu muss man wissen, wie der Deckungsbeitrag ausfällt, wenn man einen bestimmten Verkaufsaußendienstmitarbeiter einem konkreten **Verkaufsgebiet** zuordnet. Dies wird mit einer Zuordnungsvariablen verknüpft, welche die Werte 1 (wenn zugeordnet) und 0 (wenn nicht) annimmt. Zusätzlich muss durch Nebenbedingungen sichergestellt werden, dass ein Verkaufsgebiet nur jeweils einem Verkaufsaußendienstmitarbeiter und umgekehrt zugeordnet werden kann. Solche Probleme lassen sich standardmäßig mit Hilfe der linearen Programmierung lösen, da die Entscheidungsvariablen im Optimum immer ganzzahlige Werte annehmen. Etwas komplexer hat Lodish (1976) das Problem formuliert, indem er die Zuordnung nicht auf ganze Verkaufsgebiete, sondern auf einzelne Kunden betrachtet hat. Der **Ansatz von Lodish** unterscheidet sich letztendlich aber nur darin, dass die Bedingung, dass ein Verkaufsgebiet nur einem Verkaufsaußendienstmitarbeiter zugeordnet werden kann, durch die Bedingung ersetzt wird, dass der Verkaufsaußendienstmitarbeiter nur einen begrenzten Teil seiner gesamten Zeit einem Kunden widmen kann.

3.4.2   Horizontale Koordination

Bei der **horizontalen Koordination** geht es darum, wie sich die Verkaufsaußendienstmitarbeiter koordinieren, wenn sie dieselben Kunden besuchen. Dies kann auftreten, wenn die Verkaufsaußendienstmitarbeiter nach Produkten spezialisiert sind und dem Kunden diverse Produkte durch verschiedene Verkaufsaußendienstmitarbeiter ein und desselben Unternehmens vorgestellt werden. Es tritt auch auf, wenn Verkaufsaußendienstmitarbeiter auf unterschiedliche Phasen des Verkaufsprozesses spezialisiert sind. Dann müssen Daten übergeben werden, wenn ein Interessent gewonnen worden ist und dieser anschließend von einem regulären Verkaufsaußendienstmitarbeiter weiter betreut werden soll. Schließlich kommt es vor, dass ein Verkaufsaußendienstmitarbeiter den Kontakt zu einem Interessenten hergestellt hat, der seinem Verkaufsgebiet nicht zugeordnet ist und deshalb von einem anderen Verkaufsaußendienstmitarbeiter weiter betreut werden muss.

3.4.2.1   Alternativen

Grundsätzlich kann eine horizontale Koordination hierarchisch **über Weisungen** des Verkaufsmanagements **oder durch Abstimmung** der Verkäufer untereinander erfolgen. Der erste Fall stellt ein bürokratisches Modell dar, dessen Vorteile darin bestehen, dass alles eindeutig ist. Dies führt dazu, dass sich der Verkaufsaußendienstmitarbeiter wirklich für zuständig hält und somit mehr um den Kunden kümmert. Im zweiten Fall erfolgt die Abstimmung danach, wer welche Aufgabe am besten beherrscht. Dies ist der Fall bei Verkaufsteams, deren Vor-und Nachteile sowie Gestaltungsformen ausführlich im folgenden Unterabschnitt diskutiert werden.

3.4.2.2   Verkaufsteam

In immer stärkerem Maße wird im Verkauf davon gesprochen, dass statt der traditionellen Einzelkämpfer Verkaufsteams beschäftigt werden. Geht man davon aus, dass Teams durch

Eigenverantwortlichkeit und Zusammenarbeit gekennzeichnet sind (Frenzen 2009), sind manche Formen keine Verkaufsteams im eigentlichen Sinne. Moon und Armstrong (1994) sprechen z.B. bereits von Teams, wenn Verkaufsmanager und Verkaufsaußendienstmitarbeiter zusammen verkaufen. Da es sich dabei nicht um eine horizontale Koordination handelt, wird diese Form im Weiteren nicht als Team angesehen. Die Autoren nennen des Weiteren Teams, die nationale oder internationale Großkunden betreuen sowie Selling Teams als Gegenstück zu den Buying Centers (vgl. Abschnitt 2.3.2.1).

Hier wird bereits deutlich, warum man Teams einsetzt. In der Regel ist die Verkaufsaufgabe durch eine **hohe Komplexität** gekennzeichnet. Diese Komplexität spiegelt sich in den zu verkaufenden Produkten wider, wenn es sich z.B. um komplexe Anlagengüter handelt oder Produkte mit einem hohen Dienstleistungsanteil. Dann benötigt das anbietende Unternehmen viele **unterschiedliche Kompetenzen**, also neben den verkäuferischen auch technische Fertigkeiten für die Erstellung detaillierter und ingenieursmäßig ausgearbeiteter Angebote. In derartigen Fällen bilden sinnvollerweise Verkaufsaußendienstmitarbeiter und im Innendienst arbeitende Ingenieure ein Team. Daneben können solchen Teams auch Finanzierungsexperten und Entwicklungsingenieure angehören, wenn z.B. ein Nutzungsvertrag angeboten oder das Produkt nach Kundenwünschen entwickelt werden soll. Die Komplexität kann sich jedoch auch bei den Kunden ergeben, wenn diese in viele Unternehmenseinheiten gegliedert sind, die zudem noch an unterschiedlichsten Standorten angesiedelt sind, und den Einkauf über diese Einheiten hinweg koordinieren. Dann muss auch der Verkauf koordiniert werden. In diesem Fall wird meist ein Key-Account-Manager eingesetzt, der als **Koordinator** aller Vertriebsaktivitäten dient, die von den regional zuständigen Verkaufsaußendienstmitarbeitern sowie eingebundenen Produktspezialisten ausgehen. Aus diesem Grund zählen Jones et al. (2005) das Key-Account-Management immer auch zum Team Selling.

Seltener gibt es Verkaufsteams, die sich ausschließlich aus regionalen Verkaufsaußendienstmitarbeitern zusammensetzen. Sie werden bspw. gebildet, wenn mehrere Verkaufsaußendienstmitarbeiter mit unterschiedlich detaillierten Produktkenntnissen ein Verkaufsgebiet und damit im Prinzip dieselben Kunden betreuen. Dies wird gewählt, wenn das Verkaufsmanagement die Koordination weniger gut lösen kann als die Verkaufsaußendienstmitarbeiter untereinander. Für solche Teams wird zusätzlich angenommen, dass durch die Tatsache, dass sie autonom über ihre Verkaufsaktivitäten entscheiden können, eine höhere Zufriedenheit resultiert, die wiederum zu höherem Einsatz und einer höheren Effektivität des gesamten Teams führt.

In der Regel besteht ein Verkaufsteam aus 3 bis 30 Mitgliedern, wobei der Mittelwert bei 10 liegt (Krafft und Frenzen 2001). 90% der Teams sind funktionsübergreifend und bestehen entweder aus Außen- und Innendienst (32%) oder zusätzlichem technischen Support (21%) oder werden durch Mitglieder gebildet, die sich auch über Finanzierung und Entwicklung erstrecken. Nur 10% sind ausschließlich aus Verkaufsaußendienstmitarbeitern gebildet, also reine Verkaufsteams (Krafft und Frenzen 2001). Die meisten Teams werden von einer Person geleitet, die auch die Koordination vornimmt. Nur bei den reinen Verkaufsteams erfolgt die Abstimmung nicht hierarchisch. Insofern ist die Verwendung des

Begriffs Teams eher dem Zeitgeist geschuldet und impliziert nicht unbedingt einer Delegation von Verantwortung.

Entscheidend dafür, dass eine Gruppe auch als Team geführt wird, sind das Entlohnungssystem und die Leistungsbeurteilung (zu Letzterem siehe Abschnitt 6.5). Wenn Teams aus Mitgliedern bestehen, die nach Festgehältern bezahlt werden, die nach der individuellen Leistung ausgehandelt werden, dann wird damit nicht der Gedanke des Miteinanders gefördert. Erst wenn die Entlohnung wenigstens teilweise vom Ergebnis eines Teams abhängt, wird erreicht, dass sich die Teammitglieder verstärkt untereinander abstimmen. Im Extremfall entscheidet sogar das Team darüber, welches Mitglied welchen Anteil an einer **Team-Prämie** erhält. Dies erfolgt jedoch eher selten, da dies zu Konflikten führen kann. Man findet deshalb oft gar keine Teamanreize bzw. eine Aufteilung proportional zu den Festgehältern der Teammitglieder oder „nach Köpfen" (siehe Abschnitt 5.3.4.6).

Sehr schwierig ist die Frage zu beantworten, ob die Bildung von Verkaufsteams einen positiven Effekt auf den langfristig erzielten Deckungsbeitrag hat. Dazu müsste man Experimente durchführen, die über längere Zeit laufen und deren Ergebnis ungewiss ist. Es verwundert kaum, dass derartige Feldexperimente bisher nicht bekannt sind. Empirisch wurde allerdings die Frage untersucht, welche der verschiedenen Formen der Steuerung, entweder traditionell über hierarchische Anweisungen oder nicht-traditionell über Absprachen innerhalb einer Gruppe, sich als besonders effektiv erweisen. Dabei zeigte sich in der Studie von Lambe, Webb und Ishida (2009), dass die **Delegation von Verantwortung** an Teams positive Wirkungen auf die Leistung der Verkaufsteams hat, dass aber ein noch höherer Effekt erzielt wird, wenn man zusätzlich Hilfestellungen durch eine traditionelle Steuerung gibt. Dies bedeutet, dass Management-Interventionen nicht die Selbststeuerung des Teams beeinträchtigen dürfen, sondern dass man nur mit solchen Management-Interventionen arbeitet, die den Prozess der Selbstabstimmung fördern.

Gut geführte Teams wirken durch die Arbeitsbereicherung, ein zumeist größeres Maß an Entscheidungsfreiheit und eine stärkere Identifikation mit der eigenen Arbeit positiv auf die **Arbeitszufriedenheit** (Frenzen 2009). Es ist daher nicht verwunderlich, dass die Fluktuation in Vertriebsteams außerordentlich niedrig ausfällt (Krafft und Frenzen 2001). In dieses Bild passt auch der empirische Befund, dass besonders erfolgreiche Vertriebsteams durch einen hohen Grad an Entscheidungsautonomie hinsichtlich der teaminternen Aufgabenverteilung und der Festlegung von Kunden- und Besuchsstrategien gekennzeichnet sind (Frenzen 2009). Dies ist nicht zuletzt darauf zurückzuführen, dass die Teammitglieder durch die größere Markt- und Kundennähe am besten wissen, welche Zielvorgaben realistisch sind, wie Aufgaben effizient erfüllt werden können und welche Ressourcen dabei einzusetzen sind.

3.4.3 Regelung von Konflikten

Bei der Spezialisierung von Verkaufsaußendienstmitarbeitern nach Produkten, Kunden, Phasen des Verkaufsprozesses und Regionen kann es zu Konflikten kommen, wenn Verkaufsaußendienstmitarbeiter Leistungen für Kollegen erbringen, dafür aber keine Zurechnung von Leistung und darauf aufbauend Anerkennung und Entlohnung stattfindet. **Typische Konflikte** gibt es bei nach Produkten spezialisierten Verkaufsaußendienstmitarbeitern, die dieselben Kunden besuchen und von Kollegen vertretene Produkte zusätzlich präsentieren. Konflikte treten aber auch bei regionaler Spezialisierung auf, wenn ein Verkaufsaußendienstmitarbeiter einen Kontakt in einem fremden Verkaufsgebiet einleitet, der Umsatz aber nur bei dem für das Verkaufsgebiet zuständigen Verkaufsaußendienstmitarbeiter gezählt wird. Hat man eine Spezialisierung nach Neu- und Bestandskunden gewählt, dann ist die Erfolgszuordnung unklar, wenn der Kunde einige Jahre lang nicht gekauft hat. Betrachtet man ihn als schlummernden Kunden, der als Stammkunde „reaktiviert" wird, oder muss man ihn als akquirierten Neukunden ansehen? Wird der Umsatz mit Kleinkunden über Telefon oder Internet abgewickelt, erhalten die ansonsten nach Verkaufsgebieten zuständigen Verkaufsaußendienstmitarbeiter keine Provision, was Streit über die Einstufung von Kunden hervorrufen kann (Schögel 2001). In allen Fällen erbringt ein Verkaufsaußendienstmitarbeiter Leistungen, für die er nicht belohnt wird, oder es entgeht einem Verkäufer mögliches Geschäft.

Liegt der Konflikt nur in **nicht eindeutigen Regelungen** begründet, so besteht die naheliegende Konfliktregelung darin, die Regelungen so eindeutig wie möglich zu gestalten. Erbringt ein Verkaufsaußendienstmitarbeiter für einen anderen Leistungen, so sollte versucht werden, die Leistung einschließlich der Entlohnung anteilig zuzuordnen.

Unabhängig davon sind die Konflikte, die sich in Teams ergeben können, wenn einige Teammitglieder nicht mit den **Entscheidungen der Mehrheit** einverstanden und sogar negativ davon in ihrer Leistungsbeurteilung und Entlohnung betroffen sind. Auch hier kann man das Konfliktpotenzial nicht vermeiden, sollte es aber durch eindeutige Regelungen beschränken.

3.5   Verkaufsgebietseinteilung

Lernziele

- Der Leser weiß, dass man bei einer Verkaufsgebietseinteilung die Mehrerlöse aus einer besseren Allokation der Verkaufsanstrengungen mit den Mindererlösen durch nicht nutzbare Reisezeiten vergleichen muss.

- Der Leser versteht, dass es nicht optimal ist, wenn in jeder kleinsten Gebietseinheit der gleiche Grenzgewinn erzielt wird, sondern dies nur auf der Ebene ganzer Verkaufsgebiete gilt.

- Der Leser kennt die Möglichkeiten der Quantifizierung von Umsatzwirkungen und der approximativen Erfassung von Reisezeiten.

- Der Leser kann vorhandene Verkaufsgebietseinteilungen verbessern.

Die folgenden Ausführungen in diesem Abschnitt sind eng an Skiera und Albers (2002) angelehnt.

3.5.1   Vorgehensweise in der Praxis

3.5.1.1   Zuordnungsnotwendigkeit

Viele Unternehmen ordnen ihren Verkaufsaußendienstmitarbeitern exklusiv bestimmte Kundengruppen zu. Für diese **exklusive Zuordnung** spricht, dass dadurch langfristige Kundenbeziehungen ermöglicht werden, Wettbewerb zwischen den Außendienstmitarbeitern vermieden wird, eine gute Möglichkeit zur Leistungsbeurteilung des Außendienstmitarbeiters besteht und eine höhere Motivation der Mitarbeiter durch eindeutige Zuständigkeiten erreicht wird (Albers 1989, S. 413). Nur bei Versicherungen und Direktvertrieben, z.B. in der Kosmetikindustrie, die sich direkt an Endverbraucher richten, findet man häufig keine exklusiv zugeordneten Verkaufsgebiete (Zoltners, Sinha und Zoltners 2001, S. 135), da hier die Beziehungsnetzwerke der Endverbraucher entscheidend für den Verkauf sind und diese über definierte Kundensegmente hinaus reichen.

Arbeiten Unternehmen mit exklusiv zugeordneten geographischen Verkaufsgebieten, so stellt sich die Frage, wie diese gestaltet werden sollen. Dabei muss beachtet werden, dass schon geringfügige Veränderungen weitreichende Auswirkungen haben können. So kann nach Erfahrungen der weltweit tätigen Beratung ZS Associates (Zoltners und Sinha 2005, S. 314) mit Verbesserungen der Verkaufsgebietseinteilung 2% bis 7% mehr Umsatz erzielt werden. Bei solchen Verbesserungspotenzialen und der Notwendigkeit, Verkaufsgebiete aufgrund von sich verändernden Marktbedingungen oder einer häufig wechselnden Anzahl von Außendienstmitarbeitern laufend anpassen zu müssen, ist die Fragestellung nach der bestmöglichen Gestaltung von Verkaufsgebieten für Unternehmen von beträchtlicher Relevanz (Skiera und Albers 2002).

3.5.1.2   Kleinste geographische Einheiten als Planungseinheit

Beim Einteilen von Verkaufsgebieten wird zweckmäßigerweise so vorgegangen, dass als Planungseinheit zunächst kleinste geographische Einheiten (im Folgenden mit **KGE** abgekürzt, manchmal auch Basisbezirke, Basisräume oder Teilgebiete genannt) gebildet werden, für die Daten über Umsätze, Potenzial und Besuchsanstrengungen verfügbar sind (Albers 1989, S. 455 f., Skiera und Albers 2002). Häufig sind dies verwaltungstechnische Einheiten (z.B. Gemeinden oder Kreise), Postleitzahlenbereiche oder im pharmazeutischen Bereich **RPM** (**R**egionaler **P**harmazeutischer **M**arkt)-Kreise. Während Daten zu Umsätzen und Besuchsanstrengungen für KGEs im Unternehmen vorliegen, müssen Daten über das Potenzial meist extern beschafft werden. Wird die Einteilung anhand von Verwaltungsgrenzen vorgenommen, ist der Vorteil im Wesentlichen darin zu sehen, dass die statistischen Bundes- und Landesämter eine Vielzahl von Informationen kostengünstig zur Verfügung stellen. Allerdings werden die Daten häufig nicht disaggregiert genug angeboten und auch nicht für jede Branche die geeigneten Potenzial-Indikatoren erhoben. Bei bestimmten Erhebungen wie der Arbeitsstättenzählung fehlt zudem eine regelmäßige Aktualisierung der Daten. Viele regionale **Potenzial-Indikatoren** wie die Kaufkraft, Branchen-Umsätze, Kfz-Zulassungen etc., die von den amtlichen Stellen nicht auf Gemeinde- oder Kreisebene angeboten werden, können von Dienstleistern wie arvato, der GfK Macon AG oder Deutsche Post Direkt GmbH bezogen werden. Der große Vorteil von Postleitzahlbereichen liegt darin, dass Kunden auf der Basis ihrer Adressen eindeutig einer KGE zugeordnet werden können. Hier sind es vor allem Direktmarketing-Unternehmen, die Adressen von potenziellen Kunden und Hinweise zu Kundenpotenzialen liefern können. Die meisten Dienstleister können auch Daten von politischen Verwaltungseinheiten in Postleitzahlbereiche und umgekehrt umrechnen, falls man z.B. Potenzialdaten auf Kreisebene, aber Kundenzahlen auf Postleitzahlebene vorliegen hat.

Nach der Wahl des Kriteriums für die KGEs steht das Unternehmen vor dem Entscheidungsproblem, auf welchem **Aggregationsniveau** man KGEs verwenden möchte. So könnte man bei den Verwaltungseinheiten lediglich 39 Regierungsbezirke, ca. 500 Kreise oder sogar ca. 14.000 Gemeinden berücksichtigen. Bei Postleitzahlen steht man vor dem Problem, ob man KGEs auf dreistelliger, vierstelliger oder sogar fünfstelliger Ebene betrachtet. Je aggregierter die Ebene der KGE ist, je geringer damit auch die Anzahl der KGEs ist, desto einfacher und kostengünstiger können die benötigten Daten für jede KGE beschafft werden. Stark disaggregierte KGEs weisen dagegen den Vorzug auf, dass Unternehmen bei der Zusammenfassung der kleinsten Einheiten zu Verkaufsgebieten über mehr Flexibilität verfügen, was insbesondere bei schnell wachsenden Außendiensten vorteilhaft ist. Unter Abwägung der Flexibilitätsvorteile und der Kosten für die Datenbeschaffung und -pflege sollten Unternehmen zwischen 10 und 30 kleinste geographische Einheiten pro Verkaufsgebiet anstreben.

3.5.1.3   Methodik in der Praxis

Häufig operieren Unternehmen mit gleichen Provisionssätzen für alle Verkaufsaußendienstmitarbeiter (siehe Abschnitt 5.3.4.4). Dies verlangt vergleichbare Ausgangsvoraussetzungen für alle Verkaufsaußendienstmitarbeiter, da sonst eine Ungleichbehandlung gegeben wäre, die in der Regel zu Frustration und Motivationsproblemen führt (Zoltners, Sinha und Zoltners 2001, S. 139). Deshalb versuchen Unternehmen fast immer, möglichst gleichartige Verkaufsgebiete zu schaffen.

Folgt man diesem **Gleichartigkeitsansatz**, werden entweder ein einziges oder mehrere Kriterien gleichzeitig herangezogen und die KGEs so zu Gebieten zusammengestellt, dass diese, gemessen an den ausgewählten Kriterien, so „gleich" und ausbalanciert wie möglich sind. Erwartete Reisezeiten, das vorhandene Potenzial und die erforderliche Arbeitsbelastung der KGE stellen dabei die am häufigsten angewendeten Kriterien dar, wobei letzteres üblicherweise durch die Anzahl der notwendigen Besuche gemessen wird. Die Grundidee des am Potenzial orientierten Gleichartigkeitsansatzes besteht darin, dass **Gebiete mit gleichem Potenzial** allen Außendienstmitarbeitern gleiche Chancen zur Umsatzerzielung und damit gleiche Einkommenschancen bieten. Darüber hinaus wird eine einfache Leistungsbeurteilung durch das Verkaufsmanagement ermöglicht. **Gebiete mit gleicher Arbeitsbelastung** sollen dagegen eine faire Behandlung aller Mitarbeiter bezogen auf den erforderlichen Arbeitseinsatz gewährleisten. Eine gleiche Anzahl von Besuchen bedeutet jedoch nicht notwendigerweise, dass damit die Verkaufsaußendienstmitarbeiter auch gleiche Umsätze oder Einkommen erzielen, da die Wirkung von Besuchen sehr unterschiedlich bei den einzelnen Kunden ausfallen kann. Mit einer gleichen Anzahl von Besuchen ist aber auch keine gleiche Arbeitszeit verbunden, da je nach Reisezeiten Besuche unterschiedlich aufwändig sein können.

Zur konkreten **Bildung der Verkaufsgebiete** bedient man sich entweder ausgewählter Tauschverfahren oder hierarchischer Zuordnungsverfahren (Albers 1989). Tauschverfahren erfordern zunächst eine intuitiv festgelegte vorläufige Lösung. Ergibt die Bewertung gravierende Ungleichheiten bezüglich des ausgewählten Kriteriums, so versucht man – in der Regel durch Probieren – die vorläufigen Gebiete so zu verändern, dass eine gleichartigere Lösung entsteht. Während das Tauschen früher ohne Software-Unterstützung nur für eine begrenzte Menge von Tauschvorgängen durchgeführt werden konnte, existiert heutzutage mächtige geographische Software, wie z.B. EasyMap DistrictManager (www.districtmanager.de) oder DISTRICT (www.gfk.com/de/loesungen/geomarketing), mit der solche Bewertungen nach Tauschvorgängen in Sekundenschnelle durchgeführt werden können. Bei der Anwendung hierarchischer Zuordnungsverfahren beginnt man entweder mit einem einzigen Verkaufsgebiet, das alle KGEs umfasst und iterativ in immer kleinere, möglichst gleich große Gebiete aufgeteilt wird, bis die gewünschte Anzahl von Verkaufsgebieten entstanden ist, oder man startet mit allen KGEs und fügt solange iterativ KGEs zusammen, bis eine sehr ähnliche durchschnittliche Arbeitslast pro Gebiet erreicht ist.

3.5.2   Gleichartigkeitsansatz

Hat man viele KGEs, so ist eine Verkaufsgebietseinteilung per Hand, wie sie in Abschnitt 3.5.1.3 beschrieben wurde, sehr aufwändig. Deshalb sind schon vor mehreren Jahrzehnten Vorschläge unterbreitet worden, wie man das Problem der Verkaufsgebietseinteilung mit Hilfe computer-gestützter Planungshilfen lösen kann. Abgeleitet aus frühen Arbeiten zur Einteilung möglichst gleich großer Wahlbezirke ist dabei das Modell GEOLINE entwickelt worden (Hess und Samuels 1971).

Mit **GEOLINE** wird versucht, die Arbeitsbelastung für alle Verkaufsaußendienstmitarbeiter möglichst gleich zu gestalten, dabei aber gleichzeitig die Reisezeiten zu minimieren. Dazu muss zunächst eine Besuchsnorm festgelegt werden, welche Kunden wie häufig bzw. wie lange zu besuchen sind. Dann kann man mit Hilfe von GEOLINE pro KGE ausrechnen, was die Arbeitslast pro KGE ausmacht. Außerdem müssen die Standorte der Verkaufsaußendienstmitarbeiter für die einzelnen Verkaufsgebiete vorher festgelegt worden sein. Auf dieser Basis werden mit Hilfe von GEOLINE die mit der Arbeitslast gewichteten Euklidischen Distanzen zwischen den Standorten der Verkaufsaußendienstmitarbeiter und den jeweils zugeordneten KGEs minimiert (siehe Zielfunktion 3.6). Die Variablen stellen die Zuordnungen x_{jr} der KGE r auf das Verkaufsgebiet j dar, die gemäß Bedingung (3.9) entweder den Wert 0 oder 1 annehmen können. Die Nebenbedingungen (3.7) sollen sicherstellen, dass in jedem Verkaufsgebiet durch die Zuordnung der KGEs eine möglichst **gleiche Arbeitslast** gegeben ist. Mit der Nebenbedingung (3.8) wird schließlich garantiert, dass eine KGE nicht mehr als einem Verkaufsgebiet zugeordnet werden kann. In mathematischer Schreibweise lautet das Modell:

$$\sum_{j \in J} \sum_{r \in R} d_{jr} a_r x_{jr} \rightarrow \text{Min!} \qquad (3.6)$$

$$\sum_{r \in R} a \cdot x_{jr} \cong \bar{a} \; (j \in J) \qquad (3.7)$$

$$\sum_{j \in J} x_{jr} = 1 \; (r \in R) \qquad (3.8)$$

$$x_{jr} = 0 \text{ oder } 1 \; (j \in J, r \in R) \qquad (3.9)$$

J: Indexmenge der Verkaufsgebiete,
R: Indexmenge der kleinsten geographischen Einheiten (KGE),
d_{jr}:   Euklidische Distanz zwischen dem Standort des Verkaufsaußendienstmitarbeiters, der das Verkaufsgebiet j betreut, und dem Mittelpunkt der KGE r,
a_r: Arbeitslast der KGE r,
a: vom Unternehmen erwartete Arbeitslast pro Außendienstmitarbeiter,
x_{jr}:   Dummy-Variable, mit der die Zuordnung der KGE r zum Verkaufsgebiet j erfolgt (1=ja; 0=nein).

Aufgrund der sehr hohen Anzahl von möglichen Kombinationen von Zuordnungen kann für das hier vorliegende mathematische Problem allerdings keine optimale Lösung garantiert werden. Insofern schlagen Hess und Samuels (1971) vor, die Zuordnungsvariablen x_{jr}

nicht binär (0/1) zu definieren, sondern relaxiert als kontinuierliche Variable zu berücksichtigen. Dann resultiert die mathematische Struktur eines sogenannten Transportproblems, wofür sehr effiziente Algorithmen vorliegen, mit denen auch sehr große Probleme gelöst werden können (z.B. Domschke und Drexl 2007, S. 81 ff.). Allerdings müssen anschließend die Lösungswerte der Zuordnungsvariablen auf ganze Werte gerundet werden, was in ersten Anwendungen von GEOLINE jedoch wieder zu Ungleichheiten in der Arbeitslast von bis zu 15% geführt hat (Hess und Samuels 1971, S. 51).

Mit der hier beschriebenen Lösungsheuristik sind bis heute sehr viele Verkaufsgebietseinteilungen vorgenommen worden. In dem Aufsatz von Hess und Samuels (1971, S. 50 ff.) werden bereits Erfahrungen aus 7 Anwendungen berichtet, davon zwei bei IBM und CIBA. CIBA konnte sogar nach der Anwendung von GEOLINE sein bis dahin (also bis 1971) höchstes Umsatzwachstum erzielen, obwohl kein wichtiges neues Produkt in den Markt eingeführt worden war, die Werbeausgaben reduziert worden waren und die Branche insgesamt Umsatzrückgänge zu verzeichnen hatte. In allen Fällen konnten die Investitionen in das Programm bereits mit 0,2% Umsatzwachstum vollständig amortisiert werden. Als **Kritikpunkt** ist anzumerken, dass GEOLINE mit der Arbeitslast nur ein einziges Gleichheitskriterium berücksichtigt. Außerdem kann GEOLINE keine geographisch zusammenhängenden Verkaufsgebiete garantieren, was in der Praxis, meist aus Vereinfachungsgründen und zur impliziten Minimierung von Reisezeiten, oft gefordert wird. Schließlich gibt es keinen Mechanismus, der verhindert, dass Verkaufsgebiete mit natürlichen Barrieren, wie z.B. Seen und Gebirge, entstehen, was ganz andere Reisezeiten erfordert als sich aus den Distanzen ableiten lässt. Unter Umständen ist also eine manuelle Nachbearbeitung nötig, um praktisch implementierbare Lösungen zu gewinnen.

Die drei genannten kritischen Anmerkungen haben Zoltners und Sinha (1983) aufgegriffen und ein entsprechend verbessertes Optimierungsmodell vorgeschlagen, mit dem eine **Balancierung mehrerer Gleichheitskriterien** angestrebt wird. In mathematischer Schreibweise hat es folgende Gestalt:

$$\sum_{j\in J} \sum_{r\in R} b_{jrk^*} \cdot x_{jr} \rightarrow Min! \qquad (3.10)$$

$$l_{jk} \leq \sum_{r\in R} b_{jrk} \cdot x_{jr} \leq u_{jk} \; (j \in J, k \in K) \qquad (3.11)$$

$$x_{jr} \leq \sum_{p\in N_{jr}} x_{jp} \; (j \in J, r \in R) \qquad (3.12)$$

$$\sum_{j\in J} x_{jr} = 1 \; (r \in R) \qquad (3.13)$$

$$x_{jr} = 0 \text{ oder } 1 \; (j \in J, r \in R) \qquad (3.14)$$

J:	Indexmenge der Verkaufsgebiete,
R:	Indexmenge der kleinsten geographischen Einheiten (KGE),
K:	Indexmenge der Gleichartigkeitskriterien,
N_{jr}:	Indexmenge aller KGEs, mit der die KGEs r über ein Straßennetz mit dem Reisenden-Standort des Verkaufsgebietes j verbunden werden,
b_{jrk}:	Ausprägung des Gleichartigkeitskriteriums k, wenn die KGE r dem Verkaufsgebiet j zugeordnet ist,

l_{jk}:	Untergrenze für den Wert des Gleichartigkeitskriteriums k beim Verkaufsgebiet j,
u_{jk}:	Obergrenze für den Wert des Gleichartigkeitskriteriums k beim Verkaufsgebiet j,
x_{jr}:	Dummy-Variable, mit der die Zuordnung der KGE r zum Verkaufsgebiet j erfolgt (1=ja; 0=nein).

Zunächst einmal erlaubt das Modell von Zoltners und Sinha (1983) die Berücksichtigung mehrerer Kriterien für die Gleichheit, z.B. Potenzial **und** Arbeitslast. Da man möglicherweise keine zulässige Lösung findet, wenn man analog zu (3.7) Gleichheit für mehrere Kriterien fordert, besteht die Hauptidee dieses Modells darin, nicht mehr exakte Gleichheit, sondern lediglich **ungefähre Gleichheit sicher** zu **stellen**. Dies ist dann gegeben, wenn die Werte der Gleichartigkeitskriterien über die einzelnen Verkaufsgebiete lediglich zwischen vordefinierten Unter- und Obergrenzen (l_{jk} und u_{jk}) schwanken, was in den Nebenbedingungen (3.11) pro Gleichheitskriterium realisiert ist. Wie man aus der Zielfunktion (3.10) ersieht, kann eines der Gleichheitskriterien gleichzeitig für die Zielfunktion herangezogen werden. Verwendet man dafür die mit den Arbeitslasten gewichteten Euklidischen Distanzen, dann stimmen die Lösungen von GEOLINE und diesem Modell überein. Die Nebenbedingungen (3.13) und (3.14) sind wiederum mit den Bedingungen (3.8) und (3.9) identisch und stellen sicher, dass die KGE r nur genau einem Verkaufsgebiet j zugeordnet wird.

Bei der hier gewählten Modellformulierung stellt sich vor allem die Frage, wie eng die Unter- und Obergrenzen gewählt werden sollen. In einer Simulationsstudie von Skiera (1997) stellte sich heraus, dass enge Grenzen die Menge der zulässigen Lösungen so stark reduzieren, dass man zwar relativ gleiche Verkaufsgebiete erhält, diese aber mit hohen Reisezeiten verbunden sind. Umgekehrt erhält man eine Lösung mit geringen Reisezeiten, wenn man die Unter- und Obergrenzen relativ weit auseinander gezogen wählt. In diesem Fall sind die Verkaufsgebiete eher ungleich. Daraus wird ersichtlich, dass sich Gleichheit und minimale Reisezeiten gegenseitig ausschließen. Die zu wählende Enge oder Spannweite bei den Nebenbedingungen (3.11) hängt also davon ab, inwieweit man **ausgewogene Reisezeiten oder Gleichheit der Gebiete** priorisiert. Zoltners und Lorimer (2000) haben in vielen Beratungsprojekten die Erfahrung gemacht, dass 15 % Abweichungen nach unten und oben, also insgesamt 30 %, durchaus noch als balanciert gelten können. Als Folge davon unterscheiden sich viele Verkaufsgebiete bezogen auf den Umsatz allerdings um bis zu 300 %.

Mit der Nebenbedingung (3.12) wird erreicht, dass die Verkaufsgebiete zusammenhängend sind, also nicht durch geographische Barrieren auseinander gerissen werden. Zoltners und Sinha (1983) erreichen dies zum einen durch den Übergang von Euklidischen Distanzen auf echte Entfernungen gemäß dem existierenden Straßennetz. Während das Errechnen von Straßenentfernungen in der Vergangenheit noch komplizierte Computer-Programme erforderte, gibt es heute dafür leistungsfähige Routenplaner-Software, die auch im Internet vielfältig angeboten wird (z.B. googlemaps). **Zusammenhängende Verkaufsgebiete** werden zum anderen durch die Formulierung von (3.12) sicher gestellt, wonach die KGE r einem Verkaufsgebiet j nur dann zugeordnet werden kann, wenn bereits andere KGEs zugeordnet sind, die sicherstellen, dass ein durchgehender Straßenzug von der KGE r über andere KGEs zu der KGE mit dem Standort des Verkaufsgebietes j existiert.

Chancengleichheit und Fairness sind freilich nicht die finalen Ziele der Unternehmen, sondern höchstens Mittel zum Zweck. Das eigentliche Ziel bei der Einteilung der Verkaufsgebiete sollte vielmehr darin bestehen, die Gewinnsituation des Unternehmens, z.B. gemessen am Deckungsbeitrag nach Abzug aller Außendienstkosten, zu verbessern. Mit „gleichen" Gebieten wird das Erreichen dieses Zieles aber nicht direkt, sondern allenfalls indirekt durch das Mittel der Schaffung vergleichbarer Ausgangsvoraussetzungen (gemessen am Potenzial oder der Arbeitsbelastung) ermöglicht. Dabei ist allerdings zu beachten, dass die Ziele der Gleichheit und der **Deckungsbeitragsmaximierung** konträr zueinander stehen. Im Übrigen erhält der Verkaufsmanager bei dem Streben nach Gleichheit keine Aussage darüber, wie sich der Deckungsbeitrag bei einer Restrukturierung der Gebiete voraussichtlich ändert. Mit einer Restrukturierung der Verkaufsgebiete kann also durchaus auch eine Verschlechterung des Deckungsbeitrags bewirkt werden. Schließlich können mit dem Gleichartigkeitsansatz keine Auswirkungen von veränderten Standorten der Außendienstmitarbeiter oder unterschiedlichen Größen des Außendienstes auf den Deckungsbeitrag prognostiziert werden.

Neben dieser mangelnden Orientierung am Deckungsbeitrag ist es zudem fraglich, ob die eingesetzten Mittel zur Erreichung der gewünschten Ziele, nämlich der Gewährung gleicher Einkommenschancen und einer fairen Behandlung aller Außendienstmitarbeiter, überhaupt geeignet sind. So ist das Potenzial, egal wie gemessen, nur ein Einflussfaktor auf den Umsatz. Daneben gibt es **andere zentrale Einflussgrößen** wie die räumliche Größe des Gebiets und die dadurch entstehenden Reisezeiten (Ryans und Weinberg 1979). Deshalb ist es mehr als fraglich, ob durch die Betrachtung eines einzelnen Einflussfaktors aus einer Menge vieler möglicher Einflussgrößen sichergestellt werden kann, dass alle Außendienstmitarbeiter gleiche Ausgangsvoraussetzungen zur Umsatzerzielung und damit vergleichbare Einkommen erhalten.

Die Erstellung von Gebieten mit gleicher Arbeitslast ist ebenfalls mit Problemen behaftet: Erstens müssen Unternehmen alle aktuellen und potenziellen Kunden kennen und bereits eine optimale Besuchsstrategie kennen, bei der die Verkaufszeit für alle Außendienstmitarbeiter gleich ist. Zweitens besteht die Verkaufszeit aus der Besuchszeit, die der Außendienstmitarbeiter beim Kunden ist, und der Reisezeit, die er für die Anreise zum Kunden benötigt. Die benötigte Reisezeit für eine gleich hohe Besuchszeit ist jedoch üblicherweise in den einzelnen Gebieten unterschiedlich hoch, da sich die Gebiete hinsichtlich ihrer räumlichen Größe, der geographischen Verteilung der Kunden und der verkehrstechnischen Infrastruktur unterscheiden. Da die Arbeitsbelastung gewöhnlich nur durch die Anzahl der Besuche und damit die Besuchszeit gemessen wird, ist eine solche "gleiche" Arbeitsbelastung in der Konsequenz mit unterschiedlichen Verkaufszeiten für die Mitarbeiter verbunden. Dementsprechend kann nicht von einer fairen Behandlung aller Mitarbeiter ausgegangen werden. Drittens stellt sich das Problem, dass die optimale Anzahl der Besuche bei einem Kunden von der Größe des Verkaufsgebiets und den anfallenden Reisezeiten abhängt. So führen sowohl viele Kunden als auch hohe Reisezeiten dazu, dass der einzelne Kunde nicht so oft besucht wird wie in einem kleineren Gebiet oder bei einer geringeren Reisezeit. Eine sinnvolle Besuchsplanung kann also immer nur zusammen mit der Verkaufsgebietseinteilung erfolgen (Lodish 1975).

Schließlich sei noch darauf hingewiesen, dass eine Unterordnung des Problems der **Verkaufsgebietseinteilung** unter die **Entlohnung** nicht zwingend ist. Während gleiche Provisionssätze nur mit gleichen Chancen pro Verkaufsgebiet gerechtfertigt werden können, kann man mit ungleichen Verkaufsgebieten arbeiten, wenn man individuelle Umsatz- oder Zielvorgaben vereinbart und die Entlohnung in Abhängigkeit von der Zielerreichung vornimmt. Wählt man solche Entlohnungsformen, kann das Unternehmen bei der Verkaufsgebietseinteilung direkt seinen Gewinn maximieren (Skiera und Albers 1998). Eine solche Vorgehensweise wird möglich, wenn man bei der Planung Umsatzreaktionsfunktionen (siehe dazu auch Abschnitt 6.2.1) zugrunde legt. Derartige Reaktionsfunktionen beschreiben die funktionale Abhängigkeit des Umsatzes und damit auch des Deckungsbeitrages von Einflussgrößen wie dem Potenzial, der geographischen Lage und den Besuchsanstrengungen. Damit wird es möglich, für jede Lösung der Gebietseinteilung den dafür zu erwartenden Deckungsbeitrag anzugeben. Dadurch können bestehende Gebietseinteilungen auf einer ökonomischen Basis beurteilt sowie Verbesserungen erkannt und in monetären Größen beurteilt werden. Dies bietet den Vorteil, dass sowohl die Entscheidungsfindung erleichtert als auch eine fundierte Diskussion über die Vorteilhaftigkeit geänderter Verkaufsgebietseinteilungen ermöglicht wird.

3.5.3 Maximierung des Deckungsbeitrages

Die gegenwärtig übliche Einteilung möglichst gleicher Verkaufsgebiete lässt die **ökonomischen Auswirkungen** unberücksichtigt, die sich aus einer Anpassung der Gebietsstruktur ergeben. Beispielsweise geht eine Vergrößerung eines Gebiets zwangsläufig mit einer Umsatzsteigerung einher, während eine Verkleinerung ebenso zwangsläufig zu einer Umsatzsenkung führt, sofern der Außendienstmitarbeiter nicht eine Anpassung seiner Arbeitszeit vornimmt. Des Weiteren führt eine Gebietsvergrößerung dazu, dass die bisherigen KGEs nicht mehr so intensiv wie bislang betreut werden können, während durch eine Gebietsverkleinerung Umsatzsteigerungen in den verbleibenden KGEs erzielbar sind. Beispielhaft seien diese Auswirkungen anhand der in **Abbildung 3.5-1** dargestellten Gebietseinteilung erörtert, bei der 39 Regierungsbezirke in 7 Verkaufsgebiete aufgeteilt wurden (Skiera 1996). Wenn nun die KGE "Detmold" vom Verkaufsgebiet 2 in das Gebiet 7 verschoben wird, so führt dies dazu, dass das Verkaufsgebiet 7 eine KGE mehr hat. Deshalb muss der Umsatz in diesem Verkaufsgebiet auch steigen, da der Außendienstmitarbeiter seine Kunden jetzt aus einem größeren Potenzial auswählen kann.

Wenn nun der Verkaufsaußendienstmitarbeiter seinen gesamten Arbeitseinsatz aufgrund des vergrößerten Gebietes nicht ändert, so muss die Zeit, die er in die neue KGE "Detmold" investiert, von der Zeit in den anderen KGEs abgezweigt werden. Die neue Zeit in den bisherigen KGEs des Gebietes wird folglich geringer sein, so dass mit Umsatzeinbußen in diesen KGEs zu rechnen ist. Diese Umsatzeinbußen werden aber durch die zusätzlichen

Umsätze in der neuen Einheit "Detmold" mehr als aufgefangen, so dass insgesamt eine Umsatzsteigerung zu erwarten ist.

Die Auswirkungen in dem verkleinerten Verkaufsgebiet 2 sind dagegen genau gegenläufig (siehe auch **Tabelle 3.5-1**). Hier kann der Verkäufer die für die abgegebene KGE "Detmold" nicht mehr benötigte Zeit auf die verbleibenden KGEs verteilen. In diesen Einheiten ist aufgrund des höheren Zeiteinsatzes mit höheren Umsätzen zu rechnen, die aber aufgrund abnehmender Grenzerträge der Besuchszeit nicht die Umsatzeinbußen aufgrund der weggefallenen KGE "Detmold" ausgleichen können. Eine Antwort auf den Umfang der Zeit, der vor bzw. nach neuer Zuordnung in der KGE „Detmold" aufgewendet wurde bzw. wird, ist somit situationsabhängig und hängt davon ab, wo die Standorte der beiden Verkaufsgebiete angesiedelt sind und welche KGEs noch in dem neuen Verkaufsgebiet enthalten sind. Der Außendienstmitarbeiter des neuen Gebietes wird nämlich tendenziell weniger Zeit in die neue KGE investieren, je größer seine Reisezeit in die neue KGE ist und je mehr umsatzstarke KGEs er schon in seinem Gebiet hat. Für den Erfolg des Unternehmens ist es nun entscheidend, ob die Umsatzeinbußen des Verkaufsgebietes 2 durch die Umsatzsteigerungen im Gebiet 7 mehr als kompensiert werden. Sofern dies der Fall ist, wird die Änderung als vorteilhaft eingestuft (Skiera und Albers 1999).

Dieses Beispiel macht deutlich, dass bei der Einteilung von Verkaufsgebieten sowohl ein **Allokationsproblem** als auch ein Zuordnungsproblem zu lösen sind. Das Allokationsproblem bedeutet hier, dass für jedes Verkaufsgebiet die optimale Verteilung der knappen Zeit des Außendienstmitarbeiters auf die ihm in seinem Verkaufsgebiet zur Verfügung stehenden KGEs zu bestimmen ist. Gleichzeitig ist das kombinatorische und sehr schwer lösbare **Zuordnungsproblem** zu lösen, d.h. die bestmögliche Zusammenstellung der KGEs zu Verkaufsgebieten ist zu bestimmen.

Abbildung 3.5-1 Beispiel einer Verkaufsgebietseinteilung zur Darstellung der Auswirkungen einer Gebietsveränderung (Skiera 1996, S. 163)

Tabelle 3.5-1 Auswirkungen der Gebietsveränderungen auf die Besuchszeit und die Umsätze in den KGEs

Betrachtete Einheit	Kriterium	
	Besuchszeit	Umsatz
Verkaufsgebiet 2	gleich	niedriger
Bisherige KGEs in Verkaufsgebiet 2	höher	geringer
Verkaufsgebiet 7	gleich	höher
Bisherige KGEs in Verkaufsgebiet 7	geringer	geringer
Neue KGE in Verkaufsgebiet 7	situationsabhängig	situationsabhängig

Die Grundidee bei einer deckungsbeitragsorientierten Vorgehensweise besteht darin, die sich aus einer Umstrukturierung der Verkaufsgebiete ergebenden Auswirkungen monetär (in Euro) zu bewerten. Dies ist nur möglich, wenn man mit **Umsatzreaktionsfunktionen** arbeitet, welche die funktionale Abhängigkeit des Umsatzes vom Potenzial, der geographischen Lage und den Besuchsanstrengungen beschreiben. Nur auf dieser Basis kann man eine Gebietseinteilung danach beurteilen, welcher Deckungsbeitrag damit erzielt werden kann. Dadurch kann einerseits die im Sinne des Deckungsbeitrags optimale Einteilung durch entsprechende Suchalgorithmen ermittelt werden und andererseits eine Aussage über das Verbesserungspotenzial der bisherigen Einteilung gegeben werden. Weiterhin können die Deckungsbeitragsauswirkungen veränderter Standorte der Außendienstmitarbeiter und von alternativen Außendienstgrößen beurteilt werden (Skiera und Albers 1994, Skiera 1996, Skiera und Albers 1998).

3.5.3.1   Umsatzreaktionsfunktion

Zur Maximierung des Deckungsbeitrages ist es zwingend erforderlich, diese Optimierung mit Hilfe von Reaktionsfunktionen des Umsatzes in Abhängigkeit von den Verkaufsanstrengungen vorzunehmen. Am besten ist es, eine derartige Funktion auf der Basis von Vergangenheitsdaten statistisch zu schätzen (siehe ausführlicher in Abschnitt 6.2.1). Diese Funktion bildet den Einfluss einer Vielzahl von Faktoren wie beispielsweise dem Potenzial, dem Reisezeitanteil und den erfolgten Besuchen auf den Umsatz in einer KGE ab (Albers 1989, S. 441 ff., Skiera und Albers 1994). Der Vorteil dieses Weges besteht darin, dass auf der Basis von harten Daten auf die statistisch nachgewiesene Stärke der jeweiligen Einflussfaktoren rückgeschlossen wird. Nachteilig ist jedoch, dass Informationen über die Ausprägungen aller Einflussfaktoren in jeder KGE erforderlich sind und ein substanzielles Maß an statistischen Kenntnissen zur Schätzung der Funktionen erforderlich ist. Voraussetzung ist ferner, dass die Stärke der Einflussfaktoren auch in Zukunft stabil bleibt.

Bleibt einem die erste Möglichkeit verwehrt, so kann man auch auf subjektive Schätzungen zurückgreifen, was im Detail in Abschnitt 6.2.1 erläutert wird. Vielfach fragt man direkt nach der Besuchs-Elastizität, die die relative Veränderung des Umsatzes im Verhältnis zur relativen Veränderung der Besuchsanstrengungen angibt. Wie die Ergebnisse empirischer Studien zeigen, stellt die Beantwortung einer derartigen Frage für die allermeisten Verkaufsmanager kein Problem dar (Krafft 1995). Die dort berichteten Angaben ergeben einen mittleren Wert von 0,38 für die Besuchs-Elastizität, was ungefähr mit den Ergebnissen der Meta-Analyse von Albers, Mantrala und Sridhar (2010) übereinstimmt, in der ein mittlerer Wert von 0,31 berichtet wird. Kritisch an dieser Vorgehensweise ist lediglich, dass schlechte Schätzungen hinsichtlich dieser Besuchs-Elastizität zu deutlich suboptimalen Ergebnissen führen können. Die bisherigen Erfahrungen in der Literatur und den berichteten Anwendungsfällen hinsichtlich solcher Schätzungen zeigen jedoch, dass diese Gefahr als gering einzustufen ist (Albers 1989).

Insert 3.5-1	Beispiel für die Berechnung von Besuchszeitenanteilen

---

Wenn ein Verkaufsaußendienstmitarbeiter, der in Bremen seinen Sitz hat, Kunden in Hannover besuchen möchte, so wird er eine Tour in diesen Teil seines Gebietes unternehmen. Dafür braucht er jeweils 70 Minuten für Hin- und Rückfahrt, also insgesamt 140 Minuten. Braucht er dann 20 Minuten, um von einem Kunden zum nächsten zu gelangen, und muss er 10 Minuten pro Kunde warten sowie im Mittel 30 Minuten für den eigentlichen Besuch veranschlagen, so kann der ADM bei einer täglichen Arbeitszeit von 10 Stunden, also 600 Minuten, 8 Kunden besuchen. Bei 2*70 Minuten An- und Abfahrt und (8-1)*20 Minuten Zwischenfahrtzeiten ergeben sich dann 8*10 Minuten Wartezeit sowie 8*30 Minuten echte Besuchszeit und damit eine Gesamtzeit von 140 + 140 + 80 + 240 = 600 Minuten. Dann beträgt der Besuchszeitenanteil an der gesamten Arbeitszeit 240/600 = 40 Prozent.

Reisezeiten werden in den Umsatzreaktionsfunktionen über sogenannte Besuchszeitenanteile berücksichtigt. Diese **Besuchszeitenanteile** werden für jede Zuordnung einer kleinsten geographischen Einheit zu einem Außendienstmitarbeiter ermittelt und geben an, wie viel Prozent seiner gesamten Verkaufszeit der Außendienstmitarbeiter in einer KGE nach Abzug der Reisezeit für Besuche aufwenden kann. Der Besuchszeitenanteil entscheidet darüber, welcher Anteil der Arbeitszeit für echte Besuchstätigkeit zur Verfügung steht. Alle dafür benötigten Daten sind recht einfach und kostengünstig zu ermitteln (Skiera und Albers 1994). Das obige Beispiel in **Insert 3.5-1** verdeutlicht, wie der Besuchszeitenanteil unkompliziert ermittelt werden kann.

3.5.3.2   COSTA

Zur Bestimmung der deckungsbeitragsmaximalen Verkaufsgebietseinteilung haben Skiera und Albers (1998) ein computergestütztes Planungsmodell COSTA (**C**ontribution **O**ptimizing **S**ales **T**erritory **A**lignment) entwickelt. Das resultierende Modell ist auf Grund der unterschiedlichsten Zuordnungsmöglichkeiten von KGEs auf Verkaufsgebiete hochkombinatorisch und erfordert zusätzlich für jede Einteilung die Lösung eines Allokationsproblems. Um dieses Problem lösen zu können, schlagen Skiera und Albers (1998) eine Dekomposition vor, bei der das Zuordnungsproblem und das Allokationsproblem für jede Zuordnung getrennt gelöst werden.

Liegt eine Verkaufsgebietseinteilung, d.h. eine Zuordnung der KGEs auf die Verkaufsgebiete vor, dann lässt sich das verbleibende **Allokationsproblem** für das Verkaufsgebiet j wie folgt einfach aufstellen:

$$\sum_{r \in R} \left[g_r \cdot f_{j,r} \left(\frac{1}{1+q_{j,r}} \cdot t_{j,r} \right) - h_{j,r} \left(\frac{q_{j,r}}{1+q_{j,r}} \cdot t_{j,r} \right) \right] \to \text{Max!} \qquad (3.15)$$

$$\sum_{r \in R} t_{j,r} \leq T_j \qquad (3.16)$$

$$t_{j,r} \geq 0 \ (r \in R) \qquad (3.17)$$

R_j: Indexmenge der kleinsten geographischen Einheiten (KGE), die dem Verkaufsgebiet j zugeordnet sind,

g_r: Deckungsbeitragssatz der Umsätze in der KGE r,

$f_{jr}(*)$:   Reaktionsfunktion des Umsatzes in der KGE r in Abhängigkeit von der Besuchszeit, wenn diese dem Verkaufsgebiet j zugeordnet ist,

$h_{jr}(*)$:   Funktion der Reisekosten in Abhängigkeit von der Reisezeit, wenn die KGE r dem Verkaufsgebiet j zugeordnet ist,

t_{jr}:   Verkaufszeit (Besuchszeit + Reisezeit) für die KGE r im Verkaufsgebiet j,

T_j: Maximale Verkaufszeit im Verkaufsgebiet j.

Dieses Allokationsproblem muss innerhalb von COSTA iterativ gelöst werden, weshalb eine schnelle Lösungsprozedur entwickelt wurde, die auf der Erkenntnis von Albers (1998) aufbaut, dass im Optimum gelten muss

$$t_{j,r,opt} = \frac{g_r \varepsilon_{j,r,opt} \cdot S_{j,r,opt} - \gamma_{j,r,opt} \cdot C_{j,r,opt}}{\sum_{r' \in R_j}\left(g_{r'} \varepsilon_{j,r,opt} \cdot S_{j,r',opt} - \gamma_{j,r',opt} \cdot C_{j,r',opt}\right)} \cdot T_j \ (r \in R) \tag{3.18}$$

wobei:

$\varepsilon_{j,r,opt}$:   Elastizität des Umsatzes in Abhängigkeit von der Verkaufszeit,

$\gamma_{j,r,opt}$:   Elastizität der Reisekosten in Abhängigkeit von der Verkaufszeit,

$S_{j,r,opt}$:   Umsatz im Optimum,

$C_{j,r,opt}$:   Reisekosten im Optimum.

Albers (1998) zeigt, dass bei iterativer Anwendung von Formel (3.18) mit den jeweils zuletzt gültigen Werten die daraus generierten Werte für die Verkaufszeiten sehr schnell zum Optimum konvergieren.

Das verbleibende **Zuordnungsproblem** ist durch die Zielfunktion (3.10) und die Nebenbedingungen (3.11), (3.12) sowie (3.8) und (3.9) gekennzeichnet. Da die Deckungsbeitragsauswirkungen aller Zuordnungen durch die Lösung des Allokationsproblems bekannt sind, geht der Algorithmus für das Zuordnungsproblem so vor, dass zunächst einmal alle Zuordnungen als gültig betrachtet werden. Dann wird in einem „backward-elimination"-Schritt diejenige Zuordnung ausgeschlossen, die zu dem geringsten Deckungsbeitragsverlust führt. Dies wird dann solange durchgeführt, bis alle KGEs eindeutig zugeordnet sind. Skiera und Albers (1998) zeigen, dass dieser Algorithmus in der Lage ist, auch große praxisrelevante Probleme mit 8.000 KGEs und 200 Verkaufsgebieten in angemessener Computerzeit zu lösen.

Eine solche deckungsbeitragsorientierte Vorgehensweise erlaubt es aber nicht nur, Deckungsbeitragsprognosen für Gebietsveränderungen zu erstellen. Es können vielmehr auch Informationen darüber gegeben werden, in welchen Gebieten bei zusätzlich verfügbarer Verkaufszeit die größten Deckungsbeitragssteigerungen zu erwarten sind und wie gut in einzelnen Regionen das jeweilige Potenzial wird. Dabei können auch die Anzahlen von Verkaufsaußendienstmitarbeitern durch einfaches Hinzufügen oder Entfernen von Gebieten variiert und die Auswirkungen auf den Deckungsbeitrag simuliert werden.

Selbst die Berücksichtigung von Leistungsunterschieden zwischen Außendienstmitarbeitern ist möglich.

Die Möglichkeiten von COSTA sollen an Hand eines **Anwendungsfalls** in einem Unternehmen aus Schleswig-Holstein demonstriert werden (Skiera 1996). Dieses Unternehmen war bereits seit vielen Jahren auf dem Markt etabliert, förderte aber erst seit kurzer Zeit den Verkauf seiner Produkte auch durch den Einsatz von Verkaufsaußendienstmitarbeitern. Es hatte dazu im Laufe der vergangenen Monate 10 Verkäufer eingestellt. Für diese Mitarbeiter wurde die in **Abbildung 3.5-3** (siehe weiter hinten) dargestellte Gebietseinteilung auf der Basis der 95 zweistelligen Postleitregionen vorgenommen. In der dort abgebildeten Karte stellen die weiß unterlegten Zahlen gleichzeitig die Nummern der Gebiete und die Standorte der Außendienstmitarbeiter dar. Dabei plante das Unternehmen, fast den gesamten Bereich Schleswig-Holstein vom Innendienst abzudecken (daher Verkaufsgebiet 11) und das Gebiet 10 des in Leipzig angesiedelten Mitarbeiters aus unternehmensinternen Gründen nicht zu verändern.

Das Unternehmen ging davon aus, dass keine wesentlichen Leistungsunterschiede zwischen den 10 Außendienstmitarbeitern bestehen, eine Sättigungsgrenze hinsichtlich der erzielten Umsätze nicht kurzfristig erreicht werden würde und die Kunden sich zwar regional hinsichtlich ihrer Anzahl, aber nicht in ihrer Struktur unterscheiden. Durch die Verknüpfung von vorhandenen Daten und subjektiven Schätzungen konnte dann folgende **Umsatzreaktionsfunktion** ermittelt werden (Skiera 1996, Skiera und Albers 2002):

$$DB_{j,r} = 0,353 \cdot 1.350 \cdot p_{j,r}^{0,375} \cdot POT_r^{0,625} \cdot t_{j,r}^{0,375} \left(\frac{j}{j}, \frac{r}{R}\right) \tag{3.19}$$

wobei:

$DB_{j,r}$: Deckungsbeitrag vor Außendienstkosten des Außendienstmitarbeiters j in der KGE r,

$p_{j,r}$: Besuchszeitenanteil des Außendienstmitarbeiters j in der KGE r,

$t_{j,r}$: Verkaufszeit des Außendienstmitarbeiters j in der KGE r,

POT_r: Anzahl der relevanten Kunden in der KGE r.

Außerdem gibt der Wert 1.350 einen Skalierungsparameter und der Wert 0,353 den Deckungsbeitragssatz des Unternehmens an.

Die verfügbare Verkaufszeit pro Außendienstmitarbeiter betrug 1.460 Stunden, wobei bei einer durchschnittlichen Besuchsdauer von einer Stunde und einem etwa gleichlangen Reiseanteil ca. 750 Besuche pro Jahr möglich waren. Der Deckungsbeitrag nach Außendienstkosten wurde durch Subtraktion des Einkommens und der Aufwendungen für die Reisetätigkeiten vom Deckungsbeitrag vor Außendienstkosten errechnet. Die Reisezeiten und -kosten basieren dabei auf tatsächlichen Entfernungen und nicht auf Luftlinienentfernungen.

Für die gegenwärtige Verkaufsgebietseinteilung (siehe **Abbildung 3.5-3**) ergaben sich die in **Tabelle 3.5-2** dargestellten Ergebnisse. In den Verkaufsgebieten 7 und 8 werden die höchsten Umsätze und Deckungsbeiträge nach Außendienstkosten erzielt, in den Gebieten 2 und 4 die niedrigsten. Insgesamt können alle Außendienstmitarbeiter zusammen 7.462 Besuche machen, so dass im Mittel ein Besuchszeitenanteil von etwa 51% erreicht wird

(7.462 /[10*1.460] ≈ 51,11%). Dies bedeutet, dass die Außendienstmitarbeiter 51% ihrer gesamten Verkaufszeit für Besuche aufwenden können. Wenn wir vom fixierten Gebiet 10 (Leipzig) absehen, wird in Gebiet 4 zwar die höchste Anzahl an Besuchen erbracht, aber aufgrund des geringen Potenzials werden nur vergleichsweise geringe Umsätze und Deckungsbeiträge erzielt.

Um die momentane Situation des Unternehmens am Markt festzustellen, wurde die derzeitige **Bearbeitungsintensität**, d.h. die Anzahl von Besuchen pro relevantem (potenziellen) Kunden, des Unternehmens ermittelt (siehe linke Grafik in **Abbildung 3.5-2**). Dabei wurden die KGEs dunkel eingefärbt, in denen das Unternehmen überdurchschnittlich stark im Markt aktiv war, also mehr Besuchsbemühungen pro Kunde entfaltete als im Bundesdurchschnitt. Dies kann Ausdruck der gewählten Reisendenstandorte oder von im Vergleich zum Bundesdurchschnitt nicht ausgelasteten Verkaufsaußendienstmitarbeitern sein. So werden z.B. im Verkaufsgebiet 1 aufgrund des Reisendenstandorts Hamburg die Kunden in der Nähe Hamburgs wesentlich intensiver betreut als die Kunden in weiter entfernten KGEs. Insgesamt ist aber festzustellen, dass die Verkäufer des Unternehmens im nordöstlichen Bereich der Bundesrepublik wesentlich aktiver sind als im südwestlichen Bereich, wenn Aktivität relativ zum Potenzial gemessen wird.

Tabelle 3.5-2   Eckdaten der gegenwärtigen Einteilung

VG	Umsatz (in DM)	DB nach Vertriebs- kosten (in DM)	Potenzial (Anzahl Kunden)	Anzahl Besuche	Besuchs- zeitenanteil
1	2.090.504	510.042	2.543	715	49%
2	841.457	73.784	604	710	49%
3	2.898.635	799.294	4.394	668	46%
4	1.184.999	198.798	950	794	54%
5	2.470.860	651.040	3.232	728	50%
6	2.385.648	609.833	3.164	689	47%
7	2.912.532	807.281	4.242	715	49%
8	2.711.837	726.205	3.723	726	50%
9	1.627.236	354.816	1.637	743	51%
10	809.060	120.414	448	973	67%
11	-	-	385	-	-
Summe	19.932.768	4.851.508	25.322	7.462	51%

Aufgrund der im Vergleich zum Bundesdurchschnitt zu hohen Bearbeitungsintensität im Nordosten bietet sich generell eine Verschiebung der Verkaufsgebiete nach Südwesten an. Dies spiegelt sich dann auch in der von COSTA mit Hilfe des implementierten Optimierungsalgorithmus vorgeschlagenen Verbesserung der Verkaufsgebiete wider (siehe **Abbildung 3.5-3**). Diese optimierte Lösung wird im Folgenden näher beschrieben.

Abbildung 3.5-2   Bearbeitungsintensität der KGEs durch den Verkaufsaußendienst vor (links) und nach (rechts) der Optimierung mit Hilfe von COSTA

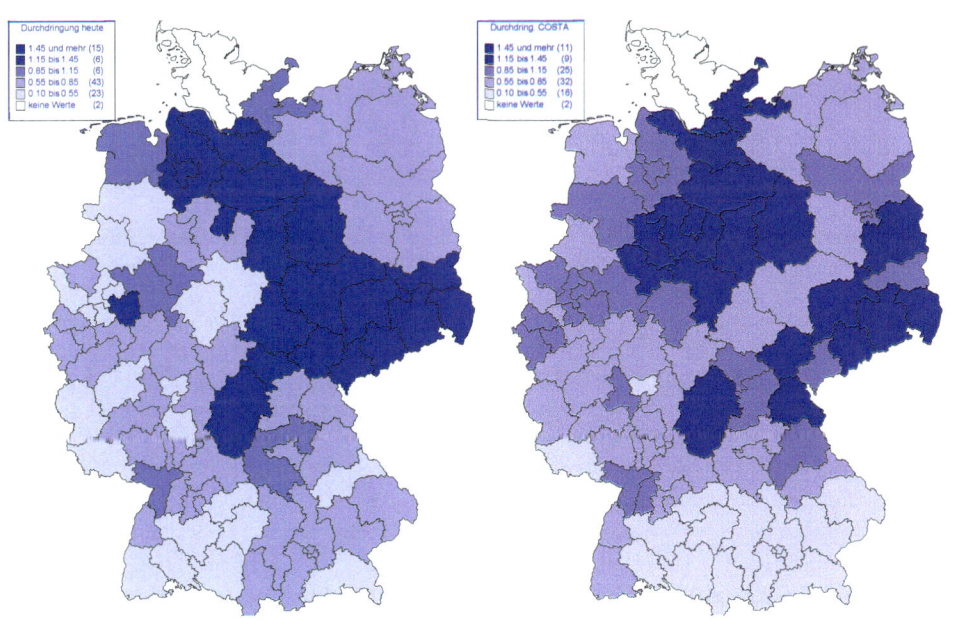

Abbildung 3.5-3   Vergleich der drei Lösungen

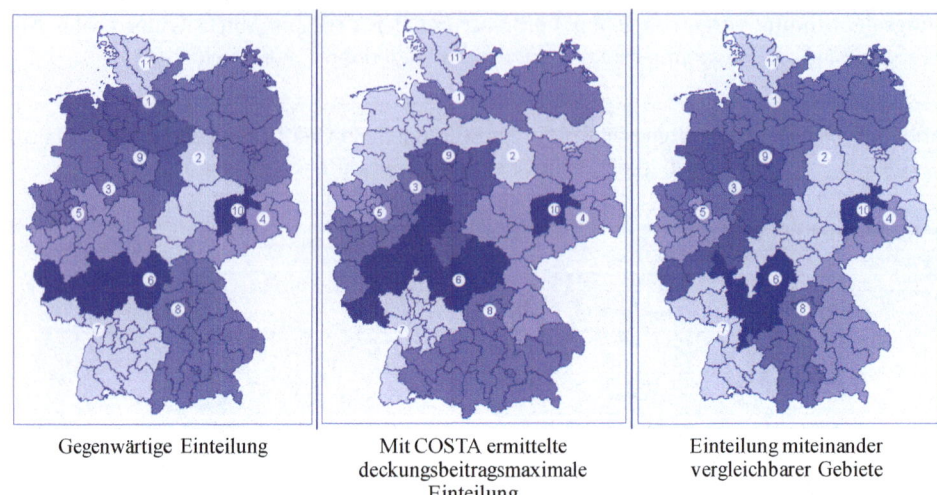

Gegenwärtige Einteilung   Mit COSTA ermittelte   Einteilung miteinander
                             deckungsbeitragsmaximale   vergleichbarer Gebiete
                                    Einteilung

Im rot gekennzeichneten Verkaufsgebiet 1 werden die KGEs stärker um den Reisenden-
standort Hamburg angeordnet, während sich die anderen Verkaufsgebiete insgesamt
stärker nach Südwesten ausrichten. Die für diese Lösung mit Hilfe von COSTA in **Tabelle
3.5-3** **prognostizierte Deckungsbeitragssteigerung** nach Außendienstkosten um
279.138 DM stellt eine prozentuale Verbesserung um 5,8% dar, die weit über den Personalkosten eines der zehn Außendienstmitarbeiter liegt. Hochgerechnet auf eine angenomme-
ne Gültigkeitsdauer für die verbesserte Gebietseinteilung von fünf Jahren bedeutet dies
eine Deckungsbeitragssteigerung von deutlich über 1,3 Mio. DM. Der Anstieg des Deckungsbeitrags ist dabei zum einen auf die Steigerung der Besuchszahlen um etwa 3%
zurückzuführen, zum anderen wird das Marktpotenzial nun wesentlich gleichmäßiger als
in der gegenwärtigen Einteilung abgedeckt.

Dies wird auch an der in **Abbildung 3.5-2** in der rechten Grafik dargestellten Bearbeitungsintensität der verbesserten Lösung deutlich, wobei die Einfärbung der Flächen anhand der gleichen Klasseneinteilung wie bei der in der linken Grafik betrachteten Bearbeitungsintensität in der gegenwärtigen Einteilung vorgenommen wurde.

Tabelle 3.5-3 Ergebnisse der mit COSTA erstellten deckungsbeitragsmaximalen Einteilung

VG	Umsatz (in DM)	DB nach Vertriebskosten (in DM)	Potenzial (Anzahl Kunden)	Anzahl Besuche	Besuchs-zeitenanteil
1	1.782.628	410.172	1.803	816	56%
2	1.882.689	431.168	2.132	701	48%
3	2.157.915	533.234	2.598	733	50%
4	1.610.497	341.028	1.661	717	49%
5	2.562.958	686.541	3.179	812	56%
6	2.277.988	573.065	2.890	708	48%
7	2.696.270	732.975	3.585	764	52%
8	3.081.392	853.954	4.583	721	49%
9	1.891.554	448.094	2.058	755	52%
10	809.060	120.414	448	973	67%
11	-	-	385	-	-
Summe	20.752.950	5.130.646	25.322	7.701	53%

Die Anzahl der sehr dunklen und sehr hellen Flächen, d.h. der Gebiete, in denen nach Maßgabe der optimalen Lösung eine sehr stark über- bzw. unterdurchschnittliche Marktbearbeitung empfohlen wird, geht deutlich zurück. Die Potenziale in den einzelnen Verkaufsgebieten schwanken dennoch in der optimierten Lösung erheblich. Ein Blick auf die Landkarte verrät, warum dies so ist. So sind beispielsweise im Verkaufsgebiet 4 mit Standort Dresden gleich mehrere Probleme vorhanden. Dieses Gebiet liegt an der östlichen Grenze der Bundesrepublik und kann einerseits nicht nach Westen wegen des fixierten Verkaufsgebiets 10 (Leipzig) und andererseits nicht nach Norden wegen der dort schon vorherrschenden starken Bearbeitungsintensität ausgedehnt werden. Als einzige Möglichkeit verbleibt eine Ausdehnung nach Süden, die aber aufgrund der dann benötigten Reisezeiten nur begrenzt erfolgen kann. Gleichzeitig kann der gemessen am Potenzial starke Süden der Bundesrepublik aufgrund der Standorte der Außendienstmitarbeiter sinnvoll nur von den beiden Außendienstmitarbeitern 7 und 8 bearbeitet werden.

Die hier beschriebene Vorgehensweise für die Verkaufsgebietseinteilung sollte durch einen organisatorischen Implementierungsprozess begleitet werden. Zoltners, Sinha und

Zoltners (2001) berichten, dass die professionelle Durchführung dieses Prozesses von großer Bedeutung für den Erfolg ist. Wichtig ist, dass man rechtzeitig erkennt, wann ein Prozess der Verkaufsgebietseinteilung zu initiieren ist. Dann muss vorher geklärt sein, wie viele Verkaufsgebiete gebildet werden sollen und wo die Standorte für die Verkaufsaußendienstmitarbeiter lokalisiert sein sollen. Letztere haben einen nachgewiesen hohen Einfluss auf die Güte von Verkaufsgebietseinteilungen (Skiera 1997). Deshalb empfiehlt es sich, diese Standorte in KGEs mit stark konzentriertem Potenzial zu legen.

Hat man Verkaufsgebiete gebildet, so stellt sich die Frage, welche Verkaufsgebiete von welchen Verkaufsaußendienstmitarbeitern bearbeitet werden sollen (Albers 1989, S. 394 ff.). Verfolgt man das Ziel möglichst gleicher Verkaufsgebiete, so steht das Unternehmen lediglich vor der Aufgabe, die Verkaufsaußendienstmitarbeiter so zuzuordnen, dass diese ihre bestehenden Netzwerke möglichst gut ausnutzen können und eventuell regionale Präferenzen berücksichtigt werden.

Anders stellt sich die Sachlage dar, wenn sich bei der deckungsbeitragsmaximalen Verkaufsgebietseinteilung **sehr unterschiedliche Verkaufsgebiete** ergeben. Selbst wenn damit keine Entlohnungskonsequenzen verbunden sind, weil die Leistung bspw. relativ zu Umsatzvorgaben entlohnt wird, ergibt sich die Situation, dass einige Verkaufsaußendienstmitarbeiter eher in der Lage sind, große Gebiete zu managen, während andere damit überfordert wären und eher kleinere Gebiete brauchen. In diesem Fall besteht die Aufgabe darin zu bestimmen, um wie viel besser ein bestimmter Verkaufsaußendienstmitarbeiter ein bestimmtes Verkaufsgebiet bearbeiten kann. Dann kann ein sogenanntes Assignment-Problem formuliert werden, bei dem die Zielbeiträge unter den Nebenbedingungen, dass jedes Gebiet und jeder Verkaufsaußendienstmitarbeiter nur jeweils einmal zugeordnet werden, maximiert werden (siehe dazu Domschke und Drexl 2007). Dabei ist allerdings zu beachten, dass durch Neuzuordnungen von Verkaufsaußendienstmitarbeitern bei Kunden Reaktanzen ausgelöst werden können (Klähn 2012). In **Insert 3.5-2** wird deshalb aufgezeigt, welche weiteren Wirkungen von Neuzuordnungen ausgehen können.

Insert 3.5-2   Sind eigentlich Neuzuordnungen von Verkaufsaußendienstmitarbeitern auf Kunden gut?

Mit jeder Neuzuordnung werden prinzipiell bestehende Kundenbeziehungen gestört. Haben sich diese jedoch mehr zu sozialen als professionellen Beziehungen entwickelt, können solche Beziehungen ineffektiv werden. Ein neuer Verkaufsaußendienstmitarbeiter kann dagegen bisher nicht erreichte oder negativ eingestellte Interessenten zu Kunden konvertieren. Manche Unternehmen ordnen deshalb Kunden mit nicht zufrieden stellenden Ergebnissen routinemäßig neuen Verkaufsaußendienstmitarbeitern zu (Zoltners, Sinha und Lorimer 2004, S. 297, Klähn 2012).

Anwendungen zu dem beschriebenen Assignment-Problem sind bisher nicht bekannt. In der Regel werden auch nur solche Anpassungen der Gebietsstruktur vorgenommen, bei denen die Verkaufsaußendienstmitarbeiter ihre Gebiete grundsätzlich behalten. Kommt es wirklich zu Neubesetzungen, ist die Anzahl der alternativ geeigneten Personen meist so gering, dass der Entscheidungsträger eine intuitive Lösung vornimmt.

Zu guter Letzt ist jede neu gefundene Verkaufsgebietseinteilung intensiv vom Verkaufsmanagement auf **Plausibilität** zu prüfen. Bei der Optimierung nicht berücksichtigte besondere Bedingungen können ggf. im Nachhinein durch manuell veränderte Zuordnungen integriert werden. Letztendlich stellen Modelle wie COSTA nur Planungshilfen dar, und dienen nur zur Unterstützung der eigentlichen Entscheidung durch den Manager.

Literatur

Albers, Sönke (1989): *Entscheidungshilfen für den Persönlichen Verkauf*, Duncker & Humblot: Berlin.

Albers, S. (1998): Regeln für die Allokation eines Marketing-Budgets auf Produkte oder Marktsegmente, *Zeitschrift für betriebswirtschaftliche Forschung*, 50, 211-235.

Albers, Sönke (1999): Die Wahl zwischen Reisenden und Handelsvertretern, in: Horst Albach, Egbert Eymann, Alfred Luhmer und Marion Steven (Hrsg.): *Die Theorie der Unternehmung in Forschung und Praxis*, Springer: Berlin et al., 375-388.

Albers, Sönke (2000): Impact of types of functional relationships, decisions, and solutions on the applicability of marketing models, *International Journal of Research in Marketing*, 17, 169-175.

Albers, Sönke und Manfred Krafft (1992): Steuerungssysteme für den Verkaufsaußendienst, *Manuskripte aus den Instituten für Betriebswirtschaftslehre der Universität Kiel*, 306.

Albers, Sönke und Manfred Krafft (1994): Effektives Management von Pharma-Außen-diensten, Teil I: Optimale Größe und Gebiets-Einteilung, *Pharma Marketing Journal*, 19, 214-218.

Albers, Sönke, Manfred Krafft und Wilhelm Bielert (1998): Global Salesforce Management: Comparing German and U.S. Practices, in: Gerald J. Bauer, Mark S. Baunchalk, Thomas N. Ingram, Raymond W. LaForge (eds.): *Emerging Trends in Sales Thought and Practice*, Quorum Books: London, 193-211.

Albers, Sönke und Kay Peters (1997): Die Wertschöpfungskette des Handels im Zeitalter des Electronic Commerce, *Marketing – Zeitschrift für Forschung und Praxis*, 19,   69-80.

Albers, Sönke und Bernd Skiera (1998): Das optimale Verkaufsgebiet – ein Erfolgsfaktor, *Harvard Business Manager*, 20, 5, 17-25.

Albers, Sönke und Bernd Skiera (2002), Verkaufsaußendienststeuerung auf der Basis einer Umsatzreaktionsfunktion, *Zeitschrift für Betriebswirtschaft*, 72, 1105-1131.

Anderson, Erin (1985): The Salesperson as Outside Agent or Employee: A Transaction Cost Analysis, *Marketing Science*, 4, 234-254.

Batzer, Erich, Josef Lachner und Walter Meyerhöfer (1991): *Die Handelsvermittlung in der Bundesrepublik Deutschland: Strukturelle Entwicklungstrends*, Köln: Forschungsverband für den Handelsvertreter- und Handelsmaklerberuf.

Bofinger, Peter (2011): Grundzüge der Volkswirtschaftslehre, Eine Einführung in die Wissenschaft von Märkten, Pearson, 2011

Cespedes, Frank V. und E. Raymond Corey (1990): Managing Multiple Channels, *Business Horizons*, July-August, 67-77.

Coase, Ronald H. (1937): The Nature of the Firm, *Economica* N.S., 4, 386-405.

Coughlan, Anne T. und Kent Grayson (1998): Network marketing organizations: Compensation plans, retail network growth, and profitability, International Journal of Research in Marketing, 15, 401–426.

Bofinger, Peter (2008): *Grundzüge der Volkswirtschaftslehre: eine Einführung in die Wissenschaft von Märkten*, 2. Aufl., Pearson Studium: München.

Dichtl, Erwin, Hans Raffée, und H.-M. Niedetzki (1981*): Reisende oder Handelsvertreter: Eine Anleitung zur Lösung eines Entscheidungsproblems mit praktischen Vorschlägen*, Beck: München.

Domschke, Wolfgang und Andreas Drexl (2007): *Einführung in Operations Research*, 7. Aufl., Springer: Berlin, Heidelberg, New York et. al.

Drexl, Andreas, Knut Haase (1999): Fast Approximation Methods for Salesforce Depolyment, *Management Science*, 45, 1307-1323.

Frehrking, Daniel-Christian und Oliver Schöffski (1994): Strukturvertrieb von Finanzdienstleistungen. Aufbau und Bedeutung, *Zeitschrift für Betriebswirtschaft*, 64, 571-591.

Frenzen, Heiko (2009): *Teams im Vertrieb. Gestaltung und Erfolgswirkungen*, Gabler: Wiesbaden.

Gutenberg, Erich (1955): *Grundlagen der Betriebswirtschaftslehre*, Band 2: Der Absatz, 1. Auflage, Springer: Berlin, Göttingen und Heidelberg.

Hassmann, Volker (2002): Außendienst zum Mieten, *Sales Business*, Dezember, 14-18.

Hassmann, Volker (2006): Vertrieb und Innendienst auf Augenhöhe, *Sales Business*, Juni, 14-17.

Hess, Sidney W. und Stuart A. Samuels (1971): Experiences with a Sales Districting Model: Criteria and Implementation, *Management Science*, P41-P54.

Jones, Eli, Andrea L. Dixon, Lawrence B. Chonko, and Joseph P. Cannon (2005): Key Accounts and Team Selling: A Review, Framework, and Research Agenda, *Journal of Personal Selling & Sales Management*, 25 (2), 181–198.

Kahn, George N. und Abraham Shuchman (1961): Specialize Your Sales Force, *Harvard Business Review*, 39 (1), 90-98.

Klähn, Andreas (2012): Der viel zu lange Weg zum Kunden, *Acquisa*, Heft 6, 64-66.

Krafft, Manfred (1995): *Außendienstentlohnung im Licht der Neuen Institutionenlehre*, Gabler: Wiesbaden.

Krafft, Manfred (1996): Neue Einsichten in ein klassisches Wahlproblem? – Eine Über-prüfung von Hypothesen der Neuen Institutionenlehre zur Frage „Handelsvertreter oder Reisende", *Die Betriebswirtschaft*, 56, 759-776.

Krafft, Manfred (2007): *Kundenbindung und Kundenwert*, 2. Auflage, Physica: Heidelberg.

Krafft, Manfred und Sönke Albers (1994): Effektives Management von Pharma-Außen-diensten. Teil I: Optimale Größe und Gebiets-Einteilung, *Pharma-Marketing Journal*, 6, 214-218.

Krafft, Manfred, Sönke Albers und Rajiv Lal (2004): Relative Explanatory Power of Agency Theory and Transaction Cost Analysis in German Salesforces, *International Journal of Research in Marketing*, 21, 265-283.

Krafft, Manfred und Heiko Frenzen (2001): *Erfolgsfaktoren für Vertriebsteams*, WHU: Vallendar.

Krishnan, Trichy V. und Dipak C. Jain (2006): Optimal Dynamic Advertising Policy for New Products, *Management Science*, 52 (12), 1957-1969.

Lambe, C. Jay, Kevin L. Webb und Chiharu Ishida (2009): Self-managing selling teams and team performance: The complementary roles of empowerment and control, *Industrial Marketing Management*, 38, 5–16.

Lodish, Leonard M. (1976): Assigning Salesmen to Accounts to Maximize Profit, *Journal of Marketing Research*, 13 (November), 440-444.

Lodish, Leonard M. (1975): Sales Territory Alignment to Maximize Profit, *Journal of Mar-keting Research*, 12, 30-36.

Majumbar, Sumit K. und Venkatram Ramaswamy (1995): Going Direct to Market: The Influence of Exchange Conditions, *Strategic Management Journal*, 16, 353-372.

Mantrala, Murali K., Prabakant Sinha und Andris A. Zoltners (1992): Impact of Resource Allocation Rules on Marketing Investment-Level Decisions and Profitability, *Journal of Marketing Research*, 29, 162-175.

Meffert, Heribert, Günter Kimmeskamp und R. Becker (1983): *Die Handelsvertretung im Meinungsbild ihrer Marktpartner: Ansatzpunkte für das Handelsvertreter-Marketing*, Kohlhammer: Stuttgart et al.

Moon, Mark A. und Gary M. Armstrong (1994): Selling Teams: A Conceptual Framework and Research Agenda, *Journal of Personal Selling & Sales Management*, 14 (1), 17-30.

Müller, Michael C. (2006): Außendienststruktur abhängig von Portfolio, Produkt-Lebenszyklus und Markt, *Pharma-Marketing Journal*, Heft 2, 48-54.

Otte, Thomas (2009): Flexible Profis im Verkauf, *Sales Business*, Oktober, 52.

Peters, Kay, Sönke Albers, Daniel Asselmann und Björn Schäfers (2009): eCommerce Revisited: The Impact of an Uncoupled Consumer Buying Process on Retailing, Marketing – *Journal of Research and Management*, 5 (2), 85-104.

Rangan, V. Kasturi, E. Raymond Corey und Frank Cespedes (1993): Transaction Cost Theory: Inferences from Clinical Field Research on Downstream Vertical Integration, *Organization Science*, 4 (3), 454-477.

Rangaswamy, Arvind, Prabhakant Sinha und Andris Zoltners (1990): An Integrated Model-based Approach for Sales Force Structuring, *Marketing Science*, 9 (4), 279-298.

Rao, Ram C. und Ronald E. Turner (1984): Organization and Effectiveness of the Multiple-Product Salesforce, *Journal of Personal Selling & Sales Management*, 3 (May), 24-30.

Rindfleisch, Aric und Jan B. Heide (1997): Transaction Cost Analysis: Past, Present, and Future Applications, *Journal of Marketing*, 61 (October), 30-54.

Ryans, Adrian B., Charles B. Weinberg (1979): Territory Sales Responses, *Journal of Marketing Research*, 16, 453-465.

Schnedlitz, Peter, Herbert Kotzab und Cordula Cerha (1997): Direkt- und Strukturvertrieb – Begriffsklärung und empirische Bestandsaufnahme, *Der Markt*, 36 (142+143), 161-174.

Schögel, Marcus: Multi Channel Marketing – erfolgreich in mehreren Vertriebswegen. Zürich: Werd 2001.

Sinha, Prabakant und Andris A. Zoltners (2001): Sales-force Decision Models: Insights from 25 Years of Implementation, *Interfaces*, 31, 3, Part 2 of 2, S8-S44.

Skiera, Bernd und Sönke Albers (1994): COSTA: Ein Entscheidungs-Unterstützungs-System zur deckungsbeitrags-maximalen Einteilung von Verkaufsgebieten, *Zeitschrift für Betriebswirtschaft*, 64, 1261-1283.

Skiera, Bernd (1996): *Verkaufsgebietseinteilung zur Maximierung des Deckungsbeitrags*, Gabler: Wiesbaden.

Skiera, Bernd (1997): Wieviel Deckungsbeitrag verschenkt man durch eine gleichartige Einteilung der Verkaufsgebiete, *Zeitschrift für betriebswirtschaftliche Forschung*, 49, 723-746.

Skiera, Bernd und Sönke Albers (1998): Contribution Optimizing Sales Territory Alignment, *Marketing Science*, 17, 196-213.

Skiera, Bernd und Sönke Albers (2002): Die Verkaufsgebietseinteilung, in: Albers, S. (Hrsg.): *Verkaufsaußendienst. Planung – Steuerung – Kontrolle*, Symposion: Düsseldorf, 29-56.

Smith, J. Brock (1997): Selling Alliances. Issues and Insights, *Industrial Marketing Management*, 26, 149-161.

Turner, James H. (2008): An Analysis of Factors Affecting Life Insurance Agent Sales Performance, *Academy of Marketing Studies Journal*, 12 (1), 71-79

Williamson, Oliver E. (1975): *Markets and Hierarchies: Analysis and Antitrust Implications*, Free Press: New York.

Zoltners, Andris A., Sally E. Lorimer (2000): Sales Territory Alignment: An Overlooked Productivity Tool, *Journal of Personal Selling & Sales Management*, 20, 139-150.

Zoltners, Andris A., Prabhakant Sinha (1983): Sales Territory Alignment: A Review and Model, *Management Science*, 29, 1237-1256.

Zoltners, Andris A., Prabhakant Sinha (2005): Sales Territory Design: Thirty Years of Modeling and Implementation, *Marketing Science*, 24, 313-331.

Zoltners, Andris A., Prabhakant Sinha, Sally E. Lorimer (2004): *Sales Force Design for Strategic Advantage*, Palgrave Macmillan: Basingstoke, New York.

Zoltners, Andris A., Prabhakant Sinha, Sally E. Lorimer (2006): Match Your Sales Force Structure to Your Business Life Cycle, *Harvard Business Review*, (July-August), 81-89.

Zoltners, Andris A., Prabhakant Sinha, Greggor A. Zoltners (2001): *The Complete Guide to Accelerating Sales Force Performance*, AMACOM: New York.

4   Operative Verkaufsplanung

Lernziele

- Der Leser weiß, dass mit Hilfe einer optimalen Planung der Verkaufsanstrengungen hohe Deckungsbeitragszuwächse realisierbar sind.

- Der Leser versteht, dass die operative Planung der Verkaufsanstrengungen von der Reaktion der Kunden auf die einzelnen Maßnahmen abhängt.

- Der Leser kennt verschiedene Modelle zur optimalen Bestimmung von Besuchszeiten, des Angebotsaufwands, des Angebotspreises, der Aufteilung der Anstrengungen auf Neu- und Stammkunden sowie der Außendienstgröße.

- Der Leser kann Entscheidungshilfen für die Besuchsplanung selbst entwickeln.

4.1   Planungstypen

Umsätze im Business-to-Business-Bereich ergeben sich nicht allein dadurch, dass ein Unternehmen vom Preis-Leistungs-Verhältnis her attraktive Produkte anbietet, sondern diese aktiv über einen Verkaufsaußendienst an eine überschaubare Anzahl von Kunden verkauft. Wie in Abschnitt 6.2.2 dargestellt, zeigt eine Meta-Analyse, dass der Verkaufsaußendienst ein sehr effektives Marketing-Instrument darstellt (Albers, Mantrala und Sridhar 2010). Bei der Planung der Verkaufsanstrengungen muss beachtet werden, dass die daraus resultierenden Umsätze, aber auch Deckungsbeiträge mit Kunden unterschiedlich hoch ausfallen. Zum ersten variieren aufgrund unterschiedlicher Kundengrößen auch die Umsatzpotenziale. Zum zweiten sind Kunden unterschiedlich Preis-reagibel und kaufen verschiedene Produkt-Kombinationen, was beides auf den Deckungsbeitragssatz wirkt. Schließlich reagieren Kunden unterschiedlich auf Vertriebsmaßnahmen, wie z.B. Besuche, so dass die Umsatzreaktion auf Verkaufsanstrengungen verschieden stark ausfällt. Ökonomische Vernunft gebietet es, Kundenbeziehungen differenziert auf- und auszubauen und knappe Ressourcen des Vertriebs (z.B. Vertriebsbudgets, Besuchszeiten je Kunde) dort einzusetzen, wo sie den höchsten Ergebnisbeitrag versprechen.

Die sich daraus ergebende **Aufgabe der Verkaufsplanung** kann man auf unterschiedlichem Aggregationsniveau lösen. Gemäß **Abbildung 4.1-1** ist auf höchstem Aggregationsniveau die Größe des Verkaufsaußendienstes festzulegen, welche bei gegebenen Kosten für die Verkaufsaußendienstmitarbeiter der Festlegung eines Verkaufsbudgets entspricht. Je nach Außendienstgröße ergibt sich eine mehr oder weniger knappe Ressource der von Verkaufsaußendienstmitarbeitern zu verteilenden Besuchszeit. Des Weiteren ergeben sich dann je nach Art der Kundenbeziehung Probleme der Verteilung der zur Verfügung stehenden Besuchszeit auf Neukunden und Stammkunden im regulären Geschäft sowie

Transaktionskunden im Projektgeschäft. Beziehungen zu Transaktionskunden zeichnen sich durch eine in einem mittelfristigen Zeitraum einmalige Verkaufssituation aus. Auf der Stufe mit dem geringsten Aggregationsniveau müssen schließlich konkret die einzelnen Besuche hinsichtlich der Zeit und Dauer geplant werden, was vor allem die **Tourenplanung** umfasst.

Abbildung 4.1-1   Verkaufsplanung

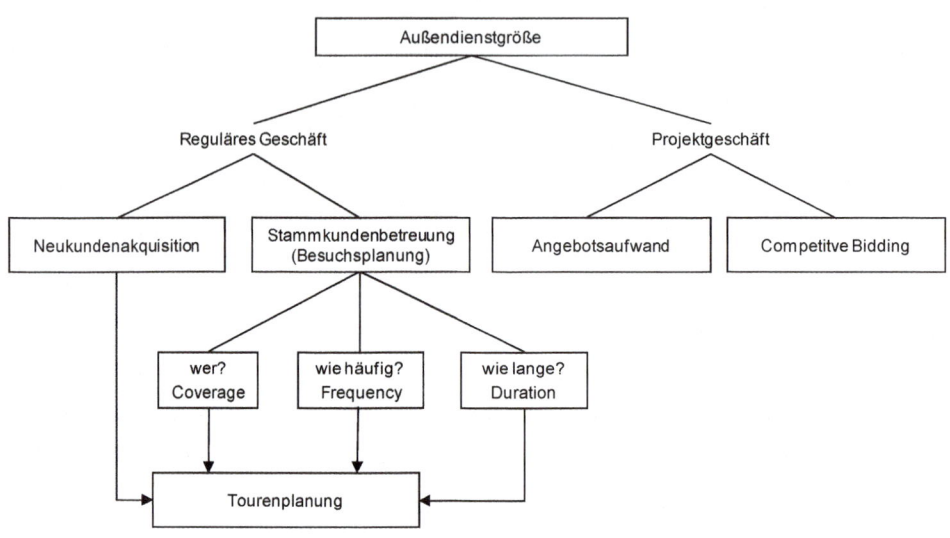

Je nach Geschäftstyp ergeben sich dabei andere Probleme. Handelt es sich dabei um ein **reguläres Geschäft**, dann ist mit ständig wiederkehrenden Umsätzen zu rechnen. Hier spielt insbesondere eine Rolle, wie die Verkaufsanstrengungen auf Neukundenakquisition versus Pflege der Stammkunden verteilt werden sollen. Bei der Stammkundenbetreuung wiederum entscheidet die Besuchstätigkeit darüber, ob man den Lieferanteil beim Kunden (siehe Kapitel 6.4.4) ausweiten oder sogar das gesamte Beschaffungspotenzial erschließen kann.

Neukunden zu akquirieren (siehe **Abbildung 4.1-1**) stellt keine leichte Aufgabe dar. Jeder potenzielle Kunde hat andere Präferenzen sowie Rahmenbedingungen und reagiert unterschiedlich auf kommunikative Maßnahmen. Verkaufsaußendienstmitarbeiter machen häufig die Erfahrung, dass nur jeder n-te **Akquisitionsversuch** eines Kunden von Erfolg gekrönt ist, wobei n durchaus Werte größer als 10 angesprochene Interessenten annimmt (Heger 1998, S. 72). Aus diesem Grunde kann man immer nur mit einer Wahrscheinlichkeit sagen, ob man Kunden in Abhängigkeit von den gewählten Kommunikationsmaßnahmen gewinnt. Kommunikation findet dabei über Besuche, Videokonferenzen, Telefonate oder Emails statt (siehe Abschnitt 2.3.1). Es interessiert also, mit welchem Kommunikationskanal Neukunden angesprochen werden sollen und wie viele Besuche sinnvoll sind, bis man den Kunden entweder gewonnen hat oder annehmen muss, dass er nicht zu gewinnen ist. Aus vielen Gründen verliert man auch wieder Kunden. Hier interessiert, mit welcher Wahrscheinlichkeit dies trotz bestimmter Halte-Anstrengungen der Fall sein wird.

Kundenakquisition kann entweder für ein einzelnes Projekt oder für eine Geschäftsbeziehung mit kontinuierlich anfallenden Umsätzen erfolgen (siehe Projektgeschäft versus reguläres Geschäft sowie **Abbildung 4.1-1**). Im **Projektgeschäft** geht es z.B. darum, dass ein Konsumgüterhersteller einmalig eine Verpackungsmaschine von einem Hersteller beschaffen muss und dann für einen längeren Zeitraum kein weiterer Beschaffungsbedarf besteht. Kontinuierlich anfallende Umsätze findet man z.B., wenn ein Computer-Hersteller wie Dell Hard- und Software liefert und (meist größere) Unternehmen ständigen Bedarf haben. Oder Anbieter industrieller Dienstleistungen, wie z.B. UPS als Versender von Paketen oder Dokumenten, haben mit Kunden eine ständige Ausführung einer Dienstleistung vereinbart. In ähnlicher Weise besuchen Pharma-Referenten wiederholt Ärzte, um sie immer wieder daran zu erinnern, bestimmte Arzneimittel zu verschreiben. Hier geht es zum einen darum, Kunden häufig genug zu besuchen, um eine Erinnerungswirkung zu erzeugen, zum anderen aber auch darum, Probleme in der Geschäftsbeziehung zu besprechen. Im Projektgeschäft hat man es dagegen mit der Frage zu tun, wie häufig man einen Kunden besucht, bevor man wegen Erfolglosigkeit weitere Bemühungen einstellt.

Wenn man Kunden gewonnen und eine Geschäftsbeziehung aufgebaut hat, dann geht es zunächst einmal darum, das gesamte Beschaffungspotenzial zu erschließen und einen möglichst hohen Lieferanteil beim Kunden zu erzielen. Dazu setzt der Verkaufsaußendienstmitarbeiter vor allem Besuche bei den Kunden ein. Die Planung dieser Besuchsaktivitäten wird als **Besuchsplanung** (Albers 1989) oder im Englischen auch Calling-time Allocation oder Territory Management (Lodish 1971) bezeichnet. Dabei treten folgende Einzelprobleme auf:

1. Welche Kunden soll der Außendienst überhaupt besuchen? (engl. **Coverage** oder Targeting)

2. Wie häufig soll der Außendienst Kunden bzw. Interessenten besuchen? (engl. **Frequency**)

3. Wie lange soll ein mittlerer Besuch dauern? (engl. **Duration**)

4. Wann genau soll ein Besuch stattfinden? (engl. **Timing**) Wie muss also die Tourenplanung erfolgen?

Da im Normalfall nicht beliebig viel Zeit für Kundenbesuche zur Verfügung steht, muss man sich dafür entscheiden, welche Kunden profitabel genug sind, besucht zu werden. Im Projektgeschäft gilt dies vor allem der Frage, ob ein Angebot überhaupt abgegeben werden soll. Bei regelmäßigen Umsätzen stellt sich eher die Frage, ob die aus Besuchen resultierenden zusätzlichen Deckungsbeiträge aus dem Umsatz mit einem Kunden ausreichen, die dafür nötigen Besuchskosten zu rechtfertigen. Das Gleiche gilt für die Neukundenakquisition. Bei Geschäftsmodellen mit kontinuierlich anfallenden Umsätzen wird die Akquisitionsproblematik insbesondere im Pharma-Bereich unter den Stichworten der **Coverage** und des Targeting diskutiert, weil dort nicht alle Ärzte besucht werden können und entschieden werden muss, welche Ärzte überhaupt besucht werden sollen.

Bei etablierten Geschäftsbeziehungen (**Stammkundenbetreuung**) stellt sich die Frage, inwieweit die Kunden unterschiedlich häufig besucht werden sollten, um ihrer unterschiedlichen Ergiebigkeit (z.B. Umsatzpotenziale und Deckungsbeitragssätze) und Reaktion auf Besuche Rechnung zu tragen. Insbesondere im Pharma-Bereich wird dies unter dem Stichwort **Frequency** diskutiert.

Während die bisherigen Entscheidungstatbestände ausschließlich eine quantitative Dimension besitzen, werden qualitative Komponenten über die mittlere Länge eines Kundenbesuches (**Duration**) und dessen exaktes Timing berücksichtigt. Mit der Länge des Besuchs wird nämlich meist auch dessen Inhalt determiniert. Kurze Besuche wie bei Ärzten üblich werden meist nur zur Erinnerung an zu verschreibende Medikamente eingesetzt. Längere Besuche sind meist mit Beratungen des Kunden verbunden, bei denen die Umsatzmöglichkeiten besser exploriert werden können. In vielen Fällen kommt es auch darauf an, wann ein Kunde besucht wird (**Timing**). Manche Kunden geben für Besuche ohnehin nur Zeitfenster vor (vielfach bei Beschaffungsabteilungen). Im Projektgeschäft muss der Verkaufsaußendienstmitarbeiter immer wieder Besuche wiederholen, und zwar umso schneller, je häufiger es erneuten Gesprächs- oder Handlungsbedarf gibt. Bei Besuchen mit Erinnerungsfunktion plant man eher konstante Besuchszyklen alle x Wochen.

Kundenbesuche weisen eine Zeit- und Raumdimension auf, so dass sich ein Reihenfolgeeffekt in zeitlicher und räumlicher Hinsicht ergibt. In zeitlicher Hinsicht stellt sich die Frage, ob man Besuche bei einzelnen Kunden eher gehäuft oder besser gleichmäßig verteilt vornimmt. In räumlicher Hinsicht müssen die Besuche zu einer Tour zusammengefasst werden, um möglichst wenig Reisezeit und Fahrtkosten zu verursachen. Fahrtzeit spielt hier eine Rolle, weil diese ja alternativ für Besuche produktiv genutzt werden könnte. Insofern kann durch eine verbesserte **Tourenplanung** eine höhere Produktivität erreicht werden.

Schließlich hängt die Besuchsplanung in entscheidendem Maße von der **Außendienstgröße** und der Verkaufsgebietseinteilung ab. Mit der Außendienstgröße wird indirekt festgelegt, wie viel Zeit im Mittel jedem Kunden gewidmet werden kann. Da jeder Besuch Personalkapazität erfordert, steht man hier vor dem Problem, die positiven Wirkungen zusätzlicher Umsätze gegen die negativen Wirkungen zusätzlicher Personalkosten abzuwägen. Mit der Verkaufsgebietseinteilung, die bereits in Abschnitt 3.5 näher beschrieben worden ist, wird auf einer höheren Ebene festgelegt, welche und damit auch wie viele Kunden einem einzelnen Verkaufsaußendienstmitarbeiter zugeordnet werden.

4.2   Besuchsplanung

4.2.1   Typische Besuchsplanungs-Probleme

Aus Abschnitt 4.1 wissen wir, dass Kunden aufgrund verschiedener Beschaffungsnotwendigkeiten sehr unterschiedliche Deckungsbeiträge und Reaktionen auf Besuche aufweisen. Besitzt der Verkaufsaußendienst nur begrenzte Zeitressourcen, so sollten die Besuche gerade dort eingesetzt werden, wo sie den höchsten Ergebnisbeitrag versprechen. Um die dafür vorgeschlagenen Lösungen besser beurteilen zu können, werden im folgenden typische Situationen beschrieben, für die Besuchsplanungen in der Praxis erforderlich sind.

Eine detaillierte **Besuchsplanung** ist immer nur dann sinnvoll, wenn es bestehende Kunden gibt, mit denen kontinuierlich anfallende Umsätze erzielt werden und deren Reaktion auf Veränderungen in der Besuchstätigkeit einigermaßen gut abgeschätzt werden können. Solche Situationen sind z.B. gegeben, wenn der Groß- und Einzelhandel beliefert wird und eine Betreuung durch den Außendienstmitarbeiter stattfindet. Bei Konsumgütern findet die Betreuung über das sog. Merchandising statt. Bei industriellen Gütern kümmert sich der Außendienst primär darum, dass die Beziehung reibungslos funktioniert, d.h. Reklamationen bearbeitet und Lieferzeiten eingehalten werden. Kontinuierliches Geschäft ist aber auch bei Dienstleistungen gegeben, z.B. dem Versand von Paketen oder dem Entwickeln von Filmen. Auch hier geht es zunächst einmal darum, die Kundenbeziehung dadurch zu stärken, dass man aufgetretene Probleme behebt. Ein Beispiel zu Dienstleistungen findet sich in **Insert 4.2-1**. In dem hier aufgeführten Fall geht man davon aus, dass die Wahrscheinlichkeit, die Kundenbeziehung stabil zu halten und gar nicht erst gravierende Probleme in der Bearbeitung auftauchen zu lassen, umso höher ist, je häufiger der Kunde besucht wird.

Insert 4.2-1   Verkauf von Dienstleistungen über den Handel (Albers 2000b, S. 174-175)

Multi-Color, ein Anbieter von Foto-Entwicklungsarbeiten, besucht über Reisende Foto-Händler oder andere Händler, die Fotoarbeiten anbieten. Mit diesen Händlern bestehen meistens Exklusivverträge. Trotzdem sind diese Kunden kontinuierlich zu besuchen, um zu besprechen, ob die Abwicklung der Dienstleistung reibungslos verläuft, ob genügend Informationen bei der Bearbeitung von Reklamationen geliefert werden und ob der Innendienst kundenfreundlich mit den Händlern bei telefonischen Rückfragen umgeht. Wichtig ist der Kontakt zudem, um herauszufinden, ob dem Kunden Konkurrenzangebote vorliegen, welche die Kundenbeziehung gefährden können. Der Verkaufsaußendienstmitarbeiter hat außerdem die Händler darin zu beraten, wie sie die Leistung der Fotoarbeiten anbieten sollen. Dies schließt die Darbietung, aber auch die Preisfindung ein. In der Vergangenheit hatte Multi-Color die Erfahrung gemacht, dass die Kunden auf die Besuche sehr unterschiedlich reagiert haben (dazu mehr in Albers 1985 und 1996):

— Kunden mit einer langen Bindung an Multi-Color brauchten nicht häufig besucht zu werden und blieben dennoch dem Unternehmen treu.

- Als kritisch wurde die Phase empfunden, in der ein Kunde neu war. Dann ist der Kunde gegenüber Konkurrenzangeboten empfänglich und wird bei jedem negativen Erlebnis im Rahmen der Leistungserbringung Wechselabsichten entwickeln können. Diese Kunden brauchten deshalb höhere Aufmerksamkeit.

- Als gefährdet wurden ebenfalls Händler eingestuft, die bei Fotoarbeiten ein Order-Splitting betrieben, denn diese konnten jederzeit die Menge von einem Anbieter zu einem anderen Anbieter umlenken.

Andere Verkaufssituationen ergeben sich durch den Verkauf an industrielle Kunden, z.B. wenn ein Hersteller von Reinigungsautomaten diese an andere Unternehmen vertreibt. Hier muss man unterscheiden, ob Produkte kontinuierlich vertrieben werden oder nur unregelmäßig nach Jahren, wenn eine Maschine ersetzt werden muss. Ein **kontinuierlicher Vertrieb** liegt insbesondere im Office-Equipment-Bereich vor, bei dem Unternehmen als Kunden einen ständigen Bedarf aufweisen. Aber auch wenn Leasing-Unternehmen fortwährend Automobile an größere Kunden verleasen, wäre dieser Fall gegeben. Es kann aber auch sein, dass ein Hersteller von Verpackungsmaschinen seine Maschinen in Intervallen von einigen Jahren an Kunden verkauft, wenn diese eine Ersatzbeschaffung oder vielleicht eine Erweiterung vornehmen wollen.

Schließlich hat der Persönliche Verkauf noch eine hohe Bedeutung im Finanzdienstleistungs- und Pharmabereich. Im Finanzdienstleistungsbereich verkaufen Versicherungs- und Bausparvertreter Policen. Im Pharma-Bereich informieren Pharmareferenten Ärzte über Medikamente. Bei Finanzdienstleistungen geht es primär darum, Netzwerke zu bilden, die es dem Vertreter ermöglichen, an weitere Kunden zu gelangen, während es bei Ärzten darauf ankommt, sie einerseits von den Vorzügen bestimmter Arzneimittel zu überzeugen, die Ärzte andererseits aber auch an bestimmte Medikamente zu erinnern. Letzteres wird in **Insert 4.2-2** beschrieben.

Insert 4.2-2   Verkauf über Ärzte (Albers 2000b, S. 175-176)

Das Pharma-Unternehmen Welljohn GmbH vertreibt Herz- und Durchblutungsmittel an Allgemeinmediziner, Internisten und Krankenhäuser. Dafür setzt es einen eigenen Außendienst ein. Aufgabe der Pharmareferenten ist es, die Ärzte in den Praxen und Krankenhäusern zu besuchen, ihnen Informationen zu den Arzneien zu vermitteln und sie zum Verschreiben zu motivieren. Üblicherweise kann ein Pharma-Referent drei Arzneimittel pro Besuch besprechen (Detailing) – das erste Produkt stellt dabei die Hauptbesprechung dar, das zweite die Nebenbesprechung und das dritte die Erinnerungsbesprechung. Der Pharma-Referent kann auch zusätzlich Warenproben und Diagnostikhilfen anbieten. Hierbei stellt sich meist das Problem, ob

- nur ein besonders lukrativer Teil oder alle vorhandenen Ärzte (Coverage) und

- mit welcher Häufigkeit (Frequency) besucht werden sollen.

Von den Besuchen kann es abhängen, ob der Arzt eine bestimmte Arznei überhaupt bzw. wie häufig im Vergleich zu Konkurrenz-Arzneimitteln verschreibt. Von der Zeit her ist es einem

Pharma-Referenten, der ein bestimmtes geographisches Gebiet bearbeitet, grundsätzlich nicht möglich, alle Ärzte häufig genug zu besuchen. Deshalb steht er vor einer Allokationsaufgabe, wie häufig er Ärzte bestimmter Fachrichtungen in bestimmten Gegenden besuchen soll (ähnliche Probleme beschreiben Lodish et al. 1988).

4.2.2   Besuchsplanung als Allokationsproblem

Bei der Planung seiner Besuchstätigkeit steht der Verkaufsaußendienstmitarbeiter in der Regel vor einem Verteilungsproblem (dieser Abschnitt ist eng angelehnt an Albers 2000b). Seine Arbeitszeit reicht nicht aus, um alle Kunden und Interessenten mit maximaler Häufigkeit zu besuchen. Die Arbeitszeit ist damit eine knappe Ressource und muss deshalb in bester Weise auf Kunden und Interessenten aufgeteilt werden. Dies stellt formal ein **Allokationsproblem** dar. Wäre die Zeit der Verkaufsaußendienstmitarbeiter nicht knapp, so wäre es profitabel, die Kapazität der Verkaufsaußendienstmitarbeiter zu kürzen (zur optimalen Größe des Außendienstes siehe Abschnitt 4.7). Im Übrigen konnte auch gezeigt werden, dass mit der Veränderung der Außendienstgröße keine substanziellen Verbesserungspotenziale bezüglich des Deckungsbeitrages einhergehen. Vielmehr erlaubt die intelligente Allokation einer gegebenen Außendienstzeit wesentlich höhere Gewinnsteigerungen (Albers 1998). Dabei besteht die für einen Kunden aufzuwendende Zeit aus:

■ Vor- und Nachbereitung eines Besuchs,

■ der mit einem Besuch verbundenen Reisezeit,

■ eventueller Wartezeit und

■ der eigentlichen Besuchszeit.

In der Praxis stellt die Größe eines Kunden einen wichtigen Gesichtspunkt bei der Festlegung der **Besuchshäufigkeit** dar. Dabei geht man davon aus, dass die Größe eines Kunden gemessen in Umsatz oder Anzahl der Beschäftigten auch mit den mit ihm erzielbaren Umsätzen korreliert. Dies muss allerdings nicht so sein. Noch weniger gilt dies für die Profitabilität. So zeigt eine ABC-Analyse von Homburg und Daum (1997), dass die Profitabilität nicht unbedingt am höchsten bei den Kunden mit dem höchsten Umsatz war, sondern bei mittelgroßen Kunden höhere Gewinne erwirtschaftet werden konnten.

Nach unseren Erfahrungen tendieren die Verkaufsaußendienstmitarbeiter bei geographisch größeren Gebieten dazu, zunächst einmal die Kunden in der Nähe des jeweiligen Standortes zu besuchen. Erst wenn ein weiter entfernt liegender Kunde sehr groß ist, wird er auch häufiger besucht. Dahinter steht die Überlegung, dass je nach Entfernung mit dem Besuch unterschiedliche Reisezeiten verbunden sind. Dann ist es sinnvoll, nur diejenigen Kunden zu besuchen, bei denen der erwartete Umsatz pro Zeiteinheit für Besuche und Reisezeit hoch genug liegt.

Ganz allgemein möchte man mit der Besuchstätigkeit auch tatsächlich eine Beeinflussung erreichen. Wenn Stammkunden auf unterschiedliche Anzahlen von Besuchen gar nicht mehr reagieren, sollte man die entsprechenden Besuchshäufigkeiten zurückfahren. Weisen jedoch Neukunden oder Kunden, die ihren Bedarf durch mehrere Anbieter decken, eine hohe Reagibilität auf, so erscheint es sinnvoll, diese Kunden in stärkerem Maße zu besuchen. Es kommt also auf die Elastizität an, das heißt die relative Veränderung des erwarteten Umsatzes in Bezug auf Änderungen der Besuchstätigkeit. Zu Elastizitäten siehe Abschnitt 6.2.2.

Letztendlich sind also verschiedene Gesichtspunkte bei der optimalen Allokation der Arbeitszeit eines Verkaufsaußendienstmitarbeiters deutlich geworden:

■ Allokation der Zeit auf Kunden unterschiedlicher Profitabilität,

■ Allokation der Zeit auf Kunden mit vom Reisenden-Standort unterschiedlich weit entfernten Standorten,

■ Allokation der Zeit auf Kunden mit unterschiedlicher Reaktion auf Besuchstätigkeit.

4.2.3   Lösungsansätze in der Praxis

Bei der Lösung der Aufgabe der optimalen **Besuchszeiten-Allokation** handelt es sich um ein Problem, das so komplex ist, dass ein Verkaufsaußendienstmitarbeiter überfordert ist, es intuitiv zu lösen (dieser Abschnitt ist stark angelehnt an Albers 2000b). Ohne ein Computer-gestütztes Planungsinstrument bleibt nichts anderes übrig, als nach bestimmten Prinzipien gute Lösungen heuristisch zu bestimmen. Diese Ansätze gehen entweder so vor,

■ dass Kunden nach bestimmten Charakteristika zu Kundensegmenten zusammengefasst und für jedes Segment einheitliche Besuchsnormen vorgegeben werden oder

■ Kennzahlen zu einzelnen Kunden ausgerechnet und dann die Besuchszeiten proportional dazu aufgeteilt werden.

Welche Methode der Ableitung von **Besuchsnormen** angewandt wird, hängt auch damit zusammen, wie viele Kunden ein Verkaufsaußendienstmitarbeiter zu betreuen hat. Ist der Kundenstamm groß, so empfiehlt sich eine Einteilung der Kunden in Segmente, wenn das Berechnen der individuellen Kennzahlen zu aufwendig ist oder für die proportionale Aufteilung kein Computer-Tool zur Verfügung steht. Betreut der Verkaufsaußendienstmitarbeiter dagegen nur wenige Kunden, so bietet sich insbesondere die Kennzahlen-Methode an.

4.2.3.1   Besuchsnormen für Kundensegmente

Bei der Ableitung von Besuchsnormen für Kundensegmente gehen drei Viertel aller Industriegüterunternehmen nach den Umsätzen pro Kunde (sog. ABC-Analysen) vor (Krafft und Albers 2000).

Abbildung 4.2-1 Beispiel einer ABC-Analyse

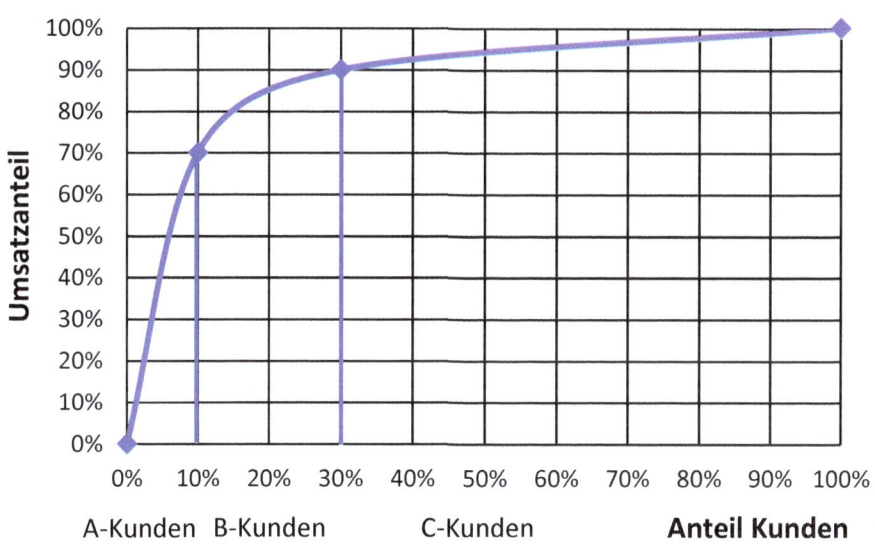

Bei der ABC-Analyse unterscheidet man grob in A-, B- und C-Kunden. A-Kunden sind meist die etwa 10% größten Kunden, die zusammen etwa 70% des Gesamtumsatzes ausmachen. Die mittleren B-Kunden stellen die nächsten 20% größten Kunden dar, die meist weitere 20% des Gesamtumsatzes ausmachen. C-Kunden sind die vielen restlichen Kleinkunden, die meist nur die restlichen 10% des Umsatzes erbringen (siehe **Abbildung 4.2-1**).

Zur hohen Verbreitung der ABC-Analyse hat nicht zuletzt die Tatsache beigetragen, dass Kundenumsätze direkt aus dem Rechnungswesen entnommen werden können und eine Sortierung der Kunden nach dem Umsatz schnell durchführbar ist. Es hat sich aber gezeigt, dass Umsatzgröße kein besonders geeigneter Indikator für Kundenprofitabilität ist: So berichtete ein deutscher Hausgeräte-Hersteller, dass B-Kunden die höchste Profitabilität aufwiesen, während die meisten A-Kunden eindeutige Verlustbringer waren (Köhler 1998; Krafft und Albers 2000). In einem Praxisbeispiel (Homburg und Daum 1997) wiesen die A-Kunden und C-Kunden einen negativen Deckungsbeitrag auf, da die A-Kunden zu hohe Preiszugeständnisse erhalten und die C-Kunden zu hohe Prozesskosten verursacht hatten, während die B-Kunden die eigentlich profitablen Kunden repräsentierten. Aus diesem Grund sollte eine umsatzbezogene ABC-Analyse nur als Vorstufe einer Kundensegmentierung angesehen werden, die insbesondere durch Profitabilitäts-Gesichtspunkte zu ergänzen ist, da die Maximierung des langfristigen Gewinns Ziel allen vertrieblichen Handelns sein sollte.

Hat das Unternehmen Anhaltspunkte dafür, dass Kunden mit bestimmten Merkmalen unterschiedlich auf die Besuchstätigkeit reagieren, so ist es üblich, die entsprechenden Kunden-Charakteristika in einen mehr-kriteriellen Ansatz der **Kundensegmentierung** einfließen zu lassen. Solche Kriterien können z.B. sein:

■ Kunden mit langer bzw. kurzer Geschäftsbeziehung oder

■ Kunden mit unterschiedlichem Lieferanteil (siehe auch Abschnitt 6.4.7).

Die Bewertung erfolgt meist mit Hilfe der sogenannten **Scoring-Methode**, bei der eine einheitliche Bewertungsskala (zum Beispiel von 1 = sehr schlecht bis 5 = sehr gut) eingesetzt wird und jedes Kriterium geeignet zu gewichten ist. Wichtig ist dabei, dass sämtliche für eine Differenzierung von Kunden relevanten Kriterien berücksichtigt werden und in den gesamten Punktwert (oder Score) eingehen. Die Vorgehensweise wird in **Tabelle 4.2-1** skizziert.

Tabelle 4.2-1   Kundensegmentierung mit Hilfe des Scoring-Verfahrens
(Krafft und Albers 2000, S. 520)

Kriterien	Punkte					Gewicht	Wert
	1	2	3	4	5		
Bedarfsvolumen				X		30	120
Wachstum		X				10	20
Preisdurchsetzbarkeit			X			20	60
Kundentreue			X			5	15
Bonität		X				5	10
Lieferanteil					X	10	50
Auftragskontinuität			X			5	15
Lead-User-Funktion	X					5	5
Strategischer Partner	X					5	5
Fit mit Ressourcen				X		5	20
Summe						100	320

Auf der Grundlage des errechneten Punktwerts (hier: 320) können wiederum nach geeigneter Gruppierung **Kundensegmente** abgeleitet werden. In der hier beschriebenen Methode erfolgt die Einteilung der Kunden vorwiegend anhand von qualitativen Kriterien, die vom Management zumeist intuitiv ausgewählt und mit subjektiven Gewichten und Scores versehen werden.

Als Ergebnis werden den Kundensegmenten einheitliche **Besuchsnormen** zugewiesen, wobei in der Summe die Arbeitszeit der einzelnen Verkaufsaußendienstmitarbeiter nicht überschritten werden darf. Dies bedeutet, dass alle Kunden innerhalb eines Segments gleich häufig besucht werden sollen. In der praktischen Umsetzung kann individuellen Besonderheiten durch manuelle Korrekturen Rechnung getragen werden.

4.2.3.2   Besuchsnormen auf der Basis von Kennzahlen

Statt der Bildung von Kundensegmenten findet man in der Praxis auch die Methode, die Besuchszeiten proportional nach einer Kennzahl zu verteilen. Häufig dient dabei der vergangene Umsatz mit dem Kunden als Metrik. Erwartet man in der Zukunft völlig andere Umsatzhöhen, so wird der vergangene Umsatz durch einen geplanten ersetzt. Bestehen bei einzelnen Kunden Unterschiede in den erzielbaren Deckungsbeiträgen, bspw. wenn Großkunden bessere Konditionen erhalten, so wird auch der Deckungsbeitrag herangezogen.

4.2.4   Optimale Besuchszeiten-Allokation

Die Ableitung von Besuchsnormen ist mit dem Problem verbunden, dass die Anzahl der Besuche nicht von den vergangenen Umsätzen abhängen sollte, denn ursächlich sind die Umsätze ja eine Folge der Besuchszeiten. Vielmehr sollten die Besuchshäufigkeiten so festgelegt werden, dass ein möglichst hoher Umsatz oder Deckungsbeitrag resultiert. Dazu braucht man Kenntnisse über die Reaktion des Umsatzes von einzelnen Kunden oder Kundensegmenten in Abhängigkeit von der Besuchstätigkeit. Will man daraus **optimale Besuchspolitiken** ableiten, so sind Verkäufer und Manager überfordert, da sie keine komplexen Optimierungen im Kopf vornehmen können. Vielmehr braucht man dafür Planungsmodelle, mit denen man die optimalen Besuchshäufigkeiten computergestützt ermitteln kann. Entsprechende Besuchsplanungs-Modelle wurden zunächst von Lodish (1971) entwickelt. Das vorgeschlagene Modell **CALLPLAN** (Lodish 1971) wurde damals mit Hilfe speziell entwickelter Software gelöst. CALLPLAN ist für die Ebene eines für ein Verkaufsgebiet zuständigen Verkaufsaußendienstmitarbeiters konzipiert. Um die räumliche Komponente der Reisezeiten berücksichtigen zu können, geht CALLPLAN von Subgebieten aus, die jeweils so viele Kunden umfassen, dass aus den Besuchen von Kunden eines Subgebietes ganze Tages-Touren gebildet werden können. Mathematisch ist das Modell wie folgt formuliert:

$$\sum_{i \in I} g_i \cdot f_i(h_i) - \sum_{j \in J} k_j^R \cdot y_j \Rightarrow Max! \tag{4.1}$$

$$\sum_{i \in I} t_i \cdot h_i + \sum_{j \in J} D_j \cdot y_j \leq T \tag{4.2}$$

$$h_i \le y_j \hspace{4cm} (i \in IS_j, j \in J) \hspace{2cm} (4.3)$$

$$UG_i \le h_i \le OG_i \hspace{3.5cm} \left(i \in I\right) \hspace{2.5cm} (4.4)$$

$$0 \le y_j \hspace{5cm} \left(j \in J\right) \hspace{2.5cm} (4.5)$$

g_i :   Deckungsbeitragssatz beim i-ten Kunden mit I als Menge der Kunden,

h_i: Anzahl der Besuche beim i-ten Kunden,

UG_i, OG_i: Untergrenze und Obergrenze für die Anzahl der Besuche beim i-ten Kunden,

$f_i(h_i)$:   Umsatz beim i-ten Kunden in Abhängigkeit von der Anzahl der Besuche,

k_j^R: Reisekosten für eine Tour in das j-te Subgebiet mit IS_j als Menge der Kunden im j-ten Subgebiet,

t_i: Mittlere Dauer eines Besuchs beim i-ten Kunden,

T Insgesamt zur Verfügung stehende Arbeitszeit des Verkaufsaußendienstmitarbeiters,

D_j: Reisezeit einer Tour in das j-te Subgebiet,

y_j: Anzahl der Touren in das j-te Subgebiet.

In dem Modell gibt Formel (4.1) die **Zielfunktion** an. Hier wird die Differenz aus dem Deckungsbeitrag der Umsatztätigkeit, gebildet aus dem Produkt von Deckungsbeitragssatz und Umsatz in Abhängigkeit von der Anzahl der Besuche, und den Kosten der Reisetätigkeit, gebildet aus dem Produkt der Anzahl der Touren in einen Subbezirk und den Kosten einer solchen Tour summiert über alle Subgebiete, errechnet.

Die Notwendigkeit zur Allokation stellt sich durch die Arbeitszeit des Verkaufsaußendienstmitarbeiters als knappe Ressource, weshalb **Nebenbedingung** (4.2) einzuhalten ist. Die resultierende Arbeitszeit auf der linken Seite der Ungleichung (4.2) ergibt sich aus der Multiplikation der Anzahl von Besuchen mit der Dauer eines Besuches zuzüglich der Anzahl der Touren multipliziert mit den Dauern einer Tour und schließlich über Kunden bzw. Subgebiete summiert.

Das Modell CALLPLAN unterscheidet sich von einfachen Allokationsmodellen durch Nebenbedingung (4.3), mit der sichergestellt wird, dass die Anzahl der Besuche in ein Subgebiet der maximalen Anzahl von Besuchen eines Kunden in diesem Subgebiet entspricht. Dabei geht man davon aus, dass nur Besuche von Kunden aus einem bestimmten Subgebiet miteinander zu einer Tour kombiniert werden können. Allerdings ist nicht ersichtlich, warum man nicht nahe beieinander liegende Kunden benachbarter Subgebiete zu einer Tour kombinieren kann. Deshalb könnte man alternativ auch mit Reisezeitenanteilen wie bei der Verkaufsgebietseinteilung (siehe Abschnitt 3.5) arbeiten und dann ohne diese Bedingung das Modell formulieren. Ein entsprechendes Modell wird später in diesem Abschnitt vorgestellt. Es gibt auch das Modell CAPPLAN (Albers 1996), in dem ganz auf die Nebenbedingung (4.3) und damit den Einfluss von Reisezeiten verzichtet wird, was bei regional sehr kleinen Gebieten vertretbar ist.

Die Nebenbedingungen (4.5) sind technischer Natur und stellen lediglich sicher, dass nur positive Werte für die Anzahl der Touren gewählt werden können. Daneben können die Bedingungen (4.4) gewährleisten, dass die Besuche eine bei bestimmten Kunden gewünschte **Obergrenze** nicht überschreiten bzw. selbst bei geringer Umsatzreaktion nach Maßgabe der **Untergrenzen** Besuche aus strategischen Gründen stattfinden.

Da Lodish (1971) als Reaktionsfunktion des Umsatzes in Abhängigkeit von der Anzahl der Besuche eine S-förmige Funktion wählt, deren Form und Schätzung in Abschnitt 6.2.1 behandelt wird, lässt sich das Entscheidungsmodell nicht mit Hilfe von Standard-Algorithmen lösen. Lodish hat deshalb eine **heuristische Lösungsprozedur** vorgeschlagen und als Computerprogramm implementiert. Dabei bestimmt das Programm für jeden zusätzlichen Besuch bei einem Kunden den zusätzlichen Deckungsbeitrag und wählt dann sukzessive die Besuche mit den höchsten zusätzlichen Deckungsbeiträgen aus. Aufgrund der Tourenbedingung (4.3), aber auch den S-förmigen Umsatzreaktionsfunktionen, führt diese Prozedur zwar zu Verbesserungen bestehender Besuchspläne, kann aber keine Optimalität garantieren. Später ist von Zoltners, Sinha und Chong (1979) gezeigt worden, wie dieses Problem auch exakt optimal gelöst werden kann.

Approximiert man die **Tourenproblematik** gemäß Skiera und Albers (1998) wie in Abschnitt 3.5.6 beschrieben, so lässt sich das Problem noch leichter heuristisch lösen. Dazu sollte man die Besuchshäufigkeiten nicht nur proportional nach den erzielten oder geplanten Umsätzen bzw. Deckungsbeiträgen verteilen, sondern zusätzlich berücksichtigen, in welchem Ausmaße man den Deckungsbeitrag durch eine Variation der Besuchshäufigkeit überhaupt beeinflussen kann (Albers 1998). Dies kann man mit Hilfe der Elastizität operationalisieren (siehe Abschnitt 6.2.2), welche die prozentuale Veränderung des Umsatzes ins Verhältnis zur relativen Veränderung der Anzahl der Besuche (in %) setzt.

Ein Unternehmen, das bei der **Besuchsplanung** seinen Deckungsbeitrag maximieren möchte, ist deshalb gut beraten, seine Kunden nach ihrer Größe und Elastizität der Besuchsanstrengungen zu klassifizieren, wobei mit der Größe der erwartete Deckungsbeitrag gemeint ist. Beachtet man dann noch, dass Besuchszeiten und Arbeitszeiten aufgrund von Reisezeiten unterschiedlich sind, so ist für alle Kunden eine individuelle Kennzahl auszurechnen, die aus folgenden Komponenten bestehen sollte:

- Deckungsbeitragssatz (siehe Abschnitt 6.4.3),

- bisheriger oder geplanter Umsatz,

- Besuchszeitenanteil (siehe Abschnitt 3.5.7) und

- Besuchs-Elastizität (siehe Abschnitt 6.2.2).

Die **knappe Arbeitszeit** des Verkaufsaußendienstmitarbeiters ist so auf die Kunden zu verteilen, dass sich die Besuchszeiten proportional zu der Kennzahl aus erwartetem Deckungsbeitrag (Deckungsbeitragssatz (D_i) · Umsatz (U_i)) multipliziert mit der Elastizität (E_i) sowie dem Besuchszeitenanteil (B_i) verhält:

$$t_i = B_i \cdot \frac{D_i \cdot U_i \cdot E_i}{\sum_{j \in I} D_j \cdot U_j \cdot E_j} \cdot A \qquad\qquad (i \in I) \qquad\qquad\qquad (4.6)$$

I: Menge der Kunden,

D_i: Deckungsbeitragssatz des i-ten Kunden,

U_i: Umsatz des i-ten Kunden,

E_i: Besuchs-Elastizität des i-ten Kunden,

B_i: Besuchszeitenanteil an der Arbeitszeit beim i-ten Kunden,

t_i: Besuchszeit beim i-ten Kunden,

A: Arbeitszeit des Verkaufsaußendienstmitarbeiters.

Formel (4.6) beschreibt zunächst, dass sich die Besuchszeit des Verkäufers für den i-ten Kunden (t_i) aus der dem Kunden zugeordneten Arbeitszeit multipliziert mit dem Besuchszeitenanteil (B_i) ergibt. Die Arbeitszeit für den i-ten Kunden wiederum ist als Anteil an der Gesamt-Arbeitszeit (A) definiert, wobei sich der Anteil als Quotient aus der Kennzahl für den i-ten Kunden ($D_i \times U_i \times E_i$) und der Summe dieser Kennzahlen über alle Kunden (mit Laufindex j) ergibt. Die Besuchshäufigkeiten errechnen sich dann durch Teilen der Besuchszeiten (t_i) durch die mittleren Besuchslängen. Im Folgenden wird die Bildung der zugrunde liegenden Kennzahl und Berechnung der fast-optimalen Allokation der Zeit anhand eines Beispiels in **Tabelle 4.2-2** illustriert:

Tabelle 4.2-2   Berechnung der Kennzahlen zur optimalen Besuchszeiten-Allokation

Kunde (i)	DB-Satz (D_i)	Geplanter Umsatz (U_i)	Gewinnungswahrsch. (P_i)	Besuchs-Elastizität (E_i)	Kennzahl ($D_i \times U_i \times P_i \times E_i$)	Arbeitszeit-Anteil	Besuchszeiten-Anteil (B_i)	Besuchszeit (t_i)
1	40%	5.000.000	100%	0,2	400.000	17,39%	30%	104,35
2	50%	10.000.000	100%	0,2	1.000.000	43,48%	25%	217,39
3	50%	5.000.000	30%	0,4	300.000	13,04%	20%	52,17
4	40%	10.000.000	30%	0,5	600.000	26,09%	35%	182,61
Summe					2.300.000	100,00%		2.000,00

Albers (1998) zeigt, dass **im Optimum** die Verteilung der Besuchszeiten gemäß (4.6) herauskommt. Da Elastizität und Umsatz voneinander abhängen, ergibt die Anwendung der Formel (4.6) auf die jeweils aktuellen Werte für Umsätze und Elastizitäten grundsätzlich noch nicht das Optimum. In Albers (1998) wird aber gezeigt, dass die wiederholte Anwendung dieser Formel durch Einsetzen der jeweils aktuellen Werte sehr rasch zum Optimum konvergiert und Lösungen bereits bei erstmaliger Anwendung fast-optimal sind. Im Gegensatz zum CALLPLAN-Modell von Lodish (1971) besitzt diese Methode ein hohes Anwendungspotenzial, da sie als Heuristik sehr einfach anzuwenden und intuitiv verständlich ist.

4.2.5   Datengrundlage für die Besuchsplanung

Um die einfache Methode der Verteilung der Arbeitszeit proportional nach (4.6) anwenden zu können, müssen der Deckungsbeitragssatz, der bisherige oder geplante Umsatz, der Besuchszeitenanteil und die Besuchs-Elastizität als Daten verfügbar sein. Ein Teil der Daten ist leicht aus dem Rechnungswesen ableitbar, während insbesondere die Besuchs-Elastizitäten schwerer zu ermitteln sind.

Deckungsbeitragssätze

Zur Bestimmung der unterschiedlichen Deckungsbeitragssätze können Daten aus dem Rechnungswesen herangezogen werden (siehe dazu Abschnitt 6.4.3). Der **Deckungsbeitragssatz** stellt das Verhältnis des Deckungsbeitrages I (vor Marketing-Kosten und Overhead) zum Umsatz dar. Bei der Berechnung des hier interessierenden Deckungsbeitrages I eines Produktes sind alle direkt zurechenbaren Kosten abzuziehen, die nach Kaufabschluss anfallen, z.B. Produktions- und Materialkosten, Skonti/Boni, Retouren, etc. Marketing-Kosten sind davon noch zu decken. Häufig vorkommende Deckungsbeitragsätze sind 30 Prozent beim Verkauf an den Handel, 50 Prozent bei Industriegütern und 70 bis 80 Prozent bei Arzneimitteln.

Bisherige oder geplante Umsätze

Die bisherigen Umsätze sind unmittelbar aus dem Rechnungswesen ableitbar. Diese Werte sind allerdings zu ersetzen durch Planwerte, wenn aufgrund von Bedingungen, die nicht durch die Besuchstätigkeit hervorgerufen werden, wesentlich andere Umsätze als bisher erwartet werden. Dabei kann es sich um stark wachsende Kunden oder neue Produkte sowie die Aufgabe von Geschäftseinheiten handeln. Bei Interessenten ist abzuschätzen, welches Umsatzpotenzial vorliegt. Die Ertragskraft von Kundenbeziehungen kann auch über die voraussichtliche Gesamtdauer der Geschäftsbeziehung ermittelt werden, und zwar anhand des **Customer-Lifetime-Value**-Ansatzes (CLV). Wie in Abschnitt 6.4.6 erläutert, ist der CLV der prognostizierte, auf die Gegenwart abgezinste Nettobarwert einer Kundenbeziehung (Albers und Greve 2004).

Besuchszeitenanteil

Der **Besuchszeitenanteil** spiegelt wider, welcher Anteil der Arbeitszeit für die Besuchstätigkeit selbst zur Verfügung steht. Dieser Anteil ist umso geringer, je mehr Reisetätigkeit anfällt, je weiter also der zu besuchende Kunde vom Standort des Verkaufsaußendienstmitarbeiters entfernt liegt. Er kann wie bei der Verkaufsgebietseinteilung (siehe Abschnitt 3.5.6) ausgerechnet werden.

Besuchs-Elastizitäten

Am schwierigsten sind die **Besuchs-Elastizitäten** zu bestimmen. In Abschnitt 6.2.2 werden Methoden hierfür vorgestellt. Im Einzelnen sind für individuelle Kunden Reaktionsfunktionen des Umsatzes in Abhängigkeit von der Anzahl der Besuche zu kalibrieren. Dafür geeignete Methoden werden in Abschnitt 6.2.1 beschrieben.

Eine Schätzung von Reaktionsfunktionen aus Marktdaten ist besonders gut durchführbar im Pharmabereich, für den sehr umfangreiche Daten vorliegen. Siehe dazu **Insert 4.2-3**.

Insert 4.2-3   IMS (www.imshealth.de)

Die *IMS GmbH*, Institut für Medizinische Statistik, Frankfurt, betreibt verschiedene Panels für den Arzneimittelbereich. Der RPM (Regionaler Pharmazeutischer Markt) informiert monatlich über regionale Absatz- und Umsatzzahlen von über 70.000 Arzneimitteln. Die Daten werden durch ein Apotheken-Panel gewonnen und sind differenziert für 1.469 regionale Segmente in den alten Bundesländern und 376 regionale Segmente in den neuen Bundesländern verfügbar. Diese insgesamt 1.845 regionalen Segmente werden auch RPM-Kreise genannt.

Carry-over-Effekte

Besuchsanstrengungen entfalten nicht nur einen kurzfristigen, sondern auch einen langfristigen Einfluss auf den Umsatz (Zoltners, Sinha und Zoltners 2001, S. 73-75). In einigen Fällen beobachtet man selbst dann positive Umsätze, wenn keine Besuchsanstrengungen unternommen worden sind. Dies tritt immer bei hohem Carry-over auf, dessen Messung in Abschnitt 6.2.2 thematisiert wird.

4.2.6   Kundenabdeckung (Coverage)

Die Besuchsplanung umfasst die Aspekte der Bestimmung der Anzahl von Besuchen, was natürlich auch impliziert, welche Kunden besucht werden. Als Ergebnis werden alle Kunden, deren Potenzial zu gering ist, um wenigstens einen Besuch zu rechtfertigen, mit einer Besuchshäufigkeit von Null „bedient". Der Anteil der bedienten Kunden an der Gesamtanzahl von Kunden ergibt dann die **Kundenabdeckung** (Coverage). Eine besondere Bedeutung nimmt die Kundenabdeckung bei S-förmigen Verläufen der Umsatzreaktionsfunktion (siehe Formel (6.4)) ein. Solche Verläufe deuten an, dass sehr geringe Besuchsanstrengungen nur wenig bringen und erst nach einer gewissen Mindestanzahl von Besuchen spürbar höhere Umsätze erzielt werden. Für solche Funktionen weiß man, dass es dann optimal ist, aus der Menge aller Kunden nur solange weitere Kunden mit geringem Potenzial zu besuchen, wie der maximale Umsatz pro Besuch größer ist als der Grenzumsatz eines weiteren Besuchs bei einem schon bedienten Kunden (Freeland und Weinberg 1980). Plant man jedoch auf der Ebene von Kundengruppen, so muss man die Kundenabdeckung (Coverage) über eine zusätzliche Variable erfassen und in eine Umsatzreaktions-funktion integrieren, um dann die Anzahl von Besuchen und die Coverage simultan zu optimieren.

4.2.7   Besuchslänge (Duration)

Bisher weiß man sehr wenig über den Einfluss der **Besuchsqualität** auf den Umsatzerfolg. Im Allgemeinen geht man davon aus, dass aus einem Besuch nicht immer derselbe Umsatz resultiert, sondern dieser sehr stark von der inhaltlichen Gestaltung der Kommunikation abhängt. Allerdings macht sich das im Wesentlichen auf der Ebene unterschiedlicher Au-ßendienstmitarbeiter bemerkbar, wenn diese bei ihren Besuchen unterschiedlich vorgehen. Entsprechend sind bei ein und demselben Verkaufsaußendienstmitarbeiter eher geringere Unterschiede über die Kunden zu erwarten. Je nachdem allerdings, wie der Verkaufsau-ßendienstmitarbeiter das Gespräch als Erinnerung oder Beratung aufzieht, können Unter-schiede erwartet werden. Geht man davon aus, dass Erinnerungsbesuche kurz dauern können, während Beratungsbesuche deutlich länger ausfallen, könnte man auch die An-zahl der Gesprächsminuten als Variable in der Umsatzreaktionsfunktion verwenden und nicht die Anzahl der Besuche. Damit würden aber die Effekte der Quantität und Qualität gemeinsam und nicht voneinander trennbar wirken. Um diese Effekte separieren zu kön-nen, ist es besser, die **Besuchslänge** als moderierenden Effekt auf die Wirkung der Besuche zu erfassen. Dies könnte durch folgende Reaktionsfunktion modelliert werden:

$$U = a * t^{(b_0 + b_1 * (m - M))} \tag{1.7}$$

U: Umsatz,
t: Anzahl von Besuchen,
m: Länge eines Besuchs in Minuten,
M: Mittlere Länge eines Besuchs in Minuten,
b_0:   Elastizität des Umsatzes in Bezug auf Veränderungen der Anzahl der Besuche,
b_1:   Veränderung der Elastizität b_0 pro Minute Differenz zur mittleren Besuchslänge.

Würde man nun eine konstante Gesamtbesuchszeit T auf die Anzahl der Besuche t und die Länge pro Besuch m aufteilen, so ergibt sich gemäß **Abbildung 4.2-2** eine Reaktionsfunkti-on des Umsatzes in Abhängigkeit von der Besuchshäufigkeit (Frequency) und der daraus bei einer bestimmten Gesamtbesuchszeit resultierenden Besuchslänge (Duration). Aus dieser Funktion kann man unmittelbar eine **umsatzmaximale Besuchsanzahl** (in der Ab-bildung bei t=3) ablesen. Eine formelmäßige Darstellung der optimalen Anzahl von Besu-chen in Abhängigkeit verschiedener Gesamtbesuchszeiten kann nicht angegeben werden, da keine geschlossene Lösung ableitbar ist.

Abbildung 4.2-2   Umsatz in Abhängigkeit von der Anzahl der Besuche bei fester Gesamtbesuchszeit T und Einfluss der Besuchslänge

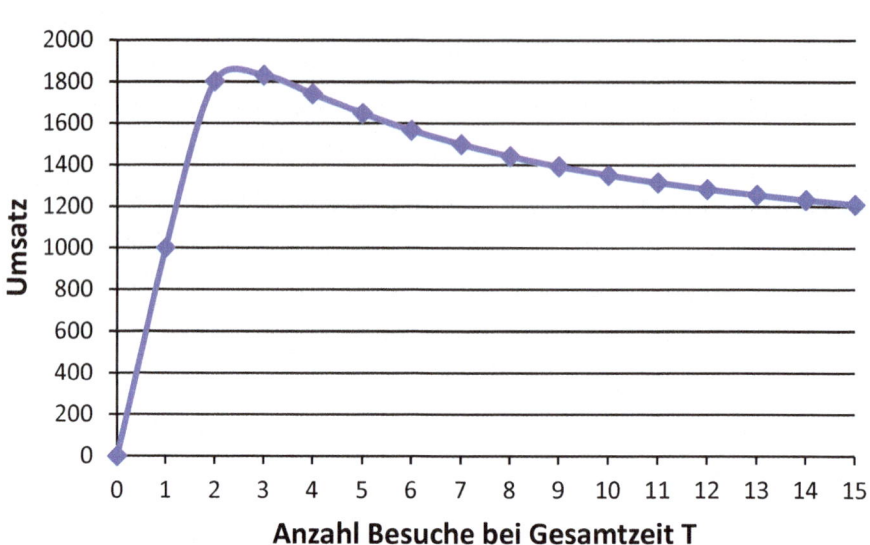

4.2.8   Allokation von Vertriebs-Budgets

Neben der kundenindividuellen Reaktion auf den Umfang von Marketing- und Vertriebsmaßnahmen ist zu bedenken, dass sich Kunden auch dahingehend unterscheiden,
wie sie auf unterschiedliche Kommunikationsmedien (wie Internet, Direct Mailings, Call-
Center und Persönlicher Verkauf) reagieren. Es ist nicht zuletzt aus empirischen Studien
bekannt, dass Kunden substantiell unterschiedliche Instrumente-Elastizitäten aufweisen.
Dies bedeutet, dass einige Kunden nachhaltig auf Mailings reagieren, während andere
Kunden eher Mailing-resistent sind. Daher ist nicht nur die absolute Höhe der kundenspezifischen Budgets zu bestimmen, sondern auch eine optimale Verteilung auf Kommunikationsmedien vorzunehmen. Dorfman und Steiner (1954) haben schon vor langer Zeit gezeigt, dass eine optimale Verteilung knapper Ressourcen über Instrumente im Verhältnis
der Elastizitäten dieser Instrumente zu erfolgen hat.

Da wir zugleich bestimmen wollen, wie viele **Ressourcen pro Kunde(nsegment) und**
davon wiederum **für einzelne Kommunikationsmedien** aufzuwenden sind, erweitern wir
Formel (4.6) um die eben beschriebene Regel, indem wir Budgets für k Kunden(segmente)
und l Kommunikationsmedien einführen, die von den jeweils zugehörigen Elastizitäten
des Umsatzes eines bestimmten Kunden(segments) und Kommunikationsmediums abhängen (Albers 2000b).

Tabelle 4.2-3	Beispiel zur optimalen Verteilung von Marketing-Budgets auf k=3 Kunden und l=3 Kommunikationsmedien (Albers 2000b, S. 181)

Verteilung proportional zu	Kunde k=A	Kunde k=B	Kunde k=C
Kommunikationsmedium l=1 Direct Mailings	40 % * 1 Mio. € * 0,15 = 60.000	40 % * 2 Mio. € * 0,20 = 160.000	30 % * 2 Mio. € * 0,25 = 150.000
Kommunikationsmedium l=2 Call Center	40 % * 1 Mio. € * 0,15 = 60.000	40 % * 2 Mio. € * 0,10 = 80.000	30 % * 2 Mio. € * 0,05 = 30.000
Kommunikationsmedium l=3 Persönlicher Verkauf	40 % * 1 Mio. € * 0,175 = 70.000	40 % * 2 Mio. € * 0,30 = 240.000	30 % * 2 Mio. € * 0,25 = 150.000

In Tabelle 4.2-3 verdeutlichen wir, wie auf diese Weise ein begrenztes Gesamtbudget optimal auf Kunden(segmente) und Kommunikationsmedien aufzuteilen ist. Dabei ist die jeweils erste Zahl in den Tabellenfeldern der Deckungsbeitragssatz, der zweite Wert quantifiziert den derzeitigen Umsatz mit dem Kunden, und die dritte Zahl spiegelt die Elastizität des Kunden(segments) bezogen auf ein bestimmtes Kommunikationsmedium wider. Die Kunden(segmente) A und B weisen dieselben Deckungsbeitragssätze auf, während mit B und C in der letzten Periode identische Umsätze realisiert wurden. Die Elastizitäten, die hier beispielhaft für die Kommunikationsmedien Direct Mailings, Call Center und Persönlicher Verkauf wiedergegeben sind, variieren zwischen den Kunden. Das Produkt der drei Zahlen in den Tabellenfeldern stellt das Gewicht dar, das in Relation zur Summe der Gewichte aller Tabellenfelder (hier: 1.000.000) zu setzen ist. Die resultierende Verhältnisziffer stellt den **optimalen Budgetanteil** dar, der vom Gesamtbudget für einen Kunden und das jeweilige Kommunikationsmedium aufzuwenden ist. Stehen insgesamt 500.000 € als Budget zur Verfügung, ergibt sich für den Kunden A ein optimales Direct-Mailing-Budget in Höhe von (60.000 / 1.000.000) * 500.000 € = 30.000 €. Das für den Persönlichen Verkauf resultierende Budget kann anschließend in Besuchszeit umgerechnet werden.

4.2.9 Anwendungserfahrungen

In ersten **Anwendungen** von CALLPLAN berichtet Lodish (1971) von Lösungsverbesserungen von 5 % bis 25 %. Diese sind natürlich nur zu realisieren, wenn den Anwendern als Voraussetzung die subjektive Schätzung der Reaktionsfunktionen gut gelingt. Der Erfolg dieses Entscheidungs-Unterstützungs-Systems ist dabei allerdings nur aus tatsächlich umgesetzten Anwendungen ableitbar. Fudge und Lodish (1977) haben deshalb ein Feldexperiment zusammen mit United Airlines durchgeführt, bei dem mit einer Irrtumswahrscheinlichkeit von 2,5 % eine Umsatzerhöhung gegenüber dem Vorjahr von 8,1 % eingetreten ist.

Insert 4.2-4   Feldexperiment United Airlines
(entnommen aus Albers 2000b, S. 191, nach Fudge und Lodish 1977)

In einem Experiment bei United Airlines wurden insgesamt 20 Verkaufsaußendienstmitarbeiter, die für jeweils 4 Passagierkundengruppen und eine Frachtkundengruppen in zwei Regionen zuständig waren, jeweils einer Experimentiergruppe und einer Kontrollgruppe zugeordnet. Dabei wurden die Verkaufsaußendienstmitarbeiter den beiden Gruppen paarweise nach einem Matching-Verfahren zugeordnet, mit dem sichergestellt wurde, dass Paare von nach Aufgabengebiet, Personencharakteristika, Gebietsgröße, Bisherigem Erlös und Kunden-Mix ähnlichen Verkaufsaußendienstmitarbeitern jeweils den Gruppen zugeordnet wurden. Damit wird ausgeschlossen, dass Umsatzveränderungen auf andere als im Experiment untersuchte Faktoren zurückgehen können. Die Verkaufsaußendienstmitarbeiter aus der Experimentiergruppe erhielten das Entscheidungs-Unterstützungs-System CALLPLAN (Lodish 1971 und siehe weiter oben) zur Unterstützung bei der Festlegung der Anzahl der Besuche bei den einzelnen Kunden. Der Kontrollgruppe wurde lediglich gesagt, dass sie Teil eines Experimentes wären, damit sie motiviert waren, sich anzustrengen. Diese Verkaufsaußendienstmitarbeiter mussten die Besuchshäufigkeiten manuell ohne bestimmtes System festlegen. Nach einem halben Jahr wurden die in Tabelle 4.2.4 aufgeführten Ergebnisse erzielt. Sie zeigen, dass bis auf 3 Paare die Verkaufsaußendienstmitarbeiter, die mit Hilfe des Systems CALLPLAN die Umsatzreaktionsfunktionen subjektiv geschätzt sowie darauf aufbauend Empfehlungen für die Besuchspolitik erhalten und angewandt hatten, wesentlich bessere Ergebnisse erzielen konnten. Dieses Ergebnis kann nur mit einer Wahrscheinlichkeit von 2,5 Prozent zufällig entstanden sein. Die erzielten Umsatzverbesserungen von 8,1 Prozent nur durch den Einsatz geeigneter Tools (damals CALLPLAN, heute eher Formel (4.2.6)) sind sehr vielversprechend und rechtfertigen entsprechende Investitionen in die Entwicklung derartiger Tools.

Tabelle 4.2-4   Ergebnisse eines Feldexperiments bei United Airlines: Umsatzsteigerungen durch Verkaufsaußendienstmitarbeiter mit geeigneten Tools (Experimentiergruppe) und ohne (Kontrollgruppe)
(nach Fudge und Lodish 1977)

	Experimentiergruppe	Kontrollgruppe	Differenz
San Francisco			
Passagiergruppe A	15,4 %	-10,8 %	26,2 %
Passagiergruppe B	20,3 %	26,7 %	-6,4 %
Passagiergruppe C	-0,5 %	1,8 %	-2,3 %
Passagiergruppe D	21,8 %	14,6 %	7,2 %

	Experimentiergruppe	Kontrollgruppe	Differenz
Frachtgruppe	5,5 %	-3,3 %	8,8 %
Mittelwert für San Francisco	12,6 %	5,8 %	6,7 %
New York			
Passagiergruppe A	10,6 %	16,2 %	-5,6 %
Passagiergruppe B	15,5 %	4,4 %	10,6 %
Passagiergruppe C	19,6 %	-0,7 %	20,3 %
Passagiergruppe D	0,8 %	-8,8 %	9,6 %
Frachtgruppe	9,8 %	-2,6 %	12,4 %
Mittelwert für New York	11,2 %	2,7 %	9,5 %
Mittelwert über San Francisco und New York	11,9 %	3,8 %	8,1 %

Signifikant unterschiedlich auf dem 2,5%-Niveau

Als Anwendung von CALLPLAN ist insbesondere auch die Syntex-Studie bekannt geworden (siehe **Insert 4.2-5**). Hier sollte für den Außendienst des Pharma-Herstellers Syntex in den USA festgestellt werden, welche Verbesserungen erreicht werden können, wenn man die Anzahl der Verkaufsaußendienstmitarbeiter und ihre Aufteilung auf Besprechungen (Detailing) der jeweiligen Produkte und auf Besprechungen bei den jeweiligen Fachgruppen optimal festlegt. Da Lodish et al. (1988) die subjektiven Schätzungen der Umsatzreaktionen in Abhängigkeit von Veränderungen in der Anzahl der Besprechungen angeben, können die Funktionen parametrisiert und optimale Allokationen bestimmt werden (Albers 2000b). Die Ergebnisse der darauf aufbauenden Optimierungen zeigen, dass bei gleich bleibender Außendienstgröße der prognostizierte Deckungsbeitrag um ca. 4 Prozent bei optimaler Allokation auf Ärztefachgruppen und um ca. 26 Prozent bei optimaler Allokation auf Produkte gesteigert werden könnte. Außerdem wäre der maximale Deckungsbeitrag erst bei einer Erhöhung der Anzahl der Außendienstmitarbeiter von über 70 Prozent erreicht worden, womit 35% mehr Deckungsbeitrag erzielbar gewesen wäre. Syntex hat schließlich die Anzahl der Verkaufsaußendienstmitarbeiter von 431 in drei Jahren schrittweise um 200 Verkaufsaußendienstmitarbeiter erhöht, dabei gleichzeitig den Anteil der Besuche bei Allgemeinmedizinern und für das Produkt A kräftig erhöht und damit im ersten Jahr eine Steigerung des Gewinns von 16,5 Prozent erzielt, obwohl Syntex nicht von einem Branchen-Wachstum profitieren konnte (siehe **Insert 4.2-5**).

Insert 4.2-5	Feldstudie Syntex
	(entnommen aus Albers 2000b, S. 192, nach Lodish et al. 1988)

Anfang 1983 stand das Management der Syntex Laboratories vor der schwierigen Entscheidung, die Größe seines Verkaufsaußendienstes sowie die Aufteilung der damit verfügbaren Besuchskapazität zu planen. Dazu wurde eine erweiterte Version des Modells CALLPLAN (Lodish 1971) eingesetzt. In Workshops wurden vom Management Reaktionsfunktionen des Umsatzes in Abhängigkeit von der Anzahl der Arzneimittel-Besprechungen subjektiv für verschiedene Ärztegruppen und Produkte geschätzt.

Auf dieser Basis wurden dann die Außendienstgröße und die Besuchszeiten-Allokation optimal bestimmt. Dabei ergab sich die Empfehlung, den Außendienst von 431 Verkaufsaußendienstmitarbeitern auf über 700 Verkaufsaußendienstmitarbeiter aufzustocken. Tatsächlich hat Syntex eine wesentlich geringere Anzahl von Verkaufsaußendienstmitarbeitern neu eingestellt und dafür eine optimale Aufteilung der Besprechungskapazität vorgenommen. Damit sollten, wie **Tabelle 4.2-5** zeigt, etwa 5 Prozent höhere Umsätze erzielt werden (d.h. 323,6 Mio. $ statt bisher 308,1 Mio. $). Ein unmittelbarer Vergleich von Plan und Ist war nicht möglich, da verschiedene externe Einflüsse das Ergebnis beeinflusst hatten. Deshalb wurden sowohl die Plan- als auch die Ist-Werte entsprechend korrigiert. Danach ergab sich gemäß **Tabelle 4.2-5** ein um etwa 8 Prozent höherer Umsatz, der ausschließlich auf den Einsatz des Entscheidungs-Unterstützungs-Systems zur Besprechungs-Allokation zurückgeführt werden kann (d.h. 351,3 Mio. $ statt 325,8 Mio. $).

Tabelle 4.2-5	Ergebnisse einer Optimierung der Besuchszeiten-Allokation bei Syntex
	(Lodish et al. 1988)

Produkt	Ursprungs-plan 1984	Ursprungs-plan nach Anpassung	Ist-Wert 1984	Modellschät-zung nach Anpassung	Umsatzschätzung für optimale Besuchszeiten-Allokation
A	$175,0	$175,0	$204,0	$203,2	$203,2
B	26,0	35,3	28,0	27,6	18,3
C	15,2	20,7	20,4	20,7	15,2
D	36,8	37,3	39,0	38,8	38,3
E	33,8	36,2	34,9	33,8	31,4
F	14,0	14,0	13,1	12,0	12,0
G	7,3	7,3	11,9	5,2	5,2
Summe	308,1	325,8	351,3	341,3	323,6

Interpretation der Tabelle:

Am Beispiel von Produkt B soll die Tabelle erläutert werden. Der Ursprungsplan sah für B für 1984 einen Umsatz von 26 Millionen Dollar vor. Nach dem Rückzug der Konkurrenzprodukte wurde dieser Wert nach oben korrigiert auf $ 35,3 Mio. Die ursprüngliche Umsatzschätzung für die optimale Besuchszeiten-Allokation bei gleichzeitiger Erhöhung der Anzahl Verkaufsaußendienstmitarbeiter, basierend auf dem damaligen Mitarbeiterstand, ergab für B einen Umsatz von $18,3 Mio. Nach ebenfalls vollzogener Anpassung erhöhte sich die Schätzung auf $ 27,6 Mio. Das Modell liegt damit wesentlich näher am tatsächlichen (Ist-) Wert von $ 28,0 Mio. als der Strategische Plan.

In ähnlicher Weise ergaben sich für die Anwendung des Modells **CAPPLAN** (Albers 1996) differenzierte Empfehlungen von Senkungen, Steigerungen und der Beibehaltung der Anzahl von Besuchen, die zum größeren Teil auch vom Verkaufsaußendienst befolgt wurden, was zu einer Steigerung des Deckungsbeitrages von 10 bis 15% führte, wobei das Unternehmen etwa 10 Prozent auf diese Maßnahmen zurückführte (Albers 1996).

Wir können festhalten, dass die Planung der Besuchstätigkeit eine Aktivität darstellt, die ohne Computer-Unterstützung nur schwer zu bewältigen ist, da der Mensch bei der intuitiven Lösung von Optimierungsaufgaben überfordert ist. Für die Allokation der Besuchszeit kann man eine praktisch leicht umzusetzende **Optimalitätsbedingung** nutzen. Sie lautet, dass die knappe Arbeitszeit des Verkaufsaußendienstmitarbeiters proportional nach Maßgabe des Deckungsbeitragssatzes, des bisherigen Umsatzes und der Besuchs-Elastizität zu verteilen ist. Indem man dann die Arbeitszeit mit dem Besuchszeitenanteil multipliziert, erhält man die gesuchte optimale Besuchszeit pro Kunde oder Kundensegment. Die dafür erforderlichen Daten können relativ leicht beschafft werden. Dabei kann es sich auch als vorteilhaft erweisen, subjektive Schätzungen einzusetzen, für die gilt: „[…] it is better to be vaguely right than to be precisely wrong" (Lodish 1974, S. 118). Anhand verschiedener Praxis-Beispiele ist deutlich geworden, dass mit einer optimalen Allokation erhebliche Verbesserungspotenziale für den Gewinn bestehen.

4.3   Angebotsaufwand

4.3.1   Planungsproblem

Im Projektgeschäft muss ein Anbieter danach trachten, durch den Verkaufsaußendienst möglichst viele Kunden mit Bedarfen zu identifizieren, so dass man ein auf die Kundenbedürfnisse zugeschnittenes Angebot abgeben kann. Solche Angebote stellen individuelle Kaufverträge dar, die umfassende Informationen zur technischen Ausführung der Leistung, zu den Konditionen, zum Liefertermin und zum Angebotspreis enthalten. Dabei ist meist mit Hilfe des Engineering eine technische Lösung zu projektieren, die den spezifischen Kundenwünschen entspricht, wobei der Kunde zunehmend in den Prozess der Definition und Durchführung der Leistungserstellung einbezogen wird (Kleinaltenkamp 1996). Können nicht alle Produkte und Leistungen selbst angeboten werden, so ist eine

Anbietergemeinschaft zu organisieren. Sowohl die Projektierung als auch das Organisieren von Anbietergemeinschaften sind mit erheblichen Personalaufwendungen verbunden. Wenn nicht alle Angebote zwangsläufig zu einem Auftrag führen, so sind die Chancen und Risiken potenzieller Aufträge sowohl von Lieferanten als auch von Kunden zu identifizieren und ökonomisch zu bewerten (Guserl 1996).

In den vergangenen Jahren hat sich der Trend fortgesetzt, dass die **Auftragsgewinnungs-Wahrscheinlichkeiten** immer weiter zurückgehen, während die Anzahl der abgegebenen Angebote gleichzeitig dramatisch ansteigt (Kambartel 1973, S. 1). Dies wird durch die zunehmende Professionalisierung im Einkauf verstärkt, wo es mittlerweile zum Standard gehört, bei Beschaffungsentscheidungen zwei bis drei Angebote unterschiedlicher Lieferanten einzuholen. Die Kosten der Angebotserstellung sind dabei nicht unerheblich, sondern machen bis zu 5% des Auftragswertes aus (Heger 1998, S. 71; Kambartel 1973, S. 7; von Lindeiner-Wildau 1986, S. 23). Zugleich sind die Auftragsgewinnungs-Wahrscheinlichkeiten in der Investitionsgüterbranche gering und schwanken nach Angaben des VDMA zwischen 7% und 40% (Friedrich 1996, S. 8). Wenn im schlechtesten Fall nur jedes zwanzigste Angebot erfolgreich ist und zugleich **Angebotskosten** von bis zu 5% anfallen, wäre eine gleichmäßig intensive Bearbeitung von Anfragen ruinös. Dies gilt umso mehr, wenn abzusehen ist, dass man lediglich aus formalen Gründen (um der Regel von 3 Angeboten genügen zu können) zum Abgeben eines Angebots aufgefordert wird. Schließlich ist der investierte Aufwand in jedem Fall verloren, während Deckungsbeiträge aus den Erlösen nur bei Auftragserteilung realisiert werden können.

4.3.2   Vorgehen in der Praxis bei der Angebotserstellung

Übersteigt die Anzahl möglicher Angebote die zu ihrer Erstellung nötige Personalkapazität, so stellt sich das Problem, entweder die nach dem Auftragsvolumen und der Realisierungschance attraktivsten Angebote auszuwählen und nur dafür Angebote abzugeben (**Anfragenselektion**) oder alle Angebotschancen zu nutzen, dafür aber den Aufwand für die Angebotserstellung nach Maßgabe des Deckungsbeitrages und der Auftragsgewinnungs-Wahrscheinlichkeit zu optimieren. Unabhängig davon, ob man eine Anfragenselektion oder Angebotskostenoptimierung durchführen will, muss man eine Anfragenbewertung vornehmen. Dabei werden prinzipiell qualitative und quantitative Ansätze unterschieden (Backhaus und Voeth 2010, S. 336-350). Qualitative Ansätze werden insbesondere für strategische Bewertungsgesichtspunkte herangezogen, während quantitative Ansätze dazu dienen, Anfragen nach ökonomischen Größen zu beurteilen.

Auf strategischer Ebene gilt es, Projekte z.B. danach zu beurteilen, ob sie mit dem bestehenden Know-how ausgeführt werden können, wie die Auslastung ist und ob ein strategischer Fit besteht. Auf der Ebene von Ja/Nein-Antworten kann man dies mit Hilfe einer Checkliste vornehmen. Bewertet man die einzelnen Kriterien und fasst diese zu einem gewichteten Gesamturteil zusammen, so kann dafür ein **Scoring-Modell** eingesetzt werden. Komplexe Scoring-Modelle, wie das von Kambartel (1973, S. 66-76) entwickelte zweistufige, multiplikative Verfahren mit dominierenden und ergänzenden Kriterien, dürfen allerdings nicht darüber hinwegtäuschen, dass die Gewichtung der einzelnen Merkmale intuitiv und – aus ökonomischer Sicht – relativ willkürlich erfolgt. Dies wird im Beispiel in **Tabelle 4.3-1** an den teilweise drastischen Unterschieden der Skalierungen der Kriterien deutlich. Dennoch erfreuen sich Scoring-Ansätze in der Unternehmenspraxis erheblicher Beliebtheit, was offensichtlich auf deren Einfachheit und Flexibilität zurückzuführen ist (Albers und Krafft 2000).

Quantitative Verfahren setzen an ökonomischen Größen an. Diese bestehen aus dem potenziellen Auftragswert, also dem Deckungsbeitrag bei Realisierung, der Wahrscheinlichkeit, mit der man mit seinem Angebot einen Auftrag gewinnt, und schließlich den Kosten für die Angebotserstellung.

Tabelle 4.3-1   Schema zur Bewertung von Anfragen auf der Basis des Scoring-Konzepts (in Anlehnung an Kambartel 1973, S. 68)

Bewertungskriterium	sehr gut	gut	durch- schnitt- lich	schlecht	sehr schlecht
Dominierende Kriterien					
Auftragsbezogene Zuverlässigkeit des Kunden	10	*7*	6	4	2
Projektbezogene Zuverlässigkeit des Kunden	*10*	7	6	4	2
Bonität des Kunden	10	*8*	6	4	2
Nutzung vorliegender Daten und Unterlagen	27.600	*10*	8	2,7	0,01
Ergänzende Kriterien					
Technologisches Risiko	1	-	*0,9*	0,5	0,01
Angebotsfrist	1	*0,96*	0,75	0,2	0,1
Staatliche Verordnungen	1	*0,98*	0,9	-	0,005
Schutzrechte	1	-	*0,8*	0,4	0,01
.....					

Anmerkung: Der Score des Beispielprojekts (fett und kursiv hervorgehoben) ergibt sich mit 7,84792 aus folgender Berechnung: $\sqrt[4]{7 \cdot 10 \cdot 8 \cdot 10} \cdot \sqrt[4]{0,9 \cdot 0,96 \cdot 0,98 \cdot 0,8}$

Ein zweistufiges quantitatives Konzept stellt Heger (1988) vor, der empfiehlt, Anfragen nach ihrem strategischen Fit vorzuselektieren (erste Stufe), um die verbleibenden Anfragen in einer zweiten Stufe bezüglich der Zielerreichung im Sinne der erwarteten Auftrags-gewinnungs-Wahrscheinlichkeiten und Deckungsbeiträge zu beurteilen. In der zweiten Stufe müssen die Projekte Anspruchsniveaus erfüllen, was graphisch geprüft wird (siehe auch Backhaus und Voeth 2010, S. 336-337). Dabei geht Heger von gegebenen Auftragskos-ten aus.

Backhaus (1980, S. 30-37) schlägt ein alternatives Verfahren vor, das auf einer Kennziffern-Bewertung von Anfragen basiert. Dabei wird analog zu „Return on"-Kennzahlen eine **Angebotskosten-Erfolgskennziffer** (AEK) ermittelt, indem der erwartete Auftragsumsatz ins Verhältnis zu den geschätzten Angebotskosten gesetzt wird. Übersteigt die AEK einen aus Erfahrung gewonnenen Grenzwert, wird ein Angebot erstellt, ansonsten wird die Bearbeitung der Anfrage abgebrochen. Eine solche Vorgehensweise ist allerdings gefähr-lich. Es gilt nämlich grundsätzlich, dass man mit zunehmendem Bearbeitungsaufwand (und damit Angebotskosten) nur mit unterproportional steigenden Gewinnungswahr-scheinlichkeiten rechnen kann. Unter diesen Bedingungen sind für kleine Aufträge mit geringen Angebotskosten hohe Erträge zu erwarten, was aber bei naiver Orientierung an der AEK dazu führt, dass nur Kleinstaufträge mit hohen erwarteten Erträgen verfolgt werden, was in letzter Konsequenz zu schlechten Kapazitätsauslastungen führen kann.

Wie schon bei Hegers Ansatz ist also zu bemängeln, dass lediglich eine Entscheidungsunter-stützung geleistet wird, ob überhaupt ein Angebot erstellt werden sollte. Dadurch wird der „point of no return" bereits am Anfang der Angebotserstellung passiert. Die Höhe der An-gebotskosten steigt nun sozusagen automatisch im Verlauf der anschließenden Kundenver-handlungsphase, ohne dass die ursprüngliche Entscheidung generell überdacht wird. Die kumulierten Angebotsaufwendungen begünstigen sogar das Verhalten, diese Entscheidung nicht mehr zu revidieren bzw. im Projektverlauf das kostenintensive Verfolgen der Anfrage zu rechtfertigen, weil man sonst den bereits investierten Angebotsaufwand nicht amortisieren kann. Aus betriebswirtschaftlicher Sicht ist auch zu bemängeln, dass keine Verknüpfung der Auftragseingangs-Wahrscheinlichkeit mit der Höhe der Angebotskosten hergestellt wird.

Besser ist es, den **Aufwand für die Angebotserstellung** für jedes Projekt individuell zu bestimmen. Dieser Aufwand wird im Wesentlichen vom Umfang der Akquisitions-, Pro-jektierungs- und Anbieterorganisationskosten determiniert (Albers und Krafft 2000). Zu den Akquisitionskosten zählen insbesondere die anteiligen Entlohnungs- und Reisekosten der Vertriebsmitarbeiter, während das Engineering (Vorprojektierung, -kalkulation etc.) zu den Projektierungskosten gerechnet wird. Von zunehmender Bedeutung insbesondere im Großanlagenbau sind die Anbieterorganisationskosten: In Bereichen wie der Stromerzeu-gung und im Infrastrukturbereich (Telekommunikation, Verkehr) wird von den Kunden nicht mehr nur eine Komplettlösung erwartet, sondern das Anbieten so genannter Betrei-ber- oder BOT-Lösungen („Build – Operate – Transfer"). Wie die jüngsten Beispiele der Großflughafen-Projekte in Athen und Berlin verdeutlichen, führt dies dazu, dass völlig neue Anbieterkoalitionen und Wettbewerbsgefüge entstehen – einmal übernehmen Bauun-ternehmen die Führung der Betreibergesellschaft, ein anderes Mal Elektronikunternehmen oder Banken (Kempkens und Kowalewsky, 1995). Die Anbieterorganisationskosten umfassen dabei neben dem Abwägen denkbarer Anbieterkoalitionen u.a. jene der Klärung der Projektfinanzierung (Günter 1977).

Wenn auch eine völlig individuelle **Bestimmung des Angebotsaufwandes** in der Praxis sehr selten anzutreffen ist, so wird doch eine Differenzierung nach Kontakt-, Richt- und Festangeboten häufig praktiziert (Kambartel 1973, S. 46-57). Dabei wird in einem Kontaktangebot mit relativ geringem Aufwand ein Angebot mit begrenztem Informationsgehalt unterbreitet. Auch wenn dieses schon relativ genau ist, so zeichnen sich Festangebote als andere Extremform durch exakte Beschreibungen des Leistungsumfanges und der Konditionen aus, besitzen also einen umfassenden Informationsgehalt, der allerdings mit einem hohen zeitlichen Aufwand erkauft wird. Richtangebote stellen dann bestimmte Zwischenformen dar.

Wie am Anfang dieses Abschnitts erwähnt, sollten die Verfahren der Anfragenselektion und -bewertung eigentlich dazu dienen, die Frage über das ob und wie der Anfragenbearbeitung ökonomisch sinnvoll zu beantworten. Gerade im industriellen Vertrieb wird aber gerne jeder potentielle Auftrag isoliert gesehen – mit anderen Worten wird versucht, jeden Auftrag zu gewinnen. Diese Dominanz von Einzelfallbetrachtungen führt zu ökonomischen Fehlentscheidungen, da knappe Ressourcen zu undifferenziert auf potenzielle Aufträge alloziert werden. Da Anfragen im Investitionsgüterbereich üblicherweise fortlaufend eingehen und Kapazitäten zur Anfragenbearbeitung vorhanden sind, besteht kein Allokationsproblem der Auswahl geeigneter Anfragen, sondern es ist vielmehr festzulegen, in welchem Umfang und mit welcher inhaltlichen Gewichtung Anfragen behandelt werden sollen, letztendlich also mit welchem Aufwand Angebote erstellt werden sollen.

4.3.3   Zusammenhang zwischen Budgethöhe und Auftragserfolg

Im Allgemeinen kann man davon ausgehen, dass höhere Aufwendungen für Akquisition, Angebotserstellung und Organisation eines Konsortiums (B) die Wahrscheinlichkeit (P) erhöhen, Aufträge zu gewinnen. Während in Albers und Krafft (2000) noch zwischen den unterschiedlichen Aufwendungen und Wahrscheinlichkeiten für Anfragengewinnung und **Auftragsgewinnung** unterschieden wurde, soll hier zur Vereinfachung ein einstufiges Modell dargestellt werden. Hierin wird zusätzlich angenommen, dass P bei einer höheren allgemeinen Präferenz von Kunden für die Leistungen eines Unternehmens höher ausfällt. Wir wollen annehmen, dass man dies an verschiedenen Indikatoren R_1, R_2, ..., R_n festmachen kann, die z.B. aus Kundencharakteristika wie dem Standort, der Länge der Geschäftsbeziehung und der Nähe zum bisher gekauften Sortiment bestehen können.

Um die Abhängigkeit der Wahrscheinlichkeit P vom Budget B und den Indikatoren R_1, R_2, ..., R_n geeignet modellieren zu können, benötigen wir einen zwischen 0 und 1 beschränkten Funktionstyp. Da gleichzeitig abnehmende Grenzzuwächse von P zu erwarten sind, gehen wir im Folgenden von einer modifizierten Exponentialfunktion aus, wie in Formel (4.8) realisiert:

$$P = 1 - e^{-(a_0 + a_1 * R_1 + a_2 * R_2) * B/(d*U)} \tag{4.8}$$

wobei darstellen:

a_0, a_1 und a_2:   zu schätzende Koeffizienten,
P: Auftragsgewinnungs-Wahrscheinlichkeit,
B: Angebotsaufwand,
d · U: Erwarteter Deckungsbeitrag bei Auftragsgewinnung.

Abbildung 4.3-2   Modellierter Zusammenhang von Akquisitionsbudget in % des erwarteten
Deckungsbeitrages und Anfragengewinnungs-Wahrscheinlichkeit
(Albers und Krafft 2000, S. 1091)

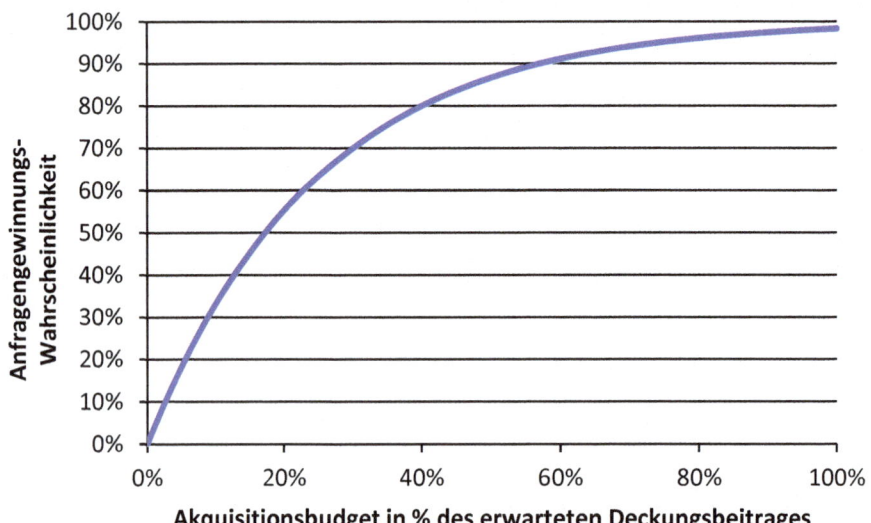

Akquisitionsbudget in % des erwarteten Deckungsbeitrages

4.3.4   Optimierungsmodell

Auf der Basis von Informationen über die Deckungsbeitragsstruktur potentieller Projekte
(zur Ermittlung von Auftrags-Deckungsbeiträgen Plinke 1989, S. 320) und der Auftrags-
gewinnungs-Wahrscheinlichkeitsfunktion lässt sich nun ein Optimierungsmodell formulieren. Wenn wir davon ausgehen, dass das Unternehmen sein Risiko über die Vielzahl der
Projekte diversifizieren kann und damit den erwarteten Unternehmensgewinn (G) maximieren möchte, lässt sich der optimale Anteil der Akquisitions-, Projektierungs- und An-
bieterorganisationsaufwendungen (B) am Deckungsbeitrag (d·U) analog zu Dorfman und
Steiner (1954) bestimmen, indem wir von folgender Gewinnfunktion (G) ausgehen:

$$G_1 = P(B) \cdot d \cdot U - B \Rightarrow Max! \tag{4.9}$$

Um das Modell optimieren zu können, sind die Werte der Koeffizienten a_0, a_1 und a_2 der Wahrscheinlichkeitsfunktion statistisch zu schätzen. Diese Koeffizienten der Wahrscheinlichkeitsfunktion (4.11) können bestimmt werden, indem man Informationen über vergangene Akquisitionsbemühungen, eingesetzte Budgets für Akquisition, Projektierung und Anbieterorganisation, erteilte Aufträge sowie Kenntnisse über Kundensegmente und deren Präferenzen für Leistungen des Unternehmens berücksichtigt. Unternehmen sollten nämlich in der Lage sein, bestehende und potentielle Kunden nach deren Präferenz für die Leistungen des eigenen Unternehmens zu segmentieren (Krafft und Albers 2000). Ein Indikator dieser Präferenz ist die mittlere Auftragsgewinnungs-Wahrscheinlichkeit der Kundensegmente.

Zum Zwecke der Bestimmung von a_0, a_1 und a_2 ist nun Gleichung (4.9) zu modifizieren, indem sie für individuelle Kunden bzw. Projekte i aufgestellt wird. Dabei stellt P_i die Wahrscheinlichkeit dar, aufgrund der Akquisitionsaufwendungen B_i beim i-ten Kunden eine Anfrage zu erhalten. B_i wird in Form der eingesetzten finanziellen Ressourcen gemessen. Dieses Vorgehen bietet den Vorteil, dass auch personelle Kapazitäten berücksichtigt werden können, da sie in Geldeinheiten überführbar sind. Zudem werden Indikatoren für die Präferenz des i-ten Kunden für die Leistungen eines Unternehmens berücksichtigt. Als Beispiele für solche Indikatoren haben sich in einer Anwendung für einen Maschinenbauhersteller Dummy-Variablen für Kundensegmente und das Herkunftsland der Kunden heraus gestellt:

$$P_{1i} = 1 - e^{-(a_0 + a_1 \cdot R_{1i} + a_2 \cdot R_{2i}) B_i / (d_i \cdot U_i)} \tag{4.10}$$

Bei P_i handelt es sich um eine latente, d.h. nicht beobachtete Variable. Beobachtbar ist jedoch, ob die Akquisitionsbemühungen zu einer Anfrage geführt haben (A_i=1) oder nicht (A_i=0). Analog zum Konzept der Logistischen Regression (Krafft 1997) können die Parameter aus (4.10) bestimmt werden, indem eine Likelihood-Funktion aufgestellt und die Likelihood maximiert wird, dass eine Anfrage an das Unternehmen gerichtet wird oder nicht. Nähere methodische Angaben dazu berichten Albers und Krafft (2000).

4.3.5   Implementierung des Optimierungskalküls

Der optimale **Projektierungsaufwand** als Anteil am erwarteten Deckungsbeitrag kann nun abgeleitet werden, indem die in Gleichung (4.9) formulierte Gewinnfunktion nach B abgeleitet wird (analog zu Albers und Krafft 2000):

$$\frac{B^{opt}}{d \cdot U} = \frac{\ln\left(d \cdot (a_0 + a_1 \cdot R_1 + a_2 \cdot R_2)\right)}{(a_0 + a_1 \cdot R_1 + a_2 \cdot R_2)} \tag{4.11}$$

Gemäß (4.11) ist also der Angebotsaufwand umso höher festzulegen,

- je höher die erwartete Auftragsgewinnungs-Wahrscheinlichkeit gemäß a_0 ist,

- je höher der voraussichtlich zu realisierende Deckungsbeitrag (Umsatz · Deckungs-beitragsatz) ist, und

- je höher die individuelle Präferenz der Kunden für den Hersteller ist, hier gemessen durch $a_1 \cdot R_1 + a_2 \cdot R_2$.

In einer Anwendung im Maschinenbau auf 81 Projekte mit einem erwarteten Volumen von 167,5 Mio. Euro, von denen 30 zu einem Auftrag führten, ergab die Analyse, dass die Wahrscheinlichkeit der Gewinnung eines Auftrages nachhaltig von den aufgewendeten Angebotskosten abhängt, im Mittel mit einer Elastizität von 0,5, allerdings sich im Niveau je nach angebotener Produktgruppe und dem Standort der Kunden unterschied. Mit der geschätzten Wahrscheinlichkeitsfunktion konnte das Ergebnis, welche Aufträge tatsächlich gewonnen bzw. verloren wurden, zu 74% reproduziert werden. Die statistisch ermittelten Werte erwiesen sich als viel besser als die subjektiven Schätzungen der Außendienstmitarbeiter. Auf der Basis dieser Ergebnisse hätte der Außendienst viele Projekte mit wesentlich höherem Aufwand bearbeiten können. Selbst bei gleichem Gesamtaufwand hätte der Deckungsbeitrag bei einer Budgetverwendung nach Maßgabe des Optimierungskalküls gemäß Gleichung (4.11) um 60% gesteigert werden können.

4.4   Submissionswettbewerb (Competitive Bidding)

Neben der Bestimmung des optimalen Angebotsaufwandes muss das Unternehmen den richtigen Preis für ein individuelles Angebot finden. Immer mehr Unternehmen haben ihren Beschaffungsprozess formalisiert, wozu die öffentliche Hand schon seit jeher verpflichtet ist (Alznauer und Krafft 2004). In aller Regel verlangen heute Beschaffungsabteilungen wenigstens 3 Angebote, aus denen das Angebot mit dem günstigsten Preis-Leistungsverhältnis ausgewählt wird. Will man einen sehr niedrigen Preis realisieren, dann werden die zu beschaffenden Produkte und Leistungen als **Submissionswettbewerb**, im Englischen als Competitive Bidding bezeichnet, ausgeschrieben. Dabei wird die Leistung so detailliert wie möglich spezifiziert, so dass im Regelfall das Angebot mit dem niedrigsten Preis gewählt werden kann. In diesem Fall muss sich der Verkaufsaußendienstmitarbeiter sehr genau überlegen, wie hoch er den Preis für das Angebot wählt, was auch als „bid" bezeichnet wird. Wählt der Verkäufer einen relativ hohen Preis, kann er zwar einen hohen Deckungsbeitrag realisieren, wird aber den Zuschlag nur mit einer geringen Wahrscheinlichkeit erhalten. Bietet er dagegen einen sehr niedrigen Preis, verbessert er die Wahrscheinlichkeit, den Auftrag zu erhalten, wird aber an dem Auftrag nur wenig verdienen. Die Aufgabe besteht deshalb darin, einen Preis zu finden, mit dem der erwartete Deckungsbeitrag, nämlich das Produkt aus Wahrscheinlichkeit und Deckungsbeitrag, maximiert wird:

$$E(Z_P) = f(p) \cdot (p - c) \tag{4.12}$$

$E(Z_P)$:   Erwarteter Deckungsbeitrag bei einem Angebotspreis (bid) von p,
$f(p)$:   Wahrscheinlichkeit, bei einem Angebotspreis von p den Zuschlag zu bekommen,
p: Angebotspreis (bid),
c: Kosten der Angebotserfüllung.

Das Beispiel in **Tabelle 4.4-1** zeigt den Trade-off zwischen Zuschlagswahrscheinlichkeit und Deckungsbeitrag, wobei sich hier ein Angebotspreis (bid) von 10.000 $ als derjenige erweist, der den erwarteten Deckungsbeitrag (4.12) maximiert.

Tabelle 4.4-1   Zusammenhang zwischen erwartetem Deckungsbeitrag und Angebotspreis sowie Zuschlagswahrscheinlichkeit

Angebotspreis (bid)	Deckungsbeitrag (p-c)	Zuschlags-wahrscheinlichkeit	Erwarteter Deckungsbeitrag
9.500	100	0,81	81
10.000	600	0,36	216
10.500	1100	0,09	99
11.000	1600	0,01	16

Das Hauptproblem in der Anwendung dieses Entscheidungskalküls besteht in der Kenntnis der Wahrscheinlichkeitsfunktion, in Abhängigkeit vom eigenen Angebotspreis (bid) den Zuschlag zu erhalten. Die Angebotspreise der Konkurrenten sind grundsätzlich unsicher. Möglicherweise kann man aber aus dem bisherigen Verhalten der Konkurrenten die Wahrscheinlichkeitsfunktion ableiten. Im Regelfall macht der Beschaffer die eingegangenen Angebotspreise den Teilnehmern zugänglich. Da sich die Angebote jeweils auf unterschiedliche Ausschreibungen beziehen können, müssen die Angebote vergleichbar gemacht werden. Dazu werden die Angebotspreise der Konkurrenten durch die eigenen Kosten für dieses Angebot geteilt:

$$r_j = P_j / c \tag{4.13}$$

r_j: Verhältnis des Angebotspreises des j-ten Konkurrenten zu den eigenen Kosten,
P_j: Vergangener Angebotspreis des j-ten Konkurrenten,
c: Kosten der Angebotserfüllung bei bestimmtem Angebotspreis.

Auf der Basis dieser Kenntnis lässt sich die Verteilung der **Zuschlagswahrscheinlichkeit** durch eine Expertenbefragung kalibrieren (Alznauer und Krafft 2004). Als Ausgangsbasis wird eine S-förmige Funktion unterstellt, deren Ober- und Untergrenze den sicheren Zuschlag bzw. den sicheren Verlust der Ausschreibung repräsentieren. Die Ergebnisse der Expertenschätzung sind in **Abbildung 4.4-1** dargestellt.

In diesem Beispiel (siehe dazu genauer Alznauer und Krafft 2004, S. 1070) wird unterstellt, dass die Zuschlagswahrscheinlichkeit bei Gleichheit aller Angebotspreise 60 % beträgt (Punkt 1), was durch eine generelle Präferenz des Ausschreibenden für das jeweilige Unternehmen zu begründen sei. Ferner wird geschätzt, dass der Zuschlag mit Sicherheit verloren geht, wenn der Preis 13 % über dem des günstigsten Anbieters liegt (Punkt 2). Ab einer Unterbietung der Konkurrenzpreise um mehr als 10 % ist ein Zuschlag nach Einschätzung der Experten sicher (Punkt 3). Die Steigung der Kurve wird auf Basis der Preissensitivität geschätzt.

Abbildung 4.4-1   Funktion der von Managern erwarteten Zuschlagswahrscheinlichkeiten
(Alznauer und Krafft 2004, S. 1070)

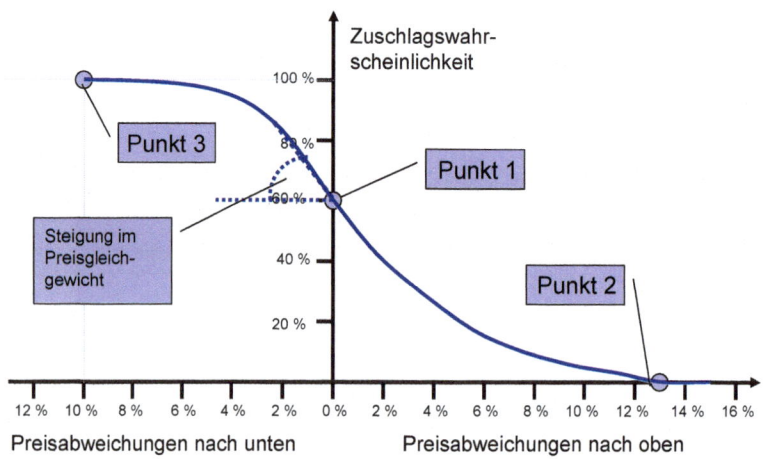

Dann ergibt sich der erwartete Deckungsbeitrag gemäß:

Erwarteter Gewinn = (p · Auftragsvolumen – Kosten bei Auftragsgewinnung)   (4.14)

· Erfolgswahrscheinlichkeit – Kosten bei Auftragsverlust · Verlustwahrscheinlichkeit

Durch Einsetzen verschiedener Preise p in die Funktion (4.14) kann schließlich der optimale Angebotspreis bestimmt werden. Edelman (1965) hat mit diesem Ansatz bei RCA in den USA in den 1960er Jahren Erfolge verzeichnen können. Er beschreibt eine Anwendung im Straßenbau. Mit seinem System hat er eine deutliche Verbesserung der sonst intuitiv abgegebenen Angebotspreise erzielen können, wie **Tabelle 4.4-2** zeigt:

Tabelle 4.4-2   Ergebnisse eines Tests des Modells von Edelman (1965, S. 56)

Test	Angebots-preis ohne Verwendung des Modells in $	Angebotspreis des Modells in $	Geringster Angebots-preis eines Konkurren-ten in $	Angebotspreis ohne Verwen-dung des Mo-dells: Prozent-satz unter dem geringsten Konkurrenzpreis	Angebotspreis bei Verwendung des Modells: Prozentsatz unter dem geringsten Konkurrenzpreis
1	44,53	46,00	46,49	4,2	1,1
2	47,36	42,68	42,93	- 10,3	0,6
3	62,73	59,04	60,76	-3,2	2,8
4	47,72	51,05	53,38	10,6	4,4
5	50,18	42,80	44,16	-13,7	3,1
6	60,39	54,61	55,10	-9,6	0,9
7	39,73	39,73	40,47	1,8	1,8

Eine andere Vorgehensweise schlägt Fajek (1998) vor, nämlich die Anwendung eines Ex-pertensystems auf der Basis von Expertenurteilen, das situationsbedingt einen optimalen Angebotspreis auf der Basis der sogenannten „fuzzy logic" errechnet. Der Vorteil dieses Ansatzes besteht darin, mehr Kriterien als nur den Angebotspreis bei der Zuschlagswahr-scheinlichkeit berücksichtigen zu können.

Selbst wenn das hier vorgestellte System zunächst durch seine zwingende Logik besticht, so stellt man fest, dass nur wenige Unternehmen den Prozess der Festlegung eines Ange-botspreises bei Submissionswettbewerben durch eine derartige quantitative Methode un-terstützen. Es ist nämlich unklar, ob Unternehmen, wenn sie wissen, dass andere die An-gebotspreise systematisch auswerten, nicht ihre Preise strategisch festlegen, so dass die Wettbewerber in die Irre geführt werden (Rothkopf und Harstad 1994). Dann aber ist die Schätzung der Zuschlagswahrscheinlichkeiten in Abhängigkeit von dem eigenen Ange-botspreis nicht mehr möglich. Dafür geeignete spieltheoretische Ansätze werden in Alznauer und Krafft (2004) beschrieben. Dort wird auch ein integrativer Ansatz beschrie-ben, der die verschiedenen Methoden je nach Zweck miteinander kombiniert.

4.5 Neukundengewinnung versus Stammkundenpflege

4.5.1 Problematik

Trotz aller Empfehlungen, die Kundenbindung zu forcieren, kann ein Unternehmen nicht nur von einem Stamm vorhandener Kunden leben. Selbst bei bester Betreuung verliert ein Unternehmen über die Zeit Kunden, sei es, weil diese insolvent werden, ihren Sortiments-fokus geändert haben oder durch Aufkauf in andere Beschaffungsverbünde integriert werden. Will ein Unternehmen also nicht schrumpfen, sondern im Gegenteil wachsen, so ist eine Neukundengewinnung unerlässlich (vgl. ergänzend Abschnitt 2.2.1.1). Problema-tisch daran ist, dass die Neukundengewinnung viel aufwändiger als die Pflege vorhande-ner Kunden ist. Außerdem gelingt eine erfolgreiche Akquisition nur in wenigen Fällen, d.h. es sind viele Akquisitionsversuche nötig, um einen neuen Kunden zu gewinnen. Da-bei unterscheidet man die Kalt- von der Warm-Akquise. Bei der unqualifizierten Kalt-Akquise versucht ein Außendienstmitarbeiter, einen Kunden ohne Referenzen oder Be-kanntheit durch einen Besuch direkt zu gewinnen. Hier sind die Erfolgswahrscheinlichkei-ten sehr gering. In Industriekreisen werden Wahrscheinlichkeiten von 2 % bis 8 % genannt. Besser als eine reine Kalt-Akquise ist es, solche Besuche im Vorwege zu qualifizieren. Mit Hilfe eines Call-Centers werden dabei potentielle Interessenten, für die man Adressmateri-al von einem Direktmarketing-Dienstleister (z.B. arvato, Creditreform, Deutsche Post Di-rekt) beschafft hat, angerufen, um herauszufinden, ob für die vom Anbieter vertriebenen Produkte grundsätzlich Interesse besteht. Erst wenn dies der Fall ist, vereinbart der Au-ßendienstmitarbeiter einen Besuch. Zwar sinkt die Wahrscheinlichkeit, darüber Interessen-ten auszumachen, auf 0,5%-2%, doch ist die Wahrscheinlichkeit, einen Interessenten bei dieser Warm-Akquise zu einem Kunden zu konvertieren, wesentlich höher als die oben genannten 8%. Dies rechnet sich über die geringeren Kosten für Telefonanrufe gegenüber persönlichen Besuchen, wie man in **Tabelle 4.5-1** erkennen kann.

Hier nehmen wir an, dass die Kosten eines Besuches im Durchschnitt bei 250 € liegen, während ein Telefonanruf durch ein Call-Center 10 € kostet. Beträgt die Wahrscheinlich-keit 4 %, bei der Kalt-Akquise einen Kunden zu gewinnen, so sind 25 Besuche nötig, **um einen Kunden erfolgreich zu gewinnen**, was insgesamt 6.250 € an Besuchskosten ent-spricht. Bei einem Call-Center möge die Wahrscheinlichkeit der Identifikation eines quali-fizierten Interessenten nur 1% betragen, dann aber kann der Außendienst mit einer Wahr-scheinlichkeit von 40% den Interessenten zum Kunden konvertieren. Bei der Warm-Akquise müssen das Call-Center also 250 Telefonate (100 / 1 / 0,4) und der Außendienst dann 2,5 Besuche tätigen, um einen Kunden erfolgreich zu gewinnen. Multipliziert mit den sehr unterschiedlichen Kosten resultiert allerdings eine deutliche Einsparung.

Tabelle 4.5-1   Vorteilhaftigkeitsrechnung für Kalt- und Warm-Akquise

	Kosten in €	Gewinnungs-wahrscheinlich-keit	Benötigte Kontaktanzahl	Kosten bezogen auf einen gewon-nenen Kunden
(1) Kalt-Akquise	250 pro Besuch	4 %	1 / 0,04 = 25	6.250,00
(2a) Call-Center	10 pro Telefonat	1 %	1 / 0,01 = 100	2.500,00
(2b) Besuche	250 pro Besuch	40 %	1 / 0,4 = 2,5	625,00
(2) Warm-Akquise		Summe (2a)+(2b)		3.125,00

Über die Kosten kann eine Vertriebsführungskraft zwar die Strategie der Neukundenge-winnung bestimmen, allerdings nicht, in welchem Maße die knappe Ressource Besuchszeit auf Neukundengewinnung versus Stammkundenpflege aufgeteilt werden soll. Diese Frage kann nur beantwortet werden, wenn man etwas darüber weiß, mit welcher Wahrschein-lichkeit Neukunden gewonnen und bestehende Kunden gehalten werden können. Zudem müssen die dabei zu erwartenden Deckungsbeiträge bekannt sein oder abgeschätzt wer-den, so dass darauf aufbauend ein Customer Lifetime Value (CLV) errechnet werden kann.

4.5.2   Akquisitionswahrscheinlichkeiten und Customer Lifetime Value

Akquisitionswahrscheinlichkeiten werden für die Planung der **Besuchsanstrengungen zur Neukundengewinnung** benötigt. Bei der Neukundengewinnung sollte man sich bezüglich der Akquisitionswahrscheinlichkeiten nicht auf subjektive Einzelurteile verlassen, da diese verzerrt sein können. Vielmehr bietet es sich an, für bestimmte Gruppen von Neukunden statistisch auszuwerten, wie viele Versuche der Neukundengewinnung (x) nötig waren, um einen Kunden tatsächlich zu gewinnen. Die Akquisitionswahrscheinlichkeit (oder über mehrere Kunden die Akquisitionsquote) ist dann der Kehrwert (1/x). Entsprechende Statis-tiken sind üblicherweise vorhanden, wenn das Unternehmen eine systematische und re-gelmäßige Kunden- oder Auftragsverlustanalyse durchführt.

Die Akquisitionsquote a hängt natürlich von dem Akquisitionsbudget A ab. Blattberg und Deighton (1996) unterstellen in ihrem Modell eine modifiziert exponentielle Funktion:

$$a = MA \cdot \left(1 - e^{(k_a \cdot A)}\right) \tag{4.15}$$

In ähnlicher Weise gehen Blattberg und Deighton davon aus, dass sich die Haltewahr-scheinlichkeit oder bezogen auf eine Kundengruppe die Bindungsquote r in Abhängigkeit von dem Bindungsbudget R ergibt:

$$r = MR \cdot \left(1 - e^{(k_b \cdot R)}\right) \tag{4.16}$$

In beiden Formeln stellen MA und MR entsprechende maximale Akquisitions- bzw. Bindungsquoten dar, die selbst bei grenzenloser Steigerung der entsprechenden Aufwendungen nicht überschritten werden können. Können Manager die jeweiligen Sättigungsgrenzen MA und MR subjektiv angeben und wissen sie für ein bestimmtes Budget A bzw. R die zugehörigen Akquisitions- und Bindungsquoten, dann lassen sich die beiden unbekannten Parameterwerte (k_a und k_r) durch Umformen der Gleichungen (4.15) und (4.16) leicht ableiten. Alternativ könnte ein Unternehmen eine Datenbasis mit unterschiedlichen Budgets und Akquisitions- bzw. Bindungsquoten für verschiedene Kundengruppen aufbauen, die es dann statistisch auswerten könnte.

Als weitere Größe braucht man hier den Kundenlebenszeitwert (oder **Customer Lifetime Value**). Entweder berechnet man diesen aus prognostizierten Größen direkt oder nimmt als naive Prognose an, dass wenigstens der im ersten Jahr (nach der Akquisition) erzielte Deckungsbeitrag DB fortwährend erzielt werden kann. Der erwartete Deckungsbeitrag aus der Akquisition kann dann mit Hilfe der Akquisitionsquote a und dem pro gewonnenen Neukunden realisierten Deckungsbeitrag D unter Abzug der Akquisitionsaufwendungen A wie folgt bestimmt werden (Blattberg und Deighton 1996; Krafft 2007):

$$DB(Akquisition) = a \cdot D - A \tag{4.17}$$

4.5.3   Optimale Allokation

Auf der Basis der Annahmen über die Akquisitions- bzw. Bindungswahrscheinlichkeit a bzw. r in Abhängigkeit von den Akquisitions- bzw. Bindungsaufwendungen A bzw. R lässt sich jetzt gemäß dem Modell von Blattberg und Deighton (1996) folgende Zielfunktion darstellen:

$$LDB = a(A) \cdot D - A + (D - R/r(R)) \cdot (r(R)/(1+i-r(R))) \tag{4.18}$$

LDB: Langfristiger Deckungsbeitrag
D: Deckungsbeitrag aus Umsatz mit einem Kunden pro Jahr
A: Akquisitionsbudget
R: Kundenbindungsbudget
i: Kalkulationszinssatz

Seien die maximale Akquisitionsquote MA = 0,2 und die Akquisitionsquote 0,1 bei Aufwendungen von 4% des Deckungsbeitrages sowie die maximale Bindungsquote MR=0,95 und die Akquisitionsquote 0,8 bei Aufwendungen von 8% des Deckungsbeitrages, so ergeben sich optimale Akquisitionsaufwendungen von etwa 7% und Bindungsaufwendungen von etwa 20%. Solche Budgetanteile vom Umsatz werden häufig in der Industrie beobachtet.

Natürlich ist das Modell noch sehr einfach gehalten. Hier wird vereinfacht unterstellt, dass genügend Geldmittel vorhanden sind, um jede Budgetentscheidung realisieren zu können. In der Praxis wird dagegen häufig der Fall eines begrenzten Budgets der Fall sein. Dafür zeigen Berger und Bechwati (2001), wie man das erweiterte Modell von Blattberg und Deighton (1996) mit Hilfe des Analysetools Solver in Excel lösen kann. Für den Fall, dass die Wirkungen in verschiedenen Kommunikationskanälen unterschiedlich ausfallen, beschreiben Reinartz, Thomas und Kumar (2005) ein Optimierungsmodell.

In der Praxis werden die Wahrscheinlichkeitsfunktionen (4.15) und (4.16) über Kundensegmente variieren. Sehr restriktiv ist bspw. die Annahme gleicher Umsätze oder Deckungsbeiträge über die Zeit. Hier hat die Forschung gezeigt, dass es dynamische Verläufe gibt. In aller Regel erhofft sich ein Unternehmen, dass es seinen Kundenstamm durch Up- und Cross-Selling entwickeln kann. Allerdings haben Reinartz und Kumar (2000) herausgefunden, dass damit auch die Investitionserfordernisse für die Bindung wachsen, was eine Abhängigkeit zwischen der Bindungsquote und dem Deckungsbeitragsniveau suggeriert. Jedenfalls kann man nicht ohne Weiteres annehmen, dass Kunden mit langer Bindung profitabler sind, was durch Befunde von Krafft und Reinartz (2000) zusätzlich bestätigt wird.

4.6   Tourenplanung

Sobald gemäß Abschnitt 4.2 festgelegt ist, wie häufig die verschiedenen Kunden und Interessenten besucht werden sollen, was gleichzeitig auch den Besuchsrhythmus determiniert, stellt sich die Frage, wie man die Besuche geeignet zu Touren zusammenstellt, mit denen man das Besuchsprogramm realisieren kann. Eigentlich müsste dieses so genannte Tourenplanungsproblem simultan mit der Besuchsplanung gelöst werden. Allerdings wird das Problem dann so komplex, dass eine simultane Lösung unter Rechenzeitgesichtspunkten kaum vorstellbar ist. So ist es nicht verwunderlich, dass auch Drexl und Haase (1999) das Problem zwar simultan formulieren, es aber sequentiell lösen.

Das **Tourenplanungsproblem** sieht in der Ausgangsform so aus, dass ein Außendienstmitarbeiter jeden Tag von seinem Standort losfährt, Kundenbesuche durchführt und am Ende des Tages wieder an seinen Standort zurückkehrt. Gelingt es, die Fahrtzeiten zu reduzieren, dann bleibt mehr Zeit für die eigentlich produktiven Besuche. Als Nebenbedingung der Tourenplanoptimierung müssen alle geplanten Besuche in Touren untergebracht werden. Sofern nicht die Hilfe von kommerzieller Planungs-Software in Anspruch genommen werden soll, kann auf eine bewährte **Heuristik** zurückgegriffen werden, bei der zunächst das Verkaufsgebiete um den Standort des Verkäufers herum in fünf verschiedene, von der Anzahl der zu besuchenden Kunden her etwa gleich große Kleeblätter eingeteilt werden. Dann wählt man pro Wochentag eines der Blätter und stellt die Kunden in diesem Gebiet zusammen, die man an einem Tag besuchen kann. Hierfür eine Tour mit möglichst minimalem Reiseaufwand zusammen zu stellen, ist dann manuell vergleichsweise leicht möglich. Mit der Verbreitung von Navigationssoftware mit Routenplanung wie z.B. von TomTom oder Google Maps lässt sich dieses Planungsproblem leicht zu Hause von jedem Verkaufsaußendienstmitarbeiter ohne speziellen Zugang zu spezialisierter Software lösen. Diese Kleeblatt-Heuristik sei für ein Verkaufsgebiet Schleswig-Holstein mit Standort in Rendsburg in **Abbildung 4.6-1** beispielhaft dargestellt.

Abbildung 4.6-1   Heuristische Einteilung von Touren pro Wochentag gemäß Kleeblatt

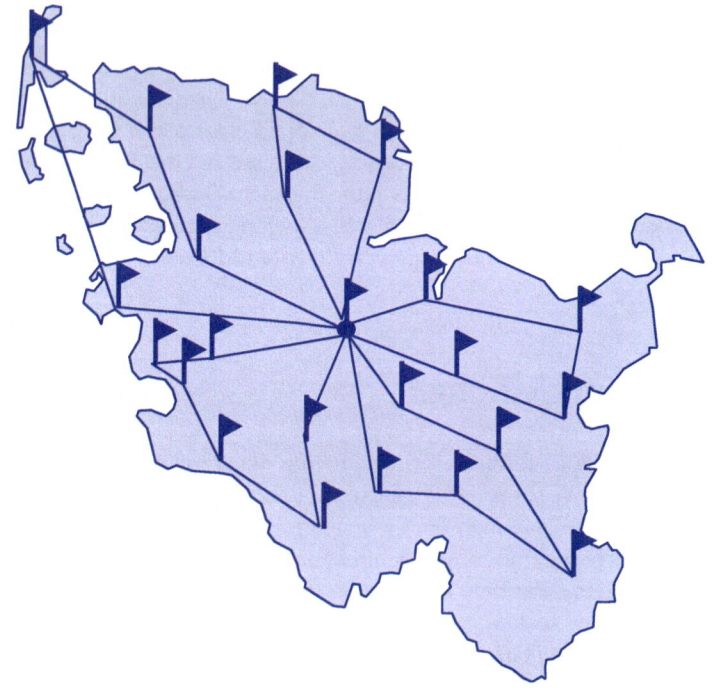

Heutzutage kann man diese Planungsprobleme gut computergestützt lösen. So erlaubt Routing-Software von PTV (2010) es beispielsweise, Fahrzeiten und Fahrtkosten zwischen zwei Standorten auf der Basis realer Straßen-Bedingungen zu berechnen. Um diese Software benutzen zu können, muss man die Geo-Koordinaten seiner Kunden kennen. Dafür existieren heute Websites, mit deren Hilfe diese Koordinaten auf der Basis von Adressen kostenlos bestimmt werden können (bspw. www.mapcoordinates.net). Danach muss vorgegeben werden, welche Kunden wie häufig besucht werden sollen und ob es eventuell Zeitfenster gibt, in denen bestimmte Kunden nur besucht werden können. Die Routing-Software errechnet dann Tourenvorschläge, wobei als Zielgröße die Fahrzeiten minimiert werden.

Diese Software basiert im Kern auf einer bereits vor langem entwickelten Heuristik, der so genannten **Savings-Methode**. Hier besteht die Idee darin, zunächst einmal die Fahrzeiten zu berechnen, die entstehen, wenn jeder einzelne Kunde auf einer separaten Tour angefahren wird und der Außendienstmitarbeiter danach zu seinem Standort zurückkehrt (siehe **Abbildung 4.6-2**, Ausgangslösung links oben).

Abbildung 4.6-2   Heuristische Verbesserung eines Tourenplans mit Hilfe der Savings-Methode

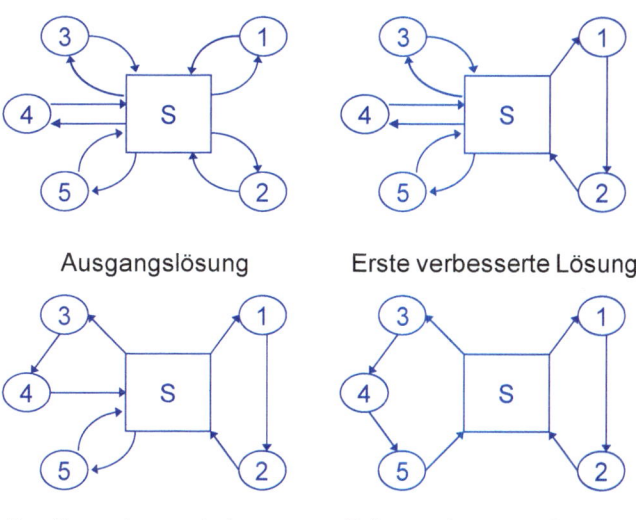

Danach wird geprüft, ob das Zusammenfassen von zwei Einzeltouren zu einer Ersparnis (Savings) an Fahrtzeit führt. Dies ist der Fall wenn:

Ersparnis = Fahrtzeit zwischen Standort und Kunde i   (4.19)

      + Fahrtzeit zwischen Standort und Kunde j

      – Fahrtzeit zwischen Kunde i und j > 0

Sofern der Wert der Ersparnis positiv ist, werden zwei Einzeltouren zu einer Tour zusammengefasst. Dieser Prozess wird solange fortgesetzt, bis es keine Ersparnis mehr gibt. Diese Heuristik erscheint sehr allgemein und leistungsfähig. Allerdings werden im weiteren Verlauf die Freiheitsgrade des Zusammenfassens immer geringer, so dass nicht immer die optimale Lösung gefunden wird. Es sind deshalb vielfältige Verfeinerungen vorgeschlagen worden, mit denen man den Lösungsraum nicht so sehr einschränkt. Die aktuell verfügbare Software ist in der Regel sehr gut in der Lage, Touren annähernd optimal zu planen (Frerk 2002 und PTV 2010). Voraussetzung dafür ist, dass die Kunden wiederkehrend in Zyklen besucht werden.

Eine Tourenplanung ist immer dann nötig und sinnvoll, wenn der Verkaufsaußendienstmitarbeiter seine Kunden regelmäßig besucht. Dies ist z.B. dann der Fall, wenn Verkäufer Händler (Outlets) oder Ärzte in bestimmten Rhythmen besuchen. Dann kann eine einmal gefundene Lösung auf alle wiederkehrenden Zyklen angewandt werden, so dass sich eine systematische Planung lohnt. Anders sieht es aus, wenn die Besuchstätigkeit unregelmäßig nach Bedarf erfolgt. Dies ist z.B. bei Versicherungsvertretern der Fall, die bei Bedarf Besuche vereinbaren und wenig Freiheitsgrade im Routing haben. Das gleiche gilt für das industrielle Projektgeschäft, für das Besuche innerhalb der Angebotsphase nötig sind, ohne dass größere Wahlmöglichkeiten bestehen. Sind nur sehr wenige Besuche pro Tag möglich, wie dies bspw. bei manchen Herstellern im Maschinenbau gegeben ist, dann erweist sich ein Routing ebenfalls als eher irrelevant. Angemerkt sei, dass unser Tourenplanungsproblem nichts mit dem in der Literatur zum Operations Research diskutierten Traveling Salesman-Problem (siehe dazu z.B. Domschke und Drexl 2005, S. 127-140) zu tun hat.

4.7   Außendienstgröße

4.7.1   Lösungswege in der Praxis

Verkaufsaußendienste sind meist historisch gewachsen (dieser Abschnitt ist stark an Albers 2000c angelehnt). Wenn man z.B. einen Verkaufsleiter fragt, wieso sein Außendienst genau 44 Verkaufsaußendienstmitarbeiter umfasst, dann bekommt man häufig zur Antwort, dass er das so vorgefunden hätte. Wächst das Unternehmen, stellt sich die Frage, ob auch die **Anzahl der Verkaufsaußendienstmitarbeiter** zunehmen soll. In einem immer härter werdenden Kosten- und Preis-Wettbewerb müssen sich Unternehmen außerdem fragen, ob ihr gegenwärtiger Verkaufsaußendienst nicht überdimensioniert ist. Dabei geht es häufig um große Beträge. Gerade Pharma-Unternehmen und Versicherungen verfügen über extrem große Außendienste mit weit mehr als 1.000 Außendienstmitarbeitern. Genaue Zahlen über die Anzahl der Verkaufsaußendienstmitarbeiter von Unternehmen werden leider nur selten publiziert – so veröffentlichte die absatzwirtschaft bis 1999 eine jährliche Vertriebsumfrage (Hanser 1999). Rechnet man mit realistischen Kosten von z.B. 60.000 € pro Außendienstmitarbeiter, so ist eine Vertriebsorganisation von 1.000 Mitarbeitern gleichbedeutend mit einem Kostenblock von 60 Mio. €. Allerdings darf man den Verkaufsaußendienst nicht nur unter Kostengesichtspunkten sehen, denn schließlich sind die Mitarbeiter im Vertrieb die primäre Quelle der Umsatzgenerierung. Zur richtigen Bestimmung der Außendienstgröße braucht man also auch Informationen über die damit verbundene Erlöswirkung.

Die Entscheidung über eine angemessene Außendienstgröße berührt die Verkaufsmanager ebenso wie die Verkaufsaußendienstmitarbeiter. Aus der Sicht der Verkaufsmanager ist die Bestimmung der optimalen Verkaufsaußendienstgröße identisch mit der Festlegung der optimalen Kontrollspanne. Die Frage lautet, wie viele Mitarbeiter noch effizient von einer Führungskraft gesteuert werden können (zur Bestimmung der Kontrollspanne vgl. Abschnitt 3.4.1.1). Verkaufsmanager lösen allerdings nur indirekt Umsatzwirkungen aus.

Anders ist dies bei Verkaufsaußendienstmitarbeitern auf der letzten Hierarchie-Stufe, die also in unmittelbarem Kontakt zu den Kunden stehen und damit direkt die Umsatzhöhe beeinflussen (Albers 2000c; Zoltners, Sinha und Zoltners 2001, S. 77-79).

Das Gegenüberstellen von Deckungsbeiträgen aus erhöhten Umsätzen und erhöhten Kosten ist allerdings nicht trivial, denn dafür werden Informationen darüber benötigt, wie hoch der zusätzlich zu erwartende Umsatz durch einen weiteren Verkaufsaußendienstmitarbeiter sein wird. In der Praxis herrscht hierzu die Meinung vor, dass solche Informationen kaum verlässlich beschafft werden können. Deshalb gehen Manager einfacher vor.

Ein pragmatischer Ansatz ist die **Arbeitslast-Methode** (Albers 1989, S. 508 ff.). Hier besteht die Idee darin zu ermitteln, wie viele Verkaufsaußendienstmitarbeiter erforderlich sind, um ein vorab bestimmtes Besuchsprogramm auszuführen. Betrachten wir ein Unternehmen mit 2.500 Kunden, die vier Mal im Jahr besucht werden sollen. Bei weiteren 1.000 Interessenten soll versucht werden, diese mit durchschnittlich 5 Besuchen zu Kunden zu konvertieren. Schafft ein Verkaufsaußendienstmitarbeiter aufgrund der Reisezeiten und der erforderlichen Besuchslänge 3 Besuche am Tag bei 200 Besuchstagen im Jahr, so braucht man offenbar $(2.500 \cdot 4 + 1.000 \cdot 5)/(3 \cdot 200) = (10.000 + 5.000)/(3 \cdot 200) = 15.000/600 =$ 25 Verkaufsaußendienstmitarbeiter. Allerdings weiß man bei Anwendung dieser Methode nicht, ob denn 4 Besuche pro Jahr im Durchschnitt über alle Kunden optimal sind und ob überhaupt alle Kunden besucht werden sollen oder nur einige, diese dafür aber intensiver. Das gleiche gilt auch für die Interessenten. An dieser Stelle argumentieren Manager gerne, dass man Besuchshäufigkeiten pro Kunde aus Benchmarks (siehe Abschnitt 6.5.8) mit Wettbewerbern ableiten könne, so dass man zumindest den Branchen-Standard anwende. Wie man damit aber Wettbewerbsvorteile erreichen kann, bleibt offen.

Ein anderer Ansatz ergibt sich über ein zentral vorgegebenes Vertriebsbudget, das auf Geschäftsleitungsebene bestimmt wird. Ähnlich wie bei der Werbung wird häufig argumentiert, dass man einen bestimmten **Prozentsatz vom Umsatz** für den Verkaufsaußendienst ausgeben solle (Zoltners, Sinha und Zoltners 2001, S. 89-91). Solche Prozentsätze sind ebenfalls aus der Vergangenheit, Erfahrungsgruppen, Benchmarks und Praxis-Reports potenziell bekannt. Ist das Budget einmal festgelegt, erhält man die Anzahl der benötigten Verkaufsaußendienstmitarbeiter, indem man das Budget durch die mittleren Kosten eines Verkaufsaußendienstmitarbeiters teilt. Wir werden zwar weiter unten sehen, dass diese Methode optimal sein kann, wenn der Prozentsatz optimal bestimmt worden ist, in der Praxis wird allerdings immer suboptimal mit Erfahrungswerten gearbeitet. Im Übrigen ist diese Vorgehensweise eine rückwärts gerichtete Methode, da man nur gemäß vorhandener Erfahrungen operiert und nicht vorwärts gerichtet danach fragt, was man mit dem Verkaufsaußendienst erreichen möchte (Zoltners, Sinha und Zoltners 2001, S. 91). Keine der vorgestellten heuristischen Methoden der Praxis erlaubt somit eine Bestimmung der Außendienstgröße, die ökonomisch sinnvoll begründet ist.

4.7.2   Deckungsbeitragsmaximale Außendienstgröße

Eine betriebswirtschaftlich begründete Bestimmung der Außendienstgröße orientiert sich an dem Ziel, den damit erzielbaren Deckungsbeitrag zu maximieren. Dazu braucht man zunächst Kenntnis darüber, wie Umsatz und Außendienstgröße funktional zusammenhängen. Dieser Zusammenhang ist nicht einfach zu modellieren, da Umsatz und Außendienstgröße nicht in einem unmittelbaren kausalen Zusammenhang stehen. Vielmehr hat jede Veränderung der Anzahl der Verkaufsaußendienstmitarbeiter zur Folge, dass zunächst einmal die Verkaufsgebiete neu eingeteilt werden müssen (siehe Abschnitt 3.5) und die Verkaufsaußendienstmitarbeiter dann pro Verkaufsgebiet eine neue Besuchszeiten-Allokation vornehmen (siehe Abschnitt 4.2), deren Ergebnisse über die veränderte Besuchstätigkeit zu Umsatzveränderungen führen. Deswegen kann man die Optimierung der Anzahl der Verkaufsaußendienstmitarbeiter auch auf unterschiedlichen Aggregationsniveaus vornehmen, d.h. bspw. mit und ohne Betrachtung der Auswirkungen von Verkaufsgebietseinteilungen (Albers 2000c).

Auf einem geringen Aggregationsniveau kann man grundsätzlich so vorgehen, dass die bestehende Anzahl von Verkaufsaußendienstmitarbeitern inkrementell, z.B. um einen Verkaufsaußendienstmitarbeiter, erhöht wird. Dann bestimmt man eine neue Verkaufsgebietseinteilung (siehe Abschnitt 3.5) und für jedes neue Verkaufsgebiet eine neue Besuchszeiten-Allokation (siehe Abschnitt 4.2) und auf dessen Grundlage den prognostizierten Deckungsbeitrag. Dieser wird mit dem bisherigen Wert verglichen. Liegt er höher, wird die Anzahl der Verkaufsaußendienstmitarbeiter fiktiv um einen weiteren Mitarbeiter erhöht, und es wird erneut geprüft, ob dieser weitere Verkaufsaußendienstmitarbeiter ebenfalls zu einer Verbesserung des Deckungsbeitrages führen würde. Diese so genannte **Inkrementalmethode** wird solange fortgesetzt, wie Verbesserungen gefunden werden können. Liegt der erste Wert für den Deckungsbeitrag bei Erhöhung um einen Verkaufsaußendienstmitarbeiter unter dem bisherigen Wert, so prüft man analog, ob durch Verringerung der Anzahl der Verkaufsaußendienstmitarbeiter eine Verbesserung erzielt wird (Albers 1989, S. 532).

Wendet man diesen Vorschlag auf alle denkbaren Anzahlen von Verkaufsaußendienstmitarbeitern an, so erhält man eine indirekte Reaktionsfunktion des Deckungsbeitrages in Abhängigkeit von der Außendienstgröße. Wie eine solche Funktion aussieht, zeigt die bekannte Syntex-Fallstudie (Lodish et al. 1988). Die in dieser Veröffentlichung berichtete Reaktionsfunktion (siehe **Abbildung 4.7-1**) ist konkav und weist abnehmende Grenzdeckungsbeiträge mit zunehmender Anzahl von Verkaufsaußendienstmitarbeitern auf. Dieser Funktionsverlauf ergibt sich zwangsläufig aufgrund der vorgelagerten Optimierungsmöglichkeiten. Der Außendienst kann nämlich alle denkbaren Besuche nach dem erwarteten Ergebnis sortieren. Bei geringer Größe werden Verkäufer zunächst die Besuche mit dem höchsten Deckungsbeitragszuwachs und dann bei mehr Kapazität immer weniger attraktive Besuche durchführen, bis sich keine Besuche mehr lohnen.

Abbildung 4.7-1   Umsatz und Deckungsbeitrag bei Syntex in Abhängigkeit von der
                      Außendienstgröße (gemäß den Daten von Lodish et al. 1988)

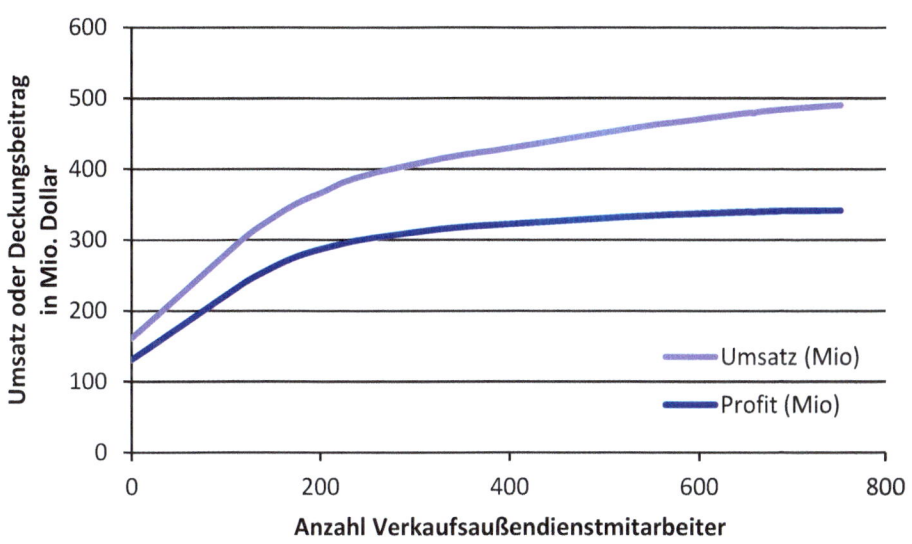

Hat man nicht die Möglichkeit, die Inkrementalmethode anzuwenden, so kann man auch nicht den genauen Deckungsbeitrag in Abhängigkeit von jeder Anzahl von Verkaufsaußendienstmitarbeitern angeben. Es bleibt dann nur die Option, von einer vereinfachten Reaktionsfunktion auszugehen, welche die Abhängigkeit des Umsatzes direkt von der Anzahl der Verkaufsaußendienstmitarbeiter gemäß einem angenommenen funktionalen Verlauf angibt. Eine solche Funktion müsste der Entscheidungsträger subjektiv schätzen. Methoden dazu werden im Abschnitt 6.2.1 vorgestellt. Allerdings ist bekannt, dass solche aggregierten Reaktionsfunktionen meist nicht den Effekt abbilden, dass bereits durch eine optimale Allokation der Verkaufsbemühungen innerhalb des Verkaufsgebiets erhebliche Umsatzzuwächse erzielt werden können (Mantrala, Sinha und Zoltners (1992).

Auf der Basis einer solchen Funktion ergibt sich der zu maximierende Deckungsbeitrag, indem man den Umsatz gemäß Reaktionsfunktion mit einem Deckungsbeitragssatz multipliziert und die Kosten für die zur Erzielung des Umsatzes benötigten Verkaufsaußendienstmitarbeiter abzieht. Dabei wird angenommen, dass sich der Mix der angebotenen Produkte nicht verändert, so dass man den (mittleren) Deckungsbeitragssatz aus dem gegenwärtigen Anteil des Deckungsbeitrages (vor Abzug von Marketing- und Vertriebskosten) am Erlös erhält. Diese Zielfunktion ergibt sich formelmäßig wie folgt (Albers 2000a; Horsky und Nelson 1996):

$$DB = d \cdot U(x) - k \cdot x \tag{4.20}$$

DB: Deckungsbeitrag,
d: Deckungsbeitragssatz,
U(x):   Umsatz in Abhängigkeit von der Anzahl der Verkaufsaußendienstmitarbeiter,
k: Personalkosten eines Verkaufsaußendienstmitarbeiters,
x: Anzahl der Verkaufsaußendienstmitarbeiter.

Kennt man den konkreten funktionalen Verlauf der Umsatzreaktionsfunktion, so kann man das Optimum in Gleichung (4.20) dadurch bestimmen, dass man die erste (mathematische) Ableitung bildet, diese gleich Null setzt und nach der Anzahl der Verkaufsaußendienstmitarbeiter auflöst. Ein Beispiel dafür beschreiben Horsky und Nelson (1996). Alternativ kann man sich auch sehr leicht damit behelfen, für alle Werte der Anzahl von Verkaufsaußendienstmitarbeitern (x) den Deckungsbeitrag DB gemäß Gleichung (4.20) in einem Tabellenkalkulationsprogramm wie Excel zu bestimmen und dann aus der Tabelle oder einem Plot abzulesen, welche Anzahl von Verkaufsaußendienstmitarbeitern deckungsbeitragsmaximal ist.

Ganz allgemein kann man aus Gleichung (4.20) eine Lösung bestimmen, die das Budget für den Verkaufsaußendienst in Abhängigkeit von der Besuchs-Elastizität (siehe Abschnitt 4.2.5) ausdrückt. Die Besuchs-Elastizität als die relative (prozentuale) Veränderung des Umsatzes dividiert durch die relative (prozentuale) Veränderung der Anzahl der Verkaufsaußendienstmitarbeiter kann auch leicht subjektiv geschätzt werden. Ist der Wert E für diese Elastizität bekannt, so zeigen Krafft und Albers (1994), dass für eine optimale Außendienstgröße gilt:

$$k \cdot x = E \cdot d \cdot U(x) \tag{4.21}$$

Diese Beziehung besagt, dass im Optimum das **Budget für den Außendienst**, quantifiziert als die Personalkosten für die Außendienstmitarbeiter ($k \cdot x$), genau gleich demjenigen Prozentsatz des Deckungsbeitrages vor Abzug von Vertriebskosten ($d \cdot U(x)$) sein sollte, der der Höhe der Besuchs-Elastizität E entspricht. Wenn diese Elastizität konstant über den gesamten Funktionsverlauf ist, kann man Formel (4.21) unmittelbar anwenden, indem man für U(x) den geplanten Umsatz einsetzt. Bei einer gemäß Meta-Analyse von Albers, Mantrala und Sridhar (2010) gefundenen mittleren Besuchs-Elastizität von E=0,3, einem Deckungsbeitragssatz von d=50%, einem geplanten Umsatz von 60 Mio. € und Kosten für einen Verkaufsaußendienstmitarbeiter in Höhe von 60.000 € ergibt sich:

$$60.000 \cdot x = 0,3 \cdot 50\% \cdot 60.000.000 \tag{4.22}$$

und damit eine optimale Anzahl von Verkaufsaußendienstmitarbeitern (x) von 9.000.000/60.000 = 150.

Bei dieser Elastizität ist bislang nicht angesprochen worden, auf welchen Zeitraum sich die relative Veränderung des Umsatzes bezieht. Bereits im Abschnitt zur Besuchsplanung ist thematisiert worden, dass Veränderungen in der Besuchstätigkeit gerade bei Kundenbeziehungen im Investitionsgütersektor **langfristige Auswirkungen** haben. So haben Sinha und Zoltners (1987) herausgefunden, dass nach einer Erhöhung der Besuchsfrequenz und entsprechenden Umsatzzuwächsen in den Folgejahren weitere Umsätze erzielt werden können, und dies selbst für den Fall, dass die Besuchstätigkeit auf Null zurückgefahren wird. Ist ein solcher Carry-Over gegeben, so sollte die kurzfristige Elastizität mit dem Marketing-Multiplikator gemäß Abschnitt 6.2.2 multipliziert werden. Dann empfiehlt sich bei langfristiger Betrachtung häufig ein deutlich größerer Verkaufsaußendienst als nach Maßgabe einer kurzfristigen Optimierung (Zoltners, Sinha und Zoltners 2001, S. 79).

Im Normalfall ist die **Elastizität** allerdings nicht über den Funktionsverlauf konstant, sondern verringert sich mit zunehmender Anzahl von Verkaufsaußendienstmitarbeitern. Dann sind Umsatz und Elastizität nicht mehr voneinander unabhängig. In diesem Fall kann man die Formel (4.21) nur zur Optimalitätsprüfung verwenden und Aussagen darüber ableiten, ob eine inkrementelle Erhöhung oder Verringerung der Anzahl der Verkaufsaußendienstmitarbeiter profitabel ist (Albers 2000c):

$$
wenn \ \frac{k \cdot x}{d \cdot U(x)} \begin{cases} < E, dann \ Anzahl \ ADM \ erhöhen, \\ = E, dann \ ist \ Anzahl \ ADM \ optimal, \\ > E, dann \ Anzahl \ ADM \ verringern \end{cases} \tag{4.23}
$$

Hat das Unternehmen z.B. bisher mit 120 Verkaufsaußendienstmitarbeitern gearbeitet und gelten die Werte von Formel (4.22), so würde Formel (4.23) nahe legen, dass die Anzahl der Verkaufsaußendienstmitarbeiter zu gering gewählt ist. Sie quantifiziert jedoch nicht, wie hoch nun genau die optimale Anzahl der Verkaufsaußendienstmitarbeiter sein sollte, da sich die Elastizität mit steigendem Umsatz abschwächen kann. Nach Anpassung der Außendienstgröße ist dann erneut zu prüfen, ob die Vertriebsmannschaft optimal, zu groß oder zu klein gewählt ist. Aufgrund der hohen Unsicherheit, die mit dem exakten Wert der Besuchs-Elastizität verknüpft sein kann, ist ohnehin zu empfehlen, die Außendienstgröße in kleinen Schritten zu verändern, um aus den jeweils resultierenden Umsätzen auf Veränderungen der Elastizität schließen zu können.

Schließlich sei noch darauf hingewiesen, dass Formel (4.21) die Möglichkeit bietet rückzuschließen, von welcher Elastizität ein Unternehmen bisher ausgegangen ist. In der Regel sollte man davon ausgehen, dass Unternehmen Optimalität anstreben. Dann müsste in der Vergangenheit versucht worden sein, die Optimalitätsbedingung (4.21) einzuhalten. Unter diesen Umständen braucht man lediglich den Quotienten aus Budget für den Außendienst und erreichtem Deckungsbeitrag zu bilden, der gemäß (4.21) im Optimum der Außendienst-Elastizität entsprechen muss. Einen solchermaßen aus Rechnungswesen-Daten abgeleiteten Wert für die Außendienstelastizität kann man mit Werten aus anderen Studien vergleichen und so beurteilen, ob er zumindest plausibel ist.

4.7.3   Steigerungspotenzial für den Deckungsbeitrag

Für die Beurteilung, ob man mit Veränderungen der Außendienstgröße den Unternehmenserfolg steigern kann, ist abschließend zu untersuchen, mit welchen Gewinn- bzw. Deckungsbeitragssteigerungen zu rechnen ist, wenn man die bisherige Außendienstgröße durch die Realisierung der optimalen Anzahl von Verkäufern verbessert. Dies kann man relativ leicht visualisieren, indem man den Deckungsbeitrag für ein Beispiel mit typischen Werteausprägungen für alle Anzahlen von Verkaufsaußendienstmitarbeitern berechnet und in einem Diagramm plottet. Bei einer Außendienst-Elastizität von 0,3 ergibt sich bspw. ein Verlauf für den Deckungsbeitrag wie in **Abbildung 4.7-2**.

Abbildung 4.7-2   Prinzip des flachen Maximums bei der Bestimmung der optimalen
Außendienstgröße (Albers 2000c, S. 24)

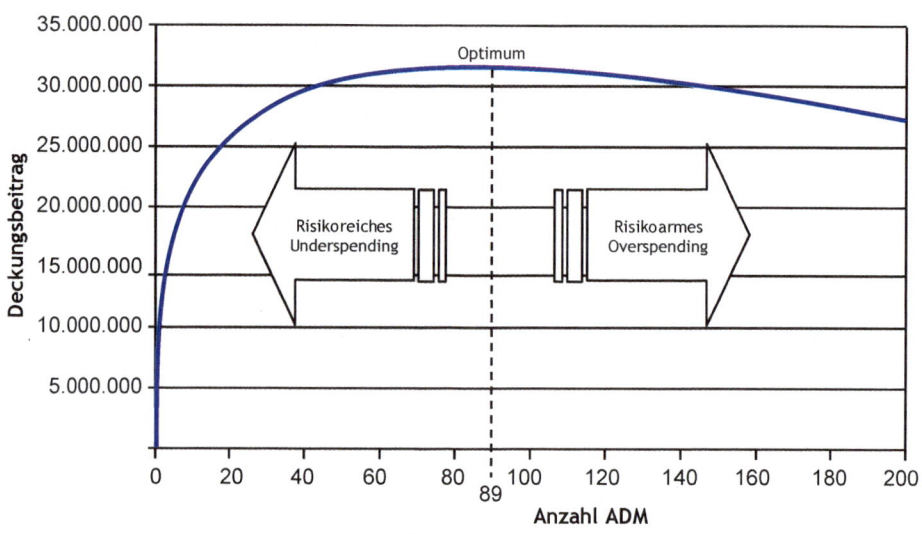

Aus **Abbildung 4.7-2** erkennt man, dass sich der Deckungsbeitrag in der Nähe des Optimums nur sehr wenig verändert. So führt eine Abweichung von der optimalen Außendienstgröße um +/- 50 % zu eher marginalen Reduzierungen des maximalen Deckungsbeitrags von 7 %, wobei die Kosteneffekte des zu groß bzw. zu klein gewählten Außendienstes bereits im Deckungsbeitrag berücksichtigt wurden. Man spricht in diesem Zusammenhang von einem flachen Optimum. Dies bedeutet, dass man weder durch eine Steigerung noch durch eine Reduzierung der Anzahl von Verkaufsaußendienstmitarbeitern und damit auch mit einer Optimierung viel gewinnen kann. Das Erreichen des Optimums hat keine großen Auswirkungen, es sei denn, man wählt im Vergleich zur optimalen Außendienstgröße deutlich zu wenige Verkaufsaußendienstmitarbeiter. Unter Risikogesichtspunkten ist es somit eindeutig gefährlicher, die Anzahl der Verkaufsaußendienstmitarbeiter zu reduzieren als zu erhöhen. Das insbesondere von Beratern propagierte Lean Selling ist also gefährlich, weil die Kosteneinsparung durch den deutlich zu kleinen Außendienst zu überproportionalen Umsatzrückgängen führt. In einer Anwendung auf den Pharmabereich zeigte sich in diesem Zusammenhang, dass etwa zwei Drittel aller untersuchten Unternehmen zu kleine Außendienste aufwiesen (Krafft und Albers 1994). Das Konzept des Overspending, also dass im Zweifel eher zu viel für den Verkaufsaußendienst ausgegeben wird, ist demgegenüber vorteilhafter, weil die zu hohen Personalaufwendungen durch die daraus resultierenden Umsatzsteigerungen nahezu kompensiert werden. Interessanterweise wendet der Konsumgüterhersteller Procter & Gamble diese Politik seit langem bei seinem Werbebudget an, wofür ähnliche Beziehungen gelten. Auch wenn nicht alle Marken von Procter & Gamble in der jeweiligen Produktkategorie führend sind, erreicht es Procter & Gamble mit einem Werbebudget von etwa 576,5 Mio. € in 2011 und damit als führendes werbetreibendes Unternehmen in Deutschland immer wieder, für seine Produkte sehr hohe Marktanteile zu realisieren (ZAW 2012, S. 188-189).

Statt nach einer exakten Optimierung der Außendienstgröße zu suchen, sollte man vielmehr qualitative Aspekte bei den Verkaufsaußendiensten analysieren. Entsprechende qualitative Einsichten gewinnt man, wenn man versucht, die empirisch gegebene Besuchs-Elastizität statistisch zu ermitteln. Es wird dazu empfohlen, nach den in Abschnitt 6.2.2 (Performance Management) dargestellten Methoden vorzugehen. Auffällig hohe Elastizitäten im Vergleich zu den aus Meta-Analysen bekannten Mittelwerten sind dabei ein Indikator dafür, dass Besuche durch den Verkaufsaußendienst eine starke Wirkung entfalten. Dann ist der Außendienst entweder gut geschult und entsprechend effektiv oder es hat noch keine ausreichende Optimierung durch Einstellung weiterer Verkaufsaußendienstmitarbeiter stattgefunden. Geringe Werte der Außendienstelastizität sind ein Zeichen für entweder zu viele Verkaufsaußendienstmitarbeiter oder eine schlechte Effektivität der Besuche. In letzterem Fall sollte man weniger an das Verringern des Außendienstes denken, sondern eher daran, Trainings anzubieten, damit die Produktivität des Vertriebs erhöht werden kann. Im Übrigen sind durch eine intelligente **Aufteilung der Außendienstkapazität auf Kundensegmente** (siehe dazu auch den Abschnitt 4.2 zur Besuchsplanung) größere Gewinnzuwächse zu erwarten als durch die Optimierung der Außendienstgröße (Mantrala, Sinha und Zoltners 1992).

Literatur

Albers, Sönke (1985): Die Planung der Preis- und Besuchspolitik eines Verkaufsaußendienstes, *Zeitschrift für Betriebswirtschaft*, 55, 899-923.

Albers, Sönke (1989): *Entscheidungshilfen für den Persönlichen Verkauf*, Duncker & Humblot: Berlin.

Albers, Sönke (1996): CAPPLAN: a decision support system for planning the pricing and sales effort policy of a salesforce, *European Journal of Marketing*, 30 (7), 68-82.

Albers, Sönke (1998): Regeln für die Allokation eines Marketing-Budgets auf Produkte oder Marktsegmente, *Zeitschrift für betriebswirtschaftliche Forschung*, 50, 211-235.

Albers, Sönke (2000a): Sales-force Management, in: Blois, Keith (ed.): *The Oxford Textbook of Marketing*, Oxford University Press: Oxford et al., 292-317.

Albers, Sönke (2000b): Besuchsplanung, in: Albers, Sönke (Hrsg.): *Verkaufsaußendienst: Organisation – Planung – Kontrolle*, Symposion: Düsseldorf, 173-195.

Albers, Sönke (2000c): Wie die optimale Außendienstgröße bestimmt werden kann, in: Albers, Sönke (Hrsg.): *Verkaufsaußendienst: Organisation – Planung – Kontrolle*, Symposion: Düsseldorf, 13-27.

Albers, Sönke und Goetz Greve (2004): Kundenwertprognose, in: Peter Mertens und Susanne Rässler (Hrsg.): *Prognoserechnung*, Physica: Heidelberg, 431-438.

Albers, Sönke und Manfred Krafft (2000): Regeln zur fast-optimalen Bestimmung des Angebotsaufwands, *Zeitschrift für Betriebswirtschaft*, 70, 1083-1107.

Albers, Sönke, Murali K. Mantrala and Shrihari Sridhar (2010): A Meta-Analysis of Personal Selling Elasticities, *Journal of Marketing Research*, 47 (October), 840–853.

Alznauer, Timo und Krafft, Manfred (2004): Submissionen, in Klaus Backhaus und Markus Voeth (Hrsg.): *Handbuch Industriegütermarketing*, Gabler, 1057-1978.

Backhaus, Klaus (1980): *Auftragsplanung im industriellen Anlagengeschäft*, Poeschel: Stuttgart.

Backhaus, Klaus und Markus Voeth (2010): *Industriegütermarketing*, 9. Aufl., Vahlen: München.

Berger, Paul D. und Nada Nasr Bechwati (2001): The allocation of promotion budget to maximize customer equity, *Omega*, 29, 49-61.

Blattberg, Robert C. und John Deighton (1996): Manage Marketing by the Customer Equity Test, *Harvard Business Review*, 74 (4), 136-144.

Dorfman, Robert und Peter O. Steiner (1954): Optimal Advertising and Optimal Quality, *American Economic Review*, 44 (5), 826-836.

Domschke, Wolfgang und Andreas Drexl (2002): *Einführung in Operations Research*, 5. Aufl., Springer: Berlin et al.

Drexl, Andreas und Knut Haase (1999): Fast Approximation Methods for Salesforce Deployment, *Management Science*, 45 (10), 1307-1323.

Edelman, Franz (1965): Art and Science of Competitive Bidding, *Harvard Business Review*, 43 (4), 53-66.

Fajek, Aminah (1998): Competitive Bidding Strategy Model and Software System for Bid Preparation, *Journal of Construction Engineering and Management*, 124 (1), 1-10.

Freeland, James R. und Charles B. Weinberg (1980): S-shaped Response Functions: Implications for decision Models, *Journal of the Operational Research Society*, 31 (11), 1001-1007.

Frerk, Thorsten (2002): Einführung einer Vertriebs- und Tourenplanungssoftware bei Liebherr-Hausgeräte, in: Albers, Sönke (Hrsg.): *Verkaufsaußendienst: Organisation – Planung – Kontrolle*, Symposion: Düsseldorf, 223-243.

Friedrich, Wilhelm (1996): *Zwischenbetrieblicher Vergleich. Kennzahlen und Informationen aus dem Vertriebsbereich – Ergebnisse*, VDMA: Frankfurt am Main.

Fudge, William K. und Leonard M. Lodish (1977): Evaluation of the Effectiveness of a Model Based Salesman's Planning System by Field Experimentation, *Interfaces*, 8 (1), Part 2, 97-106.

Günter, Bernd (1977): Anbieterkoalitionen bei der Vermarktung von Anlagegütern – Organisationsformen und Entscheidungsprobleme, in: Engelhardt, Werner H. und Gert Laßmann (Hrsg.): Anlagen-Marketing, *Sonderheft 7/1977 der Zeitschrift für betriebswirtschaftliche Forschung*, 155-172.

Guserl, Richard (1996): Risiko-Management im industriellen Anlagengeschäft, *Zeitschrift für Betriebswirtschaft*, 66, 519-535.

Hanser, Peter (1999): High Speed Vertrieb. Die Kraft der Umsetzung. Ergebnisse der asw-Vertriebsumfrage '99, Absatzwirtschaft, Nr. 10, 58-59.

Heger, Günther (1988): *Anfragenbewertung im industriellen Anlagengeschäft*, Duncker & Humblot: Berlin.

Heger, Günther (1998): Anfragenbewertung, in: Kleinaltenkamp, Michael und Wulff Plinke (Hrsg.): *Auftrags- und Projektmanagement – Projektbearbeitung für den Technischen Vertrieb*, Duncker & Humblot: Berlin et al., 69-115.

Homburg, Christian und Daniel Daum (1997): *Marktorientiertes Kostenmanagement*, FAZ-Verlag: Frankfurt am Main.

Horsky, Dan und Paul Nelson (1996): Evaluation of Salesforce Size and Productivity Through Efficient Frontier Benchmarking, *Marketing Science*, 15 (4), 301-320.

Kambartel, Karl-Heinz (1973): *Systematische Angebotsplanung in Unternehmen der Auftragsfertigung, Möglichkeiten zur Rationalisierung der Angebotserstellung auf der Grundlage definierter Angebotsformen*, Dissertation RWTH: Aachen.

Kempkens, Wolfgang und Reinhard Kowalewsky (1995): Kraftwerke: Eiskalter Wind, *Wirtschaftswoche*, 51, 103-105.

Kleinaltenkamp, Michael (1996): Customer Integration – Kundenintegration als Leitbild für das Business-to-Business-Marketing, in: Kleinaltenkamp, Michael; Sabine Fließ und Frank Jacob (Hrsg.): *Customer Integration – Von der Kundenorientierung zur Kundenintegration*, Gabler: Wiesbaden, S. 13-24.

Köhler, Richard (1998): Kundenorientiertes Rechnungswesen als Voraussetzung des Kundenbindungsmanagements, in: Bruhn, Manfred und Christian Homburg (Hrsg.): *Handbuch Kundenbindungsmanagement: Grundlagen – Konzepte – Erfahrungen*, Gabler: Wiesbaden, 331-357.

Krafft, Manfred (1997): Der Ansatz der Logistischen Regression und seine Interpretation, *Zeitschrift für Betriebswirtschaft*, 67, 625 – 642.

Krafft, Manfred (2007): *Kundenbindung und Kundenwert*, 2. Aufl., Physica: Heidelberg.

Krafft, Manfred und Sönke Albers (1994): Effektives Management von Pharma-Außendiensten. Teil I: Optimale Größe und Gebiets-Einteilung, *Pharma-Marketing Journal*, 6, 214-218.

Krafft, Manfred und Sönke Albers (2000): Ansätze zur Segmentierung von Kunden: Wie geeignet sind herkömmliche Konzepte?, *Zeitschrift für betriebswirtschaftliche Forschung*, 52, 515-536.

Krafft, Manfred und Werner Reinartz (2000): Kundenbindungsmessung mit dem NBD/Pareto-Modell, *Wissenschaftliche Schriftenreihe des Zentrums für Marktorientierte Unternehmensführung (ZMU)*, Nr. 17, WHU, Vallendar.

Lindeiner-Wildau, Klaus von (1986): Risiko und Risiko-Management im Anlagenbau, in: Funk, Joachim und Gert Laßmann (Hrsg.): Langfristiges Anlagengeschäft – Risiko-Management und Controlling, *Sonderheft 20/86 der Zeitschrift für betriebswirtschaftliche Forschung*, 21-37.

Lodish, Leonard M. (1971): CALLPLAN: An Interactive Salesman's Call Planning System, *Management Science*, 18 (4), Part 2, P25-P40.

Lodish, Leonard M. (1974): Vaguely right approach to sales force allocations, *Harvard Business Review*, 52 (1), 119-124.

Lodish, Leonard M.; Ellen Curtis; Michael Ness und M. Kerry Simpson (1988): Sales Force Sizing and Deployment Using a Decision Calculus Model at Syntex Laboratories, *Interfaces*, 18 (1), 5-20.

Mantrala, Murali K.; Prabhakant Sinha und Andris A. Zoltners (1992): Impact of Resource Allocation Rules on Marketing Investment-Level Decisions and Profitability, *Journal of Marketing Research*, 29 (2), 162-175.

Plinke, Wulff (1989): Die Geschäftsbeziehung als Investition, in: Specht, Günter; Günter Silberer und Werner H. Engelhardt (Hrsg.): *Marketing-Schnittstellen – Herausforderungen für das Management*, Poeschel: Stuttgart, 305-325.

PTV (2010): Außendienstplanung mit PTV. Software und Consulting für effiziente Außendienststrukturen und Besuchstouren, Karlsruhe, Unternehmenspublikation.

Reinartz, Werner J. und V. Kumar (2000): On the Profitability of Long-Life Customers in a Noncontractual Setting: An Empirical Investigation and Implications for Marketing, *Journal of Marketing*, 64 (4), 17-35.

Reinartz, Werner, Jacquelyn S. Thomas und V. Kumar (2005): Balancing Acquisition and Retention Resources to Maximize Customer Profitability; *Journal of Marketing*, 69 (January), 63–79.

Rothkopf, Michael H. und Ronald M. Harstad (1994): Modeling Competitive Bidding: A Critical Essay, *Management Science*, 40 (3), 364-384.

Sinha, Prabhakant und Andris A. Zoltners (1987): Sizing Up Your Sales Force: An Integrated Approach, *Pharmaceutical Executive*, September.

Skiera, Bernd und Sönke Albers (1998): COSTA: Contribution Optimizing Sales Territory Alignment, *Marketing Science*, 17 (3), 196-213.

Zentralverband der deutschen Werbewirtschaft ZAW (2012): *Werbung in Deutschland 2012*, Verlag Edition zaw, Berlin.

Zoltners, Andris A.; Prabhakant Sinha und Philip S.C. Chong (1979): An Optimal Algorithm for Sales Representative Time Management, *Management Science*, 25, 1197-1207.

Zoltners, Andris A.; Prabhakant Sinha und Greggor A. Zoltners (2001): *The Complete Guide to accelerating sales force performance*, AMACOM: New York.

5 Management des Außendienstes

5.1 Überblick

Lernziele

- Der Leser weiß, dass die Außendienst-Entwicklung, die Gestaltung der Anreiz- und Führungssysteme sowie die Leistungsbeurteilung die zentralen Elemente des Außendienst-Managements darstellen.

- Der Leser versteht, dass nachhaltige Wechselwirkungen dieser Elemente untereinander bestehen.

- Der Leser kennt die Verhaltens-, Prozess- und Ergebnisorientierung als grundsätzliche Formen der Steuerung des Außendienstes.

- Der Leser kann die wesentlichen Effekte der verhaltens-, prozess- und ergebnisorientierten Steuerung beschreiben.

5.1.1 Grundlagen

In Kapitel 5 betrachten wir zentrale Elemente des Managements von Verkaufsaußendiensten. Bevor die Geschäftsführung bzw. die Vertriebsleitung konkrete Strukturen, Prozesse oder Systeme zum Management von Verkäufern festlegen und gestalten kann, sind im Rahmen der **Außendienst-Entwicklung** geeignete Mitarbeiter zu rekrutieren und auszuwählen sowie zu schulen bzw. zu trainieren (Abschnitt 5.2). Da dauerhaft schwache Verkäufer ggf. zu entlassen sind und die besten Außendienstmitarbeiter auch für den Wettbewerb attraktiv sind, stehen Vertriebsleiter vor der Herausforderung, wie Aspekte der Kündigung bzw. der Fluktuation im Vertrieb zu handhaben sind. Die Außendienst-Entwicklung spiegelt somit die im Persönlichen Verkauf verfügbaren Ressourcen, deren Qualität sowie Dynamik wider, also sozusagen den Rahmen des Managements von Außendiensten. Die Gestaltung von **Anreizsystemen** und der Führung sind dagegen als instrumentelles Design des Außendienstmanagements anzusehen. Als zentrale Elemente der Anreizsysteme werden in diesem Kapitel die Gestaltung des Festgehalts, von Provisionen bzw. Prämien, nicht-monetären Anreizen und Verkaufswettbewerben diskutiert (Abschnitt 5.3). Da Vertriebsorganisationen häufig eine substanzielle Größe aufweisen und die Mitarbeiter nicht nur durch Anreize oder intrinsische Motivation gesteuert werden, bedarf es zudem systematischer Konzepte zur **Führung** von Außendienstmitarbeitern (Abschnitt 5.4).

Während diese drei Elemente des Verkaufsaußendienst-Managements mit konkreten Aktivitäten verbunden und somit für die Verkäufer direkt spürbar sind, kommt der **Leis-**

tungsbeurteilung eine eher dienende Rolle zu, die analog zum Verhältnis von Management und Controlling in Unternehmen gesehen werden kann. Sowohl bei der Gestaltung von Maßnahmen der Außendienst-Entwicklung, des Anreizsystems als auch des Führungskonzepts wird nämlich auf Informationen zurückgegriffen, die im Rahmen der Leistungsbeurteilung zusammengetragen, aufbereitet und analysiert werden (Abschnitt 6.6). Dabei ist die Leistungsbeurteilung selbst nur eine Komponente des umfassenderen **Performance Managements**, dem das Kapitel 6 gewidmet ist.

Zwischen der Außendienst-Entwicklung, den Anreizsystemen, der Führung und der Leistungsbeurteilung als den vier zentralen Elementen des Managements von Vertriebsorganisationen bestehen nachhaltige Wechselwirkungen, die im Folgenden exemplarisch aufgezeigt werden. Die Interdependenzen der Außendienst-Management-Elemente verdeutlicht **Abbildung 5.1-1**.

Abbildung 5.1-1   Elemente des Verkaufsaußendienst-Managements

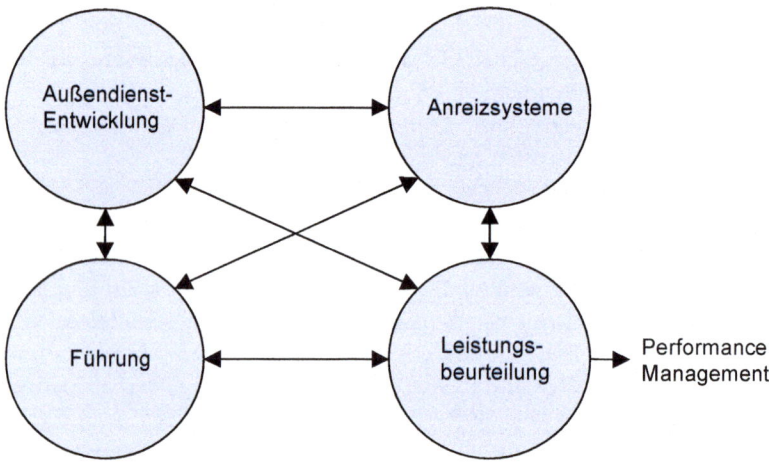

Die **Außendienst-Entwicklung und** das **Anreizsystem** weisen nachhaltige Wechselwirkungen auf, da Verkäufer je nach Persönlichkeitsmerkmalen unterschiedliche Präferenzen für Entlohnungsbestandteile entwickeln. Hat man eher risikofreudige und gut ausgebildete Mitarbeiter rekrutiert, werden diese eher hohe leistungsabhängige Einkommen bevorzugen. Zugleich signalisiert ein Unternehmen durch stark oder schwach ausgeprägte variable Entlohnungsanteile, welche Persönlichkeitsmerkmale neue Mitarbeiter aufweisen sollten, also bspw. welche Risikohaltung oder Leistungsfähigkeit. Vergleichbare Interdependenzen bestehen zwischen den Schulungs- und Trainingsaktivitäten als weiteren Maßnahmen der Außendienst-Entwicklung und der Entlohnung von Verkäufern – werden Mitarbeiter umfassend in Verkaufsfertigkeiten und Abschlusstechniken geschult, wird dies die Verkaufserfolge verbessern und damit die leistungsabhängige Entlohnung erhöhen.

Vergleichbare Wechselwirkungen bestehen zwischen der **Außendienst-Entwicklung und Führung** von Außendienstmitarbeitern. Wie in Abschnitt 5.4 noch ausführlicher dargelegt wird, wirken sich Persönlichkeitsmerkmale von Führungskräften direkt auf die Gestaltung von Führungsphilosophien und den nachgelagerten Erfolg aus. Die Auswahl von Führungskräften ist ebenso wie die Rekrutierung von Verkäufern Gegenstand der Außendienst-Entwicklung, so dass der Zusammenhang der Gestaltung dieser beiden Management-Elemente evident ist. Analog wirkt sich die Führung auch auf Fragen der Außendienst-Entwicklung aus: Wählen Vorgesetzte einen autoritären Führungsstil mit eingeschränkten Handlungsspielräumen und umfassenden Berichtspflichten, wird dies abschreckend auf potenzielle neue Mitarbeiter wirken, die Autonomie wünschen, und Verkäufer zur Kündigung bewegen, die Wert auf Kompetenz und Entscheidungsfreiheiten legen.

Nachhaltige Interdependenzen bestehen zudem zwischen der Gestaltung des **Anreizsystems und** der **Führung** (Joseph und Thevaranjan 1998). Dies soll an zwei Beispielen verdeutlicht werden: Verkäufer, die einen geringen Arbeitseinsatz zeigen, können entweder durch substanzielle variable Entlohnungsanteile zu umfangreicheren Anstrengungen stimuliert oder durch persönliche Gespräche, umfassende Berichte oder Coaching und Training zu höherer Leistung motiviert werden. Die Gestaltung der beiden instrumentellen Elemente des Außendienstmanagements muss dabei auch frei von Widersprüchen sein – eine rein Festgehalts-basierte Entlohnung würde den Mitarbeitern beispielsweise signalisieren, dass von ihnen in erster Linie bestimmte Tätigkeiten erwartet werden. In diesem Falle wäre es inkonsequent, wenn ein **Laissez-faire-Führungsstil**, eine hohe Leitungsspanne und ein nur schwach ausgeprägtes Berichtswesen im Rahmen der Führung gewählt werden, da klare Signale fehlen würden, was genau von den Mitarbeitern erwartet wird. Die Interdependenz von Führung und Anreizgestaltung wird zu guter Letzt durch Befunde der Motivationsforschung unterstrichen, die zeigen, dass aus Mitarbeitersicht eine begrenzte Substitution von Einkommen durch nichtfinanzielle Anreize stattfindet, beispielsweise in Form von Autonomie, Anerkennung oder ein angenehmes Arbeitsumfeld. Abbildung 5.1-2 verdeutlicht, wie facettenreich die Gestaltung des Anreizsystems und der Führung ist, dass die Auswahl und das Design dieser Instrumente letztlich von den übergeordneten Strategien des Unternehmens und des Marketingbereichs abhängen und sich diese beiden Elemente im Zusammenspiel auf den Grad der extrinsischen sowie intrinsischen Motivation und die daraus resultierenden Aktivitäten im Persönlichen Verkauf auswirken. Die einzelnen Elemente des Anreiz- und Führungssystems werden in Kapitel 5 ausführlich vorgestellt und diskutiert.

Abschließend ist festzuhalten, dass zwischen der Leistungsbeurteilung sowie den drei Elementen der Außendienst-Entwicklung, der Gestaltung des Anreizsystems und der Führung ebenfalls Wechselwirkungen bestehen. So spielt die Leistungsbeurteilung eine wesentliche Rolle bei der Einschätzung, wie vielversprechende Bewerber geprägt sind, worauf variable Entlohnungsanteile basieren sollten oder was Gegenstand von Außendienstberichten sein könnte. Über das Zusammenspiel von Elementen der Gestaltung des Außendienst-Managements gibt es nur begrenzte konzeptionelle und empirische Erkenntnisse. Eine Ausnahme bildet die Perspektive der verhaltens- versus ergebnisorientierten Steuerung. Diese wird im folgenden Abbildung 5.1-2 näher beleuchtet.

Abbildung 5.1-2   Anreizelemente und Führung

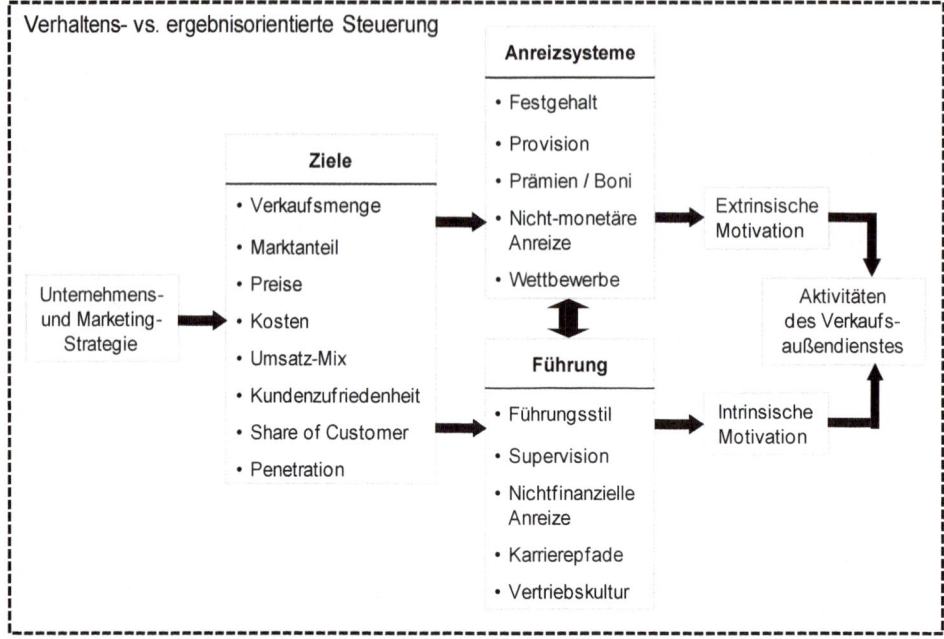

Verhaltens- vs. ergebnisorientierte Steuerung

5.1.2   Verhaltens- versus ergebnisorientierte Steuerung

Angesichts der Vielzahl der zur Verfügung stehenden Anreiz- und Führungsinstrumente stellt die Gestaltung eines in sich konsistenten und wirksamen Managementsystems eine komplexe Aufgabe dar, die von der Geschäfts- bzw. Vertriebsleitung zu lösen ist. Hilfe bei dieser Herausforderung bieten grundsätzliche **Steuerungsphilosophien**, die verhaltens-, prozess- oder ergebnisorientiert ausgeprägt sein können (Jaworski 1988; Baldauf, Cravens und Piercy 2005). Diese grundsätzlichen Orientierungen des Steuerungssystems wirken sich auf alle in **Abbildung 5.1-1** genannten zentralen Elemente des Verkaufsaußendienstes aus, also auf die Außendienstentwicklung, Anreizsysteme, Führung sowie Leistungsbeurteilung, und werden daher zu Beginn dieses Kapitels 5 thematisiert. Für Vertriebsleiter bietet die Entscheidung für eines dieser übergreifenden Steuerungskonzepte dabei insbesondere den Vorteil, dass mit der Entscheidung für die grundsätzliche Orientierung am Verhalten oder Ergebnis der Verkäufer bzw. dem Prozess als Verbindungselement von Input (Verhalten) und Output (Ergebnis) auch Implikationen für die komplexe Frage der Gestaltung des Anreiz- und Führungssystems verbunden sind, und somit eine Vereinfachung des Entscheidungsproblems erfolgt. Die folgende **Abbildung 5.1-3** vermittelt einen ersten Überblick über die Ausprägungen der Verhaltens- und Ergebnisorientierung im Sinne der Gestaltung ausgewählter Anreiz- und Führungsinstrumente sowie über deren Wirkungen auf Elemente des Motivationsprozesses von Außendienstmitarbeitern.

Abbildung 5.1-3   Verhaltens- bzw. Ergebnisorientierte Steuerung und ihre Effekte
(in Anlehnung an Krafft 1999, S. 121)

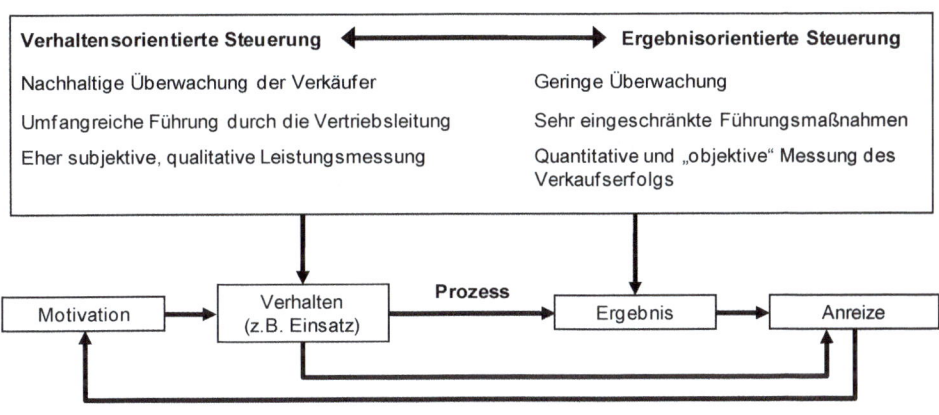

Während eine ergebnisorientierte Steuerung auf eine Selbststeuerung der Mitarbeiter durch „objektive" Erfolgsmaße abstellt, ist eine **verhaltensorientierte Steuerung** durch eine komplexe und eher subjektive Leistungsmessung des Verhaltens von Verkäufern gekennzeichnet. Dabei übt die Vertriebsleitung eine deutlich aktivere Rolle aus und führt bzw. überwacht die Mitarbeiter im Vertrieb in sehr ausgeprägter Form. Ist die Managementphilosophie eines Unternehmens eher verhaltensorientiert geprägt, spiegelt sich dies in den Zielen (z.B. Vorgabe von Besuchsfrequenzen oder zu besprechenden Produkten), den Anreizsystemen (hohes Festgehalt; niedrige variable Entlohnung, bspw. in Form von Prämien für qualitativen Input) und der Führung (intensives Coaching, umfassendes Berichtswesen) wider. Um eine verhaltensorientierte Steuerung erfolgreich umsetzen zu können, sollten qualifizierte Manager, leistungsfähige und aussagekräftige Berichtssysteme und eher intrinsisch motivierte Außendienstmitarbeiter vorhanden sein. Analog zeichnen sich **ergebnisorientierte Steuerungssysteme** durch einen Laissez-faire-Führungsstil, Output-Leistungsmaße und geringe Überwachung aus. Ergebnisorientierte Steuerungssysteme sind auch ohne umfassendes Berichtswesen oder starke Führungspersönlichkeiten erfolgreich umzusetzen. Eine Output-Steuerung erweist sich besonders bei Vertriebsmitarbeitern als wirksam, die auf extrinsische Anreize reagieren und eher unternehmerisch veranlagt sind.

Mit diesen extremen Steuerungsformen bezwecken Führungskräfte, dass eher das Verhalten der Verkäufer bzw. das Ergebnis des Verkaufsprozesses beeinflusst und im Sinne der Unternehmensziele gesteigert wird. Eine reine Verhaltensorientierung begünstigt dabei zwar eine stärkere Kundenorientierung, führt aber kurzfristig ggf. auch zu unzureichenden Verkaufserfolgen, während eine alleinige Ergebnisorientierung zu Lasten der langfristigen Zufriedenheit und Loyalität von Kunden und Mitarbeitern gehen könnte. Zudem ist bei ergebnisorientierten Steuerungssystemen zu befürchten, dass Verkäufer in Kundengesprächen zu einem überhöhten Abschlussdruck und unethischem Verhalten neigen und sehr kurzfristig orientiert sind, was sich negativ auf die Reputation des Unternehmens auswirkt. Die folgende **Tabelle 5.1-1** zeigt im Überblick die angeführten sowie weitere Effekte auf, die von einer verhaltens- bzw. ergebnisorientierten Steuerung ausgehen.

Tabelle 5.1-1   Erwartete Wirkungen von Verhaltens- bzw. Ergebnisorientierter Steuerung (in Anlehnung an Oliver und Anderson 1994, S. 55)

Dimension	Verhaltensorientiert	Ergebnis-orientiert
Kognitionen/Fähigkeiten		
– Produkt-/Unternehmenskenntnisse	hoch	gering
– Verkaufsfähigkeiten	hoch	gering
Einstellungen		
– Commitment gegenüber Arbeitgeber	hoch	niedrig
– Führung wird akzeptiert	eher ja	eher nicht
– Teamwork wird akzeptiert	eher ja	eher nicht
– Leistungsbeurteilungen werden akzeptiert	eher ja	eher nicht
– Risikopräferenz	risikoscheu	risikofreudig
Motivation		
– Art der Motivation	eher intrinsisch	eher extrinsisch
– Richtung der Motivation	unternehmensorientiert	Ich-orientiert
Verhaltensstrategie		
– Planung	umfangreich	begrenzt
– Besuchsaktivität	gering	umfangreich
– Verhältnis Selling/Non-Selling-Aktivitäten	niedrig	hoch
– Verkaufstechnik	eher adaptiv/„smart"	eher „hard selling"
Effekte auf die Verkaufsleistung		
– Ergebnis	eher niedrig	eher hoch
– Verhalten	eher hoch	eher niedrig
Weitere Effekte		
– Arbeitszufriedenheit	eher hoch	eher niedrig
– Partizipative Entscheidungsfindung	eher ja	eher nicht
– Entlohnung als Steuerungsmechanismus	eher nicht	eher ja
– Unternehmenskultur		
– innovativ	eher ja	eher nicht
– unterstützend	eher ja	eher nicht
– bürokratisch	eher ja	eher nicht

Da jede der beiden Extremformen Vor- und Nachteile aufweisen, wählen Unternehmen häufig eine **hybride Steuerungsphilosophie**, in der sowohl eine gewisse Verhaltens- als auch Ergebnisorientierung zu finden ist. In einer breit angelegten Analyse deutscher Vertriebsorganisationen zeigte sich, dass derartige hybride Systeme die Regel darstellen. In derselben Studie konnte gezeigt werden, dass der Einsatz von ergebnis- versus verhaltensorientierten Steuerungsphilosophien von Merkmalen der Verkaufsumwelt, des Unternehmens und der Außendienstmitarbeiter abhängen (Krafft 1999, S. 128). Eine Verhaltensorientierung wird dabei eher verfolgt, wenn

- die Verkaufsumwelt unsicher ist,

- die Außendienstorganisation klein ist,

- eine Leistungsmessung anhand des Verkaufsergebnisses nicht angemessen oder sehr aufwendig ist,

- die Messung des Verkaufsverhaltens möglich ist,

- Produkte nicht komplex sind,

- der Anteil an Routinetätigkeiten hoch ist und

- die Außendienstmitarbeiter gut ausgebildet sind.

Hybride Steuerungskonzepte führen allerdings durch das simultane Einsetzen mehrerer Instrumente implizit dazu, dass potenziell gegenläufige oder zumindest in ihrer Netto-Wirkung nicht überschaubare Effekte ausgelöst werden (Anderson und Onyemah 2006, S. 63 f.). Dieses Dilemma sei an folgendem Beispiel verdeutlicht: Ein Unternehmen gewährt im Vertrieb substanzielle Provisionen auf den erzielten Umsatz, während die Vertriebsführungskräfte gleichzeitig durch Coaching und inhaltliche Besuchsvorgaben darauf achten, dass Verkäufer zur langfristigen Kundenzufriedenheit und -loyalität beitragen. Ein derartiger hybrider Ansatz führt bei Mitarbeitern im Persönlichen Verkauf schnell zu Rollenkonflikten und in der Folge zu sinkender Arbeitszufriedenheit, Demotivation und ggf. zur Kündigung.

Als dritter Weg wird eine **prozessbezogene Steuerungsphilosophie** vorgeschlagen, deren Gegenstand die Beziehungen zwischen Verhalten (Input) und Ergebnis (Output) sind. Als Bezugsgrößen von Führungs- oder Entlohnungsmaßnahmen kommen daher Metriken in Betracht, die als Frühwarnindikatoren oder Vorlaufgrößen des Ergebnisses von Verkaufsbemühungen anzusehen sind. Beispiele hierfür wären Kundenzufriedenheit, Weiterempfehlungs- und Wiederkaufabsichten. Der Bezug auf diese qualitativen Kenngrößen vertrieblicher Prozesse bietet zum einen den Vorteil, dass den Mitarbeitern Freiheit bei der Festlegung ihres Verhaltens gewährt werden kann und lediglich eine Steigerung dieser Prozessmetriken vereinbart wird. Zum anderen entfällt die Notwendigkeit, dass Verkäufer am kurzfristigen, „objektiven" Ergebnis gemessen werden müssen. Somit hilft eine prozessorientierte Steuerung, die Schwächen der Verhaltensorientierung (Verkaufsergebnis wird nicht einbezogen) und der Ergebnisorientierung (überzogene Kurzfrist- und Abschlussorientierung) abzumildern. Allerdings ist eine prozessbezogene Steuerung die wohl aufwendigste Orientierung, da ein ähnlich umfassendes Führungs- und Anreizsystem wie bei der Verhaltenssteuerung erforderlich ist und zusätzlich geeignete Messungen von qualitativen Kenngrößen der vertrieblichen Prozesse vorzunehmen sind, was eine kontinuierliche Marktforschung erfordert.

5.2   Außendienst-Entwicklung

Lernziele

–   Der Leser weiß, dass der Verkauf mit Hilfe von Verkaufsaußendienstmitarbeitern erfolgen muss, die geeignet auszuwählen, zu trainieren und bei guter Leistung zu halten sind.

–   Der Leser versteht, dass man bei der Personalführung Auswahl- und Kündigungskosten den erwarteten Leistungen gegenüberstellen muss.

–   Der Leser kennt die unterschiedlichen Möglichkeiten der Rekrutierung, der Auswahl und des Trainings von Verkaufsaußendienstmitarbeitern.

–   Der Leser kann aus den verschiedenen Möglichkeiten der Außendienstentwicklung die für die jeweilige Situation bestmöglichen auswählen.

5.2.1   Überblick

Das Vertriebsmanagement umfasst das systematische Management aller auf den Kunden ausgerichteten Aktivitäten eines Unternehmens. Diese Aktivitäten werden durch Verkaufsaußendienstmitarbeiter erbracht. Insofern stellt das Vertriebsmanagement auch eine Aufgabe der Personalführung dar. Nicht nur müssen geeignete Verkaufsaußendienstmitarbeiter eingestellt, sondern auch zu höchstmöglicher Leistung motiviert und durch Training in ihrer Effektivität gesteigert werden. Ein Unternehmen muss aber auch in der Lage sein, gute von schlechten Verkaufsaußendienstmitarbeitern zu unterscheiden, um eventuell Außendienstmitarbeiter mit schlechter Leistung durch solche mit besserer Leistung ersetzen zu können. Voraussetzung für ein erfolgreiches Management dieser Aktivitäten ist ein tiefgehendes Verständnis der Probleme der Leistungsbeurteilung, die in Abschnitt 6.5 beschrieben werden. Nur wenn man weiß, welche Faktoren die Leistung positiv, aber auch negativ beeinflussen, ist man dazu in der Lage, nach geeigneten Kriterien Außendienstmitarbeiter auszuwählen, zu trainieren, aber vielleicht auch zu entlassen. **Abbildung 5.2-1** zeigt die Maßnahmen im **Lebenszyklus** eines Verkaufsaußendienstmitarbeiters.

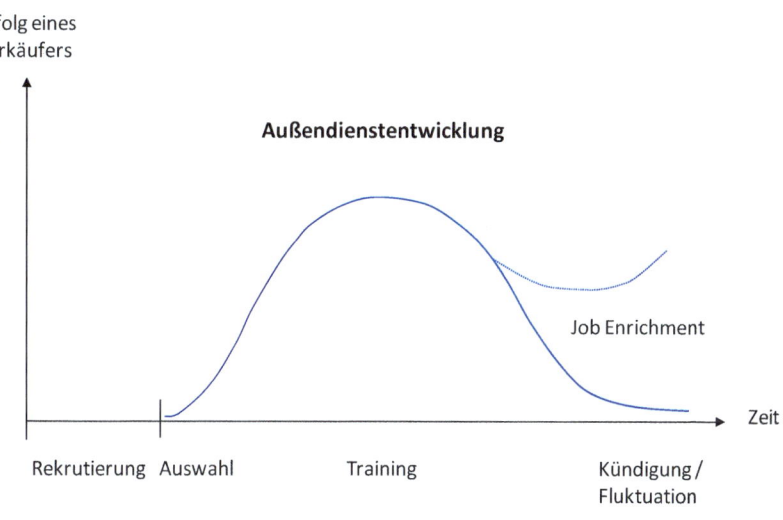

Abbildung 5.2-1   Maßnahmen der Außendienstentwicklung im Lebenszyklus eines
Verkaufsaußendienstmitarbeiters

Die richtige **Auswahl** und das richtige **Training** von Verkaufsaußendienstmitarbeitern zählen zu den Kernaufgaben des Vertriebsmanagements und haben starke Auswirkungen auf den Erfolg eines Unternehmens. Kann ein Unternehmen nur Verkaufsaußendienstmitarbeiter mit durchschnittlichen oder gar unterdurchschnittlichen Leistungen beschäftigen, so ist dies mit gravierenden langfristigen Folgen verbunden. Verlassen die schlechteren Verkäufer wieder das Unternehmen, so entstehen erneut Rekrutierungs- und Trainingskosten. Verkaufsaußendienste mit hoher **Fluktuation** sind meist schlecht im organisationalen Lernen und der Verbesserung ihrer Produktivität. Häufig vakante Verkaufsgebiete führen zum Abwandern von Kunden und zu einer geringen Moral unter den Mitarbeitern (Cooper und Johnston 1981). Bleiben die schlechteren Mitarbeiter dagegen im Unternehmen, so verliert das Unternehmen langsam Marktanteile, und man braucht mehr Management-Kapazität, sie anzuleiten. Zoltners, Sinha und Zoltners (2001, S. 166 f.) schätzen den Umsatzverlust, der durch einen schlechten Verkaufsaußendienstmitarbeiter verursacht wird, auf 300.000 bis hin zu mehreren Millionen US-$.

Das Ziel effektiver Verkaufsaußendienste kann man über ein systematisches **Rekrutieren** von Mitarbeitern oder ein wirksames Trainingsprogramm erreichen. Dass dies (sich ausschließende) Alternativen darstellen können, wird an den unterschiedlichen Einstellungs- und Karriere-Philosophien von Unternehmen deutlich. Auf der einen Seite kann ein Unternehmen versuchen, immer die besten und erfahrensten, am Markt befindlichen Bewerber anzuwerben. Auf der anderen Seite könnte ein Unternehmen ausschließlich unerfahrene, aber mit hohem Entwicklungspotenzial ausgestattete Verkaufsaußendienstmitarbeiter anheuern und diese dann durch ein intensives Training zu starken Leistungsträgern entwickeln (Zoltners, Sinha und Zoltners 2001, S. 161-165). Gerade große Unternehmen wie IBM, Xerox und Procter & Gamble heuern gerne Hochschulabsolventen an und entwickeln diese innerhalb ihres Unternehmens. Keiner der beiden Ansätze ist dem anderen grundsätzlich überlegen. Mit erfahrenen Kräften kann man schneller eine hohe Produktivität erreichen, mitunter bringen diese Mitarbeiter auch Kunden von früheren Arbeitgebern mit. Mitarbeiter von außen bringen neue Ideen mit, sind aber schwerer in die bestehende Unternehmenskultur zu integrieren. Das Entwickeln von Verkaufsaußendienstmitarbeitern im Unternehmen dagegen fördert Loyalität. Letztendlich muss man **abwägen**, in welchem Ausmaße die Position allgemeines Verkaufs-Know-how oder spezifisches Produkt-Know-how erfordert. Ersteres spricht für erfahrene Kräfte von außen, letzteres für Trainingsprogramme für Unerfahrene (Ganesan, Weitz und John 1993).

5.2.2   Rekrutierung

Der Rekrutierungsprozess stellt den ersten Schritt in der Außendienstentwicklung dar. Unter Rekrutierung wird das Anwerben einer Anzahl geeigneter Bewerber verstanden. Dabei geht es zum einen darum, über **welche Kanäle** Bewerber anzusprechen sind. Die Entscheidung darüber hängt davon ab, wie viel die Gewinnung eines Bewerbers in diesem Kanal kostet und mit welcher Wahrscheinlichkeit in diesem Kanal ein geeigneter gefunden werden kann. Schließlich ist die **Anzahl an Bewerbern** zu bestimmen, die man für sein Auswahlverfahren gewinnen möchte. Je höher diese ist, desto höher ist die Wahrscheinlichkeit, geeignete Bewerber zu identifizieren, desto höher sind aber auch die Rekrutierungskosten (Darmon 1978). Die Aufgabe der Rekrutierung besteht daher nicht in der Maximierung der Anzahl der Bewerber. Vielmehr sollte der Fokus auf der Rekrutierung möglichst geeigneter Bewerber liegen, da eine zu große Anzahl an Bewerbern den Rekrutierungsprozess zu sehr beansprucht und dazu führen kann, dass die Auswahlprozedur weniger intensiv und sorgfältig durchgeführt wird.

Die Rekrutierung und Auswahl von Verkaufsaußendienstmitarbeitern erfolgt in drei Schritten (Albers 2002, S. 251):

1. Planung des Rekrutierungs- und Auswahlprozesses,

2. Festlegung des Anforderungs- und Fähigkeitsprofils,

3. Ansprache von geeigneten Bewerbern in verschiedenen Kanälen.

5.2.2.1   Planung der Rekrutierung

Zunächst wird festgelegt, wer für die Rekrutierung von Verkaufsaußendienstmitarbeitern verantwortlich ist und wer an dem Rekrutierungs- und Auswahlprozess zu beteiligen ist. Neben der Personalabteilung werden zunehmend Verkaufsaußendienstmitarbeiter mit der Rekrutierung und Auswahl betraut, da sie einen besseren Überblick über benötigte Fähigkeiten der Bewerber haben (Johnston und Marshall 2009, S. 288 f.). Außerdem muss das Unternehmen darauf achten, mit dem **Auswahlprozess** seine leistungsstärksten Mitarbeiter zu betreuen, da in der Regel nur diese daran interessiert sind, wieder erfolgreiche Mitarbeiter einzustellen. Weniger erfolgreiche Mitarbeiter fürchten dagegen leistungsstarke Bewerber und wählen deshalb unter Umständen nach sachfremden Gesichtspunkten aus (Zoltners, Sinha und Zoltners 2001, S. 170).

5.2.2.2   Festlegung des Anforderungs- und Fähigkeitsprofils

Zahlreiche Studien belegen, dass die persönlichen Fähigkeiten und Neigungen eines Bewerbers einen Einfluss auf seine Leistung als Verkaufsaußendienstmitarbeiter haben (Churchill et al. 1985). Um sicher zu stellen, dass im Rekrutierungsprozess Bewerber mit hohen Ausprägungen der jeweils benötigten Leistungsmerkmale gewonnen werden, müssen schon im Vorfeld des Rekrutierungsprozesses die Anforderungen und Aktivitäten, die mit der zu besetzenden Stelle in Zusammenhang stehen, festgelegt werden. Dazu bedient man sich der **Stellenanalyse**. Eine Stellenanalyse ist eine systematische Prozedur zur Beschreibung der Aufgaben, Kenntnisse und Fertigkeiten, die für die Ausübung der Stelle notwendig sind (Friedman und Harvey 1986). Die Analyse sollte Aufgaben, Ziele und Verantwortungsbereiche festlegen und notwendige Eigenschaften der Bewerber identifizieren (Spiro, Rich und Stanton 2008, S. 136 f.). Die Analyse sollte von erfahrenen Verkaufsaußendienstmitarbeitern oder Mitarbeitern der Personalabteilung unter Einbeziehung der verantwortlichen Verkaufsaußendienstmitarbeiter durchgeführt werden.

Sind die Anforderungen an die zu besetzende Stelle festgelegt, werden die Rekrutierungs- und Auswahlkriterien aufgestellt. Insbesondere wird festgelegt, welcher **Rekrutierungsquellen** das Unternehmen sich bedienen will und wie letztendlich Verkaufsaußendienstmitarbeiter aus den Bewerbern ausgewählt werden.

5.2.2.3   Rekrutierungs-Kanäle

Ziel dieses Schrittes ist es, die Anzahl der unter- und überqualifizierten Bewerber zu reduzieren und die Anzahl der für die zu besetzende Stelle qualifizierten Bewerber zu erhöhen (Ingram et al. 2009, S. 135). Bei der Bestimmung der optimalen Anzahl an Bewerbern sollte man zwischen Rekrutierungskosten (Anzeigen, Abwicklung, Interviewzeit, Testkosten etc.) und der Wahrscheinlichkeit, geeignete Bewerber zu finden, sinnvoll abwägen (Darmon 1978). Dazu kann sich das Unternehmen unterschiedlicher Quellen der Rekrutierung edienen. Es wird unterschieden in unternehmensinterne und unternehmensexterne Quellen.

Unternehmensinterne Quellen

Mitarbeiter des eigenen Unternehmens stellen oftmals bereits geeignete Bewerber dar. Sie sind mit den Produkten und Abläufen vertraut und benötigen im Gegensatz zu unternehmensexternen Bewerbern keine umfangreichen Schulungen oder Einarbeitungszeiten (Cron und DeCarlo 2009, S. 202). Zudem verfügt das Unternehmen über bestehende Arbeitserfahrungen mit dem Bewerber und kann das Leistungspotential besser einschätzen. Eine Studie besagt, dass ein Drittel der besten Außendienstmitarbeiter zuvor in unternehmensinternen Stellen wie beispielsweise dem Kundenservice gearbeitet haben (Lorge und Campbell 1999). In einer weiteren Studie unter 200 Managern wird sogar berichtet (siehe

Abbildung 5.2-2), dass nahezu die Hälfte aller erfolgreichen Außendienstmitarbeiter intern rekrutiert, d.h. empfohlen werden (Lawlor 1995):

Abbildung 5.2-2   Nutzungshäufigkeit verschiedener Rekrutierungskanäle
(in Anlehnung an Lawlor 1995, S. 81)

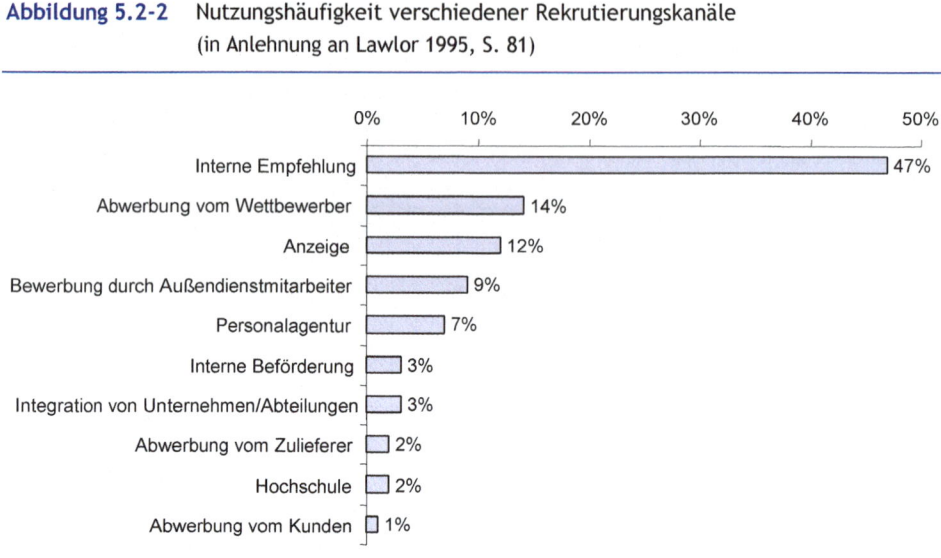

Unternehmensexterne Quellen

Zu den unternehmensexternen Quellen gehören Anzeigen in Printmedien, Online-Rekrutierung, Personalagenturen, Hochschulen und andere Bildungseinrichtungen, Jobmessen sowie Kunden, Zulieferer und Wettbewerber.

Anzeigen in Printmedien

Anzeigen in Printmedien werden häufig zur Rekrutierung genutzt, da sie eine hohe Reichweite haben und eine große Anzahl an Bewerbern generieren können. Allerdings werden auch unzureichend qualifizierte Bewerber oder Bewerber, die nicht aktiv eine Stelle suchen, angezogen. Dies kann zu einem umfangreichen und kostenintensiven Auswahlprozess führen (Cron und DeCarlo 2009, S. 201 f.).

Online-Rekrutierung

Neben den traditionellen Printmedien hat die Rekrutierung mit Hilfe neuer Medien als kostengünstige Alternative an Bedeutung gewonnen. Eine Studie unter 50 „Fortune 500"-Unternehmen hat ergeben, dass die **Rekrutierungszeit** von 43 Tagen durch Online-Anzeigen um durchschnittlich 6 Tage gesenkt werden kann, durch Online-Bewerbungen um weitere fünf Tage und um mehr als eine Woche durch elektronische Vorauswahl und Abwicklung (Cappelli 2001). Online-Rekrutierung hilft zunehmend, den Rekrutierungsprozess effizient zu gestalten, indem die Rekrutierung und Vorauswahl an Bewerbern anhand biografischer Daten automatisiert wird.

Personalagenturen

Personalagenturen werden oftmals zur Rekrutierung geeigneter Bewerber in Anspruch genommen. Die Agenturen übernehmen den gesamten Rekrutierungsprozess von der Anzeigenschaltung über die Auswahl bis zur Präsentation qualifizierter Bewerber. Am Ende sucht das Unternehmen geeignete Bewerber zur weiteren Auswahl aus. Dem Vorteil der Zeitersparnis und Rekrutierung geeigneter Bewerber stehen die Kosten für die Beauftragung der Personalagentur gegenüber.

Hochschulen und andere Bildungseinrichtungen

Unternehmen, die als Verkaufsaußendienstmitarbeiter Berufsanfänger suchen, wenden sich an Hochschulen oder andere Bildungseinrichtungen. Es wird angenommen, dass **Qualifikationen** wie logisches Denken, Zeitmanagement und Kommunikationsfähigkeit bei Hochschulabgängern den Anforderungen entsprechend gut ausgeprägt sind. Andererseits bedürfen Hochschulabgänger intensiverer Schulungen und Trainings als berufserfahrene Außendienstmitarbeiter und neigen dazu, die Stelle oder den Arbeitgeber nach kurzer Zeit zu wechseln (Zoltners, Sinha und Zoltners 2001, S. 164). Im Rekrutierungsprozess müssen daher in besonderem Maße die Anforderungen an die Qualifikation der Hochschulabgänger mit den Wünschen und Anforderungen dieser Bewerbergruppe verglichen werden, um geeignete Bewerber rekrutieren zu können (Weilbaker und Merritt 1992).

Jobmessen

Eine weitere einfache Möglichkeit der Ansprache von Hochschulabgängern bieten Kontaktmessen. Als Instrument der persönlichen Kommunikation können sich Unternehmen dort präsentieren und bereits erste Gespräche mit Bewerbern führen (Simon et al. 1995, S. 189). Obgleich der Vorteil von Jobmessen darin liegt, dass die Initiative für die Kontaktaufnahme von den Interessenten ausgeht, besteht bei vielen **Kontaktmessen** durchaus die Gefahr, eine Vielzahl unqualifizierter Bewerber zu attrahieren (Mondy und Noe 2005, S. 136). Daher ist es für spezialisierte Unternehmen vielfach sinnvoller, die Karrierebörsen von Fachmessen aufgrund des selektierten Publikums zu nutzen.

Kunden, Zulieferer und Wettbewerber

Kunden, Zulieferer und Wettbewerber können eine geeignete Rekrutierungsquelle sein. Der Vorteil besteht in der Erfahrung der Außendienstmitarbeiter und der damit verbundenen hohen Erfolgswahrscheinlichkeit. Jedoch wird die hohe fachliche Qualifikation oftmals mit hohen **Abwerbungskosten** erkauft (Darmon 1993).

Tabelle 5.2-1   Beurteilung der Kostengünstigkeit von Rekrutierungskanälen anhand eines fiktiven Beispiels

Rekrutierungs-quelle	Kosten für einen Bewerber (1)	Wahrscheinlichkeit, einen geeigneten Be-werber zu finden (2)	Kosten eines geeigneten Bewerbers (3) = (1) / (2)
Print-Anzeige	200 €	0,10	2.000 €
Online	30 €	0,05	600 €
Personalagentur	2.000 €	0,20	10.000 €
Jobmesse	300 €	0,12	2.500 €

Auswahl der Rekrutierungsquelle

Kennt man für jeden Rekrutierungskanal die Kosten pro Bewerber und die Wahrscheinlichkeit, unter den Bewerbern einen für die Einstellung geeigneten Kandidaten zu finden, dann kann man die Kosten für die Attrahierung eines geeigneten Bewerbers errechnen (siehe Tabelle 5.2-1) und bevorzugt die kostengünstigen Rekrutierungskanäle wählen.

5.2.3   Auswahl von Außendienstmitarbeitern

Nach der erfolgreichen Rekrutierung einer Anzahl geeigneter Bewerber werden aus der Menge der Kandidaten geeignete Außendienstmitarbeiter ausgewählt. Ziel ist es, Außendienstmitarbeiter mit denjenigen Eigenschaften auszuwählen, die das höchste Erfolgs-bzw. Leistungspotenzial versprechen, und ihnen ein Angebot zu unterbreiten. Empirische Studien zeigen, dass in den Unternehmen die unterschiedlichsten **Charakteristika** herangezogen werden. Sie reichen von demografischen Informationen über Ausbildung und Berufserfahrung bis hin zum persönlichen Lebensstatus. Dazu kommen Fähigkeiten, Fertigkeiten und Persönlichkeit der Bewerber. Tabelle 5.2-2 gibt einen Überblick über mögliche Kriterien.

In einer Vielzahl von Studien ist versucht worden, die verschiedenen Charakteristika von Verkaufsaußendienstmitarbeitern mit Erfolg zu korrelieren. Voraussetzung dafür ist natürlich, dass man trotz aller Probleme der Leistungsbeurteilung ein geeignetes Erfolgsmaß findet. Ford et al. (1987) haben eine Meta-Analyse durchgeführt, in der sie alle Studien zusammengefasst und den mit der Anzahl der Studien gewichteten mittleren Korrelationskoeffizienten berechnet haben. Dabei stellt sich heraus, dass erfolgreiches Verkaufen keine Naturbegabung darstellt, denn die persönlichen Charakteristika und die Fähigkeiten sind neben organisationalen Faktoren die am geringsten den Erfolg erklärenden Faktoren, während die Faktoren der Motivation, der Fertigkeiten und des Rollenverständnisses etwas mehr Erklärungskraft besitzen (Tabelle 5.2-2). Mit anderen Worten: den „**Verkaufs-künstler**" gibt es empirisch gesehen nicht!

Tabelle 5.2-2 Erklärte Varianz von Leistung beeinflussenden Faktoren
(in Anlehnung an Ford et al. 1987, S. 108-109)

Leistung beeinflussende Variablen	Anzahl an Korrelationen	Anteil erklärter Varianz (R^2)
I. Demografische und physische Eigenschaften		
Alter	61	1,1 %
Geschlecht	37	0,7 %
Physische Erscheinung	49	1,0 %
II. Background und Erfahrung		
Lebenslauf und Familienhintergrund	29	20,9 %
Schulabschluss	40	0,2 %
Bildung	42	0,9 %
Verkaufserfahrung	28	2,8 %
Andere Berufserfahrung	54	1,4 %
III. Derzeitiger Status und Lebensstil		
Familienstand	32	11,9 %
Finanzielle Situation	31	6,1 %
Hobbys/Lebensstil	38	1,7 %
IV. Eignung		
Intelligenz	38	1,4 %
Wahrnehmungsfähigkeit	21	6,7 %
Kommunikationsfähigkeit	20	1,8 %
Mathematische Kenntnisse	41	2,3 %
Verkaufstalent	58	3,7 %
V. Persönlichkeit		
Vernunft	42	4,0 %
Dominanz	125	2,4 %
Geselligkeit	94	1,1 %
Selbstbewusstsein	106	1,9 %
Kreativität/Flexibilität	51	1,4 %
Intrinsische Motivation	81	2,4 %
Extrinsische Motivation	25	1,8 %

Leistung beeinflussende Variablen	Anzahl an Korrelationen	Anteil erklärter Varianz (R^2)
VI. Qualifikationen		
Berufliche Qualifikationen	28	9,4 %
Verkaufsqualifikation	44	4,8 %
Zwischenmenschliche Fähigkeiten	43	2,2 %
Führungsqualifikationen	25	9,1 %
Berufliche Wertschätzung	115	1,0 %

Die hier angesprochenen Eigenschaften von Verkaufsaußendienstmitarbeitern müssen im Auswahlprozess mit Hilfe einer geeigneten Auswahlprozedur erhoben werden. Zu den gängigen **Auswahlverfahren** gehören biographische Informationen, das persönliche Gespräch, Referenzen und Testverfahren (wie beispielsweise das Assessment-Center). Unternehmen nutzen in der Regel eine Kombination aus mehreren Auswahlprozeduren (Johnston und Marshall 2009, S. 299 f.).

Vergleicht man nun die prognostische Validität der verwendeten Verfahren, so stellt man fest (Hunter und Hunter 1984), dass gerade das am häufigsten verwendete persönliche Gespräch die geringste **prognostische Validität** besitzt, d.h. am wenigsten geeignet ist, zukünftig erfolgreiche Verkäufer zu identifizieren (siehe **Abbildung 5.2-3**). Mit einem Korrelationsquotienten von 0,14 trägt es nur mit 2 % zur Aufklärung der Varianz des zukünftigen Erfolgs von Verkäufern bei. Besser sind biographische Informationen aus Bewerbungen, die immerhin einen Korrelationskoeffizienten von 0,37 aufweisen, was aber auch bedeutet, dass nur etwa 12 % der Varianz aufgeklärt werden können. Am besten schneiden die wenig verwendeten Fähigkeits- und Fertigkeitstests ab, die Bereiche der Intelligenz, Persönlichkeit und Neigungen messen und damit eine Korrelation von 0,53 erreichen.

Abbildung 5.2-3   Prognostische Validität verschiedener Auswahlverfahren
                       (in Anlehnung an Hunter/Hunter 1984, S. 90)

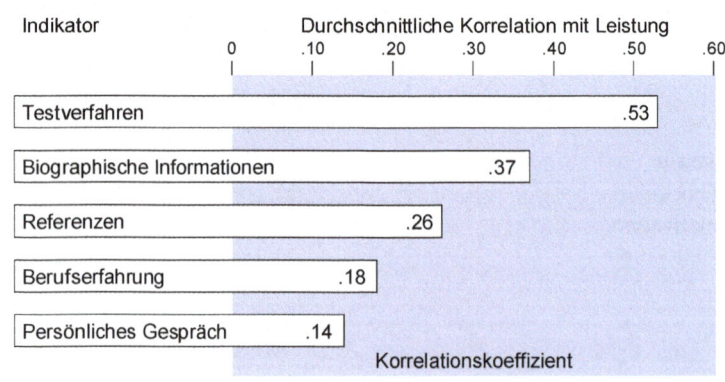

Nicht aufgeführt sind hier die **Assessment-Center**, mit denen der zukünftige Erfolg der Verkäufer noch besser prognostiziert werden kann (Hunter und Hunter 1984). Mit einem Assessment-Center (Cook und Herche 1992) soll ermittelt werden, inwieweit ein Bewerber sich in der späteren Berufsumgebung, die gleichsam simuliert wird, erfolgreich bewegen kann. Auf Grund der Ähnlichkeit der simulierten Umgebung mit dem späteren Arbeitsumfeld können relativ valide Ergebnisse erzielt werden. Ein typisches Assessment-Center besteht aus Rollenspielen, Gruppendiskussionen und dem Beantworten von Briefen und Führen von Telefongesprächen. Dabei wird durch geeignete Maßnahmen auch ein gewisser Zeitstress aufgebaut, um zu testen, inwieweit der Bewerber stressresistent ist. Ein Assessment-Center kann von einigen Stunden bis zu mehreren Tagen dauern. In dieser Zeit muss der Bewerber verschiedene Aufgaben erledigen und wird dabei von geschulten Psychologen und Managern des Unternehmens beobachtet und bewertet. Die höhere Validität wird allerdings mit erheblich höheren Kosten erkauft (Randall und Randall 1990). Neuerdings werden deshalb Assessment Center durch „Low Fidelity Simulations" ersetzt, in denen die Bewerber in einem Fragebogen typischen Verkaufssituationen ausgesetzt werden und die günstigste Strategie zur Behandlung der Situation angeben (Randall und Randall 2001). Zudem haben Randall und Randall herausgefunden, dass es besser ist, möglichst viele Beurteilungsquellen miteinander zu kombinieren, da die Kombination von verschiedenen Prognosemethoden immer bessere Ergebnisse als die Anwendung einzelner Verfahren liefert.

Sieht man einmal von der Einzelentscheidung der Einstellung eines Verkaufsaußendienstmitarbeiters ab, so interessiert das Verkaufsmanagement insbesondere, ob die gewählte Prozedur über alle Einstellungs-Entscheidungen hinweg zu optimalen Ergebnissen führt. Eine solche Bewertung ist grundsätzlich schwierig, da man nur die Leistung der eingestellten Verkaufsaußendienstmitarbeiter bewerten kann, nicht jedoch die Leistung der abgelehnten Verkäufer. Dennoch ist es möglich, Aufschlüsse zu gewinnen. Dazu ist es nötig, zunächst einmal **geeignete Erfolgsmaße** festzulegen. In einem Projekt mit einem Tiefkühlkost-Auslieferungsdienst sind wir dabei wie folgt vorgegangen: Als Erfolgsmaße dienten dort die Erfüllung von Umsatzquoten und das erzielte Umsatzwachstum. Nun wurden die Außendienstmitarbeiter grob in drei Gruppen von erfolgreichen, durchschnittlich erfolgreichen und weniger erfolgreichen Außendienstmitarbeitern eingeteilt. Danach wurden Indikatoren zusammengetragen, die möglicherweise die Leistung beeinflussen. Von den demografischen Kriterien zählten dazu das Alter, die Ausbildung und der Familienstand. Bezüglich der Fähigkeiten lagen Ergebnisse eines Intelligenztests und einer Bewertung der Verkaufsfähigkeiten aus einem Assessment-Center vor. Mit Hilfe des gleichen Instruments sind auch die Risikoeinstellung, die Empathie (das Einfühlungsvermögen), der Unternehmergeist, die Ausdauer und die Arbeitszufriedenheit gemessen worden. Diese Daten lagen aus den Bewerbungsakten vor. Nun konnte man mit Hilfe einer Logistischen Regressionsanalyse (Krafft 1997) die prognostizierte Wahrscheinlichkeit in Abhängigkeit der verschiedenen Charakteristika bestimmen, mit der Bewerber zu den erfolgreichen Außendienstmitarbeitern gehören. Das Gewicht, welches dabei die einzelnen Indikatoren erhalten, zeigt dann die Diskriminanzkraft dieser Eigenschaft. Stellt man nun fest, dass man sich bei der Auswahl auf andere Kriterien gestützt hatte, so bietet dieses Instrument Hinweise für eine **Verbesserung des Auswahlprozesses**. Solche Bewertungen sind insbesondere für Unternehmen interessant, die viele Außendienstmitarbeiter pro Jahr einstellen, wie es insbesondere bei Versicherungen der Fall ist.

Letztendlich müssen ökonomische Überlegungen den Auswahlprozess bestimmen. Je größer der betriebene Aufwand wird, desto höhere Kosten entstehen dem Unternehmen. Weiterer Forschungsbedarf besteht daher in der Identifikation des optimalen **Trade-Off** zwischen den Kosten der Datenerhebung und dem Ertragszuwachs durch eine bessere Vorhersage der Leistungsfähigkeit der ausgewählten Außendienstmitarbeiter. Ein weiterer Trade-Off besteht zwischen der Auswahl von mehr oder weniger effektiven Außendienstmitarbeitern und dem jeweils benötigten Training.

5.2.4   Training

Die Verkürzung der Produktlebenszyklen und die komplexer werdenden Beziehungen zwischen Unternehmen und ihren Kunden bedingen, dass dem Training für die Verkaufsaußendienstmitarbeiter immer mehr Bedeutung beigemessen wird. Mittlerweile ist es nicht mehr nur die Aufgabe des Außendienstes, ausschließlich Produkte zu verkaufen. Vielmehr erfordert der Markt den Aufbau langfristiger Kundenbeziehungen und das Anbieten individueller Problemlösungen sowie eine persönliche Betreuung. Ein gut durchdachtes und individuell ausgestaltetes **Trainingsprogramm** ist deshalb in der Lage, die Leistung des gesamten Verkaufsaußendienstes zu verbessern (El-Ansary 1993; Ingram, Schwepker und Hutson 1992; Morris, LaForge und Allen 1994; Albers 2002, S. 251).

Unter Außendienst-Training versteht man die bewusste und formalisierte Vermittlung von Informationen, Konzepten, Fähigkeiten und Fertigkeiten, um die Kompetenzen eines Verkaufsaußendienstmitarbeiters zu fördern oder dessen Leistungsvermögen zu verbessern (Wilson, Strutton und Farris 2002, S. 77). Das Training wird sowohl für Neueinsteiger (Initial-Training) als auch für erfahrene Außendienstmitarbeiter angeboten, die ihre Produktivität nur halten bzw. verbessern können, wenn sie nicht ein kontinuierliches Training erfahren. In den USA betrugen im Jahr 1999 die jährlichen **Aufwendungen** für das Training 7.080 $ für neue und 4.032 $ für erfahrene Verkaufsaußendienstmitarbeiter (Heide 1999, S. 143).

Tabelle 5.2-3 schlüsselt auf, wie sich Dauern und Kosten auf Unternehmen mit unterschiedlichen Umsatzgrößen, Art der verkauften Produkte und Art der Kunden aufteilen.

Die Bestimmung eines Gesamtbudgets für das Training ist umso schwieriger, als sich dessen Effekte nur schwer von denen anderer den Gewinn beeinflussenden Faktoren trennen lassen. Ein viel versprechender Lösungsansatz ist der, über **Benchmarking**-Studien zu ermitteln, in welcher Höhe erfolgreiche Unternehmen in das Training des Verkaufsaußendienstes investieren (Krafft 2002). Für den Gesamtmarkt kann dieses Vorgehen natürlich keine optimale Lösung sein, denn wenn alle Marktteilnehmer ihre Budgets steigern, bleiben die Verkäufe im Endeffekt gleich, während die Kosten für die einzelnen Unternehmen steigen (Albers 2002, S. 252). Im Übrigen finden sich Ergebnisse, nach denen weniger die Gesamthöhe des Budgets als vielmehr dessen **Allokation** auf die verschiedenen Instrumente einen deutlichen Einfluss auf den Gewinn haben (El-Ansary 1993).

Tabelle 5.2-3 Dauer und Kosten des Trainings für neue und erfahrene Verkaufs-außendienstmitarbeiter (VADM) (in Anlehnung an Heide 1999, S. 143-145)

	Trainingszeit in Monaten für neue VADM	Trainings-kosten in US-$ für neue VADM	Trainingszeit in Stunden für erfahrene VADM	Trainingskos-ten in US-$ für erfahrene VADM
Umsatzklasse				
Umsatz < $5 Mio.	4,4	5.500	30,1	3.752
$5 Mio. <= U < $25 Mio.	4,2	8.141	36,1	3.947
$25 Mio.<=U< $100 Mio.	3,7	8.091	31,0	3.902
$100 Mio.<=U<$250 Mio.	1,7	7.400	25,2	5.365
Umsatz >= $ 250 Mio.	3,6	7.000	38,0	4.824
Art der Produkte				
Konsumprodukt	3,4	5.354	35,8	4.039
Konsumenten-Dienstleistung	3,3	4.537	33,9	3.623
Industrieprodukt	4,8	9.893	31,6	5.149
Industrie-Dienstleistung	4,8	9.060	30,8	4.867
Office-Produkte	3,8	6.269	41,8	4.261
Office-Dienstleistung	3,2	6.200	33,3	3.470
Art der Kunden				
Konsumenten	3,3	4.221	36,2	3.142
Distributoren	3,9	7.256	35,7	4.168
Unternehmen	4,3	8.234	31,5	4.605
Händler	3,2	6.711	32,9	4.181
Gesamt	3,9	7.080	32,5	4.032

Soll ein Schulungsangebot Erfolg versprechend sein, müssen bei der Planung die folgenden vier Phasen Berücksichtigung finden (siehe **Abbildung 5.2-4**):

Abbildung 5.2-4   Planungsphasen von Verkaufstrainings
(in Anlehnung an Spiro, Rich und Stanton 2008, S. 194)

a) Identifikationsphase

- Ziele des Trainingsprogramms
- Identifikation der Zielpersonen
- Identifikation der individuellen Trainingsbedürfnisse
- Festlegung des Gesamtumfanges der Schulungsmaßnahmen

b) Designphase

- Entscheidung der Trainerfrage
- Festlegung des Trainingszeitpunktes
- Festlegung des Trainingsortes
- Festlegung der Trainingsinhalte
- Auswahl der Trainingsmethoden

c) Auffrischungsphase

- Festlegung der Auffrischungsmaßnahmen

d) Evaluationsphase

- Auswahl der zu evaluierenden Ergebnisse
- Auswahl der zu nutzenden Maßnahmen

1. Die Identifikation des Trainingsbedarfes,

2. das Design des Schulungsprogramms,

3. die Wiederauffrischung und

4. die Bewertung und Beurteilung des Trainingsprogramms.

Während der **Identifikationsphase** muss zunächst geklärt werden, welche **Ziele** mit dem Schulungskonzept verfolgt werden sollen. Hierzu bieten sich die strategischen, überge-ordneten Marketingziele des Unternehmens (Steigerung des Marktanteils, Steigerung der Intensität der Kundenbetreuung usw.) an. Zusätzlich können Ziele wie beispielsweise eine geringere Kündigungsneigung beim Verkaufspersonal, eine gesteigerte Moral, ein größerer Teamzusammenhalt, eine Verbesserung der Kommunikation oder ein effizienteres Zeit-management der Außendienstmitarbeiter verfolgt werden (Spiro, Rich und Stanton 2008, S. 196-198).

Weiter sind die **Zielpersonen** der Trainingsmaßnahmen zu identifizieren. Es müssen geeignete Methoden entwickelt werden, um zu bestimmen, welche Außendienstmitarbeiter trainiert werden und welche Methoden zur Anwendung kommen sollen. Diese Entscheidungen sollten das Wissen, die Verkaufsfähigkeiten, die Effizienz des Vertriebsmanagements und die Motivation der Mitarbeiter berücksichtigen. Als Methode dafür wird in Abschnitt 6.5.5 vorgeschlagen, mit Hilfe der Regressionsanalyse statistisch zu schätzen, welche Umsätze man auf Grund externer Einflussgrößen und des Einsatzes der Verkaufsaußendienstmitarbeiter erwarten kann. Diese Umsätze werden dann mit den tatsächlichen verglichen, um herauszufinden, ob der Verkäufer effizient arbeitet. Dem wird gegenüber gestellt, ob der Verkäufer auch quantitativ gesehen einen über- oder unterdurchschnittlichen Arbeitseinsatz zeigt. Auf Basis dieses Vergleichs kann man differenzierte Hinweise ableiten, bei welchen Verkaufsaußendienstmitarbeitern sich eine Beförderung, ein Training oder gar die Aufkündigung des Arbeitsverhältnisses anbietet.

Der Schulungsbedarf für neu angestellte Verkaufsaußendienstmitarbeiter und Berufsanfänger ist offensichtlich. Weniger trivial ist die Einsicht, dass auch erfahrene Mitarbeiter einen Schulungsbedarf haben. Neue Produkte, veränderte Marktsituationen, neue Kunden etc. führen zu dynamischen Verkaufsbedingungen. Diese verlangen geradezu nach einem Schulungskonzept, von dem die Mitarbeiter und am Ende aufgrund einer gesteigerten Produktivität des Verkaufsaußendienstes auch das Unternehmen selbst profitieren kann (Spiro, Rich und Stanton 2008, S. 198-200).

Bei der Planung sind die individuellen **Schulungsbedürfnisse** der einzelnen Verkaufsaußendienstmitarbeiter zu berücksichtigen. Die relevanten Themen können dabei entweder direkt von den Mitarbeitern oder beispielsweise von den Kunden erfragt werden. Oftmals werden diese aber auch vom Vertriebsmanager vorgegeben. In diesem Zusammenhang ist dabei stets abzuwägen, ob Schulungseinheiten standardisiert oder maßgeschneidert angeboten und durchgeführt werden. Für Neuangestellte scheint ein standardisiertes Programm zunächst der angemessene Weg zu sein. Für erfahrene Außendienstmitarbeiter empfiehlt sich hingegen ein maßgeschneidertes Training, bei dem z.B. aus einem Pool möglicher Trainingsinhalte gewählt werden kann.

In der **Designphase** muss zunächst entschieden werden, wer die Aufgabe des **Trainers** übernehmen soll. Zum einen kann das Training von eigenen Mitarbeitern oder von externen professionellen Trainern erfolgen. Wird die Aufgabe intern vergeben, so können beispielsweise Vorgesetzte wie Vertriebsmanager oder auch exzellente eigene Verkaufsaußendienstmitarbeiter eingesetzt werden. Problematisch ist hierbei, dass für die betroffene Person die Aus- und Weiterbildung meist eine Zusatzbelastung darstellt. Insofern können diese Personen oftmals nicht die notwendige Zeit aufbringen, um ein adäquates Training anzubieten. Hinzu kommt, dass nicht jeder Manager oder Vorgesetzte über notwendige Ausbilderqualitäten verfügt. Eine zweite Möglichkeit sind unternehmenseigene Ausbilder und Trainer. Die Einstellung von auf diesem Gebiet spezialisiertem Personal ist allerdings mit recht hohen Kosten verbunden, die von kleinen und mittleren Unternehmen nicht immer getragen werden können. Die am häufigsten gewählte Alternative ist deshalb die der externen Spezialisten (Heide 1999, S. 141). Werden professionelle Trainer so ausgewählt, dass sie auf dem erforderlichen Gebiet eine hohe Expertise aufweisen, Verkaufser-fahrung mitbringen und von ihren Einstellungen und Ansichten zur Unternehmensaus-richtung passen, verspricht dieser Weg den größten Erfolg und ist zudem finanziell oft günstiger (Spiro, Rich und Stanton 2008, S. 202-204).

Ein Training für Verkaufsaußendienstmitarbeiter kann **zentral oder dezentral** erfolgen. Der Vorteil zentraler Konzepte liegt darin, dass die Mitarbeiter ihre Vorgesetzten, den Hauptsitz des Unternehmens und eine Vielzahl ihrer Kollegen kennen lernen. So kann die Identifikation mit dem Unternehmen gesteigert werden. Nachteilig ist, dass eine zentrale Durchführung von Schulungsmaßnahmen in aller Regel einen wesentlich höheren organi-satorischen Aufwand mit sich bringt. Allein die zeitliche Abstimmung wird in aller Regel schon schwierig. Die zentrale Alternative ist somit zumeist mit wesentlich höheren Kosten verbunden. Daher sollten Schulungen in der Regel dezentral erfolgen (Spiro, Rich und Stanton 2008, S. 205 f.).

Die **Trainingsinhalte** setzen sich aus den folgenden sechs Bereichen zusammen (siehe **Abbildung 5.2-5**):

a. Das **produktspezifische Wissen** sowie die Kenntnis der relevanten Angebote von Konkurrenten samt der von den Konsumenten nachgefragten und für wichtig gehalte-nen Eigenschaften und Leistungen des Produktes müssen geschult und vermittelt wer-den. Auch ein detailliertes Wissen um mögliche neue Anwendungsgebiete ist notwen-dig, damit die Verkaufsaußendienstmitarbeiter in der Lage sind, ihren Kunden maßge-schneiderte Problemlösungen anzubieten (Spiro, Rich und Stanton 2008, S. 207 f.).

b. Um das jeweilige Unternehmen beim Kunden bestmöglich vertreten und repräsentie-ren zu können, gehört auch das Wissen um die grundsätzliche **Strategie** des Vertriebs und die Unternehmensorganisation zu bedeutenden Trainingsinhalten. Dazu gehören unter anderem das Erlernen von Wissen bezüglich des organisatorischen Aufbaus, möglicher Produktmodifikationen, der Distributionsabläufe oder der Preispolitik (Johnston und Marshall 2009, S. 325-329).

c. Abgesehen von den Fähigkeiten zu verkaufen, wozu z.B. Intelligenz, Dominanz und Kreativität zählen und die sich kaum durch Training verbessern lassen, können Kom-munikations- und **Verkaufsfertigkeiten** eines guten Verkaufsaußendienstmitarbeiters antrainiert werden (Krafft 1995, S. 24 f.). Dazu gehören das Herstellen des Kontaktes zu dem Kunden, das richtige Herantreten an den Kunden, diesem aufmerksam zuzuhö-ren, den Entscheidungsträgern der unterschiedlichsten hierarchischen und funktiona-len Ebenen angemessene Präsentationen zu geben, das Überwinden von Widerständen und schließlich auch den Verkauf tatsächlich abzuschließen.

d. Basierend auf ökonomischen Prinzipien muss die Allokation der Zeit auf die mögli-chen zukünftigen und die bereits gewonnenen Kunden erfolgen. Dabei ist insbesonde-re zu berücksichtigen, welche Kundengruppen wie häufig vom Außendienst besucht werden sollen. Auch die Planung der optimalen Reiserouten gehört in diesen Problem-bereich. **Zeit- und Territory-Management** spielt eine wesentliche Rolle für den Erfolg von Außendienstmitarbeitern, denn es ist nicht unüblich, dass 80% der Zeit von Verkaufsaußendienstmitarbeitern mit Kunden verbracht wird, denen lediglich 20% des Umsatzes zugerechnet werden können (Johnston und Marshall 2009, S. 326 f.).

e. Verkaufsaußendienstmitarbeiter müssen motiviert werden, die größtmögliche Anstrengung in die Aufgabe des Verkaufs einzubringen. Sie werden oftmals mit demotivierenden Erfahrungen konfrontiert. Hierzu zählen beispielsweise gescheiterte Vertragsabschlüsse, das Nichterreichen von Zielvorgaben für bestimmte Perioden oder eine Überbelastung durch Routineaufgaben. Zusätzlich mag es sein, dass das erzielte Einkommen die betroffene Person zufrieden stellt, so dass es an Anreizen fehlt, um einen gesteigerten Einsatz zu zeigen. Die **Motivation** der Verkaufsaußendienstmitarbeiter wird damit zu einer komplexen Herausforderung.

f. In den vergangenen Jahren haben sich auch im Außendienst immer mehr technische Möglichkeiten ergeben, mit deren Hilfe die tägliche Arbeit der Mitarbeiter wesentlich erleichtert werden kann. Beispielsweise durch den mobilen Zugriff auf zentrale Datenbanken per Laptop ist es nun möglich, die spezifischen Fragen jedes Kunden schnell und kompetent zu beantworten (siehe Abschnitt 7.2. dieses Buches). Die Anwendung solcher technischer Hilfsmittel setzt allerdings voraus, dass **technisches Wissen** fachgerecht gelehrt und vermittelt wird.

Die nächste Stufe der **Designphase** beinhaltet die Auswahl geeigneter **Trainingsmethoden**. Um diese Entscheidung treffen zu können, braucht das Vertriebsmanagement Informationen, wie die unterschiedlichen Trainingsmethoden den Gewinn beeinflussen. Hierzu sind bislang in der Literatur noch keine gesicherten Ergebnisse verfügbar (Honeycutt, Ford und Rao 1995). Aus diesem Grund orientieren sich die Unternehmen in aller Regel an den Vorgehensweisen anderer Marktteilnehmer oder an persönlichen Empfehlungen.

Abbildung 5.2-5   Trainingsinhalte

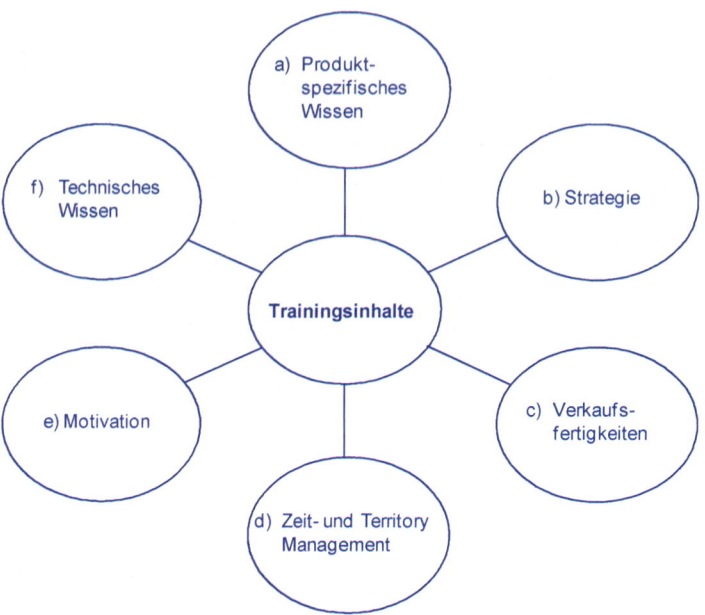

Es wird alleine in Deutschland von mehr als 100 verschiedenen Trainingsmethoden und mehr als 6.000 Verkaufs-Trainern berichtet (Munkelt 1992). Somit erscheint es wenig realistisch anzunehmen, dass nur ausgewählte Methoden Erfolg versprechen. Vielmehr scheint der Erfolg zumindest teilweise schon aufgrund des so genannten „Hawthorne-Effektes" einzutreten. Demnach bewirkt bereits die einfache Tatsache, dass man sich um die Verkaufsaußendienstmitarbeiter kümmert, indem man sie an Trainings teilnehmen lässt, eine Steigerung ihrer Motivation. Somit kann die Performance des gesamten Außendienstes verbessert werden (Albers 2002, S. 252).

Eine gewisse Zeit nach dem Training sollte die so genannte **Auffrischungsphase** beginnen. Ein Großteil der bei Schulungen vermittelten Inhalte gerät extrem schnell wieder in Vergessenheit. In der Literatur wird berichtet, dass die meisten Außendienstmitarbeiter schon nach 30 Tagen nur noch weniger als 15% des Gelernten erinnern (Rackham und Ruff 1991, S. 130). Eine Auffrischung der Schulungsinhalte wird somit nötig, um nicht einen Großteil der Aufwendungen vergeblich investiert zu haben. Hierfür kommen wiederum die oben diskutierten Methoden und Entscheidungen des ursprünglichen Trainingsprogramms zur Anwendung (Spiro, Rich und Stanton 2008, S. 214 f.).

Während der **Evaluationsphase** eines Trainings- und Schulungsprogramms müssen die Vertriebsmanager herausfinden und beurteilen, wie effektiv die angewandten Konzepte und Methoden waren. Hierfür ist es notwendig zu definieren, welche Ergebnisse zur Beurteilung herangezogen und wie diese gemessen werden. Sowohl finanzielle (Gewinne, Kosten) als auch nichtmonetäre Größen (z.B. Reaktionen, Verhalten) sollten dabei Beachtung finden (Honeycutt et al. 2001, S. 229-238). Auf Basis dieser Ergebnisse können die Schulungsprogramme dann verbessert und ihr monetärer Wert quantifiziert werden.

Die Evaluierung eines Trainingsprogramms ist keine einfache Aufgabe, da es aufgrund einer Vielzahl von Einflussgrößen auf den Erfolg kaum möglich ist, Erfolgswirkungen eines Trainingsprogramms eindeutig zu identifizieren. So kann eine Steigerung der Verkaufszahlen nach einer Trainingsmaßnahme ebenso gut auf andere Größen zurückzuführen sein, wie beispielsweise auf eine verbesserte wirtschaftliche Gesamtsituation, gesteigerte Marketinganstrengungen oder Preisänderungen. Am ehesten kann die Effektivität eines Trainingsprogramms per Experiment ermittelt werden. Bislang wird aber nicht von irgendwelchen Anwendungen berichtet, was vermutlich mit der extrem großen Zahl an Einflussgrößen zusammenhängt (Albers 2002, S. 252). Aus diesem Grund werden in der Praxis lediglich einfache Reaktionen auf die Schulungsmaßnahmen erhoben, z.B. ob sich die Moral der Mitarbeiter durch solche Trainingsprogramme verbessert hat. Eine Veränderung der Umsätze hingegen wird bisher nur selten zur Evaluierung herangezogen.

Einen derartigen Versuch zur monetären Bewertung von Trainingsprogrammen für den Verkaufsaußendienst unternehmen Honeycutt et al. (2001). Hierzu verwenden die Autoren eine Kombination aus ökonomischer Nutzenanalyse und der Bewertung des Lernerfolgs eines Trainings. Der Lernerfolg lässt sich an den einzelnen Wirkungsstufen messen. Die Autoren verwenden dazu (a) eine direkte Evaluation des Trainings durch die Trainierten, (b) einen schriftlichen Test, in welchem Ausmaß die Teilnehmer etwas gelernt haben, (c) eine Befragung, ob die Trainierten die erlernten Techniken und Verhaltensweisen auch tatsächlich in der Praxis anwenden und (d) einen Vergleich der Leistung der Teilnehmer mit der von noch nicht trainierten Mitarbeitern.

Der Gesamtnutzen des Trainingsprogramms ergibt sich dann als

Netto-Nutzen = Bewertete Ergebnisse des Trainings (U) – Kosten des Trainings (K)   (5.1)

Beide Komponenten errechnen sich detaillierter wie folgt:

$$U = T \cdot N \cdot d \cdot SD \cdot (1+V) \qquad (5.2)$$

T: Diskontierte Dauer, die die Wirkung des Trainingsprogramms anhält,
N: Anzahl der durch das Programm Trainierten,
d: Unterschied zwischen der Leistung von trainierten und untrainierten Mitarbeitern ausgedrückt in SD,
SD: Standardabweichung der Leistungsunterschiede eines Verkaufsaußendienstes ausgedrückt in Geldeinheiten,
V: Veränderung der variablen Kosten durch veränderte variable Entlohnungskosten.

Die Kosten ergeben sich dann mit:

$$K = C \cdot N \tag{5.3}$$

C: Kosten eines Trainings für einen zu trainierenden Verkaufsaußendienstmitarbeiter.

Honeycutt et al. (2001) wenden ihre Formel auf einen Fall des Trainings eines global agie-
renden US-Unternehmens in Ägypten an. Es wurde geschätzt, dass die Wirkung des Trainings etwa 2 Jahre anhält, was bei einem Diskontierungsfaktor von 0,15 einem Wert von T
= 1,62 entspricht. Insgesamt wurden 79 Verkaufsaußendienstmitarbeiter trainiert, von
denen 11 danach ausschieden, so dass die Wirkung sich auf N = 68 bezieht. Als Differenz
der mittleren Leistungsbeurteilungen von trainierten und untrainierten Verkäufern wurde
auf der Basis von Befragungsergebnissen ein Wert von d = 0,45 = (4,69-3,32)/3,03 Standard-
abweichungen ermittelt. Schließlich wurde SD als 40% des Gehalts der VADM geschätzt,
so dass sich SD als $ 1.440 ergibt ($ 3.600 · 40%). Bei V = 0,02 ergibt sich ein bewerteter
Brutto-Nutzen von $ 72.811, dem Kosten für das Programm von $ 27.650 gegenüber stan-
den. Damit konnte ein Netto-Nutzen von $ 45.161 erzielt werden, der dem 2,63-fachen der
Investition in das Training entspricht.

Abschließend sei nochmals darauf hingewiesen, dass es nicht eine einzelne effektive Ver-
kaufsstrategie oder ein einziges richtiges Trainingsprogramm geben kann. Ganz im Gegenteil müssen Verkaufsaußendienstmitarbeiter ihre Präsentationen jeweils auf den Kunden
abstimmen, sich an dessen individuelle Wünsche und Ansprüche anpassen und auf diesen
eingehen können (Weitz, Sujan und Sujan 1986). Ein solches Verhalten wird mit dem
Schlagwort des „Adaptive Selling" beschrieben und stellt die Essenz des Verkaufens und
damit auch jeden Schulungsprogramms dar (vgl. Abschnitt 2.3.3.2).

5.2.5   Kündigung und Fluktuation

Die Kündigungsneigung/-quote von Mitarbeitern im Verkaufsaußendienst liegt in aller
Regel etwa doppelt so hoch wie die durchschnittliche Fluktuation von Angestellten aller
anderen betrieblichen Funktionen (Richardson 1999, S. 53). Allein diese Tatsache verdeutlicht, dass eine differenzierte Betrachtung von Kündigung und Fluktuation im Verkaufsaußendienst notwendig ist.

Unter Fluktuation versteht man das freiwillige Ausscheiden von Mitarbeitern. In der Versicherungsbranche z.B. kann die **Fluktuationsquote** bezogen auf ein Jahr mehr als 50%
betragen, während in manchen Industrie-Unternehmen diese Quote unter 3% liegt. Diese
Fluktuation kann viele verschiedene Gründe haben. Zum einen können Mitarbeiter verlo-
ckende Angebote bekommen haben und suchen eine Chance zur Verbesserung ihrer persönlichen Situation. Zum anderen kann es aber auch Ausdruck von Unzufriedenheit mit
der gegenwärtigen Tätigkeit und der eigenen Leistung sein (Futrell und Parasuraman
1984). In empirischen Studien ist deutlich geworden, dass Fluktuation eher durch äußere
Einflüsse als durch unternehmensbezogene Ereignisse hervorgerufen wird. Insofern ist es
sinnvoll, Verkaufsaußendienstmitarbeiter eher als Vermögensgegenstand aufzufassen, in

den kontinuierlich investiert werden sollte, statt ihn mit positiven Einstellungskampagnen beeinflussen zu wollen (Lucas et al. 1987).

Viel schwieriger ist die Entscheidung, sich von einem VADM mit schlechten Leistungen zu trennen. Hier hat das Unternehmen die Bedingungen festzulegen, unter denen die Leistung eines Mitarbeiters als unbefriedigend eingestuft wird. Wenn in einem solchen Fall trotz Trainingsmaßnahmen keine deutliche Verbesserung sichtbar wird, ist über eine Trennung von diesem Mitarbeiter zu entscheiden. Ziel des Personalmanagements muss es schließlich sein, den Vertrieb mit den besten verfügbaren Verkaufsaußendienstmitarbeitern zu besetzen (Albers 2002, S. 251).

Die Gründe für eine **Entlassung** müssen nicht zwingend ausschließlich in der Verkaufsleistung liegen. Auch ein nicht tragbares Maß an mangelnder Unterordnung oder ähnlichem Fehlverhalten kann zu Schädigungen der Leistungsfähigkeit des gesamten Außendienstes führen. In einem solchen Fall mag ebenfalls die Beendigung des Beschäftigungsverhältnisses die einzige verbleibende Alternative darstellen (Ingram et al. 2009, S. 217).

Für das Vertriebsmanagement ist es unbedingt notwendig, die Leistungen der Verkaufsaußendienstmitarbeiter kontinuierlich, standardisiert und sorgfältig zu dokumentieren. Abweichungen von den erwarteten Leistungs- oder Verhaltensstandards sowie Schulungsmaßnahmen sind ebenfalls aufzuzeichnen, um in arbeitsrechtlichen Auseinandersetzungen bestehen zu können.

Bei einer Entscheidung über eine Entlassung von unterdurchschnittlichen Verkaufsaußendienstmitarbeitern sind die damit verbundenen **Auswirkungen** zu analysieren. Einerseits kann die Entlassung der schlechtesten Mitarbeiter die Chance erhöhen, die Attraktivität des Unternehmens für gute Verkaufsaußendienstmitarbeiter zu verbessern und die Mitarbeiter des bestehenden Außendienstes zu guter Arbeit und Leistung zu motivieren. Andererseits besteht gleichzeitig die Gefahr, dass solche potenziellen Mitarbeiter abgeschreckt werden, die an einem zeitlich stabilen Arbeitsverhältnis interessiert sind (Albers 2002, S. 253). Zu berücksichtigen ist auch die Tatsache, dass eine hohe Fluktuation unter den Verkaufsaußendienstmitarbeitern die Kundenbeziehungen gefährden kann. Diese bevorzugen in der Regel eine kontinuierliche und über die Zeit stabile Zusammenarbeit mit einem festen und für sie persönlich zuständigen Vertreter des Anbieters.

Neben diesen nicht-monetären Überlegungen müssen auch die erwarteten **finanziellen Konsequenzen** bei der Entscheidung über eine Entlassung von Verkaufsaußendienstmitarbeitern Berücksichtigung finden. Bei jeder Entlassung eines weniger leistungsstarken Verkaufsaußendienstmitarbeiters muss berechnet werden, wie hoch die zusätzlichen Deckungsbeiträge eines neuen Verkaufsaußendienstmitarbeiters im Verhältnis zu den meist hohen Kosten für den zu Entlassenden sind. Im Übrigen ist im Voraus nicht absehbar, ob ein neuer Mitarbeiter tatsächlich eine bessere Leistung erbringen kann als der Entlassene. Unter diesen Umständen hat es sich als am besten erwiesen, eine über Perioden ansteigende Schwelle für die kumulierten Umsätze zu bestimmen, bei deren Unterschreiten Verkaufsaußendienstmitarbeiter entlassen werden sollten (Fernández-Gaucherand et al. 1995). Eine solche Politik führt zu einer höheren Loyalität der Mitarbeiter zu dem Unternehmen, zu einer geringeren Fluktuation innerhalb des Außendienstes und zu weniger opportunistischem Verhalten der Außendienstmitarbeiter (Ganesan, Weitz und John 1993). Die Rekrutierung erfahrener Außendienstmitarbeiter kann aber aufgrund der geringeren Schulungsbedürfnisse unter Umständen die kostengünstigere Alternative darstellen.

Richardson (1999) hat eine Methode zur **Berechnung der Umsatzeinbußen** und damit des Verlustes vorgestellt, der mit der Entlassung von Außendienstmitarbeitern einhergeht. Dabei berücksichtigt er nicht nur die entgangenen Umsätze, sondern auch die Kosten, die von Darmon (1990) genauer in Trennungs-, Rekrutierungs-, Auswahl- und Trainingskosten unterschieden werden und damit präziser bestimmt werden können. Alles zusammen stellt Opportunitätskosten dar, die mit den Umsatzeinbußen einhergehen, die wiederum durch das Ausscheiden eines Verkaufsaußendienstmitarbeiters verursacht werden (Richardson 1999, S. 53 f.).

Zur Schätzung der Effekte unterteilt Richardson die Zeit in drei Perioden, die Prä-Vakanz-Periode, die Vakanz-Periode und die Post-Vakanz-Periode. Die **Prä-Vakanz-Periode** wird für die Berechnung des so genannten Ausgangsumsatzes (Basis) gebraucht, der eingetreten wäre, wenn es nicht zu einer Vakanz gekommen wäre. In der **Vakanz-Periode** kann dann die Umsatzverringerung errechnet werden, die pro Monat gegenüber dem Ausgangsumsatz eintritt. In der **Post-Vakanz-Periode** schließlich kann kontinuierlich ermittelt werden, wie der Umsatz nach Wiederbesetzung der Stelle wieder gesteigert werden kann. Bei Einstellung eines besseren Mitarbeiters kann damit gleichzeitig berechnet werden, um wie viel effektiver dieser ist. Um nicht auf subjektive Schätzungen angewiesen zu sein, versucht Richardson (1999) die Effekte statistisch zu schätzen. Um alle Umsätze gleichnamig zu machen, drückt er die Umsätze der vakanten Verkaufsgebiete als Prozentsätze jeweils größerer Regionen aus, was dann den Ausgangsumsatz darstellt. Setzt man den Ausgangsumsatz jeweils auf 100%, so können alle Umsätze in den Folgeperioden wiederum als Prozentsatz zum Ausgangsumsatz ausgedrückt und damit für die statistische Analyse vergleichbar gestaltet werden. Nun kann man, wie aus **Abbildung 5.2-6** ersichtlich wird, mit Hilfe einer linearen Regression bestimmen, um wie viel Prozent der Umsatz in der Vakanz-Periode Monat für Monat sinkt. Schließlich kann auch berechnet werden, um wie viel Prozent der Umsatz gegenüber dem Ausgangsumsatz gesteigert werden kann, wenn das Gebiet wieder besetzt ist. Auf der Basis dieser Information kann prognostiziert werden, wie lange es je nach Länge der Vakanz dauern wird, bis wieder der ursprüngliche Ausgangumsatz erreicht ist.

Abbildung 5.2-6 Umsatzeinbußen durch Fluktuation (in Anlehnung an Richardson 1999, S. 59)

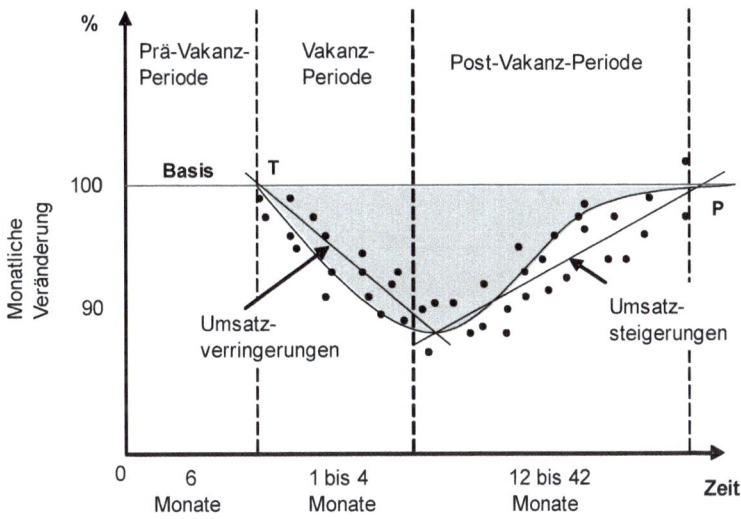

Die prozentualen **Umsatzeinbußen** werden errechnet, indem die Regressionsergebnisse für jeden Monat von dem Wert 1,0 (=100%) abgezogen werden. Die durchschnittlichen Umsätze derjenigen Gebiete, in denen es keinen Wechsel der Außendienstmitarbeiter gegeben hat, werden für die vergangenen zwei Jahre ermittelt. Die monatlichen Einbußen aller zeitweise vakanten Gebiete werden über das vergangene Jahr aufsummiert, um die jährlichen Gesamteinbußen zu erhalten, die durch die Fluktuation innerhalb des Außendienstes entstehen. Diese Methode impliziert, dass sich die Fluktuation in der Zukunft ähnlich verhalten wird wie dies in der Vergangenheit beobachtet worden ist (Richardson 1999, S. 55-57).

In einer empirischen Anwendung des vorgestellten Modells erklärt Richardson (1999) 76% bis 84% der Varianz der durch Fluktuation hervorgerufenen Umsatzveränderungen. Auf dieser Basis kann er die in **Tabelle 5.2-4** dargestellten Umsatzverluste berechnen und mit den Einsparungen der Vakanz vergleichen. Da er feststellt, dass die Umsatzverluste bei längeren Vakanzen flacher ausfallen, schätzt er entsprechende Geraden getrennt für Gruppen mit unterschiedlich langen Vakanz-Zeiträumen.

Die Auswirkungen werden besonders dadurch deutlich, dass er funktionale und **dysfunktionale Vakanzen** unterscheidet. Dysfunktional sind solche Vakanzen, bei denen ein Verkaufsaußendienstmitarbeiter mit einer eigentlich guten Leistung das Unternehmen verlässt und ersetzt werden muss, während es sich bei funktionaler um eine erwünschte Vakanz handelt.

Tabelle 5.2-4   Umsatz- und Kosteneffekte von vakanten Verkaufsgebieten (in Anlehnung an Richardson 1999, S. 61)

a. Alle vakanten Verkaufsgebiete						
Vakante Tage	Monate bis zur Regenerierung	Umsatzeinbußen pro Vakanz			Einsparungen der Kosten des Mitarbeiters *	Gewinn-minderung
		Vakanz-Periode	Post-Vakanz-Periode	Gesamt		
40	29,7	$ 3.897	$ 43.687	$ 47.584	$ 8.400	$ 39.184
30	26,7	2.785	34.618	37.403	6.300	31.103
20	23,6	1.765	27.549	29.314	4.200	25.114
10	20,7	837	20.980	21.817	2.100	19.717
0	17,8	0	15.292	15.292	0	15.292
b. Dysfunktionale Vakanzen **Scheidender Mitarbeiter ist ein „Loss"**						
Vakante Tage	Monate bis zur Regenerierung	Umsatzeinbußen pro Vakanz			Einsparungen der Kosten des Mitarbeiters *	Gewinn-minderung
		Vakanz-Periode	Post-Vakanz-Periode	Gesamt		
40	43,7	$ 5.371	$ 88.786	$ 94.157	$ 8.400	$ 85.757
30	40,3	3.735	74.805	78.540	6.300	72.240
20	36,9	2.292	62.808	65.100	4.200	60.900
10	33,5	1.045	50.311	51.356	2.100	49.256
0	30,5	0	40.363	40.363	0	40.363
c. Funktionale Vakanzen **Scheidender Mitarbeiter ist ein „No Loss"**						
Vakante Tage	Monate bis zur Regenerierung	Umsatzeinbußen pro Vakanz			Einsparungen der Kosten des Mitarbeiters *	Gewinn-minderung
		Vakanz-Periode	Post-Vakanz-Periode	Gesamt		
40	13,8	$ 1.774	$ 8.595	$ 10.369	$ 8.400	$ 1.969
30	10,4	1.010	4.546	5.556	6.300	- 744 **
20	7,0	454	1.753	2.207	4.200	- 1.993 **
10	3,6	117	223	340	2.100	- 1.760 **
0	,1	0	0	0	0	0

* Die durchschnittlichen Kosten pro Mitarbeiter und Tag belaufen sich auf $ 210 (Lohn-, Anreiz- und Spesenkosten)

** Bedeutet Einsparungen oder Gewinnsteigerungen

So sind nach Futrell und Parasuraman (1984) Vakanzen nicht performanter Mitarbeiter durchaus erstrebenswert. Um möglichst objektiv vorgehen zu können, sind in dem Anwendungsfall alle Fälle als dysfunktional klassifiziert worden, sobald der Verkaufsaußendienstmitarbeiter in den letzten 8 Monaten vor der Vakanz wenigstens fünfmal die Umsatzvorgabe erreicht und in der vorliegenden Leistungsbewertung mit gut oder besser abgeschnitten hatte.

Die Erholungsphase dauerte im Falle einer dysfunktionalen Vakanz ("Loss") zwischen 30,5 und 43,7 Monaten, je nachdem wie schnell die vakante Stelle wiederbesetzt wurde. Die Umsatzeinbußen schwankten zwischen $ 40.363 und $ 80.757 und stellten erhebliche Verluste für das betrachtete Unternehmen dar. Im Vergleich lagen die Umsatzeinbußen im funktionalen Fall ("No-Loss") bei nur $ 1.969, wenn die Stelle 40 Tage vakant blieb. Bei einer Dauer von 30 Tagen oder weniger bis zur Wiederbesetzung erzielte das Unternehmen sogar einen Gewinn, der aus den Einsparungen der Gehälter resultierte (Richardson 1999, S. 59 f.). Aus diesen Ergebnissen leitet Richardson (1999) folgende **Empfehlungen** für das Management ab:

- "No-Loss"-Mitarbeiter sollten sofort entlassen und durch qualifizierte Verkaufsaußendienstmitarbeiter ersetzt werden.

- Falls ein "Loss"-Mitarbeiter das Unternehmen verlassen möchte, soll den Managern erlaubt sein, ihm eine Prämie zu zahlen, um ihn doch halten zu können.

- Alle vakanten Verkaufsgebiete sollen so schnell wie möglich mit qualifizierten Mitarbeitern neu besetzt werden

Die Umsetzung der Empfehlungen führte für das betrachtete Unternehmen zu einer Umsatzsteigerung von $ 2,5 Millionen im ersten Jahr nach der Implementierung der Ergebnisse, was den Wert entsprechender Untersuchungen deutlich macht. Die berichteten Ergebnisse wurden aus Vergleichsrechnungen abgeleitet. Wesentlich genauer ist eine Simulation der Effekte, wie sie von Darmon (1990) beschrieben wird. Dazu muss spezifiziert werden, mit welchen Wahrscheinlichkeiten neu eingestellte Mitarbeiter zu leistungsstarken bzw. leistungsschwachen Mitarbeitern werden. Außerdem ist zu spezifizieren, mit welcher Wahrscheinlichkeit Mitarbeiter in Abhängigkeit der gebotenen Einkommensmöglichkeiten gewonnen werden können bzw. aus persönlichen Gründen das Unternehmen verlassen. Kennt man dann die Kosten der Einstellung und die Kosten der Vakanzen, dann kann man mit Hilfe von Markov-Ketten simulieren, ab welchem Umsatz relativ zu einer Vorgabe einem Mitarbeiter gekündigt werden sollte.

Insgesamt ist deutlich geworden, dass ein aktives **Kündigungs- und Fluktuationsmanagement** nützlich ist. Kündigungen geben einem Unternehmen zwar die Chance, einen leistungsstärkeren Mitarbeiter zu gewinnen, die mit der Wahrscheinlichkeit gewichteten höheren Deckungsbeiträge sind jedoch gegenüber den Kosten vakanter Gebiete abzuwägen. In gleicher Weise sind die Kosten besserer Arbeitsbedingungen gegen die Fluktuation abzuwägen. Erste empirische Ergebnisse verdeutlichen, welches die Hauptgründe für ein Verlassen des Unternehmens sind. Es ist gezeigt worden, wie man die Kosten vakanter Verkaufsgebiete näher bestimmen kann. Und schließlich sind Vorschläge unterbreitet worden, wie man mit Simulationstechniken den Schwellenwert bestimmen kann, an dem leistungsschwächeren Mitarbeitern gekündigt werden sollte.

Das folgende Beispiel in **Insert 5.2-1** verdeutlicht abschließend, wie eine **systematische Personalentwicklung** in der Pharmabranche erfolgreich gestaltet werden kann.

Insert 5.2-1   Personalentwicklung im Vertrieb am Beispiel von MSD Sharp & Dohme GmbH

Die MSD Sharp & Dohme GmbH (MSD) ist ein Pharmaunternehmen, bei dem der Fokus der Geschäftstätigkeit auf den Vertriebsaktivitäten liegt (www.msd.de). Der Außendienst trägt wesentlich zum Erfolg des Unternehmens bei, so dass der Rekrutierung ein hoher Stellenwert zukommt. Bei MSD läuft der Auswahlprozess dreistufig ab: Nach einer intensiven Prüfung der Bewerbungsunterlagen auf fachliche und inhaltliche Qualitätsmerkmale durch die Personalabteilung und den jeweiligen Regionalleiter werden mit den Kandidaten strukturierte Interviews (50 Fragen) durch die Regionalleiter geführt. Sofern der Kandidat einen guten Eindruck hinterlässt und die geforderten Kriterien erfüllt, kommt es zu einem weiteren Interview mit dem Abteilungsleiter und der Personalabteilung. Bei Neueinsteigern werden zudem Assessment Center eingesetzt, um das Verkaufstalent der Kandidaten über Rollenspiele zu testen. In direktem Anschluss an die Einstellung neuer Mitarbeiter findet ein verpflichtendes und standardisiertes, mindestens sechswöchiges Einführungs-Training statt, in dem die Philosophie und Organisation von MSD sowie relevantes Produktwissen vermittelt werden. Jeder Mitarbeiter durchläuft zudem 3 bis 8 Trainingstage pro Jahr, in denen spezielle Produkt- und Marketingtrainings sowie Schulungen zu internen Themen wie Verkaufstechnik oder Ethik durchgeführt werden. Des Weiteren finden dreimal jährlich Außendienst-Tagungen statt, in die 1 bis 1,5 Trainingstage integriert sind. Diese Trainings bestehen aus Vorträgen und Workshops. Zusätzlich findet ein kontinuierliches Coaching durch Vorgesetzte sowie ein Mentoring durch Kollegen, die sogenannten Lernberater, statt. Auch Training-on-the-job spielt eine große Rolle. Um einer mitarbeiterseitigen Kündigung vorzubeugen, werden u.a. monatliche Gespräche mit dem Vorgesetzten zur frühzeitigen Erkennung von Unzufriedenheit oder Trennungstendenzen beim Mitarbeiter genutzt. Zusätzlich werden Anreize durch die Kombination fixer und variabler Gehaltsbestandteile im Verhältnis 80:20 gesetzt. Im Falle einer Kündigung wird ein anonymer Fragebogen versandt, um die Gründe zu erfassen und so für die Zukunft zu lernen. Zudem arbeitet der kündigende Mitarbeiter 4 bis 6 Wochen mit seinem Nachfolger zusammen, um das Gebiet und die Ärzte an diesen zu übergeben und um Wissensverlust zu vermeiden. Neben gemeinsamen Besuchen wird das latente Wissen über Kundenspezifika mit Hilfe von Protokollen und Gesprächen übertragen.

5.3   Anreizsysteme

Lernziele

- Der Leser weiß, dass die Gestaltung von Anreizsystemen ein zentrales Element zur Steuerung von Verkaufsaußendiensten darstellt.

- Der Leser versteht, welche wesentlichen Elemente bei der Gestaltung materieller und immaterieller Anreizsysteme eingesetzt werden können.

- Der Leser kennt die dabei zu beachtende Reihenfolge, dass sinnvollerweise neben dem Mix aus materiellen und immateriellen Anreizen zuerst die Einkommenshöhe für Verkäufer festzulegen ist, bevor weitere monetäre Anreizkomponenten (wie Festgehalt, variable Anteile) bestimmt werden.

- Der Leser kann situative und theoretisch-konzeptionell fundierte Einflussgrößen nennen, mit deren Hilfe die Vorteilhaftigkeit und Grenzen einzelner Komponenten von Anreizsystemen beurteilt werden kann.

5.3.1   Grundlagen zur Gestaltung von Anreizsystemen

In Abschnitt 3.2 wurde die strategische Frage diskutiert, ob sich ein Unternehmen eher für eine Integration der Verkaufsfunktion entscheiden und Reisende wählen sollte oder vielmehr ein Outsourcing vorteilhaft ist, was für die Wahl von Handelsvertretern, Maklern oder einen geleasten Außendienst spricht. Wenn die Aufgaben des Persönlichen Verkaufs an die zuletzt genannten, unternehmensfremden Kräfte vergeben werden, reduziert sich die Gestaltung der Entlohnung auf das Design eines Provisionssystems, da selbstständige Vertriebskräfte nahezu ausschließlich variabel entlohnt werden (Albers 1984a, S. 21).

Werden dagegen Reisende als vorteilhafte Vertriebsform angesehen, muss das Vertriebsmanagement zuallererst die grundlegende Frage beleuchten, welche immateriellen und **materiellen Anreizinstrumente** überhaupt zum Einsatz kommen sollen (siehe **Abbildung 5.3-1**). Materielle Anreize umfassen dabei neben nicht-monetären Komponenten monetäre Anreize, zu denen das Festgehalt und variable Vergütungsinstrumente wie Provisionen oder Prämien gehören (Becker 1990). Diese Instrumente sind dadurch gekennzeichnet, dass die Anreize den Empfängern direkt in Form von Geld ausgezahlt werden.

Abbildung 5.3-1   Klassifikation und Beispiele von Anreizarten

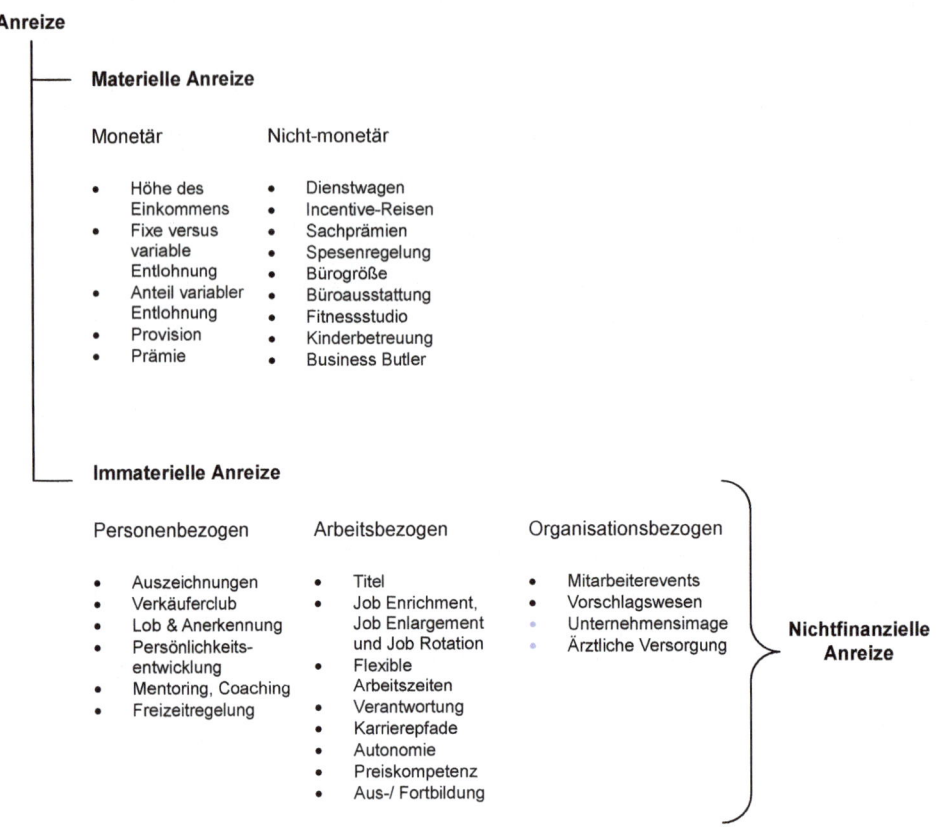

Bei der Auswahl und Gestaltung **monetärer Anreize** steht die Vertriebsleitung vor zwei zentralen Entscheidungen: Zum einen ist die Frage zu beantworten, **worauf** sich die Entlohnung bezieht (Entlohnungsinhalte), zum anderen ist festzulegen, **wie** entlohnt werden soll (Entlohnungsintensität). Mögliche Bezugsgrößen der Vergütung (Entlohnungsinhalte) werden in den Abschnitten 6.5 (Erfolgsmessung) und 6.6 (Leistungsbeurteilung) diskutiert. Prinzipiell ist dabei eine Orientierung an Verhaltens-, Prozess- und Ergebniskennziffern denkbar. Diese grundlegenden Ausrichtungen der Außendienststeuerung wurden in Abschnitt 5.1.2 thematisiert. Die Gestaltung von Anreizsystemen im Verkauf richtet sich insbesondere auf Fragen der **Entlohnungsintensität**, wobei folgende Aspekte (Albers 2002) als zentral anzusehen sind (in Klammern steht der jeweilige Buchabschnitt):

■ Materielle versus immaterielle Anreize (5.3.2),

■ Gestaltung der Einkommenshöhe (5.3.3),

- Erfolgsabhängige Entlohnung (5.3.4), insbesondere
  - Fixe versus variable Entlohnung (5.3.4.1),
  - Anteil variabler Entlohnung (5.3.4.2),
  - Provisionen oder Prämien (5.3.4.3),
  - Design eines Provisionssystems (5.3.4.4),
  - Design eines Prämiensystems (5.3.4.5),
  - Variable Anreize bei heterogenen Verkaufsaußendiensten (5.3.4.6),

- Einsatz von Verkaufswettbewerben (5.3.5) und

- Delegation von Preisfestsetzungskompetenzen (5.3.6).

5.3.2   Materielle versus Immaterielle Anreize

Vertriebsführungskräfte überschätzen häufig die Wirkung der monetären Anreize, die im Sinne der Zwei-Faktoren-Theorie von Herzberg lediglich Hygienefaktoren darstellen, also helfen, Unzufriedenheit zu verhindern. Die Arbeitszufriedenheit und Mitarbeiterloyalität wird dagegen nachhaltiger durch Motivatoren gefördert, zu denen nicht-monetäre sowie immaterielle Anreizformen gehören (Bayard 1997). Immaterielle Anreize (wie etwa Anerkennung, Verantwortung, Aufstieg und interessante Arbeitsinhalte) werden auch als nichtfinanzielle Anreize bezeichnet und in diesem Abschnitt weiter unten näher diskutiert.

Nicht-monetäre Anreize sind für das Unternehmen zwar auch mit einem finanziellen Aufwand verbunden, werden aber nicht in Form von Geld an die Empfänger weitergegeben. Vielmehr zählen hierzu Sachleistungen wie Dienstwagen, Gutscheine oder großzügige Spesenregelungen. Aus Sicht der Vertriebspraxis sind insbesondere Preise zu nennen, die in Zusammenhang mit Verkaufswettbewerben stehen (vgl. Abschnitt 5.3.5). Als besonders wirksame nicht-monetäre Anreizform haben sich neben dem Dienstwagen sogenannte Incentive-Reisen etabliert, die häufig nur einem Teil der besten Verkäufer gewährt werden. Diese Anreize werden oft mit Seminaren bzw. Fortbildungsveranstaltungen kombiniert und dienen zudem der Stärkung des Zusammengehörigkeitsgefühls der Spitzenkräfte der Außendienstorganisation (Krafft 2005). Neben der indirekten materiellen Zuwendung geht von nicht-monetären Anreizen ein bedeutender Statuseffekt aus, der insbesondere beim Dienstwagen und der Bürogestaltung für Mitarbeiter und Geschäftspartner wahrnehmbar ist. Während monetäre Anreize nur kurzfristig spürbar sind und verausgabt werden, wirken nicht-monetäre materielle Anreize länger nach und werden vom sozialen Umfeld wahrgenommen (Krafft et al. 2012, S. 112). Zudem kommt exklusiven nicht-monetären und immateriellen Anreizen eine besondere Belohnungsfunktion zu, da die Verkäufer etwas zuerkannt bekommen, was sie sich selbst mit ihrem Einkommen ggf. nicht gegönnt hätten. Wie Dienstwagen systematisch als nicht-monetärer Anreiz eingesetzt werden, verdeutlicht das Beispiel der Würth-Gruppe (siehe **Insert 5.3-1**).

Insert 5.3-1   Dienstwagen als Anreiz – Beispiel: Würth-Gruppe
                     (in Anlehnung an Roth (2003), S. 58-59; www.faz.net (Abruf 25.04.2009))

Die Würth-Gruppe handelt mit Befestigungs- und Montagematerial, und vertreibt dies weltweit
sehr erfolgreich mit Hilfe von mehr als 30.000 Verkäufern. Neben monetären Anreizen werden
im Vertrieb insbesondere Firmenwagen als Motivationsinstrument eingesetzt. Dazu gliedert
Würth die Mitarbeiter in A-, B- und C-Verkäufer. Zu Beginn ihrer Außendiensttätigkeit erhalten
C-Verkäufer einen Dienstwagen zugeteilt und können als Einstiegsmodell zwischen einem Ford
Focus, Opel Astra oder VW Golf wählen. Erreichen diese Mitarbeiter nicht nur die von ihnen
geforderten Mindestumsätze, sondern übertreffen sogar die nächst höhere Zielvorgabe, werden sie als B-Verkäufer eingestuft. Dabei stehen dann als Fahrzeuge ein Audi A4, Ford Mondeo
oder BMW 318 zur Auswahl. Bei einer weiteren Leistungssteigerung können die Mitarbeiter
zum A-Verkäufer aufsteigen und sich zwischen einem Audi A4-Kombi, BMW 320 oder einem
Modell der Mercedes C-Klasse entscheiden. Sofern A-Verkäufer ihre Leistung noch weiter steigern, werden sie in den Erfolgs-Club und schließlich in den Top-Club aufgenommen. Die Mitgliedschaften in diesen Verkäuferclubs sind mit einmaligen Prämien verbunden. Zudem können
die Mitarbeiter mit ihrem Partner einmal jährlich an einer Clubreise in Europa (Erfolgs-Club)
bzw. weltweit (Top-Club) teilnehmen.

Die Leistungen der Mitarbeiter werden halbjährlich überprüft. Dabei kann es vorkommen, dass
ein Mitarbeiter seine Zielvorgaben nicht einhält. Dies führt zu einer Meldung an den Vorgesetzten, der sich in der Folge intensiver um diesen Verkäufer kümmert. Hat sich die Zielerreichung nach einem weiteren halben Jahr nicht verbessert, wird der Mitarbeiter herabgestuft
und erhält einen kleineren Fahrzeugtyp. Damit spiegelt sich im Dienstwagen nicht nur der
Status wider, sondern gegenüber weiteren Mitarbeitern und den Geschäftspartnern wird durch
die Herauf- oder Abstufung dokumentiert, wie die Leistung des Verkäufers eingeschätzt wird.
Nach Ansicht von Würth-Führungsverantwortlichen wirkt das Anreizinstrument „Dienstwagen"
sehr nachhaltig auf die Leistungsbereitschaft der Vertriebsmitarbeiter.

Immaterielle Anreize sind durch ihre teilbare Nutzung und einen nicht-finanziellen Charakter gekennzeichnet (Sorauren 2000). In Anlehnung an die Systematisierung von
v. Rosenstiel (1975) unterscheiden wir personenbezogene, arbeitsbezogene und organisationsbezogene immaterielle Anreize. **Personenbezogene Anreize** richten sich direkt an
einen einzelnen Verkäufer. Als zentrale Anreize gelten Anerkennung und Lob, Auszeich-
nungen und ein spezielles Mentoring für Mitarbeiter. **Arbeitsbezogene Anreize** dagegen
beziehen sich auf die Arbeit selbst und deren Gestaltung, die nach Herzberg einen zentralen Motivator darstellt. Zu dieser Anreizform zählen interessante Arbeitsinhalte, flexible
Arbeitszeiten, größere Kompetenzen und Fortbildungsangebote. **Organisationsbezogene
Anreize** schließlich berühren den organisatorischen Rahmen der Tätigkeit, also ob bspw.
ein innerbetriebliches Vorschlagswesen, ein Betriebskindergarten oder ein unternehmens-
eigenes Fitnessstudio existieren.

Die Gestaltung des Anreizsystems hat dabei nicht nur einen Effekt auf die laufende Motivation der Verkäufer, ihre Tätigkeiten mit hohem Einsatz auszuüben. Vielmehr wirken
Anreizsysteme auch auf die Selektion von Außendienstmitarbeitern, auf deren Zufriedenheit und Bindung an das Unternehmen sowie indirekt auf Kundenbeziehungen. So können

Geschäftsbeziehungen dadurch gefährdet werden, dass Verkäufer den Kunden ungeeignete Produkte oder zu große Mengen verkaufen, nur um hoch gesteckte Verkaufsziele zu erreichen („overselling"). Geeignete Anreizsysteme sind demnach so zu gestalten, dass sie Leistung honorieren, das Verhalten der Verkäufer im Sinne der Unternehmensziele steuern, die Mitarbeiterzufriedenheit und -bindung sicherstellen und die Kundenbeziehungsqualität erhöhen.

Die **Bewertung der Effektivität** konkreter Formen bzw. Instrumente immaterieller Anreize ist aus Sicht der Vertriebsmitarbeiter vor dem Hintergrund ihrer jeweiligen Karrierezyklusphase zu bewerten, während aus Unternehmensperspektive insbesondere Prinzipien der Anreizpolitik eine Rolle spielen. Aus Mitarbeiter- und Unternehmenssicht sind immaterielle und nicht-monetäre Anreize letztlich auch aus steuerlichen Erwägungen zu beurteilen. Diese drei Perspektiven werden im Folgenden beleuchtet.

Empirische Studien zu **Karrierezyklusphasen** im Vertrieb zeigen, dass immaterielle Anreize je nach Karrierephase unterschiedlich effektiv sind (vgl. auch Abschnitte 5.2 und 5.4.3). So ändern sich im Laufe der Zeit der Familienstand, der Umfang finanzieller Verpflichtungen und in der Folge die Einstellungen zu monetären bzw. nicht-finanziellen Anreizen (Johnston und Marshall 2009, S. 242). Die erste Phase ist laut Cron (1984) als Erkundung („exploration") zu bezeichnen und wird von Mitarbeitern durchlaufen, die noch sehr jung sind und gerade die erste Tätigkeit im Vertrieb aufgenommen haben. Aufgrund ihrer fehlenden Erfahrung und der damit verbundenen Unsicherheit über ihre Stärken und Schwächen sind diese Verkäufer für nicht-finanzielle Motivatoren besonders empfänglich. Anerkennung, Lob und Respekt sowie umfangreiches Coaching und Mentoring erweisen sich in diesen Phasen demnach als besonders effektiv (Cron und Slocum 1986). Allerdings zeigt eine aktuelle Studie, dass sich junge Verkäufer in Deutschland darüber hinaus auch nachhaltig durch monetäre Anreize motivieren lassen, um ihren Status zu verbessern (Schäfer 2006). Die zweite Phase der Etablierung („establishment") wird von erfahreneren Mitarbeitern durchlaufen, die nun eine Verbesserung ihrer Fähigkeiten anstreben. Häufig erleben Mitarbeiter in dieser Karrierephase auch entscheidende Veränderungen im privaten Bereich, wie Heirat, Familiengründung oder Hauskauf. Daher kommt den monetären Anreizformen neben nicht-finanziellen Anreizen (insbesondere Fortbildung, Anerkennung und Respekt) eine hohe Bedeutung zu. Eine adäquate Gestaltung sowohl der finanziellen als auch der nicht-finanziellen Anreizinstrumente ist in dieser Phase besonders kritisch, da die Karrierestufe der Etablierung auch sehr oft mit Überlegungen der Mitarbeiter einhergeht, das Unternehmen eventuell zu wechseln. In der dritten Phase der Sicherung („maintenance") gilt es für die Mitarbeiter, ihre Position im Unternehmen zu halten und sich gegen aufstrebende jüngere Kollegen zu behaupten. Immaterielle Anreizformen wie Anerkennung, aber auch Statussymbole gewinnen daher auf dieser Stufe des Karrierezyklus an Bedeutung. Aufgrund hoher finanzieller Belastungen durch Kosten der Ausbildung von Kindern und die nötige private Altersvorsorge spielen parallel monetäre Anreize für die Mitarbeiter eine wichtige Rolle. In der Loslösung („disengagement") als der letzten Phase des Karrierezyklus beschäftigen sich Mitarbeiter bereits mit dem Ausscheiden aus dem Berufsleben. Das Interesse an Verkaufswettbewerben oder einer weiteren Leistungssteigerung sinkt auf dieser Stufe der Außendiensttätigkeit oft

substanziell. Da die Verkäufer weitest gehend finanziell unabhängig sind, erweisen sich
monetäre Anreize als relativ unwirksam. Nicht-finanzielle Anreizformen sind dagegen
deutlich effektiver, wobei der Anerkennung des bisher Erreichten, dem Zollen von Respekt und der Überreichung von Jubiläumsgeschenken die höchste Wirkung zukommt
(Cron und DeCarlo 2009, S. 307 f.).

Aus Unternehmenssicht ist die Wahl und Gestaltung unterschiedlicher Anreizinstrumente
auch eine Frage der verfolgten Führungsphilosophie und der **Anreizpolitik**. Dabei ist zum
einen denkbar, dass die Vertriebsleitung für jeden Mitarbeiter festlegt, welche materiellen
und immateriellen Anreize gewährt werden. Dieses Vorgehen unterstellt, dass Führungskräfte in der Lage sind, die Präferenzen der Verkäufer richtig einzuschätzen, und die Mitarbeiter relativ homogene Präferenzen aufweisen. Aufgrund der Informationsasymmetrie
zwischen Vertriebsleitung und Vertriebsmitarbeitern ist aber davon auszugehen, dass eine
Vorgabe von kollektiven Anreizsystemen den Bedürfnissen der Mitarbeiter nicht gerecht
wird (zur Informationsasymmetrie vgl. Abschnitt 5.3.4.2, insbes. die Ausführungen zur
Prinzipal-Agenten-Theorie). Zum anderen kann ein Cafeteria-System angeboten werden,
das sowohl materielle als auch immaterielle Anreizelemente enthält. Je nach Motivstruktur
können einzelne Mitarbeiter dabei Anreizinstrumente ihren Bedürfnissen entsprechend
individuell zusammenstellen. Eine herausfordernde Aufgabe für die Vertriebsleitung ist es
dabei, die offerierten Elemente dieses Anreiz-Menüs so zu gestalten, dass bei Wahlentscheidungen Kostenneutralität gegeben ist. Cafeteria-Systeme, die neben monetären Leistungen auch nicht-monetäre sowie immaterielle Anreize wie Dienstwagen, Lebensarbeitszeit, Ausbildungsangebote und Karrierepfade umschließen, werden von Albers und
Bielert (1996) beschrieben. Aufgrund gesetzlicher und tarifvertraglicher Beschränkungen
und einer hohen Skepsis von Arbeitnehmervertretern sind Cafeteria-Systeme in Deutschland selbst im Vertrieb nur wenig verbreitet, obwohl sie den Bedürfnissen und Motivstrukturen der Mitarbeiter durch die dem System inhärente Flexibilität sehr entgegenkommt.
Aus wissenschaftlicher Sicht ist allerdings zu bemängeln, dass insbesondere die Integration immaterieller Anreize in Cafeteria-Systeme als weitestgehend unerforscht anzusehen
ist. Für die optimale Gestaltung materieller und immaterieller Anreizelemente könnte
bspw. die Conjoint-Analyse (analog zu Albers und Bielert 1996) eingesetzt werden, um Teilpräferenzen für Anreizkomponenten zu ermitteln. Untersuchungen hierzu stehen noch aus.

Die Gestaltung und Wahl verschiedener Anreizinstrumente hängt aus Verkäufer- wie
Unternehmensperspektive zu guter Letzt auch von **steuerlichen Erwägungen** ab. Nichtmonetäre, materielle Zuwendungen, die Verkäufer für besondere Leistungen oder zur
Motivation vom Arbeitgeber erhalten, stellen dabei steuerrechtlich Sachzuwendungen
bzw. Nutzungsvorteile dar. Diese Sachzuwendungen werden als geldwerte Vorteile dem
Arbeitslohn zugerechnet, der überwiegend von monetären Komponenten (wie Festgehalt,
Provision) gebildet wird. Gemäß § 8 EstG sind geldwerte Vorteile Einkommensbestandteil
und demzufolge zu versteuern. Immaterielle Zuwendungen des Arbeitgebers im überwiegend eigenbetrieblichen Interesse sowie die Ausgestaltung des Arbeitsplatzes und dem
Mitarbeiter gewährte Aufmerksamkeiten werden dagegen nicht als Bestandteile des Arbeitslohnes behandelt (Kessler 2005). Die steuerliche Behandlung steigert demnach die
Attraktivität immaterieller Anreize gegenüber nicht-monetären materiellen Anreizen,

während Zusatzleistungen wie Dienstwagen oder Incentive-Reisen aufgrund ihrer steuerlichen Relevanz für den Verkäufer an Attraktivität verlieren. Eine gewisse Abhilfe bieten Pauschalisierungsmöglichkeiten der Einkommensteuer durch Dritte, bspw. für Sachprämien nach § 37a EStG. Das aktuell bekannteste Beispiel ist die Pauschalversteuerung von Prämienmeilen im Rahmen des Vielfliegerprogramms „miles & more" – hier hat Lufthansa aus Kulanz die bei den Prämienempfängern fällige Steuer auf den geldwerten Vorteil durch eine Pauschalsteuer von aktuell 2,25 % abgegolten (Jorczyk 2002). Um materielle, nicht-finanzielle Anreize für Verkäufer attraktiv zu halten, könnten Arbeitgeber dementsprechend durch eine Pauschalregelung nach § 40 Abs. 2 EStG die steuerliche Belastung der Mitarbeiter abgelten.

Das Entlohnungssystem wird dabei üblicherweise in der bereits genannten Reihenfolge gestaltet, d.h. zuerst wird die Einkommenshöhe festgelegt, zweitens das Verhältnis von fixer zu variabler Entlohnung bestimmt und drittens das erfolgsabhängige Anreizsystem mit Hilfe von Provisionen, Zielvorgabe-basierten Prämien, Verkaufswettbewerben bzw. dem Umfang der Preisfestsetzungskompetenzen gestaltet (Albers 1989, S. 248-259; Johnston und Marshall 2009, S. 347; Krafft 1995, S. 54; Zoltners, Sinha und Zoltners 2001, S. 268). Im Weiteren folgen wir dieser empfohlenen Sequenz und diskutieren zuerst die Bestimmung der Einkommenshöhe von Reisenden.

5.3.3   Einkommenshöhe

Die Einkommenshöhe spielt eine wesentliche Rolle bei der Gewinnung, der Motivation und dem Halten von Verkaufsaußendienstmitarbeitern und muss deshalb von einem Unternehmen sorgfältig geplant werden. Die Planung der Einkommenshöhe wird allerdings erschwert durch substanzielle variable Entlohnungsanteile der Reisenden-Vergütung, so dass die tatsächliche Höhe der Gesamteinkünfte auch von der Gestaltung der leistungsabhängigen Entlohnungskomponenten abhängt. Mit der zu erwartenden Höhe des Zieleinkommens signalisiert die Vertriebsleitung zugleich, welchen Mitarbeitertyp eine Vertriebsorganisation sucht. Zu guter Letzt stellt die Summe der gezahlten Reisenden-Einkommen für das Unternehmen Kosten des Persönlichen Verkaufs dar, die im Rahmen der Unternehmensplanung im Voraus abzuschätzen sind.

Bei der Entscheidung über die Einkommenshöhe muss sich das Unternehmen zunächst nach dem Markt richten. Es kann aber auch im **Branchenvergleich** bewusst höhere oder geringere Einkommen anbieten. Dazu muss die Unternehmens- bzw. Vertriebsleitung zunächst wissen, wie sich die Einkommenshöhen am Markt ergeben und wovon sie abhängen.

In **Abbildung 5.3-2** werden Einkommensunterschiede zwischen durchschnittlichen Verkäufern innerhalb und zwischen 14 Branchen wiedergegeben, wie sie in der Kienbaum-Vergütungsstudie (2012) berichtet werden. Dabei wird nicht nur der Median als Durchschnitt, sondern auch der Wert des sogenannten unteren (25%) bzw. oberen (75%) Quartils wiedergegeben. Dabei werden die Antworten aller Vertriebsorganisationen der Einkommenshöhe nach geordnet.

Abbildung 5.3-2   Branchenbedingte Einkommensspannen von durchschnittlichen Verkaufsaußendienstmitarbeitern (unteres/oberes Quartil, Median)
(in Anlehnung an Kienbaum 2012, S. 33)

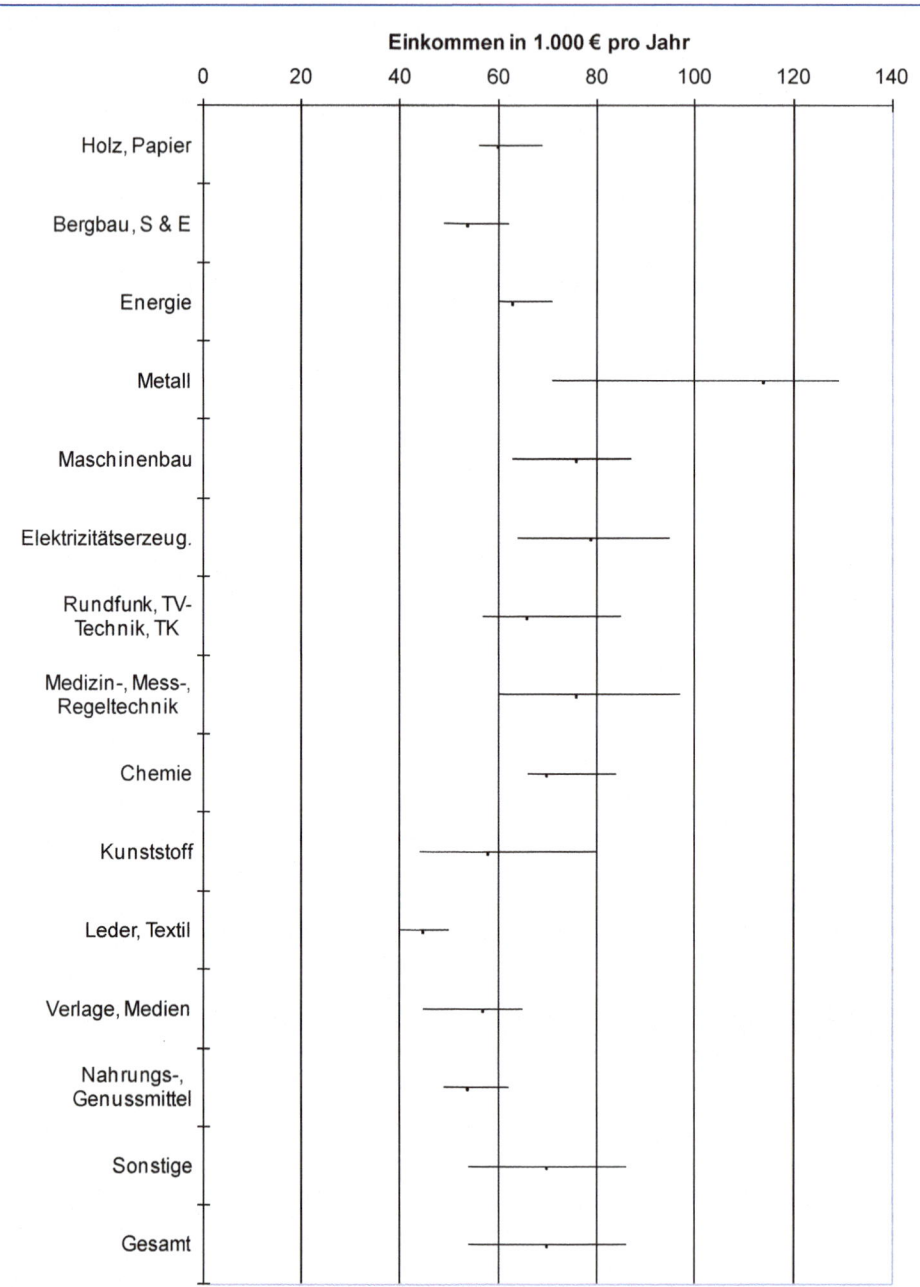

Das untere (obere) Quartil spiegelt das Einkommen wider, für das gilt, dass 25% (75%) aller Reisenden ein niedrigeres Einkommen aufweisen. Mit anderen Worten gibt es noch jeweils 25% der Verkäufer, die niedrigere (bzw. höhere) Gesamtbezüge als das untere (obere) Quartil erzielen. Die obige Abbildung verdeutlicht, dass die Mittelwerte durchschnittlicher Reisender nachhaltig zwischen und innerhalb der 14 ausgewählten Branchen variieren, und zwar zwischen 45.000 € für die Leder- und Textilbranche und 114.000 € für die Maschinenbaubranche. Die substanziellen Schwankungen um diesen Mittelwert werden durch die Bandbreite zwischen dem oberen und unteren Quartil verdeutlicht. Bei Vertriebsleitern, die um 50% bis 100% höhere Einkommen als durchschnittliche Reisende aufweisen, fallen die Bandbreiten der Gesamtbezüge sogar noch deutlicher aus. Im Folgenden wird diskutiert, wie diese **Einkommensspannen** zu begründen sind.

Wie bereits im Abschnitt 5.2 angedeutet wurde, sind Differenzen in der mittleren Einkommenshöhe von Verkäufern auch darauf zurückzuführen, dass große Unternehmen bevorzugt Neueinsteiger rekrutieren und diese umfassend selbst ausbilden. Kleine und mittelständische Unternehmen sind dagegen aufgrund fehlender Schulungskapazitäten häufig gezwungen, fertig ausgebildete, erfahrene Mitarbeiter einzustellen, deren Marktwert dementsprechend höher liegt. Dies bedingt Einkommensunterschiede zwischen Unternehmen derselben Branche. Eine weitere Ursache für unterschiedliche Entlohnungshöhen ist, dass weniger erfolgreiche Unternehmen sich eher gezwungen sehen, das Einkommen von Verkäufern zu begrenzen, während besonders profitable Unternehmen ihre Außendienstmitarbeiter verstärkt am Gewinn teilhabe n lassen (Zoltners, Sinha und Zoltners 2001, S. 279).

Die Entloh nungspraxis zeigt zudem, dass bei komplexen Verkaufsaufgaben bzw. Produkten sowie einer umfassenden Qualifikation der Mitarbeiter höhere Einkommen gewährt werden (hierzu und im Weite ren Rouziès et al. 2009; Smyth 1968, S. 110; Tosdal 1953). Mit der **Komplexität** verbunden ist die Frage, inwieweit einzelne Verkaufsaufgaben auf der Kundenseite einen hohen Beratungsbedarf und umfassende Informationswünsche hervorrufen. Sofern Abschlüsse im Persönlichen Verkauf eher eine Folge starker Marken, überlegener Produkte, intensiver Verkaufsförderungsmaßnahmen oder langfristig bestehender Verträge sind, kommt dem Mitarbeiter überwiegend die Rolle der Auftragsannahme zu, was tendenziell für ein eher niedriges Gesamteinkommen spricht. Wenn der Verkäufer dagegen entscheidend zum Abschluss beiträgt und eine Transaktion ohne seinen Einsatz, seine Fähigkeiten und Qualifikationen gar nicht zu Stande gekommen wäre, sollte er nachhaltig am Erfolg beteiligt werden, was für ein insgesamt höheres Einkommen spricht.

Da das Unternehmen im Wettbewerb um die besten Fachkräfte im Persönlichen Verkauf steht, stellt sich die anfangs gestellte Frage, ob es höher oder niedriger als der Markt entlohnen sollte. Dies geht einher mit der Frage, welchen **Qualifikationsgrad** das Unternehmen von seinen Verkäufern erwartet. Diese Frage kann man nur beantworten, wenn man die Wirkungen über- oder unterdurchschnittlicher Einkommenshöhen bestimmen kann.

Unterdurchschnittliche Einkommen können mit einer niedrigen Arbeitszufriedenheit und in der Folge mit einer hohen Kündigungsneigung einhergehen. Wie bereits in Abschnitt 5.2.4 gezeigt wurde, ist eine hohe Fluktuation aus Sicht der Vertriebsleitung unerwünscht,

da dies aufgrund unbesetzter Verkaufsgebiete zu Umsatzeinbußen und Rekrutierungs-
sowie Erstschulungskosten für neue Verkäufer führt. Zudem ist zu erwarten, dass ein Unternehmen, das beim Anwerben neuer Mitarbeiter unterdurchschnittliche Einkommen
nennt, eher gering qualifizierte oder leistungsschwache Reisende attrahiert (Albers 1989,
S. 256; Krafft 1995, S. 65 f.; Smyth 1968, S. 113). Ferner ist für den vorhandenen Mitarbeiter-
stamm zu befürchten, dass es Wettbewerbern in Krisenzeiten gelingen wird, gerade die
effektivsten Mitarbeiter abzuwerben, während leistungsschwache Verkäufer im Unternehmen verbleiben. Mit anderen Worten kanalisiert die Einkommenshöhe den Arbeits-
markt im Persönlichen Verkauf: Spitzenverkäufer wechseln zu besser zahlenden Unternehmen, während unterdurchschnittliche Einkommen nur für ineffektive Reisende interessant
sind. Daher weichen zahlreiche Vertriebsorganisationen von der Orientierung am branchenüblichen Einkommen ab und bieten ihren Mitarbeitern bewusst überdurchschnittliche
Einkommensniveaus. Dies wird zum einen damit begründet, dass dadurch Spitzenkräfte
gewonnen werden können, die ihre höhere Entlohnung durch substanzielle Umsatzzuwächse mehr als wettmachen. Dieses Argument folgt der gleichen Logik wie das bekannte
Zitat von Robert Bosch (1861-1942): „Ich zahle nicht gute Löhne, weil ich viel Geld habe,
sondern ich habe viel Geld, weil ich gute Löhne zahle." Zum anderen sind gerade kleine
und mittelständische Unternehmen nicht in der Lage, umfangreiche Erstschulungs- und
Trainingsmaßnahmen für jüngere Verkäufer mit geringer Vertriebserfahrung durchzuführen. Diese Unternehmen sind daher oft gezwungen, überdurchschnittliche Einkünfte in
Aussicht zu stellen, um erfahrene Reisende anwerben zu können (Smyth 1968, S. 111).

Überdurchschnittliche Einkommen weisen jedoch drei zentrale Mängel auf: Einerseits
besteht die Gefahr, dass bei den sonstigen Mitarbeitern des Unternehmens das Gefühl
einer ungerechten Bezahlung Raum greift und sich Widerstände regen. Andererseits ist zu
befürchten, dass viele Unternehmen sich gegenseitig überbieten, was zu generell steigenden Personalkosten im Vertrieb führt, die aber keine nachhaltige Signalwirkung entfalten.
Drittens ist fraglich, ob zusätzliches Einkommen stets motivierend wirkt. So führt der mit
höheren Einkommen verbundene erwartete höhere Arbeitseinsatz der Verkäufer zu weniger Freizeit, die aber als zunehmend wertvoller empfunden wird, während der Grenznutzen des Geldes abnimmt (Albers 1984b). Dies wird durch empirische Studien belegt, die
zeigen, dass sehr viele Reisende eher eine zufriedenstellende Gesamtvergütung anstreben,
also Einkommens-Satisfizierer sind (Darmon 1974). Und auch eine Ausrichtung an branchenüblichen Einkommen, wie sie in Vergütungsstudien publiziert werden, ist problem-
behaftet, da unterstellt wird, dass die dabei befragten Unternehmen der Branche dem
eigenen Unternehmen strukturell sehr ähnlich sind, weitere Führungs- und Entlohnungsbestandteile die Anreizwirkung der Einkommenshöhe kaum berühren und alle befragten
Organisationen optimal gestaltete Entlohnungssysteme aufweisen. Dies ist jedoch als äußerst fragwürdig anzusehen (Krafft 1995, S. 5).

Da die Empfehlungen der Vertriebspraxis zur Bestimmung der Einkommenshöhe nicht zu
einer eindeutigen Überlegenheit einer branchenüblichen, unter- bzw. überdurchschnittli-
chen Bezahlung führen, ist ergänzend auf empirische Befunde zurückzugreifen (bspw.
Rouziès et al. 2009). In **Tabelle 5.3-1** werden die dort genannten und bisher diskutierten
Effekte auf die Bestimmung der Einkommenshöhe im Überblick zusammengefasst.

| Tabelle 5.3-1 | Einflussgrößen auf das Einkommensniveau von Verkaufsaußendiensten (in Anlehnung an Albers 1989, S. 256; Coughlan und Narasimhan 1992; Krafft 1995, S. 64-68; Rouziès et al. 2009, S. 95) |

Niedriges Einkommen ◄──────────────────────►	Hohes Einkommen
Geringe Komplexität im Verkauf	Anspruchsvoller Verkaufsprozess
Geringer Informationsbedarf der Kunden	Hoher Informationsbedarf der Kunden
Niedriger Qualifikationsbedarf der Verkäufer	Hohe Qualifikationsanforderungen an die Verkäufer
Schwacher Einfluss der Verkaufsanstrengung auf Abschlusswahrscheinlichkeit	Nachhaltiger Effekt des Einsatzes und der Fähigkeiten der Verkäufer auf den Abschluss
Verkäufer ist in erster Linie verantwortlich für die Pflege der Kundenbeziehung (u.a. Merchandising, Service)	Hoher Anteil von Neukundenakquisition, Cross- und Up-Selling
Regionale Verantwortung für viele Kunden	Verantwortung für wenige (inter-)nationale Kunden oder Key Accounts
Umfang und Bedeutung des Kaufs sind für den Kunden und das Unternehmen eher gering	Die meisten Abschlüsse sind für den Kunden und das Unternehmen von großer Bedeutung
Monopolartige Position des Unternehmens (starke Marken, hohe Wechselbarrieren)	Intensiver Wettbewerb (niedrige Wechsel-barrieren, geringe Differenzierung)
Geringer Wettbewerb um beste Außen-dienstmitarbeiter bzw. kaum attraktive Alternativbeschäftigungen (bspw. aufgrund hoher Arbeitslosigkeit)	Konkurrenz versucht, beste Verkäufer abzu-werben bzw. es bestehen zahlreiche attrakti-ve Alternativen zur Tätigkeit im Persönlichen Verkauf des Unternehmens

5.3.4 Erfolgsabhängige Entlohnung

Nicht nur die gesamte Höhe des Einkommens, sondern auch dessen Zusammensetzung aus Festgehalt und erfolgsabhängigen variablen Komponenten wird als wichtige Frage der Gestaltung des Anreizsystems von Reisenden angesehen. Implizit unterstellen einschlägige Lehrwerke ebenso wie die überwiegende Mehrheit der Vertriebsleiter eine **motivierende Funktion** monetärer Anreize auf den Arbeitseinsatz und die Qualität der Verkaufsbemü-hungen. Untersuchungen insbesondere in den USA deuten zwar darauf hin, dass finanziel-le Anreize eine motivierende Wirkung auf Verkäufer entfalten (Churchill, Ford und Walker 1979). Neben diesen extrinsischen Motivatoren sollte aber nicht vergessen werden, dass jeder Mensch intrinsisch motiviert ist und seine Aufgaben im Beruf besonders dann gerne verrichtet, wenn diese Arbeit Freude und Spaß bereitet. Wenngleich wir im Weiteren davon ausgehen, dass monetäre Anreize eine substanzielle motivierende und steuernde Funktion haben, sollte stets bedacht werden, dass die Wirkung der variablen Entlohnung auf das Verhalten von Verkäufern häufig überschätzt wird.

Bei der **Gestaltung** der Elemente einer erfolgsabhängigen Entlohnung sind verschiedene Aspekte zu beachten: Zum einen ist grundsätzlich zu klären, ob das in Abschnitt 5.3.3 bestimmte Einkommen in Form eines weitestgehend leistungsunabhängigen Festgehalts oder rein variabel gewährt wird (Abschnitt 5.3.4.1). Da sich viele Unternehmen für kombinierte Entlohnungspläne entscheiden, die fixe und variable Komponenten beinhalten, ist zum anderen festzulegen, in welchem Verhältnis leistungsabhängige Entlohnungsanteile zum Festgehalt stehen sollten (Abschnitt 5.3.4.2). Da die variablen Anteile prinzipiell als Provisionen oder Prämien gewährt werden können, müssen die Vor- und Nachteile dieser erfolgsabhängigen Anreizelemente bekannt sein (Abschnitt 5.3.4.3). Entscheidet sich ein Unternehmen für ein Provisionssystem, ist festzulegen, wie der Provisionssatzverlauf aussieht, ob Obergrenzen vorzusehen sind oder in welchen Rhythmen Provisionen auszuzahlen sind (Abschnitt 5.3.4.4). Werden dagegen Prämien gewählt, ist beim Design von Prämiensystemen zu beachten, wie Bezugsgrößen oder Erfolgsmaße geeignet kombiniert werden können. Zudem ist es notwendig, die Präferenz der Verkäufer für leistungsabhängige Prämien und den gleichzeitig durch den Arbeitseinsatz entstehenden Nutzenentgang zu kennen (Abschnitt 5.3.4.5). Abschließend ist der Tatsache Rechnung zu tragen, dass die Mitarbeiter im Verkaufsaußendienst mit unterschiedlichen Verkaufsbedingungen konfrontiert sind, voneinander abweichende Präferenzen für erfolgsabhängige Entlohnungskomponenten aufweisen, unterschiedlich leistungsfähig sind und allein oder im Team tätig sind. Diesen Aspekten der Heterogenität im Verkauf ist Abschnitt 5.3.4.6 gewidmet.

5.3.4.1   Fixe versus variable Entlohnung

Für den Einsatz eines Festgehalts spricht, dass Reisende dadurch zu einer verstärkten Langfristorientierung bewegt werden. Außerdem bieten sich reine Festgehälter an, wenn der Erfolgsbeitrag von einzelnen Reisenden schwer messbar ist (John und Weitz 1989, S. 4). Dies ist insbesondere bei komplexen Verkaufsprozessen wie dem Team Selling der Fall oder wenn eine Vielzahl von Faktoren den Verkaufserfolg beeinflusst. Möchte man dagegen die individuelle Leistung anhand des Arbeitseinsatzes messen, steht man vor dem Problem, dass dieser Einsatz prinzipiell kaum beobachtbar ist. Eine Langfristorientierung von Reisenden wird von der Vertriebsleitung in den Branchen angestrebt, in denen Non-Selling- und Servicetätigkeiten eine bedeutende Rolle spielen. Ein hohes Festgehalt dient in diesen Fällen dazu, Aufgaben zu entlohnen, die erst langfristig zum Erfolg führen bzw. die zwar im Sinne des Unternehmens zielführend sind, aber nicht zu einer individuell messbaren Leistung führen. In der einschlägigen Literatur werden folgende **Vorteile von Festgehältern** genannt (Albers 2002, S. 254):

■ Fixa vermitteln den Reisenden ein Gefühl sozialer Sicherheit und garantieren ein stabiles Einkommen, insbesondere bei sehr langen Verkaufszyklen.

■ Das Unternehmen kann mit einem festen Kostensatz je Verkäufer rechnen.

■ Festgehälter verursachen nur geringe Verwaltungsaufwendungen.

■ Es ist leichter, Verkaufsgebiete zu ändern oder Reisende neuen Gebieten zuzuordnen, wenn die Mitarbeiter ausschließlich fix vergütet werden.

■ Festgehälter ermöglichen eine verhaltensorientierte Vertriebssteuerung.

■ Fixa regen zu gleichmäßigem Arbeitseinsatz an und fördern die Loyalität und das Commitment der Reisenden gegenüber dem Unternehmen.

■ Festgehälter führen mit zunehmendem Umsatz zu sinkenden Kosten des Persönlichen Verkaufs pro Umsatzeinheit.

Als **Nachteile von Festgehältern** sind dagegen hervorzuheben:

■ Von Fixa gehen nur sehr geringe leistungsmotivierende Wirkungen aus, da keine direkte Verbindung zwischen dem Verkaufserfolg und der individuellen Entlohnung hergestellt wird.

■ Festgehälter fördern nicht die Selbststeuerung der Verkäufer, sondern erfordern eine umfassendere Führung der Mitarbeiter durch das Vertriebsmanagement. Insbesondere fehlt eine differenzierte Steuerung nach Kunden oder Produkten.

■ Fixa führen dazu, dass leistungsschwache Verkäufer eher überbezahlt werden, während Top-Verkäufer tendenziell unterbezahlt sind. Mitarbeitern mit einem reinen Festgehalt fehlen Signale zum Unternehmertum. In der Folge ist zu befürchten, dass die besten Verkäufer das Unternehmen verlassen.

■ Mit sinkendem Umsatz steigen die Kosten des Persönlichen Verkaufs pro Umsatzeinheit. Arbeitsrecht und tarifvertragliche Regelungen erschweren zudem eine Reduzierung von Grundgehältern. Bei schwankenden Umsätzen führt der Fixkostencharakter von Festgehältern zudem zu Kalkulationsproblemen, da die Personalkosten pro Umsatzeinheit nicht konstant sind.

Die Gegenüberstellung von Vor- und Nachteilen verdeutlicht, dass aus den Überlegungen der Vertriebspraxis keine eindeutigen Hinweise abgeleitet werden können, zu welchem Anteil die Gesamtvergütung fix oder variabel sein sollte (Rouziès et al. 2009, S. 93 f.). Daher greifen viele Unternehmen wiederum auf Ergebnisse kommerzieller Vergütungsstudien zurück, und richten sich an branchenüblichen variablen Anteilen aus. Eine direkte Orientierung an diesen erfolgsabhängigen Einkommensanteilen ist allerdings aus zwei Gründen sehr problematisch: Zum einen sind selbst innerhalb der Branchen nennenswerte Schwankungen festzustellen – die variablen Anteile fallen je nach Studie um 10 Prozentpunkte höher oder niedriger aus (Krafft 1995, S. 71). Und in der Kienbaum-Studie werden für durchschnittliche Verkäufer Spannweiten des variablen Anteils von 5,95% (unteres Quartil) bis 22,03% (oberes Quartil) genannt, so dass die Verwendbarkeit des dort berichteten Mittelwerts von 17% zu hinterfragen ist (Kienbaum 2012, S. 62 f.). Zum anderen ist eine Branchenorientierung nur dann sinnvoll, wenn man davon ausgehen kann, dass sämtliche

Unternehmen, die in einer Vergütungsstudie befragt wurden, ihr Anreizsystem optimal gestaltet haben, was fraglich ist. Und selbst wenn dies gegeben wäre, ist zusätzlich zu bedenken, dass nur wenige Außendienste eindeutig einer Branche zuzuordnen sind.

Die bisherige Diskussion verdeutlicht, dass fixe Vergütungen mit nachhaltigen Mängeln behaftet sind. Wie wir im Abschnitt 5.3.4.4 zeigen werden, können auch ausschließlich erfolgsabhängige Provisionssysteme fatale Folgen haben und beispielsweise zu einer übertriebenen Abschlussorientierung der Verkäufer führen, die dem Image des Unternehmens langfristig einen erheblichen Schaden zufügt. Daher greift die überwiegende Mehrzahl der Vertriebsverantwortlichen auf sogenannte **kombinierte Pläne** zurück, die erfolgsabhängige Anreize in Form von Provisionen und Prämien ebenso vorsehen wie eine Festgehaltskomponente. Kombinierte Pläne bieten u.a. folgende Vorteile (Donaldson 1998, S. 282; Ingram et al. 2009, S. 232; Johnston und Marshall 2009, S. 350-353):

- Die Vorzüge von erfolgsabhängigen und -unabhängigen Komponenten werden miteinander verbunden, die jeweiligen Nachteile können durch ein balanciertes Mix der variablen und fixen Elemente weitestgehend vermieden werden.

- Kombinierte Pläne bieten der Vertriebsleitung eine höhere Flexibilität, bestimmte Erfolge stärker zu honorieren, und ermöglichen eine Feinsteuerung über Anreize.

- Je nach Motivationsstruktur und Karrierestatus der Mitarbeiter können unterschiedliche Akzente gesetzt werden, indem bspw. jüngere Mitarbeiter durch monetäre Anreize motiviert werden, ältere Mitarbeiter dagegen durch eine höhere Grundsicherung. Dadurch erhalten kombinierte Pläne innerhalb der Vertriebsorganisation einen Menü-Charakter (zu diesen sogenannten Cafeteria-Plänen vgl. auch Abschnitt 5.3.4.6).

Die Gestaltung des fixen bzw. variablen Anteils der Entlohnung von Verkäufern im Außendienst entfaltet stets zwei Wirkungsrichtungen: Zum einen wird durch die Gestaltung des mittleren Festgehaltsanteils ein Signal nach außen gesendet, das von potenziellen Bewerbern wahrgenommen wird. Es ist davon auszugehen, dass ein hoher variabler Anteil nur für die Bewerber interessant ist, die sich selbst als erfolgreiche Verkäufer einschätzen. Hohe Festgehaltsanteile werden dagegen eher Bewerber anziehen, die weniger Vertrauen in die eigene Leistungsfähigkeit oder -bereitschaft setzen, und die eher risikoscheu sind. Zum anderen wirkt die Gestaltung der variablen bzw. fixen Entlohnungskomponenten auch nach innen auf die Mitarbeiter der Vertriebsorganisation. Hohe Festgehaltsanteile bieten zwar allen Reisenden eine hohe Sicherheit, werden aber zugleich gerade von besonders effektiven Verkäufern als eher ungerecht empfunden, da ihre Leistung aufgrund gering ausgeprägter erfolgsabhängiger Anteile nur unzureichend honoriert wird. Es ist daher zu befürchten, dass die besten Reisenden eine eher hohe Abwanderungsneigung zeigen werden, wenn Wettbewerber versuchen, die Top-Verkäufer abzuwerben. Im Extrem führen die beschriebenen Außen- und Innenwirkungen von hohen Festgehaltsanteilen zu Vertriebsorganisationen, die nur aus leistungsschwachen Mitarbeitern bestehen (Krafft 1995, S. 358; Akerlof 1970, S. 489 f.).

5.3.4.2   Anteil variabler Entlohnung

Für Verkaufsaußendienste, deren Einkommen teilweise erfolgsabhängig gestaltet werden soll, ist vorab zu bestimmen, wie hoch der Anteil der variablen Entlohnung am Gesamteinkommen ausfallen soll. Neben der Möglichkeit, sich dabei an branchenüblichen Werten zu orientieren, können auch Hinweise aus theoretisch-konzeptionellen Überlegungen hilfreich sein. In der jüngeren Vergangenheit ist insbesondere die Prinzipal-Agenten-Theorie zur Bestimmung des optimalen Anteils der variablen Entlohnung am Gesamteinkommen herangezogen worden (Rouziès et al. 2009, S. 93 f.; Krafft, Albers und Lal 2004, S. 266). Zentrale Grundlagen dieser Theorie werden im **Insert 5.3-2** dargestellt.

Insert 5.3-2   Prinzipal-Agenten-Theorie

Die Prinzipal-Agenten-Theorie beschäftigt sich mit Kontrakten zwischen einem Prinzipal, in unserem Fall dem Verkaufsmanagement eines Unternehmens, und einem Agenten, in unserem Fall einem Verkaufsaußendienstmitarbeiter. Dabei wird davon ausgegangen, dass es Zielkonflikte zwischen beiden Parteien gibt. In der Regel wird für den Prinzipal unterstellt, dass er seinen langfristigen Gewinn maximiert, während der Agent seinen Nutzen maximiert, der aus Einkommen und Freizeitentgang (= Arbeitsleid) bestehen kann. Außerdem wird unterstellt, dass der Prinzipal keine so genannte „first best solution" realisieren kann, bei dem er dem Agenten nur dann einen Anreiz gewährt, wenn dieser einen ganz bestimmten Arbeitseinsatz erbringt, da der Prinzipal den Arbeitseinsatz in der Regel nicht beobachten kann. Deshalb wird nach einer „second best solution" gesucht, bei dem die Bedingungen eines Kontrakts (hier: eines Entlohnungssystems) gesucht werden, bei denen der Agent in seinem eigenen Interesse auch die Zielfunktion des Prinzipals erfüllt und gleichzeitig die Kosten für das Entlohnungssystem minimiert werden. Dabei wird davon ausgegangen, dass der Agent risikoscheuer ist als der Prinzipal und sich dieses in einer Präferenz für Festgehalt versus variabler Entlohnungskomponenten niederschlägt.

Spezifiziert man dabei eine Reaktionsfunktion des Umsatzes in Abhängigkeit von der eingesetzten Arbeitszeit (für Besuche und deren Vorbereitung sowie weitere Kommunikation mit dem Kunden), wobei dies nach Maßgabe einer stochastischen Funktion erfolgt, und spezifiziert man weiterhin die Nutzenfunktion des Agenten (bestehend aus Einkommen und Arbeitsleid), dann lässt sich ein Entscheidungsmodell aufstellen, aus dem man den optimalen Entlohnungskontrakt gewinnt. Dazu wird in der Zielfunktion der Deckungsbeitrag des Unternehmens aus der Umsatzerzielung abzüglich der Entlohnungskosten maximiert. Dabei muss das Unternehmen explizit als Nebenbedingung berücksichtigen, dass der Agent das Niveau für seine Verkaufsanstrengungen nach seiner eigenen Risiko-Nutzen-Funktion bestimmt. Schließlich wird der Agent nur einen Kontrakt annehmen, wenn er wenigstens so viel Nutzen erzielt wie aus alternativen Beschäftigungsmöglichkeiten, was durch eine entsprechende Mindestnutzenbedingung erreicht wird. Die mathematische Formulierung eines derartigen Entscheidungsmodells wird im Folgenden vorgestellt.

Aufbauend auf der Prinzipal-Agenten-Theorie haben Basu et al. (1985) auf der Basis der Überlegungen von Holmström (1979) ein Optimierungsmodell für den Prinzipal aufgestellt. Dabei gehen sie von folgenden Annahmen aus:

■ Die Nutzenfunktion der Verkäufer ist additiv-separabel, d.h., es besteht keine Wechselwirkung zwischen dem Einkommen und Arbeitsleid.

■ Während der Grenznutzen des Einkommens unterproportional steigt, nimmt der Nutzenentgang durch Arbeitszeit überproportional zu.

■ Der Prinzipal ist risikoneutral, der Agent ist risikoscheu.

■ Die Grenzkosten der Produktion und des Marketing sind konstant.

■ Es herrscht Informations-Symmetrie, d.h. der Prinzipal kennt die Nutzenfunktion des Agenten.

Bei der Gestaltung fixer und variabler Entlohnungsanteile sollten aber auch **Risikoerwägungen** der Verkäufer und des Unternehmens in Betracht gezogen werden, da der Persönliche Verkauf sowohl für die Unternehmens- bzw. Vertriebsleitung als auch für die Verkäufer mit Unsicherheit verbunden ist. So wissen die Verkäufer nicht genau, ob und in welchem Ausmaß ihr aktueller Einsatz, ihre Fähigkeiten und Fertigkeiten zu erfolgreichen Abschlüssen führen werden. Eine ausschließlich erfolgsabhängige Entlohnung würde demzufolge das gesamte Abschlussrisiko auf die Verkäufer abwälzen, da sie im Falle ausbleibender Abschlüsse leer ausgehen würden. Wenn die Mitarbeiter dies prognostizieren können, ist zu befürchten, dass sie ihre Anstrengungen auf wenige, besonders vielversprechend erscheinende Projekte oder Kunden reduzieren werden. Die Vertriebsleitung ist dagegen im Sinne des Unternehmens daran interessiert, dass die Mitarbeiter einen gewinnmaximierenden Einsatz zeigen. Wie analytisch gezeigt werden kann, ist dies nur möglich, wenn den Mitarbeitern ein Teil des Abschlussrisikos genommen wird, indem das Unternehmen ein Festgehalt gewährt. Der Festgehaltsanteil sollte dabei umso höher ausfallen, je unsicherer, dynamischer und komplexer die Verkaufssituation ausfällt (Basu et al. 1985; Krafft, Albers und Lal 2004).

Auf dieser Basis stellen Basu et al. (1985) folgendes Entscheidungsmodell auf:

Die **Zielfunktion** des Prinzipals besteht in der Maximierung seines Gewinns:

$$\pi = \int [(1-c)x - s(x)]f(x|t)dx \rightarrow max! \tag{5.4}$$

Der Kontrakt muss dem Agenten einen Mindestnutzen garantieren, damit dieser bereit ist, den Kontrakt zu akzeptieren.

$$\int [U(s(x))]f(x|t)dx - V(t) \geq m \tag{5.5}$$

Hier wird eine additive **Nutzenfunktion** unterstellt, bei der der Nutzenzugang aus Einkommen und der Nutzenentgang aus dem Arbeitseinsatz kompensatorisch wirken, also keine Wechselwirkungen aufweisen. Bei der Gestaltung des Kontrakts ist zudem zu berücksichtigen, dass der Agent seinen Arbeitseinsatz t so festlegt, dass er seinen Nutzen maximiert, der durch die Entlohnung U[s(x)] gesteigert und das Arbeitsleid V(t) reduziert wird. Der Prinzipal muss dabei auf Anreizkompatibilität achten, also bedenken, dass gleichzeitig das Ziel der Gewinnmaximierung des Unternehmens und der Nutzenmaximierung des Verkäufers anzustreben ist. Dies lässt sich realisieren, indem die Optimalitätsbedingung für den Nutzen des Verkaufsaußendienstmitarbeiters, nämlich dass die erste Ableitung der Nutzenfunktion gleich Null sein soll, als Nebenbedingung in das Kalkül des Unternehmens einbezogen wird:

$$\int U[s(x)] \cdot f_t(x|t)\,dx - V'^{(t)} = 0 \tag{5.6}$$

$f_t(x|t) = \frac{d}{dt} \cdot f(x|t)$: 1. Ableitung von $f(x|t)$

Mit:

c:	Konstante Grenzkosten der Produktion und des Marketing,
x:	Umsatz,
t:	Anstrengungen des Agenten (Arbeitszeit),
s(x):	Entlohnungsfunktion des Agenten in Abhängigkeit vom Umsatz x,
f(x|t):	Dichtefunktion des Umsatzes x in Abhängigkeit von t,
U[s(x)]:	Nutzenfunktion des Agenten in Abhängigkeit von seinem erzielten Einkommen,
V(t):	Nutzenentgang des Agenten in Abhängigkeit von seiner Arbeitszeit t,
m:	Mindestnutzen, den der Agent erzielen will, wenn er für den Prinzipal arbeiten will.

Zur Lösung dieser **Optimierungsaufgabe** kann man unterstellen, dass der Prinzipal nur einen Entlohnungskontrakt offeriert, der gerade dem Mindestnutzen entspricht. Bedingung (3) bedeutet, dass der Agent seinen eigenen Nutzen maximiert, was dann gegeben ist, wenn die erste Ableitung dieser Funktion gleich Null ist, was ebenfalls eine Gleichung ergibt. Dann kann man das System mit Hilfe von Lagrange-Multiplikatoren lösen (Basu et al. 1985).

Vereinfacht man das Problem dadurch, dass der Prinzipal ein Entlohnungssystem mit einem Festgehalt und einer umsatzabhängigen Provision anbieten will und der Umsatz in Abhängigkeit von den Anstrengungen eine einfache exponentiell gewichtete Reaktionsfunktion darstellt, bei der die stochastisch anfallenden Umsätze einer Gammaverteilung folgen, ergibt sich folgende Nutzenfunktion der Verkäufer (Albers 1995, S. 132):

$$F + c(1 - kq)\alpha t^\beta - \gamma t^\eta \tag{5.7}$$

Mit:

F:	Festgehalt des Verkäufers,
c:	umsatzabhängige Provision,
k:	Parameter zur Stärke der Risikoeinstellung,
q:	Unsicherheits-Parameter,
t:	Anstrengungen des Agenten (Arbeitszeit),
α, γ:	Skalierungsparameter,
β:	Elastizität des Umsatzes in Abhängigkeit von der Arbeitszeit,
η:	Elastizität des Nutzenentgangs durch Arbeitsleid (d.h. entgangene Freizeit).

Diese Nutzenfunktion lässt sich relativ problemlos mit Hilfe der Conjoint-Analyse schätzen, wie Albers (1984b) in einem Beispiel zeigt. Eine vergleichbare Anwendung der Conjoint-Analyse wird weiter unten bei der Optimierung von Prämiensystemen ausführlicher beschrieben.

Unter diesen Bedingungen ergibt sich eine Lösung, die folgende Struktur aufweist:

$$c^* = \frac{d\beta}{kq\eta + (1-kq)\beta} \qquad\qquad (5.8)$$

Liegt gar keine Unsicherheit vor, ergibt sich im Optimum:

$$c^* = d \qquad\qquad (5.9)$$

Im Falle von vollständiger Unsicherheit gilt dagegen:

$$c^+ = d * \beta/\eta \qquad\qquad (5.10)$$

Daraus erkennt man, dass mit Hilfe dieses Modells keine Lösungen abgeleitet werden können, die direkt für die Praxis hilfreich sind – im Falle vollständiger Sicherheit würde nämlich der gesamte Deckungsbeitrag als Provision ausgezahlt werden, während das Festgehalt negativ wäre (Albers 1995, S. 133). Das Modell bietet lediglich „comparative statics", also Tendenzaussagen wie bspw. „Je risikoaverser die Verkäufer sind, um so höher sollte der Festgehaltsanteil ausfallen". Insofern müssen sich Verkaufsmanager alternativ oder ergänzend an empirischen Erkenntnissen aus sogenannten **Entlohnungsstudien** von z.B. Kienbaum orientieren.

Auf der folgenden Seite werden in **Abbildung 5.3-3** die in der Kienbaum-Vergütungsstudie (2007) berichteten Grundbezüge und variablen Einkommen für durchschnittliche Verkäufer grafisch dargestellt. Dabei zeigt sich, dass die variablen Anteile je nach Branche zwischen 23% (Metall bzw. Nahrungs-, Genussmittel) und 31% (Baustoffe, Steine & Erden) schwanken. Nun wäre aufgrund von Risikoabwägungen zu erwarten, dass höhere variable Anteile mit höheren mittleren Gesamteinkommen verbunden wären. Da nämlich eine höhere variable Komponente nicht nur eine Chance darstellt, Zusatzeinkünfte zu erzielen, sondern auch im Falle ausbleibender Verkaufserfolge mit geringeren Einkommen einhergeht, würde eine Mittelwert-Varianz-Betrachtung nahe legen, dass höhere Festgehaltsanteile gleichbedeutend mit insgesamt eher moderaten Gesamtbezügen sind, während substanzielle variable Anteile mit überdurchschnittlich höheren Jahreseinkommen verbunden sein müssten. Im Branchenvergleich zeigt sich dieser Zusammenhang nicht – beispielsweise erzielen Verkäufer in der Branche Baustoffe, Steine & Erden eine Gesamtvergütung von 54.000 € bei einem recht hohen variablen Anteil von 31%, während der im Branchenvergleich niedrigste variable Anteil von 23% in der Metallindustrie mit einem Jahreseinkommen von 60.000 € verbunden ist. So ist es nicht verwunderlich, dass die mittleren Jahreseinkünfte und die jeweiligen variablen Anteile der Branchen statistisch nicht zusammenhängen – so ergibt eine Korrelationsanalyse einen Korrelationskoeffizienten von -0,025.

Abbildung 5.3-3   Branchenbedingte fixe und variable Vergütung von durchschnittlichen
Verkäufern (in Anlehnung an Kienbaum 2007, S. 31 in Verbindung mit S. 52)

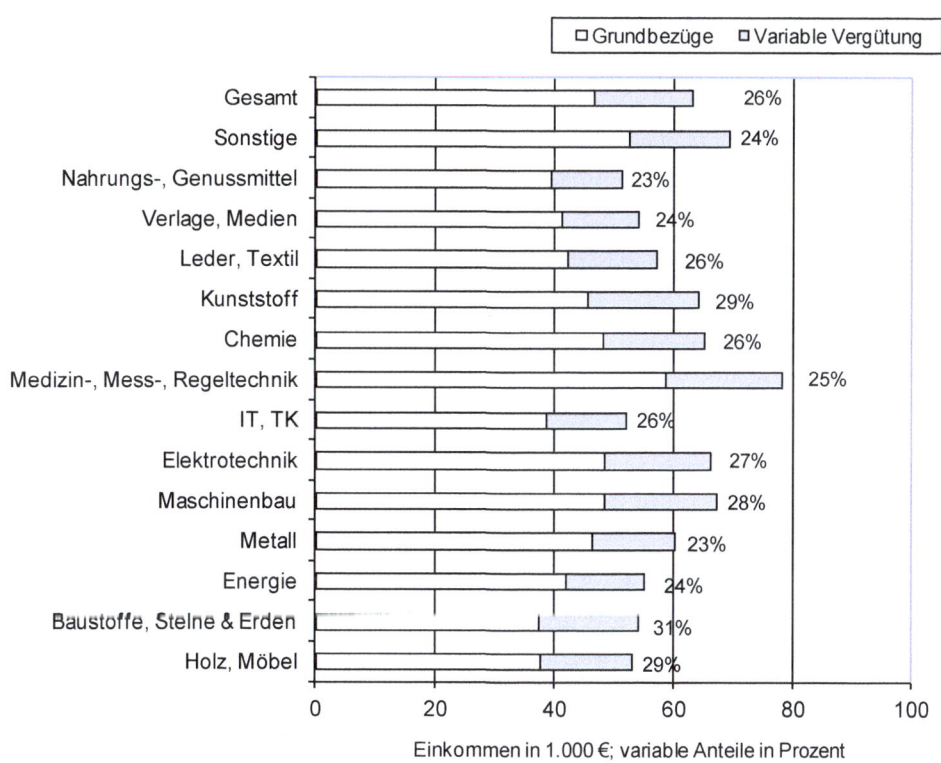

Einkommen in 1.000 €; variable Anteile in Prozent

Bei der Gestaltung geeigneter Entlohnungspläne orientieren sich Führungskräfte häufig an zentralen Rahmenbedingungen des Persönlichen Verkaufs und den Zielen der Vertriebssteuerung. Als **Rahmenbedingungen** sind unter anderem die Verkaufszykluslänge, die Komplexität des Verkaufsprozesses, die Bedeutung des Persönlichen Verkaufs für den erfolgreichen Abschluss, die Erfahrung und Kompetenz der Mitarbeiter sowie der Wettbewerb um die besten Mitarbeiter im Vertrieb zu nennen. Als Ziele der Vertriebssteuerung sind insbesondere abzuwägen, ob eher eine Ergebnis- oder Verhaltensorientierung angezeigt ist, welche Bedeutung dem Neu- vs. Stammgeschäft zukommt, welcher Zeithorizont im Verkauf angestrebt wird und inwieweit qualitative Signale ausgesendet werden sollen (Sicherheit, Vermeiden großer Einkommensunterschiede). In der jüngeren Vergangenheit werden zudem Aspekte der Risikoteilung diskutiert, die insbesondere in theoretischen Ansätzen wie der oben beschriebenen Prinzipal-Agenten-Theorie eine bedeutende Rolle spielen.

Tabelle 5.3-2   Einflussgrößen auf die Höhe des Festgehaltsanteils von Verkäufern
(in Anlehnung an Albers 1989, S. 251-254; Krafft 1995, S. 69-72)

Niedriger Festgehaltsanteil ◄─────────────────► Hoher Festgehaltsanteil	
Rahmenbedingungen	
Kurze Verkaufszyklen	Lange Verkaufszyklen
Individueller Leistungsbeitrag leicht zu ermitteln, kaum Verbundeffekte	Team Selling, komplexe Verkaufsprozesse, nachhaltige Verbundeffekte
Außendienst trägt ursächlich zum erfolgreichen Abschluss bei, kaum zeitlich verzögerte Wirkungen (Carry-over)	Nicht der Persönliche Verkauf, sondern andere Marketing-Mix-Elemente sind abschlussentscheidend, Carry-over-Effekte
Kaum spezifische Produkt-, Kunden- und Unternehmens-Kenntnisse	Umfassendes Produkt-, Kunden- und Unternehmens-Know-how
Ziele der Vertriebssteuerung	
Ergebnisorientierung im Fokus	Verhaltensorientierung wird angestrebt
Schwerpunkt ist das Neugeschäft („hunting")	Stammgeschäft steht im Mittelpunkt („farming")
Kurzfristige Abschlussorientierung	Langfristig wirkende Aktivitäten werden präferiert (Service, Beratung)
Risikoerwägungen	
Erfolg bzw. Erfolglosigkeit im Verkauf wird dem Verkäufer zugeschrieben	Abschlussrisiko wird überwiegend vom Unternehmen getragen

In **Tabelle 5.3-2** wird die Vorteilhaftigkeit hoher bzw. niedriger Festgehaltsanteile in Abhängigkeit von diesen Rahmenbedingungen im Überblick dargestellt. Im Folgenden werden die Effekte dieser Faktoren auf den fixen versus variablen Entlohnungsanteil ausführlich erörtert.

Die **Verkaufszykluslänge** spiegelt den Zeitraum zwischen dem ersten Verkaufsgespräch und der Entscheidung des Kunden wider, die Leistungen und Produkte des Unternehmens zu wählen. Wählt nun ein Unternehmen bei vergleichsweise langen Zyklen einen hohen variablen Anteil, ist zu befürchten, dass Reisende kurzfristige Abschlüsse mit Stammkunden anstreben und das Neukundengeschäft völlig vernachlässigen (Krafft 1995, S. 128 f.).

Vergleichbare Argumente sind im Zusammenhang mit der Komplexität des Verkaufspro-zesses und der vertriebenen Produkte und Leistungen zu nennen (Rouziès et al. 2009, S. 94). **Komplexe Verkaufssituationen**, die beispielsweise im Team Selling bzw. Systems Selling gegeben sind, führen dazu, dass ein individueller Erfolgsbeitrag kaum direkt zu ermitteln ist. Eine erfolgsabhängige Entlohnungskomponente würde daher problembehaf-tet sein, da die Bemessungsgrundlage in Form des Leistungsbeitrags nur schwer oder gar nicht messbar ist. Ähnliche Effekte sind zu beobachten, wenn die Erfolgsmessung nur mit zeitlicher Verzögerung erfolgen kann, sofern regionale oder sachliche **Verbundeffekte** be-stehen oder qualitative Leistungsbeiträge (bspw. zur Kundenzufriedenheit und -loyalität) nur abgeschätzt werden können (Zoltners, Sinha und Zoltners 2001, S. 284 f.). In derartigen Situationen empfiehlt sich ebenfalls ein hoher Festgehaltsanteil.

Bei der Wahl eines geeigneten Verhältnisses von fixer und variabler Entlohnung ist des Weiteren zu berücksichtigen, inwieweit Aktivitäten von Verkäufern nötig sind, um erfolg-reiche Abschlüsse zu erzielen. Sofern ein Unternehmen überlegene Produkte anbietet, es sich dabei um bekannte und geeignet positionierte Marken handelt, die über ein dichtes Netz von Distributionspartnern angeboten werden, ist davon auszugehen, dass ein sub-stanzieller Anteil des Verkaufsvolumens nicht auf die Fähigkeiten oder den Einsatz von Verkäufern, sondern auf das weitere **Marketing-Mix** zurückzuführen ist. In diesem Fall sind niedrige variable Anteile als vorteilhaft anzusehen. Ähnlich ist die Wirkung soge-nannter Carry-over-Effekte auf die Entlohnungsgestaltung zu sehen: Beim **Carry-over** handelt es sich um den Teil des aktuellen Umsatzes, der auf vergangene Verkaufsanstren-gungen zurückzuführen ist. Wenn beispielsweise ein Medizinelektronik-Vertrieb vor eini-gen Jahren erstmals einen Magnetresonanz-Scanner an ein Krankenhaus verkauft hat, und nun nach 10 bis 15 Jahren die Ersatzbeschaffung ansteht, handelt es sich beim Verkauf des zweiten MRT-Scanners um ein ungleich leichter zu realisierendes Anschlussgeschäft, das nur eine begrenzte erfolgsabhängige Vergütung rechtfertigt. Vielmehr ist der ursprüngli-che Verkauf des Scanners eine nachhaltige Verkaufsleistung. Wenn Abschlüsse eher eine Folge des sonstigen Marketing-Mix bzw. von Carry-over-Effekten sind, empfiehlt sich ein hoher Festgehaltsanteil, da variable Komponenten zu Mitnahmeeffekten führen, aber kaum höhere Erfolge bewirken, da die Verkäufer ohnehin kaum einen Einfluss auf den Verkaufserfolg haben (Basu et al. 1985; Dearden und Lilien 1990). Der variable Anteil sollte sich dabei auf das Produkt mit der höchsten Effektivität der Besuchszeit beziehen (Zhang und Mahajan 1995), also im Beispiel auf den ersten, vor Jahren angeschafften MRT-Scanner (Basu et al. 1985; Dearden und Lilien 1990).

Bei der Gestaltung von kombinierten Entlohnungsplänen spielen zudem auch Erwägun-gen eine Rolle, die mit der Verkaufskompetenz bzw. -erfahrung der Mitarbeiter zusam-menhängen. Über die Jahre sammeln Verkäufer ein umfassendes Produkt-, Kunden- und Unternehmenswissen. Dieses **Know-how** ist aber nicht nur für den derzeitigen Arbeitge-ber, sondern auch für den Wettbewerb attraktiv. Ältere, erfahrene Mitarbeiter erhalten daher zumeist ein hohes Festgehalt, um einerseits zu vermeiden, dass die getätigten Inves-titionen in die Kenntnisse der Verkäufer verloren gehen oder ggf. sogar den Konkurrenten zu Gute kommen. Andererseits soll ein höheres Festgehalt auch zur Honorierung der ku-mulierten Produkt-, Kunden- und Unternehmenskenntnisse dienen (Rouziès et al. 2009,

S. 94). Die Sinnhaftigkeit einer derartigen Entlohnungspolitik wird durch theoretische Überlegungen der Transaktionskostentheorie unterstrichen (John und Weitz 1989; Krafft, Albers und Lal 2004). Diese Theorie wird in Abschnitt 3.2.1 beschrieben.

Neben diesen Rahmenbedingungen spielen auch Ziele der Vertriebssteuerung bei der Wahl eines geeigneten Verhältnisses von fixen und variablen Entlohnungsanteilen eine Rolle. Dabei ist erstens abzuwägen, ob eher eine **Ergebnis- oder Verhaltensorientierung** der Verkäufer verfolgt wird (Anderson und Oliver 1987; Krafft 1999; siehe auch Abschnitt 5.1.2). Stehen Verkaufsergebnisse im Mittelpunkt des vertrieblichen Handelns, und kann der Erfolgsbeitrag einzelner Verkäufer geeignet ermittelt werden, werden Vertriebsführungskräfte variable Einkommensbestandteile wählen, die zu Erfolgssteigerungen motivieren. Sollen die Verkäufer dagegen in größerem Umfang verkaufsbegleitende Aktivitäten entfalten (wie Pflege der Kundenbeziehung, Reisen, Vertriebstagungen, After-Sales-Service), würde eine variable, erfolgsorientierte Vergütung die falschen Signale setzen, da variable Anteile generell eine Erhöhung des Verkaufszeitenanteils an der gesamten Arbeitszeit bewirken. Wie im folgenden Abschnitt zu Provisionssystemen noch gezeigt wird, kann eine übertriebene Verkaufs- und Abschlussorientierung zudem das Vertrauen des Kunden in das Unternehmen erschüttern.

Zweitens sollte der variable bzw. fixe Entlohnungsanteil widerspiegeln, welche Bedeutung dem **Neu- vs. Stammgeschäft** zukommt. Die Betreuung und Intensivierung von Geschäftsbeziehungen mit Stammkunden, die im Wesentlichen Maßnahmen zur Steigerung der Kundenloyalität, des Cross- und Up-Selling sowie des Weiterempfehlungsverhaltens umfasst, würde durch eine substanziell variable Entlohnung möglicherweise konterkariert, da derartige Anreizsysteme in erster Linie kurzfristige Verkaufserfolge honorieren, nicht aber die langfristige Pflege etablierter Kundenbeziehungen. Für ein wirksames Beziehungsmanagement ist dagegen eine langfristige Orientierung der Verkäufer nötig, die eher durch nachhaltige Festgehälter gefördert wird. Einige Unternehmen tragen dieser Problematik auch dadurch Rechnung, dass separate Vertriebsorganisationen für das abschlussorientierte Neugeschäft („hunters") und das beziehungsorientierte Stammgeschäft („farmers") etabliert werden, wobei die „hunter" überwiegend variabel, die „farmer" dagegen eher erfolgsunabhängig entlohnt werden (Ingram et al. 2009, S. 106).

Drittens ist abzuwägen, welcher **Zeithorizont** im Verkauf angestrebt wird. Festgehälter fördern durch den sicheren, konstanten Geldfluss eine kundenorientierte Sicht und verringern den Erfolgsdruck der Vertriebsmitarbeiter. Durch hohe Festgehaltsanteile erhalten Verkäufer somit einen Anreiz, begleitende Aktivitäten des Persönlichen Verkaufs zu entfalten, die erst mit deutlicher zeitlicher Verzögerung zu erfolgreichen Abschlüssen führen. Eine derartige Langfristorientierung wird insbesondere im Projektgeschäft des Investitionsgütersektors priorisiert, während eine kurzfristige Sicht beispielsweise im Direktverkauf vorherrscht, wo der einzelne Verkäufer einen nachhaltigen Einfluss auf den Verkaufserfolg ausübt. Unternehmen wie Vorwerk oder Avon vergüten daher ihre Mitarbeiterinnen und Mitarbeiter überwiegend variabel, um eine derartige Abschlussorientierung zu fördern. Dagegen sind im Anlagenbau langfristig aufgebaute Beziehungen, persönliches Vertrauen, die Beratungskompetenz sowie die Problemorientierung der Mitarbeiter viel entscheidender als ausgefeilte Verkaufstechniken, die in diesem Kontext eher dysfunktional wirken können.

Abbildung 5.3-4   Verbreitung von Reisenden-Vergütungssystemen in Deutschland (Kienbaum 2009, S. 65)

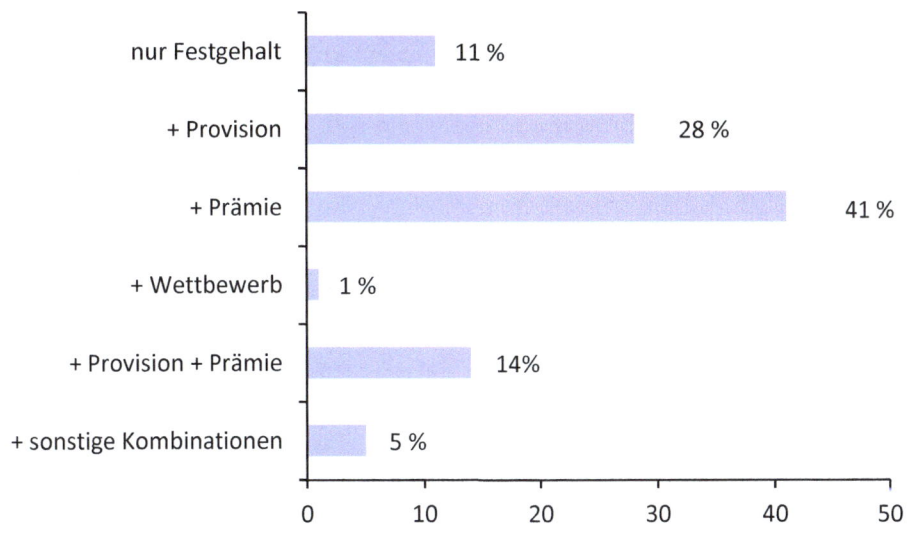

Bei der Erörterung der Vorteilhaftigkeit höherer fixer oder variabler Entlohnungsanteile ist abschließend zu bedenken, dass die Personalkosten im Vertrieb bei reinen Festgehältern zwar leichter planbar sind, aber insbesondere in Zeiten rückläufiger Erfolge zu steigenden Personalkosten je Umsatzeinheit führen. Zudem müssen **bei Erfolgseinbrüchen** Mitarbeiter entlassen oder Festgehälter gekürzt werden, was aufgrund der im deutschsprachigen Raum geltenden Arbeits- und Kündigungsschutzregelungen mit erheblichen Problemen verbunden ist. Variable Einkommen korrelieren dagegen stärker mit den Unternehmenszielen und stellen somit eher eine Anreizkompatibilität zwischen nutzenorientierten Verkäufern und gewinnmaximierenden Unternehmen sicher.

Die obige **Abbildung 5.3-4** verdeutlicht, dass in Deutschland für fest angestellte Reisende in acht von neun Fällen kombinierte Entlohnungspläne gewählt werden, die sehr häufig Provisionen oder Prämien als variable Komponenten enthalten. Provisions- und Prämiensysteme als zentrale Instrumente zur Gestaltung erfolgsabhängiger Vergütungsanteile werden daher im folgenden Abschnitt ausführlicher behandelt.

5.3.4.3   Provisionen oder Prämien

Die Begriffe Provision und Prämie werden umgangssprachlich, in der Praxis und in der Forschung durchaus sehr unterschiedlich aufgefasst. So werden umsatzbezogene variable Einkommen und Provisionseinkünfte landläufig einander gleichgesetzt, und Prämien werden synonym als ad hoc-Instrumente bezeichnet. Vor diesem Hintergrund sind Begriffsabgrenzungen erforderlich, die zur Präzisierung und systematischen Diskussion dieser Anreizinstrumente notwendig sind. Diese Definitionen führen zwangsläufig dazu, dass nicht alle der in der Vertriebspraxis oder Wissenschaft als Provisionen oder Prämien bezeichneten Instrumente in unseren entsprechenden begrifflichen Rahmen passen werden. Wo dies der Fall ist, werden wir auf Abweichungen von unserem definitorischen Verständnis explizit hinweisen.

Provisionen und Prämien stellen monetäre materielle Anreize dar, werden erfolgsabhängig gewährt und gelten als starke extrinsische Motivatoren. **Provisionen** werden auf ergebnisorientierte Bezugsgrößen wie Umsatz, Absatz oder Deckungsbeitrag gewährt, und ergeben sich aus der Multiplikation des jeweiligen Provisionssatzes mit dem Maß der Bezugsgröße. Im Gegensatz dazu sind **Prämien** dadurch gekennzeichnet, dass sie sich entweder auf verhaltens- oder prozessorientierte Bezugsgrößen (z.B. Anzahl von Besuchen oder Kundenzufriedenheit) oder auf Zielvorgaben beziehen. Bei Zielvorgaben wird bspw. die Prämien-Höhe (auch als Bonus bezeichnet) oft durch einen Eurobetrag auf die erreichte Zielvorgabestufe bestimmt (z.B. 100 € je Prozentpunkt ab 100%; 110% → 1.000 € Prämie). Während Prämien durchaus auch ad hoc zur unterjährigen Feinsteuerung im Vertrieb eingesetzt werden, sind Provisionen durch eine hohe Beständigkeit in der Konzeption und Gewährung gekennzeichnet.

Zuallererst ist grundsätzlich zu entscheiden, ob ein **Provisions- oder ein Prämiensystem** besser geeignet ist, als variable Entlohnungskomponente eingesetzt zu werden. Da beide Komponenten leistungsabhängig eingesetzt werden, geht es dabei nicht um die bereits diskutierten Vor- und Nachteile von fixen oder variablen Entlohnungsbestandteilen im Allgemeinen. Vielmehr ist die relative Vorteilhaftigkeit von Provisionen und Prämien im Verhältnis zueinander zu diskutieren. Dabei ist die Eignung dieser Komponenten insbesondere von Merkmalen des Verkaufsprozesses, der Vertriebsorganisation und der Nachfrage(un)sicherheit abhängig, die in **Tabelle 5.3-3** im Überblick gezeigt und im Weiteren kurz erläutert werden.

Bei der Frage, ob eher Provisionen oder Prämien einzusetzen sind, sind zuerst **Merkmale des Verkaufsprozesses** zu berücksichtigen. Eine wichtige Rolle spielen dabei der Erfolgsbeitrag der Verkäufer zum Abschluss, die Verkaufszykluslänge, der Einfluss anderer Marketing-Mix-Instrumente und das Vorliegen von Verbundeffekten. Ist die Wahrscheinlichkeit eines Abschlusses nur zum Teil von den Fähigkeiten und Fertigkeiten eines Verkäufers abhängig, liegen lange Verkaufszyklen sowie komplexe Verkaufsprozesse vor und spielt das sonstige Marketing-Mix eine substanzielle Rolle, sollte man über Zielvorgaben den Erfolgsbeitrag isolieren, der auf Verkäuferleistungen zurückzuführen ist, und die Zielerreichung mittels Prämien honorieren. Provisionen setzen voraus, dass ein individueller Leistungsbeitrag der Verkäufer ermittelt werden kann, der honoriert wird. Ist der Verkaufsprozess von komplexen Verkaufssituationen gekennzeichnet, die vor allem im Industriegütergeschäft in Form des Team Selling gegeben sind, kann der individuelle Erfolgsbeitrag von Verkäufern nicht verursachungsgerecht isoliert werden, da nachhaltige Interdependenzen und Synergien zwischen den Mitarbeitern bestehen, so dass individuelle Provisionen nicht leistungsgerecht ermittelt werden können. Abhilfe könnten eine Teamprovision schaffen, die auf die Teammitglieder zu verteilen ist, oder die Vereinbarung von Teamzielen, deren Erreichung an Prämien geknüpft wird (vgl. auch Abschnitt 3.4.2.2 und 6.5).

Tabelle 5.3-3 Einflussgrößen auf die Vorteilhaftigkeit von Provisionen und Prämien (in Anlehnung an Cron und DeCarlo 2009, S. 305-310; Ingram et al. 2009, S. 231-236; Kishore et al. 2013, S. 317-333; Zoltners, Sinha und Lorimer 2006, S. 236)

Provisionssystem ⟵⟶	**Prämiensystem**
Merkmale des Verkaufsprozesses	
Erfolg bzw. Erfolglosigkeit im Verkauf ist nachhaltig dem einzelnen Verkäufer zuzuschreiben	Erfolg bzw. Erfolglosigkeit im Verkauf liegt nur teilweise in den Händen des Vertriebsmitarbeiters
Kurze Verkaufszyklen; variable Einkommen können zeitnah ausgezahlt werden	Lange Verkaufszyklen; Anreize können kurzfristig nicht sinnvoll ermittelt werden
Außendienst trägt ursächlich zum erfolgreichen Abschluss bei, kaum zeitlich verzögerte Wirkungen (Carry-over)	Nicht der Persönliche Verkauf, sondern andere Marketing-Mix-Elemente sind abschlussentscheidend, Carry-over-Effekte
Individueller Leistungsbeitrag leicht zu ermitteln, kaum Verbundeffekte	Team Selling, komplexe Verkaufsprozesse, nachhaltige Verbundeffekte
Merkmale der Vertriebsorganisation	
Ergebnisorientierung im Fokus	Verhaltensorientierung wird angestrebt
Verkaufsgebiete sind vergleichbar	Verkaufsgebiete weisen zum Teil deutlich unterschiedliche Potenziale auf, die über Zielvorgaben berücksichtigt werden
Kurzfristige Abschlussorientierung (Non-Selling-Aktivitäten durch andere)	Verkäufer üben substanzielle Non-Selling-Aktivitäten aus (wie Service, Beratung)
Nachfrage(un)sicherheit	
Volatiles Marktumfeld und fehlende Daten erschweren die Prognose der Nachfrage und das Setzen geeigneter Zielvorgaben	Stabiles Marktumfeld und vorhandene Daten ermöglichen Nachfrageprognosen und das Vereinbaren geeigneter Zielvorgaben

Bei der Entscheidung zwischen Provisions- und Prämiensystemen berücksichtigen Vertriebsführungskräfte auch **Merkmale der Vertriebsorganisation**. Von zentraler Bedeutung sind dabei die Ergebnis- bzw. Verhaltensorientierung der Vertriebsleitung, die (Nicht-) Vergleichbarkeit der Verkaufsgebiete und der Anteil von Non-Selling-Aktivitäten. So gibt es Vertriebsleiter, die eine Ergebnisorientierung im Persönlichen Verkauf einer Verhaltensorientierung vorziehen (Anderson und Oliver 1987; Krafft 1999). In diesem Fall stehen Verkaufsergebnisse im Mittelpunkt der Vertriebsanstrengungen, und das Vertriebsmanagement erwartet, dass Verkäufer aufgrund der substanziellen Provisionen auf Vertriebserfolge sich selbst disziplinieren, hohe Abschlüsse zu erzielen. Folgen Vertriebsmanager dagegen eher einem verhaltsorientierten Führungsansatz, werden sie bevorzugt Prämien einsetzen, da diese auch zur Honorierung des Inputs der Verkäufer dienen können (siehe Abschnitt 5.1.2). Gelingt es der Vertriebsleitung des Weiteren, die Verkaufsgebiete so zu gestalten, dass sie vergleichbare Potenziale und Arbeitslasten aufweisen, also diesbezüglich homogen sind (zur Problematik vgl. Abschnitt 3.4.2.3), können Provisionen sinnvoll eingesetzt werden, da in diesem Fall die vom Durchschnitt abweichenden Vertriebserfolge auf die unterschiedlichen Fähigkeiten, Fertigkeiten und Anstrengungen des Verkäufers zurückzuführen sind. Sofern die Verkaufsgebiete aber nachhaltige Unterschiede aufweisen, können diese Ungleichheiten durch entsprechend festzulegende Zielvorgaben ausgeglichen werden. Die Höhe der Zielerreichung ist dann anschließend durch Prämien zu honorieren. Dieses Vorgehen stellt sicher, dass nicht das Glück (oder Pech) eines potenzialstarken (bzw. -schwachen) Gebiets belohnt wird, sondern der tatsächliche Leistungsbeitrag des Verkäufers. In Außendienstorganisationen, in denen Provisionen eine nachhaltige Bedeutung zukommt, wird von den Verkäufern vor allem erwartet, dass sie einen möglichst hohen Besuchszeitenanteil anstreben, um Abschlüsse zu erzielen. Nonselling-Aktivitäten dagegen werden vernachlässigt oder anderen Mitarbeitern übertragen, etwa einer Service- oder Schulungsabteilung. Andere Organisationen, in denen auch langfristige Nonselling-Aufgaben von den Verkäufern zu leisten sind, treffen vorab Zielvereinbarungen, in denen der Umfang dieses Verhaltens fixiert wird. Entweder wird dabei erwartet, dass diese Aufgaben mit dem Festgehalt abgegolten sind, oder es wird je nach Zielerreichungsgrad für diese Non-Selling-Aktivitäten eine Prämie gewährt.

Bei der grundsätzlichen Wahl zwischen Provisions- und Prämiensystemen ist abschließend abzuwägen, inwieweit eine hohe **Nachfrage(un-)sicherheit** vorliegt. Sehr häufig ist nämlich der Persönliche Verkauf durch die Schwierigkeit oder gar Unmöglichkeit einer verlässlichen Prognose der Nachfrage gekennzeichnet. Dies ist unter anderem auf die Volatilität des Marktumfelds und schwer zugängliche oder nicht verfügbare Daten zurückzuführen. Da in diesen Fällen gerechte Zielvorgaben nicht bestimmt werden können (Krafft 1995, S. 22-31) und Prämien somit als erfolgsabhängige Anreizkomponente ausfallen, greifen Vertriebsführungskräfte bevorzugt auf Provisionen zurück. Dabei wälzt man – entgegen den Empfehlungen der Prinzipal-Agenten-Theorie – einen substanziellen Teil des Verkaufsrisikos auf die Vertriebsmitarbeiter ab (vgl. Abschnitt 5.3.4.2). Prämien werden dagegen eher eingesetzt, wenn das Marktumfeld relativ stabil ist und umfassende sowie verlässliche Kunden-, Besuchs- und Marktdaten vorhanden sind.

5.3.4.4 Provisionssysteme

Hat sich die Geschäfts- bzw. Vertriebsleitung für ein Provisionssystem entschieden, stehen mehrere grundsätzliche **Gestaltungsoptionen** zur Verfügung. Folgende Entscheidungen sind zu treffen und werden im Weiteren diskutiert:

■ Provisionssatzverlauf (linear, degressiv oder progressiv)

■ Provisionen mit dem ersten Euro oder erst ab Zielerreichung

■ Einsatz von Untergrenzen („draws") und Obergrenzen („caps")

■ Ein einzelnes (oder mehrere) Bezugsmaß(e)

■ Auszahlungsrhythmus (monatlich, quartalsweise oder jährlich)

Dabei werden die Gestaltungsoptionen generell einheitlich für alle Verkäufer festgelegt, also nicht zwischen den Mitarbeitern differenziert (Albers 1984a). Als zentrales Element der Gestaltung von Provisionssystemen ist festzulegen, welcher **Provisionssatzverlauf** gelten soll. Grundsätzlich sind mit der Entlohnungsbasis steigende, konstant bleibende oder fallende Provisionssätze möglich. Als Sonderform sind auch S-förmige Provisionssatzverläufe denkbar (Albers 1984a, S. 21 f.; Krafft 1995, S. 74).

Konstante oder **lineare Provisionen** weisen gegenüber nichtlinearen Systemen folgende **Vorteile** auf:

■ Aufgrund ihrer Einfachheit und leichten Berechenbarkeit fallen die Verwaltungskosten für die Provisionsabwicklung gering aus.

■ Lineare Provisionssysteme sind den Mitarbeitern leicht zu kommunizieren.

■ Das Vor- oder Nachdatieren von Aufträgen durch Verkäufer, um nichtlineare Anreizsysteme zum eigenen Vorteil auszunutzen, wird vermieden.

Lineare Provisionssysteme sind jedoch auch mit **Nachteilen** behaftet:

■ Bei stark schwankender Nachfrage wirkt sich diese Volatilität direkt auf die gezahlten Provisionen aus, so dass auch die Vergütungskosten stark schwanken und im Voraus kaum planbar sind.

■ Die Mitarbeiter können versucht sein, den Kunden mehr zu verkaufen, als sie benötigen.

Die Beschränkungen linearer Provisionspläne haben dazu geführt, dass in Vertriebsorganisationen auch **nichtlineare Provisionssysteme** zum Einsatz kommen. Diese Art der Differenzierung von Provisionssätzen in Abhängigkeit von der Höhe des erzielten Erfolgs wird auch als **vertikale Steuerung** bezeichnet. Für nichtlineare, also progressive, S-förmige oder degressive Provisionssatzverläufe wird in der Entlohnungspraxis auch der Begriff **Provisionssatzstaffeln** verwendet, da die Provisionssätze typischerweise nicht kontinuierlich, sondern in Sprüngen mit der Entlohnungsbasis variieren. Gestaffelte Provisionen ähneln dabei einem Prämiensystem auf Zielvorgaben aufgrund der Abhängigkeit der Provisionssätze vom Erreichen von Schwellenwerten. Insofern gelten viele Argumente zu

Provisionsstaffeln analog für ähnlich gestaltete Prämiensysteme, werden aber nur in diesem Abschnitt diskutiert. Die Grundformen der Provisionssatzgestaltung und -staffelung werden in der folgenden **Abbildung 5.3-5** skizziert.

Abbildung 5.3-5   Mögliche Zusammenhänge zwischen Umsatz und Vergütung
(in Anlehnung an Krafft 1995, S. 72-74; Zoltners, Sinha und Lorimer 2006, S. 238)

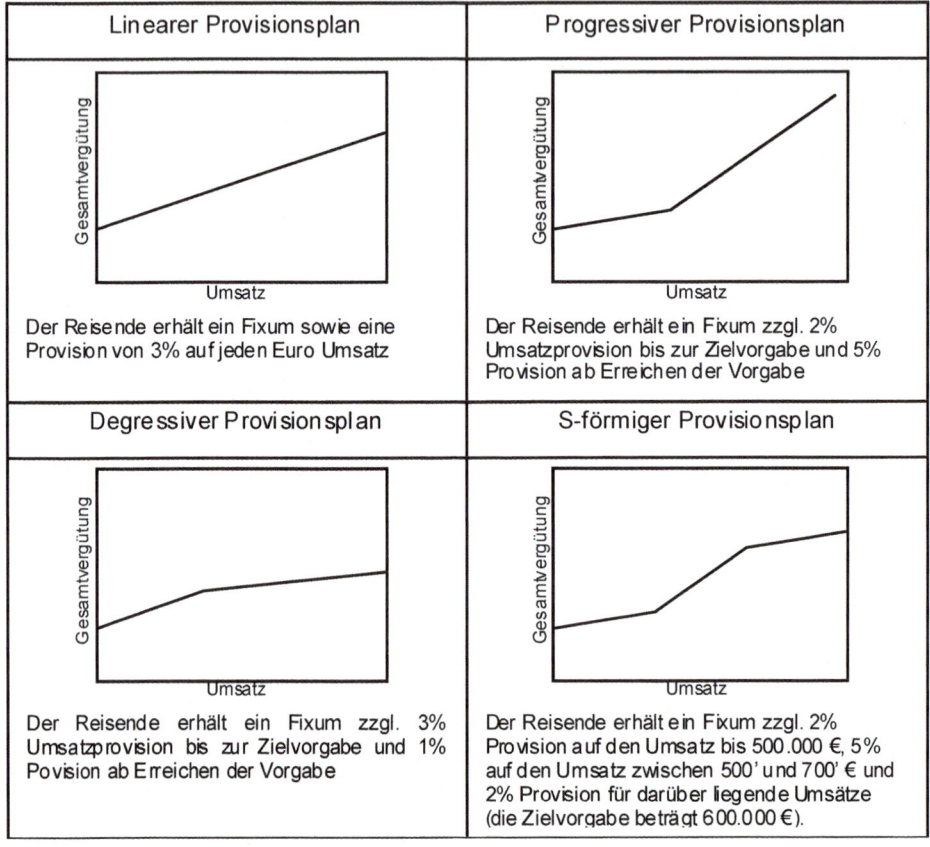

Nichtlineare Provisionssatzverläufe weisen neben dem **Vorzug** der progressiven Provision zur Motivation zu höherem Einsatz („work hard") oder im Falle der degressiven und S-förmigen Provision dem Erreichen eines bestimmten Umsatzes generelle **Nachteile** auf. Zum einen führen nichtlineare Staffeln gegenüber linearen Provisionen zu einem deutlich höheren Verwaltungsaufwand. Zum anderen stellen sich Reisende bei nichtlinearen Provisionsplänen besser, wenn sie Aufträge systematisch vor- oder nachdatieren. Daher sind bei nichtlinearen Systemen zusätzliche Steuerungsmaßnahmen der Vertriebsleitung erforderlich, die wiederum höhere Kosten nach sich ziehen. Die Vorteilhaftigkeit der einzelnen

nichtlinearen Provisionssatzfunktionen wird in Forschung und Praxis kontrovers diskutiert. Aktuelle empirische Befunde deuten dabei darauf hin, dass Vor- und Nachdatie-
rungen bei nichtlinearen Entlohnungsformen eher selten auftreten, und Provisionsstaffeln
vielmehr dazu führen, dass die besten Verkäufer ihre Anstrengungen deutlich ausweiten
(Steenburgh 2008).

Es wurde bereits als Vorzug der einzelnen Provisionsstaffeln herausgestellt, dass diese
Systeme darauf abzielen, ein bestimmtes Anstrengungs- und daraus resultierendes Er-
folgsniveau der Verkäufer zu erreichen. So bewirkt der steile Anstieg der Provisionen in S-
förmigen Staffeln, dass ein Arbeitseinsatz getätigt wird, der zu mittleren bis hohen Verkaufserfolgen führt. Degressive Provisionsstaffeln dagegen incentivieren niedrige Erfolge
sehr nachhaltig, während mittlere und höhere Verkaufserfolge nur moderat belohnt werden – derartige Staffeln werden bspw. bei Neuprodukten eingesetzt, wo es darum geht,
Außendienstmitarbeiter überhaupt erst einmal an das Verkaufen dieser Produkte heranzu-
führen. Hat ein Mitarbeiter erste Verkaufserfolge erzielt, werden zusätzliche Erfolge
schwächer honoriert, da diese in Folge der Diffusionsdynamik leichter erzielt werden
können. Die mit höheren Verkaufserfolgen abnehmenden Provisionen führen zudem dazu,
dass extrem hohe Anstrengungsniveaus vermieden werden, was insbesondere für Unternehmen an der Auslastungsgrenze den Vorteil bietet, dass ein „overselling" vermieden
wird.

In **Abbildung 5.3-5** wird in allen Fällen eine Provision ab dem ersten € Umsatz gewährt.
Die Verbreitung progressiver bzw. S-förmiger Provisionssatzverläufe in der Praxis verdeutlicht aber bereits, dass die Incentivierung niedriger Verkaufserfolge aus Unternehmenssicht nicht immer als vorteilhaft angesehen wird. Die Frage, ob **Provisionen ab dem
ersten €** Umsatz gezahlt werden sollten oder erst ab dem Erreichen einer vorgegebenen
Zielgröße, ist vor dem Hintergrund des jeweiligen Marktumfelds zu beantworten. Wenn

- das Neukunden- gegenüber dem Stammkundengeschäft überwiegt,

- Verkaufserfolge überwiegend vom Arbeitseinsatz und den Fähigkeiten der Verkäufer
  abhängen und

- Verkaufsgebiete ähnliche Potenziale aufweisen,

erweisen sich Provisionen ab dem ersten € als sinnvoll. Diese Rahmenbedingungen sind
häufig im Direktverkauf (Avon, Vorwerk etc.), in der Assekuranz sowie in der Immobi-
lien- und Bürobedarfsbranche gegeben (Zoltners, Sinha und Lorimer 2006, S. 247). Gegen
die Verprovisionierung selbst geringer Verkaufserfolge spricht, dass ggf. ein substanzieller
Anteil des gesamten Verkaufserfolgs einer Periode auf Verkaufsanstrengungen und Erfolge der Vergangenheit oder die Wirkung anderer Marketing-Mix-Instrumente zurückzuführen ist. Wenn diese Basis-Verkaufserfolge mit einer Provision vergütet werden, wird
den Verkäufern ein Quasi-Festgehalt gewährt, da diese Provision leistungsunabhängig ist.
Der dysfunktionale Effekt derartiger Provisionen besteht in seiner motivationshemmenden
Wirkung, da der Anreiz verloren geht, sich dem zeitaufwändigen und schwierigen Neu-
kunden- oder Neuproduktgeschäft zuzuwenden. Des Weiteren ist festzustellen, dass Außendienste, in denen substanzielle Provisionen ab dem ersten € gezahlt werden, oft von

einer hohen Fluktuation neuer Mitarbeiter geprägt sind. Dies ist darauf zurückzuführen, dass diese neuen Mitarbeiter noch nicht über einen etablierten Kundenstamm verfügen, der ihnen einen Basisumsatz und damit ein zufriedenstellendes, sicheres Einkommen ermöglicht.

Alternativ zur Vergütung der Verkaufsleistung ab dem ersten € kann einem Mitarbeiter eine Provision erst dann gewährt werden, wenn ein bestimmtes Ziel oder ein Mindest-Prozentsatz dieses Ziels erreicht ist. Details zur Gestaltung und Eignung von Anreizen mit Hilfe derartiger Zielvorgaben werden in Abschnitt 5.3.4.6 erörtert.

Wenn eine Außendienstorganisation prinzipiell nachhaltige Provisionen auch bei neuen Mitarbeitern einsetzen möchte, bietet es sich an, ein garantiertes Mindest-Provisions-einkommen als **Untergrenze** zuzusichern. Diese Mischform aus Provision und Festgehalt wird auch als Draw oder Drawing Account bezeichnet und im deutschsprachigen Raum vorwiegend in der Versicherungswirtschaft für frisch rekrutierte Handelsvertreter einge-setzt. Dabei wird dem Mitarbeiter bspw. ein Prozentsatz des variablen Zieleinkommens (z.B. 80%) garantiert. Unterschreitet die Summe der kumulierten Provisionen dieses zuge-sicherte Einkommen, wird das Defizit wie bei einem Bankkonto vorgetragen und mit zu-künftigen Provisionseinnahme-Überschüssen verrechnet (Krafft und Albers 1992).

Während Mindest-Provisionseinkommen vergleichsweise selten eingesetzt werden, sind **Obergrenzen** für variable Entlohnungskomponenten relativ häufig anzutreffen. Ein zen-traler Zweck dieser „Deckelungen" (oder „caps") des Einkommens besteht darin, extreme Ausschläge der variablen Vergütungen von Mitarbeitern zu vermeiden (Johnston und Marshall 2009, S. 352). Zudem soll durch diese Obergrenzen vermieden werden, dass so-genannte „windfall profits" entlohnt werden, die nicht primär auf das Können der Verkäu-fer zurückzuführen sind. Derartige, überhöhte Einkünfte sind insbesondere zu erwarten, wenn die Nachfrage nach den Leistungen des Unternehmens einer hohen Volatilität unter-liegt. So würden lineare Provisionen auf überraschende Erfolge bspw. aus Großaufträgen oder der Akquisition von Key Accounts den Leistungsbeitrag des Verkäufers weit über-steigen. Obergrenzen leisten in derartigen Fällen Abhilfe und können in Form eines Abso-lutbetrags, als Prozentwert vom Festgehalt oder als Vielfaches des variablen Zieleinkom-mens vorgegeben werden. Vom Grundgedanken her entsprechen bereits degressive und S-förmige Provisionsstaffeln einer Begrenzung der variablen Einkünfte, da die Provisionen auf Verkaufserfolge oberhalb der gesetzten Zielvorgabe eher marginal ausfallen. Aufgrund dieser Ähnlichkeiten sind Obergrenzen sehr ähnlich wie diese nichtlinearen Provisionssys-teme zu beurteilen. Als besonderer **Vorteil** von Obergrenzen gilt darüber hinaus:

■ Deckelungen ermöglichen eine Glättung der variablen Einkommen und reduzieren Diskussionen um die Berechtigung nachhaltiger Vergütungsunterschiede (innerhalb des Außendienstes, aber auch zu Vorgesetzten oder Mitarbeitern anderer Abteilungen).

Als spezifische **Nachteile von Obergrenzen** sind hervorzuheben:

■ Die Motivation der Verkäufer wird gedämpft, da deren Anstrengungen jenseits der Deckelungen keine zusätzlichen Einkommen generieren.

- Verkaufserfolge werden in die nächste Periode transferiert, sofern die Obergrenze frühzeitig erreicht wird.

- Deckelungen des Einkommens werden von den Mitarbeitern oft als willkürlich wahrgenommen und erhöhen das Misstrauen gegenüber der Vertriebsleitung.

Um die Schwächen von Deckelungen abzumildern, arbeiten einige Außendienstorganisationen mit sogenannten „**soft caps**" – dabei werden variable Einkommen, die über die Obergrenze hinausgehen, vom Unternehmen treuhänderisch zurückgehalten. Dieser angesparte Anreiz wird im Folgejahr ausgezahlt, sofern der Mitarbeiter noch für das Unternehmen tätig ist und seine Zielvorgabe erneut eingehalten hat. Da der Einsatz von Obergrenzen häufig ursächlich mit ungleichen Einkommenschancen aufgrund substanziell verschiedener Verkaufsgebiets-Potenziale einhergeht, könnte alternativ ganz auf Deckelungen verzichtet werden, indem balanciertere Verkaufsgebiete gebildet werden, die vergleichbare Einkommenschancen bieten.

Neben der Festlegung der Art (Provision oder Prämie) und Höhe der variablen Vergütung (Provisionssatzverlauf) ist zu bestimmen, ob sich das Anreizsystem auf **einzelne oder mehrere Erfolgsmaße** beziehen soll. Wie in Abschnitt 6.5 (Erfolgsmessung) und 6.6 (Leistungsbeurteilung) gezeigt wird, gibt es eine Fülle unterschiedlichster Erfolgskennzahlen und Maßgrößen, die als Grundlage der Beurteilung und Vergütung von Mitarbeitern im Persönlichen Verkauf herangezogen werden können. Während aus Sicht der Verkäufer und Vertriebsleiter die Einfachheit, Transparenz, Nachvollziehbarkeit und leichte Berechnung für **ein einzelnes Erfolgsmaß** sprechen, wird eine einzelne Kenngröße nur selten geeignet sein, die Leistungsbeiträge der Mitarbeiter und die Komplexität des vom Unternehmen verfolgten Zielsystems adäquat abzubilden. Für den Einsatz multipler Erfolgsmaße spricht neben dem facettenreichen Zielsystem der Vertriebsleitung auch die unterschiedliche Attraktivität einzelner Produkt- und Kundengruppen. So weisen neue Produkte zu Beginn ihres Lebenszyklus zwar niedrige Absatzmengen und geringe Deckungsbeiträge auf, sind aber für den zukünftigen Erfolg eines Unternehmens von sehr hoher Bedeutung. Ebenso verhält es sich mit frisch akquirierten Neukunden, deren Beitrag zum Unternehmenserfolg sich erst nach einiger Zeit positiv entwickelt. Würden Umsätze mit Neuprodukten oder gerade akquirierten Kunden undifferenziert in ein Umsatzmaß der Verkäufer einfließen, wäre zu erwarten, dass die Mitarbeiter ihre begrenzten zeitlichen Kapazitäten dem leichten Verkaufen von etablierten Produkten an Stammkunden widmen. Um diese dysfunktionalen Effekte einer Verprovisionierung eines einzelnen Erfolgsmaßes zu vermeiden, werden in der vertrieblichen Praxis Provisionspläne eingesetzt, die auf **mehrere Erfolgsmaße** zurückgreifen. Dabei sind folgende Systeme zu unterscheiden:

- einzelnes Erfolgsmaß mit Multiplikatoren,

- mehrere, voneinander unabhängige oder miteinander kombinierte Erfolgsmaße und

- Punktesysteme.

Beim **einzelnen Erfolgsmaß mit Multiplikatoren** wird eine Provision direkt auf eine Bezugsgröße (z.B. 5% auf den erreichten Umsatz) gewährt. Diese variable Vergütung wird prozentual gesteigert, wenn die Mitarbeiter zugleich weitere Ziele erreicht haben, wie bspw. ein balanciertes Produktportfolio oder einen vorab vereinbarten Kundenzufriedenheitsgrad (zur Berücksichtigung von Kundenzufriedenheit in Provisionsplänen siehe Cron und DeCarlo 2009, S. 310). Ein Multiplikator von 1,2 für ein ausgewogenes Produkt-Mix und von 1,3 auf das Erreichen des Kundenzufriedenheits-Index bezogen auf die Basisprovision von 5% würde in diesem Beispiel eine maximal erreichbare Provision von 7,8% bedeuten. Die Multiplikatoren helfen somit, eine reine Umsatzorientierung zu Gunsten weiterer, langfristiger oder qualitativer Zielsetzungen des Unternehmens zu modifizieren. Da hierbei Zielvorgaben und verhaltens- oder prozessorientierte Bezugsgrößen ergänzend herangezogen werden, handelt es sich um eine Mischform von Provision und Prämie.

Alternativ können **mehrere Erfolgsmaße** eingesetzt werden, die separat oder in Kombination verprovisioniert werden. Werden dabei gleiche Erfolgsmaße (bspw. Umsatz) für verschiedene Produkt- oder Kundengruppen mit unterschiedlichen Provisionen belegt, dient dies gleichzeitig der Priorisierung der Verkaufsaktivitäten durch die Vertriebsleitung. So können Provisionssätze einzelner Produkte oder Kundengruppen im Rahmen der horizontalen Steuerung nach ihrem Erfolgsbeitrag differenziert werden, um Verkäufer zu einem hohen Einsatz bei Deckungsbeitrags-starken Produkten oder Kunden zu motivieren (Albers 1984a). Da die Erfolgsmaße aber nicht integriert behandelt und vergütet werden und somit kompensatorisch wirken, werden Vertriebsmitarbeiter diejenigen Ziele verstärkt verfolgen, die aus ihrer Sicht leichter realisiert werden können. Dies ist aus Mitarbeitersicht vorteilhaft, kann aber für das Unternehmen zu einer Vernachlässigung ganzer Kundensegmente oder Produktkategorien führen.

Differenzierte Provisionssätze für einzelne Produkte oder Kundengruppen signalisieren den Verkäufern, wie attraktiv diese Umsätze sind, also bspw. welche Gewinnbeiträge mit diesen Produkt- und Kundenumsätzen verbunden sind. Aus der unterschiedlichen Höhe der Provisionen kann also abgeleitet werden, welche Deckungsbeiträge mit den Produkten oder Kunden erzielt werden. Wenn diese Deckungsbeiträge zwischen den Produkten nachhaltig variieren, die wahren Deckungsspannen gegenüber den Verkäufern aber geheim gehalten werden sollen, wählen Vertriebsleiter alternativ zu Provisionssystemen mit mehreren Erfolgsmaßen sogenannte **Punktesysteme**. Dabei werden für den Absatz einzelner Produkteinheiten Punkte vergeben, welche die Attraktivität der Produkte aus Sicht des Unternehmens oder der Vertriebsleitung widerspiegeln. Zusätzlich werden Multiplikatoren, die nach dem Grad der realisierten Deckungsbeiträge je Verkaufsgebiet bestimmt werden, auf die Gesamtpunktzahl angewandt. Das Produkt aus Multiplikator und Gesamtpunktzahl bildet dann die Basis der variablen Vergütung. Der besondere Vorteil von Punktesystemen aus Unternehmenssicht liegt in der Flexibilität von Punkten, die zur Aggregation monetärer wie qualitativer Leistungsbeiträge im Persönlichen Verkauf dienen können. Diese Flexibilität ist auch für Verkäufer vorteilhaft und motivierend, da sie sich auf einzelne Produkte oder Leistungsbeiträge konzentrieren können, die ihre Stärken darstellen. Die Substituierbarkeit und kompensatorische Wirkung der Punkte führt aus Unternehmenssicht aber auch potenziell dazu, dass einzelne Produktkategorien, Kundengruppen oder Vertriebskanäle völlig vernachlässigt werden. Für Verkäufer und die Vertriebsleitung kann die Komplexität von Punktesystemen zudem dazu führen, dass der

Zusammenhang zwischen der Verkaufsleistung und den daraus resultierenden Punkten kaum noch nachzuvollziehen ist, was den Steuerungseffekt des Systems konterkariert. Mit anderen Worten führt die gewollte Verkomplizierung des Zusammenhangs von Produkt- bzw. Kundenumsätzen, deren Rentabilität und indirekter Verprovisionierung über das Punktesystem nicht nur dazu, dass Deckungsbeiträge verschleiert werden, sondern auch, dass der enge Zusammenhang von Arbeitseinsatz, Ergebnis und dafür gewährte Anreize verloren geht (vgl. dazu **Abbildung 5.1-3**).

Ob eine Auszahlung variabler Entlohnungsanteile monatlich, quartalsweise oder jährlich erfolgt, hängt von der Anreizform ab. So werden lineare Provisionen immer zeitnah aus- gezahlt, während sich bei nichtlinearen Provisionssystemen und für Prämiensysteme auf- grund ihres teilweisen Bezugs auf Zielvorgaben die Frage stellt, in welchem **Rhythmus** diese Anreize auszuzahlen sind. In der folgenden Tabelle 5.3-4 werden spezifische Argu- mente aufgeführt, die für eine sehr häufige bzw. eine eher seltene Auszahlung variabler Vergütungselemente sprechen. Einen aus theoretischer Sicht besonders interessanten As- pekt stellt dabei die Länge des Verkaufszyklus dar, der im Folgenden ausführlicher darge- legt wird.

Tabelle 5.3-4   Vorteilhaftigkeit häufiger bzw. seltener Auszahlung variabler Vergütung (in Anlehnung an Ingram et al. 2009, S. 234; Johnston und Marshall 2009, S. 353; Zoltners, Sinha und Zoltners 2001, S. 318)

Oft auszahlen ⟵⟶	Selten auszahlen
Verkaufszyklen sind kurz (z.B. ein Monat)	Verkaufszyklen sind lang (z.B. ein Jahr)
Verkäufer erhalten eine häufige und direkte Rückkoppelung	Langfristige Ziele können verlässlicher be- stimmt werden
Der Einsatz, Erfolg und die Vergütung der Leistung der Mitarbeiter stehen in einem zeitlich engen Zusammenhang	Die variable Vergütung fällt insgesamt sehr hoch aus und wirkt dadurch nachhaltiger auf die Motivierung der Mitarbeiter
Erfolgreiches Verhalten wird gefördert, die Motivation der Mitarbeiter steigt	Administrative Kosten fallen eher niedrig aus
Die variable Vergütung kann zeitnah auf veränderte Rahmenbedingungen angepasst werden	Ergebnisschwankungen gleichen sich mittel- bis langfristig aus
	Zinsvorteile können realisiert werden

Ausgehend von Argumenten der Prinzipal-Agenten-Theorie zur Informationsasymmetrie bringen Fudenberg, Holmstrom und Milgrom (1990) die **Länge des Verkaufszyklus** in einen direkten Zusammenhang mit dem zu wählenden Auszahlungshorizont von variab- len Vergütungsanteilen. Diesen direkten Zusammenhang überprüfen Coughlan und

Narasimhan (1992, S. 114 f.) anhand sekundärstatistischen Materials und finden einen schwach signifikanten Effekt des Zielvorgabenhorizonts (Indikator der Verkaufszykluslänge) und der Auszahlungshäufigkeit von Provisionen bzw. Prämien. Eine Koppelung der Verkaufszyklen und Zahlungshorizonte ist dabei nicht nur aus der motivationalen Perspektive von Verkäufern, sondern auch aus Sicht der Vertriebsleitung sinnvoll. Werden variable Vergütungsanteile in kürzeren Zyklen ausgezahlt als die Anstrengungen der Mitarbeiter üblicherweise zum erfolgreichen Abschluss führen, besteht für Verkäufer ein Anreiz, diesen Informationsvorsprung zu Lasten des Unternehmens zu nutzen, was durch kompatible Zeitspannen der Verkaufs- und Ausschüttungszyklen verhindert werden kann. Ein spezifischer Vorteil seltener Auszahlungen von Provisionen und Prämien besteht darin, dass eine Über-Incentivierung zu Beginn eines Jahres vermieden wird – da substanzielle Anteile der variablen Vergütung erst zum Ende der Periode ausgeschüttet werden, nachdem die Zielerreichung für das gesamte Jahr endgültig sichergestellt ist.

5.3.4.5   Prämiensysteme

In Abschnitt 5.3.4.3 wurde bereits herausgestellt, dass variable Vergütungsbestandteile immer dann als Prämien anzusehen sind, wenn sie für verhaltens- oder prozessorientierte Bezugsgrößen oder das Erreichen von Zielvorgaben gewährt werden. Neben diesen konstituierenden Elementen sind Prämien durch ein gegenüber Provisionen höheres Maß der Flexibilität gekennzeichnet, da sie oft auch ad hoc auf unterjährig wechselnde Ziele gewährt werden. Da nichtlineare Provisionssysteme Ähnlichkeiten zu Prämiensystemen aufweisen durch die Orientierung an Schwellenwerten, die funktionalen Zusammenhänge von Bezugsgröße und Vergütung, den möglichen Einsatz mehrerer Bezugsgrößen und den Auszahlungsrhythmus, gelten viele der in Abschnitt 5.3.4.4 zu Provisionssystemen ausgeführten Argumente analog für Prämien. Zudem besteht eine weitere Ähnlichkeit insoweit, als Prämien auf Umsatz-Zielvorgaben (siehe auch Abschnitt 6.2.6) auch mit Hilfe von Umsatzprovisionen abgebildet werden können. Daher soll in diesem Abschnitt nur noch auf Besonderheiten eingegangen werden, die ausschließlich für Prämien gelten.

Ein Spezifikum von Prämien stellen die dabei eingesetzten Bezugsgrößen dar. Prämien werden auf verhaltens- oder prozessbezogene Maße bzw. auf Zielvorgaben gezahlt, also auf Zählvariablen (wie Anzahl der Kundenbesuche), Indexwerte (wie Kundenzufriedenheit) oder Prozentgrößen (insbesondere bei Zielvorgaben). Und während Provisionen generell monatlich für ein einzelnes Bezugsmaß gewährt werden, beziehen sich Prämien ganz überwiegend auf mehrere Größen und werden häufig in größeren zeitlichen Abständen bestimmt und ausgezahlt. Hat sich ein Unternehmen für den Einsatz von Prämiensystemen entschieden, stellt sich die Frage, wie diese Systeme zu gestalten sind, um der Erreichung der Unternehmens- und Mitarbeiterziele zu dienen. Letztlich sind bei der **Gestaltung** von Prämiensystemen ähnliche Aspekte zu berücksichtigen, wie sie bereits im Abschnitt 5.3.4.2 zum Anteil variabler Entlohnung diskutiert wurden. Dort wurde davon ausgegangen, dass der Verkaufsmanager die Nutzenfunktion des Verkaufsaußendienstmitarbeiters in Abhängigkeit von Einkommen und nötiger Arbeitszeit kennt. Da sich Prämiensysteme überwiegend auf Zielvorgaben beziehen (meist in Form von Umsatzvorgaben), wird die Nutzenfunktion zur Bestimmung eines optimalen Prämiensystems sinnvollerweise in Abhängigkeit von Umsatzvorgaben formuliert. Diese Schätzung von solchen individuellen Nutzenfunktionen kann mit Hilfe einer Conjoint-Analyse erfolgen, wie Mantrala, Sinha und Zoltners (1994) erfolgreich gezeigt haben. Darauf wird im **Insert 5.3-3** näher eingegangen.

Insert 5.3-3   Umsatzvorgaben-basiertes Prämiensystem nach Mantrala, Sinha und Zoltners (1994)

Um eine Nutzenfunktion in Abhängigkeit von Umsatzvorgaben aufstellen zu können, ist die Kenntnis der zugrunde liegenden Umsatzreaktionsfunktion nötig. Dafür haben Mantrala, Sinha und Zoltners (1994) folgenden Vorschlag unterbreitet:

$$x_{ij} = Z_{ij} + (P_{ij} - Z_{ij})(1 - e^{-b_{ij}t_{ij}}) \qquad (5.11)$$

x_{ij} :   Umsatz des j-ten Verkaufsaußendienstmitarbeiters mit dem i-ten Produkt,

Z_{ij}, P_{ij} :   Grundumsatz Z_{ij} (ohne Verkaufsanstrengungen) bzw. Sättigungsmenge P_{ij} des Umsatzes des i-ten Produktes im Verkaufsgebiet des j-ten Mitarbeiters,

t_{ij} :   Verkaufsanstrengungen in Form von Arbeitszeit des j-ten Verkaufsaußendienstmitarbeiters für das i-te Produkt, und

b_{ij} :   Parameter.

Löst man (5.11) nach der Arbeitszeit auf, die für einen bestimmten Umsatz x_{ij} nötig ist, erhält man:

$$t_{ij} = \frac{1}{b_{ij}} \ln \left(\frac{P_{ij} - Z_{ij}}{P_{ij} - x_{ij}} \right) \qquad (5.12)$$

Fasst man nun die Verkaufsanstrengungen eines Verkäufers für alle Produkte zur Gesamtarbeitszeit T_j zusammen und unterstellt man abnehmende Nutzenzuwächse mit zunehmendem Prämieneinkommen B_j, so erhält man folgende einfache additive Nutzenfunktion W_j, wobei α_j, ρ_j und d_j zu bestimmende Parameter darstellen:

$$W_j = \alpha_j B_j^{\rho j} - d_j T_j \qquad (5.13)$$

Setzt man nun die Arbeitszeitfunktion (5.12) in die Nutzenfunktion (5.13) ein, so erhält man eine Nutzenfunktion in Abhängigkeit von Prämieneinkommen und Umsatzvorgaben:

$$W_j = \alpha_j B_j^{\rho j} - d_j \sum_{i \in l} \frac{1}{b_{ij}} \ln \left(\frac{P_{ij} - Z_{ij}}{P_{ij} - x_{ij}} \right) \qquad (5.14)$$

Sind die Parameterwerte b_{ij} bereits bekannt, so sind letztendlich nur die drei Parameter α_j, ρ_j und d_j zu bestimmen. Dies kann mit Hilfe der Conjoint-Analyse erfolgen.

In dieser Nutzenfunktion werden allerdings keine Risikoaspekte abgebildet, da die Autoren davon ausgehen, dass diese schwer quantifiziert werden können und das Festgehalt vorab nach vielen Gesichtspunkten festgelegt worden ist, von denen Risikoaspekte nur einen darstellen (siehe Abschnitt 5.3.4.2). Insofern konzentrieren sich die Autoren ausschließlich auf den Zielkonflikt zwischen Prinzipal und Agent, der darin besteht, dass der Prinzipal den Gewinn maximieren will, während der Agent an seinem Nutzen aus Einkommen und Arbeitsleid interessiert ist. Als Zielfunktion für das Verkaufsmanagement ergibt sich daher, den Deckungsbeitrag aus dem Umsatz abzüglich der auszuzahlenden Prämien zu maximieren. Ist g_i der Deckungsbeitragssatz für das Produkt i und stellt B(.) die Prämienfunktion in Abhängigkeit vom Zielerreichungsgrad der Umsatzvorgaben dar, so ergibt sich folgende Zielfunktion:

$$\sum_{j\in J} \sum_{i\in I} g_i \, x_{ij}(t_{ij}) - \sum_{j\in J} B\left(\frac{x_{1j}(t_{1j})}{q_{1j}}; \frac{x_{2j}(t_{2j})}{q_{2j}}; \dots; \frac{x_{nj}(t_{nj})}{q_{nj}}\right) \;=> \; \max! \qquad (5.15)$$

Dabei sind die aus dem Prinzipal-Agenten-Modell bekannten Nebenbedingungen zu erfüllen:

$$\frac{\partial w_j}{\partial t_{ij}} = 0 \qquad\qquad\qquad (j \in J) \qquad\qquad (5.16)$$

$$W_j \geq m_j \text{ (Mindestnutzen)} \qquad\qquad (i \in I, j \in J) \qquad\qquad (5.17)$$

$$Z_{ij} \leq x_{ij}(t_{ij}) \leq P_{ij} \qquad\qquad (i \in I, j \in J) \qquad\qquad (5.18)$$

$$t_{ij} \geq 0 \qquad\qquad\qquad (i \in I, j \in J) \qquad\qquad (5.19)$$

Bedingung (5.16) stellt die Anreizkompatibilitätsbedingung dar, nach der ein Verkaufsaußendienstmitarbeiter seine Zielfunktion W maximiert, was erfüllt ist, wenn die erste Ableitung von Funktion (5.14) gleich Null ist. Dies ist genau dann der Fall, wenn der zusätzliche Grenznutzen aus höheren Prämien dem Grenzarbeitsleid aufgrund höherer Zielvorgaben entspricht. (5.17) wiederum garantiert einen Mindestnutzen für den Verkaufsaußendienstmitarbeiter, während (5.18 und 5.19) technische Bedingungen darstellen, um unsinnige Lösungen auszuschließen. Die Lösung des beschriebenen Ansatzes kann mit Hilfe jedes Programms zur Optimierung nichtlinearer Probleme gelöst werden. Dies kann also bspw. auch mit Hilfe des Excel-Tools Solver erfolgen.

Mantrala, Sinha und Zoltners (1994) berichten von mehreren Anwendungen dieses Ansatzes durch das Beratungsunternehmen ZS Associates. Unter anderem wird eine Anwendung bei einem pharmazeutischen Unternehmen beschrieben, das die beiden Produkte „Largex" und „Smallex" vertreibt. Geht man dabei von den vorhandenen Umsatzvorgaben in Höhe von 80% des bisherigen Umsatzes aus, so führt eine Optimierung zu einem um 3,25% höheren prognostizierten Deckungsbeitrag bei der folgenden optimalen Prämienfunktion:

$$B = -6056 + 5225 * \frac{x_{1j}}{z_{1j}} + 1306 * \frac{x_{2j}}{z_{2j}} \qquad\qquad (5.20)$$

Der prognostizierte Deckungsbeitrag könnte sogar um 9% gesteigert werden, wenn die optimierten Umsatzvorgaben anhand einer multiplikativen (statt einer additiven) Prämienfunktion bestimmt werden, die in (5.21) wiedergegeben ist:

$$B = -300 + 800 * \left(\frac{x_{1j}}{q_{1j}}\right)^{11} \frac{x_{2j}}{q_{2j}} \qquad\qquad (5.21)$$

Das Beispiel im Insert veranschaulicht, warum Vertriebsführungskräfte häufig Prämien-systeme bevorzugen, die als Bezugsgröße **mehrere Erfolgsmaße miteinander kombinieren**. Da die im Vertrieb geläufigen Kennziffern oft unterschiedlich skaliert sind (Umsatz in €, regionale Marktanteile in Prozent), ist vorab eine Normierung vorzunehmen. Hier hat sich als Standard die Normierung mit Hilfe von Zielerreichungsgraden etabliert. Derart normierte Kennziffern können dann in Form **gewichteter Bezugsgrößen** als Vergütungs-basis dienen. Dabei werden die einzelnen Erfolgsmaße in Zielerreichungsgrade überführt und anschließend mit differenzierten Gewichten je Maß multipliziert, wobei die Gewichte in der Regel so gewählt werden, dass sie in Summe 1 (oder 100%) ergeben. Die einzelnen Gewichte spiegeln dabei die relative Attraktivität der Zielkomponenten wider – werden Umsätze mit Neukunden als dreimal so wertvoll eingeschätzt wie Stammkundenumsätze, ist eine Gewichtung mit 0,75 bzw. 0,25 adäquat. Die Summe der gewichteten Zielerrei-chungsgrade bildet dann die Basis der Prämienberechnung, wobei dieses Vorgehen auch zur Bestimmung von Provisionen dienen kann, was bereits bei der Gestaltungsoption „mehrere Erfolgsmaße" in Abschnitt 5.3.4.4 thematisiert wurde. Gewichtete Bezugsgrößen können zudem bei Ein-Produkt-Unternehmen zum Einsatz kommen, wenn bspw. mehrere Verhaltens- und Ergebnismaße für dieses eine Produkt in eine Maßzahl überführt werden sollen, also z.B. der Umsatz, Marktanteil, die Kundenzufriedenheit und Besuchsaktivitäten in einem Verkaufsgebiet. Die folgende **Tabelle 5.3-5** zeigt die Wirkung mehrerer, gewich-teter Kennziffern anhand eines einfachen Beispiels. Derartige Bezugsgrößensysteme kön-nen allerdings sehr schnell extrem komplex werden, so dass die Verkäufer ggf. Schwierig-keiten haben, das Anreizsystem zu verstehen, dessen Steuerungswirkung damit verloren-geht.

Tabelle 5.3-5   Beispiel zur Integration mehrerer gewichteter Bezugsgrößen

Kundengruppe	Gewichtung	Zielerreichungsgrad	Gewichtete Zielerreichung
Neukunden	75%	90%	67,5%
Stammkunden	25%	120%	30,0%
Globale Zielerreichung			107,5%

Eine weitere Form der Kombination mehrerer Erfolgsmaße stellt der **Matrix-Ansatz** dar. Dabei werden in Tabellenform die Ausprägungen von zwei Bezugsgrößen als Spalten bzw. Zeilen abgetragen. In den einzelnen Zellen, die Kombinationen der Zielerreichung dieser beiden Maße erfassen, werden Multiplikatoren angegeben, die auf die variable Zielvergü-tung anzuwenden sind. Häufig wählen Vertriebsleiter neben individuellen auch unter-nehmensweite Bezugsgrößen, um den Mitarbeitern einen Anreiz zu bieten, übergeordnete Ziele der gesamten Vertriebsorganisation zu verfolgen. Matrizen können aber auch dazu genutzt werden, den Mitarbeitern zu signalisieren, dass neben kurzfristig realisierbaren Erfolgen auch strategische Aufgaben wie Neukundenakquisition oder das Verkaufen neu-er Produkte zu verfolgen sind. In **Tabelle 5.3-6** wird gezeigt, wie Matrizen zur Incentivierung von Umsätzen mit Neu- und Stammkunden gestaltet werden können. Dort werden Steigerungen der Neukundenumsätze doppelt so hoch honoriert wie Umsatzveränderungen bei Stammkunden. Beträgt die variable Zielvergütung eines Reisenden 10.000 €, ist darauf der Multiplikator anzuwenden, der für die Kombination aus erreichtem Neu- und Stammkundenumsatz gilt. Werden jeweils 100.000 € mit beiden Kundengruppen erzielt, ergibt sich im Beispiel eine variable Vergütung von 13.000 € (10.000 € * 1,3).

Tabelle 5.3-6   Beispiel eines Matrix-Prämienplans mit Multiplikatoren für Kombinationen von erzielten Neu- und Stammkundenumsätzen

		Stammkundenumsatz (Quartal)			
		100.000 €	125.000 €	150.000 €	175.000 €
Neukundenumsatz (Quartal)	25.000 €	0,7	0,8	0,9	1,0
	50.000 €	0,9	1,0	1,1	1,2
	75.000 €	1,1	1,2	1,3	1,4
	100.000 €	1,3	1,4	1,5	1,6

5.3.4.6   Variable Anreize bei heterogenen Verkaufsaußendienstmitarbeitern

In den vorangegangenen Abschnitten wurden variable Anreize behandelt, die sich auf einen einzelnen Verkaufsaußendienstmitarbeiter beziehen. In der Praxis hat man es dagegen mit einem Verkaufsaußendienst zu tun, der sich aus vielen in ihren Erfolgsbedingungen, Leistungsfähigkeiten und Entlohnungspräferenzen unterschiedlichen Verkaufsaußendienstmitarbeitern zusammensetzt. Zum Teil hängen die Erfolge der Verkäufer voneinander ab, was besonders beim Team Selling gilt. Es stellt sich deshalb die Frage, wie man diese Unterschiedlichkeiten und Abhängigkeiten berücksichtigt. Dabei gibt es im Wesentlichen **vier Formen von Heterogenität**, deren Berücksichtigung bei der Anreizgestaltung im Folgenden näher beleuchtet wird:

1. Man trägt der Unterschiedlichkeit in den Verkaufsbedingungen, also z.B. unterschiedliche hohe Umsatzpotenziale, durch Zielvorgaben Rechnung.

2. Man trägt der Unterschiedlichkeit in den Präferenzen durch Cafeteria-Systeme Rechnung.

3. Man trägt der Unterschiedlichkeit in der Leistungsfähigkeit durch Anreize auf die Akzeptanz unterschiedlich hoher Vorgaben Rechnung.

4. Man trägt den Interdependenzen im Team Selling Rechnung.

Anreize bei unterschiedlichen Verkaufsbedingungen

Während sich Prämien in der Regel am Grad der Zielerreichung orientieren, stellt sich auch bei rein Provisions-basierten Anreizsystemen die Frage, ob die Höhe der variablen Vergütung **mit oder ohne Zielvorgaben** bestimmt wird. So wurde weiter oben gezeigt, dass sich das Erreichen von Zielen bei nichtlinearen Provisionsstaffeln (vgl. Abschnitt 5.3.4.4) auf die Höhe der Provisionssätze und bei kombinierten Erfolgsmaßen mittelbar über den aus der Zielerreichung resultierenden Multiplikator auf das Provisionseinkommen auswirkt.

Zielvorgaben werden von Unternehmen aus Gründen der Planungssicherheit gewählt. Zudem dienen Vorgaben dazu, Anreizkompatibilität herzustellen, indem variable Vergütungen erst ab der Erfüllung eines im Voraus bestimmten Ziels gewährt werden. Mitarbeiter dagegen wünschen in erster Linie erreichbare und faire Ziele – werden diese zu hoch festgelegt, leidet die Motivation und Moral im Vertrieb. Es ist offensichtlich, dass die Zielsetzungen von Vertriebsleitung und -mitarbeitern dementsprechend bei niedrigen Zielerreichungsgraden voneinander abweichen. Diese **Zieldivergenz** wird verstärkt durch den Grad der Volatilität des Marktes, auf dem ein Unternehmen agiert. Ist der Markt vergleichsweise stabil, besteht ein starker Zusammenhang zwischen dem Einsatz der Mitarbeiter und dem zu erwartenden Ergebnis – Störeinflüsse fallen dagegen vernachlässigbar schwach aus. Bei derartigen Rahmenbedingungen können realistische und faire Ziele vereinbart werden, die voraussichtlich von vielen Mitarbeitern erreicht werden können. Ist das Marktumfeld im Persönlichen Verkauf dagegen von nachhaltigen Schwankungen gekennzeichnet, die nicht primär auf die Mitarbeiter, sondern bspw. auf den Wettbewerb zurückzuführen sind, ist es kaum möglich, verlässliche Zielvorgaben zu bestimmen. Da viele Faktoren außerhalb der Kontrolle der Mitarbeiter den Grad der Zielerreichung beeinflussen, ist dieser Unsicherheit durch eine Vergütung eines breiteren Zielspektrums sowie durch die Gewährung insgesamt höherer Provisionen oder Prämien Rechnung zu tragen.

Zur Verdeutlichung der Funktionsweise von Prämien auf Zielvorgaben wird im folgenden Insert 5.3-4 ein Prämiensystem vorgestellt, das letztlich ein nichtlineares System darstellt, wie es im Zusammenhang mit Provisionssatzstaffeln in Abschnitt 5.3.4.4 bereits diskutiert wurde.

Insert 5.3-4 Prämien auf Erreichung von Zielvorgaben bei der Webasto GmbH (in Anlehnung an Willer 1993, S. 68 f.)

Die früher übliche Vergütung von Verkäufern über ein Festgehalt zuzüglich einer Provision auf den Produktumsatz erwies sich bei der Webasto GmbH als nicht mehr zielführend. Dieser mittelständische Automobilzulieferer hatte in der Vergangenheit substanzielle Wachstumsraten verzeichnet, sah sich aber in der Vertriebsorganisation einer zunehmenden Verwöhnkultur und Erwartungshaltung bei gleichzeitiger Unzufriedenheit der Verkäufer gegenüber. Der Vertriebsleiter Erich Willer entwickelte vor diesem Hintergrund ein Prämiensystem, das je nach Zielerreichungsgrad eine Prämie zwischen 60 % und 140 % des variablen Zieleinkommens in Aussicht stellt. Die Zielvorgaben sollten den unterschiedlichen Gegebenheiten der Verkaufsgebiete Rechnung tragen, aber auch als Instrument der Übernahme von Verantwortung und Risiko durch Außendienstmitarbeiter dienen. Die bisher üblichen Provisionen wurden dagegen abgeschafft. Die folgende Abbildung verdeutlicht die Abhängigkeit des variablen Einkommens von der Zielerreichung.

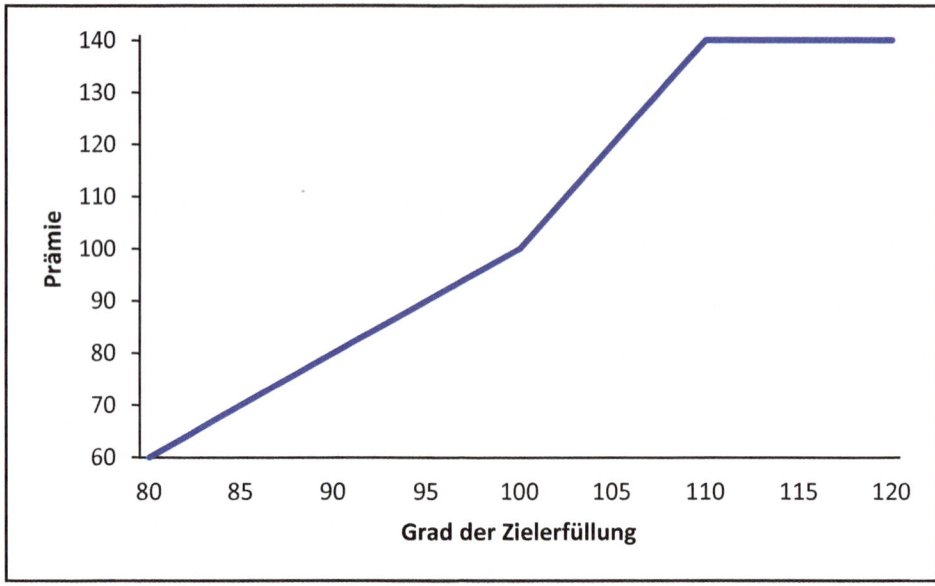

Ausgehend von einer Prämie von 100 % für die 100-prozentige Erfüllung der Zielvereinbarung steigt die Prämie um den Faktor 1:4 bis zu einer Zielerfüllung von 110 %, also auf die maximale Prämie von 140 %. Bei Nichterreichen des vereinbarten Ziels fällt die Prämie dagegen um den Faktor 1:2 bis zu einer Zielerfüllung von 80 %, also auf die minimale Prämie von 60 %. Es handelt sich somit um eine progressiv gestaffelte und ab 110% Zielerfüllung gedeckelte Prämie (vgl. Abschnitt 5.3.4.4). Die Prämie wird monatlich anbezahlt in Höhe von einem Zwölftel der Minimalprämie, und die Endabrechnung der Prämie erfolgt nach Jahresabschluss.

In den Gesprächen zwischen dem jeweils zuständigen Vertriebsleiter und dem Verkäufer wird das Jahresziel und die dafür vorgesehene Prämie von 100 % ausgehandelt und vereinbart. Bei Einführung des Prämiensystems wurde dabei die Höhe der im Vorjahr ausgezahlten Provision als Maßstab verwendet. Nach Einführung der zielvorgabenbasierten Prämien wurden auch Einflüsse wie die konjunkturelle Lage, Produkteinführungen oder Marktvolumenseffekte berücksichtigt. Die Verkäufer werden jeden Monat über den Grad ihrer anteiligen Zielerreichung informiert, und alle zwei Monate finden Gespräche mit dem zuständigen Vorgesetzten statt. Die Vertriebsleiter wurden durch das neue Zielvorgabensystem tendenziell entlastet und konnten sich verstärkt als Coaches der Verkäufer betätigen. Das neue Prämiensystem wurde zeitnah auf Innendienstmitarbeiter sowie Vertriebsleiter angewendet und führte zu überproportionalen Umsatzzuwächsen. Das früher angespannte Verhältnis zwischen Innen- und Außendienst verbesserte sich spürbar, und die Verkäufer verstanden sich selbst verstärkt als Mitunternehmer (Intrapreneur).

Anreize bei unterschiedlichen Präferenzen

Verkaufsaußendienste sind stets von einer gewissen Heterogenität der Mitarbeiter hinsichtlich ihrer Nutzenfunktionen geprägt. Diese Heterogenität ist zum Teil auch abhängig vom Alter und dem Karriereniveau der Verkäufer. In jüngeren Jahren sind Mitarbeiter häufig risikofreudiger und akzeptieren höhere leistungsabhängige Entlohnungsanteile als im fortgeschrittenen Alter. Manche Mitarbeiter sind stärker durch Prämien zu höherem Arbeitseinsatz zu motivieren als andere, die sich eher einer geregelten Freizeit erfreuen möchten. In den Abschnitten 5.3.4.2 und 5.3.4.5 haben wir gesehen, dass die Gestaltung optimaler Entlohnungssysteme von der Nutzenfunktion des Verkaufsaußendienstmitarbeiters abhängt. Wenn es nun unterschiedliche Präferenzfunktionen gibt, muss das in der Konsequenz auch bedeuten, dass es sinnvoll ist, mit unterschiedlichen Entlohnungssystemen zu arbeiten. Diese Systeme sollten von den Mitarbeitern als gerecht empfunden werden, was erreicht wird, wenn Umsatzvorgaben gemacht werden, die sowohl den Unterschieden in den Umsatzpotenzialen als auch der Einfachheit, Umsätze zu erzielen, Rechnung tragen. Dies wird in Abschnitt 6.2.5 behandelt. Man kann aber auch den Weg gehen, unterschiedliche Entlohnungssysteme zur Wahl anzubieten. Man spricht dann von **Cafeteria-Systemen** (Albers und Bielert 1996).

Eine spezifische Form des Cafeteria-Ansatzes beschreibt Lal (1986) auf der Basis des Prinzipal-Agenten-Theorie-Modells von Basu et al. (1985), das in Abschnitt 5.3.4.2 dargestellt wird. Dabei modelliert Lal, wie ein **Optimierungsansatz** gestaltet sein muss, der die zur Wahl stehenden Entlohnungskontrakte so ausdifferenziert, dass die jeweiligen Segmente von Verkaufsaußendienstmitarbeitern auch denjenigen Kontrakt wählen, der auf sie aus Sicht des Unternehmens optimal zugeschnitten ist. Dazu muss die Zielfunktion so umgestaltet werden, dass die Summe der Deckungsbeiträge von Segmenten von Verkaufsaußendienstmitarbeitern abzüglich der jeweiligen Entlohnungskosten maximiert wird. Für jedes Segment muss dann Anreizkompatibilität über eine Mindestnutzen-Nebenbedingung sichergestellt werden. Schließlich muss gewährleistet werden, dass jeweils nur ein Entlohnungskontrakt für ein bestimmtes Segment einen höheren Nutzen als den Mindestnutzen bringt. Lal und Staelin (1986) demonstrieren dies am Beispiel von zwei Segmenten von Verkäufern, die unterschiedlich gute Verkaufsfertigkeiten aufweisen und deshalb entweder weniger oder stärker durch variable Anreize motiviert werden. Wenn es mit dem dort vorgestellten Entscheidungsmodell gelingt, die Verkaufsaußendienstmitarbeiter dazu zu bewegen, den für sie optimierten Entlohnungskontrakt zu wählen, dann hat man praktisch optimale Entlohnungskontrakte pro Segment realisiert, die einer undifferenzierten Lösung überlegen sein müssen. Allerdings sei darauf hingewiesen, dass solche Systeme in der Praxis bisher kaum Anwendung finden. Dies ist erstaunlich, da wir uns im Privat- und Geschäftsleben an mehrteilige Tarife mit unterschiedlichen Fixbeträgen (vergleichbar mit den Festgehältern von Reisenden) gewöhnt haben. Hier sei insbesondere auf Telefontarife verwiesen. Vor diesem Hintergrund sollte es auch möglich sein, vergleichbare Anreizoptionen für die Entlohnung im Vertrieb einzusetzen.

Anreize bei unterschiedlich hoher Leistungsfähigkeit

Vertriebsorganisationen sind des Weiteren dadurch gekennzeichnet, dass die Mitarbeiter zum Teil deutliche Unterschiede in der Leistungsfähigkeit aufweisen. Dieser Heterogenität kann Rechnung getragen werden durch Anreize auf die Akzeptanz unterschiedlich hoher Vorgaben. Dabei geht es primär um das Aufdecken dieser der Vertriebsleitung unbekannten Leistungsfähigkeit, und sekundär um die Vermeidung einer systematischen Unter- oder Überschätzung der erreichbaren Ziele durch die Verkäufer. Derartige Fehleinschätzungen in der Vertriebsplanung würden nämlich zu Fehlern in der Finanz- oder Produktionsplanung führen, die drastische ökonomische Konsequenzen nach sich ziehen können. Eine spezifische Form der Zielvorgabenakzeptanz im Vertrieb ist das Selbstselektions-Schema, das von Gonik (1978) erstmals beschrieben und bei IBM in Brasilien erfolgreich eingesetzt wurde. Dieses Konzept stellt ein Zielvereinbarungssystem dar, das zu realistischen Quoten führt, die vom Mitarbeiter mit bestimmt werden. Das Verkaufsmanagement legt dabei im Voraus das Kunden- oder Gebietspotenzial fest, dass der „Unternehmensvorgabe" von 100% entspricht. Auf Basis dieser Vorgabe wählen die Reisenden die Quoten, die sie für realistisch und erreichbar halten („festgelegte Quote"). Die **Vergütungsmatrix** ist nun so gestaltet, dass nicht nur die Höhe der erreichten „Ist"-Quote honoriert wird, sondern auch die Genauigkeit der von den Mitarbeitern festgelegten Quote. Bestätigt ein Verkäufer das im Voraus festgelegte Ziel exakt durch den realisierten Erfolg, maximiert er dadurch seine variable Vergütung. Wird die Quote dagegen zu euphorisch festgelegt, fällt das variable Einkommen niedriger als bei einer realistischen Einschätzung aus. Auch zu vorsichtige Zielvereinbarungen sind für die Mitarbeiter suboptimal, da sie sich nur durch eine realistische Festlegung das maximale variable Einkommen sichern. Die Funktionsweise der Gonik-Matrix wird in Tabelle 5.3-7 anhand eines Beispiels erläutert.

Tabelle 5.3-7   Beispiel eines Matrix-Plans zur Vereinbarung realistischer Zielvorgaben (in Anlehnung an Krafft 1995, S. 81)

„Festgelegte Quote" zu „Unternehmensvorgabe"		„Ist" zu „Unternehmensvorgabe"				
		80%	90%	100%	110%	120%
Mindestziel:	80%	0	2.500	5.000	7.500	10.000
	90%	-	5.000	7.500	10.000	12.500
	100%	-	2.500	10.000	12.500	15.000
	110%	-	0	7.500	15.000	17.500
	120%	-	-	5.000	12.500	20.000

In Tabelle 5.3-7 wird ein Zielvereinbarungssystem dargestellt, in dem ein Reisender eine variable Vergütung zwischen 0 und 20.000 € erzielen kann. Ab einem Mindestziel von 80%

wird für jeden realisierten Prozentpunkt eine Prämie von 500 € gewährt. Zielerreichungen oberhalb 120% werden nicht vergütet (Deckelung). Wird die „festgelegte Quote" übererfüllt, wird eine Prämie von 250 € gezahlt, während ein Unterschreiten der Quote mit einem Malus von 750 € verbunden ist. Vereinbaren Mitarbeiter im Voraus eine Quote von 120% und erreichen diese auch, erzielen sie das maximale variable Einkommen von 20.000 €. Haben sie dagegen ihre Möglichkeiten überschätzt und erreichen sie nur 110% der Unternehmensvorgabe, werden nur 12.500 € (20.000 € – 10*750 €) ausgezahlt. Die Mitarbeiter wären dann besser beraten gewesen, von Anfang an nur 110% als Ziel zu vereinbaren, da sie dann 15.000 € erzielt hätten. Auch ein zu vorsichtiges Ziel ist nicht optimal – wird a priori 110% als Ziel gewählt und 120% realisiert, werden statt der maximal möglichen 20.000 € nur 17.500 € gewährt (Krafft 1995, S. 80 f.). In einer Erweiterung dieses Ansatzes um Risikoaspekte zeigen Mantrala und Raman (1990), dass extrem risikoaverse Mitarbeiter dazu neigen, zu niedrige Zielvorgaben zu wählen. Dieser Neigung kann durch Adjustieren der Differenz zwischen der Höhe der Boni bzw. Mali entgegengewirkt werden.

Anreize bei Interdependenzen durch Team Selling

In komplexen Kontexten wie dem Industriegütergeschäft ist der Persönliche Verkauf eine Aufgabe, die häufig von mehreren Personen und Abteilungen wahrgenommen wird. Neben dem verkaufenden Außendienst sind Mitarbeiter des Innendienstes, des Technischen Servicebereichs oder der Finanzierungsabteilung an Verkaufsgesprächen bzw. an der laufenden Betreuung von Stammkunden beteiligt (Krafft, Frenzen und Jeck 2002). Aber auch bei parallelen Vertriebsorganisationen, die bspw. von Markenartiklern eingesetzt werden, um durch Key-Account-Manager die Einkaufsleiter der Handelszentralen und mit Hilfe eines Feldaußendienstes die regionalen Outlets zu betreuen, wird die Vertriebsleistung synergetisch erbracht (Zentes 1986). In derartigen Situationen stellt sich die Frage, ob sich Anreize auf **individuelle oder Teamleistungen** beziehen sollten und wie eine variable Teamvergütung mittels einer Provisions- oder Prämienteilung geeignet auf die Mitglieder des Teams zu verteilen ist. Ist der Verkaufserfolg nachhaltig vom Zusammenwirken vieler Mitarbeiter abhängig, kann der Leistungsbeitrag nicht eindeutig einzelnen Teammitgliedern zugeordnet werden. Mit anderen Worten läuft eine individuelle Provision (oder analog: Prämie) dem Teamgedanken zuwider, da sie nicht einen ursächlich nur vom Verkäufer beeinflussten Leistungsbeitrag honoriert, sondern zwangsläufig auch den Erfolgsbeitrag der weiteren Teammitglieder.

Doch auch Teamprovisionen bzw. -prämien stellen keine optimale Lösung der Incentivierung von Teammitgliedern dar, da sie nur partiell die Schwächen individueller Anreize in Team-Selling-Kontexten verringern. Da Teams durch Synergien und Interdependenzen der beteiligten Mitarbeiter gekennzeichnet sind, können die unterschiedlichen Lösungsansätze der Teamentlohnung die generelle Unmöglichkeit des Separierens individueller Leistungsbeiträge nicht beseitigen (Krafft 1995, S. 29). In der Vertriebspraxis haben sich dennoch die in Abbildung 5.3-6 aufgeführten Formen der variablen Vergütung von Team-Mitgliedern etabliert (die Prozentangaben stellen den Anteil von Unternehmen dar, die Mitarbeiter ihrer Vertriebsteams nach den jeweiligen Methoden vergüten). Ähnliche Befunde berichten Krafft, Frenzen und Jeck (2002).

Abbildung 5.3-6   Gewährung von Teamprämien (in Anlehnung an Krafft 1996b, S. 45)

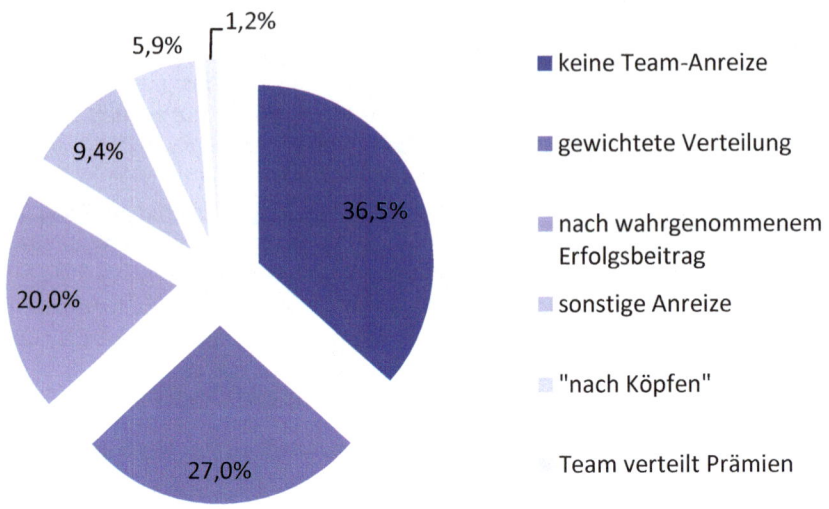

■ keine Team-Anreize

■ gewichtete Verteilung

■ nach wahrgenommenem Erfolgsbeitrag

■ sonstige Anreize

■ "nach Köpfen"

Team verteilt Prämien

Die Schwierigkeit der Gestaltung von Teamanreizen zeigt sich dabei nicht nur in dem hohen Anteil von 36,5% der Unternehmen, die gar keine variable Teamvergütung vorsehen, sondern auch im häufigen Einsatz von relativ willkürlichen Systemen (gewichtete Verteilung bzw. Verteilung nach dem wahrgenommenen Erfolgsbeitrag). Dabei wird implizit unterstellt, dass Team-Führungskräfte in der Lage sind, eine faire Verteilung von variablen Anreizen vornehmen zu können. Das **Dilemma** besteht nun aus Sicht des Unternehmens darin, dass ein Verzicht auf variable Anreize insbesondere Top-Verkäufer demotiviert und diese das Unternehmen verlassen. Zudem ist zu befürchten, dass Trittbrettfahrer sich hinter dem Erfolg des Teams verstecken. Eine alternative, pragmatische Incentivierung schlagen daher Cespedes, Doyle und Freedman (1989, S. 46) vor: Die Leistung des gesamten Teams wird durch einen Teamanreiz honoriert, der in einen Pool überführt wird. Welchen Anteil einzelne Teammitglieder an diesem Anreiz-Pool ausgeschüttet bekommen, hängt von im Voraus zu bestimmenden Individualzielen und dem jeweiligen Zielerreichungsgrad ab. Selbst bei diesem Ansatz ist hervorzuheben, dass die Individualziele perfekt mit dem Teamerfolg korrelieren müssten, um eine optimale Allokation der variablen Teamvergütung sicherzustellen. Ansonsten bleibt zu befürchten, dass die Teammitarbeiter nur an der Erreichung ihrer individuellen Ziele arbeiten, was dem Teamgedanken zuwiderläuft.

5.3.5   Verkaufswettbewerbe

Die in Abschnitt 5.3.4.3 beschriebenen Prämien werden im Persönlichen Verkauf häufig in Verbindung mit Wettbewerben eingesetzt, die dem Erreichen kurzfristiger Ziele dienen. Verkaufswettbewerbe werden traditionell als Wettkämpfe zwischen einzelnen Verkäufern oder Außendienst-Teams durchgeführt (sogenannte Rennlisten). Dabei dienen nicht die absoluten Leistungen, sondern die relativen Resultate im Vergleich zu anderen Außendienstmitarbeitern bzw. -teams als Bezugsgröße. Der Erste kann demnach mit marginalem Abstand vor dem zweitbesten Teilnehmer gewinnen. Alternativ können Verkaufswettbewerbe auch auf vorab festgelegte individuelle oder Team-Ziele ausgerichtet sein, wobei diese Ziele an bisherigen Leistungen oder zukünftigen Potenzialen anknüpfen. Mehr noch als Prämien dienen Verkaufswettbewerbe dem Ziel, eine **Feinsteuerung** von Mitarbeitern auf spezifische Vertriebsziele zu bewirken. Dabei handelt es sich oft um Sonderziele wie die Einführung neuer Produkte oder das Akquirieren von Neukunden, die in monetären Anreizsystemen häufig vernachlässigt werden. Verkaufswettbewerbe dienen aber auch dazu, allgemeine Ziele zu erreichen – in diesem Zusammenhang ist das Gegensteuern bei saisonalen Umsatzeinbrüchen besonders hervorzuheben (Krafft 2005, S. 2-5).

Verkaufswettbewerbe werden **in der vertrieblichen Praxis** als besonders motivierend eingeschätzt und auch von vielen Mitarbeitern gern angenommen. Dementsprechend setzen etwa zwei Drittel aller Unternehmen dieses Motivationsinstrument ein (Krafft 2005, S. 5), und die für Incentive-Reisen als Verkaufswettbewerbs-Prämie aufgewendeten Mittel werden auf rund 2,3 Milliarden € beziffert (Kirstges 2000, S. 16 f.). Ein branchenübergreifender Vergleich verdeutlicht zudem, dass durchschnittlich 1 bis 3 Verkaufswettbewerbe pro Jahr durchgeführt werden, wobei einzelne Unternehmen bis zu 20 verschiedene Wettbewerbe innerhalb einer Außendienstorganisation arrangieren. Dabei werden Verkaufswettbewerbe überwiegend zusätzlich zu regulären Anreizsystemen eingesetzt – nur in Einzelfällen stellen Wettbewerbe den einzigen variablen Entlohnungsbestandteil dar (Krafft 1996a, S. 20; Kienbaum 2007, S. 64).

In der praxisnahen Verkaufsliteratur werden Wettbewerbe als empfehlenswert angesehen, weil sie motivieren sowie begeistern und gleichsam eine „Wettkampfstimmung" erzeugen. Insbesondere wird hervorgehoben, dass Wettbewerbe bei den Verkäufern das Bedürfnis nach Sozialer Anerkennung ansprechen und im Sinne der Maslowschen Bedürfnispyramide ein höherwertiges Motivationsinstrument darstellen als bspw. monetäre Anreize (Maslow 2002). Neben dieser grundsätzlich positiven Einschätzung von Verkaufswettbewerben in praxisnahen Veröffentlichungen gibt es auch **Kritik** am Einsatz dieses Steuerungsinstruments. Dabei wird insbesondere auf vier Effekte hingewiesen, die neben der zeitlichen Beanspruchung des Vertriebsmanagements und den Kosten der Durchführung beim Einsatz von Verkaufswettbewerben zu beachten sind (Krafft 2005, S. 13-15):

- Wettbewerbe mutieren zum Flickwerk des Vertriebsmanagements,

- motivieren zur Manipulation von Umsatzzahlen,

- zu unethischen Verkaufspraktiken und

- übertriebenem Konkurrenzdenken sowie Absprachen zwischen Verkäufern.

Diese vier Punkte werden am Ende dieses Abschnitts noch vertiefend aufgegriffen. In Praxispublikationen wird allerdings kaum etwas darüber ausgesagt, wann sich Verkaufswettbewerbe im Vergleich zu sonstigen Steuerungselementen als vorteilhaft erweisen, also beispielsweise gegenüber regulären Einkommenskomponenten wie dem variablen Anteil, der Provision oder der Prämie (Krafft 2005). Es ist letztlich auch auf die stiefmütterliche Behandlung von Verkaufswettbewerben seitens der Forschung zurückzuführen, dass die Gestaltung von Wettbewerben gelegentlich sogar als „Kunst" bezeichnet wird (Zoltners, Sinha und Zoltners 2001, S. 321). **Empirische Befunde** liefern lediglich erste Hinweise zur Eignung des Instruments Verkaufswettbewerbe, die in der folgenden Tabelle 5.3-8 aufbereitet sind.

Tabelle 5.3-8   Empirische Befunde zu Einflussgrößen auf den Einsatz von Verkaufswettbewerben (in Anlehnung an Mantrala, Krafft und Weitz 2000)

Eher eingesetzt ←————————→ Eher nicht eingesetzt	
Verkaufszyklen sind kurz (z.B. ein Monat)	Verkaufszyklen sind lang (z.B. ein Jahr)
Hohe Leitungsspannen	Geringe Leitungsspannen
Hohe Mitarbeiterfluktuation	Niedrige Kündigungsquoten
Verkaufsanstrengungen sind nicht beobachtbar	Arbeitseinsatz der Verkäufer ist leicht beobachtbar
Mitarbeiter weisen hohe variable Anteile und niedrige Einkommen auf	Verkäufer haben hohe Festgehälter und Gesamteinkommen
Verkäufer sind relativ jung	Eher hohes Durchschnittsalter der Vertriebsmitarbeiter

Die in Tabelle 5.3-8 aufgelisteten Argumente für bzw. gegen den Einsatz von Verkaufswettbewerben basieren auf zwei empirischen Studien aus Deutschland und den USA, in denen Vertriebsorganisationen verglichen wurden, die Verkaufswettbewerbe einsetzen bzw. dieses Instrument nicht verwenden (Mantrala, Krafft und Weitz 2000). Einschränkend ist darauf hinzuweisen, dass der Einsatz bzw. Nicht-Einsatz von Verkaufswettbewerben keinen zweifelsfreien Beleg für die Vorteilhaftigkeit dieses in der Praxis beobachteten Verhaltens darstellt.

Um ergänzende Ratschläge abzuleiten, wann es überhaupt angezeigt ist, Verkaufswettbewerbe einzusetzen, können konzeptionelle und analytische Überlegungen aus Forschung und Wissenschaft herangezogen werden. Zudem bieten diese Überlegungen Hinweise, unter welchen Bedingungen eher direkte Wettbewerbe ("Rennlisten") oder Zielvorgabebasierte Turniere als optimal anzusehen sind. Dazu liegen als theoretische Ansätze mit der sogenannten **Tournament-Theorie** und der Prinzipal-Agenten-Theorie Überlegungen vor, die als Ausgangspunkt der weiteren Argumente dienen. Während eine Darlegung der Prinzipal-Agenten-Theorie bereits in Abschnitt 5.3.4.2 erfolgte, wird die Tournament-Theorie im folgenden **Insert 5.3-5** beschrieben.

Insert 5.3-5   Tournament-Theorie

In der ökonomischen Theorie werden Einkommensunterschiede üblicherweise durch unterschiedliche absolute Grenzproduktivitäten erklärt. Diese Begründung stößt an Grenzen, wenn Top-Führungskräfte Einkommen erhalten, die dem Tausendfachen des Gehalts eines Angestellten oder Arbeiters entsprechen, oder Verkaufsaußendienstmitarbeiter in „winner-takes-all"-Wettbewerben um einen einzigen, sehr wertvollen ersten Preis kämpfen. Hier setzt die Tournament Theory an, die postuliert, dass auch relative Leistungsunterschiede zur Erklärung substanzieller Einkommensdifferenzen dienen können. Analog zur Prinzipal-Agenten-Theorie (siehe Abschnitt 5.3.4.2) wird dabei davon ausgegangen, dass Informationsasymmetrie besteht, der Einsatz der Mitarbeiter nicht vollständig beobachtbar ist und nachhaltige Leistungsunterschiede zwischen Mitarbeitern gegeben sind. Allerdings legt diese Theorie nahe, dass die Entlohnung auf der Basis von internen Leistungsvergleichen zwischen Mitarbeitern erfolgen kann. Die Bezahlung dient demnach in erster Linie als Honorierung dafür, dass Mitarbeiter besser als ihre Kollegen sind. Dazu werden laufend relative Leistungsturniere (Kräkel 1998), also Vergleiche in Form von Rankings durchgeführt, auf deren Basis Beförderungsentscheidungen getroffen werden.

Derartige Leistungsturniere können nun zur Erklärung der empirisch beobachtbaren hohen Einkommensunterschiede in Unternehmen dienen: Die sehr hohen Gehälter von CEOs sind demnach keine direkte Vergütung ihrer Leistung, sondern stellen vielmehr ein indirektes Signal bzw. einen Ansporn für Mitarbeiter nachgelagerter Hierarchiestufen dar, alles daran zu setzen, besser als die Kollegen zu sein, um auf die nächst höhere und deutlich besser bezahlte Stufe aufzusteigen. Und auch die Entlohnungsstrukturen im Außendienst sowie die Gestaltung von Preisen in Verkaufswettbewerben sind durch die Tournament-Theorie erklärbar, wie in Lazear und Rosen (1981) gezeigt wird.

Durch die Nichtberücksichtigung der absoluten Erfolge tragen relative Leistungsturniere zudem dazu bei, dass allgemeine Störeinflüsse auf die Leistung herausgefiltert werden, da diese alle Mitarbeiter gleichermaßen betreffen (wie etwa Konjunktureffekte, Naturkatastrophen oder das Auftreten bzw. Ausscheiden nationaler Wettbewerber), und nur der persönliche Leistungsbeitrag zählt. Allerdings führt das konsequente Anwenden relativer Leistungsturniere auch zu dysfunktionalen Effekten – so fördern derartige Turniere Verhaltensweisen wie das Sabotieren von Kollegen oder Absprachen unter den Mitarbeitern. Und sofern die gerankten Mitarbeiter extreme Leistungsunterschiede aufweisen, d.h. ein Mitarbeiter ist deutlich besser als alle anderen, führen Leistungsturniere zu schlechteren Ergebnissen als die Vergütung der absoluten Leistung, da sich alle Mitarbeiter weniger anstrengen werden – der beste Mitarbeiter weiß nämlich vorab, dass er ohnehin gewinnen wird, und die schlechteren Kollegen ebenfalls, so dass sich niemand ernsthaft bemühen wird.

Zu einer ausführlicheren Darstellung der Grundlagen der Tournament-Theorie siehe Lazear und Rosen (1981).

Sofern Unternehmen Verkaufswettbewerbe einsetzen, können sie diese als echte Rennlisten durchführen, also indem einzelne Mitarbeiter oder Teams direkt gegeneinander antreten. Alternativ kann die Leistungsmessung im Rahmen der Wettbewerbe mit Hilfe von vorgegebenen oder vereinbarten Zielen erfolgen. Auf der Basis theoretischer und analytischer Überlegungen sowie empirischer Befunde (Krafft 2005, S. 19) sollte man **Rennlisten** gegenüber Verkaufswettbewerben auf Basis von Zielvorgaben **favorisieren**, wenn

a. der Verkaufserfolg der Mitarbeiter gemeinsamen Störeinflüssen unterliegt,

b. der Außendienst groß ist,

c. die Verkäufer sehr ähnliche Leistungspotentiale aufweisen,

d. der Verkaufserfolg die Leistung der Mitarbeiter gut widerspiegelt,

e. die Anstrengungen der Verkäufer schwer messbar sind,

f. die Verkäufer umfassendes unternehmensspezifisches Know-how besitzen, und

g. die Festgehaltsanteile und Jahreseinkommen der Mitarbeiter relativ niedrig sind.

Die grundsätzliche Überlegung zur Vorteilhaftigkeit von Rennlisten besteht darin, dass ein nicht um Zielvorgaben korrigiertes direktes Vergleichen der Mitarbeiter dann sinnvoll ist, wenn ähnliche Ausgangsvoraussetzungen vorliegen (a, c, d) und Verhaltensgrößen nicht gemessen werden können (b, e). Die Punkte f und g folgen aus empirischen Befunden (Krafft 2005, S. 19).

Sofern sich Unternehmen für den Einsatz von Verkaufswettbewerben entschließen, stellen sich der Vertriebsleitung folgende **zentrale Fragen der Gestaltung** dieses Steuerungs- und Anreizinstruments (Murphi und Dacin 1998, S. 3):

■ die Auswahl und Gestaltung der Prämienarten,

■ Gewinnchancen der Verkäufer,

■ Vorgabe von Verhaltens- oder Ergebniszielen sowie

■ Format des Wettbewerbs.

Der (Miss-)Erfolg von Verkaufswettbewerben wird nachhaltig von der Anzahl und Attraktivität der ausgelobten Preise beeinflusst (Lim, Ahearne und Ham 2009). Als **Prämienarten** kommen dabei Geld- und Sachprämien sowie Incentive-Reisen in Frage, die in Abschnitt 5.3.2 als materielle, nicht-monetäre Anreize bereits diskutiert worden sind. Die folgende Tabelle 5.3-9 vermittelt einen Überblick über diese Prämienarten, deren Eigenschaften und Effekte.

Tabelle 5.3-9   Beschreibung von Wettbewerbsprämien und deren Beurteilung
(in Anlehnung an Krafft 1996a, S. 21)

Prämienart	Beschreibung	Beurteilung
Geldprämien	Bargeld und Geldäquivalente (Punkte) werden als Preise ausgelobt Abwicklung oft durch die Vertriebsleitung, unterstützt durch Dienstleister (z.B. takeaday)	Häufig eingesetzt in der Pharma- und Konsumgüterbranche Hohe Flexibilität (gut abstufbar, kann in Sachpreise gewandelt werden) Erinnerungs- und Motivationswirkung eher moderat, da Geld bereits Bestandteil des regulären Einkommens ist
Sachprämien	Zentrale Vorgabe von Preisen (Elektronikartikel, Uhren, Juwelen,) oder dezentral über Prämienpunkte bzw. -kataloge Abwicklung häufig über Dienstleister (wie rewards arvato services GmbH)	Bevorzugt von Finanzdienstleistern und in der Investitionsgüterbranche Plastisch kommunizierbar und für andere sichtbar, dadurch Status- und Anerkennungseffekt Nachhaltige Erinnerungswirkung, Motivationseffekt hängt von individueller Wertschätzung der Verkäufer ab
Incentive-Reisen	Beförderung, Unterkunft/Verpflegung und Events vor Ort sind die wesentlichen Komponenten Sonderform der Sachprämien Oft koordiniert durch Incentive-Agenturen oder Firmendienste großer Reiseveranstalter	Hohe Nachhaltigkeit (Preis wird oft mit dem Partner erlebt; Prämie bleibt länger im Gedächtnis) Für Schulungszwecke nutzbar Sehr hohe Motivationswirkung, allerdings mit sinkendem Effekt → erfordert immer neue, aufregende Reiseziele und Events

Incentive-Reisen stellen empirischen Studien zufolge die in Deutschland am häufigsten eingesetzten Wettbewerbsprämien dar: 73% aller Unternehmen, die Wettbewerbe durchführen, loben gegenüber ihren Verkäufern Incentive-Reisen aus, während 32% bzw. 6% der Unternehmen Geld- bzw. Sachpreise vergeben (Kienbaum 2007, S. 65 [Anm.: es waren Mehrfachnennungen möglich]). Die Dominanz von Reiseprämien ist darauf zurückzuführen, dass diese Preise eine besonders nachhaltige Motivationswirkung entfalten und zusätzlich für Schulungszwecke genutzt werden können. Da die Gewinner von Verkaufswettbewerben zumeist ohnehin zu den Top-Verkäufern gehören und monetär eher als gesättigt anzusehen sind, ist zu erwarten, dass Incentive-Reisen höherwertige Bedürfnisse wie Anerkennung, Exklusivität und Status befriedigen. Während ein Geld- oder Sachpreis und selbst eine Reise zu einem exotischen Ziel für Spitzenverkäufer nichts Außergewöhn- liches ist, da dies schon aus dem regulären Einkommen dargestellt werden kann, besteht der besondere Reiz von Incentive-Reisen darin, dass dabei oft die Vertriebselite des gesam- ten Unternehmens zusammenkommt. In dieser Hinsicht besteht eine substanzielle Ähn- lichkeit mit der Zugehörigkeit zu Verkäuferclubs. Allerdings überwiegt bei Incentive- Reisen der materielle Anreizcharakter, während die Mitgliedschaft in Top-Verkäuferclubs primär immaterielle Bedürfnisse wie Anerkennung und Prestige befriedigt. Verkäuferclubs wurden im Rahmen der Diskussion immaterieller Anreize in Abschnitt 5.3.2 behandelt.

Der durchschnittliche Wert von Reisen bzw. Geldpreisen fällt in Deutschland mit 2.431 € bzw. 3.971 € vergleichbar aus, während für Sachpreise nur durchschnittlich 300 € pro Mit- arbeiter verausgabt werden (Kienbaum 2009, S. 78). Als Daumenregel gilt in der Vertriebs- praxis, dass Preise in Verkaufswettbewerben mindestens dem Gegenwert der durchschnitt- lichen Vergütung eines Verkäufers für eine Woche entsprechen, also einen Wert von ca. 1.000 € aufweisen sollten. Sachprämien werden gegenüber Geldpreisen als überlegen ein- geschätzt, da sie einen bleibenden Erinnerungswert aufweisen und zudem das soziale Umfeld des Verkäufers besser in den Wettbewerb einbezogen werden kann, um die Ein- satzbereitschaft der Mitarbeiter weiter zu steigern (Moncrief, Hart und Robertson 1988). Dieses Argument gilt analog für Incentive-Reisen, die teilweise auch dem Partner oder der Familie der Gewinner zu Gute kommen. Ein weiterer Vorteil von Reisen und Sach- gegen- über Geldpreisen ist die steuerliche Handhabung: Während der geldwerte Vorteil der Sachprämien und Reisen überwiegend vom Arbeitgeber voll versteuert wird, müssen Mitarbeiter die Geldpreise zumeist selbst versteuern (Kienbaum 2007, S. 67). Vor dem Hintergrund dieser Argumente erscheinen Incentive-Reisen für Unternehmen wie Mitar- beiter am attraktivsten. Es ist allerdings zu bedenken, dass die Gewinner von Reisen für einige Tage ausfallen und es in der Folge zu Erlöseinbrüchen kommen kann.

Wie Verkaufswettbewerbe in der Praxis eingesetzt und gestaltet werden, zeigt das nachfol- gende Beispiel von Singtel Optus in **Insert 5.3-6**.

Insert 5.3-6   Auf die Plätze, fertig, los (in Anlehnung an „Sales Incentive Program Case Study: Optus 007 – Sales R&R Challenge", Incentive Performance Center, 2008)

Singtel Optus 007 – Verkaufswettbewerb im Stil von James Bond

Das australische Telekommunikationsunternehmen Singtel Optus startete in 2007 im Rahmen der Premiere des James-Bond-Films „Casino Royal" einen ganz besonderen Verkaufswettbe- werb. Unter dem Thema „007" erwartete die Verkaufsaußendienstmitarbeiter ein aufwändig konzipierter Wettbewerb, der ein Jahr lang andauert:

Nachdem dieser den Mitarbeitern in einer großangelegten Show durch einen prominenten Gast und mit entsprechendem Unterhaltungsprogramm vorgestellt wird, investiert das Unterneh- men über das gesamte Jahr verteilt in ein themenspezifisches Begleitprogramm sowie in ent- sprechende Anreize und Botschaften, mit denen die Mitarbeiter fortlaufend motiviert werden. Mit aufwändig gestalteten Kommunikationsmitteln wie Filmpostern, einer Programm-Homepage sowie kleinen an das Motto angelehnten Aufmerksamkeiten werden die Verkäufer ständig an den Wettbewerb und die in Aussicht stehenden Belohnungen erinnert.

Singtel Optus ist in verschiedenen Märkten aktiv. Um der Heterogenität des Verkaufspersonals und den damit verbundenen Erträgen, Margen und Marktanteilszielen gerecht zu werden, werden die Zielvorgaben im Rahmen des Verkaufswettbewerbs an die jeweilige Position des Verkäufers und die Besonderheiten seines Gebiets angepasst.

Der Wettbewerb umfasst vier verschiedene Kategorien. Beim „Jump Start" geht es darum, als Verkaufsteam im ersten Quartal die höchsten Verkaufszahlen zu erzielen. Als Belohnung erwartet das Gewinnerteam ein Ausflug auf einer Luxusyacht. Um individuelle Verkaufszahlen zu steigern, können Mitarbeiter in der Kategorie „The Score" ihr Können als Verkäufer unter Beweis stellen und ihre erreichten Punkte für abgeschlossene Verträge in eine große Auswahl an Produkten oder Gutscheinen eintauschen. In einer dritten Kategorie wird das Erreichen der Jahresvorgaben mit der Teilnahme an einer fünftägigen Konferenz zur Persönlichkeitsentwicklung in Hong Kong belohnt. Der „Number One Club" bildet das vierte Element des Verkaufswettbewerbs. In diesen wird eine begrenzte Zahl derjenigen Mitarbeiter aufgenommen, die ihre Vorgaben weit übertroffen haben. Ihnen winkt eine ganz besondere Belohnung: eine Woche in einem Luxusresort auf Tahiti.

Neben den beschriebenen Prämienarten wird die **Gewinnchance** als zweites zentrales Merkmal der Gestaltung von Verkaufswettbewerben angesehen. Aus eher konzeptionell geprägten Beiträgen ist dabei Folgendes abzuleiten: Wenn Wettbewerbe zu einer Leistungssteigerung bei allen Mitarbeitern führen sollen, sind die Ziele so zu setzen, dass für jeden Teilnehmer eine realistische Gewinnchance besteht. Dies ist entweder durch Ausloben genügend vieler Preise oder aber das Vereinbaren individueller Zielvorgaben sicherzustellen. Wenn die Verkäufer deutlich unterschiedliche Leistungen aufweisen, kann dies in Form von Handicaps oder separaten Wettbewerben für Verkäufergruppen (Top- bzw. Durchschnittsverkäufer sowie Anfänger) berücksichtigt werden. Insgesamt sollte darauf geachtet werden, dass der Wettbewerb von den Mitarbeitern als weitestgehend fair eingeschätzt wird (Krafft 2005). Zu insgesamt recht ähnlichen Empfehlungen gelangt man, wenn man Modelle der Prinzipal-Agenten-Theorie zur Bestimmung optimaler Gewinnchancen heranzieht: Unter der realistischen Annahme, dass die Umsätze der Verkäufer ungefähr normalverteilt sind, sollten nicht mehr als 50% der Wettbewerbsteilnehmer gewinnen können. Sind die Mitarbeiter im Vertrieb eher risikoscheu, sollte die Anzahl der Gewinner erhöht und der Wert der Preise angeglichen werden, während im weniger realistischen Fall risikoneutraler Mitarbeiter ein „winner-take-all"-Format als optimal anzusehen ist, d.h. **ein** Teilnehmer erhält das gesamte ausgelobte Prämienbudget (Kalra und Shi 2001).

Als drittes zentrales Gestaltungselement ist die Frage zu klären, ob für Verkaufswettbewerbe eher eine **Vorgabe von Verhaltens- oder Ergebniszielen** erfolgen sollte. Zur Beantwortung dieser Frage kann auf die Überlegungen zu grundsätzlichen Steuerungsphilosophien aus Abschnitt 5.1.2 zurückgegriffen werden, aber auch auf Argumente der Motivationsforschung. Insbesondere nach Maßgabe der Valenz-Instrumentalität-Erwartungs-Theorie von Vroom (1964) werden Ergebnisziele aus Unternehmens- und Mitarbeitersicht dann als vorteilhaft angesehen, wenn eine Kontrolle des Verhaltens der Verkäufer schwierig oder nur zu unangemessenen Kosten möglich ist. Des Weiteren wird hervorgehoben, dass Erfolgsgrößen objektiv messbar sind. Der Mitarbeiter kann bei Vorgabe von Outputzielen zudem recht verlässlich einschätzen, wie das erreichte Ergebnis zum persönlichen Wohl beiträgt. Alternativ können Verhaltensziele eingesetzt werden, die sich in erster Linie auf die Qualität und Quantität des Einsatzes der Verkäufer beziehen. Die Wahl derartiger Input-Größen ist insbesondere dann als sinnvoll anzusehen, wenn die Vertriebsmitarbeiter nur einen eher geringen Beitrag zum Verkaufserfolg leisten – dies ist bspw. im Merchandising-Bereich bei Markenartiklern und anderen Konsumgüterherstellern oft zutreffend. Wettbewerbe auf Basis von Verhaltensgrößen sind zudem für Mitarbeiter des Innendienstes geeignet, da deren Einfluss auf Verkaufserfolge eher limitiert ist (Murphi und Dacin 1998, S. 3). Über die konkrete Ausgestaltung von Verkaufswettbewerben hinsichtlich der Zielselektion ist nur wenig bekannt – in einer der wenigen vorliegenden Studien wird berichtet, dass in der Regel nur ein bis zwei prägnante Leistungs- und Zielgrößen verwendet werden, die zudem eher leicht quantifizierbar und messbar sind (Krafft 2005, S. 5).

Abschließend ist zu klären, welches **Wettbewerbsformat** eingesetzt wird, wobei prinzipiell Individual- oder Teamwettbewerbe verwendet werden können. Wettbewerbe, in denen einzelne Verkäufer gegeneinander oder gegen individuelle Ziele antreten, sind dann angezeigt, wenn der persönliche Beitrag zum Verkaufserfolg nachhaltig ist. Zudem motivieren derartige Verkaufswettbewerbe zu persönlichen Höchstleistungen, da die Mitarbeiter ihre persönlichen Ziele erreichen oder übertreffen wollen und auch anderen zeigen wollen, wie leistungsstark sie sind. Einzelne Studien deuten aber auch darauf hin, dass individuelle Ziele zu nicht-kooperativem Verhalten anregen, was dem Unternehmen insgesamt schaden kann. Daher ist zu überlegen, ob in Verkaufswettbewerben alternativ Teamziele eingesetzt werden sollten. Dadurch wird ein übertrieben kompetitives Verhalten vermieden und der Teamgeist gestärkt, da das einzelne Teammitglied im Verkaufswettbewerb nur gewinnen kann, wenn das gesamte Team seine Ziele erreicht (Moncrief, Hart und Robertson 1988, S. 57; Murphi und Dacin 1998, S. 3).

Zu Beginn dieses Abschnitts wurden bereits vier zentrale Risiken aufgelistet, die beim Einsatz und der Gestaltung von Verkaufswettbewerben zu beachten sind. So wirken Wettbewerbe insbesondere dann potenziell kontraproduktiv, wenn sie als **Flickwerk des Vertriebsmanagements** eingesetzt werden, also in erster Linie zur Beseitigung von Schwächen des regulären Entlohnungs- und Steuerungssystems im Verkauf dienen. Ziele, die sich auf Verkaufserfolge mit eingeführten Produkten oder bei Stammkunden beziehen, sollten demzufolge nicht in Verkaufswettbewerben verfolgt werden, wenn sie im regulären Steuerungssystem berücksichtigt werden können. Kurzfristige Schwerpunkte zur Akquisition neuer Kunden oder zur Förderung sich schlecht verkaufender Produkte sind vor diesem Hintergrund sinnvoller. Die eben genannte Gefahr von Wettbewerben wird verstärkt, wenn allgemeine Ziele wie eine generelle Umsatzerhöhung oder der Ausgleich saisonaler Absatzschwankungen verfolgt werden. Die Vertriebspraxis hat nämlich gezeigt, dass derartige Ziele zu illusorischen Ergebnissen führen, die keinen nachhaltigen Marktanteilseffekt nach sich ziehen. Dabei kommt es auch zu einer **Manipulation von Umsatzzahlen**, wenn potenzielle Abschlüsse vor- oder nachdatiert werden, um während der Laufzeit von Wettbewerben möglichst hohe Volumina vorweisen zu können. Insbesondere, wenn Verkaufswettbewerbe mit einer gewissen Regelmäßigkeit und Häufigkeit eingesetzt werden, schieben Verkäufer bewusst große Abschlüsse hinaus – sie rechnen damit, dass diese Abschlüsse während der Wettbewerbslaufzeit deutlich besser honoriert werden. Des Weiteren ist zu beobachten, dass Verkäufer zur Erreichung kurzfristiger Wettbewerbsziele dazu verleitet werden, die langfristig aufgebauten Preisniveaus und Kundenbeziehungen zu gefährden (Murphy und Dacin 1998). Zu den zu beobachtenden **unethischen Verkaufspraktiken** gehört es, dass Abschlüsse um jeden Preis getätigt oder den Kunden schlichtweg zu große Mengen verkauft werden. Eine weitere Problematik besteht darin, dass die Teilnehmer eines Wettbewerbs dermaßen auf ihre eigenen Ziele fixiert sind, dass nicht nur Kollegen nicht geholfen wird, sondern deren Erfolge sogar sabotiert werden. Dieses **Konkurrenzdenken** tritt insbesondere bei "jeder-gegen-jeden"-Wettbewerben in Form von Rennlisten und bei einer stark limitierten Anzahl von Prämien auf. Des Weiteren ist insbesondere in kleineren Außendiensten zu befürchten, dass es zu **Absprachen** unter den Teilnehmern kommt. Dabei wird untereinander ein geringerer Einsatz vereinbart und abschließend die Wettbewerbsprämie auf alle Verkäufer aufgeteilt (Krafft 1996a; Krafft 2005, S. 15).

Neben diesen möglichen kontraproduktiven Effekten können Verkaufswettbewerbe aber selbstverständlich auch zu höheren Vertriebserfolgen beitragen, wie in mehreren empirischen Studien gezeigt wurde (Krafft 1996a, S. 21; Krafft 2005, S. 15; Mantrala, Krafft und Weitz 2000; Moncrief, Hart und Robertson 1988).

5.3.6 Preiskompetenz

Die zentrale Rolle des Preis- und Konditionensystems der vertriebenen Produkte im Rahmen des Marketing-Mix gilt als unumstritten (Diller 2000; Simon und Fassnacht 2009). Der Preis wirkt dabei beim Unternehmen direkt gewinnsteigernd, aus Sicht der Kunden aber zugleich nutzenmindernd, so dass die nachgefragte Absatzmenge negativ vom Preis beeinflusst wird. Ein professionelles Preismanagement ist dementsprechend unerlässlich, um den langfristigen Erfolg von Unternehmen zu sichern. Aktuelle Studien belegen allerdings, dass Unternehmen bei der Preisbildung und -durchsetzung eher unsystematisch und nicht professionell vorgehen (Kopka und Wunderlich 2006).

Sofern die Produktpreise im Rahmen der Unternehmens- oder Marketingstrategie zentral fixiert werden, also Einheitspreise gelten, ergibt sich für die Verkaufsleitung kein zusätzliches Steuerungsproblem. Insbesondere im B2B-Bereich ist aber festzustellen, dass den Verkäufern zumindest eine gewisse Flexibilität in Preisverhandlungen mit Kunden zugebilligt wird. Dies ist nicht zuletzt darauf zurückzuführen, dass Vertriebsmitarbeiter gegenüber der Marketing- bzw. Vertriebsleitung über Wissensvorsprünge verfügen. Wenn Verkäufer aufgrund dieser **Informationsasymmetrie** die Preisbereitschaft der von ihnen betreuten Kunden besser kennen als ihre Vorgesetzten, ist eine dezentrale Preisbestimmung potenziell vorteilhaft. Daher soll in diesem Abschnitt geklärt werden, inwieweit den Vertriebsmitarbeitern Preisfestsetzungskompetenzen delegiert werden sollten und welche Konsequenzen mit der Gestaltung des Anreizsystems verbunden sein sollten.

Unter der Delegation von Preisfestsetzungskompetenzen an Vertriebsmitarbeiter ist die Ermächtigung zu verstehen, Preise in Verkaufsverhandlungen selbständig festzulegen (Lauszus und Kneller 2002, S. 111). Dabei erstreckt sich diese Kompetenz nicht nur auf die direkte Gewährung von Preisnachlässen in Form von Rabatten, Boni oder Skonti. Vielmehr sind auch Zugeständnisse im Rahmen der sonstigen Konditionenpolitik (z.B. Absatzkredite, Finanzierungsvereinbarungen) und weitere Zusatzleistungen zu berücksichtigen. So kann einem Kunden vom Verkäufer eine Auslieferung von Produkten in kleinen Mengen und an zahlreiche Filialen zugesagt werden, ohne dass dies in Rechnung gestellt wird. Eine weitere Art indirekter Preisnachlässe seitens der Vertriebsmitarbeiter stellen Zugaben in Form umfangreicher, nicht berechneter Serviceleistungen dar, bspw. in Form von Schulungen oder Inspektionsleistungen (Anderson, Narus und Narayandas 2008).

Üblicherweise werden **3 Stufen der Delegation** von Preisfestsetzungskompetenz unterschieden (Simon und Fassnacht 2009, S. 371; Stephenson, Cron und Frazier 1979, S. 23):

1. Die Verkäufer haben umfassende oder sogar vollständige Preisfestsetzungskompetenz.

2. Den Verkäufern wird ein Preisspielraum vorgegeben, der bei Verhandlungen mit Kunden ausgenutzt werden kann.

3. Die Vertriebsmitarbeiter haben keinerlei Preisfestsetzungskompetenz. Vom zentral vorgegebenen Preis darf nur nach Genehmigung durch den Vorgesetzten abgewichen werden.

Aus empirischen Studien ist bekannt, dass ein substanzieller Anteil der Vertriebsorganisationen Preisfestsetzungskompetenzen an ihre Mitarbeiter delegiert. Es gibt aber auch sehr kritische Stimmen aus der Vertriebspraxis, die eine Delegation dieser Verhandlungsmacht an den Außendienst plakativ als „den Bock zum Gärtner machen" abstempeln (Frenzen et al. 2010). Folgende qualitative **Argumente für eine umfangreiche Delegation** lassen sich auf Basis der relevanten Literatur ableiten (Krafft 1995, S. 77):

■ Preisfestsetzungskompetenzen werten die Position der Verkäufer auf und steigern ihr Selbstwertgefühl.

■ Sofern Verkäufer über einen Wissensvorsprung bezüglich der Preisbereitschaft ihrer Kunden verfügen, kann eine Delegation von Preisfestsetzungskompetenzen zu einer verbesserten Preisdifferenzierung und damit zur Abschöpfung der Preisbereitschaft führen.

■ Vertriebsmitarbeiter mit Preisfestsetzungskompetenz können flexibler und schneller auf veränderte Marktbedingungen reagieren.

■ Preisbefugnisse der Verkäufer erleichtern die Preisverhandlungen, sofern komplexe Verkaufsverhandlungen die Regel sind, bei denen der Preis simultan mit anderen Konditionen ausgehandelt wird (z.B. Produktqualität, Liefertermin, Service, Inzahlungnahme von Produkten).

Es sprechen aber auch einige **Aspekte gegen eine Delegation**:

- Verkäufer sind bei Preisverhandlungen eher zu nachgiebig – so ist zu beobachten, dass Einkäufer die Preisspielräume von Vertriebsmitarbeitern austesten und versuchen, diese Spielräume auszuschöpfen.

- Verkäufer sind bei Preisverhandlungen psychisch oft überfordert oder verfügen nicht über die Möglichkeiten der Zentrale, komplexe Kalkulationen oder die notwendigen Kapazitäts- oder Wettbewerbsanalysen durchzuführen.

- Nur eine zentralisierte Preisfindung stellt sicher, dass Inkonsistenzen zwischen Marktsegmenten, aber auch Preiskämpfe vermieden werden. Den Verkäufern wird eher nicht zugetraut, die dafür nötige strategische Perspektive einzunehmen.

Bevor wir der Frage nachgehen, welche Formen der Preisfindung normativ sinnvoll bzw. empirisch zu beobachten sind, soll vorab der **Preisverhandlungsbereich** des Unternehmens und damit des Verkäufers aufgezeigt werden. Dieser Preisspielraum ergibt sich aus den Eckpunkten der Produktkosten bzw. der Preisbereitschaft des Kunden, die mit dem wahrgenommenen Wert des Produkts korreliert. Die Eckpunkte dieses Spektrums werden auch als Reservationspreis des Unternehmens bzw. der Kunden bezeichnet (Raiffa, Richardson und Metcalfe 2002, S. 109 f.). Diese Reservationspreise sind der anderen Marktseite jeweils nicht bekannt und können nur durch Verhandlungen, Umfragen, Expertenschätzungen, Experimente oder das Analysieren historischer Daten bestimmt werden. Der Preisverhandlungsbereich wird in **Abbildung 5.3-7** skizziert.

Die Darstellung zeigt, dass Verkäufer den auszuhandelnden Preis auch dadurch steigern können, dass sie Argumente zur Erhöhung des wahrgenommenen Werts anführen und damit die Preisbereitschaft ihrer Kunden erhöhen.

Abbildung 5.3-7   Preisverhandlungsbereich zwischen Kunden und Unternehmen (in Anlehnung an Raiffa, Richardson und Metcalfe 2002, S. 111; Voeth und Rabe 2004, S. 1026)

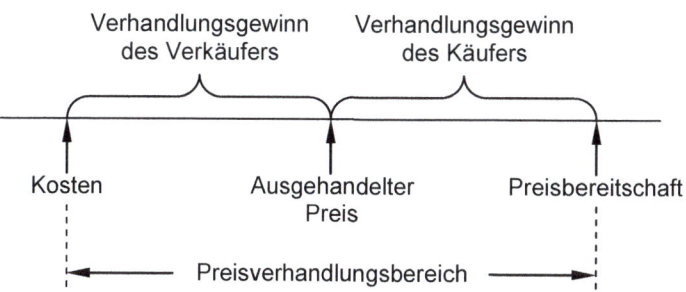

Entgegen der einhelligen Meinung der Literatur (siehe bspw. Voeth und Rabe 2004 und die dort zitierten Quellen) ist eine eindeutige Verhandlungsrichtung der Kunden und Unternehmen (bzw. der Verkäufer als deren Repräsentanten) zu bezweifeln: So kann zwar der Verhandlungsgewinn der Kunden durch niedrigere ausgehandelte Preise gesteigert werden, gleichzeitig ist der Kunde aber häufig gezwungen, seinen Bedarf aufgrund hohen Zeitdrucks oder mangels anderer Alternativen bei einem bestimmten Anbieter zu stillen, was ihn zu Preiszugeständnissen zwingt. Vergleichbare ambivalente Motive liegen auch bei Unternehmen und deren Verkäufern vor: Während hohe Margen und Deckungsbeitragsprovisionen für ein Beharren auf hohen Preisen sprechen, regen Umsatzprovisionen sowie eine nachhaltige Abschlussorientierung zum Nachgeben in Preisverhandlungen an.

Die Überlegung, dass die Obergrenze des Preisverhandlungsbereichs durch den wahrgenommenen Wert eines Produkts und die damit verbundene Preisbereitschaft von Kunden bestimmt wird, führt in aggregierter Form zu der Überlegung, dass die individuellen Preisbereitschaften der Kunden durch **Maßnahmen der Preisdifferenzierung** abgeschöpft werden sollten. Die Grundüberlegung der Preisdifferenzierung (von Stackelberg 1934) wird in **Abbildung 5.3-8** skizziert und im Folgenden kurz erläutert.

Abbildung 5.3-8 Modell der Preisdifferenzierung (Quelle: von Stackelberg 1934)

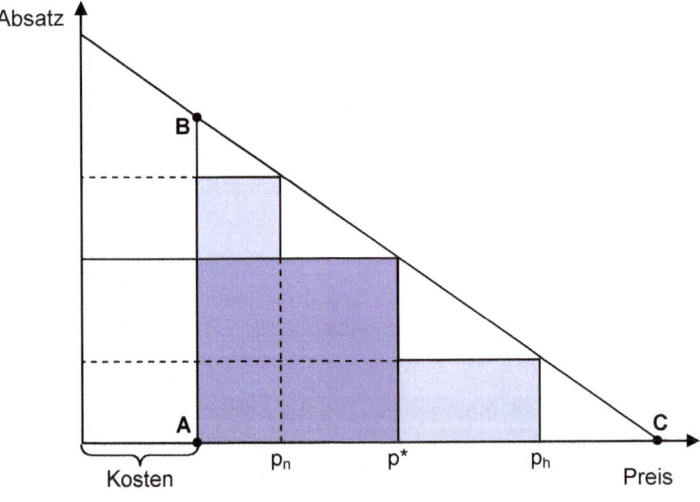

Während der für die Situation ohne Preisdifferenzierung optimale Einheitspreis p* dem Unternehmen einen Gewinn von der Größe des dunkel schraffierten Rechtecks beschert, führt eine Preisdifferenzierung mit einem weiteren niedrigen (p_n) und hohen Preis (p_h) zu zusätzlichen Gewinnen im Umfang der hell gekennzeichneten Flächen. Gelingt es, für alle individuellen Preisbereitschaften den maximal akzeptierten Preis zu vereinbaren, kann das gesamte Gewinnpotenzial in Form des Dreiecks **ABC** realisiert werden. Dadurch wird die Konsumentenrente komplett abgeschöpft. Aufgrund der zunehmenden Preistransparenz, der Schwierigkeit, differenzierte Preise geheim zu halten, und den mit einer umfassenden

Preisdifferenzierung für das Unternehmen verbundenen Kosten ist eine maximale Differenzierung von Preisen jedoch nicht sinnvoll. In Kombination mit unterschiedlichen Leistungsumfängen, etwa in Form des „Versioning" (Shapiro und Varian 1998) erscheint es vielmehr sinnvoll, eine eher begrenzte Anzahl von differenzierten Preisen bzw. einen eingeschränkten Preiskorridor vorzusehen. Dabei kann eine Delegation von Preisverhandlungskompetenzen an Verkäufer sehr hilfreich sein, da im Einzelgespräch mit Kunden ein Ausloten der individuellen Preisbereitschaft ebenso möglich ist wie der Einsatz sogenannter Argumentationstechniken zur Begründung des ausgehandelten Preises (Diller, Haas und Ivens 2005, S. 207). Zu Argumentationstechniken siehe Abschnitt 2.3.3.

Welche **Preisbereitschaften** Kunden aufweisen, kann zusätzlich durch Einschätzungen von Experten, Umfragen, Analysen historischer Preis-Absatz-Daten und durch Markttests bzw. Experimente beurteilt werden. Bei den Experimenten hat sich in der vertrieblichen Praxis die Methode der Conjoint-Analyse etabliert, mit deren Hilfe aufgedeckt werden kann, welche Produkt- und Leistungsmerkmale wie stark zur Preisbereitschaft einzelner Kunden beitragen. Diese Information kann in Verkaufsgesprächen genutzt werden, um Geschäftspartner mit Hilfe der Methode des „wahrgenommenen Wertes" von der Preiswürdigkeit von Produkten und Services zu überzeugen. Dieses Vorgehen wird auch als „Value-based Pricing" bezeichnet (Anderson, Narus und Narayandas 2008).

Abschließend stellt sich die Frage, ob und in welchem Umfang Preisfestsetzungskompetenzen an Verkäufer delegiert werden sollten und inwieweit sich dies auch auf das Anreiz- und Steuerungssystem im Vertrieb auswirken sollte. Sofern ein Unternehmen seine Außendienstmitarbeiter auf der Basis linearer Umsatzprovisionen vergütet (siehe Abschnitt 5.3.4.4), und die Mitarbeiter primär ihr Einkommen maximieren, werden sie im Verkaufsgespräch bemüht sein, den Preis durchzusetzen, bei dem der erwartete Umsatz maximiert wird. Es lässt sich analytisch zeigen, dass dieser umsatzmaximale Preis niedriger als der für das Unternehmen optimale Preis ist, da Verkäufer zu Lasten der Deckungsspanne hohe Preisnachlässe gewähren (Weinberg 1978). Daher müsste ein Unternehmen bei einer reinen Umsatzprovisionierung die Preisfestsetzungskompetenz der Zentrale zuordnen. Abhilfe könnte aber auch durch eine geänderte variable Vergütung geleistet werden: Sofern sowohl das Unternehmen als auch die Vertriebsmitarbeiter das Ziel der Gewinnmaximierung verfolgen, und im Verkauf proportionale Provisionen auf den realisierten Deckungsbeitrag gezahlt werden, der sich nach Abzug der gewährten Nachlässe ergibt, besteht Anreizkompatibilität für das Unternehmen und seine Mitarbeiter, sofern sich die Verkäufer risikoneutral verhalten (Farley 1964; Weinberg 1975). Diese Überlegungen sind allerdings aus zwei Gründen distanziert zu sehen: Zum einen führen derartige Deckungsbeitragsprovisionen nicht zwangsläufig zur langfristigen Gewinnmaximierung des Unternehmens, da bspw. Neukunden und Neuprodukte vernachlässigt werden. Zum anderen belegen empirische Studien, dass die Annahme risikoneutraler bzw. einkommensmaximierender Vertriebsmitarbeiter kaum haltbar ist. Verkäufer sind vielmehr Nutzenmaximierer, die bei der Wahl ihres Verkaufseinsatzes neben dem Einkommen ihre verbleibende Freizeit als Nutzenbeitrag berücksichtigen (Srinivasan 1981).

Wie Provisionen auf den Umsatz bzw. den realisierten Deckungsbeitrag zu Zielkonflikten bzw. -harmonie von Unternehmen und Verkäufern führen, verdeutlicht das folgende Beispiel in **Insert 5.3-7**.

Insert 5.3-7 (in Anlehnung an Krafft (1995), S. 22 f.)

Sofern Verkäufer umfassende Spielräume in der Preisverhandlung haben, setzen Umsatzprovisionen für die Mitarbeiter Anreize, zu Lasten des Unternehmensertrags zu handeln. Wenn aber die Provisionen auf den realisierten Deckungsbeitrag (DB) gewährt werden, erhöht dies den Anreiz für Außendienstmitarbeiter, einen möglichst hohen Preis und DB zu erzielen, statt über Preisnachlässe zu verkaufen. Dies sei am folgenden Beispiel verdeutlicht: Ein Unternehmen handelt mit Messgeräten, die zum Einstandspreis von 500 € beschafft werden. Diese Geräte werden an mittelständische Unternehmen vertrieben, wobei der Verkaufspreis durchschnittlich 700 € beträgt (DB I pro Stück = 200 €). Bisher erhalten die Verkäufer eine Umsatzprovision von 5% auf den Verkaufspreis, was aber dazu führt, dass diese Mitarbeiter über den Preis verkaufen. Ökonomisch sinnvoller ist es daher, eine höhere Provision auf den realisierten Deckungsbeitrag zu gewähren, beispielsweise in Höhe von 17,5% auf den DB I. Eine derartige Provision führt zu einer Harmonisierung der Einkommensziele der Mitarbeiter und des Gewinnziels des Unternehmens, wie das folgende Rechenbeispiel zeigt.

Ausgehandelter Preis	Realisierter DB I je Stück	Provision auf DB I (Vorschlag)	Umsatzprovision (bisher)
500 €	0 €	0 €	25,00 €
550 €	50 €	8,75 €	27,50 €
600 €	100 €	17,50 €	30,00 €
650 €	150 €	26,25 €	32,50 €
700 €	200 €	35,00 €	35,00 €

Da die theoretischen Überlegungen nicht eindeutig für oder gegen eine Delegation der Preisfestsetzungskompetenz sprechen, wurden einige wenige empirische Studien durchgeführt, um Determinanten und Erfolgswirkungen des Umfangs der Preisfestsetzungskompetenz von Verkäufern zu untersuchen. Die zentralen Befunde dieser Studien lauten (Stephenson, Cron und Frazier 1979; Krafft 1995; Wiltinger 1996; Hansen, Joseph und Krafft 2008; Frenzen et al. 2010):

■ Es werden umso umfangreichere Preisfestsetzungskompetenzen an Vertriebsmitarbeiter delegiert, je komplexer die Produkte sind, je höher der Grad der Informationsasymmetrie ist, je wertvoller die Kunden und je konformer die Ziele der Verkäufer mit denen des Unternehmens sind.

■ Die Delegation von Preisfestsetzungskompetenzen an Verkäufer fällt umso geringer aus, je risikoscheuer der Verkäufer ist, je leichter es ist, den Arbeitseinsatz der Mitarbeiter zu beobachten und je wahrscheinlicher eine Substitution von Verkaufsanstrengungen durch ungerechtfertigte Preisnachlässe ist.

- Für die Preissensibilität der Kunden und die Preisdynamik zeigen sich empirisch keine signifikanten Einflüsse auf das Ausmaß der Delegation.

- Die Effekte einer umfassenden Delegation von Preisfestsetzungskompetenzen auf den Unternehmenserfolg sind nicht eindeutig. Während Stephenson, Cron und Frazier (1979) geringere Renditen, Umsatzzuwächse und Deckungsbeiträge als Folge umfassender Preiskompetenzen berichten, zeigt eine aktuelle Studie einen positiven Effekt der Preiskompetenz auf den Unternehmenserfolg. Dieser Zusammenhang wird bei hoher Unsicherheit des Marktumfelds und Vorliegen substanzieller Informationsasymmetrien noch verstärkt (Frenzen et al. 2010).

Die konzeptionellen, analytischen und empirischen Ergebnisse zeigen, dass eine Delegation von Preisfestsetzungskompetenzen aus Gründen der Verkäufermotivation, der Flexibilität und der Nutzung des Wissensvorsprungs der Mitarbeiter vorteilhaft erscheint. Aufgrund der in der Praxis zu beklagenden Nachgiebigkeit von Vertriebsmitarbeitern sowie der dysfunktionalen Effekte weit verbreiteter Umsatzprovisionssysteme gibt es zugleich substanzielle Argumente gegen eine derartige Delegation. Aktuelle empirische Untersuchungen indizieren, dass Preisfestsetzungskompetenzen in Abhängigkeit der situativen Kontexte des Außendienstes gestaltet werden sollten (Schmidt und Krafft 2005). Zudem sind die Elemente des Anreiz- und Führungssystems so zu wählen, dass die Vorzüge einer Delegation realisiert werden, ohne dass nachhaltige kontraproduktive Effekte auftreten (Hake und Krafft 2011). Wie Führungssysteme aus instrumenteller Sicht von der Vertriebsleitung sinnvoll gestaltet werden können, ist Gegenstand des folgenden Abschnitts 5.4.

5.4   Führung

Lernziele

- Der Leser weiß, dass die Gestaltung des Vertriebsführungssystems für den Erfolg im Verkaufsaußendienst entscheidend ist.

- Der Leser versteht, dass Führungsphilosophien die grundsätzliche Art des Umgangs von Vorgesetzten mit Mitarbeitern beschreiben.

- Der Leser kennt die zentralen Führungsinstrumente des Coaching und der Aufsicht (Supervision) sowie deren Effekte.

- Der Leser kann die Karrierephasen der Orientierung, Etablierung, Aufrechterhaltung und Beendigung darlegen und deren Wirkungen beschreiben.

In der Organisationsforschung herrscht die Ansicht vor, dass die Gestaltung von Führungssystemen nachhaltig und positiv auf die Einstellung und das Verhalten der Mitarbeiter wirkt und dazu beiträgt, den Unternehmenserfolg zu steigern. Im Rahmen des

Verkaufsmanagements kommt Aspekten der Führung noch eine darüber hinausgehende **Bedeutung** zu, da die zu führenden Mitarbeiter in einem dynamischen und unsicheren Umfeld tätig sind, häufig auf sich gestellt sind, lange Reise- und Wartezeiten auf sich nehmen müssen und in ihren Verkaufsbemühungen oft Fehlschläge erleiden (Dubinsky und Lippit 1979).

Führung wird oft synonym mit dem **Begriff** „Management" gebraucht. Wir fassen Führung hier begrifflich enger auf, und zwar als Beeinflussung von Mitarbeitern durch Vertriebsleiter im Sinne der Ziele der Vertriebsorganisation. Im Weiteren werden ausgewählte Instrumente und Wirkungen der Gestaltung des Führungssystems im Persönlichen Verkauf vorgestellt. Dabei erfolgt eine Konzentration auf Instrumente zur direkten Verhaltenssteuerung, insbesondere zur Wahl und Gestaltung von Führungsphilosophien, zum Coaching bzw. zur Aufsicht (Supervision), zum Einsatz von Karrierepfaden und nichtfinanziellen Anreizen. Obwohl von Fragen des Arbeitsklimas und der Organisationskultur wichtige zusätzliche Effekte ausgehen, werden diese Aspekte hier nicht erörtert, da sie von Führungskräften nur bedingt zielgerichtet gestaltet werden können. Die nachfolgende **Abbildung 5.4-1** zeigt die im Folgenden diskutierten Führungselemente, deren Wechselspiel und Effekte auf die Motivation von Verkäufern.

Abbildung 5.4-1   Ausgewählte Instrumente und Effekte der Führung

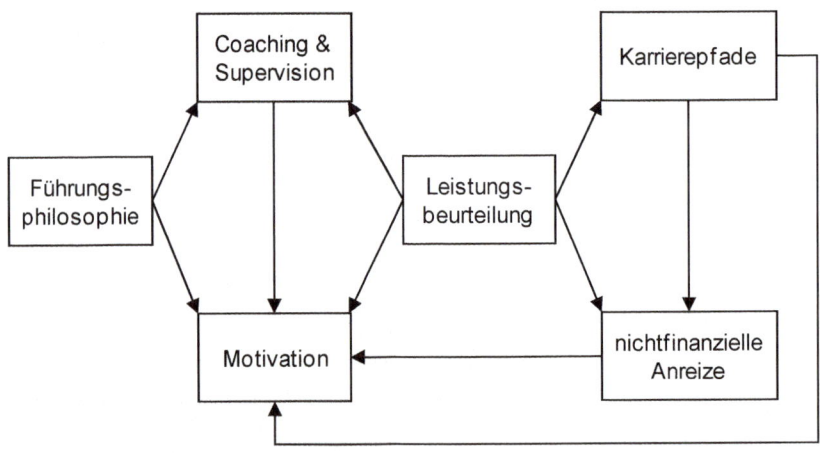

5.4.1   Führungsphilosophien

Führungsqualitäten, -stile und -verhalten von Führungskräften gelten in der Managementforschung als wichtige **Einflussfaktoren** auf den Unternehmenserfolg (Flaherty et al. 2009, S. 43 f.). Der Erfolg des Führungsverhaltens hängt von persönlichen Merkmalen sowie Managementfähigkeiten der Vertriebsentscheider ab (vgl. **Abbildung 5.4-2**). Zudem wird der Führungserfolg von situativen Größen beeinflusst – es gibt demnach nicht „die" richtige Führung, sondern je nach Kontext mehr oder weniger geeignetes Führungsverhalten von Managern.

Abbildung 5.4-2   Einflussgrößen auf das Führungsverhalten und den Führungserfolg
(in Anlehnung an Spiro, Rich und Stanton 2008, S. 318)

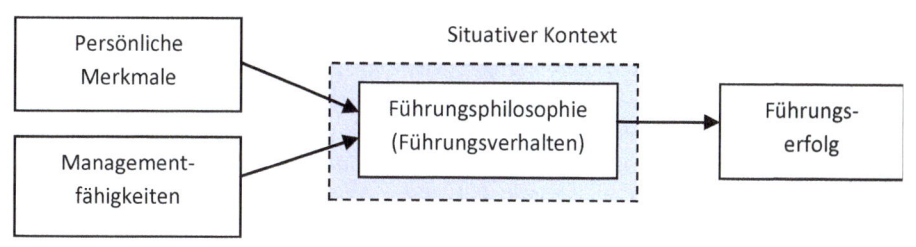

Als zentrale **Persönlichkeitsmerkmale** von Vertriebsführungskräften sind Selbstvertrauen, Initiative, Energie, Kreativität und Reife zu nennen (Spiro, Rich und Stanton 2008). Da Führungserfolg maßgeblich vom Vorbild und guten Beispiel der Führenden abhängt, sollten Vertriebsleiter die genannten positiven Charakteristika aufweisen. So ist von ihnen zu erwarten, dass sie an sich selbst glauben, Herausforderungen als Chance begreifen, Verantwortung übernehmen, bei anstehenden Aufgaben vorangehen und dabei die Verkäufer mitreißen, mit Phantasie neue Problemlösungen herbeiführen und zu guter Letzt das langfristige Wohl des Unternehmens und der Mitarbeiter über eigene Ziele stellen.

Das Führungsverhalten wird des Weiteren nachhaltig von **Managementfähigkeiten** beeinflusst (Spiro, Rich und Stanton 2008). Im Einzelnen sollten die Vertriebsleiter

- Problemlösungsfähigkeiten (Problemidentifikation, Formulierung von Lösungen, Treffen von Entscheidungen und deren Umsetzung),

- Zwischenmenschliche Fähigkeiten (Mitarbeiter und deren Motive kennen, Verkäufer individuell behandeln, Kontakte zu Vorgesetzten pflegen),

- Kommunikationsfähigkeiten (Dialog führen mit Vorgesetzten und Mitarbeitern, präzise Informationen zeitnah weiterleiten, Eloquenz) und

- Überzeugungsfähigkeiten (Durchsetzung gewollten Handelns durch Überzeugen, nicht durch Zwang oder Macht)

aufweisen. Diese Managementfähigkeiten sowie die oben erwähnten persönlichen Merkmale sind notwendige Bedingungen, damit Führungskräfte erfolgreich sein können. Letztlich ist das Führungsverhalten der Vertriebsleiter ausschlaggebend, wobei die Kombination der dabei gezeigten Verhaltensweisen als **Führungsstil** bezeichnet wird. Grundsätzlich kann man Führungsstile danach unterscheiden, ob lediglich auf das Verhalten der Führenden abgestellt wird (**verhaltenstheoretische Perspektive**) oder auch diverse Kontextfaktoren Berücksichtigung finden (situationstheoretische Perspektive). Die in der traditionellen Führungslehre beschriebenen Konzepte des Autoritären bzw. Kooperativen Führungsstils

(Tannenbaum und Schmidt 1958, S. 96) oder das sogenannte Verhaltensgitter, nach dem verschiedene Kombinationen von Aufgaben- bzw. Beziehungsorientierungen zu unterscheiden sind (Blake und Mouton 1968) bilden dabei zentrale Ansätze der verhaltensorientierten Perspektive, die neueren Erkenntnissen der Vertriebsforschung zufolge aber zu kurz greifen, da sie die Spezifika des Persönlichen Verkaufs gar nicht oder nur unzureichend berücksichtigen (Kohli 1989).

Besser geeignet scheint vielmehr **die situationstheoretische Sicht**, die ein integratives Konzept darstellt, in dem simultan Verhaltensweisen, Kontextfaktoren und ergänzende Aspekte der Führung betrachtet werden. Als Kontextvariablen finden insbesondere Macht, Autorität, Strukturiertheit der Aufgabe und die emotionale Beziehung zwischen Vorgesetzten und Mitarbeitern Berücksichtigung. Als traditionelle situative Führungsstiltypologie wird die Einteilung in 1. delegierende, 2. partizipative, 3. integrierende und 4. autoritäre Führungsstile angesehen (Fiedler 1967). Anders als die verhaltenswissenschaftliche Perspektive berücksichtigt diese Typologie, dass ein Vertriebsleiter sämtliche dieser Führungsstile beherrschen und situativ einsetzen sollte. Als situativer Kontext wird dabei der Reifegrad des Mitarbeiters angesehen. Ist dieser Reifegrad niedrig, also bspw. die Leistungsmotivation gering, die beruflichen Fähigkeiten beschränkt und die Bereitschaft des Verkäufers, Verantwortung zu übernehmen, ebenfalls niedrig, legt dieser situative Ansatz einen autoritären Führungsstil nahe, während ein sehr hoher Reifegrad für einen Delegationsstil spricht (Hersey und Blanchard 1972). Dieser Ansatz impliziert somit, dass sich Vorgesetzte durch ein hohes Maß an Flexibilität im individuellen Führen der Mitarbeiter und durch diagnostische Fähigkeiten auszeichnen müssen. Die erfolgssteigernde Wirkung eines derartigen „adaptiven Führungsstils" im Kontext des Persönlichen Verkaufs wird durch die empirische Studie von Kohli (1989) untermauert.

Aktuelle theoretisch-konzeptionelle sowie empirische Beiträge indizieren allerdings, dass die persönlichen Merkmale, die Machtpositionen und das Verhalten der Mitarbeiter bzw. Führenden sowie situative Merkmale simultan zu berücksichtigen sind (Ingram et al. 2005). Daher werden in neueren Publikationen **integrative Ansätze** propagiert, die sowohl situative Elemente als auch das Verhalten der Führungskräfte einbeziehen. Im Einzelnen werden dabei Formen der transaktionalen und transformationalen Führung unterschieden (Bass 1997). Die **transaktionale Führung** umfasst dabei Überwachungstätigkeiten, die mit dem Tagesgeschäft und dem Controlling des Außendienstes verbunden sind. Mit anderen Worten ist transaktionale Führung gleichbedeutend mit „supervision" – diesen Führungsansatz greifen wir im folgenden Abschnitt erneut auf und behandeln ihn ausführlicher. Transaktionale Führung beschränkt sich auf das Geben und Nehmen im Verhältnis von Verkäufern und ihren Vorgesetzten, also auf ein instrumentelles Verständnis von Führung. Als wirksame transaktionale Führung gilt in diesem Zusammenhang, wenn Vertriebsleiter ihren Außendienstmitarbeitern aus gegebenem Anlass verbales Feedback in Form von Lob und Anerkennung geben, aber auch von Tadel (MacKenzie, Podsakoff und Rich 2001, S. 117 f.). Transaktionales Führungsverhalten ist zudem durch eine nachhaltige Aufgabenorientierung gekennzeichnet, also durch eine Einbahnstraßen-Kommunikation vom Vorgesetzten zum Mitarbeiter, wobei der Vertriebsleiter die zu erledigenden Aufgaben ebenso definiert wie seine Erwartungen daran, wann und in welcher Form die Aufgabe zu bewältigen ist. Transaktional Führende müssen demzufolge über umfassende Kenntnisse des Vertriebsprozesses verfügen und exzellente Supervisor sein (MacKenzie, Podsakoff und Rich 2001, S. 115 f.). In der empirischen Vertriebsforschung haben sich „contingent reward", „management-by-exception" und „laissez-faire leadership" als zentrale Formen transaktionaler Führung herauskristallisiert. Diese transaktionalen Formen sind dabei auch die dominierenden Führungsstile im Vertrieb, in den USA bspw. überwiegend in Form von „contingent rewards" (Bass 1997). Im Sinne der in Abschnitt 5.1 diskutierten Steuerungssysteme ist die transaktionale Führung der verhaltensorientierten Steuerung zuzuordnen.

Als **transformationale Führung** werden dagegen Führungsstile angesehen, die seitens der Vorgesetzten durch Charisma, inspirierende Motivation, Führung durch Vorbild, intellektuelle Stimulierung und individualisierte Beachtung der Mitarbeiter gekennzeichnet sind. Dabei wird die Führungskraft in ihrem Stil von einer Vision und Mission getrieben, ist langfristig orientiert, und übt die Rolle eines Veränderers („change agent") aus. Die Mitarbeiter wiederum werden dazu angeregt, übergeordnete Ziele zu verfolgen, anstatt – wie in der transaktionalen Führung üblich – persönlich gesteckte, eigene Ziele zu erreichen. Mit anderen Worten identifizieren sich transformational geführte Mitarbeiter nachhaltiger mit dem Unternehmen und den Vorgesetzten, und verinnerlichen die Normen und Werte der Organisation (Ingram et al. 2009, S. 199). Wie erste empirische Studien belegen, führt transformationale Führung dazu, dass Verkäufer Leistungen erbringen, die weit über das zu erwartende Maß hinausgehen (MacKenzie, Podsakoff und Rich 2001, S. 115).

Während Führungsstile und -philosophien die grundsätzliche Form des Umgangs zwischen Vorgesetzten und Mitarbeitern kennzeichnen, stellen Coaching und Supervision bedeutende Führungs**instrumente** dar, also konkrete Verhaltensweisen bzw. Aktivitäten von Führungskräften. Dieser instrumentellen Perspektive des Verhaltens von Führungskräften ist der folgende Abschnitt gewidmet.

5.4.2   Coaching und Supervision

Insbesondere neue bzw. wenig erfahrene Außendienstmitarbeiter zu Beginn ihrer Verkaufstätigkeit benötigen Gespräche mit Vorgesetzten und Kollegen sowie Aktivitäten, die dem Verkäufer permanent Feedback und Unterstützung geben und darauf abzielen, seine Leistung zu verbessern. Während der Schwerpunkt dieses Führungsinstruments dabei auf gemeinsamen Kundenbesuchen des Verkäufers mit seinem Vorgesetzten liegt, kann das **Coaching** auch innerhalb der Geschäftsräume oder im informellen Rahmen stattfinden. Zentrale Elemente des Coaching sind dabei (Onyemah 2009, S. 938; Rich 1998, S. 56):

■ Feedback durch Vorgesetzte: Feedback ist üblicherweise definiert als Lob oder Anerkennung des Vorgesetzten gegenüber einem Mitarbeiter, der die erwartete Leistung erbringt oder übertrifft. Es wird unterschieden zwischen positivem und negativem Feedback, ergebnis- und verhaltensbezogenem Feedback sowie danach, ob das Feedback unmittelbar auf ein (un-)angemessenes Verhalten folgt oder erst später vorgebracht wird.

■ Role Modeling: Ein Coach dient als Vorbild. Er sollte durch sein eigenes Verhalten ein Beispiel geben. Verkäufer eifern den Arbeitsgewohnheiten, Eigenschaften und Zielen ihres Vorgesetzten nach und sind kaum bereit, mehr als den erwarteten Einsatz zu zeigen, wenn die Führungskraft nicht mit gutem Beispiel vorangeht.

■ Vertrauen: Wertschätzung und beidseitiges Vertrauen gelten als Grundvoraussetzungen für ein erfolgreiches Coaching. Wenn die Verkäufer dem Vorgesetzten vertrauen können sollen, müssen sie von dessen Integrität, Zuverlässigkeit und Kompetenz überzeugt sein. Die Führungskraft muss aufrichtiges Interesse an den Bedürfnissen der Verkaufsaußendienstmitarbeiter zeigen, ihnen zuhören und eine zweiseitige Kommunikation praktizieren.

Das primäre Instrument des Coaching ist das vom Vertriebsleiter und Verkäufer gemeinsam durchgeführte Verkaufsgespräch bei Kunden. Durch die passive Teilnahme des Vorgesetzten an Gesprächen kann der Vertriebsmanager seinem Mitarbeiter unmittelbar nach dem Kundenbesuch Stärken und Schwächen sowie Verbesserungspotenziale aufzeigen. **Zentrale Ziele** des Coaching sind (Futrell 2001, S. 339):

■ die Verbesserung von Verkaufsfertigkeiten,

■ das Aufdecken von Verbesserungsmöglichkeiten und

■ das Nachbereiten und Anwenden von Ausbildungs- und Trainingsinhalten.

Die wesentliche Coaching-Rolle von Vertriebsführungskräften ist darin zu sehen, dass ein Dritter die Tätigkeiten von Verkäufern distanziert beobachtet und reflektiert (Gosling und Mintzberg 2003). Dabei kann der Vertriebsmanager zum einen gute Gewohnheiten der Verkäufer identifizieren und die Mitarbeiter darin bestärken, diese beizubehalten, aber auch Hinweise zur Verbesserung von Verkaufsfertigkeiten geben. Der Vorgesetzte kann zum anderen auch eine aktive Rolle im Kundenbesuch einnehmen, indem er das Beratungsgespräch beim Kunden gemeinsam mit dem Mitarbeiter führt, oder gar allein aktiv verkauft und dem Verkäufer zeigt, wie ein Gespräch geeignet zu führen ist. Letztlich ist das Coaching für Führungskräfte eine zentrale Informationsquelle, um aufzudecken, inwieweit Schulungs- und Trainingsbedarf besteht (siehe Abschnitt 5.2.4). Das Coaching umfasst als Arbeitsschritte die Vorbereitung, das gemeinsame Verkaufsgespräch, die anschließende Besprechung und die abschließende Dokumentation.

Interessanterweise führt selbst negatives Feedback nicht zu einer geringeren Zufriedenheit der Verkäufer mit ihren Führungskräften – die Arbeitszufriedenheit steigt sogar leicht an (Jaworski und Kohli 1991). Die Erfolgswirkung von Coaching fällt dabei höher aus, wenn die Vorgesetzten ihren Mitarbeitern Hinweise zur Verbesserung der vertrieblichen Prozesse geben, und die Bedeutung von Verkaufsergebnissen weniger stark hervorheben (Challagalla, Shervani und Huber 2000; Weitz, Sujan und Sujan 1986). Zudem zeigt sich, dass insbesondere das gute Vorbild von Vertriebsleitern (Role Modeling) das Vertrauen in den Vorgesetzten erhöht, und dies wiederum die Arbeitszufriedenheit und die individuelle Leistung der Außendienstmitarbeiter steigert (Brashear et al. 2003; Rich 1997).

Einschränkend ist darauf hinzuweisen, dass seltene, häufig nur einmal monatlich oder quartalsweise durchgeführte gemeinsame Besuche im sogenannten Beziehungsgeschäft kontraproduktiv sein können, da der Beziehungsprozess komplex und auf lange Sicht angelegt ist und ein intervenierendes Coaching des Vorgesetzten hier dem Mitarbeiter nicht gerecht wird, der aufgrund der Kenntnis vergangener Gespräche und des Kunden zumeist besser in der Lage ist, sich auf den Kunden und dessen Besonderheiten im Gesamtkontext einzustellen (Doyle und Roth 1992).

Während das Coaching in erster Linie für junge Verkäufer eingesetzt wird, treten im Laufe der Zeit auch bei erfahrenen Mitarbeitern Probleme auf, die sich beispielsweise in Form von Beziehungskrisen, Depressionen, Abhängigkeiten oder finanziellen Schwierigkeiten äußern. Da diese persönlichen Probleme zwar nicht ihre Ursache in der beruflichen Tätigkeit haben müssen, sich aber sehr wohl auf die Leistungsfähigkeit und -bereitschaft der Mitarbeiter auswirken können, bemühen sich Unternehmen zusehends darum, professionelle Hilfe für die Mitarbeiter in Form des **Counseling** anzubieten. Die beispielhafte Liste von Problemen zeigt, dass häufig nicht der direkte Vorgesetzte helfen kann, sondern bei Erkennen derartiger Schwierigkeiten den Mitarbeiter auf fachliche Hilfe (Ärzte, Finanzberater, Therapeuten etc.) verweisen sollte. Sofern es sich aber um Phänomene handelt, die in direktem Zusammenhang mit der Vertriebstätigkeit stehen und sich auf das Klima in der Verkaufsorganisation auswirken, ist ggf. auch der direkte Vorgesetzte gefordert. So sind Einzel- und Gruppengespräche mit notorischen Bedenkenträgern, informellen Drahtziehern, Ruhestörern oder mit Mitarbeitern zu suchen, die Opfer von Mobbing am Arbeitsplatz sind (Leymann 1996). Zu den Auswirkungen persönlicher Probleme im Persönlichen Verkauf und Lösungsmöglichkeiten durch Counseling liegen nach unserer Kenntnis bisher keine wissenschaftlich fundierten Einsichten vor.

Verglichen mit anderen Tätigkeiten, in denen Mitarbeiter oft klar abgegrenzte Routinetätigkeiten ausüben, kommt der Beaufsichtigung und Überwachung im Persönlichen Verkauf eine sehr hohe Bedeutung zu, da die Vertriebstätigkeit überwiegend außerhalb des Betriebs erfolgt, die Verkäufer mit sich ändernden Herausforderungen umgehen müssen und kaum repetitive Aufgaben erfüllen. Die im Folgenden als **Supervision** bezeichnete Führungsfunktion der Beaufsichtigung und Überwachung von Verkäufern durch Vorgesetzte umfasst alle Führungsaktivitäten, die das persönliche Verhältnis von Vertriebsleitern und Außendienstmitarbeitern berühren. Die Funktion der Supervision trägt dazu bei, dass Vertriebsführungskräfte ihrer Verantwortung besser gerecht werden, die ihnen anvertrauten Außendienstmitarbeiter zu beaufsichtigen, d.h. einen Überblick über die aktuellen Tätigkeiten und Leistungen der Verkäufer zu haben. Sofern deren Einsatz, Verkaufsprozesse bzw. Ergebnisse von den Vorgaben oder Erwartungen des Unternehmens abweichen, kann die Führungskraft korrigierend eingreifen. Wie die folgende **Abbildung 5.4-3** verdeutlicht, können diese beaufsichtigenden Tätigkeiten direkter oder indirekter Natur sein.

Abbildung 5.4-3   Direkte und indirekte Formen der Supervision

---

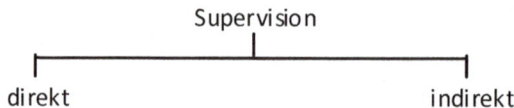

Supervision

direkt	indirekt
• gemeinsame Kundenbesuche	• Besuchsberichte („reports")
• Besprechungen	• Ausgabenberichte
• Telefonate, E-Mails etc.	• Erfolgsmessung

Als zentrales Instrument der Aufsicht und Überwachung gilt die **direkte Supervision**, die in Form von Besprechungen, Telefonaten und E-Mails sowie **gemeinsamen Kundenbesuchen** ausgeübt werden kann. Vom Mitarbeiter und der Vertriebsführungskraft zusammen durchgeführte Besuche waren bereits oben als wichtige Form des Coaching näher beschrieben worden. Im Rahmen der Aufsichtsfunktion sollen gemeinsame Kundenbesuche dem Vorgesetzten Informationen bspw. darüber liefern, wie gut erfahrene Verkäufer mit einem neuen Verkaufsgebiet zurechtkommen, neue Produkte verkaufen oder spezifische Kundenprobleme zu lösen in der Lage sind. **Besprechungen** („meetings") werden regelmäßig anberaumt und finden üblicherweise in monatlichen Abständen statt. Ziel ist es u.a., einen Überblick über die Leistung des letzten Monats zu geben, Vorgaben für die neue Periode zu besprechen und die Mitarbeiter zu inspirieren. Sofern das gesamte Team zur Besprechung versammelt ist, kann sich auch eine produktive Gruppendynamik und Selbststeuerung ergeben. Besprechungen bieten den Vorgesetzten die Möglichkeit, sich einen Eindruck von der Einstellung der Mitarbeiter zu verschaffen, die Stimmung im Team zu messen und steuernd einzugreifen. Aufgrund der häufigen Abwesenheit der Verkäufer nutzen Vertriebsleiter auch **Telefonate, E-Mails, SMS oder Videokonferenzen**, um mit ihren Mitarbeitern in Kontakt zu treten. Diese Medien werden dabei bei geographisch weit auseinanderliegenden Standorten und in internationalen Außendienstorganisationen sehr häufig eingesetzt. Die Vorteile dieser Formen der Supervision sind die geringen Kosten, die Möglichkeit des jederzeitigen Einsatzes und im Falle des Telefonats oder der Videokonferenz auch die nahezu persönliche Form des Gesprächs.

Zu den Instrumenten der **indirekten Supervision** zählen in erster Linie die Erfolgsmessung, Ausgaben- sowie **Besuchsberichte** („reports"). Für die beiden zuletzt genannten Instrumente hat sich im deutschsprachigen Raum auch der Begriff des Berichtswesens etabliert. Um Verkäufer indirekt überwachen und beaufsichtigen zu können, setzen Unternehmen häufig sogenannte Vertriebsinformationssysteme ein (vgl. Kapitel 7), die eine unkomplizierte Erfassung und Auswertung von Besuchs- und Leistungsdaten auf der Ebene einzelner Mitarbeiter ermöglichen. Besuchsberichte dienen dabei der Erfassung, welcher (Neu-) Kunde wann besucht wurde. In modernen Reporting-Systemen werden zusätzlich Informationen darüber festgehalten, wie lange ein Besuch dauerte, welche Produkte bzw. Probleme besprochen wurden, ob Proben oder Informationsmaterial überreicht wurde, von welchen Wettbewerbern ein Kunde noch bedient oder umworben wird etc. Zur Erfassung der im Rahmen des Verkaufs vom Außendienstmitarbeiter verauslagten Spesen werden **Ausgabenberichte** eingesetzt. Neben der Dokumentation der getätigten Ausgaben für Fahrten, Übernachtungen, Geschenke oder Geschäftsessen dienen diese Berichte der Führungskraft auch zur Information darüber, wie häufig und wo Mitarbeiter übernachten, welche Strecken in den Verkaufsgebieten zurückgelegt werden oder in welchem Umfang für einzelne Kunden spezielle Aufwendungen getätigt wurden (Futrell 2001, S. 338). Die Informationen beider Berichtsformen werden sowohl für die Erfolgs- als auch die Leistungsmessung benötigt (vgl. Kapitel 6), stellen aber auch ein wichtiges indirektes Führungsinstrument dar – durch den Zwang, die genannten Auslagen und Besuchsdaten festzuhalten, wird dem Mitarbeiter verdeutlicht, welche Aufwendungen insgesamt und auch pro Kunde anfallen. Zu erwarten ist, dass sich die Mitarbeiter selbst disziplinieren, bevor sie von ihren Vorgesetzten dazu angehalten werden. Das dritte Instrument der Supervision stellt die **Erfolgsmessung** dar, die umfassend in Abschnitt 6.5 diskutiert wird. Im Rahmen der Erfolgsmessung, insbesondere der erzielten Umsatzerlöse, aber auch der dabei entstandenen Kosten sowie qualitativer Größen wie Zufriedenheits- oder Beschwerde-Kennziffern, kann der Vertriebsleiter aus Vergleichen über die Zeit, zwischen den Mitarbeitern oder im Vergleich zu Sollgrößen Schlüsse darüber ziehen, ob für einen Verkäufer Leistungssteigerungen zu verzeichnen sind, ob Trainings- und Schulungsbedarf besteht oder ein persönliches Mitarbeitergespräch angezeigt ist.

Empirische Studien belegen, dass die Auswahl und Gestaltung der Führung die Effektivität der Verkäufer beeinflusst. So führt eine intensivere Supervision zu höherer Arbeitszufriedenheit, und das Feedback der Vorgesetzten zum Verhalten und zur Leistung der Mitarbeiter hilft diesen, Klarheit über ihre Rolle im Verkauf zu gewinnen, und zwar unabhängig davon, ob das Feedback positiv oder negativ ist (siehe dazu auch Abschnitt 6.6). Aus der Rollenklarheit und der Arbeitszufriedenheit folgt wiederum eine höhere Leistung (Jaworski und Kohli 1991, S. 192). Dass sogar negatives Feedback die Effektivität der Mitarbeiter steigern hilft, ist dadurch zu erklären, dass die Verkäufer schneller lernen, welcher Einsatz von ihnen erwartet wird, und durch die Hinweise ihrer Vorgesetzten Sicherheit erlangen und in ihrem Verhalten bestärkt werden. Als Barriere der Supervision erweist sich die begrenzte Bereitschaft von Außendienstmitarbeitern, Kundeninformationen offenzulegen. Da Verkäufer grundsätzlich über einen Informationsvorsprung bzgl. individueller Kundendaten verfügen, die sie zum einen schwer ersetzbar, zum anderen aber auch attraktiv für Wettbewerber machen (Frenzen et al. 2010), sind diese Mitarbeiter zögerlich in der vollständigen Preisgabe ihres Wissens. Hier kann ein Vertriebsinformationssystem Abhilfe schaffen, in dem je nach Umfang und Qualität der von Verkäufern eingestellten Informationen seitens des Vorgesetzten Marktforschungsdaten oder Brancheninformationen sowie für Außendienstmitarbeiter nützliche Analysen freigeschaltet werden, die dem Mitarbeiter helfen, produktiver zu werden (siehe Kapitel 7).

5.4.3   Karrierepfade

Außendienstmitarbeiter durchlaufen in ihrer Tätigkeit mehrere Karrierestufen, die in der Vertriebsforschung als Phasen der Orientierung („exploration"), Etablierung („establishment"), Aufrechterhaltung („maintenance") und Beendigung („disengagement") bezeichnet werden. **Abbildung 5.4-4** skizziert diese Stufen und die zentralen Effekte von Erfolgen und Fehlschlägen der Karrierephasen. In diesen Phasen differieren der jeweilige Arbeitseinsatz sowie die Verkaufsfertigkeiten und demzufolge auch der daraus resultierende Erfolg der Mitarbeiter. Insbesondere in den Karrierephasen der Etablierung und Aufrechterhaltung sind Führungskräfte gefordert, sich systematisch mit den stufenspezifischen persönlichen Herausforderungen der Verkäufer, den jeweiligen Bedürfnissen und den Wirkungen von Führungs- und Anreizsystemen auf die Motivation der Mitarbeiter zu beschäftigen (Cron, Dubinsky und Michaels 1988, S. 78 f.). Umfangreiche Studien belegen, dass Verkäufer in der ersten Karrierestufe der **Orientierung** insbesondere auf Erfolge, Entwicklungsmöglichkeiten und das berufliche Vorankommen Wert legen. Die Außendienstmitarbeiter sind dabei intrinsisch motiviert, d.h. weisen Freude an ihrer Tätigkeit auf und suchen die Herausforderung, aber auch extrinsisch motiviert im Sinne des Strebens nach höheren Einkommen und Anerkennung (Miao, Lund und Evans 2009, S. 249 f.). Da Mitarbeiter in der ersten Karrierestufe neu im Persönlichen Verkauf sind, sind diese Verkäufer häufig noch unsicher, ob eine Tätigkeit im Außendienst überhaupt die richtige Berufswahl darstellt. Die Unerfahrenheit und die eher schwach ausgeprägten Verkaufsfertigkeiten führen zudem zu unterdurchschnittlichen Leistungen mit entsprechend niedriger Arbeitszufriedenheit und Entlohnung. Es ist daher verständlich, dass ein hoher Anteil der Mitarbeiter entweder von sich aus kündigt oder Arbeitsverträge nicht verlängert bekommt. In dieser von Verunsicherung der Verkäufer geprägten Karrierestufe sind die Vorgesetzten gefordert, die neuen Mitarbeiter zu ermutigen, an ihre Leistungsfähigkeit zu glauben und sie bei Misserfolgen wieder aufzubauen.

Abbildung 5.4-4   Stufen und Effekte des Karrierepfads
                              (in Anlehnung an Johnston und Marshall 2009, S. 244)

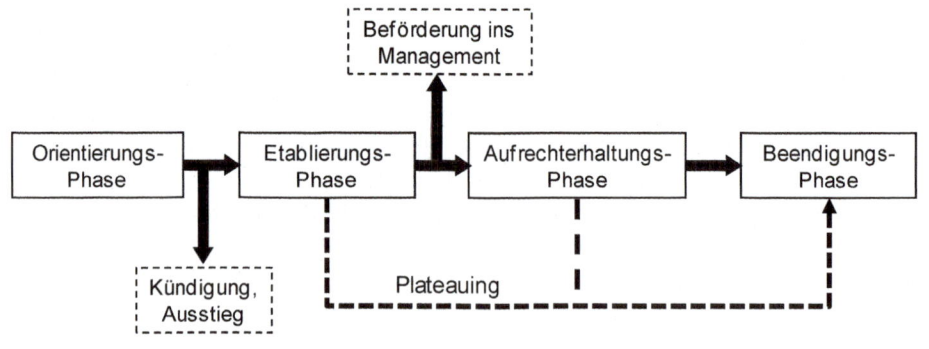

Die Phase der **Etablierung** fällt im persönlichen Umfeld häufig mit familiären Veränderungen und höheren finanziellen Verpflichtungen zusammen. Es ist daher nicht verwunderlich, dass diese Karrierestufe mit hohem Commitment gegenüber dem Arbeitgeber, aber auch mit großer Wertschätzung für ein hohes Einkommen und (weitere) Beförderungen einhergeht. Insgesamt ist die Motivation auf dieser Stufe sehr vergleichbar mit der Orientierungsphase – auffällig ist aber, dass in der Etablierungsphase Herausforderungen in der Verkaufstätigkeit gesucht werden (Miao, Lund und Evans 2009, S. 249 f.). Die Mitarbeiter haben in dieser zweiten Stufe der Karriere Vertrauen in ihre eigenen Fähigkeiten gewonnen, und können besser einschätzen, wie effektiv und lohnend ihre Anstrengungen sind, d.h. welche Verkaufserfolge und Anreize mit einem höheren Arbeitseinsatz verbunden sind. Allerdings führt die deutliche Präferenz für hohe Einkommen und Beförderungen schnell zu Frustrationen, wenn andere Mitarbeiter vermeintlich bevorzugt werden. Dies kann zum Wechsel zu Konkurrenten führen oder zu Ernüchterung bzw. zum schrittweisen Lösen vom Arbeitgeber. Vertriebsführungskräfte können diesem entgegenwirken, indem sie überzogene Erwartungen der Mitarbeiter in persönlichen Gesprächen auf ein realistisches Niveau bringen.

In der Phase der **Aufrechterhaltung** als dem Höhepunkt der Verkäuferkarriere verantworten die Mitarbeiter oft ein substanzielles Umsatzvolumen, genießen hohes Ansehen in der Vertriebsorganisation und erzielen hohe Verkaufserfolge. Auf dieser Karrierestufe beginnt die Leistung der Verkäufer zu stagnieren, und Motive wie Anerkennung oder Sicherheit des Arbeitsplatzes gewinnen an Bedeutung, während Beförderungsmöglichkeiten begrenzt sind und von den Mitarbeitern auch nicht primär verfolgt werden. Vielmehr nimmt das Konkurrenzdenken ab, und die Verkäufer helfen vermehrt jüngeren Mitarbeitern. Hinsichtlich der Motivatoren ist auffällig, dass die intrinsische Motivation gegenüber den ersten beiden Phasen deutlich niedriger ist, während nur das Streben nach Entlohnung signifikant nachlässt, Anerkennung aber weiterhin ein bedeutendes extrinsisches Motiv darstellt (Miao, Lund und Evans 2009, S. 249 f.).

Die **Beendigung** stellt die abschließende Stufe der Karriere dar. Schon vor dem Ruhestand als Ende der Berufstätigkeit setzen sich viele Verkäufer mental mit dem Gedanken auseinander, wie der Ausstieg aus der aktiven Berufslaufbahn erfolgreich bewältigt werden kann. Dabei ist zu beobachten, dass der Arbeitseinsatz eher zurückgeht und ein nur mäßiges Leistungsniveau angestrebt wird. Die reduzierten Verkaufsanstrengungen schaffen dabei Freiraum, um Interessen zu entwickeln und Hobbies nachzugehen, die im Ruhestand weiter verfolgt werden können und helfen, das Vakuum der entfallenden beruflichen Aufgaben auszufüllen. In der Phase der Beendigung verlieren zentrale Motivatoren wie Entlohnung oder Anerkennung für die Verkäufer substanziell an Bedeutung, so dass seitens der Vertriebsleitung kaum etwas getan werden kann, um diese Mitarbeiter zu höherem Einsatz und besseren Leistungen zu motivieren (Miao, Lund und Evans 2009, S. 249 f.). Aus Sicht des Unternehmens kommt der Beendigungs-Phase insofern eine besondere Bedeutung zu, da sie nicht nur am Ende der Berufstätigkeit zu beobachten ist, sondern in Form des sogenannten „plateauing" auch deutlich früher. Dieses Phänomen wird im Folgenden separat diskutiert. Zuvor wird in **Abbildung 5.4-5** skizziert, wie sich der Arbeitseinsatz, die Verkaufsfertigkeiten und der daraus resultierende Erfolg im Laufe der Karrierephasen entwickelt.

Abbildung 5.4-5   Arbeitseinsatz, Verkaufsfertigkeiten und -erfolg nach Karrierephasen

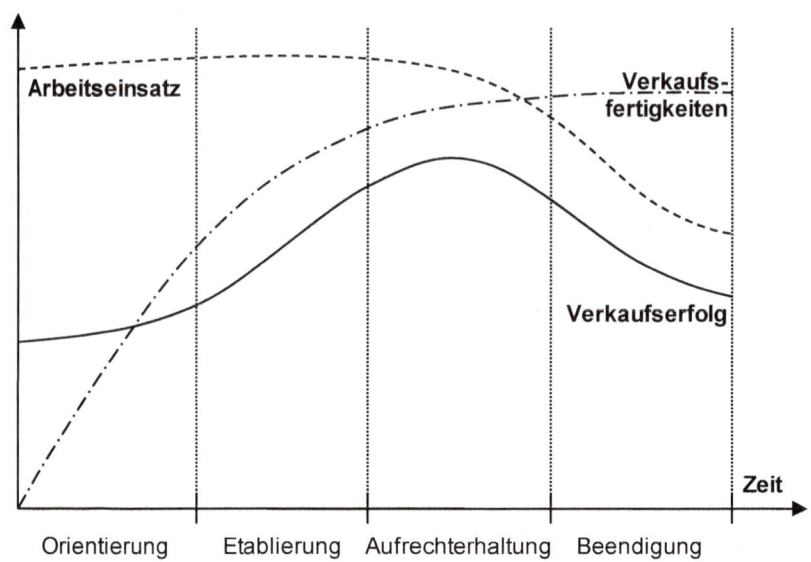

Empirische Studien indizieren, dass in nahezu allen Vertriebsorganisationen substanzielle Anteile der Mitarbeiter vom Plateauing-Phänomen betroffen sind (Cron, Dubinsky und Michaels 1988). **Plateauing** beschreibt dabei eine Karrierephase, die durch stagnierende Leistungen gekennzeichnet ist, die begleitet oder bedingt werden durch nachlassenden Einsatz, mangelnde Fertigkeiten oder fehlende Aufstiegsmöglichkeiten. Dem Plateauing sind unter anderem die Zufriedenheit mit moderaten Einkommensniveaus („Satisfizierung"), die innere Kündigung und das Burnout-Syndrom zuzuordnen. Als Ursachen dieser Stagnation gelten in erster Linie ein fehlender Karrierepfad, Langeweile und Führungsversagen, aber auch das Gefühl des Überfordert-Seins und die Besonderheiten der Verkaufstätigkeit, die von langen Arbeitstagen und häufigen Reisen geprägt ist (Singh, Goolsby und Rhoads 1994; Bakker, Demerouti und Verbeke 2004; Jones et al. 2007). Als mögliche Gegenmaßnahmen gegen diese Verflachung in der Motivation werden daher das Aufzeigen von Karrieremöglichkeiten im Vertrieb, spannende Aufgaben im Sinne eines Job Enrichment und ein intensives Coaching angesehen (Lewin und Sager 2008). Das Job Enrichment kann bspw. darin bestehen, dass der Verkäufer in die Schulung neuer Mitarbeiter eingebunden wird, in das Sammeln von Informationen über Wettbewerber oder in funktionsübergreifende Teams integriert wird.

Literatur

Akerlof, George A. (1970): The Market for „Lemons": Quality Uncertainty and the Market Mechanism, *The Quarterly Journal of Economics*, 84 (3), 488-500.

Albers, Sönke (1984a): Zum Einsatz von umsatzabhängigen Provisionssätzen bei der Steuerung von Handelsvertretern, *Marketing ZFP*, 6 (1), 21-30.

Albers, Sönke (1984b): Fully Nonmetric Estimation of a Continuous Nonlinear Conjoint Utility Function, *International Journal of Research in Marketing*, Vol. 1 (1984), 311-319.Albers, Sönke (1989): *Entscheidungshilfen für den Persönlichen Verkauf*, Duncker & Humblot: Berlin.

Albers, Sönke (1995): Optimales Verhältnis zwischen Festgehalt und erfolgsabhängiger Entlohnung bei Verkaufsaußendienstmitarbeitern, *Zeitschrift für betriebswirtschaftliche Forschung*, 47 (2), 124-142.

Albers, Sönke (2002): Salesforce Management – Compensation, Motivation, Selection and Training, in: Weitz, Barton und Robin Wensley (eds.): *Handbook of Marketing*, Sage: London, Thousand Oaks and New Delhi, 248-266.

Albers, Sönke und Wilhelm Bielert (1996): Kostenminimale Gestaltung von finanziellen Nebenleistungen für Führungskräfte, *Zeitschrift für Betriebswirtschaft*, 66 (4), 459-473.

Anderson, Erin und Richard L. Oliver (1987): Perspectives on Behavior-Based Versus Outcome-Based Salesforce Control Systems, *Journal of Marketing*, 51 (4), 76-88.

Anderson, Erin und Vincent Onyemah (2006): How Right Should the Customer Be?, *Harvard Business Review*, 84 (7-8), 59-67.

Anderson, James C., James A. Narus und Das Narayandas (2008): *Business Market Management: Understanding, Creating and Delivering Value*, 3rd edition, Prentice Hall, Upper Saddle River, New Jersey.

Bakker, Arnold B.; Evangelia Demerouti und Willem Verbeke (2004): Using the Job Demands-Resources Model to Predict Burnout and Performance, *Human Resource Management*, 43 (1), 83-104.

Baldauf, Artur; David W. Cravens und Nigel F. Piercy (2005): Sales Management Control Research – Synthesis and an Agenda for Future Research, *Journal of Personal Selling & Sales Management*, 25 (1), 7-26.

Bass, Bernard M. (1997): Personal Selling and Transactional/Transformational Leadership, *Journal of Personal Selling & Sales Management*, 17 (3), 19-28.

Basu, Amiya K.; Rajiv Lal; V. Srinivasan und Richard Staelin (1985): Salesforce Compensation Plans: An Agency Theoretic Perspective, *Marketing Science*, 4 (4), 267 – 291.

Bayard, Nicole (1997): *Unternehmens- und personalpolitische Relevanz der Arbeitszufriedenheit*, Haupt, Bern; Stuttgart; Wien.

Becker, Fred G. (1990): *Anreizsysteme für Führungskräfte: Möglichkeiten zur strategisch-orientierten Steuerung des Managements*, Poeschel, Stuttgart.

Blake, Robert R. und Jane S. Mouton (1968): *Verhaltenspsychologie im Betrieb – Das Verhaltensgitter, eine Methode zur optimalen Führung in Wirtschaft und Verwaltung*, Econ Verlag, Düsseldorf, Wien.

Brashear, Thomas G.; James S. Boles, Danny N. Bellenger und Charles M. Brooks (2003): An Empirical Test of Trust-Building Processes and Outcomes in Sales Manager-Salesperson Relationships, *Journal of the Academy of Marketing Science*, 31 (2), 189-200.

Cappelli, Peter (2001): Making the Most of On-Line Recruiting, *Harvard Business Review*, 79 (3), 139-146.

Cespedes, Frank V., Stephen X. Doyle, and Robert J. Freedman (1989): Teamwork for Today's Selling, *Harvard Business Review*, 67 (4), 44-59.

Challagalla, Goutam; Tasadduq Shervani und George Huber (2000): Supervisory Orientations and Salesperson Work Outcomes: The Moderating Effect of Salesperson Location, *Journal of Personal Selling & Sales Management*, 20 (3), 161-171.

Churchill, Gilbert A.; Neil M. Ford und Orville C. Walker Jr. (1979): Personal Characteristics of Salespeople and the Attractiveness of Alternative Rewards, *Journal of Business Research*, 7 (1), 25-50.

Churchill, Gilbert A.; Neil M. Ford; Steven W. Hartley und Orville C. Walker Jr. (1985): The Determinants of Salesperson Performance: A Meta-Analysis, *Journal of Marketing Research*, 22 (2), 103-118.

Cook, Roy A. und Joel Herche (1992): Assessment Centers: An Untapped Resource For Global Salesforce Management, *Journal of Personal Selling & Sales Management*, 12 (3), 31-38.

Cooper, Martha C. und Wesley J. Johnston (1981): Industrial Sales Force Selection: Current Knowledge and Needed Research, *Journal of Personal Selling & Sales Management*, 1 (2), 49-57.

Coughlan, Anne T. und Chakravarthi Narasimhan (1992): An Empirical Analysis of Sales-Force Compensation Plans, *Journal of Business*, 65 (1), 93 – 121.

Cron, William L. (1984): Industrial Salesperson Development: A Career Stages Perspective, *Journal of Marketing*, 48 (4), 41-52.

Cron, William L. und John W. Slocum, Jr. (1986): The Influence of Career Stages on Salespeople's Job Attitudes, Work Perceptions, and Performance, *Journal of Marketing Research*, 23 (2), 119-129.

Cron, William L. und Thomas E. DeCarlo (2009*): Dalrymple's Sales Management*, 10th ed., John Wiley & Sons: New York et al.

Cron, William L.; Alan J. Dubinsky und Ronald E. Michaels (1988): The Influence of Career Stages on Components of Salesperson Motivation, *Journal of Marketing*, 51 (1), 78-92.

Darmon, René Y. (1974): Salesmen's Reactions to Financial Incentives: An Empirical Study, *Journal of Marketing Research*, 11 (10), 418-426.

Darmon, Rene Y. (1978): Sales Force Management: Optimizing the Recruiting Process, *Sloan Management Review*, 20 (1), 47-59.

Darmon, Rene Y. (1990): Identifying Sources of Turnover Cost: A Segmental Approach, *Journal of Marketing*, 54 (2), 46-56.

Darmon, Rene Y. (1993): Where Do the Best Sales Force Profit Producers Come From?, *Journal of Personal Selling & Sales Management*, 13 (3), 17-29.

Dearden, James A. und Gary L. Lilien (1990): On optimal salesforce compensation in the presence of production learning effects, *International Journal of Research in Marketing*, 7 (2-3), 179-188.

Diller, Hermann (2000): Preispolitik, 3. Auflage, Kohlhammer, Stuttgart.

Diller, Hermann, Alexander Haas und Björn Ivens (2005): *Verkauf und Kundenmanagement – Eine prozessorientierte Konzeption*, Kohlhammer, Stuttgart.

Donaldson, Bill (1998): *Sales Management: Theory and Practice*, 2nd ed., Palgrave Macmillan, Basingstoke.

Doyle, Stephen X. und George T. Roth (1992): Selling and Sales Management in Action: The Use of Insight Coaching to Improve Relationship Selling, *Journal of Personal Selling & Sales Management*, 12 (1), 59-64.

Dubinsky, Alan J. und Mary E. Lippitt (1979): Managing Frustration in the Sales Force, *Industrial Marketing Management*, 8 (3), 200-206.

El-Ansary, Adel I. (1993): Sales Force Effectiveness Research Reveals New Insights and Reward-Penalty Patterns in Sales Force Training, *Journal of Personal Selling & Sales Management*, 13 (2), 83-90.

Farley, John U. (1964): An Optimal Plan for Salesmen's Compensation, *Journal of Marketing Research*, 1 (2), 39-43.

Fernández-Gaucherand, Emmanuel; Sanjay Jain; Hau L. Lee; Ambar G. Rao und M. R. Rao (1995): Improving Productivity by Periodic Performance Evaluation: A Bayesian Stochastic Model, *Management Science*, 41 (10), 1669-1678.

Fiedler, Fred E. (1967): *A Theory of Leadership Effectiveness*, McGraw-Hill, New York et al.

Flaherty, Karen E.; John C. Mowen; Tom J. Brown und Greg W. Marshall (2009): Leadership Propensity and Sales Performance Among Sales Personnel and Managers in a Specialty Retail Store Setting, *Journal of Personal Selling & Sales Management*, 29 (1), 43-59.

Ford, Neil M.; Orville C. Walker Jr.; Gilbert A. Churchill Jr. und Steven W. Hartley (1987): Selecting Successful Salespeople: A Meta-Analysis of Biographical and Psychological Criteria, in: Houston, Michael J. (ed.): *Review of Marketing*, American Marketing Association: Chicago, 90-131.

Frenzen, Heiko, Ann-Kristin Hansen, Manfred Krafft, Murali K. Mantrala und Simone Schmidt (2010): Delegation of pricing authority to the sales force: An agency-theoretic perspective of its determinants and impact on performance, *International Journal of Research in Marketing*, 27 (1), 58-68.

Friedman, Lee und Robert J. Harvey (1986): Can Raters with Reduced Job Descriptive Information Provide Accurate Position Analysis Questionnaire (PAQ) Ratings?, *Personnel Psychology*, 39 (4), 779-789.

Fudenberg, Drew; Bengt Holmström und Paul Milgrom (1990): Short-term contracts and long-term agency relationships, *Journal of Economic Theory*, 51 (1), 1-31.

Futrell, Charles M. (2001): *Sales Management: Teamwork, Leadership, and Technology*, 6th ed., Harcourt College, Fort Worth et al.

Futrell, Charles M. und A. Parasuraman (1984): The Relationship of Satisfaction and Performance to Salesforce Turnover, *Journal of Marketing*, 48 (4), 33-40.

Ganesan, Shankar; Barton A. Weitz und George John (1993): Hiring and Promotion Policies in Sales Force Management: Some Antecedents and Consequences, *Journal of Personal Selling & Sales Management*, 13 (2), 15-26.

Gonik, Jacob (1978): Tie Salesmen's Bonuses To Their Forecasts, *Harvard Business Review*, 56 (3), 116-123.

Gosling, Jonathan und Henry Mintzberg (2003): The Five Minds of a Manager, *Harvard Business Review*, 81 (11), 54-63.

Hake, Sandra und Manfred Krafft (2011): Delegation von Preisfestsetzungskompetenz an den Verkaufsaußendienst, in: Homburg, Christian und Dirk Totzek (Hrsg.): *Preismanagement auf Business-to-Business-Märkten. Preisstrategie – Preisbestimmung – Preisdurchsetzung*, Wiesbaden: Gabler, 181-203.

Hansen, Ann-Kristin, Kissan Joseph und Manfred Krafft (2008): Price-Delegation in Sales Organizations, BuR – *Business Research*, 1 (1), 94-104.

Heide, Christen P. (1999): *Dartnell's 30th Sales Force Compensation Survey*, Dartnell: Chicago, 43-143.

Hersey, Paul und Kenneth H. Blanchard (1972): *Management of organizational behavior – utilizing human resources*, 2nd ed., Prentice-Hall, Englewood Cliffs, New Jersey.

Honeycutt Jr., Earl D.; John B. Ford und C.P. Rao (1995): Sales Training: Executives' Research Needs, *Journal of Personal Selling & Sales Management*, 15 (4), 67-71.

Holmström, Bengt (1979): Moral Hazard and Observability, *Bell Journal of Economics*, 10 (Spring), 74-91.

Honeycutt Jr., Earl D.; Kiran Karande; Ashraf Attia und Steven D. Maurer (2001): A Utility Based Framework for Evaluating the Financial Impact of Sales Force Training, *Journal of Personal Selling & Sales Management*, 21 (3), 229-238.

Hunter, John E. und Ronda F. Hunter (1984): Validity and utility of alternative predictors of job performance, *Psychological Bulletin*, 96 (1), 72-98.

Ingram, Thomas N.; Raymond W. LaForge; Ramon A. Avila; Charles H. Schwepker Jr. und Michael R. Williams, (2009): *Sales Management: Analysis and Decision Making*, 7th ed., Thomson South-Western, Mason, Ohio.

Ingram, Thomas N.; Charles H. Schwepker Jr. und Don Hutson (1992): Why Salespeople Fail, *Industrial Marketing Management*, 21 (3), 225-230.

Ingram, Thomas N.; Raymond W. LaForge; William B. Locander; Scott B. MacKenzie und Philip M. Podsakoff (2005): New Directions in Sales Leadership Research, *Journal of Personal Selling & Sales Management*, 25 (2), 137-154.

Jaworski, Bernard J. (1988): Toward a Theory of Marketing Control: Environmental Context, Control Types, and Consequences, *Journal of Marketing*, 52 (3), 23-39.

Jaworski, Bernard J. und Ajay K. Kohli (1991): Supervisory Feedback: Alternative Types and Their Impact on Salespeople's Performance and Satisfaction, *Journal of Marketing Research*, 28 (2), 190-201.

John, George und Barton Weitz (1989): Salesforce Compensation: An Empirical Investigation of Factors Related to Use of Salary Versus Incentive Compensation, *Journal of Marketing Research*, 26 (1), 1 – 14.

Johnston, Mark W. und Greg W. Marshall (2009): *Churchill/Ford/Walker's Sales Force Management*, 9th ed., McGraw-Hill: New York.

Jones, Eli; Lawrence Chonko; Deva Rangarajan und James Roberts (2007): The role of overload on job attitudes, turnover intentions, and salesperson performance, *Journal of Business Research*, 60 (7), 663-671.

Jorczyk, Volker M. (2002): Steuerverschärfung bei Miles and More kennt nur Verlierer, Welt Online, 1. Dezember 2002 (Abruf unter www.welt.de/print-wams/article104244 am 19. Mai 2010).

Joseph, Kissan und Alex Thevaranjan (1998): Monitoring and Incentives in Sales Organizations: An Agency-Theoretic Perspective, *Marketing Science*, 17 (2), 107-123.

Kalra, Ajay und Mengze Shi (2001): Designing Optimal Sales Contests: A Theoretical Perspective, *Marketing Science*, 20 (2), 170-193.

Kessler, W. (2005): Arbeitslohn und Einkommensteuer, in: *Haufe Steueroffice*, Rudolf Haufe Verlag, Freiburg.

Kienbaum (2007): *Vergütungsstudie 2007 – Führungs- und Fachkräfte in Marketing und Vetrieb*, 27. Ausgabe, Kienbaum Management Consultants GmbH: Gummersbach.

Kienbaum (2009): *Vergütungsstudie 2009 – Führungs- und Fachkräfte in Marketing und Vertrieb*, 29. Ausgabe, Kienbaum Management Consultants GmbH: Gummersbach.

Kienbaum (2012): *Vergütungsreport 2012 – Führungskräfte & Spezialisten in Marketing und Vertrieb*, 32. Ausgabe, Kienbaum Management Consultants GmbH: Gummersbach.

Kirstges, Torsten (2000): Incentive-Reisen in Deutschland. Eine empirische Untersuchung. Teil 1, *Tourismus Jahrbuch*, 4 (2), 16-48.

Kishore, Sunil; Raghunath Singh Rao; Om Narasimhan und George John (2013): Bonuses Versus Commissions: A Field Study, *Journal of Marketing Research*, 50 (3), 317-333.

Kohli, Ajay K. (1989): Effects of Supervisory Behavior: The Role of Individual Differences Among Salespeople, *Journal of Marketing*, 53 (4), 40-50.

Kopka, Udo und Florian Wunderlich (2006): Mehrwert schaffen, *McK Wissen*, 5. Jg. (3), 8 – 11.

Krafft, Manfred (1995): *Außendienstentlohnung im Licht der Neuen Institutionenlehre*, Gabler: Wiesbaden.

Krafft, Manfred (1996a): Verkaufswettbewerbe – Mogelpackung Incentive, *Sales Profi*, 5 (5), 20-21.

Krafft, Manfred (1996b): Ist das Vertriebsmanagement wirklich effektiv?, *Absatzwirtschaft*, 39 (10), 44-46.

Krafft, Manfred (1997): Der Ansatz der logistischen Regression und seine Interpretation, *Zeitschrift für Betriebswirtschaft*, 67 (5/6), S. 625-642.

Krafft, Manfred (1999): An Empirical Investigation of the Antecedents of Sales Force Control Systems, *Journal of Marketing*, 63 (3), 120-134.

Krafft, Manfred (2002): Benchmarking im Vertrieb, in: Albers, Sönke (Hrsg.): *Praxishandbuch Verkaufsaußendienst. Planung – Steuerung – Kontrolle*, Düsseldorf: Symposion, 247-264.

Krafft, Manfred (2005): Verkaufswettbewerbe sinnvoll gestalten und einsetzen, Albers, Sönke, Volker Haßmann und Thorsten Tomczak (Hrsg.): *Digitale Fachbibliothek Vertrieb*, Sektion 05.02, Düsseldorf, Symposion.

Krafft, Manfred und Sönke Albers (1992): *Steuerungssysteme für den Verkaufsaußendienst*, Manuskripte aus den Instituten für Betriebswirtschaftslehre Nr. 306, Christian-Albrechts-Universität zu Kiel, Kiel.

Krafft, Manfred; Sönke Albers und Rajiv Lal (2004): Relative explanatory power of agency theory and transaction cost analysis in German salesforces, *International Journal of Research in Marketing*, 21 (3), 265-283.

Krafft, Manfred; Thomas E. DeCarlo; F. Juliet Poujol und John E. (Jeff) Tanner, Jr. (2012): Compensation and Control Systems: A New Application of Vertical Dyad Linkage Theory, *Journal of Personal Selling & Sales Management*, XXXII (1), 107–115.

Krafft, Manfred, Heiko Frenzen und Mirko Stefan Jeck (2002): Anreizsysteme – Wie Vertriebsteams entlohnt werden, *Absatzwirtschaft*, 45 (9), 40-44.

Kräkel, Matthias (1998): Internes Benchmarkung und relative Leistungsturniere, *Zeitschrift für betriebswirtschaftliche Forschung*, 50 (11), S. 1010-1028.

Lal, Rajiv (1986): Delegating Pricing Responsibility to the Salesforce, *Marketing Science*, 5 (2), 159-168.

Lal, Rajiv und Richard Staelin (1986): Salesforce Compensation Plans in Environments with Asymmetric Information, *Marketing Science*, 5 (3), 179 – 198.

Lauszus, Dieter und Meinhard Kneller (2002): Die Preiskompetenz des Außendienstes: Konflikte und Lösung, in: Albers, S. (Hrsg.): *Verkaufsaußendienst: Organisation – Planung – Kontrolle*, Symposium, Düsseldorf, 111-123.

Lawlor, Julia (1995): Highly Classified, *Sales & Marketing Management*, 147 (3), 75-81.

Lazear, Edward P. und Sherwin Rosen (1981): Rank-Order Tournaments as Optimum Labor Contracts, *Journal of Political Economy*, 89 (5), 841-864.

Lewin, Jeffrey E. und Jeffrey K. Sager (2008): Salesperson Burnout: A Test of the Coping-Mediational Model of Social Support, *Journal of Personal Selling & Sales Management*, 28 (3), 233-246.

Leymann, Heinz (1996): The Content and Development of Mobbing at Work, *European Journal of Work and Organizational Psychology*, 5 (2), 165-184.

Lim, Noah; Michael J. Ahearne und Sung H. Ham (2009): Designing Sales Contests: Does the Prize Structure Matter?, *Journal of Marketing Research*, 46 (3), 356-371.

Lorge, Sarah und Tricia Campbell (1999): Finding Hidden Sales Talent, *Sales & Marketing Management*, 151 (3), 84.

Lucas Jr., George H.; A. Parasuraman; Robert A. Davis und Ben M. Enis (1987): An Empirical Study of Salesforce Turnover, *Journal of Marketing*, 51 (3), 34-59.

MacKenzie, Scott B.; Philip M. Podsakoff und Gregory A. Rich (2001): Transformational and Transactional Leadership and Salesperson Performance, *Journal of the Academy of Marketing Science*, 29 (2), 115-134.

Mantrala, Murali K., Manfred Krafft und Barton A. Weitz (2000): *An Empirical Examination of Economic Rationales for Companies' Use of Sales Contests*, German Economic Association of Business Administration, Discussion Paper Series in Economics and Management, No. 00-07, Vallendar.

Mantrala, Murali K. und Kalyan Raman (1990): Analysis of a salesforce-incentive plan for accurate sales forecasting and performance, *International Journal of Research in Marketing*, 7, 189-202.

Mantrala, Murali K.; Prabhakant Sinha und Andris A. Zoltners (1994): Structuring a Multi-product Sales Quota-Bonus Plan for a Heterogeneous Sales Force: A Practical Model-Based Approach, *Marketing Science*, 13, 121-144.

Maslow, Abraham H. (2002): *Motivation und Persönlichkeit*, Rowohlt, Reinbek.

Miao, C. Fred; Donald J. Lund und Kenneth R. Evans (2009): Reexamining the Influence of Career Stages on Salesperson Motivation: A Cognitive and Affective Perspective, *Journal of Personal Selling & Sales Management*, 29 (3), 243-255.

Moncrief, William C.; Sandra H. Hart und Daniel Robertson (1988): Sales Contests: A New Look at an Old Management Tool, *Journal of Personal Selling & Sales Management*, 8 (3), 55-61.

Mondy, R. Wayne und Robert M. Noe (2005): *Human resource management*, 9th ed., Prentice Hall: Upper Saddle River

Morris, Michael H.; Raymond W. LaForge und Jeffrey A. Allen (1994): Salesperson Failure: Definition, Determinants, and Outcomes, *Journal of Personal Selling & Sales Management*, 14 (1), 1-15.

Munkelt, Irmtraut (1992): Das Angebot der Verkaufstrainer, *Absatzwirtschaft*, 35 (7), 64–81.

Murphy, William H. und Peter A. Dacin (1998): Sales Contests: A Research Agenda, *Journal of Personal Selling & Sales Management*, 18 (1), 1-16

Oliver, Richard L. und Erin Anderson (1994): An Empirical Test of the Consequences of Behavior- and Outcome-Based Sales Control Systems, *Journal of Marketing*, 58 (4), 53-67.

Onyemah, Vincent (2009): The effects of coaching on salespeople's attitudes and behaviors: A contingency approach, *European Journal of Marketing*, 43 (7/8), 938-960.

Rackham, Neil und Richard Ruff (1991): *Managing Major Sales: Practical Strategies for Improving Sales Effectiveness*, Harper Business: New York.

Raiffa, Howard; John Richardson und David Metcalfe (2002): Negotiation Analysis – The Science and Art of Collaborative Decision Making, Cambridge u.a.

Randall, E. James und Cindy H. Randall (1990): Review of salesperson selection techniques and criteria: A managerial approach, *International Journal of Research in Marketing*, 7 (2-3), 81-95.

Randall, E. James und Cindy H. Randall (2001): A Current Review of Hiring Techniques for Sales Personnel: The First Step in the Sales Management Process, *Journal of Marketing Theory and Practice*, 9 (2), 70-83.

Rich, Gregory A. (1997): The Sales Manager as a Role Model: Effects on Trust, Job Satisfaction, and Performance of Salespeople, *Journal of the Academy of Marketing Science*, 25 (4), 319-328.

Rich, Gregory A. (1998): The Constructs of Sales Coaching: Supervisory Feedback, Role Modeling and Trust, *Journal of Personal Selling & Sales Management*, 18 (1), 53-63.

Richardson, Robert (1999): Measuring the Impact of Turnover on Sales, *Journal of Personal Selling & Sales Management*, 19 (4), 53-66.

Roth, Sabine (2003): Wenn der Audi die Leistung widerspiegelt, *acquisa*, 57 (10), 58–59.

Rouziès, Dominique; Anne T. Coughlan; Erin Anderson und Dawn Iacobucci (2009): Determinants of Pay Levels and Structures in Sales Organizations, *Journal of Marketing*, 73 (6), 92-104.

Schäfer, Julia (2006): *Formen und Effekte nicht-monetärer Anreize im Vertrieb*, Diplomhausarbeit, Westfälische Wilhelms-Universität, Münster.

Schmidt, Simone und Manfred Krafft (2005): Delegation von Preiskompetenz an Verkaufsaußendienstmitarbeiter, in: Diller, Hermann (Hrsg.): *Pricing-Forschung in Deutschland*, Wissenschaftliche Gesellschaft für Innovatives Marketing, Nürnberg, S. 17-28.

Shapiro, Carl und Hal R. Varian (1998): *Information Rules: A Strategic Guide to the Network Economy*, Harvard Business Press, Boston.

Simon, Hermann und Martin Fassnacht (2009): *Preismanagement: Analyse – Strategie – Umsetzung – Entscheidung*, 3. Auflage, Gabler, Wiesbaden.

Simon, Hermann; Kai Wiltinger; Karl-Heinz Sebastian und Georg Tacke (1995): *Effektives Personalmarketing: Strategien, Instrumente, Fallstudien*, Gabler: Wiesbaden.

Singh, Jagdip; Jerry R. Goolsby und Gary K. Rhoads (1994): Behavioral and Psychological Consequences of Boundary Spanning Burnout for Customer Service Representatives, *Journal of Marketing Research*, 31 (4), 558-569.

Smyth, R. C. (1968): Financial Incentives for Salesmen, *Harvard Business Review*, 46 (1), 109-117.

Sorauren, Ignacio F. (2000): Non-Monetary Incentives: Do People Work Only For Money?, *Business Ethics Quarterly*, 10 (4), 925 – 944.

Spiro, Rosann L.; Gregory A. Rich und William J. Stanton (2008): *Management of a Sales Force*, 12th ed., McGraw-Hill, London.

Srinivasan, V. (1981): An Investigation of the Equal Commission Rate Policy for a Multi-product Salesforce, *Management Science*, 27 (7), 731-756.

Steenburgh, Thomas J. (2008): Effort or timing: The effect of lump-sum bonuses, *Quantitative Marketing and Economics*, 6 (3), 235-256.

Stephenson, P. Ronald; William L. Cron und Gary L. Frazier (1979): Delegating Pricing Authority to the Sales Force: The Effects on Sales and Profit Performance, *Journal of Marketing*, 43 (2), 21-28.

Tannenbaum, Robert und Warren H. Schmidt (1958): How to Choose A Leadership Pattern, *Harvard Business Review*, 36 (2), 95-101.

Tosdal, Harry R. (1953): How to Design the Salesman's Compensation Plan, *Harvard Business Review*, 31 (5), 61-70.

Voeth, Markus und Christina Rabe (2004): Preisverhandlungen, in: Backhaus, Klaus und Markus Voeth (Hrsg.): *Handbuch Industriegütermarketing*, Gabler, Wiesbaden, 1015-1038.

von Rosenstiel, Lutz (1975): *Die motivationalen Grundlagen des Verhaltens in Organisationen – Leistung und Zufriedenheit*, Duncker & Humblot, Berlin.

von Stackelberg, Heinrich (1934): *Marktform und Gleichgewicht*, Julius Springer, Wien.

Vroom, Victor H. (1964): *Work and Motivation*, John Wiley and Sons, New York.

Weilbaker, Dab C. und Nancy J. Merritt (1992): Attracting Graduates to Sales Positions: The Role of Recruiter Knowledge, *Journal of Personal Selling & Sales Management*, 12 (4), 49-58.

Weinberg, Charles B. (1975): An Optimal Commission Plan for Salesmen's Control over Price, *Management Science*, 21 (8), 937-943.

Weinberg, Charles B. (1978): Jointly Optimal Sales Commissions for Nonincome Maximizing Salesforces, *Management Science*, 24 (12), 1252-1258.

Weitz, Barton A.; Harish Sujan und Mita Sujan (1986): Knowledge, Motivation, and Adaptive Behavior: A Framework for Improving Selling Effectiveness, *Journal of Marketing*, 50 (4), 174-191.

Willer, Erich (1993): Ist das Vertriebsmanagement wirklich effektiv?, *Absatzwirtschaft*, 36 (11), 66-69.

Wilson, Phillip H.; David Strutton und M. Theodore Farris II (2002): Investigating the Perceptual Aspect of Sales Training, *Journal of Personal Selling & Sales Management*, 22 (2), 77-86.

Wiltinger, Kai (1996): Der Einfluss von Umfeldcharakteristika auf die Delegation von Preiskompetenz an den Außendienst, *Zeitschrift für betriebswirtschaftliche Forschung*, 48 (11), 983-998

Zentes, Joachim (1986): Verkaufsmanagement in der Konsumgüterindustrie, *Die Betriebswirtschaft*, 46 (1), 21-28.

Zoltners, Andris A., Prabhakant Sinha und Greggor A. Zoltners (2001): *The Complete Guide to Accelerating Sales Force Performance*, AMACOM, New York et al.

Zoltners, Andris A., Prabhakant Sinha und Sally E. Lorimer (2006): *The Complete Guide to Sales Force Incentive Compensation*, AMACOM, New York et al.

6   Performance Management

Lernziele

- Der Leser weiß, dass das Vertriebsmanagement Planungs- und Umsetzungsprobleme verursacht und deshalb die Performance des Vertriebs kontrolliert werden muss.

- Der Leser versteht, dass jedwede Planung im Bereich des Vertriebsmanagements auf einer möglichst guten Schätzung der Reaktion des Umsatzes auf die eigenen Vertriebsanstrengungen basiert.

- Der Leser kennt die Möglichkeiten der Schätzung von Reaktionsfunktionen und der darauf aufbauenden Leistungsbeurteilung.

- Der Leser kann mit Hilfe des Instrumentariums des Performance Managements den Einsatz eines Verkaufsaußendienstes steuern und kontrollieren.

6.1   Überblick

Performance Management umfasst alle Aktivitäten, mit denen der wirtschaftliche Erfolg von Maßnahmen im Vertriebsmanagement gemessen und verbessert werden kann. Das Performance-Management folgt dabei dem klassischen **Ablauf eines Managementprozesses** (Macharzina und Wolf 2008) beginnend mit der Analyse des Problems, aus der eine Planung abgeleitet wird, die dann geeignet umzusetzen ist. Danach vergleicht man die Ergebnisse mit seiner Planung, um Schwachstellen aufzudecken oder Fehler in den Planungsannahmen aufzudecken. Dieses Kapitel ist im Folgenden nach diesen fünf Elementen gegliedert (siehe auch **Abbildung 6.1-1**):

Verbesserungen im Vertriebsmanagement erzielt man nur, wenn man zunächst eine **Analyse** durchführt, von welchen externen und internen Einflussgrößen der wirtschaftliche Erfolg im Vertriebsmanagement abhängt. Zu den externen und nicht beeinflussbaren Einflussgrößen zählen vor allem die über die Regionen variierenden Umsatzpotenziale sowie die über die Zeit sich unterschiedliche entwickelnde Konjunktur und Wettbewerbsdynamik. Unter den internen und damit beeinflussbaren Einflussgrößen werden alle Maßnahmen subsumiert, die der Kontrolle des betrachteten Verkaufsaußendienstes unterliegen. Dazu zählen die Verteilung der Verkaufsanstrengungen und des Marketing-Budgets über Verkaufsgebiete und Regionen sowie die über die Zeit anzupassende Außendienstgröße (siehe **Tabelle 6.1-1**).

Abbildung 6.1-1   Performance Management gemäß Management-Zyklus

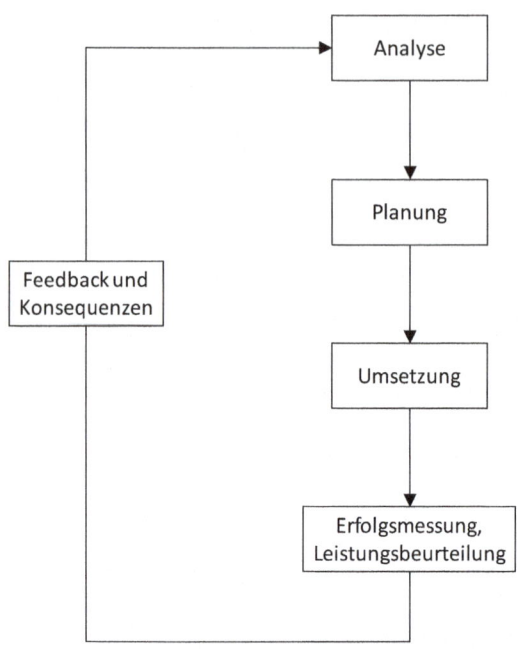

Tabelle 6.1-1   Arten von Einflussgrößen auf den wirtschaftlichen Erfolg

Einflussgröße Variation über	Intern (beeinflussbar)	Extern (nicht beeinflussbar)
Regionen	Verkaufsanstrengungen Marketing-Budget Preise	Potenzialindikatoren Wettbewerb
Zeit	Außendienstgröße Produkte Unternehmenspolitik	Konjunktur Wettbewerbsdynamik Technologie Gesetze

Auf der Grundlage der identifizierten Einflussgrößen und von Annahmen über die Entwicklung von externen Einflussgrößen kann man im Rahmen der **Planung** gezielt nach

Maßnahmen suchen, mit denen man unter gegebenen Rahmenbedingungen den wirtschaftlichen Erfolg maximiert. Dazu gehört es, die Wirkungsweise der eingesetzten Verkaufsinstrumente zu quantifizieren. Als leistungsfähiges Instrument dafür erweist sich der Einsatz von Reaktionsfunktionen, mit denen der Absatz in Abhängigkeit vom Niveau der Verkaufsinstrumente prognostiziert werden kann. Außerdem braucht man auch eine Abschätzung des Verkaufspotenzials. Je nach Annahmen ergeben sich Szenarien mit Umsatzprognosen, auf deren Basis es auch möglich ist, den Verkaufsaußendienstmitarbeitern konkrete Vorgaben für den Umsatz zu machen (siehe auch **Tabelle 6.1-2**).

Tabelle 6.1-2   Komponenten der Planung im Vertrieb

Komponente	Planungsproblem
Umsatzprognosen	Wie entwickelt sich der Umsatz in Abhängigkeit von externen Einflussgrößen und der Unternehmenspolitik?
Reaktionsfunktionen und Elastizitäten	Wie soll die funktionale Abhängigkeit des Umsatzes in Abhängigkeit von externen Einflussgrößen und der Unternehmenspolitik kalibriert werden?
Potenziale	Welche Wachstumsmöglichkeiten sind durch Neukundenakquisition und Stammkunden-Penetration gegeben?
Umsatzvorgaben	Wie erfolgt die zwischen Vertriebsmanagement und Verkaufsaußendienstmitarbeiter abzustimmende Umsatzplanung unter Beachtung der anderen Funktionsbereiche?

Im nächsten Schritt gilt es, die **Umsetzung** der Planung vorzunehmen. Dies gelingt in der Regel nicht genauso wie vorgesehen, sondern es können Planabweichungen auftreten. Diese können sich darauf beziehen, dass andere Maßnahmen oder bestimmte Vertriebsinstrumente nicht im geplanten Umfang eingesetzt wurden. Planabweichungen können sich aber auch ergeben, wenn man mit falschen Annahmen über die Wirkungsweise der Vertriebsmaßnahmen gearbeitet hat. Insofern besteht im letzten Block der Kontrolle das Ziel darin, eine **Erfolgsmessung** durchzuführen, um darauf aufbauend eine **Leistungsbeurteilung** vornehmen zu können. Durch den Vergleich der Ergebnisse oder der Planungen mit den Erkenntnissen aus dem vorherigen Analyse- und Planungsprozess kann man den Verkaufsaußendienstmitarbeitern **Feedback** geben, aber auch **Konsequenzen** für die weiteren Anstrengungen ziehen (Albers 1998).

6.2   Analyse und Planung

Lernziele

- Der Leser weiß, dass zur Planung und Beurteilung von Maßnahmen des Vertriebsmanagements die Kenntnis der Absatzreaktion in Abhängigkeit von Verkaufsanstrengungen notwendig ist.

- Der Leser versteht, wie man die Parameterwerte von Absatzreaktionsfunktionen entweder ökonometrisch schätzen oder subjektiv kalibrieren kann.

- Der Leser kennt Elastizitäten als geeignete Kenngrößen der Wirksamkeit von Verkaufsinstrumenten.

- Der Leser weiß, wie man Umsatzpotenziale, darauf aufbauend Umsatzvorhersagen und schließlich Umsatzvorgaben ableiten kann.

6.2.1   Reaktionsfunktionen

Um eine Planung von Vertriebsmaßnahmen vornehmen zu können, braucht ein Unternehmen eine Quantifizierung der Wirkungsbeziehungen zwischen Vertriebsmaßnahmen und wirtschaftlichem Erfolg. Der Vertrieb verursacht zwar Kosten, wird aber zumeist am erzielten Umsatz gemessen. Daher wird eine Deckungsbeitrags-Betrachtung in der Praxis meist erst dann angestellt, wenn Umsätze von Produkten mit sehr unterschiedlichen Deckungsbeitragssätzen zusammengefasst werden sollen. Da sich die **Wirkung von Vertriebsmaßnahmen** fast ausschließlich auf die Marktseite bezieht, versucht man, die Umsatzwirkung detailliert zu spezifizieren. Sobald Wettbewerbsbeziehungen zu analysieren sind, sollte statt des Umsatzes oder Deckungsbeitrages der Marktanteil herangezogen werden.

Wie weiter vorne dargestellt, bestehen die Aktivitäten des Verkaufsaußendienstmitarbeiters vor allem in seinen Besuchen und weiteren Kundenkontakten. Daneben kann der Verkaufsaußendienstmitarbeiter kleinere Promotion-Maßnahmen vornehmen. So laden z.B. Pharmareferenten Ärzte zum Essen ein oder verteilen Werbematerial. Konzeptionell stellen diese weiteren Kundenkontakte allesamt Kommunikationsinstrumente dar, bei denen ein Unternehmen Geld einsetzt, um einen Kunden zum Kauf zu bewegen, so dass wir die Spezifikation und **Kalibrierung von Reaktionsfunktionen** lediglich am Beispiel der Besuchstätigkeit diskutieren, da die weiteren Aktivitäten analog abgebildet werden können. Wir werden aber auch diskutieren, wie man vorgehen sollte, wenn es mehrere Kundengruppen gibt, die mit unterschiedlichen Kommunikationsinstrumenten bearbeitet werden.

Zwischen der Spezifikation und Kalibrierung von Umsatzreaktionsfunktionen besteht ein enger Zusammenhang, denn je komplexer die Reaktionsfunktion spezifiziert worden ist, desto schwieriger ist sie auch zu kalibrieren. Am einfachsten sind lineare Zusammenhänge zwischen Absatz oder Umsatz und dem Ausmaß der Besuchstätigkeit, z.B. gemessen als Anzahl von Besuchen. Solange der Preis nicht in die Reaktionsfunktion einfließt, ist es egal, ob man mit Absatz oder Umsatz arbeitet, weil sich diese nur um einen konstanten Deckungsbeitragsfaktor unterscheiden. Lineare Zusammenhänge können jedoch in der Praxis nicht auftreten, weil dies bedeuten würde, dass man durch eine Steigerung der Anzahl der Besuche ins Unendliche auch den Umsatz unendlich ausweiten kann, was hochgradig implausibel ist. Insofern müssen sich die Zuwächse des Umsatzes zumindest ab einem Punkt bei steigender Anzahl von Besuchen abschwächen, also abnehmende Grenzzuwächse aufweisen.

Dies kann man durch folgende geläufige **Typen von Reaktionsfunktionen** abbilden, wobei der Index i für eine Kundengruppe darauf hinweisen soll, dass die Reaktionen über Kundengruppen verschieden ausfallen können (vgl. z.B. Hruschka 1996, S. 23 f.; Lilien, Kotler und Moorthy 1992, S. 656 und S. 658, Albers 2012):

Multiplikativ: $U_i = a_i h_i^{b_i}$ (6.1)

Semi-logarithmisch: $U_i = a_i + b_i \ln(h_i)$ (6.2)

Modifiziert-exponentiell: $U_i = a_i \left(1 - e^{-(b_{i1} + b_{i2} h_i)}\right)$ (6.3)

Die multiplikative Reaktionsfunktion (6.1) kann nach Logarithmieren beider Seiten mit Hilfe der linearen Regression geschätzt werden. Die semi-logarithmische Funktion (6.2) bietet den Vorteil, dass der Einfluss verschiedener Instrumente, die eher additiv wirken, gut abgebildet werden kann. Die modifiziert-exponentielle Reaktionsfunktion (6.3) zeichnet sich zusätzlich durch eine Sättigungsmenge a_i aus, die selbst bei sehr großer Besuchsanzahl nicht überschritten werden kann. Allerdings lässt sich diese Menge nur schwer statistisch schätzen, da es dafür keine Beobachtungen gibt, so dass die Sättigungsmenge häufig exogen vorgegeben werden muss. Danach lässt sich die Funktion durch Umformen und Logarithmieren linearisieren und somit auch einfach mit Hilfe der linearen Regression schätzen. Die Verläufe der drei Funktionen sind in **Abbildung 6.2-1** skizziert.

In der Literatur ist die Hypothese geäußert worden, dass es beim Einsatz von Kommunikationsanstrengungen nicht nur abnehmende Grenzzuwächse, sondern auch Schwellenwirkungen geben kann (Little 1970). Letzteres ist der Fall, wenn eine sehr geringe Anzahl von Besuchen vergleichsweise geringe Auswirkungen auf den Absatz zeigen und sich erst ab einer gewissen Menge ein überproportionaler Anstieg des Absatzes ergibt, der sich dann wiederum mit immer mehr Besuchen abschwächt, bis eine Obergrenze erreicht ist, die die bereits vorher dargestellte **Sättigungsmenge** ergibt.

Abbildung 6.2-1   Verläufe von drei Typen von Reaktionsfunktionen

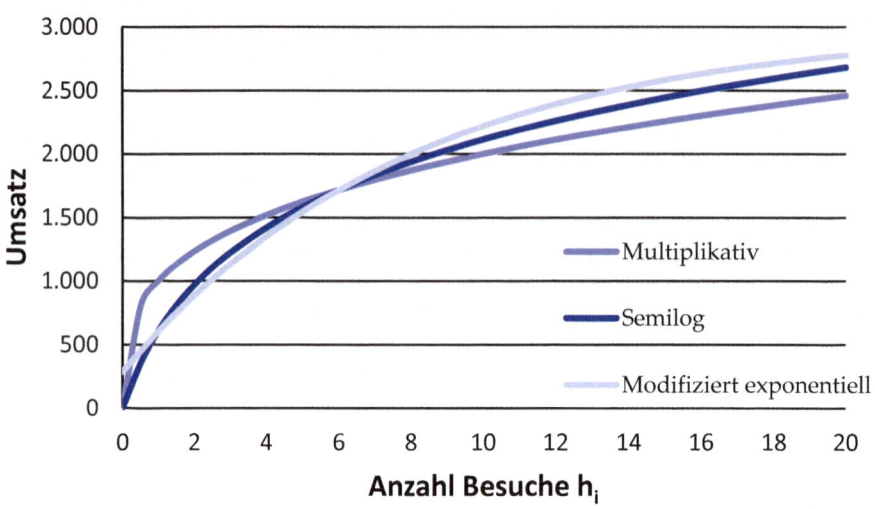

Zur Abbildung dieses Phänomens ist in der Literatur folgender Typ einer S-förmigen Reaktionsfunktion vorgeschlagen worden (Little 1970), der auch in **Abbildung 6.2-2** dargestellt ist:

$$U_i = \alpha_i + (\beta_i - \alpha_i) \cdot \frac{h_i^{\delta_i}}{\gamma_i + h_i^{\delta_i}} \quad (i \in I) \tag{6.4}$$

α_i :   Untergrenze des Umsatzes in der i-ten Kundengruppe,
β_i :   Obergrenze des Umsatzes in der i-ten Kundengruppe,
δ_i, γ_i : Weitere zu schätzende Parameterwerte.

Historisch gesehen verfügte man in den frühen 1970er Jahren meist über keine ausreichende Datenbasis, um die Parameterwerte derartiger Reaktionsfunktionen mit Hilfe statistischer Methoden zu schätzen. Von Little (1970) und Lodish (1971) ist deshalb vorgeschlagen worden, die unbekannten Parameterwerte durch Experten (die betroffenen Verkaufsaußendienstmitarbeiter oder deren Verkaufsmanager) **subjektiv schätzen** zu lassen. Die Funktionen (6.1) und (6.2) besitzen zwei Parameter, so dass man durch Erfragen von Umsätzen zu zwei verschiedenen Niveaus von Besuchsanstrengungen zwei Gleichungen mit zwei Unbekannten bekommt, die man nach den unbekannten Parameterwerten auflösen kann. Im Falle der Funktion (6.3), die bereits 3 Parameter besitzt, muss man vorab die Sättigungsgrenze direkt subjektiv erfragen und kann dann die verbleibenden 2 Parameterwerte wie oben erwähnt schätzen. Bei der Reaktionsfunktion (6.4) kann man im Prinzip genauso vorgehen. Hier muss man zunächst direkt die Sättigungsmenge und die Untergrenze schätzen und braucht dann wieder zwei Datenpunkte. Wie man dabei genau vor-gehen kann, wird in **Insert 6.2-1** beschrieben.

Abbildung 6.2-2 S-förmige Reaktionsfunktion des Umsatzes in Abhängigkeit von der Anzahl der Besuche in dem Modell CALLPLAN (Lodish 1971)

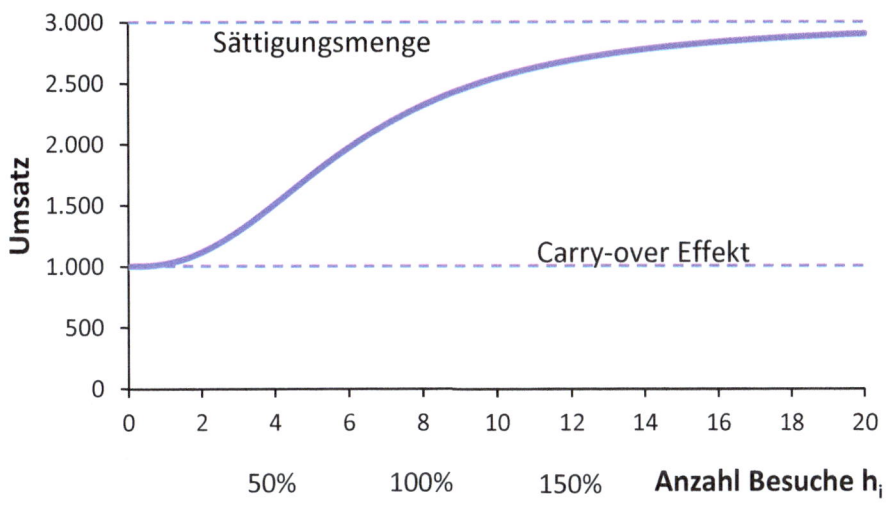

Bei den bisher beschriebenen Methoden der subjektiven Schätzung wurden gerade so viele Fragen gestellt, wie Parameterwerte zu kalibrieren waren. Damit kann man nicht angeben, wie hoch der Schätzfehler ist. Dies ist nur erreichbar, wenn man mehr Fragen stellt. Diese Vorgehensweise wurde in einem Beispiel des Vertriebs von Fotoarbeiten an den Handel angewandt. Dazu wurden pro Kundengruppe die in **Abbildung 6.2-3** dokumentierten Fragen gestellt (Albers 1985). Auf dieser Basis wurde dann für eine bestimmte Kunden-gruppe die in **Abbildung 6.2-4** aufgeführte Reaktionsfunktion statistisch geschätzt.

Subjektive Schätzungen erlauben die Kalibrierung von Reaktionsfunktionen, auch wenn dazu keine Daten vorliegen. Mancher Manager mag einwenden, dass ihm damit nicht gedient sei, denn er wolle doch gerade erfahren, wie hoch die Absatzreaktion wirklich sei. Dem ist entgegenzuhalten, dass der Manager ja auch sonst eine Entscheidung trifft, in die implizit auch eine Vorstellung von der Absatzreaktion eingeht. Mit dem hier vorgeschla-genen Ansatz wird lediglich diese unterstellte Reaktion offen gelegt, was heißt, dass man gar nicht mehr emotional über Management-Entscheidungen streiten muss, sondern sach-lich über die Annahmen diskutieren kann. Selbst wenn der subjektiv erwartete Wert für die Absatzreaktion mit einem Schätzfehler behaftet ist, gilt der schon in Kapitel 4 zitierte Grundsatz von Lodish (1974, S. 119): „It's better to be vaguely right than precisely wrong."

Insert 6.2-1   Errechnung mit Hilfe von Befragungen

Gute Erfahrungen berichten Lodish et al. (1988) für den bekannten Syntex-Fall (siehe Kapitel 4, insbesondere **Insert 4.2-5**). Dort mussten die Manager gemäß dem ursprünglichen Vorschlag von Lodish (1971) folgende Fragen beantworten:

— Welcher Umsatz ergibt sich in Facharztgruppe x auch ohne jegliche Besuche?

— Welcher Umsatz ergibt sich in Facharztgruppe x bei einer Steigerung der Anzahl der Besuche bis zur maximal möglichen Anzahl?

— Welcher Umsatz ergibt sich in Facharztgruppe x bei einer Beibehaltung der bisherigen Anzahl von Besuchen?

— Welcher Umsatz ergibt sich in Facharztgruppe x bei einer Steigerung der Anzahl der Besuche um 50 % bzw. bei Reduzierung der Anzahl der Besuche um 50 %?

Für die S-förmige Funktion ergeben die Antworten auf die erste und zweite Frage jeweils die Unter- und Obergrenze (α_i und β_i) für den erzielbaren Umsatz. Damit verbleiben zwei unbekannte Parameterwerte (δ_i, γ_i) in Funktion (6.4). Mit den drei anderen Antworten werden diese restlichen Parameter bestimmt (Albers 1989, S. 127). Man kann dann verschiedene Parameterpaare (δ_i, γ_i) für Steigerungen und Reduktionen der bisherigen Anzahl von Besuchen errechnen.

Abbildung 6.2-3   Erfassungsblatt für die subjektive Schätzung der Reaktionsfunktion des Umsatzes in Abhängigkeit der Besuchshäufigkeit (Albers 1985)

Kundengruppe:	B 224 (interne Kundengruppennummer)
Anzahl der besuchten Kunden:	12
Durchschnittliche Dauer eines Besuches:	20 Minuten
Bisherige Anzahl der Besuche im Jahr pro Kunde:	9
Bisher realisierter Jahresumsatz:	591.100 DM

Bitte geben Sie im Folgenden an, um wie viel Prozent sich der Umsatz nach Ihrer Ansicht erhöht oder verringert, wenn man die derzeitigen Verkaufsanstrengungen (Anzahl der Besuche) um einen bestimmten Prozentsatz erhöhen oder verringern würde.

Anzahl der Besuche im Jahr pro Kunde	Erwarteter Umsatz in Prozent zum bisherigen Umsatz
0	65,0 %
3	85,0 %
6	97,0 %
8	100,0 %

9	100,0 %
10	100,0 %
12	100,5 %
15	101,0 %

Abbildung 6.2-4   Geschätzte Reaktionsfunktion des Umsatzes in Abhängigkeit von der
Besuchshäufigkeit (Albers 1985)

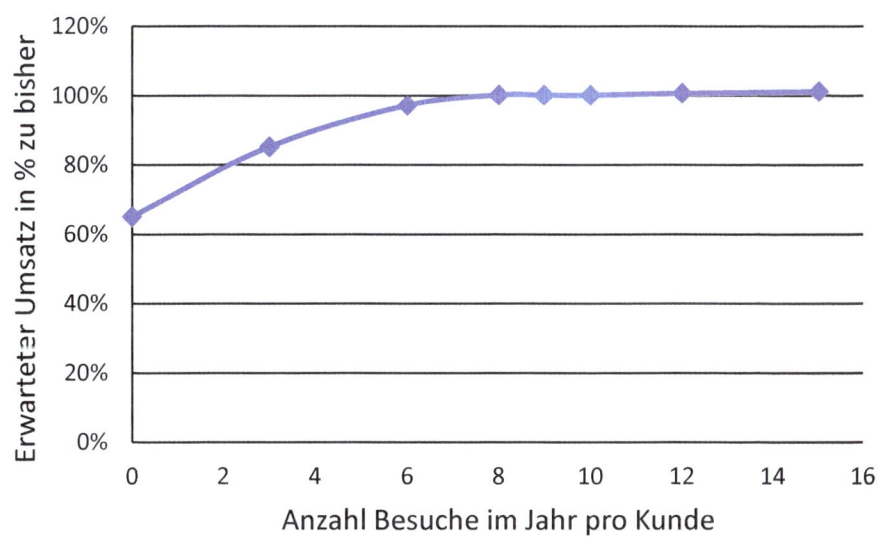

Neben dieser eher grundsätzlichen Einschätzung ist auch experimentell untersucht worden, **welche Qualität** solche subjektiven Schätzungen haben. Fudge und Lodish (1977)
konnten zeigen, dass Verkaufsaußendienstmitarbeiter sehr wohl in der Lage sind, Schätzungen abzugeben, die zu besseren Entscheidungen geführt haben. Dies ist auch experimentell von Chakrabarti, Mitchell und Staelin (1979, 1981) sowie McIntyre (1982) demonstriert worden. Ähnlich gute Erfahrungen sind aus dem Syntex-Fall berichtet worden
(Lodish, Curtis, Ness und Simpson 1988).

Alternativ zu subjektiven Schätzungen kann man die Parameterwerte von Reaktionsfunktionen auch **aus Vergangenheitsdaten** statistisch bestimmen. Dies ist der beste Weg, wenn
eine große Anzahl an Datenpunkten vorliegt und man davon ausgehen kann, dass sich die
Wirkungsmechanismen in der Zukunft nicht stark verändern werden, also eine Konstanz

der Rahmenbedingungen und Wirkungseffekte gegeben ist. Ansonsten müsste man wiederum auf subjektive Schätzungen der zukünftigen Wirkungen ausweichen. Statistische Schätzungen hat man anfangs für hoch-aggregierte Daten z.B. auf Verkaufsgebietsebene durchgeführt (Parsons und Vanden Abeele 1981). Diese bieten jedoch keine genügende Variation der Daten und überschätzen folglich die Umsatzreaktion auf Verkaufsbesuche. Besser ist es deshalb, disaggregierte Daten auf Kundenebene zu verwenden, was im Industriebereich leicht möglich ist, da Daten pro Kunde vorliegen. Die meisten Studien sind im Pharmabereich durchgeführt worden, weil dort sehr detaillierte Daten vorliegen (siehe dazu **Insert 6.2-2**). In zeitlicher Hinsicht zeigen Tellis und Franses (2006), dass Daten wenigstens auf dem Niveau der „unit exposure time" vorliegen sollten. Bei Verkaufsbesuchen kann man davon ausgehen, dass pro Kunde höchstens einmal im Monat Besuche vorgenommen werden, die „unit exposure time" also bei einem Monat liegt. Dann würde man gerade richtig liegen, wenn man Daten zu Umsätzen und Verkaufsbesuchen auf monatlicher Basis analysiert, wofür meist Daten vorhanden sind (Fischer und Albers 2010).

Insert 6.2-2   Datenverfügbarkeit im Pharmabereich

Die **Datenverfügbarkeit** ist in den einzelnen Branchen unterschiedlich ausgeprägt. Im Pharmabereich, in dem die Verkaufsaußendienststeuerung traditionell eine große Rolle spielt, sind Umsatzdaten schwierig zu beschaffen, weil dort aus der Sicht der Pharma-Hersteller nur direkte Daten für die zu beliefernden Großhändler und Apotheken vorliegen, während die eigentlichen Kunden die Ärzte sind, deren Verschreibungen den Unternehmen nicht unmittelbar bekannt sind. Es gibt dort jedoch spezialisierte Marktforschungsunternehmen wie die weltweit agierende IMS-Health-Gruppe, welche die Verschreibungsdaten von Krankenversicherungen erhalten und dann für die Pharma-Unternehmen aufbereiten. Allerdings ist es IMS aus Datenschutzgründen in Deutschland und weiten Teilen von Europa, anders als in den USA, nicht gestattet, Daten über einzelne Ärzte zu liefern, sondern nur für geographische Einheiten. In Deutschland waren dies immerhin 1.845 sogenannte RPM-Kreise. Seit 2008 ist jedoch vorgeschrieben, dass Daten nur noch für geographische Gebiete mit wenigstens 300.000 Einwohnern bereitgestellt werden dürfen, was bei einer Einwohnerzahl von ca. 82 Millionen nur noch zu ca. 270 RPM-Kreisen führt. Ergänzt man diese Daten durch unternehmenseigene Daten über die Anzahl der Besuche pro Arzt, die dann zur Anzahl der Besuche pro Fachgruppe und RPM-Kreis aggregiert werden, so kann aus der Variation der Umsätze und der Besuchstätigkeit über die RPM-Kreise mit Hilfe der Regressionsanalyse die Wirkung der Besuchshäufigkeit bestimmt werden.

Ein Problem bei der statistischen Parameterschätzung stellt die Heterogenität der einzelnen Kundensegmente als Reaktionseinheiten dar, die ein unterschiedliches Potenzial aufweisen können und deshalb zu unterschiedlichen Umsatzreaktionen führen können. Schätzt man dafür einheitliche Parameterwerte, so sind diese für darauf aufbauende Optimierungsüberlegungen nicht einsetzbar, weil damit für alle Kundensegmente dieselbe Lösung für die Anzahl der Besuche herauskommen würde. Es ist deshalb wichtig, entweder die Heterogenität durch beobachtete Faktoren wie das Potenzial abzubilden oder individuelle, pro Kundensegment geltende Parameterwerte zu schätzen.

Im Beitrag von Albers und Skiera (2002) wurde die Heterogenität durch eine vorab bestimmte Wirkung des Potenzials erfasst. Dabei wurde analysiert, wie sich der Gesamtmarktumsatz (als Potenzialindikator) in Abhängigkeit von der Anzahl der Ärzte verhält.
Als Ergebnis wurde festgestellt, dass der Gesamtmarktumsatz von der Ärzteanzahl mit
einer Elastizität von etwa 0,7 abhängt (zum Konzept der Elastizität siehe Abschnitt 6.2.2).

$$POT_i = \tilde{A}_i^{0,7} \quad (i \in I) \tag{6.5}$$

POT_j : Potenzial in dem i-ten RPM-Kreis,
$\tilde{A}_i$: Anzahl Ärzte im i-ten RPM-Kreis.

Für die eigentliche **Wirkung der Besuchstätigkeit** wurde angenommen, dass sich die
Grenzzuwächse mit einer höheren Anzahl von Besuchen abschwächen, was man durch
den Logarithmus der Anzahl der Besuche erfassen kann (siehe semi-logarithmische Funktion 6.2). Multipliziert man die Logarithmen der Anzahl der Besuche $\ln(h_i)$ mit dem vorab
ermittelten Potenzial POT_i, dann kann man die Parameterwerte sogar mit Hilfe der linearen Regressionsanalyse schätzen (Albers und Skiera 2002). Dabei wird üblicherweise zu
der Anzahl der Besuche die Zahl 1 hinzugezählt, damit der Logarithmus auch bei einem
Wert von Null Besuchen definiert bleibt:

$$U_i = b \cdot POT \cdot \ln(h_i + 1) \quad (i \in I) \tag{6.6}$$

I: Menge der RPM-Kreise,
U_i: Umsatz in dem i-ten RPM-Kreis,
h_i: Anzahl der Besuche bei Ärzten im i-ten RPM-Kreis,
b: zu schätzender Parameterwert.

Lässt sich keine Variable finden, in der sich beobachtbare Heterogenität ausdrücken lässt,
so muss man versuchen, auf statistischem Wege individuelle Koeffizienten zu schätzen.
Dies kann man sinnvoll nur erreichen, wenn man zu einer Reaktionseinheit mehr als einen
Datenpunkt als Beobachtungen besitzt. Dies ist bei einem Panel von Beobachtungen der
Fall, bei dem man z.B. Umsätze und die Anzahl von Besuchen nicht nur für jedes Kundensegment im Querschnitt auswertet, sondern auch pro Kundensegment eine Zeitreihe von
z.B. 48 Monatsdaten heranziehen kann. Dann ist es nicht effizient, getrennte Regressionen
für jeden RPM-Kreis durchzuführen, weil man dann nur die Varianz über die Zeit auswertet, was in aller Regel zu hohen Schätzfehlern führt, wie Proppe und Albers (2009) in einer
Simulationsstudie zeigen. Vielmehr sollte man mit einem sogenannten Panel-Schätzer die
Querschnitt- und Längsschnitt-Variation der Daten auswerten. Für diese Datenstruktur
sind Random-Coefficient-Schätztechniken entwickelt worden, bei denen für jeden Parameter pro Kundensegment individuelle Werte geschätzt werden. Eine Übersicht über die
dafür einsetzbaren simulationsbasierten Verfahren gibt Proppe (2009).

Solche Ansätze sind im Wesentlichen in der Pharma-Branche in den USA mit Erfolg angewandt worden, wobei dort die Reaktionseinheit disaggregiert in Form von individuellen
Ärzten und nicht wie in Deutschland aggregiert in Form von RPM-Kreisen vorliegt. Angesichts der Tatsache, dass auf der Ebene einzelner Ärzte pro Woche immer nur sehr wenige

Verschreibungen für ein bestimmtes Präparat zu beobachten sind, diese nur ganzzahlig auftreten können und kleine Werte, insbesondere die Anzahl Null, häufig auftreten, ist ein sogenanntes „Count"-Modell für die **Anzahl der Verschreibungen** als Zählvariable zu schätzen, bei dem die Wahrscheinlichkeit des Auftretens bestimmter Verschreibungsmengen pro Arzt und Woche maximiert wird. Dafür wird aufgrund der ganzzahligen Verschreibungen als geeignete Verteilung eine Poisson-Verteilung unterstellt:

$$P_i \left(\frac{y_{it}}{\lambda_{it}} \right) = \frac{\lambda_{it}^{\gamma_h} \cdot \exp(-\lambda_{it})}{\gamma_{it}!} \qquad (6.7)$$

Dabei wird die Wahrscheinlichkeit $P_i(:)$ geschätzt für das Auftreten von y_{it} Verschreibungen bei dem i-ten Arzt in der t-ten Periode unter der Bedingung des Wertes einer Kovariablen λ_{it}. Letztere gibt den Erwartungswert für die Verschreibungshäufigkeit an und kann somit von der Besuchshäufigkeit h_{it} abhängig modelliert werden. Um die Funktion linear schätzen zu können, wird der Erwartungswert als Exponentialfunktion modelliert (wie in der folgenden Formel (6.8)). Dann wäre es allerdings falsch, die Besuchshäufigkeit als lineare Funktion in den Klammerausdruck zu schreiben (wie z.B. bei Venkataraman und Stremersch 2007), da in diesem Fall eine Umsatzreaktion mit steigenden Grenzerträgen unterstellt würde, was immer implizieren würde, die Besuchshäufigkeit optimalerweise unendlich auszudehnen, was nicht plausibel ist. Insofern haben Manchanda und Chintagunta (2004) zunächst eine quadratische Funktion innerhalb des Klammerausdruckes in (6.8) vorgeschlagen, bei der bei einem negativen Vorzeichen des quadratischen Terms sinkende Skalenerträge vorliegen würden.

$$\lambda_{it} = \exp \left(\beta_{oi} + \beta_{1i} \cdot NDET_{it} + \beta_{2i} \cdot NDET_{it} \cdot NDET_{it} \right) \qquad (6.8)$$

Als weiteren Vorteil nennen die Autoren, dass mit einer solchen quadratischen Funktion auch Verläufe abgebildet werden können, bei denen ab einem gewissen Punkt der Besuchshäufigkeit auch sinkende Umsätze vorkommen. Sie gehen davon aus, dass gerade bei extrem häufigen Besuchen von Ärzten Reaktanz auftreten kann, so dass es letztendlich nicht nur zu einer Sättigung des Umsatzes, sondern sogar zu einer **Übersättigung** ("supersaturation") kommen kann, also zu absolut sinkenden Umsätzen ab einer umsatzmaximalen Anzahl von Besuchen. Theoretisch mag dies plausibel erscheinen, aber meist liegen nicht genügend Beobachtungen für den Bereich der Übersättigung vor, so dass man nicht verlässlich auf genau diesen Funktionsverlauf rückschließen kann (Albers 2012). Vielmehr schätzt man häufig die Parameterwerte einer quadratischen Funktion ausschließlich aus Beobachtungen, die unterhalb des Phänomens der Übersättigung liegen, und kann keine Aussage über den weiteren Funktionsverlauf machen. Dong, Manchanda und Chintagunta (2009) haben deshalb eine Reaktionsfunktion (6.9) vorgeschlagen, bei der je nach Parameterwerten sowohl sinkende, steigende als auch S-förmige Grenzerträge auftreten können:

$$\lambda_{it} = \exp \left(\beta_{0i} + \frac{\beta_{it}}{1+x_{it}} \right) \ (i \in I) \qquad (6.9)$$

Neuerdings wird angezweifelt, dass man die Parameterwerte von Reaktionsfunktionen unverzerrt schätzen könne, da die Werte der unabhängigen Variablen nicht unbedingt unabhängige Beobachtungen darstellen, was die Voraussetzung **für unverzerrte Schätzer** in einer Regressionsanalyse ist. Vielmehr kann man davon ausgehen, dass die Besuchshäufigkeiten von den Verkaufsaußendienstmitarbeitern bereits so gewählt worden sind, dass sie die zumindest subjektiv eingeschätzte unterschiedliche Reaktionsstärke für einzelne Kunden berücksichtigen. In diesem Fall liegt ökonometrisch gesehen **Endogenität** vor, d.h. die Residuen sind mit den Werten der unabhängigen Variablen korreliert. In diesem Fall sind die einzelnen unabhängigen Variablen zu instrumentieren, d.h. durch Schätzwerte aus exogenen Variablen zu ersetzen. Die damit verbundenen Probleme diskutiert Albers (2012). Alternativ kann man für die Besuchshäufigkeit unterstellen, dass diese optimal gestaltet wird. In diesem Fall entsteht ein simultanes Schätzgleichungssystem, in dem zusätzlich die Optimalitätsbedingung für die Nutzenfunktion des Verkaufsaußendienstmitarbeiters, nämlich die Null gesetzte erste Ableitung spezifiziert ist. Allerdings hängt die Schätzgüte in hohem Maße von der Gültigkeit der unterstellten Annahmen für die Abhängigkeit der Besuchshäufigkeit ab. Stimmt diese Annahme nicht mit dem tatsächlichen Verhalten der Verkaufsaußendienstmitarbeiter überein, kann man unter Umständen sogar schlechtere Parameterwerte für die Reaktionsfunktion erhalten, als wenn man keine Endogenität berücksichtigt hätte (Albers 2012). Glücklicherweise stellt Endogenität nur dann ein ernstes Problem dar, wenn ein hohes Aggregationsniveau für die Daten gegeben ist, z.B. bei jährlichen Daten. Liegen dagegen zeitlich in starkem Maße disaggregierte Daten vor, z.B. Besuchshäufigkeiten pro Woche oder Monat, dann ist es unwahrscheinlich, dass Verkaufsaußendienstmitarbeiter jede Woche oder jeden Monat eine optimale Allokation ihrer Besuchshäufigkeiten realisieren können. Vielmehr wird das Verhalten von Zufälligkeiten gekennzeichnet sein, was dann bedeutet, dass man Endogenität vernachlässigen kann (Leeflang et al. 2000, S. 382).

6.2.2   Elastizitäten

Schätzt man die Wirkung mehrerer Verkaufsinstrumente für unterschiedliche Einheiten, so erhält man je nach Reaktionsfunktion Parameterwerte, die die Reaktionsstärke des Absatzes in Abhängigkeit von den Verkaufsinstrumenten unterschiedlich darstellen. Um die Reaktionsstärken über Unternehmen, Produkte, Verkaufsinstrumente und Vertriebsregionen vergleichbar machen zu können, benutzt man die **Elastizität** (zum Teil angelehnt an Albers 2000c). Sie gibt gemäß (6.10) die relative Veränderung einer abhängigen Variablen, meist Absatz oder Umsatz, im Verhältnis zur relativen Veränderung einer unabhängigen Variablen, z.B. der Anzahl der Besuche, an.

$$\text{Besuchs-Elastizität} = \frac{\text{Veränderung des Umsatzes in \%}}{\text{Veränderung der Besuchshäufigkeit in \%}} \tag{6.10}$$

Beobachtet man zum Beispiel eine Umsatzerhöhung von 15 %, die man auf Grund einer Steigerung der Besuchshäufigkeit von sechs auf neun Besuche pro Kunde eines bestimmten Kundensegments im Jahr erzielt, was einer Veränderung von +50 % entspricht, so kann man daraus folgende Besuchs-Elastizität errechnen:

Besuchs-Elastizität $=\dfrac{15\%}{50\%} = 0{,}3$ (6.11)

Hat man die Parameterwerte einer Reaktionsfunktion bestimmt, so kann die Elastizität durch Umformen innerhalb von (6.12) als marginaler Effekt einer Variablen multipliziert mit dem Wert der unabhängigen Variablen geteilt durch den Wert der abhängigen Variablen ausgedrückt werden:

$$\text{Elastizität} = \frac{\frac{dy}{y}}{\frac{dx}{x}} = \frac{dy}{dx} * \frac{x}{y} \tag{6.12}$$

Demnach ergeben sich für die verschiedenen Formen von Reaktionsfunktionen folgende Elastizitäten E_i:

Multiplikativ: $E_i = b$ $(i \in I)$ $\tag{6.13}$

Semi-logarithmisch: $E_i = \dfrac{b}{U_i}$ $(i \in I)$ $\tag{6.14}$

Modifiziert exponentiell: $E_i = \dfrac{(a_i - U_i)}{U_i} b_{i2} h_i$ $(i \in I)$ $\tag{6.15}$

S-förmig: $E_i = \dfrac{\delta_i (U_i - \alpha_i) \cdot \gamma_i}{U_i (\gamma_i + h_i^{\delta_i})}$ $(i \in I)$ $\tag{6.16}$

Abgesehen von der multiplikativen Reaktionsfunktion hängt die Elastizität also stets von dem Wert der unabhängigen Variablen ab. Die entsprechenden Verläufe sind in **Abbildung 6.2-5** dargestellt. Je nachdem, welcher Elastizitätsverlauf als am realistischsten angesehen wird, muss man auch die zugehörige Reaktionsfunktion wählen. Albers (2012) gibt dazu weitere Empfehlungen, die auf einer visuellen Prüfung der Daten basieren.

Die Elastizitäten können zu Plausibilitätsprüfungen herangezogen werden. Wurden die Reaktionsfunktionen ökonometrisch geschätzt, so kann man die sich daraus ergebenden Elastizitäten mit solchen aus der Literatur vergleichen. Elastizitäten sind nämlich dimensionslos und können deshalb problemlos über verschiedene Produkte und Kundengrößen verglichen werden, da ja immer nur relative Veränderungen zueinander in Beziehung gesetzt werden.

Abbildung 6.2-5   Verlauf der Elastizitäten für verschiedene Reaktionsfunktionen

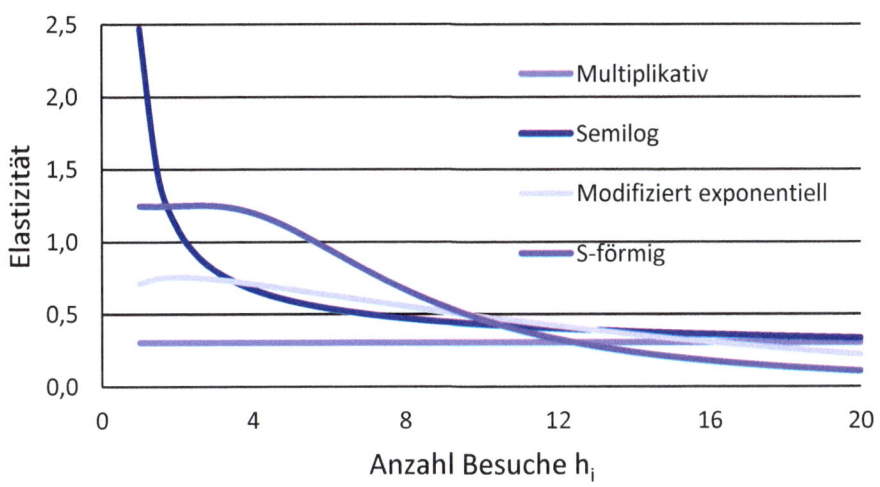

Es wurden bereits viele Aufsätze publiziert, in denen Elastizitäten für das Instrument des Verkaufsaußendienstes berichtet werden. Hier bietet die Methodik der **Meta-Analyse** die Möglichkeit, diesen Fundus an Wissen zu verdichten, indem mittlere Elastizitäten und ihre Abhängigkeit von inhaltlichen und methodischen Spezifikationen untersucht werden. Dieser Aufgabe widmen sich Albers, Mantrala und Sridhar (2010), die insgesamt 506 Elastizitätswerte aus 88 Datensätzen in 75 Artikeln gesammelt haben und daraus eine mittlere Elastizität des Verkaufsaußendienstes von 0,34 errechnen, was bedeutet, dass man für eine Erhöhung der Anstrengungen des Verkaufsaußendienstes um 10% eine Erhöhung des Umsatzes von 3,4% erwarten darf. Korrigiert man um methodisch bedingte Verzerrungen, so erhält man eine Elastizität von 0,314. In inhaltlicher Hinsicht decken die Autoren auf, dass die Verkaufselastizität um 0,264 höher für neue gegenüber etablierten Produkten ist, die Elastizität in den USA gegenüber Europa um 0,11 geringer ausgeprägt ist und in Studien, die andere Marketing-Instrumente nicht berücksichtigt haben, die Elastizität um 0,124 höher ausfällt. Letzteres resultiert aus der Tatsache, dass in der Schätzung der Verkaufsvariablen Effekte zugeschrieben werden, die eigentlich auf andere, aber nicht berücksichtigte Variablen zurückzuführen sind. Die Elastizität ist in den USA niedriger als in Europa, weil dort hinsichtlich des Einsatzes des Persönlichen Verkaufs bereits höhere Sättigungseffekte als in Europa eingetreten sind.

Zeigt sich nun, dass ökonometrisch ermittelte Elastizitäten außerhalb dessen liegen, was durch Meta-Analysen bisher als gesichertes Wissen gilt, so sollte man sehr skeptisch sein und alle Annahmen bei der Schätzung der Reaktionsfunktionen noch einmal kritisch überprüfen. In ähnlicher Weise haben wir gute Erfahrungen damit gemacht, Umsatzplanungen dadurch zu hinterfragen, dass wir die dabei implizierten Elastizitäten ausgerechnet und dann mit dem Wissen aus der Literatur kontrastiert haben. Auf diese Weise konnte ein Unternehmen davor bewahrt werden, eine Marketing-Maßnahme auszuführen, bei der eine unplausible Elastizität von etwa 4,0 unterstellt wurde, d.h. bei einer Erhöhung der Verkaufstätigkeit von 10% wurde implizit eine Umsatzsteigerung von 40% erwartet.

Gemäß dem Dorfman-Steiner-Theorem (siehe Abschnitt 4.2.8) soll das Budget für ein Marketing-Instrument dividiert durch den resultierenden Deckungsbeitrag im Optimum gleich der Elastizität dieses Marketing-Instruments sein. Auf der Basis dieses Theorems kann man nun prüfen, welche Annahmen Unternehmen treffen, wenn man unterstellt, dass diese versuchen, den Verkaufsaußendienst optimal zu gestalten. Kennt man die Marge, die ein Unternehmen durch den Verkauf seiner Produkte erzielt, dann kann man ganz einfach den Quotienten aus Verkaufsbudget und Marge multipliziert mit Umsatz bilden und dies mit aus der Literatur bekannten Elastizitäten vergleichen. Erhält man für diesen Quotienten z.B. den Wert 0,1, so ist dieser deutlich kleiner als der Mittelwert 0,34 aus der Meta-Analyse, was einen Analysebedarf aufzeigt, warum man offenbar so wenig in den Verkaufsaußendienst investiert oder nicht in der Lage ist, den Verkaufsaußendienst so zu trainieren, dass er mit einer größeren Effektivität arbeitet. Albers (2000b) konnte auf diese Weise ohne statistische Schätzung für ein Unternehmen ermitteln, welche Effekte eine Kooperation von zwei Verkaufsaußendiensten nach sich ziehen würde.

6.2.3   Carry-over-Effekte

Bei allen Kommunikationsinstrumenten tritt die gesamte Wirkung der Kommunikation auf den Absatz nicht nur unmittelbar, sondern auch noch nach einem längeren Zeitraum auf. Dies wird als **Carry-over** bezeichnet, d.h. durch Erinnerung wird die Kommunikationswirkung auf spätere Perioden übertragen. Normalerweise kann man davon ausgehen, dass dieser Carry-over sich über die Perioden abschwächt, bis keine Erinnerung mehr Absatzwirkungen auslöst. Würde man nun in einer Reaktionsfunktion nur die unmittelbare kurzfristige Wirkung berücksichtigen, die gegenüber der langfristig eintretenden Gesamtwirkung wesentlich geringer ist, dann würde dies zu falschen Schlüssen, nämlich einem zu geringen Kommunikationsbudget führen. Insofern ist es notwendig, den Carry-over explizit im Rahmen einer Reaktionsfunktion zu schätzen und in das Optimierungskalkül einzubeziehen.

Grundsätzlich kann man dies erreichen, indem man entweder den Carry-over direkt auf den Absatz bezieht oder aber die Erinnerungswirkung modelliert und diese dann erhöhte Absätze erklären lässt. Wenn ein Carry-over gegeben ist, dann lassen sich jetzige Umsätze aus vergangenen Umsatzwirkungen oder aus Kommunikationsaktivitäten erklären, die aus Vorperioden erinnert werden. Aufgrund von Schwierigkeiten, die einzelnen Effekte der Vorperioden stabil schätzen zu können, hat sich der Standard etabliert, für die zukünftigen Umsatzeffekte oder die erinnerte Kommunikationswirkung über die Zeit einen konstanten geometrischen Verfall zu unterstellen. Richtet sich dieser ausschließlich auf den Umsatz, dann erhält man nach einigen Umformungen das Modell nach Koyck (1954):

$$\text{Umsatz}_{(t)} = \lambda_{t-1} \cdot \text{Umsatz}_{(t-1)} + a_t \cdot \ln\left(\text{Verkaufsbesuche}_{(t)}\right) \tag{6.17}$$

Dieses Koyck-Modell ist vergleichsweise einfach zu schätzen. Der Parameter λ stellt dabei den Carry-over-Parameter dar. Alternativ kann man auch die Erinnerung mit einem über die Zeit konstanten geometrischen Verfall modellieren:

Erinnerte Kommunikation(t)

$$= \lambda_{t-1} \cdot \text{erinnerte Kommunikation}_{(t-1)} + a \cdot \text{neue Kommunikationswirkung}_{(t)} \tag{6.18}$$

(6.18) wird nach Nerlove und Arrow (1962) auch als Adstock-Modell bezeichnet (siehe dazu besonders Broadbent 1979). Dieses Modell weist den Vorteil auf, dass unterschiedliche Carry-over für den Fall mehrerer Kommunikationsinstrumente unterstellt werden können. Allerdings erschwert es die Schätzung der Parameterwerte, da nach (6.17) die Werte der unabhängigen Variablen von einem unbekannten Parameterwert abhängen. Es hat sich deshalb durchgesetzt, dass man die Reaktionsfunktion mit systematisch variierten Carry-over-Werten schätzt und dann denjenigen Carry-over-Wert auswählt, der zum höchsten Fit führt.

Anders als für das Instrument der Werbung liegen für die Höhe des Carry-over bei Verkaufsbesuchen noch keine umfassenden Erkenntnisse vor. Zoltners und Sinha (2005) berichten in ihren Erfahrungen aus 1.000 Anwendungen aus 25 Jahren Beratungspraxis durch ihr Unternehmen ZS Associates, dass der jährliche Carry-over bei ihren Modellen, die vorwiegend in der pharmazeutischen Branche angewandt worden sind, etwa 0,75 beträgt, d.h. 75% des Umsatzes oder einer Kommunikationswirkung in einem Jahr treten auch noch im nächsten Jahr auf. Für die im Rahmen einer Meta-Analyse von Verkaufselastizitäten erhobenen Daten zu Reaktionsfunktionen ermittelten Albers, Mantrala und Sridhar (2010) einen mittleren **Carry-over-Koeffizienten** von 0,76, der sich allerdings auf unterschiedliche Periodenlängen bezieht und somit nicht mit dem genannten jährlichen Wert vergleichbar ist.

Bei Unterstellung eines über die Perioden konstanten prozentualen Verfalls der Kommunikationswirkung oder des daraus erzielten Umsatzes kann man den Gesamteffekt über die Summe einer geometrischen Reihe bestimmen. Bezieht man diesen Gesamteffekt auf einen standardisierten ursprünglichen Impuls von 1, so erhält man den folgenden Marketing-Multiplikator, um den die kumulierte Wirkung über alle Perioden höher ist als die direkte Wirkung in der ersten Periode:

$$\text{Marketing} - \text{Multiplikator} = \frac{1}{(1-(1-\text{Zinssatz})\cdot\text{Carry}-\text{over}-\text{Koeffizient})} \tag{6.19}$$

Weist der Carry-over-Koeffizient z.B. einen Wert von 0,75 auf, d.h. werden im Koyck-Modell 75% des vergangenen Umsatzes ohne weitere Anstrengungen erneut erzielt oder im Adstock-Modell jeweils 75% der Verkaufsbesuche in der nächsten Periode erinnert, und rechnet das Unternehmen mit einem Zinssatz von 8%, so beträgt der **Marketing-Multiplikator** = 1/(1-(1-0,08)*0,75) = 1/0,31 = 3,226. Dies bedeutet, dass bei einem unendlich andauernden Carry-over als Barwert insgesamt das 3,226-fache der kurzfristigen Wirkung erzielt wird. Geht man wieder nach dem Dorfman-Steiner-Theorem davon aus, dass das optimale Verkaufsbudget als Prozentsatz vom Deckungsbeitrag gleich der Elastizität sein soll, dann ist es nicht sinnvoll, mit der kurzfristigen Elastizität zu arbeiten, da dann ein zwar kurzfristig optimales, aber langfristig viel zu niedriges Verkaufsbudget festgelegt werden würde. Vielmehr sollte man bei langfristigen Wirkungen mit einer langfristigen Elastizität arbeiten, die sich aus dem Produkt der kurzfristigen Elastizität und des Marketing-Muliplikators ergibt.

6.2.4   Potenziale

Eine bedeutende Rolle bei der Planung der Verkaufsanstrengungen spielen die **Umsatzpotenziale**. Sie geben an, welche Umsätze man unter bestmöglichen Bedingungen und höchsten Anstrengungen erreichen kann. Umsatzpotenziale werden zum einen benötigt, um die Chancen neuer Produkte oder Dienstleistungen abschätzen zu können. Zum anderen werden sie zur Planung von Verkaufsgebieten, der Besuchszeitenallokation und zur Entlohnung herangezogen.

Die Abschätzung der Chancen für neue Produkte hängt davon ab, ob man Vorstellungen darüber hat, welche Kunden das angebotene Produkt benötigen. Ist dies der Fall, so sollte man mit Hilfe von Kundendaten-Anbietern wie z.B. Creditreform versuchen, die Anzahl der in Frage kommenden Kunden zu quantifizieren. Dann gilt es abzuschätzen, welchen Bedarf einzelne potenzielle Kunden haben könnten. Kann man dies hinreichend genau als Prozentsatz des Umsatzes der potenziellen Kunden angeben, dann braucht man nur entsprechende Daten zu kaufen und multipliziert den Prozentsatz mit der Summe der so erhaltenen Umsätze potenzieller Kunden. Sofern die Kundschaft sehr heterogen ist, kann man die potenziellen Kunden auch in Segmente einteilen und die Berechnung für jedes einzelne Segment getrennt durchführen. **Insert 6.2-3** beschreibt ein entsprechendes Beispiel.

Insert 6.2-3   Umsatzpotenziale auf der Basis von Kundenschätzungen

---

Ein international operierender Paketversender geht davon aus, dass er im Firmengeschäft mit allen Unternehmen über 50 Millionen Euro Umsatz eine Geschäftsbeziehung etablieren kann. Diese Unternehmen sollen durch Verkaufsaußendienstmitarbeiter betreut werden. Aufgrund seiner Kenntnis der Umsätze mit einigen vorhandenen Kunden kann der Versender abschätzen, dass ein Unternehmen im Mittel etwa 0,025% seines Umsatzes für die Versendung von Paketen ausgibt. Multipliziert mit dem Umsatz all dieser Unternehmen von 4 Billionen Euro bedeutet dies ein Potenzial von 1 Milliarde Euro.

Umsatzpotenziale spielen eine große Rolle bei der Verkaufsgebietseinteilung. Wie aus Abschnitt 3.5 bekannt, versuchen viele Unternehmen mangels Kenntnis der Umsatzreaktion die Verkaufsgebiete so zu gestalten, dass sie möglichst gleiche Umsatzpotenziale aufweisen, da dadurch die Verkaufsaußendienstmitarbeiter alle die gleichen Voraussetzungen zur Umsatzerzielung haben und somit faire Bedingungen herrschen. Eine dabei häufig auftretende Frage für bereits existierende Verkaufsaußendienste besteht darin, ob man die Berechnung der Umsatzpotenziale **auf der Basis existierender oder potenzieller Kunden** vornehmen soll. Berücksichtigt man nur die existierenden Kunden, dann kann dies zu falschen Schlüssen führen, da die Umsatzpotenziale dann mehr den Status Quo, aber nicht die zukünftigen Möglichkeiten abbilden würden. Will man jedoch auch die Umsätze mit potenziellen Kunden erfassen, so steht man häufig vor dem Problem, diese nicht verlässlich angeben zu können. Will man darauf die Verkaufsgebietseinteilung oder gar die Entlohnung der Verkaufsaußendienstmitarbeiter basieren, dann stößt dies nur auf Akzeptanz, wenn man über glaubwürdige Einschätzungen über die Umsatzpotenziale verfügt. Diese Thematik wird ausführlicher in Abschnitt 6.2.6 diskutiert.

Potenzialschätzungen braucht man auch für die Parametrisierung von Reaktionsfunktionen des Umsatzes in Abhängigkeit von den Verkaufsanstrengungen mit Sättigungsmenge, z.B. bei der modifiziert-exponentiellen (6.3) und der S-förmigen (6.4) Reaktionsfunktion. Meist ist es nicht möglich, diese **Sättigungsmengen** simultan mit den anderen Parameterwerten aus Paneldaten ökonometrisch zu schätzen, da für den Wertebereich der Sättigung in aller Regel keine Beobachtungen vorliegen. Liegen für die Sättigungsmengen einzelner Kunden keine guten Abschätzungen vor, so ist man darauf angewiesen, Kunden danach zu analysieren, von welchen Kundencharakteristika die bisherige Umsatztätigkeit abhängt. Kann man auf diese Weise den zu erwartenden Umsatz in Abhängigkeit der Kundencharakteristika bestimmen, so braucht man diesen nur noch mit dem Kehrwert des Lieferanteils (siehe Abschnitt 6.4.4) zu multiplizieren. Kennt ein Unternehmen diesen Lieferanteil nicht, so sollte es entweder den Lieferanteil mit Hilfe sogenannter Datenimputationen für eine Stichprobe auf der Basis von Kundencharakteristika bestimmen (Du, Kamakura und Mela 2007) oder den Kehrwert des Marktanteils uniform auf alle Kunden anwenden und subjektiv pro Kunde korrigieren, sofern nähere Anhaltspunkte vorliegen. Ohne eine solche Vorgehensweise ist die Anwendung von Reaktionsfunktionen mit Sättigungsmengen wie in den Formeln (6.3) und (6.4) gar nicht möglich.

6.2.5   Umsatzschätzung

Für ein Unternehmen ist es wichtig, präzise **Umsatzschätzungen** bzw. -vorhersagen zu bekommen. Dies ermöglicht dem Unternehmen, die anderen Funktionen wie Produktion, Logistik, Finanzen und Kundenabwicklung zusammen mit dem Absatz adäquat zu planen. Solche Umsatzschätzungen sind klar von Umsatzvorgaben für den Verkaufsaußendienst zu trennen, da Umsatzvorgaben vor allem unter Motivationsgesichtspunkten bestimmt werden (siehe dazu den folgenden Abschnitt 6.2.6).

Umsatzschätzungen für neue Produkte kann man ermitteln, indem man die im vorherigen Abschnitt 6.2.4 vorgestellten Umsatzpotenziale mit einem Faktor multipliziert, der zum einen den nur begrenzt erzielbaren Marktanteil, zum anderen aber auch die Entwicklung von Umsätzen nach Maßgabe eines Produktlebenszyklus oder eines Diffusionsprozesses berücksichtigt. Zur Schätzung von typischen Produktlebenszyklen in der pharmazeutischen Industrie siehe Fischer und Albers (2010) und zu typischen Diffusionsverläufen Bass, Krishnan und Jain (1994).

Hat man es mit bereits am Markt verfügbaren Produkten zu tun, so ist zunächst zu prüfen, ob man davon ausgehen kann, dass die vergangenen Umsätze eine gute Vorhersage zukünftiger Umsätze erlauben. Dies ist immer dann der Fall, wenn man eine stabile Umsatzentwicklung erreicht hat. In diesem Fall hängt die Umsatzentwicklung vorwiegend von exogenen Variablen wie der Entwicklung der Konjunktur ab. Unter diesen Voraussetzungen kann man mit Hilfe von ökonometrischen Zeitreihenanalysen versuchen, gute Vorhersagen abzuleiten. Da eine Darstellung dieser Methoden den Rahmen dieses Buches sprengen würde, sei der Leser auf Johnston und Marshall (2009, S. 138 ff.) oder Cron und DeCarlo (2010, S. 59-74) verwiesen.

Ist die Umsatzentwicklung nicht stabil, sollte man zunächst zwei Fälle unterscheiden. Hat man es mit Projektgeschäft zu tun (siehe Abschnitt 2.2.1.1), dann sind **Umsatzschwankungen** im Wesentlichen auf eine nicht kontinuierlich gefüllte Pipeline von Aufträgen zurückzuführen. Hier stellt der Auftragseingang einen sehr guten Prädiktor für den zukünftigen Umsatz dar. Will man die Umsatzentwicklung etwas langfristiger vorhersagen, so muss man sich im Rahmen des Sales Funnel-Konzepts (Albers und Söhnchen 2005) damit beschäftigen, mit welcher Wahrscheinlichkeit einzelne Projektakquisitionsversuche sich über die einzelnen Phasen des Verkaufsprozesses entwickeln. Kennt man nun die Wahrscheinlichkeit, mit der Projekte nach einer ausführlichen Präsentation in eine Verhandlungsphase mit schriftlichem Angebot eintreten und solche Angebote sich wiederum in Aufträge umwandeln, dann kann man auf der Basis des gegenwärtigen Standes von Projekten prognostizieren, wie sich die Pipeline zukünftig entwickeln wird. Voraussetzung dafür ist, dass man dazu auch die mittleren Verweildauern pro Phase kennt.

Hat man es dagegen eher mit unregelmäßigem Einkaufsverhalten der Kunden zu tun (siehe Abschnitt 2.2.2), so kann man Vorhersagen eigentlich nur mit Hilfe von detaillierten Kenntnissen der Verkaufsaußendienstmitarbeiter verbessern. Allerdings sind die Mitarbeiter meist sehr zögerlich, konkrete Werte zu liefern, weil sie befürchten, dass dies Auswirkungen auf Umsatzvorgaben, Entlohnung und Leistungsbeurteilung haben wird. Im Einzelnen geht es darum, dass Verkaufsaußendienstmitarbeiter abschätzen müssen, ob bei einzelnen Kunden entweder höhere oder geringere Auftragsvolumina als bisher zu erwarten sind. Dieses Problem der mangelnden **Anreizkompatibilität** kann man verringern, indem man erklärt, dass das Offenlegen von Marktwissen auch zur Arbeitsaufgabe gehört, oder die Verkaufsaußendienstmitarbeiter darin trainiert. Aufheben kann man diese Zielkonflikte dadurch aber nicht. Die einzige Möglichkeit zur Aufhebung besteht darin, volle Anreizkompatibilität herzustellen. Im Abschnitt 5.4.3.6.3 ist dazu das Gonik-System vorgestellt worden, bei dem der Verkaufsaußendienstmitarbeiter eine Prämie dafür erhält, eine möglichst hohe Umsatzvorgabe zu akzeptieren, allerdings einen Malus in Kauf nehmen muss, wenn die Vorgabe entweder unter- oder überschritten wird. Insofern ist es im besten Interesse des Verkaufsaußendienstmitarbeiters, eine realistische Umsatzvorgabe zu akzeptieren, die mit höchster Wahrscheinlichkeit erreicht wird. Und dann können diese Anreiz-kompatiblen Vorgaben einfach über alle Verkaufsaußendienstmitarbeiter aggregiert werden und man erhält eine entsprechende Umsatz-schätzung.

6.2.6   Umsatzvorgaben

Wie in Abschnitt 6.2.5. ausgeführt, können Umsatzvorgaben zur Motivation, Entlohnung und besseren Umsatzplanung eingesetzt werden. Dort ist bereits darauf hingewiesen worden, dass Umsatzvorgaben, wenn sie realistisch sind und Anreiz-kompatibel vom Verkaufsaußendienstmitarbeiter akzeptiert werden, eine gute Basis für Umsatzvorhersagen bilden.

Umsatzvorgaben werden eingesetzt, um dem Verkaufsaußendienstmitarbeiter ein **konkretes Ziel** für seine Verkaufsanstrengungen zu geben. In empirischen Untersuchungen ist immer wieder festgestellt worden, dass von Umsatzvorgaben eine hohe motivierende Wirkung ausgeht (Chowdhury 1993). Allerdings ist ihre Bestimmung nicht einfach, da man genau den Punkt zwischen einer herausfordernden und einer unrealistischen Umsatzvorgabe finden muss. So ist immer wieder festgestellt worden, dass Umsatzvorgaben auch eine Herausforderung darstellen sollten, damit sich der Verkaufsaußendienstmitarbeiter auch wirklich anstrengt und letztendlich eine positive Wirkung ausgelöst wird. Auf der anderen Seite muss der Verkaufsaußendienstmitarbeiter das Gefühl haben, dieses Ziel auch erreichen zu können, ansonsten resigniert der Mitarbeiter möglicherweise und erreicht unter Umständen nicht einmal mehr die normalerweise zu erwartenden Umsätze. Folglich müssen Umsatzvorgaben so hoch gesetzt werden, dass sie eine Herausforderung darstellen, und gleichzeitig so niedrig, dass der Verkaufsaußendienstmitarbeiter auch eine realistische Chance sieht, diese zu erreichen. Dabei sollte allerdings beachtet werden, dass Verkaufsaußendienstmitarbeiter dazu tendieren, bei sehr hohen Umsatzvorgaben ihre Verkaufsanstrengungen eher auf risikoreiche, aber lukrative Aufträge zu richten, während umgekehrt bei relativ geringen Umsatzvorgaben eher Stammkunden bearbeitet werden (Gaba und Kalja 1999). Diese Aussage bekommt noch höheres Gewicht, wenn das Erreichen von Umsatzvorgaben mit finanziellen Anreizen versehen ist. Dazu sei auf den Abschnitt 5.3.4.5 über die Entlohnung mit Hilfe von Prämiensystemen verwiesen.

Bei der **Bestimmung von Umsatzvorgaben** werden unterschiedliche Vorgehensweisen gewählt (siehe dazu auch Albers 2001). In der Praxis ist häufig anzutreffen, dass man als Umsatzvorgabe den zuletzt erreichten Umsatz in einem Verkaufsgebiet nimmt und diesen mit einem Aufschlag für das vom Unternehmen gewünschte Umsatzwachstum versieht. Damit kommen solche Umsatzvorgaben auch häufig dem Ziel nahe, realistisch zu sein. Allerdings kann ein solches System negative Reaktionen bei den Verkaufsaußendienstmitarbeitern auslösen, denn diese erhalten das Gefühl, dass sie für das Erreichen hoher Umsätze in der Vergangenheit nun mit höheren Vorgaben in der Zukunft bestraft werden. Unter diesen Umständen ist beobachtet worden, dass Verkaufsaußendienstmitarbeiter dann Umsätze in die Folgeperiode verschieben, um so höhere Umsatzvorgaben zu vermeiden (Steenburgh 2008).

Eine andere Praxis besteht darin, zunächst einmal für das Unternehmen aus dem geplanten Wachstum einen Gesamtumsatz festzulegen. Dieser wird dann relativ zum Potenzial auf die einzelnen Verkaufsgebiete umgelegt. Hierzu muss man allerdings das Umsatzpotenzial kennen, dessen Bestimmung gemäß Abschnitt 6.2.4 mit allerlei Problemen behaftet ist. Hat man keine verlässlichen Kenntnisse über die Potenziale einzelner Kunden, so muss man das Umsatzpotenzial aus exogenen Faktoren bestimmen. Existieren mehrere **Potenzialindikatoren**, so erfordert dies zugleich eine Gewichtung der einzelnen Indikatoren. Dies wird in **Insert 6.2-4** an einem Fall aus der Branche der Bausparkassen demonstriert. Die Gewichtung kann man mit Hilfe einer multiplen Regression bestimmen, mit der die bisher in den jeweiligen Verkaufsgebieten erzielte Anzahl der Verträge (als abhängige Variable) durch die genannten exogenen Faktoren erklärt wird. In der folgenden Funktion wird unterstellt, dass die Einflussfaktoren abnehmende Grenzerträge aufweisen und multiplikativ wirken:

$$Y = \alpha \cdot X^{\beta} \cdot Z^{\gamma} \cdot Q^{\delta} \qquad (6.20)$$

Natürlich kann man auch andere Funktionen testen, ob diese eine bessere Anpassung an die Daten ergeben. Die Umsatzvorgabe ergibt sich dann durch Einsetzen der Werte der exogenen Faktoren X, Z und Q sowie der gefundenen Parameterwerte α, β, γ und δ in Gleichung (6.20). Letztendlich bestimmt man damit den Umsatz, den man von einem durchschnittlich produktiven Verkaufsaußendienstmitarbeiter in Abhängigkeit von exogenen Faktoren erwarten darf.

Insert 6.2-4   Bestimmung von Umsatzpotenzialen bei einer Bausparkasse

---

Wir betrachten eine Bausparkasse, deren Verkaufsaußendienstorganisation in 92 Verkaufsgebiete unterteilt ist. Die Anzahl eingeworbener Verträge (Y) als Erfolgsmaß hängt in erheblichem Maße von exogenen Faktoren ab wie der Anzahl der für Bausparverträge in Frage kommenden Einwohner, der Eigentumsquote und der Kaufkraft. Diese Faktoren variieren in starkem Maße über die einzelnen Gebiete in Deutschland. Daten dazu liefert vor allem die GfK. Da mehrere Erfolgsindikatoren vorliegen, werden diese mit Hilfe einer Regressionsanalyse in dem Maße gewichtet, wie sie Unterschiede in den Umsätzen erklären. Konkret wurde analog zu (6.20) folgende Regressionsfunktion geschätzt:

$$Y = \alpha \cdot \text{Einwohner}^{\beta} \cdot \text{Eigentumsquote}^{\gamma} \cdot \text{Kaufkraft}^{\delta} \qquad (6.21)$$

Als Gewichtung konnten folgende Elastizitäten ermittelt werden: $\beta = 0,89$; $\gamma = 0,32$ und $\delta = 0,23$. Je nach Skalierungsfaktor α ergeben sich dann die Umsatzvorgaben durch Einsetzen der Werte in Gleichung (6.21).

Ein Problem besteht darin, dass man die Funktion auf Basis der zuletzt erzielten Umsätze kalibriert. Dieser Umsatz kann aber in erheblichem Maße auch vom Einsatz der verschiedenen Verkaufsaußendienstmitarbeiter abhängen, was bei Nichtberücksichtigung dieses endogenen Faktors zu einer Verzerrung der Gewichte für die exogenen Faktoren führt. Des Weiteren ist die Akzeptanz solchermaßen berechneter „fairer" Umsatzvorgaben dann gering, wenn die Verkaufsaußendienstmitarbeiter der Ansicht sind, dass neben den berücksichtigten exogenen Faktoren noch weitere Größen eine Rolle spielen, und zwar immer dann, wenn dies zu ungünstigen Vorgaben führt. Dies kann man heilen, indem man alle von Verkaufsaußendienstmitarbeitern vorgeschlagenen Faktoren statistisch daraufhin untersucht, ob von ihnen eine Umsatzwirkung ausgeht. Allerdings hilft dies nicht für den Fall, dass für den genannten Faktor keine Daten verfügbar sind oder nur unter prohibitiv hohen Kosten beschafft werden können. Dann hilft nur, die Pflicht zur Datenbeschaffung denjenigen Verkaufsaußendienstmitarbeitern aufzuerlegen, die einen entsprechenden Faktor berücksichtigt haben wollen (Albers 1988).

6.3   Umsetzung der Planung

Lernziele

- Der Leser versteht, dass die Umsetzung der Planung eine zentrale Rolle für die Zielerreichung von Unternehmen spielt.
- Der Leser kennt die Möglichkeiten einer Kontrolle der Umsetzung von Plänen.
- Der Leser erkennt, dass die Zielerreichung von Plänen nur dann gut kontrolliert werden kann, wenn die Umsetzung der Pläne gut dokumentiert ist.

Nach der Analyse und Planung der Vertriebsaktivitäten erfolgt die Umsetzung. Hat man z.B. in einem Pharmaunternehmen festgelegt, sogenannte A-Ärzte zwölfmal, B-Ärzte zehnmal und C-Ärzte sechsmal im Jahr zu besuchen, so sind die Anstrengungen der Vertriebsleitung darauf zu richten, dass der festgelegte Input auch tatsächlich realisiert wird. In der Regel sind Pläne nicht so genau beschrieben, als dass die Verkaufsaußendienstmitarbeiter nicht Spielraum besitzen, selbst Entscheidungen zu fällen, z.B. welche Ärzte zuerst und welche später besucht werden sollen. Das Vertriebsmanagement muss dann dafür Sorge tragen, dass sich der Output der Verkaufsaußenmitarbeiter, meist der Umsatz, tatsächlich im Plan befindet. Dazu sind unterjährig SOLL-IST-Analysen durchzuführen, die zeigen, ob ein Mitarbeiter im Plan ist oder bereits davon abweicht. Voraussetzung dafür ist ein gutes Berichtswesen (siehe Kapitel 5). Nur wenn die Verkaufsaußendienstmitarbeiter ihre Besuche bei Kunden gut dokumentieren und das Unternehmen detaillierte Umsatzzahlen zur Verfügung stellt, können Planabweichungen schnell identifiziert werden und Gegenmaßnahmen beschlossen werden.

Hier ergibt sich allerdings das Problem, dass Verkaufsaußendienstmitarbeiter nicht unbedingt ein Eigeninteresse an einer umfassenden Dokumentation der eigenen Aktivitäten besitzen. Insofern muss die geforderte Dokumentation in einem Customer-Relationship-Management-System eine vorteilhafte Nutzung bieten, mit der die Verkaufsaußendienstmitarbeiter aus eigenem Interesse dazu motiviert werden, korrekt und vollständig zu dokumentieren. Dabei kann helfen, wenn inkorrektes Berichten entsprechend sanktioniert wird. Allerdings muss man dafür Sorge tragen, dass dadurch keine Atmosphäre des Misstrauens entsteht, um negative Folgen auf die Motivation der Mitarbeiter zu vermeiden.

6.4 Erfolgsmessung

Lernziele

– Der Leser weiß, dass jede Leistungsbeurteilung von Verkaufsaußendienstmitarbeitern eine Messung des Erfolges beinhaltet.

– Der Leser versteht, dass der Verkaufserfolg mehrdimensional ist und sich in hohen Umsätzen, niedrigen Kosten oder hohen Deckungsbeiträgen differenziert nach Kunden und Verkaufsgebieten widerspiegelt.

– Der Leser versteht, dass Erfolge nicht nur monetär gemessen werden sollten, sondern die Erfolgsmessung mit Penetration, Zufriedenheit und Wiederkauf auch Aspekte der Zukunftsfähigkeit enthalten sollte.

Auf Grund der vielfältigen Ziele, die man mit der Leistungsbeurteilung von Verkaufsaußendienstmitarbeitern verbinden kann, existiert in der Vertriebspraxis eine Vielzahl von Indikatoren, anhand derer die Leistung beurteilt wird (z.B. Jackson et al. 1983 und 1995). Aus **Tabelle 6.4-1** geht hervor, dass die Mehrzahl der Unternehmen Outputmaße, wie z.B. den Umsatz, entweder in absoluten Größen oder relativ zum vorigen Jahr oder zu einer Umsatzquote, den erzielten Marktanteil oder den erzielten Deckungsbeitrag zur Beurteilung heranziehen. Bei den Inputmaßen (nicht aufgeführt in Tabelle 6.4-1) werden insbesondere die Anzahl der Besuche oder die Verkaufsausgaben, sowohl absolut als auch relativ zum Umsatz oder zu einem Budget, herangezogen.

In **Tabelle 6.4-1** wird allerdings nicht deutlich, dass bei der Auswahl eines geeigneten Kriteriums auch der **Planungshorizont** beachtet werden sollte. Kurzfristig orientierte Maße wie der Umsatz oder der Deckungsbeitrag eines laufenden Jahres vernachlässigen gegebenenfalls die zukünftige Profitabilität eines Unternehmens. So kann es vorkommen, dass man in kurzfristiger Hinsicht den Umsatz steigert, allerdings auf Kosten der Kundenzufriedenheit, die dann wieder zu einer geringeren Wahrscheinlichkeit des Wiederkaufs führt. Um diese Aspekte ebenfalls berücksichtigen zu können, wird empfohlen, zusätzlich den Einfluss von Außendienstmitarbeitern auf die Kundenloyalität zu erfassen. Dies geschieht entweder mit Hilfe von Kundenzufriedenheit-Indizes (Mittal und Kamakura 2001) oder durch Messung der Bereitschaft zur Weiterempfehlung der eigenen Produkte oder der Wahrscheinlichkeit des Wiederkaufs. Auch wenn Kundenloyalität nicht einfach zu messen ist, berichten Hauser, Simester und Wernerfelt (1995), dass die Kundenzufriedenheit bereits häufig als Basis für finanzielle Anreize von Außendienstmitarbeitern herangezogen wird. Allerdings sollte man dabei bedenken, dass Kundenzufriedenheitswerte nur subjektive Daten darstellen und deshalb nicht verlässlich über die Zeit sind (Becker und Albers 2012). Dennoch wird Kundenzufriedenheit von vielen Unternehmen gemessen und eingesetzt, da sie sich als aussagekräftiger Frühwarnindikator für den zukünftigen Erfolg bewährt hat.

Tabelle 6.4-1   Häufigkeit berichteter Erfolgsmaße (Jackson, Schlacter und Wolfe 1995) (auszugsweise, zusammengefasst und übersetzt)

Erfolgsmaß	Prozent
Umsatz und Absatz (Ergebnisse)	
Umsatz in US-$	79 %
Umsatzwachstum	76 %
Umsatz pro Produkt (Linie), Kunde oder Neukunde	45 %
Absatz in Einheiten	35 %
Absatz zu Marktpotenzial	27 %
Umsatz pro Auftrag	7 %
Umsatz pro Besuch	6 %
Prozentsatz des Absatzes über Telefon und Post	1 %
Erreichter Marktanteil	59 %
Kunden (Ergebnisse)	
Anzahl von Neukunden	69 %
Anzahl von verlorenen Kunden	33 %
Forderungen in US-$	17 %
Kundenabwanderungsquote	6 %
Gewinn (Ergebnisse)	
Nettogewinn in US-$	69 %
Return on Investment	33 %
Deckungsbeitragssatz	34 %

Im Übrigen können Kundenzufriedenheitswerte von dem Außendienstmitarbeiter manipuliert werden. Schließlich können durch Bekanntwerden derartiger Leistungsmaße die Kunden auch zu strategischem Verhalten gedrängt werden (z.B. Reichheld 1996), indem sie damit drohen, eine hohe Kundenzufriedenheit nur dann anzugeben, wenn sie einen entsprechenden Nachlass bekommen (Sharma 1997).

Tabelle 6.4-2   Klassifikation verschiedener Erfolgsmaße nach Art und Bezug des Ergebnisses

Ergebnis bezieht sich auf / Art des Ergebnisses	Kunden	Verkaufsaußendienstmitarbeiter	Unternehmen
Input	Besuche Verkaufsausgaben für Kunden	Fähigkeiten Einsatz Kosten	Größe des Verkaufsaußendienstes Kosten
Prozess	Kundengewinnung Kundenverlust Zufriedenheit, Weiterempfehlungen Beschwerden	Sales Funnel (vom Lead bis zum Abschluss)	Penetration Wachstum
Output	Aufträge Absatz, Umsatz je Segment Lieferanteil Kunden-Deckungsbeitrag	Absatz Umsatz Marktanteile Deckungsbeitrag	Absatz Umsatz Marktanteile Deckungsbeitrag

Wenn auch Outputmaße am häufigsten von Unternehmen herangezogen werden, kann es sich bei Wahl einer Verhaltens-orientierten Steuerung (siehe Abschnitt 5.1.2) als sinnvoll erweisen, die Inputs der Verkaufsaußendienstmitarbeiter als weiteres Erfolgsmaß heranzuziehen. Tabelle 6.4-2 führt deshalb beide Maße als unterschiedliche Arten von Ergebnissen auf. Dazwischen steht der Prozess, wie Inputs in Output verwandelt werden können. Entsprechende Maße stellen eine weitere Art der Erfolgsmessung dar und sind deshalb zwischen Input und Output aufgeführt.

Eine Analyse der Inputs der Außendienstmitarbeiter erfordert die Kenntnis aller Aktivitäten der Verkaufsaußendienstmitarbeiter. Eine umfassende Liste darüber liefern z.B. Marshall, Moncrief und Lassk (1999). Sieht man sich diese Liste an, so wird deutlich, dass Inputs nicht nur aus quantitativen Maßen, wie z.B. der Anzahl von Besuchen, sondern auch aus qualitativen Bewertungen, wie z.B. der Qualität von Kundenpräsentationen und der Vorbereitung auf Kundenbesuche, bestehen können. Im Allgemeinen ist es sehr schwierig, adäquate Daten für die quantitativen und qualitativen Inputmaße zu bekommen. Verkaufsaußendienstmitarbeiter arbeiten üblicherweise fernab von der Unternehmenszentrale an Standorten in der Nähe ihrer Kunden. Aus diesem Grunde können der Einsatz und die Fähigkeiten bzw. Fertigkeiten von Außendienstmitarbeitern nicht durch das Management beobachtet werden. Insofern muss sich das Verkaufsmanagement auf Berichte der Verkaufsaußendienstmitarbeiter verlassen. So ist es z.B. üblich, von den Verkaufsaußendienstmitarbeitern Berichte über die Anzahl der getätigten Besuche und die Aktivitäten wie Vorbereitungen für Besuche abzufordern (siehe auch Abschnitt 5.4.2 zu **Supervision** und **Coaching**). Dies stößt jedoch häufig auf große Probleme, da es nicht im Interesse der Außendienstmitarbeiter liegt, vollständige und korrekte Angaben zu liefern (Ramaswami, Srinivasan und Gorton 1997). So dürfte es einem Verkaufsaußendienstmitarbeiter klar sein, dass seine Berichte zu seiner eigenen Beurteilung verwendet werden. In diesem Fall wird er möglicherweise seinen Einsatz überzeichnen. Ebenso findet man häufig, dass Besuchsberichte gar nicht ausgefüllt werden, wenn das Management dies nicht als zwingend erforderlich angekündigt hat (siehe ebenfalls Abschnitt 5.4.2).

Um dem Problem von sogenannten Lügenberichten entgegenzutreten, muss das Unternehmen herausfinden, ob diese Berichte wahr sind. Grundsätzlich ist eine Überprüfung dergestalt möglich, dass ein Unternehmen bei einer zufälligen Stichprobe von Kunden anruft, um den Bericht zu verifizieren. Allerdings können solche Kontrollen auch negative Nebeneffekte haben, indem sie eine Atmosphäre des Misstrauens statt der vertrauenswürdigen Zusammenarbeit schaffen. Besser ist es deshalb, mit Hilfe von begleitenden Führungsaktivitäten und Anreizen die Außendienstmitarbeiter dazu zu motivieren, **korrekte Daten** zu liefern. Wenn der Außendienstmitarbeiter z.B. weiß, dass seine Besuchsberichte in ein Customer-Relationship-Management-System eingehen, das auf dieser Basis Empfehlungen ableitet, welche Kunden in der nächsten Woche am profitabelsten zu besuchen wären, so hätte der Verkaufsaußendienstmitarbeiter von wahrheitsgetreuen Besuchsberichten einen unmittelbaren Nutzen und würde auch die Daten liefern. Dies ist die Vision insbesondere von Siebel (Siebel und Malone 1996). Allerdings sind den Autoren bisher keine Systeme bekannt, in denen dieses Vorgehen erfolgreich implementiert werden konnte.

Neben den Aktivitäten interessiert ein Unternehmen natürlich auch die mit den Inputs verbundenen Kosten. Hier will ein Unternehmen meist herausfinden, wer pro Kunde oder anderer Bezugsgröße am kostengünstigsten arbeitet. Kombiniert man die Umsatz- mit der Kostenanalyse, so kann der Deckungsbeitrag als Erfolgsmaß herangezogen werden. Dabei wird deutlich, dass dann unterschiedliche Betrachtungsebenen zu unterscheiden sind. Tabelle 6.4-2 unterscheidet unterschiedliche Aggregationsniveaus, nämlich den einzelnen Kunden, individuelle Verkaufsaußendienstmitarbeiter (verantwortlich für bestimmte Kundengruppen) und das gesamte Unternehmen. Analysiert man einzelne Kunden, so kann man eine Kundendeckungsbeitragsrechnung vornehmen. Dabei kann es Schwierig-keiten bei der Zurechenbarkeit von Kosten geben, die mit dem Grad der Aggregation ab-nehmen.

Bei den **Prozess-Ergebnissen** (siehe **Tabelle 6.4-2**) ist ebenfalls nach dem Aggregations-grad zu unterscheiden. Auf Kundenebene interessieren Maße zur Gewinnung und zum Halten von Kunden. Daneben sind Maße von Interesse, die Indikatoren für die Kundenlo-yalität darstellen, also Zufriedenheit, Weiterempfehlungsabsicht und Beschwerdeverhal-ten. Natürlich kann man dies aggregiert für jeden Verkaufsaußendienstmitarbeiter und auch für das gesamte Unternehmen ausweisen. Betrachtet man den Prozess der Umsatz-gewinnung, so interessiert auch der Status der Pipeline an Aufträgen, also mit welcher Wahrscheinlichkeit aus frühen Stufen des Verkaufsprozesses auf später zu erwartende Umsätze geschlossen kann. Wie man daraus Umsatzschätzungen ableitet, wird in Ab-schnitt 6.2.4 skizziert. Daneben interessiert als Erfolgsmaß auf Unternehmensebene, ob ein Unternehmen wächst und Märkte penetriert hat.

Die folgenden Unterabschnitte behandeln nun die Probleme einzelner Erfolgsmaße nach Maßgabe von **Tabelle 6.4-2**.

6.4.1   Umsatzanalyse und Absatzsegmentrechnung

Anders als viele andere Unternehmensbereiche kann man den Vertrieb gut mit auf der Basis von erzielten Umsätzen beurteilen. Umsätze zu erzielen stellt die primäre Aufgabe des Vertriebs dar. Wie später noch gezeigt wird, hängt der Umsatz aber nicht nur von der eigenen Leistung ab, sondern wird auch von nicht-kontrollierbaren Faktoren wie dem Verkaufspotenzial in einem Verkaufsgebiet beeinflusst. Insofern zielt die Umsatzanalyse ab auf **Vergleiche** gegenüber Vorperioden, anderen Verkaufsaußendienstmitarbeitern (Verkaufsgebieten) oder Soll-Zahlen bzw. Umsatzvorgaben (siehe dazu die Abschnitte 6.2.5 und 6.5). Hat man Abweichungen zu Vorgaben oder Vergleichseinheiten festgestellt, gilt es herauszufinden, worauf diese Abweichungen zurückzuführen sind. Dazu ist ein aggregierter Umsatz auf einzelne Absatzsegmente zu untergliedern und im Einzelnen zu untersuchen, in welchen Segmenten positive oder negative Abweichungen erzielt worden sind. Grundsätzlich ist es dabei denkbar, die Umsätze nach geographischen Regionen oder Kundentypen aufzuteilen. So kann man Kundentypen bilden, indem man Kunden unter-scheidet, die schon lange loyal sind oder erst kürzlich gewonnen werden konnten, was einer Klassifizierung nach Lebenszyklusphasen entspricht. Populär sind auch Untersu-chungen differenziert nach Kundengröße (A-, B-, C-Kunden) oder gewährten Rabatten. Dabei ist jene Segmentierung am geeignetsten, die besonders gravierende Abweichungen aufdeckt.

6.4.2   Kostenanalyse

Wie bereits ausgeführt sind Umsätze allein noch nicht aussagekräftig, weil ihnen die damit verbundenen Kosten gegenübergestellt werden müssen. Erst dann kann man beurteilen, ob die Umsatzerzielung mit vertretbaren Kosten einhergeht. Fixe Vergütungskosten stellen oft den größten Teil der Vertriebskosten dar. Man kann allerdings analysieren, in welcher Höhe ein Verkaufsaußendienstmitarbeiter weitere variable Kosten verursacht hat. Dazu zählen z.B. von der Anzahl der Besuche abhängige Reisekosten sowie Kosten für das sogenannte Micro-Marketing zur Unterstützung der Verkaufsanstrengungen, wozu das Verteilen von Informationsmaterial oder Geschenken ebenso wie die Einladung von Kunden zum Essen oder zur Teilnahme an Kongressen oder Weiterbildungen zählen. Natürlich lohnt sich ihre Analyse nur, wenn der Verkaufsaußendienstmitarbeiter über die Höhe und Verteilung dieser Kosten bestimmen kann. Bei einem Kosten-Controlling muss man allerdings bedenken, dass ein Verkaufsmitarbeiter bei sehr intensiven Kostenkontrollen im Rahmen der Leistungsbeurteilung oft versucht, Kosten zu vermeiden, obwohl sie angemessen wären. Insofern ist es meist besser, Kostenbudgets vorzugeben, statt die Kosten in die Entlohnungshöhe zu integrieren, wie dies etwa geschieht, wenn die variable Vergütung auf den erzielten Deckungsbeitrag gewährt wird.

6.4.3   Deckungsbeitragsrechnung

Es wurde bereits gezeigt, dass es sinnvoll ist, die einzelnen Teile der Umsatz- und Kostenanalyse zu einer Deckungsbeitragsrechnung zusammenzuführen, um Aussagen über die Profitabilität treffen zu können. Im Prinzip geht es darum, von den generierten Umsätzen alle direkt zurechenbaren Kosten abzuziehen, die bis zum Kaufabschluss anfallen, z.B. Produktions- und Materialkosten, Skonti/Boni, Retouren etc. Von diesen Deckungsbeiträgen sind dann noch alle nicht direkt zurechenbaren Kosten zu decken. Aus dieser Beschreibung wird deutlich, dass das Problem im Wesentlichen in der Zuordenbarkeit von Umsätzen und Kosten liegt. Grundsätzlich ist es auf Unternehmensebene einfach, vom Gesamtumsatz die Gesamtkosten abzuziehen. Wenn man jedoch Aussagen auf Ebene einzelner Verkaufsaußendienstmitarbeiter oder gar Kunden gewinnen möchte, dann ist genau zu analysieren, ob Umsätze und Kosten tatsächlich verursachungsgemäß zugerechnet werden können.

Auf der **Ebene der Umsätze** kann sich beim Verkauf an große Handelsunternehmen mit Filialen das Problem ergeben, dass die Umsätze nur für Zentralläger des Kunden fakturiert werden, während sich die Verkaufsanstrengungen einzelner Merchandiser (abgesehen von einem zentralen Key-Account-Management) auf einzelne Filialen beziehen, also auch von unterschiedlichen Verkaufsaußendienstmitarbeitern ausgeführt werden (Albers 1996). Ebenso können Beschaffungsverbünde existieren, die eine verursachungsgerechte Zuordnung von Umsätzen auf die dafür verantwortlichen Verkaufsaußendienstmitarbeiter erschweren.

Auf der Kostenseite gestaltet sich die Zurechnung meist noch schwieriger. Die Personalkosten des Verkaufsaußendienstmitarbeiters sind zu großen Teilen fix und können deshalb nur dann einzelnen Kunden zugeordnet werden, wenn man die Kosten proportional z.B. zu den jeweiligen Anzahlen von Besuchen zurechnet. Dies kann jedoch zu völlig falschen Einsichten führen, wenn es darum geht, die Profitabilität einzelner Kunden zu beurteilen, denn eine Reduktion von Besuchen würde eben nur zu verringerten Umsätzen, aber nicht zu geringeren Personalkosten führen. In gleicher Weise stellt sich das Problem, wie man die Kosten übergeordneter Verkaufsmanager behandelt. Hierzu wird eine Verrechnung der Kosten nach der Periodenlänge empfohlen, in der sie abgebaut werden können.

Insbesondere wenn der Anteil der variablen Kosten an den Gesamtkosten gering ist, wird eine Prozesskostenrechnung empfohlen, bei der die Kosten für immer wiederkehrende Prozesse, wie sie z.B. bei Kundenbesuchen gegeben sind, errechnet und dann nach Anzahl in Anspruch genommener Prozessschritte verrechnet werden. Wir wollen beispielhaft annehmen, dass sich der Gesamtprozess des Verkaufens in die Teilprozesse Kundenbetreuung, Angebotserstellung und Auftragsbearbeitung untergliedert. Außerdem muss der Innendienst die Auslieferung vornehmen und Ausgangsrechnungen erstellen. In **Tabelle 6.4-3** werden für diese Aktivitäten die Kosten-Volumina errechnet, die auf die jeweiligen Aktivitäten der Verkaufsaußendienst- und der Innendienstmitarbeiter entfallen. Das jeweils aufzuteilende Gesamtvolumen ergibt sich aus der Multiplikation der Entlohnungskosten für die Verkaufsaußendienst- bzw. Innendienstmitarbeiter mit ihrer Anzahl. Dabei sind für die Aktivitäten Prozentsätze angegeben, mit denen diese von den Verkaufsaußendienst- und Innendienstmitarbeitern ausgeführt werden, so dass man die gesamten Kosten pro Aktivität leicht errechnen kann. Die einzelnen Summen können sich nach einer Aufnahme von Zeiten ergeben, die für einzelne Teilprozesse nötig sind.

Tabelle 6.4-3   Beispiel zur Errechnung von Kostensätzen nach der Prozesskostenrechnung

Teilprozesse und ihre Anteile	Anteile	Kosten-volumen	Teilprozesse und ihre Anteile	Anteile	Kosten-volumen
64.800 € pro Verkaufsaußen-dienst-mitarbeiter	23 %	1.490.400	39.800 € pro Innendienst-Mitarbeiter	6 %	238.800
Kundenbesuche plus Fahrtzeit	30 %	447.120	Auslieferung	15 %	35.820
Angebotserstellung	25 %	372.600	Ausgangs-rechnungen	5 %	11.940
Auftragsbearbeitung	5 %	74.520			

Die Kosten-Volumina werden dann in **Tabelle 6.4-4** durch die Anzahl der Kostentreiber (z.B. Anzahl Verkaufsbesuche) geteilt und ergeben einen Kostensatz pro Verkaufsbesuch. Hat man Aufzeichnungen über die Anzahl der Verkaufsbesuche, können einem Kunden dann diese Prozesskosten zugeordnet werden. Dies wird als akzeptabler Kompromiss verstanden zwischen einer Vollkostenrechnung, bei der alle Kosten proportionalisiert werden, und einer Teilkostenrechnung, wo lediglich echt variable Kosten zugerechnet werden (Cooper und Kaplan 1988).

Tabelle 6.4-4   Beispiel zur Errechnung von Kostensätzen nach der Prozesskostenrechnung

Teilprozesse	Kostentreiber	Kosten-volumen	Menge Kostentreiber	Kostensatz
Kundenbetreuung	Kundenbesuche	447.120	11.040	40,50
Angebotserstellung	Angebotspositionen	372.600	12.848	29,00
Auftragsbearbeitung	Auftragspositionen	74.520	9.746	7,65
Auslieferung	Anzahl Lieferscheine	35.820	4.722	7,59
Rechnungswesen	Anzahl Ausgangs-rechnungen	11.940	2.456	4,86

Unabhängig davon empfiehlt es sich, eine stufenweise Kunden-Deckungsbeitrags-rechnung einzuführen, bei der man wie in **Tabelle 6.4-5** zunächst direkt zuordenbare Kosten von den Erlösen abzieht, auf der nächsten Stufe die proportionalisierten Prozesskosten abzieht und auf der letzten Stufe den Deckungsbeitrag für ein gesamtes Verkaufsgebiet ausgibt. Auf diese Weise können dann nicht einzelnen Kunden zuordenbare Gemeinkosten sichtbar gemacht werden, wie sie z.B. bei einem Verkaufsaußendienstmitarbeiter durch alle sogenannten unproduktiven Zeiten entstehen. Dies sind z.B. Urlaubs- und Krankheitszeiten sowie Zeiten für Trainings und Reporting.

Tabelle 6.4-5   Beispiel einer stufenweisen Kunden-Deckungsbeitragsrechnung

	Kunde A	Kunde B	Kunde C	Verkaufsgebiet
Bruttoerlöse	2.480.000,00	1.750.000,00	2.120.000,00	6.350.000,00
Rabatte	297.600,00	262.500,00	169.600,00	729.700,00
Vorläufiger Nettoerlös	2.182.400,00	1.487.500,00	1.950.400,00	5.620.300,00
Skonti	65.472,00	44.625,00	58.512,00	168.609,00
Mängel-Preisnachlässe	0,00	0,00	390.080,00	390.080,00

	Kunde A	Kunde B	Kunde C	Verkaufsgebiet
Boni	109.120,00	74.375,00	97.520,00	281.015,00
Nettoerlös II	2.007.808,00	1.368.500,00	1.404.288,00	4.780.596,00
Herstellkosten	642.498,56	410.550,00	491.500,80	1.544.549,36
Kundendeckungsbeitrag I	1.365.309,44	957.950,00	912.787,20	3.236.046,64
Zurechenbare Marketing-, Verkaufs- und Service- kosten	34.360,00	31.005,00	36.890,00	102.255,00
Kundendeckungsbeitrag II	1.330.949,44	926.945,00	875.897,20	3.133.791,64
Proportionalisierte Gemeinkosten gemäß einer Prozesskostenrechnung	742.016,00	476.000,00	702.144,00	1.920.160,00
Kundendeckungsbeitrag III	588.933,44	450.945,00	173.753,20	1.213.631,64
Verkaufskosten für das gesamte Verkaufsgebiet				245.000,00
Verkaufsgebiets- Deckungsbeitrag				968.631,64

6.4.4   Liefer- und Marktanteil

Bei der Beurteilung des Verkaufserfolges spielt nicht nur der absolute Erfolg eine Rolle, sondern auch, wie man relativ zum Wettbewerb abgeschnitten hat. Ein Indikator für diesen Aspekt stellt auf Unternehmensebene der **Marktanteil** bezüglich von Marktsegmenten, die nach Produkten oder Kunden definiert sein können, dar. Während Deckungsbeiträge ausschließlich auf Unternehmensdaten beruhen, sind Marktanteile schwieriger zu ermitteln, da dazu Daten der Wettbewerber bekannt sein müssen, was im Allgemeinen nicht der Fall ist, da diese Daten kaum veröffentlicht werden. Insofern ist man auf Branchenberichte angewiesen, in denen Angaben zum Gesamtmarkt dokumentiert werden. Dann errechnet sich der Marktanteil aus den eigenen Umsatzdaten geteilt durch die Branchenumsätze. Solche Branchendaten sind allerdings häufig anders definiert als die Märkte einzelner Unternehmen, so dass diese Daten nur als ungefähre Informationen anzusehen sind. Genauere Daten liegen im Pharmabereich vor, wo IMS Health zumindest für den Markt der gesetzlich Versicherten alle Daten im Detail vorzuliegen hat. In sehr speziellen Industriegütermärkten, z.B. im Kraftwerkbau, kann man die Marktanteile auch errechnen, weil man aus öffentlichen Daten genau weiß, welches Unternehmen welches Werk zu welchem Wert geliefert hat. In vielen anderen Märkten muss man sich dagegen mit Schätzungen behelfen.

Auf disaggregierter Ebene sind sogenannte **Lieferanteile** von Bedeutung, also die Anteile an einer bestimmten Produktgruppe, die vom eigenen Unternehmen am Beschaffungsvolumen eines Unternehmens erzielt werden. Dies wird auch als „share-of-wallet" bezeichnet (Krafft 2007). Dieser Lieferanteil ist ein Ausdruck dafür, wie weit man in seinen Anstrengungen gediehen ist, einen Kunden ganz für ein Unternehmen zu gewinnen. Diese Werte sind noch schwieriger als Marktanteile zu bestimmen. Man ist dabei auf die Kooperation der Verkaufsaußendienstmitarbeiter angewiesen, die das Beschaffungsvolumen in Gesprächen mit dem Kunden herausfinden müssen. Allerdings liegt es nicht im Interesse des Verkaufsaußendienstmitarbeiters, solche Daten zu liefern, wenn er dabei schlecht abschneidet. Insofern ist zu überlegen, hier mit Anreizen zur Datenlieferung zu arbeiten.

6.4.5   Wachstum und Penetration

Viele Unternehmen sehen **Wachstum** als ein wichtiges Unternehmensziel an. Dies wird auch gerne als Erfolgsmaß auf Verkaufsaußendienstmitarbeiter angewendet, weil dies ein relatives Maß ist. Unabhängig davon, ob ein Verkaufsaußendienstmitarbeiter ein leichtes oder schwieriges Verkaufsgebiet zugeordnet bekommen hat, sollte jeder Verkaufsaußendienstmitarbeiter in der Lage sein, ein bestimmtes Wachstum zu realisieren. Sobald Wachstum gewünscht ist, schlägt sich das meist auch in entsprechenden Erhöhungen der Umsatzvorgaben nieder. Sind daran allerdings Entlohnungskonsequenzen geknüpft, muss das Verkaufsmanagement damit rechnen, dass dann die Verkaufsaußendienstmitarbeiter versuchen werden, Umsätze in die nächste Periode zu verschieben, um nicht in der nächsten Periode eine noch höhere Vorgabe zu erhalten.

Über die Zeit spielt auch die **Penetration** eine Rolle. Gerade bei langlebigen Gütern, die nur selten gekauft werden, ist es von Bedeutung, welchen Anteil man an der Gesamtzahl von Kunden im Verkaufsgebiet bereits mit seinen Produkten bedienen konnte. Hier kann man danach unterscheiden, wie viele Kunden man bisher nur einmalig erreicht hat und wie viele auch wieder gekauft haben. Daraus gewinnt man insbesondere Aussagen über die weiteren Wachstumschancen.

6.4.6   Kundenzufriedenheit

Wie bereits in der Einleitung zum Abschnitt 6.4 ausgeführt wurde, spielt für die Beurteilung der zukünftigen Absatzchancen die bei den Kunden bisher erzielte Kundenzufriedenheit eine große Rolle. **Kundenzufriedenheit** begünstigt nämlich zukünftige Wiederkäufe (Szymanski und Henard 2001, S. 24). Da Kundenzufriedenheit nicht direkt beobachtbar ist, muss sie als Konstrukt gemessen werden. Bei der Art der Messung ist der Geschäftstyp zu berücksichtigen.

Insert 6.4-1 Kundenzufriedenheit im Pharmabereich

Im Pharmabereich stellen im Wesentlichen die Ärzte die Kunden dar. Da die Ärzte in der Regel unter Zeitknappheit leiden, wird man sie nur selten nach ihrer Zufriedenheit befragen können. Während das Erfragen der Produktqualität zu einer wesentlichen Aufgabe des Pharmareferenten gehört und sich auf die Wirksamkeit des Medikaments wie auch dessen Nebenwirkungen erstreckt, ist das Erfragen der Interaktionsqualität zwischen Pharmareferent und Arzt sehr schwierig, weil damit ja auch eine implizite Leistungsbeurteilung verbunden ist. Man wird dies deshalb höchstens in stichprobenartigen Befragungen von Ärzten seitens der Vertriebsleitung durchführen können. Allerdings ist dabei Anonymität zuzusichern, so dass keine Rückschlüsse auf einzelne Pharmareferenten gezogen werden können. Eine Messung der Kundenzufriedenheit mit einzelnen Pharmareferenten ist somit nicht möglich.

Im industriellen Vertrieb kann sich die Zufriedenheit im Prinzip auf die Produktqualität und die Interaktionsqualität beziehen (Homburg 1995, S. 71). Da heutzutage im industriellen Vertrieb der Anteil von Produkten im Sinne von tangiblen Gütern meist nur einen Teil des Gesamtangebots ausmacht und zu einem nicht unwesentlichen Teil auch Dienstleistungen vertrieben werden, z.B. in Form von Schulungen und Wartung, bezieht sich die Produktqualität auch auf die Dienstleistungsqualität. Daneben spielt gemäß dem Marketing-Relationship-Ansatz (Palmatier 2008) die Beziehung zwischen dem Verkaufsaußendienstmitarbeiter und dem Kunden eine große Rolle, wobei als Interaktionspartner beim Kunden grundsätzlich alle Mitglieder des Buying-Center (siehe dazu Abschnitt 2.2.2.3) in Frage kommen.

Das Beispiel in **Insert 6.4-1** hat gezeigt, dass die Produkt- und Dienstleistungsqualität meist gut und problemlos erfragt werden kann, während die Interaktionsqualität grundsätzlich schwieriger zu erfassen ist. Bei der Produktqualität kann man sich auf Stichproben beschränken, während die Interaktionsqualität sich immer auf bestimmte Verkaufsaußendienstmitarbeiter bezieht und deshalb die Frage aufwirft, ob man die Zufriedenheit von jedem Kunden benötigt, um z.B. die Entlohnung des Verkaufsaußendienstmitarbeiters darauf zu beziehen, oder diese anonym aus einer Stichprobe ermittelt. Letzteres gibt nur generelle Einsichten, während ersteres auch unmittelbare Konsequenzen für einzelne Verkaufsaußendienstmitarbeiter haben kann.

Gemessen werden kann die Kundenzufriedenheit grundsätzlich über einen ereignis- oder merkmalsorientierten Ansatz (siehe dazu den Überblick bei Krafft 1999a). Bei dem **ereignisorientierten Ansatz** werden Kunden danach befragt, ob sie sich an einzelne positiv oder negativ empfundene Ereignisse aus ihrer Kundenbeziehung erinnern können. Dieser Ansatz baut darauf, dass man davon ausgehen kann, dass sich Kunden in ihrer Loyalität einem Zulieferer gegenüber nach Maßgabe der erinnerten Interaktionsqualität verhalten werden. Er bietet zudem den Vorteil, dass das Unternehmen Informationen über ganz konkrete Fehlabläufe in bestimmten Situationen erhält und damit letztendlich auch für Abhilfe sorgen kann, bspw. im Rahmen der sogenannten Critical-Incident-Methode.

Zwar hängt die Kundenzufriedenheit auch von solchen kritischen Ereignissen ab, aber vielfach bildet sich auch ohne derartige Ereignisse ein Gesamturteil über die Beziehung zu einem Unternehmen. Dieses Zufriedenheitsurteil kann man **merkmalsorientiert** abfragen. Zum einen kann man die einzelnen Aspekte der Produkt- und Dienstleistungsqualität abfragen. Dabei gibt es letztendlich drei Aspekte, zu denen man Daten abfragen kann. Neben der eigentlichen Einschätzung einer Leistung interessiert das Vertriebsmanagement, welche Aspekte besonders dringlich einer Verbesserung bedürfen. Dies kann man nur abschätzen, wenn man weiß, wie hoch die Erwartungen sind. Meistens ist es nämlich die Diskrepanz zwischen den Erwartungen und der vom Kunden wahrgenommenen Produktqualität, die darüber entscheidet, ob ein Kunde weiterhin loyal zu einem Zulieferer sein wird. In **Abbildung 6.4-1** wird deshalb ein Beispiel gegeben, bei dem sowohl Erwartungen an als auch der Grad der wahrgenommenen Erfüllung von Leistungen abgefragt werden.

Abbildung 6.4-1 Beispiel einer Befragung nach Erwartungen und dem Erfüllungsgrad von Produktqualität mittels ausgewählter Indikatoren bei einem Maschinenbauunternehmen (Beutin 2008, S. 133)

	A. Ex-ante-Messung / Erwartung: „Ich erwarte folgende Leistung von meinem Lieferanten ..."			B. Ex post-Messung / Erfüllung: „Mein Lieferant bietet mir folgende Leistungen"		
	Stimme voll zu	Stimme überhaupt nicht zu	Keine Bewertung möglich	Stimme voll zu	Stimme überhaupt nicht zu	Keine Bewertung möglich
	1 2 3 4 5 6			1 2 3 4 5 6		
große Breite des Produkt- und Leistungsangebots	○ ○ ○ ○ ○ ○		○	○ ○ ○ ○ ○ ○		○
hoher Innovationsgrad der Produkte (Neuartigkeit, Einzigartigkeit)	○ ○ ○ ○ ○ ○		○	○ ○ ○ ○ ○ ○		○
hohe Zuverlässigkeit der Produkte	○ ○ ○ ○ ○ ○		○	○ ○ ○ ○ ○ ○		○
gute Garantieleistungen	○ ○ ○ ○ ○ ○		○	○ ○ ○ ○ ○ ○		○
hohe Lebensdauer	○ ○ ○ ○ ○ ○		○	○ ○ ○ ○ ○ ○		○
niedrige Betriebskosten (bzw. „cost of ownership")	○ ○ ○ ○ ○ ○		○	○ ○ ○ ○ ○ ○		○
kundenspezifische Anpassungen	○ ○ ○ ○ ○ ○		○	○ ○ ○ ○ ○ ○		○
gutes Preis-Leistungs-Verhältnis	○ ○ ○ ○ ○ ○		○	○ ○ ○ ○ ○ ○		○

Zwar weiß man dann, wo die größten Diskrepanzen bestehen, allerdings kann man damit noch nicht abschätzen, wie wichtig eine bestimmte Dimension für den Kunden ist. Dazu ist es entweder nötig, das Gewicht für eine **Zufriedenheitsdimension** direkt auf einer Skala abzufragen oder dies indirekt zu ermitteln, indem man zusätzlich ein Gesamturteil der Zufriedenheit abfragt und dann mit Hilfe von Regressionsanalysen ermittelt, wie im Durchschnitt die Kunden oder einzelne Kundensegmente die Bedeutung einzelner Beurteilungsdimensionen einschätzen, was implizit bedeutet, welche Dimension am meisten mit dem Gesamturteil korreliert. Allerdings erweist sich eine solche Auswertung schon aus statistischen Gründen als schwierig, weil die einzelnen Beurteilungsdimensionen untereinander hoch korrelieren, so dass man keine verlässlichen Gewichte bekommt und dann kompliziertere Hauptkomponentenregressionen mit nur einer oder zwei Komponenten anwenden muss. Hat man solche Gewichte und auch die Einschätzungen zu Beurteilungsdimensionen gewonnen, so kann man diese in einem Vierfelder-Diagramm anordnen, indem man jeweils angibt, ob die Gewichte über- oder unterdurchschnittlich ausfallen und entsprechend auch die Qualitätseinschätzungen. Aus einem solchen Diagramm kann man analog zur „Importance-Performance Analysis" (Martilla und James 1977) unmittelbar entnehmen, wo Verbesserungspotenzial besteht und wie relevant dies ist. Ein Beispiel für eine solche Analyse stellt **Abbildung 6.4-2** dar. Dort zeigt die Lösungsorientierung das höchste Bedeutungsgewicht und gleichzeitig eine sehr geringe Zufriedenheit bei den Kunden.

Es gibt auch theoretische Ansätze, die von nicht-kompensatorischen Gewichten ausgehen. Dies ist z.B. bei dem Kano-Modell (Kano 1984) der Fall, wo man unerwartete Begeisterungsfaktoren, selbstverständliche Basisfaktoren und artikulierte Zusatzfaktoren unterscheidet. Mit guten Noten bei den Basisfaktoren kann sich ein Unternehmen nicht profilieren, vielmehr wird es gar nicht betrachtet, wenn es diese Erfordernisse nicht erfüllt. Die Zusatzfaktoren sind diejenigen, nach denen üblicherweise Entscheidungen getroffen werden. Und die Begeisterungsfaktoren sind solche, die sonst häufig ähnliche Leistungsangebote positiv herausheben. Insgesamt ähnelt das Kano-Modell nachhaltig dem Zwei-Faktoren-Konzept von Herzberg (1968), der Motivatoren und Hygienefaktoren unterscheidet. Das Kano-Modell wird in **Abbildung 6.4-3** dargestellt.

Es gibt auch theoretische Ansätze, die von nicht-kompensatorischen Gewichten ausgehen. Dies ist z.B. bei dem Kano-Modell (Kano 1984) der Fall, wo man unerwartete Begeisterungsfaktoren, selbstverständliche Basisfaktoren und artikulierte Zusatzfaktoren unterscheidet. Mit guten Noten bei den Basisfaktoren kann sich ein Unternehmen nicht profilieren, vielmehr wird es gar nicht betrachtet, wenn es diese Erfordernisse nicht erfüllt. Die Zusatzfaktoren sind diejenigen, nach denen üblicherweise Entscheidungen getroffen werden. Und die Begeisterungsfaktoren sind solche, die sonst häufig ähnliche Leistungsangebote positiv herausheben. Insgesamt ähnelt das Kano-Modell nachhaltig dem Zwei-Faktoren-Konzept von Herzberg (1968), der Motivatoren und Hygienefaktoren unterscheidet.

Abbildung 6.4-2 Kundenzufriedenheit und Bedeutungsgewichte für Elemente der Interaktionsqualität mit dem Verkaufsaußendienst (Beispiel)

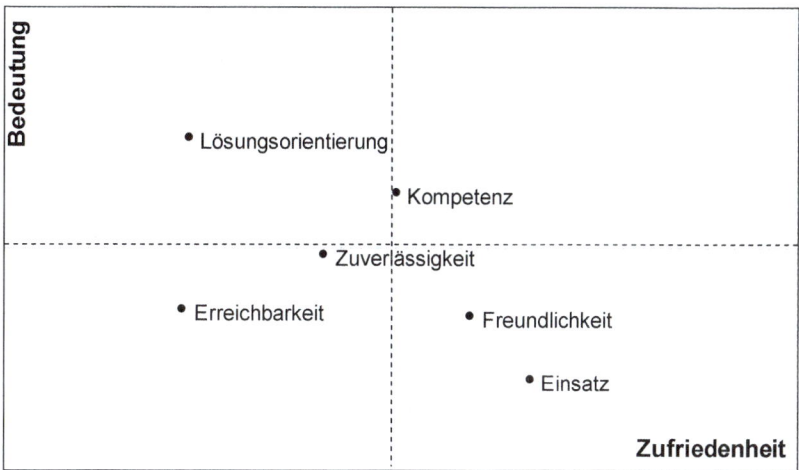

Abbildung 6.4-3 Nicht-kompensatorische Zufriedenheitsfaktoren der Interaktionsqualität mit dem Verkaufsaußendienst im Kano-Modell (in Anlehnung an Kano 1984) ohne Zusatzfaktoren

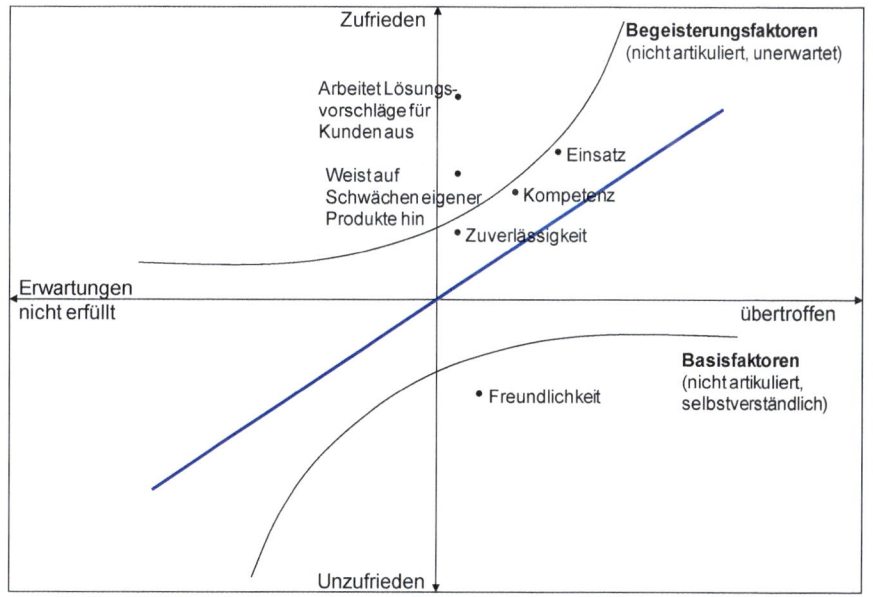

Neben der Zufriedenheit gibt es noch das gegenteilige Phänomen der **Unzufriedenheit**. Sie kann sich in Nicht-Wiederkauf äußern, aber auch Beschwerden auslösen. Da man festgestellt hat, dass man Kunden häufig stärker und nachhaltiger zufrieden stellen kann, wenn man eine Beschwerde nur positiv aufnimmt und versucht, die darin geäußerten Probleme zur Zufriedenheit der Kunden zu behandeln oder durch Gutschriften oder Ähnliches zu kompensieren, haben viele Unternehmen eine Anlaufstelle für Beschwerden eingerichtet, die alle Beschwerden professionell beantwortet. Vielfach werden dabei auch stundenweise hochrangige Manager eingebunden, damit diese hautnah typische Probleme im Kundenverkehr mitbekommen. Wichtig ist auch, dass man die Gründe für die einzelnen Beschwerden kategorisiert und dann statistisch auswertet, um herauszufinden, wo am häufigsten Probleme auftreten. Wie ein professionelles Beschwerdemanagement gestaltet werden kann, beschreiben Stauss und Seidel (2007).

6.4.7   Wiederkauf und Customer-Lifetime-Value

Ein zentrales Ziel eines systematischen Kundenmanagements besteht in dem Halten aller gewonnenen Kunden, sofern diese profitabel bedient werden können (Reichheld und Sasser 1990). Dies wird als sinnvoll angesehen, da das Halten von Kunden in der Regel wesentlich geringere Kosten als das Gewinnen neuer Kunden verursacht (Pfeifer 2005). Die erfolgreiche **Kundenbindung** kann auch dazu führen, dass ein Kunde mehr Produkte (cross-buying) oder hochwertigere Produkte (up-buying) von dem Unternehmen beschafft. In beiden Fällen steigt der Lieferanteil des Unternehmens an allen Beschaffungen einer Kategorie (siehe dazu ausführlich Krafft 2007 und Abschnitt 2.2.1.1 zur Kundenbindung).

Abbildung 6.4-4   Hazard-Verläufe über die Zeit für verschiedene Kohorten

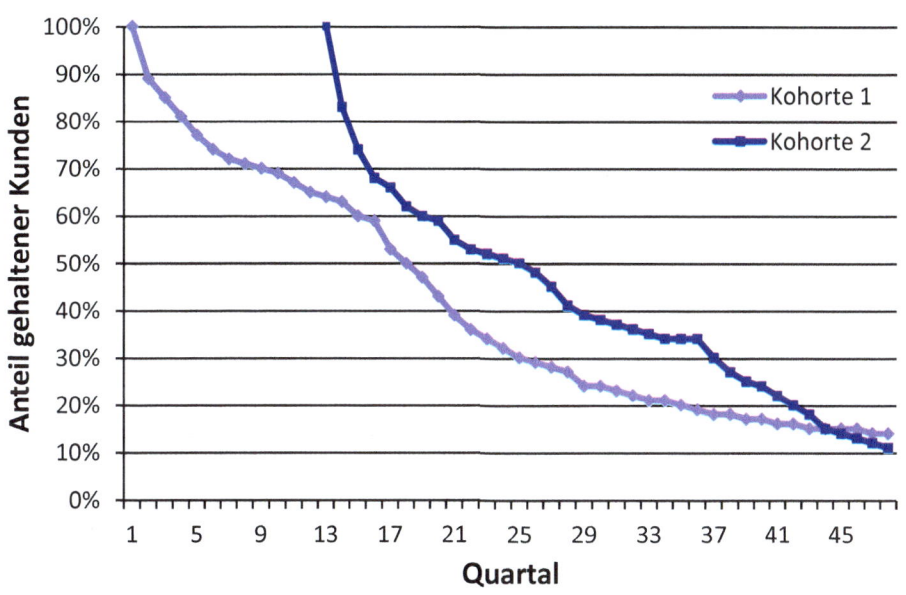

Um den Wert von einzelnen Kunden abschätzen zu können, sollte man die **Kundenbin-dungsquote** analysieren. Dabei sollte man Kundengruppen z.B. nach Größe und Länge der Beziehung dahingehend analysieren, wie sich die Kundenbindungsquoten über die Zeit verändern. Dazu kann man die Hazard-Analyse einsetzen, mit der zunächst die individu-elle Wahrscheinlichkeit, dass man seine Kundenbeziehung beendet, geschätzt wird, um dann zu analysieren, welche Kovariablen, z.B. Bedeutung des Unternehmens, Branche und Beschaffungsvolumen, diese Wahrscheinlichkeit beeinflussen. Dies kann man für ver-schiedene Kohorten von Kunden durchführen, die alle jeweils in bestimmten Zeitabschnit-ten ihre Kundenbeziehung begonnen haben. **Abbildung 6.4-4** zeigt ein Beispiel aus dem Bereich eines Telekommunikationszulieferers. Multipliziert man die jeweiligen Wahr-scheinlichkeiten mit den Kundenumsätzen, dann erhält man Abschätzungen über die zukünftige Umsatzentwicklung. Diese Vorgehensweise kann man verbessern, indem man zunächst eine Wahrscheinlichkeit für einen aktiven Kunden berechnet und dann getrennt eine Analyse des Wiederkaufvolumens vornimmt (Schmittlein und Peterson 1994). Aus diesen Analysen erkennt der Vertrieb abwanderungsgefährdete Kunden und in welchem Ausmaß Neukundenakquise betrieben werden muss, damit der Kundenbestand erhalten bleibt oder wächst.

Die Ertragskraft von Kundenbeziehungen kann auch über die voraussichtliche Gesamt-dauer der Geschäftsbeziehung ermittelt werden, und zwar anhand des **Customer-Lifetime-Value**-Ansatzes (CLV). Letztlich ist der CLV nichts anderes als der prognostizierte, auf die Gegenwart abgezinste Nettobarwert einer Kundenbeziehung (Albers und Greve 2004). Der CLV wäre ein guter Maßstab zur Verteilung knapper Budgets und Besuchszeiten, wenn vollkommene Informationen über vergangene, bisherige und zukünftige Ein- und Auszahlungen von Kundenbeziehungen vorlägen. Es ist aber nur schwer abschätzbar, wie lange potentielle oder aktuelle Kundenbeziehungen andauern werden (Zeithorizont), und noch schwieriger, die zu erwartenden Ein- und Auszahlungen dieser individuellen Kundenlebenszeit zu prognostizieren. Daher kann man leicht nachvollziehen, dass selbst im Investitionsgüterbereich nicht einmal jedes zwölfte Unternehmen eine CLV-Rechnung einsetzt, obwohl es dort um langfristige Geschäftsbeziehungen mit hohen Ein- und Auszahlungen geht (Krafft und Albers 2000). In Übereinstimmung mit Reichheld und Sasser (1990, S. 106) ist daher auch heute noch festzustellen: "... today's accounting systems do not capture the value of a loyal customer".

6.4.8   Kennzahlensysteme

Alle bisher vorgestellten Erfolgsgrößen zeigen unterschiedliche Aspekte von Erfolg auf. In Unternehmen hat man sich deshalb oft auf ein **System von Leistungskennzahlen** festgelegt, mit dem Erfolg gemessen wird. Eine Systematik von Vertriebs-Controlling-Kennziffern präsentiert Reichmann (1997, S. 403), die in **Abbildung 6.4-5** wiedergegeben wird, wobei V-C für Vertriebscontrolling steht. In **Abbildung 6.4-5** finden sich viele der diskutierten Erfolgsmaße wieder, wobei manche davon noch stärker konkretisiert werden.

Abbildung 6.4-5 Kennzahlensystem zum Vertriebs-Controlling (Reichmann 1997, S. 403)

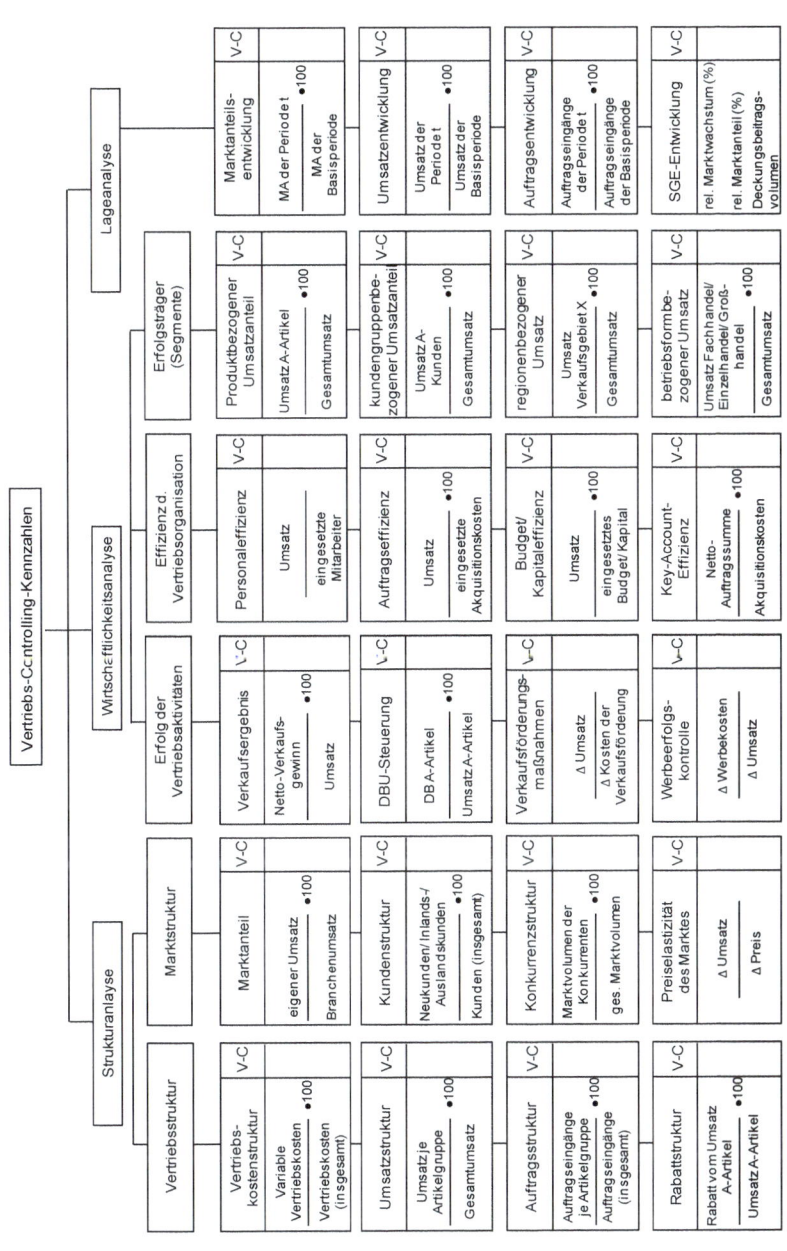

6.5   Leistungsbeurteilung

Lernziele

- Der Leser weiß, dass eine Leistungsbeurteilung eine notwendige Voraussetzung für eine erfolgreiche Personalführung darstellt.

- Der Leser versteht, dass eine Leistungsbeurteilung eine sinnvolle Beurteilungsbasis und eine geeignete Vergleichsbasis erfordert.

- Der Leser kennt die Möglichkeiten der Effizienzbeurteilung durch die Data Envelopment Analysis, die Stochastic Frontier Analysis und das Benchmarking.

- Der Leser kann mit Hilfe von Daten über den Verkaufsaußendienst Analysen zur Beurteilung der Effizienz und Effektivität der Mitarbeiter durchführen und Möglichkeiten zur Leistungsverbesserung ableiten.

Eine Leistungsbeurteilung besteht aus Kriterien als Beurteilungsbasis und einer Vergleichsbasis, da immer nur eine relative Beurteilung im Vergleich zu anderen Verkaufsaußendienstmitarbeitern oder zu sich selbst im Vorjahr oder gar zu anderen Unternehmen oder anderen Benchmarks sinnvolle Informationen enthält. Erst nach Festlegung der Basis stellt sich die Frage, mit welchen Methoden man die Beurteilung vornimmt, wofür in diesem Abschnitt einige geläufige Methoden vorgestellt werden.

6.5.1   Beurteilungsbasis

Eine Leistungsbeurteilung ist Voraussetzung für eine erfolgreiche Personalführung. Grundsätzlich gelten hierfür auch die im Personalmanagement abgeleiteten Erkenntnisse und Empfehlungen. Eine besondere Note bekommt die Leistungsbeurteilung allerdings dadurch, dass den Verkaufsaußendienstmitarbeitern die Erfolge (siehe die Erfolgsmaße aus Abschnitt 6.4) in der Regel direkter zugerechnet werden können als es bei Mitarbeitern im Innendienst oder im Management möglich ist (siehe dazu auch Abschnitt 5.1). Je nach Zurechenbarkeit stellt sich die zentrale Frage, ob man tatsächlich Umsätze als Leistung ansehen kann oder ob es besser ist, direkt die Inputs der Verkaufsaußendienstmitarbeiter zu bewerten. Die Beantwortung dieser Frage hängt davon ab, welche **Zwecke** man mit **der Leistungsbeurteilung** verfolgt und wie gut die Zurechenbarkeit der Erfolge tatsächlich ist. Besteht der Zweck darin, aus den Leistungsunterschieden Entscheidungen über die Rekrutierung, weitere Beförderung, Entlohnung und eventuelle Entlassung abzuleiten, so sind Outputs bereits ausreichend. Will man jedoch aus der Beurteilung gleichzeitig ableiten, welche Verkaufsaußendienstmitarbeiter ihre Verkaufsaufgabe effizient erledigen, also ein besonders attraktives Verhältnis zwischen Output (z.B. Umsatz) und Input (z.B. Anzahl von Besuchen) realisieren, so ist es zwingend notwendig, sowohl Output- als auch Inputmaße heranzuziehen.

Üblicherweise stellt ein Unternehmen Verkaufsaußendienstmitarbeiter mit der Erwartung ein, damit Umsatz und Deckungsbeitrag nachhaltig positiv zu beeinflussen. Aus dieser Erwartungshaltung heraus scheint es plausibel, für die Leistungsbeurteilung ein Output-orientiertes Maß heranzuziehen. Albers (2000a) zeigt jedoch, dass die Umsätze nicht allein von der Leistung des Außendienstmitarbeiters, sondern von einer Vielzahl von Faktoren abhängen, die vom Verkäufer kaum kontrollierbar sind. Unter diesen Umständen ist der Umsatz oder der daraus generierte Deckungsbeitrag nur dann angemessen, wenn die Verkaufsgebiete gleich gut sind, d.h. alle Verkaufsaußendienstmitarbeiter unter den gleichen Bedingungen arbeiten. Allerdings ist ein solcher Fall praktisch nicht gegeben. Verkaufsgebiete unterscheiden sich nach Maßgabe der dort ansässigen Anzahl von Kunden, ihrer Größe und geographischen Streuung der Kunden sowie der Wettbewerbsstärke (siehe Abschnitt 3.5). Man könnte daran denken, die Umsätze um den Einfluss der externen und nicht kontrollierbaren Faktoren zu korrigieren. Ein solches Verfahren wird in Abschnitt 6.5.5 noch dargestellt. Bei den nicht kontrollierbaren Faktoren spielt die Wettbewerbsstärke eine besondere Rolle. Ein Außendienstmitarbeiter kann nämlich in seinem Verkaufsgebiet entweder auf einen schwachen oder einen starken Außendienstmitarbeiter der Konkurrenz treffen. Da man aber meist nicht über Daten über den Wettbewerb für einzelne Verkaufsgebiete verfügt, kann man kaum beurteilen, ob ein Verkaufsaußendienstmitarbeiter deswegen gut ist, weil er mit mittlerem Umsatz sich gegen einen starken Wettbewerber behauptet hat, oder schlecht ist, weil er es mit einem schwachen Wettbewerber zu tun hatte und dennoch nur einen mäßigen Umsatz erzielt hat.

6.5.2   Vergleichsbasis

Eine Leistungsbeurteilung kann absolut geschehen oder relativ erfolgen. Eine absolute Beurteilung liegt vor, wenn z.B. eine bestimmte Umsatzhöhe vom Management als zufrieden stellend beurteilt wird. Vertriebsmanager können auch die Anstrengungen eines Verkaufsaußendienstmitarbeiters als Maß heranziehen. Eine solche absolute Bewertung ist sehr selten, da es kaum Hinweise dafür gibt, was absolut gesehen eine gute Leistung darstellt. Insofern findet man in der Praxis fast ausschließlich **relative Beurteilungen der Leistung** eines Verkaufsaußendienstmitarbeiters im Vergleich zu einer Referenzgröße. Die folgende Abbildung 6.5-1 verdeutlicht, welche zentralen Dimensionen bei der Leistungsbeurteilung eingesetzt werden können. Bei der Spezifikation der Vergleichsbasis muss die Vergleichseinheit festgelegt werden, z.B. ein bestimmtes Verkaufsgebiet, dann die Vergleichsbasis, z.B. eine bestimmte Region, die Vergleichsdimension bzw. bei mehreren Dimensionen deren Gewichtung und das Skalenniveau des Vergleichs.

Abbildung 6.5-1   Vergleichsdimensionen der Leistungsbeurteilung

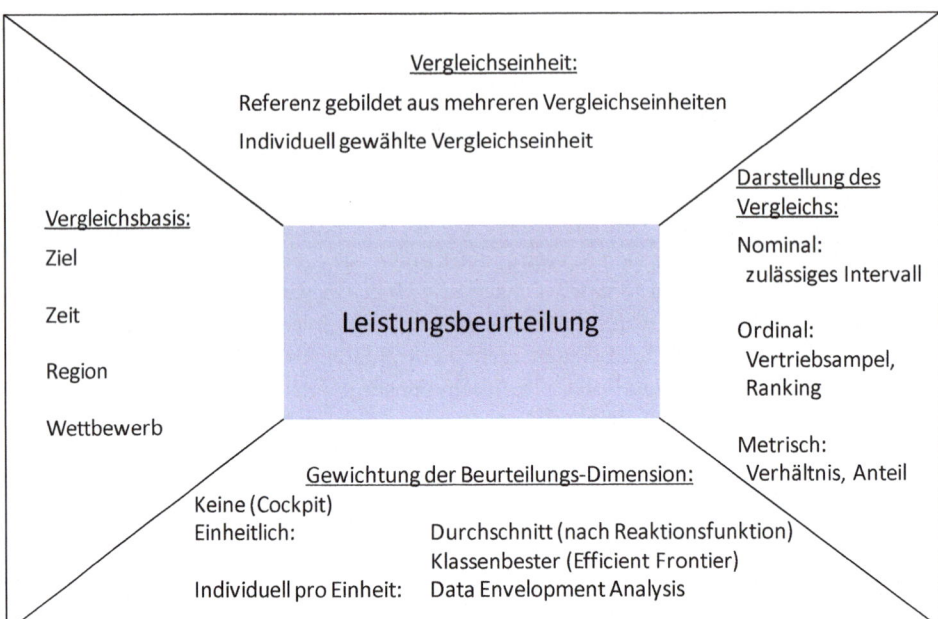

Aus der Vielzahl der in **Abbildung 6.5-1** systematisierten **Vergleichsbasen** wird deutlich, dass keine eindeutige Empfehlung für eine Vergleichsbasis möglich ist. Insofern findet man in der Praxis sehr viele unterschiedliche Referenzgrößen. Eine häufig gewählte Vorgehensweise ist der Vergleich mit einem Ziel, was z.B. in Form einer Soll-Vorgabe ausgedrückt werden kann. Verkaufsaußendienstmitarbeiter werden häufig mit Hilfe von Umsatzvorgaben gesteuert. In diesem Fall würde sich ein Vergleich der tatsächlich erzielten Umsätze mit der Soll-Vorgabe anbieten. Bei dieser Vorgehensweise stellt sich das Problem, wie man zu einer geeigneten Umsatzvorgabe kommt, die nach möglichst objektiven Gesichtspunkten in nachvollziehbarer Weise gebildet worden ist.

Auch wenn dazu in Abschnitt 6.2.5 Vorgehensweisen aufgeführt sind, kann das Bedürfnis bestehen, die Leistungsbeurteilung auf der Basis echter Zahlen durchzuführen. Dazu bietet sich entweder innerhalb des Unternehmens ein Vergleich über die Zeit oder über strukturgleiche Verkaufsgebiete an. Will man eine Außenperspektive einführen, bietet sich ein Vergleich gegenüber relevanten Wettbewerbern an. Dazu haben Branchenverbände, Berater oder Wissenschaftler geeignete Datenbanken mit Wettbewerbsinformationen aufgebaut. Wie man dem oberen Kasten in **Abbildung 6.5-1** entnehmen kann, kann man Vergleiche gegenüber einer einzelnen Einheit, z.B. dem Verkaufsgebiet, das nach Maßgabe der Rahmenbedingungen am ähnlichsten ist, oder den Vergleich über mehrere Einheiten durchführen, also z.B. über alle Verkaufsgebiete.

Will man Leistung beurteilen, dann geht es darum, alle dabei eingesetzten Inputs (z.B. Anzahl von Verkaufsbesuchen, Ausgaben für Verkaufsförderungsmaßnahmen oder Kundeneinladungen) darauf hin zu bewerten, ob damit ein zufrieden stellendes Umsatzniveau erreicht worden ist. Insofern stellt die Art der Gewichtung der Inputs einen wichtigen Baustein des Vergleichs dar. Bestimmt man diese statistisch danach, wie gut sie die beobachteten Umsätze erklären, dann bestimmt man Gewichte, welche die „Übersetzung" von Inputs in den Umsatz als Output nach Maßgabe eines durchschnittlichen Verkaufsaußendienstmitarbeiters beschreiben. Dies erlaubt eine relative Einstufung der Leistungen, gibt aber keinen Hinweis darauf, was bspw. ein besonders effizienter Verkaufsaußendienstmitarbeiter (der sogenannte Klassenbeste) erreichen könnte.

Schließlich sei noch darauf hingewiesen, dass der Vergleich in unterschiedlicher Weise dargestellt werden kann. Vergleicht man den tatsächlichen Umsatz mit einer Soll-Vorgabe, dann könnte man als Kennziffer das Verhältnis beider Zahlen bilden, die dann über unterschiedliche Verkaufsgebiete vergleichbar wäre. Man könnte aber auch Klassen mit bestimmten Intervallen von Verhältniszahlen als ordinales Ranking bilden. Zu guter Letzt ist es in der Praxis sehr üblich, solche Verhältniszahlen nach Maßgabe der Ampelfarben darzustellen. Grün würde dann ein positives Ergebnis darstellen, während rot eine Untererfüllung indiziert. Gelb würde man wählen, wenn die Abweichung nicht besonders groß ausfällt und kein unmittelbarer Handlungsbedarf besteht. Durch diese „Vertriebsampel" wird es möglich, bei einer Vielzahl von Beurteilungsgrößen auf den ersten Blick schnell zu erkennen, wo nachhaltiger Verbesserungsbedarf besteht.

6.5.3   Vergleiche über Außendienstmitarbeiter

Anstatt von den Außendienstmitarbeitern selbst gelieferte Daten zu verwenden, kann eine Leistungsbeurteilung auch auf der Basis von subjektiven Einschätzungen der Inputs durch die vorgesetzten Verkaufsmanager erfolgen. Dies kann solche Faktoren umfassen wie die Güte der Vorbereitung von Besuchen, aber auch den Service, der Kunden gegenüber geleistet wird. Die Präzision solcher Urteile hängt in starkem Maße von der Intensität der Führung durch den Manager ab. Zudem entstehen hier **Probleme der Vergleichbarkeit**, wenn verschiedene Verkaufsmanager jeweils eine Menge von Verkaufsaußendienstmitarbeitern zu beurteilen haben. So kann es sein, dass Verkaufsmanager unterschiedliche Vorstellungen über die absolute Höhe von Leistung besitzen. Insofern wären einfache Ratings nicht vergleichbar. Um diesem Problem abzuhelfen, sind verhaltensmäßig verankerte Rating-Skalen (**B**ehaviorally **A**nchored **R**ating **S**cales, **BARS**) entwickelt worden (Cocanougher und Ivancevich 1978), wie sie im folgenden Beispiel in **Abbildung 6.5-2** dargestellt sind.

Abbildung 6.5-2   Verhaltensmäßig verankerte Rating-Skala (Behaviorally Anchored Rating Scale (BARS)) (Cocanougher und Ivancevich 1978)

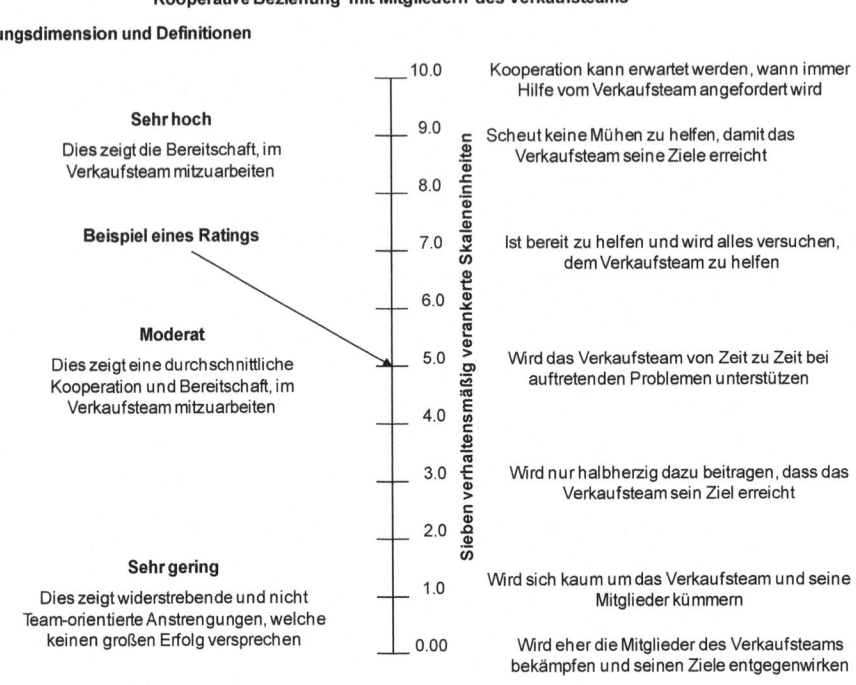

In Abschnitt 5.1.2 ist der Frage nachgegangen worden, in welchen Situationen Unternehmen eher **Output- oder Input-orientierte Maße zur Steuerung** ihrer Verkaufsaußendienste verwenden sollen (Anderson und Oliver 1987, Krafft 1999b). Häufig zeigt sich, dass Unternehmen diese Frage nicht als entweder-oder-Frage begreifen, sondern sowohl ergebnisorientiert als auch verhaltensorientiert steuern (Babakus et al. 1996, Cravens et al. 1993). Unabhängig davon, welches Leistungsbeurteilungsmaß das Unternehmen gewählt hat, müssen Vertriebsleiter wissen, welche Beziehung zwischen Ergebnis und Verhalten besteht. Dies ist einerseits erforderlich, um die Outputmaße um diejenigen Einflussfaktoren zu korrigieren, die außerhalb der Kontrolle des jeweiligen Verkaufsaußendienstmitarbeiters stehen. Andererseits braucht das Unternehmen dieses Wissen, um den Verkaufsprozess erfolgreich strukturieren zu können und über geeignete Trainingsmaßnahmen entscheiden zu können. Um **verallgemeinerbare Schlussfolgerungen** ziehen zu können, haben Forscher sehr unterschiedliche Modelle angewandt, die von einfachen Regressionsanalysen bis zu sehr komplexen Mehrgleichungsstrukturmodellen reichen. Die Ergebnisse sind durch Churchill et al. (1985) einer umfassenden Meta-Analyse unterzogen worden. Die zentralen Befunde sind in **Tabelle 6.5-1** aufgeführt. Sie zeigen, dass Verkaufen nicht einfach eine Begabung darstellt, sondern durch motivierende Führungs- und Entlohnungsaktivitäten, durch Trainings der Verkaufsfertigkeiten oder durch geeignete organisatorische Maßnahmen beeinflusst werden kann. Allerdings sind die Korrelationen nicht besonders ausgeprägt. Dies deutet darauf hin, dass der Verkaufserfolg von vielen weiteren Faktoren abhängt. Hierzu zählt insbesondere der individuelle Einsatz der Verkäufer.

Tabelle 6.5-1 Meta-Analyse der Korrelation von Einflussgrößen mit der Leistung von Verkaufsaußendienstmitarbeitern (Churchill, Ford, Hartley und Walker 1985)

Unabhängige Variable	Anzahl der Korrelations- koeffizienten	Einfache mittlere Korrelation	Gewichtete mittlere Korrelation	Attenuation – Korrigierte mittlere Korrelation
Fähigkeit (aptitude)	820	0,170	0,138	0,193
Fertigkeit (skill)	178	0,276	0,268	0,320
Motivation	126	0,228	0,184	0,258
Rolle	59	0,302	0,294	0,379
Persönliche Faktoren	407	0,166	0,161	0,292
Organisatorische und Umweltfaktoren	51	0,142	0,104	0,104

Auch wenn diese Ergebnisse bereits einige nützliche Schlüsse zulassen, so bestätigen sie häufig nur plausible Hypothesen. Für das Vertriebsmanagement ist es dagegen wichtiger zu wissen, mit welchem Gewicht die einzelnen Faktoren den Erfolg beeinflussen. Dafür bieten sich Regressionsanalysen an, mit denen die **funktionale Abhängigkeit des Erfolgs** von Verkaufsanstrengungen modelliert wird und deren Verlauf dann als Vergleichsmaßstab für Verkaufsaußendienstmitarbeiter dienen kann. Dies wird näher in Abschnitt 6.5.5 behandelt.

6.5.4   Vergleiche über die Zeit

Während Vergleiche über Verkaufsaußendienstmitarbeiter das Problem beinhalten, dass damit die Mitarbeiter implizit in eine Wettbewerbsrolle untereinander gedrängt werden und damit die Bereitschaft, sich gegenseitig zu helfen, beeinträchtigt werden kann, sind Vergleiche über die Zeit sehr einfach zu implementieren und lösen vordergründig auch das Problem der mangelnden Vergleichbarkeit über Verkaufsaußendienstmitarbeiter, verursachen aber andere **Nebeneffekte**. In Unternehmen wird als Beurteilungskriterium häufig das Wachstum des erzielten Umsatzes gegenüber dem Vorjahr herangezogen (Baier et al. 2012). Damit soll gemessen werden, inwieweit Verbesserungen erzielt werden konnten. Dabei wird allerdings nicht in Betracht gezogen, dass die Verkaufsaußendienstmitarbeiter durchaus von ganz unterschiedlichen Ausgangssituationen starten und die Wachstumsraten sehr unterschiedliche absolute Umsatzzahlen repräsentieren können. So kann das Wachstum eine gut geeignete Kennzahl darstellen für neue Mitarbeiter, deren Leistungspotenzial erst noch entwickelt werden muss. Wenn das Wachstum aber auch auf in der Vergangenheit sehr erfolgreiche Verkaufsaußendienstmitarbeiter angewandt wird, dann wird der Tatsache nicht Rechnung getragen, dass der Mitarbeiter bereits das Verkaufsgebiet entwickelt, und dessen Potenzial ausgeschöpft hat und für weitere Verbesserungen das Gesetz abnehmender Grenzerträge gilt. Im Übrigen weiß man damit nicht, ob ein Verkaufsgebiet wirklich effizient betreut wird, denn schließlich kann man auch „Schlendrian mit Schlendrian" vergleichen (Schmalenbach 1934, S. 263).

Unabhängig davon, dass Zeitvergleiche zu Demotivation bei bisher leistungsstarken Mitarbeitern führen können, muss man damit rechnen, dass Mitarbeiter versuchen werden, das Beurteilungssystem „auszutricksen", insbesondere wenn an die Wachstumsrate auch Entlohnungskonsequenzen geknüpft sind. Larkin (2006) zeigt, dass unter diesen Umständen Verkaufsaußendienstmitarbeiter den Auftragseingang **auf die nächste Periode verschieben** oder gar ihre Anstrengungen einstellen, um für die nächste Periode weiterhin Wachstumsmöglichkeiten realisieren zu können. Steenburgh (2008) zeigt, dass bei Jahresboni für das Erreichen von Umsatzvorgaben die Verkaufsaußendienstmitarbeiter nach Erreichen der Vorgabe lieber ihre Umsätze auf das nächste Jahr verschieben, um die Vorgabe im nächsten Jahr leichter erreichen zu können.

6.5.5   Vergleiche auf der Basis von Reaktionsfunktionen

Geeigneter sind Vergleiche, die die Bedingungen, unter denen ein Verkaufsaußendienstmitarbeiter Umsätze erzielen kann, in die Beurteilung einbeziehen. Dazu gehören zunächst einmal diejenigen Faktoren, die nicht der Kontrolle der Außendienstmitarbeiter unterliegen. Daneben sollte aber auch berücksichtigt werden, inwieweit der Umsatz überhaupt durch mehr Besuche oder bessere Verkaufstechniken ausgeweitet werden könnte. Lassen sich diese Einflussgrößen quantifizieren, dann kann man eine Funktion ermitteln, die den Umsatz in Abhängigkeit dieser Faktoren spezifiziert (Albers 1988). Das entspricht einer Produktionsfunktion aus der Sicht des Verkaufsaußendienstmitarbeiters als „Produzent" von Umsätzen oder aus der Sicht der Kunden einer Reaktionsfunktion des Umsatzes in Abhängigkeit des Potenzials und des Arbeitseinsatzes in Form von Besuchen. Entsprechende Funktionen sind von Ryans und Weinberg (1979 und 1987) sowie von Behrman und Perreault (1982) geschätzt worden. In **Tabelle 6.5-2** wird ein Beispiel vorgestellt, das die Daten für sechs Verkaufsaußendienstmitarbeiter einer Bausparkasse zeigt, wobei die Daten als Prozentwert vom jeweiligen Mittelwert angegeben sind. Diese Daten dienen der Spezifikation einer derartigen Reaktionsfunktion.

Tabelle 6.5-2   Erfolg von Bausparkassen-Verkaufsaußendienstmitarbeitern in Abhängigkeit von exogenen Potenzialfaktoren und dem Arbeitseinsatz

Gebiet	Verkaufs-außendienst-mitarbeiter	Anzahl Verträge	Einwohner zwischen 18 und 55 Jahren	GfK - Kaufkraft	Wohn-eigentums-quote	Arbeits-einsatz
101	Hansen	84,63%	66,99%	110,26%	107,05%	110,94%
102	Wiesholm	100,07%	114,23%	115,95%	108,79%	71,88%
103	Mehlhose	72,82%	62,09%	98,10%	87,05%	109,38%
104	Schröder	100,34%	116,75%	81,67%	87,96%	81,25%
105	terVeen	81,76%	64,62%	79,30%	90,12%	103,13%
106	Friedrichs	97,43%	115,49%	103,95%	103,96%	81,25%

Diese Daten beziehen sich auf das schon im Abschnitt 6.2.5. diskutierte Beispiel des Abschlusses von Bausparverträgen. Die Höhe der Bausparverträge wird dabei nicht betrachtet, weil sie sich durch die Situation des Kunden ergibt und Verkaufsaußendienstmitarbeiter den Kunden keine zu hohen Bausparsummen „aufschwatzen" sollen. Der Abschluss von Verträgen hängt zunächst einmal von dem Potenzial ab, dem sich der Verkaufsaußendienstmitarbeiter in seinem Verkaufsgebiet gegenüber sieht. Dieses Potenzial lässt sich durch die Anzahl von Einwohnern in der Altersklasse von 18 bis 55 Jahren spezifizieren, wobei es auch darauf ankommt, inwieweit diese über Kaufkraft verfügen und in bestimmten Gebieten eine hohe Bauneigung besteht, was durch die Wohn-Eigentumsquote gemessen werden kann. Für diese exogenen Größen gibt es Daten von der GfK, die entweder auf Gemeindeebene oder Postleitzahlebene vorliegen. Daneben hängt der Erfolg bei Vertragsabschlüssen auch vom Arbeitseinsatz ab, der durch die Anzahl von Anfragen und Beratungsgesprächen operationalisiert werden kann.

Will man nun beurteilen, inwieweit ein Verkaufsaußendienstmitarbeiter besser ist als ein anderer, so muss man den Effekt des exogen vorgegebenen Potenzials herausrechnen und gleichzeitig quantifizieren, welche Niveaus man für den Arbeitseinsatz erwarten kann. Dies erlaubt Rückschlüsse darauf, ob ein Verkaufsaußendienstmitarbeiter gut oder schlecht ist, weil er oder sie wenig Einsatz zeigt oder bei gegebenem Einsatz über- oder unterdurchschnittliche Anzahlen von Vertragsabschlüssen erzielt. Grundlage dafür ist eine Produktions- oder **Reaktionsfunktion der Anzahl der Vertragsabschlüsse** in Abhängigkeit von den exogenen (Potenzial) und endogenen (Einsatz) Faktoren. Diese Funktion lässt sich schätzen, wenn man Daten aus einer Vielzahl von Verkaufsgebieten besitzt und die Reaktionsfunktion für einen mittleren Verkaufsaußendienstmitarbeiter bestimmt. Dies kann man mit Hilfe der Regressionsanalyse durchführen. Geht man davon aus, dass sowohl für das Potenzial als auch den Einsatz abnehmende Grenzerträge existieren und die

Faktoren nicht additiv wirken, sondern interdependente Wirkungen entfalten können, also multiplikativ wirken, so lässt sich folgende Reaktionsfunktion spezifizieren:

$$y = a \cdot x_1^{b_1} \cdot x_2^{b_2} \cdot \ldots x_n^{b_n} \tag{6.22}$$

Als Ergebnis erhalten wir Elastizitäten b_1, b_2, …, b_n, die ausdrücken, wie viel mehr Umsatz in % zu einer Vergleichssituation man erzielen könnte, wenn der zugehörige Faktor um 1% höher ausgeprägt wäre (siehe Abschnitt 6.2.2). Durch **Einsetzen der tatsächlichen Werte** der Potenzialfaktoren und des tatsächlichen Einsatzes könnte man ermitteln, ob ein Verkaufsaußendienstmitarbeiter relativ zu diesem Vergleichsmaßstab gut oder weniger gut abschneidet. Gleichzeitig drückt dies aus, wie effektiv ein Verkaufsaußendienstmitarbeiter ist. Ebenso kann man die Daten zum Einsatz der Verkaufsaußendienstmitarbeiter heranziehen und dann eine Graphik erstellen, wo auf der Abszisse die Effektivität und auf der Ordinate der Einsatz abgetragen sind (siehe **Abbildung 6.5-3**).

Abbildung 6.5-3   Leistungsbeurteilung von Verkaufsaußendienstmitarbeitern auf der Basis von Einsatz und Effektivität

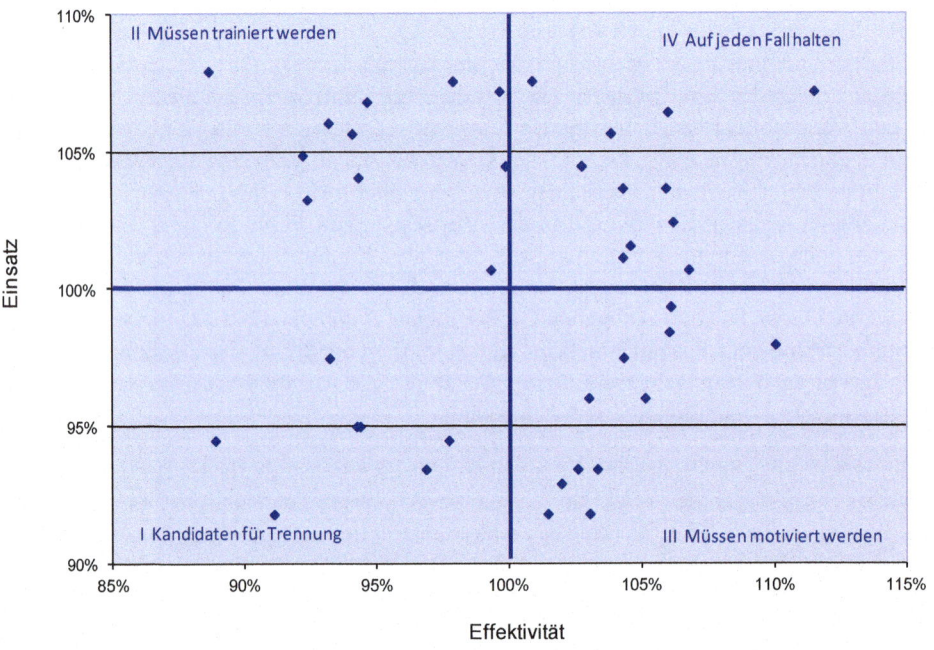

Je nachdem, ob ein Verkaufsaußendienstmitarbeiter über- oder unterdurchschnittliche Ausprägungen aufweist, kann man **aus der Beurteilung Maßnahmen ableiten**, mit denen eine Erfolgssteigerung bewirkt werden kann. Ideal sind Verkaufsaußendienstmitarbeiter, die sich im **Quadrant IV** befinden, weil sie sowohl Einsatz zeigen als auch effektiv sind. Problematisch sind diejenigen, die sich im **Quadrant I** befinden, da sie weder effektiv noch motiviert sind, dies durch höheren Einsatz auszugleichen. Interessante diagnostische Informationen liefern die Quadranten II und III. In **Quadrant II** befinden sich Mitarbeiter mit hohem Einsatz, aber geringer Effektivität. Dies könnten jüngere Mitarbeiter sein, die noch Entwicklungspotenzial bieten. Hier ist ein Training angezeigt, damit diese an sich motivierten Verkaufsaußendienstmitarbeiter in ihrem Erfolg angehoben werden können. In **Quadrant III** sind dagegen effektive Mitarbeiter, die aber keinen hohen Einsatz zeigen. Das könnten erfahrene Mitarbeiter sein, die sich bereits auf einem Plateau ihrer Leistungsfähigkeit befinden (siehe dazu auch Abschnitt 5.4.3) oder andere private Prioritäten besitzen. Für solche Mitarbeiter gilt es zu überprüfen, ob die Anreizsysteme noch genügend Motivation zum hohen Einsatz vermitteln.

Insgesamt gesehen stellt die Leistungsbeurteilung **ein potenziell kontroverses Thema** dar, bei dem sich der Vertriebsleiter entscheiden muss, ob er die Leistung auf der Basis von Ergebnissen oder gezeigten Einsätzen beurteilt. Ergebnisse wie der Umsatz sollten allerdings um den Einfluss externer Faktoren korrigiert werden, wofür hier Vorschläge unterbreitet worden sind. Will man mehr über die generelle Beziehung zwischen Output und Input wissen, so sind Regressionsanalysen nötig, die entweder auf der Basis eines mittleren Außendienstmitarbeiters oder eines besten Mitarbeiters möglich sind, wie es im kommenden Abschnitt vorgestellt wird. Mit der Leistungsbeurteilung wird es dann auch möglich, geeignete finanzielle Anreize vorzusehen. Nur wenn diese auf einer fairen nachvollziehbaren Leistungsbeurteilung aufbauen, kann auch ein Anreizsystem resultieren, das akzeptiert wird.

6.5.6   Benchmarking

Der im vorherigen Abschnitt dargestellte Vorschlag, die Leistung relativ zu dem zu beurteilen, was nach Maßgabe einer Reaktionsfunktion zu erwarten wäre, impliziert einen Vergleich mit einem durchschnittlichen Außendienstmitarbeiter, da die Reaktionsfunktion bekanntlich als beste Anpassung an alle beobachteten Daten bestimmt wird. Statt nun die Leistung mit der mittleren Leistung zu vergleichen, verfolgt das Benchmarking das Ziel, sich **mit den Besten** zu **vergleichen und daraus zu lernen**. Dies kann durch Identifizierung von Bestleistungen intern im Unternehmen oder extern durch Vergleiche mit anderen Unternehmen geschehen. Im Falle einzelner Außendienstmitarbeiter kann man mangels Daten von anderen Unternehmen meist nur einen Vergleich innerhalb des Unternehmens anstellen, während man auf der Ebene ganzer Außendienstorganisationen auch externe Vergleiche mit anderen Unternehmen vornehmen kann. Während der Vergleich von Verkaufsaußendienstmitarbeitern untereinander bereits ausführlich im Abschnitt 6.5.3 behandelt wurde, wird hier der Fall der **Beurteilung der gesamten Außendienstorganisation** betrachtet. Ein externes Benchmarking trifft auch üblicherweise auf stärkere Akzeptanz im Unternehmen, während interne Vergleiche häufig als „Gift für das Betriebsklima" angesehen werden (Bauer, Stokburger und Hammerschmidt 2006, S. 243).

Als Barrieren gegenüber Benchmarking-Projekten haben sich besonders der hohe Zeitaufwand sowie die Abneigung der Beteiligten gegenüber der damit einhergehenden Transparenz herausgestellt. Dies ist nur durch entsprechende Unterstützung durch das Top-

Management zu überwinden (Drew 1997). In inhaltlicher Hinsicht ist entscheidend, dass man geeignete **Vergleichspartner und Vergleichsgrößen** findet. Je ähnlicher das Geschäftsfeld, desto eher besteht die Chance, mit Hilfe eines Benchmarking auch Verbesserungen auf der Basis von vergleichbare Strukturen zu finden. Je ähnlicher allerdings die Geschäftsfelder, desto eher handelt es sich um unmittelbare Wettbewerber, die selten bereit sind, Daten auszutauschen. Man muss deshalb einen Kompromiss zwischen Datenverfügbarkeit und Vergleichbarkeit eingehen. Hinsichtlich der Vergleichsgrößen wird auf der Ebene ganzer Außendienste gerne die Produktivität von Außendienstmitarbeitern am Umsatz pro Kopf gemessen. Im Umkehrschluss wird daraus gerne eine SOLL-Größe für die Außendienstgröße abgeleitet, indem man den Umsatz eines Unternehmens von z.B. 45 Mio. Euro durch den branchenüblichen Durchschnittsumsatz pro Verkäufer von z.B. 900.000 Euro teilt, so dass 50 Verkaufsaußendienstmitarbeiter erforderlich sind, um mit der Produktivität im Branchen-Standard zu liegen.

Eine solche Vorgehensweise anhand der Produktivität ist äußerst fragwürdig. In der Regel besteht nämlich eine funktionale **Abhängigkeit des Umsatzes von der Anzahl der ADM**, die von abnehmenden Grenzzuwächsen gekennzeichnet ist (siehe **Abbildung 6.5-4**). Dann sinkt der Durchschnittsumsatz mit steigender Anzahl von Verkaufsaußendienstmitarbeitern, und die höchste Produktivität würde man mit genau einem Verkaufsaußendienstmitarbeiter erzielen. Daraus wird erkennbar, dass derartige Produktivitätszahlen nicht geeignet sind, um die optimale Außendienstgröße zu bestimmen (Sridhar, Mantrala und Albers 2012).

Abbildung 6.5-4   Umsatz in Abhängigkeit von der Anzahl der Verkaufsaußendienstmitarbeiter und durchschnittlicher Umsatz pro Verkaufsaußendienstmitarbeiter

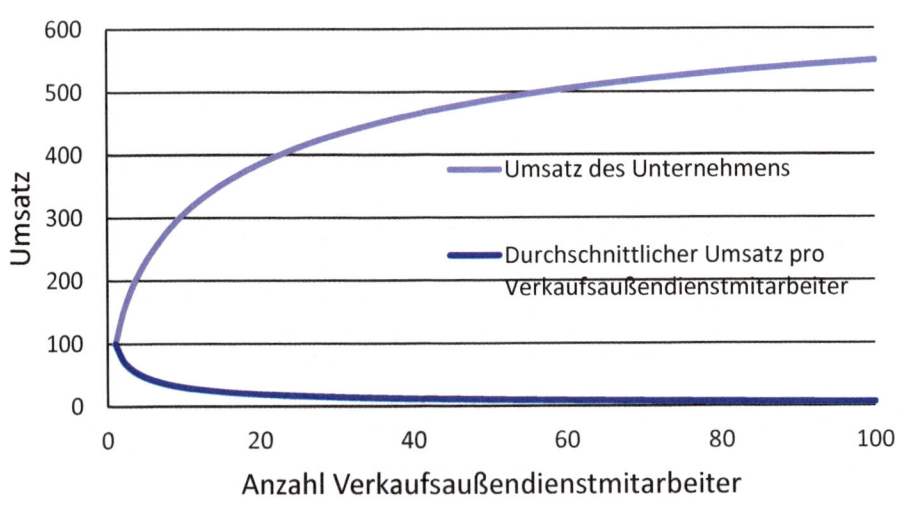

Bezieht man jedoch mehr als eine Vergleichsgröße ein, so entsteht das Problem der geeigneten Gewichtung der Einflussgrößen auf den Umsatz, wofür die in den nächsten beiden

Abschnitten beschriebene Stochastic Frontier Analysis und Data Envelopment Analysis (DEA) entwickelt worden sind.

Jentner (1998) gibt ein Beispiel für ein **Benchmarking-Konzept** für die Vertriebsfunktion von Mercedes-Benz. Diese Funktion beinhaltet die Auftragsabwicklung von der Auftragserteilung durch den Kunden beim Händler bis zur Auslieferung an den Kunden sowie das Bestandsmanagement vom Zeitpunkt der Fertigung bis zum Verkauf durch einen Händler an einen Kunden. Aus der Fülle möglicher Indikatoren wählte das Benchmark-Team für die Auftragsabwicklung die mittlere Prozesszeit in jeder Vertriebsstufe, die Gesamtaufträge/Gesamtverkaufsstückzahl im Jahr, den Prozentsatz geänderter Aufträge und den spätmöglichsten Änderungstermin vor Produktionsstart. Für den Bestand wurden als Indikatoren die mittlere Lagerdauer in den einzelnen Vertriebsstufen sowie der mittlere Lagerwert herangezogen.

6.5.7   Stochastic Frontier Analysis

Bei einem Vergleich mit den Besten kann man nicht die Reaktionsfunktion als Durchschnittsproduktionsfunktion, sondern muss eine Grenzproduktionsfunktion heranziehen. Diese kann mit Hilfe einer sogenannten Stochastic Frontier Analysis kalibriert werden. Dabei wird die Regressionskurve nicht als mittlere Linie durch eine Punktwolke gelegt, sondern es wird der obere Rand (die sogenannte „efficient frontier") bestimmt, der nicht durch Zufallseinflüsse zustande kommt. Dies erreicht man, indem man nicht die quadratischen Abweichungen minimiert, sondern nur die negativen Abweichungen. Dafür werden – unter bestimmten Verteilungsannahmen für den Fehlerterm – ökonometrische Methoden vorgeschlagen, die auch in Standard-Softwarepaketen wie LIMDEP oder Stata verfügbar sind. Graphisch ergibt sich der Unterschied wie in **Abbildung 6.5-5**.

Abbildung 6.5-5   Unterschied zwischen einer durchschnittlichen und einer an den Besten orientierten Reaktionsfunktion (Bielecki 2010)

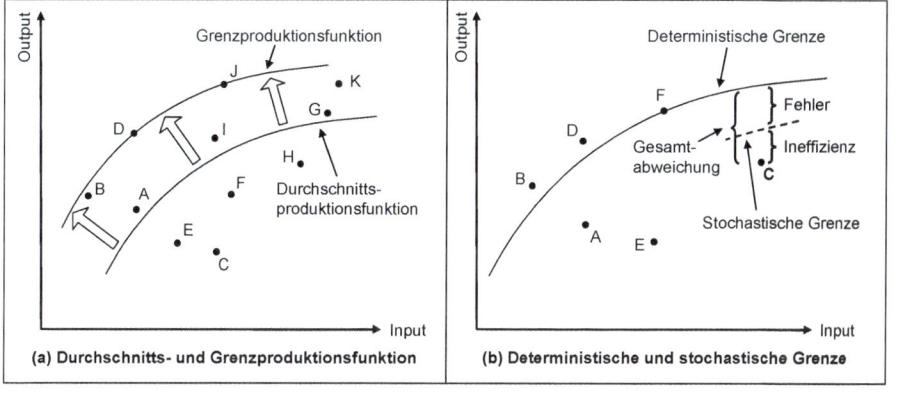

Bei der Anwendung der Stochastic Frontier Analysis bekommt man gegenüber der Durchschnittsregression andere Parameterwerte, und zwar nicht nur für die Konstante, sondern auch für die anderen Einflussgrößen. Die Regressionskoeffizienten der einzelnen Variablen der Stochastic Frontier Analysis spiegeln dabei wider, wie diese Variablen bei den besten Mitarbeitern den Erfolg steigern (+) oder reduzieren (-). Diese Variablen sind also die Inputs, die von den besten Mitarbeitern besser als vom durchschnittlichen Verkäufer in Outputs übersetzt werden können.

Tabelle 6.5-3 zeigt ein entsprechendes Beispiel:

Tabelle 6.5-3   Unterschiedliche Parameterwerte für Durchschnittsregression und Efficient Frontier Regression (übersetzt nach Horsky und Nelson, 1996, S. 310)

	Durchschnitts-regression	Efficient Frontier Regression
Konstante	9,322**	7,576**
Umsatz der Vorperiode	0,398**	0,400**
Anzahl der Nahrungsmittelfabriken	-0,085	0,106*
Anzahl Raffinerien	0,036**	0,050**
Anzahl von Verkaufsaußendienstmitarbeitern bei Wettbewerbern	0,054	0,032
Dummy-Variable für New York City und Los Angeles	-0,212	-0,284**
Anzahl von Verkaufsaußendienstmitarbeitern des eigenen Unternehmens	0,658**	0,573**

6.5.8   Data Envelopment Analysis

Der Nachteil der beiden in **Tabelle 6.5-3** einander gegenübergestellten Methoden besteht darin, dass man unterstellt, dass jeder Verkaufsaußendienstmitarbeiter die Inputs in gleicher Weise kombiniert, um damit Outputs als Verkaufserfolge zu erzielen. Dies führt dazu, dass man möglicherweise die zu erwartende Leistung unter- oder überschätzt, je nachdem, ob ein Außendienstmitarbeiter auch mit anderen **Kombinationen von Einsatzfaktoren** erfolgreich ist. Um dies herauszufinden, kann man eine sogenannte **D**ata **E**nvelopment **A**nalysis (DEA) anwenden, bei der für jeden individuellen Verkaufsaußendienstmitarbeiter diejenige Kombination von Gewichten seiner Einsatzfaktoren bestimmt wird, die den Quotienten aus seinem Umsatz und der gewichteten Summe der Inputfaktoren im Verhältnis zu den entsprechenden Quotienten der anderen Außendienstmitarbeiter maximiert. Erreicht der Außendienstmitarbeiter dabei ein Verhältnis, das größer oder gleich ist als das aller anderen Verkaufsaußendienstmitarbeiter, kann dieser als effizient hinsichtlich der Kombination seiner Einsatzfaktoren bezeichnet werden. Anderenfalls ist er ineffizient. Das DEA-Verfahren geht auf Charnes, Cooper und Rhodes (1978) zurück.

Wird ein Verkaufsaußendienstmitarbeiter z.B. nach dem erzielten Umsatz, aber auch nach dem erzielten Deckungsbeitrag beurteilt, dann sind das in der Sprache der DEA zwei verschiedene Outputs. Mit Hilfe der DEA kann man herausfinden, durch welche Kombination von Inputs man diese Outputs möglichst effizient erzielen kann. Inputs können die Anzahl von Besuchen für bestimmte Kundengruppen ebenso wie Marketing-Ausgaben für Kunden oder Einladungen z.B. zu Kongressen sein. Der Grad der Effizienz ergibt sich für einen Verkaufsaußendienstmitarbeiter k_0 dann als Verhältnis seines Outputs zum Input, wobei sich beide Größen aus der Aggregation gewichteter Output- und Inputfaktoren errechnen:

$$\frac{\sum_{i=1}^{m} w_{ik_0} \cdot y_{ik_0}}{\sum_{j=1}^{n} v_{jk_0} \cdot x_{jk_0}} \rightarrow \text{Max} = \text{Effizienz } (k \in K) \tag{6.23}$$

Dabei stellen w_{ik} und v_{jk} die Gewichte der Outputfaktoren (i) bzw. Inputfaktoren (j) dar, während y_{ik} und x_{jk} die Ausprägungen der Output- und Inputfaktoren für die k-te Einheit (z.B. Verkaufsaußendienstmitarbeiter) symbolisieren. Unterstellt man dann bestimmte Werte für die Gewichte von Output und Input, so kann man für jeden Verkaufsaußendienstmitarbeiter individuell prüfen, ob es andere Verkaufsaußendienstmitarbeiter gibt, die bei gleichen Gewichten mit anderen Input-Kombinationen höhere Werte für die Outputs erreichen.

Um zu gewährleisten, dass jeder Verkaufsaußendienstmitarbeiter nach der von ihm oder ihr verwendeten „Produktionsfunktion" beurteilt wird, werden solche Gewichte bestimmt, die den Wert in (6.23) maximieren. Um eine **Normierung** der Werte zu gewährleisten, wird dabei gefordert, dass nie ein Wert für die Effizienz resultiert, der höher als 1 ist. Dies erreicht man, indem man die Nebenbedingung einführt, dass keiner der Effizienzwerte der anderen Verkaufsaußendienstmitarbeiter auf der Basis der Gewichte des betrachteten Verkaufsaußendienstmitarbeiters k_0 größer als 1 wird. Formal wird dies durch Einführung folgender Nebenbedingung erreicht:

$$\frac{\sum_{i=1}^{m} w_{ik_0} \cdot y_{ik}}{\sum_{j=1}^{n} v_{jk_0} \cdot x_{jk}} \leq 1 \ (k_0, k \in K) \tag{6.24}$$

Diese **Optimierungsaufgabe** kann man mit Hilfe der linearen Programmierung lösen, indem man den Nenner von (6.23) auf den Wert = 1 normiert, so dass man nur noch den Zähler zu maximieren braucht. Die Nebenbedingung (6.24) kann man durch Multiplikation beider Seiten mit dem Nenner der linken Seite in eine lineare Bedingung umformen. Letztendlich wird dann für jeden einzelnen Verkaufsaußendienstmitarbeiter (6.23) unter der Bedingung von (6.24) maximiert. Inhaltlich wird dabei versucht, dem Verkaufsaußendienstmitarbeiter k_0 solche Gewichte w_{ik} und v_{jk} zuzuweisen, die seinen Effizienzgrad relativ zu den anderen k-ten Verkaufsaußendienstmitarbeitern maximieren.

Erreicht ein zu untersuchender Verkaufsaußendienstmitarbeiter dabei einen Wert von 1 für den Quotienten aus gewichteten Outputs und gewichteten Inputs, so ist er effizient, denn es gibt keinen anderen Verkaufsaußendienstmitarbeiter, der mit gleichen Inputkombinationen eine höhere Output-Kombination erzielt. Ist der Wert dagegen kleiner 1, dann gibt es einen oder mehrere Verkaufsaußendienstmitarbeiter, die bessere Werte erzielen. Diese Verkaufsaußendienstmitarbeiter können dann als Benchmark dafür dienen, wie unser untersuchter Verkaufsaußendienstmitarbeiter seinen Verkaufsprozess gestalten sollte, um bessere Ergebnisse zu erzielen. Unter Umständen können auch virtuelle Kombinationen der Inputs von effizienten Verkaufsaußendienstmitarbeitern als künstliche Benchmarks dienen.

Diese Methode ist z.B. von Mahajan (1991) und Boles, Donthu und Lohtia (1995) im Verkaufsmanagement angewandt worden. Bauer, Stokburger und Hammerschmidt (2006, S. 295) beschreiben eine **beispielhafte Anwendung** der DEA auf Pharma-Verkaufsteams, bei der der Umsatz als Output von beeinflussbaren Inputs wie der Teamgröße, der eingesetzten Anzahl von Werbemitteln und der Anzahl der Außendiensttage sowie von nichtbeeinflussbaren Inputs wie dem Apotheken-Anteil, dem Insulin-Umsatz und den Einwohnern pro km^2 abhängt.

Die DEA erfreut sich hoher Beliebtheit insbesondere bei der Analyse der Effizienz von Bankfilialen. Es dürfte auf der Hand liegen, dass solche **Effizienzanalysen** in ähnlicher Weise für Verkaufsaußendienstmitarbeiter durchgeführt werden können. Man erhält mit dem Effizienzmaß gleichzeitig Informationen darüber, wie gut ein Verkaufsaußendienstmitarbeiter relativ zu anderen ist. Und man bekommt auch inhaltliche Hinweise darauf, wie sich ein ineffizienter Verkaufsaußendienstmitarbeiter verbessern kann. Bei allen Vorteilen sollte allerdings angemerkt werden, dass die DEA unter der Annahme arbeitet, dass die beobachteten Outputs ausschließlich deterministische Ergebnisse der Verkaufsanstrengungen darstellen. Vielfach werden diese jedoch durch Zufallseinflüsse überlagert, so dass sich bei Wiederholung der DEA andere Ergebnisse ergeben können. Kritisch bei dieser Methode ist auch, dass man mit einer steigenden Anzahl von Inputfaktoren mehr Kombinationsmöglichkeiten erhält, so dass sich die Anzahl der effizienten Verkaufsaußendienstmitarbeiter erhöht. Bielecki, Albers und Mantrala (2012) schlagen deshalb vor, die DEA ausschließlich auf der Basis von Maßen für „working smart" und „working hard" durchzuführen. Sie schätzen dazu die jeweiligen Reaktionsfunktionen der Verkaufsaußendienstmitarbeiter und bilden daraus für „working smart" zwei Maße, nämlich die Effektivität der Verkaufsanstrengungen gemessen in Form der Höhe der Koeffizienten der Reaktionsfunktion, und die Allokationseffizienz als Suboptimalität der gegenwärtigen Allokation der Besuchszeiten auf die Kunden im Vergleich zur optimalen Allokation auf der Basis der gemessenen Koeffizienten. In vielen Anwendungen findet man, dass es wenigstens ein Drittel bis zur Hälfte effizienter Verkaufsaußendienstmitarbeiter gibt, so dass man für diese effizienten Verkaufsaußendienstmitarbeiter keine Unterschiede in der Leistungsfähigkeit feststellen kann. Um dies zu beheben, wurde in Modifikationen der DEA das Prinzip der Super-Effizienz eingeführt, wo die effizienten Einheiten erneut einer DEA unterzogen werden.

6.5.9   Balanced Scorecard

Während bei der Effizienzanalyse meist eine Output-Größe, in der Regel der Umsatz, hinsichtlich seiner Abhängigkeit von mehreren Input-Größen untersucht wird, wird mit der Balanced Scorecard (Kaplan und Norton 1996) dem Umstand Rechnung getragen, dass es nicht nur ein Beurteilungs- und Steuerungskriterium gibt. Zwar besteht oft die wichtigste Aufgabe für einen Verkaufsaußendienstmitarbeiter darin, Umsatz zu erzielen. Allerdings kann dies bereits mit unterschiedlichen Deckungsbeiträgen verbunden sein, je nachdem wie stark der Verkauf durch Gewährung von Rabatten und dem Einsatz weiterer Werbemittel unterstützt wird. Unter diesen Umständen würde man eigentlich dazu raten, auf die Erfolgsgröße Deckungsbeitrag zu setzen. Allerdings wollen manche Unternehmen eher Abstriche an der Marge hinnehmen als Umsätze zu verlieren. Umsätze können ja auch Spill-over- und Carry-over-Effekte mit sich bringen. Spill-over-Effekte können z.B. aus Weiterempfehlungen resultieren. Carry-over entstehen dadurch, dass man durch einen Umsatz eine gut funktionierende Kundenbeziehung aufgebaut hat. Noch deutlicher wird dies, wenn man auch den erzielten Marktanteil heranzieht. Marktanteile kann man sich durch substanzielle Rabatte und hohen Kommunikationsdruck im gewissen Rahmen auch kaufen. Deckungsbeiträge zu Lasten von Marktanteilen können jedoch die strategische Position eines Unternehmens nachteilig beeinflussen und zukünftig geringere Umsätze auslösen. Deshalb findet man in vielen Unternehmen ein Nebeneinander dieser Zielgrößen, ohne dass explizit festgelegt wird, welches Gewicht sie bei einer Leistungsbeurteilung einnehmen. Neben den Zielgrößen Umsatz, Deckungsbeitrag und Marktanteil gibt es zudem noch weitere Zielgrößen, die von Außendienstorganisationen verwendet werden.

So spielt auch die Kundenzufriedenheit eine Rolle, weil diese einen Indikator für zukünftige Wiederkäufe darstellt (Hauser, Simester und Wernerfelt 1994). Im Vertrieb ist es zudem notwendig, ständig neue Kunden zu gewinnen, weil man über die Zeit auch immer einige Bestandskunden verliert. Insofern kann die Anzahl neu akquirierter Kunden ein Beurteilungsmaßstab darstellen. Schließlich kann man die Kosteneffizienz durch die Kosten pro Auftrag erfassen. Allen diesen Beurteilungsgrößen ist gemein, dass sie nicht alleine verwendet werden, sondern wie von einem Piloten in einem Cockpit in der Gesamtschau im Blick behalten werden müssen, um eine Vertriebsorganisation auf Kurs zu halten. Häufig sind diese Beurteilungsgrößen ihrerseits hierarchisch voneinander abhängig. Kosten und Erlöse ergeben zusammen den Deckungsbeitrag. Die Akquisition kann sich in Kunden und Aufträge gliedern. Insofern braucht man ein **Kennzahlensystem**.

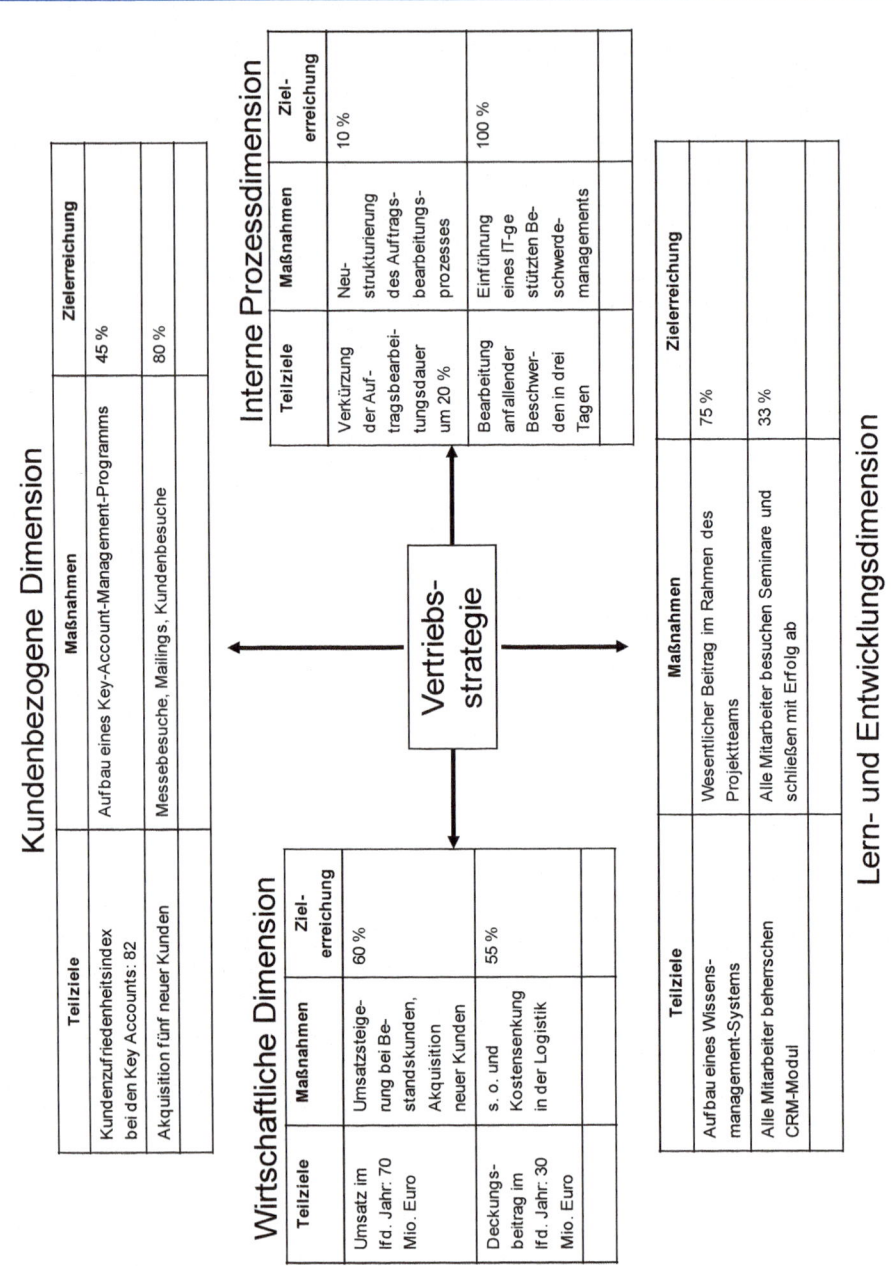

Im Unterschied zu einfachen Kennzahlensystemen wie z.B. dem von Reichmann (1997, S. 403, siehe **Abbildung 6.4-5** in Abschnitt 6.4.8), das wie die Balanced Scorecard ebenfalls ein Nebeneinander von Beurteilungsgrößen zulässt, geht die Balanced Scorecard weiter und berücksichtigt auch die Treiber der einzelnen Kennzahlen. Damit wird letztendlich versucht, die **funktionale Abhängigkeit der Zielgrößen von Treibern** zu erfassen, um damit ein ganzheitliches Instrument zur Steuerung zu erhalten. Dies gelingt umso eher, je besser diese Abhängigkeiten erfassbar sind. In **Abbildung 6.5-6** wird eine Balanced Scorecard für den Vertrieb in Auszügen wiedergegeben.

6.6 Feedback und Konsequenzen

Lernziele

– Der Leser weiß, dass eine Leistungsbeurteilung als Feedback an die Verkaufs-außendienstmitarbeiter kommuniziert werden muss.

– Der Leser versteht, dass die Art und Qualität des Feedbacks unterschiedliche Wirkungen auf die Motivation, die Zufriedenheit und die Leistung von Verkaufs-außendienstmitarbeitern entfalten.

– Der Leser kann Feedback nach den Arten von Fähigkeits- versus Aktivitäts-informationen und positivem versus negativem Inhalt unterscheiden.

– Der Leser ist in der Lage, geeignete Feedbackmechanismen zu identifizieren, mit deren Hilfe ein Verkaufsaußendienst effektiv geführt und kontrolliert werden kann.

6.6.1 360 Grad-Feedback

Bisher ist diskutiert worden, wie man Erfolg messen kann und darauf aufbauend zu entsprechenden Leistungsbeurteilungen kommt. Dabei blieb unbehandelt, wie man Verkaufs-außendienstmitarbeitern und -leitern Erkenntnisse aus der Beurteilung als Feedback vermitteln soll und welche Konsequenzen man daraus zieht.

Bereits im Abschnitt 6.4 zur Erfolgsmessung wurde gezeigt, dass der Erfolg aus unterschiedlicher Perspektive beurteilt werden kann. Während der Verkaufsmanager die Verkaufserfolge in Form von Deckungsbeiträgen für das Unternehmen relativ zu dem Potenzial eines Verkaufsgebietes beurteilt, kann ein Vergleich der Leistung eines Verkaufsau-ßendienstmitarbeiters mit den Erfolgen und Einsätzen der Kollegen im Zuge einer Benchmarking-Analyse Verbesserungspotenziale aufzeigen. Daneben zeigt die Kundenzu-friedenheit an, ob auch in Zukunft Verkaufserfolge zu erwarten sind. In der Praxis wird dies seit den 1990er Jahren mit dem Begriff des 360 Grad-Feedbacks belegt (Bracken und Rose 2011). **Abbildung 6.6-1** zeigt, aus welchen Perspektiven der Verkaufsaußendienstmitarbeiter Feedback bekommen kann. Dazu zählen auch weitere Mitarbeiter, wie sie im industriellen Verkauf vorkommen, wo Innendienstmitarbeiter jeweils Verkaufsaußendienstmitarbeitern zuarbeiten. Dann erfolgt das **Feedback von allen Seiten**, gleichsam aus einer 360 Grad-Perspektive.

Abbildung 6.6-1   360 Grad-Feedback

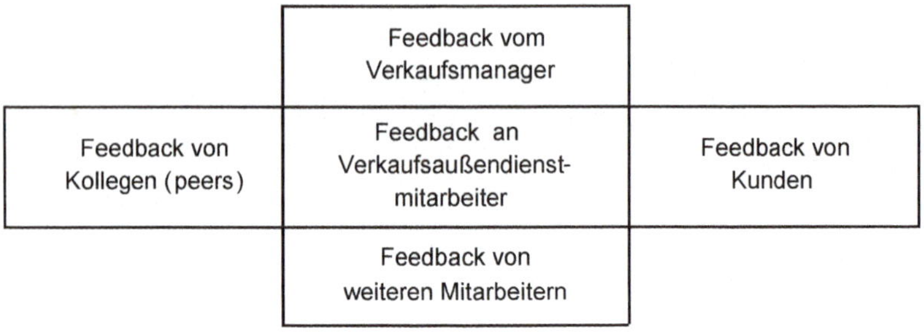

Entscheidend ist beim 360 Grad-Feedback nun nicht, wie in manchen Praxis-orientierten Beiträgen suggeriert wird (Peiperl 2001), dass das Feedback möglichst von allen Seiten erfolgt, sondern in welcher Form es erfolgt und welche Konsequenzen damit verbunden werden (Bracken und Rose 2011). Dies kann sehr **unterschiedliche Wirkungen** auf die Motivation, die Arbeitszufriedenheit und die Leistung entfalten.

6.6.2   Formen und Konsequenzen von Feedback

Man findet in der Praxis sehr viele unterschiedliche **Formen**, wie dem Verkaufsaußendienstmitarbeiter Feedback gegeben wird. Challagalla und Shervani (1996) unterscheiden Feedback in Bezug auf den Output eines Verkaufsaußendienstmitarbeiters (meist seines erzielten Umsatzes) und den Input, also das Verhalten, das sie untergliedern in Fähigkeiten und Aktivitäten. Damit wollen sie darauf aufmerksam machen, dass die Bewertung von Verkaufsfähigkeiten andere Wirkungen entfalten kann als die Beurteilung von Verkaufsaktivitäten. Diese Aktivitäten umfassen z.B. die Anzahl der Besuche, die Vorbereitungszeit auf Kundengespräche und das Begleiten von Kunden durch die verschiedenen Stufen des Verkaufsprozesses. Schließlich hängt die im nächsten Abschnitt diskutierte Wirkung von Feedback auf die Umsatzerzielung davon ab, welche **Konsequenzen** für den Verkaufsaußendienstmitarbeiter damit verbunden werden. Unterschieden werden muss zwischen den Fällen, in denen Feedbacks ausschließlich Informationen darstellen, die dem Verkaufsaußendienstmitarbeiter zu einer besseren Selbsteinschätzung verhelfen, von den Fällen, in denen auf Basis des Feedback-Ergebnisses Belohnungen vergeben oder gar Sanktionen verhängt werden. Beispiele für die verschiedenen Kombinationsmöglichkeiten zeigt **Tabelle 6.6-1**.

Tabelle 6.6-1 Beispiele für Kombinationen von Feedback und Konsequenzen

Feedback auf / Konsequenzen		Information	Belohnungen (Anreize) bzw. Sanktionen
Output (Ergebnis)	positiv	Anruf des Verkaufsmanagers	Bonus auf Erfüllung von Umsatzvorgabe
	negativ	Rangliste von Umsätzen	Androhung der Entlassung bei Fortbestehen schlechter Umsätze
Input in Form von Verkaufsfähigkeiten	positiv	Bestätigung durch Verkaufsmanager nach Begleitung zu Besuchen	Preis für gute Verkaufsfähigkeiten
	negativ	Kritik durch Verkaufsmanager nach Begleitung zu Besuchen	Anordnen eines besonderen Verkaufstrainings
Input in Form von Verkaufsaktivitäten	positiv	Bestätigung durch Verkaufsmanager nach Begleitung zu Besuchen	Preis für fleißigsten Verkaufsaußendienstmitarbeiter
	negativ	Kritik durch Verkaufsmanager nach Begleitung zu Besuchen	Verzicht auf Gehaltserhöhung

6.6.3 Wirkungen von Feedback

Bei der Wahl einer geeigneten Kombination von Feedback und Konsequenz für den Verkaufsaußendienstmitarbeiter steht man vor keiner leichten Aufgabe. Einerseits kann man den Verkaufsaußendienstmitarbeiter sich selbst überlassen und kommunizieren, dass ausschließlich das Ergebnis zählt. Andererseits kann man versuchen, den Verkaufsaußendienstmitarbeiter zu entwickeln, indem man ihm detailliertes Feedback gibt, wie es um seine Verkaufsfähigkeiten steht und wie die Verkaufsaktivitäten auszugestalten sind (siehe dazu auch die Abschnitte 5.4.1 und 5.4.2). Entscheidend ist dabei die Art des Feedbacks, nämlich ob positive oder negative Beurteilungen zu vermitteln sind, also ob selbstverstärkende Motivationsprozesse oder korrigierendes Verhalten ausgelöst werden soll (Jaworski und Kohli 1991), und ob dies nur zur Information dient oder damit Konsequenzen in Form von Belohnungen oder Sanktionen verbunden sind. Durch das Feedback selbst werden nämlich keine direkten Verhaltensänderungen ausgelöst, sondern das Feedback wirkt zunächst auf die Motivation des Verkaufsaußendienstmitarbeiters und die Arbeitszufriedenheit, wobei diese Aspekte dann einen Einfluss darauf ausüben, dass die gewünschten Verhaltensänderungen ausgelöst werden.

Jaworski und Kohli (1991) sowie Challagalla und Shervani (1996) zeigen in empirischen Untersuchungen, dass **positives Feedback** die Motivation von Verkaufsaußendienstmitarbeitern auf deren Einsatzbereitschaft erhöht, was typischerweise zu besseren Ergebnissen führt. **Negatives Feedback** entfaltet dagegen negative Wirkungen auf die Einsatzbereitschaft und führt damit meist nicht zur gewünschten Ergebnisverbesserung, selbst wenn mit dem Feedback Belohnungen oder Sanktionen verbunden sind. Nur wenn negatives Feedback ausschließlich zur Information gegeben wird und damit keine unmittelbaren Sanktionen verbunden sind, kann dies positive Verhaltensänderungen auslösen. Hinsichtlich der Art des Feedbacks erweist es sich daher als besser, konkretes Feedback zum Ergebnis zu geben, wenn mit dem Ergebnis Belohnungen und Sanktionen verbunden sind. Ansonsten ist es als vorteilhafter anzusehen, Feedback zum Verhalten zu geben, wobei es wirksamer ist, Feedback zu den Verkaufsfähigkeiten zu geben als zu einzelnen Verkaufsaktivitäten. Bezieht sich also das Feedback eines Verkaufsmanagers auf die Verkaufsfähigkeiten, dann wird dies eher angenommen, als wenn er Ratschläge zur Ausgestaltung der Aktivitäten gibt.

6.7   Ethik und Verkaufen

Lernziele

– Der Leser weiß, dass beim Verkaufen ethische Konflikte entstehen können, die im Sinne von Fairness gelöst werden sollten.

– Der Leser versteht, dass unethisches Verhalten – wenn überhaupt – nur kurzfristige Vorteile verspricht, langfristig aber Probleme nach sich zieht.

– Der Leser kann zwischen nicht Gesetzes-konformem und unethischem Verhalten unterscheiden.

– Der Leser ist in der Lage, einen Code of Conduct zu entwerfen, mit dem Verkaufsmanager ihre zugeordneten Verkaufsaußendienstmitarbeiter zu ethischem Verhalten anhalten können.

Wie beim Sport muss man sich auch beim Erzielen von Verkaufserfolgen an Regeln halten, die sich zum einen aus gesetzlichen Regelungen und zum anderen aus ethischen Standards ergeben. Letztere geben Empfehlungen für das Verhalten insbesondere in Graubereichen, wo bestimmte Aktivitäten dem Gesetz nach nicht ausdrücklich verboten sind, aber als nicht angemessen empfunden werden. In aller Regel gilt, dass betont ethisches Verhalten unter kurzfristigen Gesichtspunkten meist Verkaufschancen mindert. Insofern sieht sich der Verkaufsaußendienstmitarbeiter häufig sogenannten Ethischen Dilemmata ausgesetzt. Sie können sich hinsichtlich der in **Tabelle 6.7-1** genannten Aspekte ergeben (siehe dazu Dubinsky et al. 1992).

Tabelle 6.7-1   Ethische Dilemmata von Verkaufsaußendienstmitarbeitern

Gegenüber den Kunden	Gegenüber dem Verkaufsmanagement
Falsche Informationen für den Kunden, die kurzfristig verkaufsfördernd wirken (→ Liefertermin und zugesicherte Produkteigenschaften)	Meldung falscher Inputs (z.B. zu hohe Anzahl durchgeführter Besuche)
Aufmerksamkeiten, Geschenke und Einladungen	Manipulation von Outputs (z.B. Verschieben oder Vordatieren von Umsätzen für Quotenerfüllung)
Finanzielle Zuwendungen (→ Bestechung)	Missbrauch von Unternehmensressourcen (z.B. falsche Reisekostenabrechnungen)

Das **Dilemma in der Informationspolitik** gegenüber dem Kunden wird besonders deutlich, wenn der Kunde nach dem Liefertermin fragt. Natürlich könnte man den Verkauf leichter abschließen, wenn der Verkaufsaußendienstmitarbeiter eine zeitnahe Lieferung zusagt, würde aber in langfristiger Hinsicht an Glaubwürdigkeit verlieren, wenn der zugesagte Termin nicht eingehalten werden kann. In ähnlicher Weise betrifft dies Eigenschaften des zu verkaufenden Produkts. Neben den ethischen Aspekten ist hier in rechtlicher Hinsicht zu beachten, dass Zusagen zu zugesicherten Eigenschaften werden, die bei Nicht-Einhaltung Nachbesserungsansprüche oder gar den Rücktritt vom Kauf ermöglichen, was für das verkaufende Unternehmen sehr kostspielig werden kann.

Aus der Erfahrung ist bekannt, dass man mit kleinen Aufmerksamkeiten Personen und natürlich damit auch Kunden positiv stimmen kann (Hite und Bellizzi 1987). Grundsätzlich stellen solche Aufmerksamkeiten einen finanziellen Wert dar, der einem einzelnen Mitarbeiter des Kunden zukommt, auf den aber eigentlich der Kunde als Ganzes Anspruch hat. Bei kleinen Aufmerksamkeiten wie Kugelschreibern, Mouse Pads oder dergleichen fällt dies nicht ins Gewicht, aber bei kostspieligen Einladungen zu Abendessen oder „Fortbildungsveranstaltungen" in Urlaubsdomizilen wird der Konflikt deutlicher. Hier stellt sich das Problem, wo die Grenze zu ziehen ist. Rechtlich gibt es die Grenze von 35 Euro, bis zu der Geschenke steuerlich abziehbar sind. Eingebürgert hat sich auch, dass man Kunden zum Mittagessen einladen kann, wenn die Aufwendungen dafür angemessen sind, was letztendlich nur im Einzelfall geprüft werden kann.

Viel klarer liegt der Fall **bei finanziellen Zuwendungen** oder unentgeltlichen Leistungen (z.B. kostenloser Umbau des Hauses des Mitarbeiters gegen Auftrag und implizite Einrechnung der Zusatzkosten in den Auftrag) für den Mitarbeiter eines Kunden. Dies stellt Bestechung dar, was mit einer Gefängnisstrafe von bis zu 3 Jahren Haft oder Geldstrafe bzw. in schweren Fällen bis zu 5 Jahren Gefängnis geahndet wird (§ 299 und § 300 Strafgesetzbuch). Anders wurden dagegen in der Vergangenheit Aufträge im Ausland behandelt. So ist es z.B. in Lateinamerika, Osteuropa oder dem Nahen Osten zum Teil üblich, dass Bestechungsgelder gezahlt werden, und jeder Verkaufsaußendienstmitarbeiter, der dabei nicht mitmacht, erhält keine Aufträge. Der Gesetzgeber in Deutschland hat aller-

dings Bestechung im Ausland seit etwa 10 Jahren ebenfalls als kriminelle Handlung eingestuft (§ 299, Abs. 3 Strafgesetzbuch). In der Praxis hat sich gezeigt, dass es leider vielfältige
Möglichkeiten gibt, den Tatbestand der Bestechung zu umgehen. So haben manche Unternehmen in Lateinamerika mit Mitarbeitern von Kunden oder Staatsbediensteten gemeinsame Joint-Ventures gegründet, über die Bestechungszahlungen abgewickelt wurden.
Oder der Kunde fordert Spenden für bestimmte Zwecke, die zusammen mit dem Auftrag
vereinbart werden. Es wird deutlich, dass es in diesem Feld einen Graubereich gibt, in dem
vom Verkaufsaußendienstmitarbeiter ethisches Verhalten gefordert ist.

Ein ebenfalls kontroverses Thema stellt die **Gewährung von Konditionen** an Kunden dar.
Unter ökonomischen Gesichtspunkten erscheint es sinnvoll, die Zahlungsbereitschaft der
Kunden bestmöglich abzuschöpfen. Demnach müsste man Situationen ausnutzen, in denen einem Kunden kaum eine Wahl bleibt, als bei einem Unternehmen einzukaufen, und
hohe Preise fordern. Dies kann allerdings dazu führen, wenn der Kunde sich mit anderen
austauscht, dass er sich unfair behandelt fühlt, in Zukunft Geschäfte mit dem bisherigen
Anbieter vermeidet und eventuell sogar negative Mundpropaganda betreibt. In ähnlicher
Weise können sich langjährige Stammkunden unfair behandelt fühlen, wenn zur Neukundenakquisition neuen Kunden sehr viel attraktivere Konditionen gewährt werden.

Verkaufsaußendienstmitarbeiter stehen aber auch angesichts des Problems, aufgrund eines
weit entfernten Standortes nur beschränkt vom Management kontrolliert werden zu können, vor der Versuchung, dies für sich auszunutzen. Bei der Besuchsplanung (siehe Abschnitt 4.2) haben wir gesehen, wie wichtig korrekte Informationen über die Anzahl der
ausgeführten Besuche sind. Hier gebieten es ethische Standards, **wahrheitsgemäß zu berichten**, denn das Unternehmen kann nur Vertrauen in den Verkaufsaußendienstmitarbeiter setzen, wenn dieser es adäquat erwidert, selbst wenn dies mit Nachteilen bei der Leistungsbeurteilung einhergeht. Dies gilt gleicher Maßen auch für die Umsatztätigkeit. Wird
der Verkaufsaußendienstmitarbeiter anhand der Erfüllung von Umsatzquoten entlohnt,
dann beobachtet man mitunter das Verhalten, bei Erfüllung der Quote kurz vor Jahresende
weitere Umsätze auf das nächste Jahr zu verschieben, um dort gleich eine bessere Ausgangsbasis zu erlangen (Steenburgh 2008). Analog können Kunden auch dazu motiviert
werden, Umsätze noch auf das laufende Jahr vorzuziehen, damit die Verkaufsaußendienstmitarbeiter ihre Umsatzquoten einhalten können. Es versteht sich von selbst, dass
dies einen Vertrauensbruch darstellt und ethischen Standards widerspricht. Schließlich sei
noch thematisiert, dass man als Verkaufsaußendienstmitarbeiter keine Ressourcen des
Unternehmens für private Zwecke verwenden soll. Versuchungen ergeben sich hier am
ehesten bei den Reisekosten- und Spesenabrechnungen, bei denen Verkaufsaußendienstmitarbeiter mitunter versuchen, sich durch falsche Angaben einen persönlichen Vorteil zu
verschaffen. Dies ist nicht nur unethisch, sondern auch ein Grund zur fristlosen Entlassung.

Das Verkaufsmanagement kann den ethischen Dilemmata auf verschiedene Weise begeg-
nen. Zunächst einmal sollte man sich darüber bewusst sein, dass viele **ethische Konflikte**
daraus resultieren, dass das Verkaufsmanagement zur Erfüllung der Unternehmensziele
Verkaufsdruck erzeugt und Verkaufsaußendienstmitarbeiter, die diesem aufgrund unbe-

friedigender Leistungen nicht standhalten, nach Auswegen suchen. Gelegentlich tolerieren Verkaufsmanager dieses unethische Verhalten, weil ja ihre eigene Leistung von den Ergebnissen der zugeordneten Verkaufsaußendienstmitarbeiter abhängt. Daher ist es entscheidend, dass der **Verkaufsmanager als Vorbild** agiert und in all seinen Aktivitäten signalisiert, dass unethisches Verhalten nicht erwünscht ist (Schwepker und Good 2007). Ganz allgemein spielt das ethische Klima in einem Unternehmen eine entscheidende Rolle. Wenn z.B. bei den Bestechungsskandalen bei Siemens und MAN Führungskräfte nicht aktiv oder passiv mitgewirkt hätten, dann hätten sich die Bestechungsfälle gar nicht erst herausbilden können. Um derartigen Fehlentwicklungen vorzubeugen, haben viele größere Unternehmen inzwischen einen sogenannten Code of Conduct formuliert, der spezifische Verhaltensregeln für ethische Konflikte vorgibt. In den Business Conduct Guidelines von Siemens (2009) wird auch auf Bestechung eingegangen, indem das Gewähren von Vorteilen für Kunden ausdrücklich als nicht zulässig bezeichnet wird. Die sehr generellen Regelungen werden in weiteren Dokumenten näher spezifiziert (Siemens 2007). Aber auch diese Regelungen sind noch nicht sehr spezifisch und müssen von Verkaufsmanagern und Top-Führungskräften vorgelebt werden. Wie man insbesondere am Fall Siemens sehen konnte, zahlt sich unethisches oder gar nicht Gesetzes-konformes Verhalten, wenn überhaupt, nur kurzfristig in höheren Umsätzen aus, während man langfristig dadurch nur verlieren kann.

Literatur

Albers, Sönke (1985): Die Planung der Preis- und Besuchspolitik eines Verkaufsaußendienstes, *Zeitschrift für Betriebswirtschaft*, 55, 899-923.

Albers, Sönke (1988): Steuerung von Verkaufsaußendienstmitarbeitern mit Hilfe von Umsatzvorgaben, in: W. Lücke (Hrsg.): *Betriebswirtschaftliche Steuerungs- und Kontrollprobleme*, Gabler Verlag, Wiesbaden 1988, 5-18.

Albers, Sönke (1989): *Entscheidungshilfen für den Persönlichen Verkauf*, Duncker & Humblot: Berlin.

Albers, Sönke (1996): Optimisation Models for Salesforce Compensation, *European Journal of Operational Research*, 89 (1), 1-17.

Albers, Sönke (1998): A Framework for Analysis of Profit Contribution Variance Between Actual and Plan, *International Journal of Research in Marketing*, 15, 109-122.

Albers, Sönke (2000a): *Sales-force Management*, in: Blois, K. (ed.): The Oxford Textbook of Marketing, Oxford University Press: Oxford et al., 292-317.

Albers, Sönke (2000b): Optimal allocation of profit across companies operating with a joint salesforce, *OR Spektrum*, 22 (1), 19-33.

Albers, Sönke (2000c): Besuchsplanung, in: Albers, Sönke (Hrsg.): *Verkaufsaußendienst: Organisation – Planung – Kontrolle*, Symposion: Düsseldorf, 173-195.

Albers, Sönke (2001): Faire und vergleichbare Umsatzvorgaben: So werden sie ermittelt, in: Albers, Sönke, Volker Haßmann, Felix Somm und Torsten Tomczak (Hrsg.): *Verkauf: Kundenmanagement, Vertriebssteuerung, E-Commerce*, Loseblattwerk, Digitale Fachbibliothek und Online-Dienst www.verkauf-aktuell.de, symposion: Düsseldorf, Kapitel 04.07.

Albers, Sönke (2012): Optimizable and Implementable Aggregate Response Modeling for Marketing Decision Support with Generalizable Results, *International Journal of Research in Marketing*, 29 (2), 111-122.

Albers, Sönke, Murali K. Mantrala und Srihari Sridhar (2010): Personal Selling Elasticities: A Meta-Analysis, *Journal of Marketing Research*, 47 (October), 840–853.

Albers, Sönke und Bernd Skiera (2002): Verkaufsaußendienststeuerung auf der Basis einer Umsatz-reaktionsfunktion, in: *Zeitschrift für Betriebswirtschaft*, 72, 1105-1131.

Albers, Sönke und Florian Söhnchen (2005): Akquisitionsmanagement im industriellen Projektge-schäft, *Zeitschrift für Betriebswirtschaft*, Special Issue (2), 59-80.

Anderson, Erin und Richard L. Oliver (1987): Perspectives on Behavior-Based Versus Outcome-Based Salesforce Control Systems, *Journal of Marketing*, 51 (4), 76-88.

Babakus, Emin, David W. Cravens, Ken Grant, Thomas N. Ingram und Raymond W. LaForge (1996): Investigating the relationships among sales, management control, sales territory design, salesperson performance, and sales organization effectiveness, *International Journal of Research in Marketing*, 13 (4), 345-363.

Baier, Moritz, Jorge Carballo, Alice Chang, Yingdong Lu, Aleksandra Mojsilovic, Jonathan Richard, Moninder Singh, Mark S. Squillante, Kush R. Varshney (2012): *Sales-Force Performance Analytics and Optimization*, Working Paper.

Bass, Frank M., Trichy V. Krishnan und Dipak C. Jain (1994): Why the Bass Model Fits without Deci-sion Variables, *Marketing Science*, 13 (3), 203-223.

Bauer, Hans H., Gregor Stokburger und Maik Hammerschmidt (2006*): Marketing Performance. Messen – Analysieren – Optimieren*, Gabler: Wiesbaden.

Becker, Jan U. und Sönke Albers (2012): *On the use of customer satisfaction tracking data for quality ma-nagement: A cautionary note*, Working Paper, KLU Hamburg.

Behrman, Douglas N. und William D. Perreault (1982): Measuring the Performance of Industrial Salespersons, *Journal of Business Research*, 10 (3), 355-370.

Beutin, Nikolas (2008): Verfahren zur Messung der Kundenzufriedenheit im Überblick, in: Christian Homburg (Hrsg.*): Kundenzufriedenheit. Konzepte – Methoden – Erfahrungen*, 7. Aufl., Gabler: Wiesba-den 2008, 121-171.

Bielecki, André (2010): Efficient Frontier Analysis, in: Albers, Sönke, Daniel Klapper, Udo Konradt, Achim Walter und Joachim Wolf (Hrsg.): *Ergänzungen zur Methodik der empirischen Forschung*, Kiel 2010. (http://www.bwl.uni-kiel.de/bwlinstitute/grad-kolleg/new/index.php?id=267)

Bielecki, André, Sönke Albers und Murali Mantrala (2012): *Salesperson Efficiency Benchmarking Using Sales Response Data: Who is Working Hard and Working Smart?*, Arbeitspapiere des Instituts für Be-triebswirtschaftslehre, CAU Kiel. (http://hdl.handle.net/10419/57427)

Boles, James S., Naveen Donthu, und Ritu Lohtia (1995): Salesperson Evaluation Using Relative Per-formance Efficiency: The Application of Data Envelopment Analysis, *Journal of Personal Selling & Sales Management*, 15 (3), 31-49.

Bracken, David W. und Dale S. Rose (2011): When Does 360-Degree Feedback Create Behavior Change? And How Would We Know It When It Does? *Journal of Business & Psychology*, 26 (2), 183-192.

Broadbent, Simon (1979): One way TV advertisements work, *Journal of the Market Research Society*, 21 (3), 139.

Chakravarti, Dipankar, Andrew Mitchell und Richard Staelin (1979): Judgment Based Marketing Decision Models: An Experimental Investigation of the Decision Calculus Approach, *Management Science*, 25 (3), 251-263.

Chakravarti, Dipankar, Andrew Mitchell und Richard Staelin (1981): Judgment Based Marketing Decision Models: Problems and Possible Solutions, *Journal of Marketing*, 45 (4), 13-23.

Challagalla, Goutam N. und Tasadduq A. Shervani (1996): Dimensions and Types of Supervisory Control: Effects on Salesperson Performance and Satisfaction, *Journal of Marketing*, 60 (1), 89-105.

Chowdhury, Jhinuk (1993): The Motivational Impact of Sales Quotas on Effort, *Journal of Marketing Research*, 30 (1), 28-41.

Charnes, A., W.W. Cooper und E. Rhodes (1978): Measuring the efficiency of decision making units, *European Journal of Operational Research*, 2 (6), 429–444.

Churchill, Gilbert A., Neil M. Ford, Steven W. Hartley, und Orville C. Walker Jr. (1985): The Determi-nants of Salesperson Performance: A Meta-Analysis, *Journal of Marketing Research*, 22 (2), 103-118.

Cocanougher, A. Benton und John M. Ivancevich (1978): "BARS" Performance Rating for Sales Force Personnel, *Journal of Marketing*, 42 (3), 87-95.

Cooper, Robin und Robert S. Kaplan (1988): Measure Costs Right. Make the Right decisions, *Harvard Business Review*. 66 (5), 96–103.

Cravens, David W., Thomas N. Ingram, Raymond W. LaForge, und Clifford E. Young (1993): Behavior-Based and Outcome-Based Salesforce Control Systems, *Journal of Marketing*, 57 (4), 47-59.

Cron, William L. und Thomas E. DeCarlo (2010*): Sales Management. Concept and Cases,* 10th ed., John Wiley & Sons: Asia.

Dong, Xiaojing, Puneet Manchanda und Pradeep K. Chintagunta (2009): Quantifying the Benefits of Individual Level Targeting under the Presence of Firm Strategic Behavior, *Journal of Marketing Research*, 46 (2), 207-221.

Dorfman, Robert und Peter O. Steiner (1954): Optimal Advertising and Optimal Quality, *American Economic Review*, 44 (5), 826-836.

Drew, Stephen W. (1997): From knowledge to action: the impact of benchmarking on organizational performance, *Long Range Planning*, 30 (3), 427-441.

Du, Rex Yuxing, Wagner A. Kamakura und Carl F. Mela (2007): Size and Share of Customer Wallet, *Journal of Marketing*, 71 (April), 94–113.

Dubinsky, Alan J., Marvin A. Jolson, Ronald E. Michaels, Masaaki Kotabe und Chae Un Lim (1992): Ethical Perceptions of Field Sales Personnel: An Empirical Assessment, *Journal of Personal Selling & Sales Management*, 12 (4), 9-21.

Fischer, Marc und Sönke Albers (2010): Patient- or Physician-Oriented Marketing: What Drives Primary Demand for Prescription Drugs?, *Journal of Marketing Research*, 47 (1), 103-121.

Fudge, William K. und Leonard M. Lodish (1977): Evaluation of the Effectiveness of a Model Based Salesman's Planning System by Field Experimentation, *Interfaces*, 8 (1/Part 2), 97-106.

Gaba, Anil und Ajay Kalra (1999): Risk Behavior in Response to Quotas and Contests, *Marketing Science*, 18 (3), 417-434.

Hauser, John R., Duncan I. Simester und Birger Wernerfelt (1994): Customer Satisfaction Incentives, *Marketing Science*, 13 (4), 327-350.

Herzberg, Frederick (1968): One More Time: How Do You Motivate Employees? *Harvard Business Review*, 46 (1), 53-62

Hite, Robert E. und Joseph A. Bellizzi (1987): Salespeople's Use of Entertainment and Gifts, *Industrial Marketing Management*, 16 (4), 279-285.

Homburg, Christian (1995*): Kundennähe von Industriegüterunternehmen. Konzeption – Erfolgsauswirkungen – Determinanten*, Gabler: Wiesbaden.

Homburg, Christian, Heiko Schäfer und Janna Schneider (2006): *Sales Excellence. Vertriebsmanagement mit System*, 4. Auflage, Gabler: Wiesbaden.

Horsky, Dan und Paul Nelson (1996): Evaluation of Salesforce Size and Productivity Through Efficient Frontier Benchmarking, *Marketing Science*, 15 (4), 301-320.

Jackson jr., Donald W., Janet E. Keith und John L. Schlacter (1983): Evaluation of Selling Performance: A Study of Current Practices, *Journal of Personal Selling & Sales Management*, 3 (2), 43-52.

Jackson jr., Donald W., John L. Schlacter und William G. Wolfe (1995): Examining the Bases Utilized for Evaluating Salespeople's Performance, *Journal of Personal Selling & Sales Management*, 15 (4), 57-65.

Jaworski, Bernhard J. und Ajay K. Kohli (1991): Supervisory Feedback: Alternative Types and Their Impact on Salespeople's Performance and Satisfaction, *Journal of Marketing Research*, 28 (2), 190-201.

Jentner, Bernhard (1998): Praxisorientiertes Benchmarking-Konzept für die gesamte Wertschöpfungskette der Vertriebsfunktion am Beispiel eines Automobilherstellers, *Zeitschrift für Betriebswirtschaft*, 68. Jg., 959-977.

Johnston, Mark W. und Greg W. Marshall (2009): *Churchill/Ford/Walker's Sales Force Management*, 9th ed., McGraw-Hill: Boston et al.

Kano, Noriaki (1984): Attractive Quality and Must-Be Quality, *The Journal of the Japanese Society for Quality Control*, 14 (2), 39- 48.

Kaplan, Robert S. und David P. Norton (1996): *The Balanced Scorecard: Translating Strategy into Action*, Harvard Business School Press: Boston.

Koyck, Leendert M. (1954): *Distributed Lags and Investment Analysis*, Amsterdam: North Holland.

Krafft, Manfred (1999a): Der Kunde im Fokus: Kundennähe, Kundenzufriedenheit, Kundenbindung – und Kundenwert?, *Die Betriebswirtschaft*, 59. Jg., 511-530.

Krafft, Manfred (1999b): An Empirical Investigation of the Antecedents of Sales Force Control Systems, *Journal of Marketing*, 63 (3), 120-134.

Krafft, Manfred (2007): *Kundenbindung und Kundenwert*, 2. Aufl., Physica: Heidelberg.

Kumar, V. und Werner Reinartz (2006*): Customer Relationship Management. A Database Approach*, John Wiley & Sons.

Larkin, Ian (2006): *The Cost of High-Powered Incentives: Employee Gaming in Enterprise Software Sales*, Working Paper, University of California, Berkeley.

Leeflang, Peter S.H., Dick Wittink, Michel Wedel, und Philippe Naert (2000): *Building Models for Marketing Decisions*, Kluwer: Boston et al.

Little, John D.C. (1970): Models and Managers: The Concept of a Decision Calculus, *Management Science*, 16 (8), B466-B485.

Lodish, Leonard M. (1971): CALLPLAN, An Interactive Salesman's Call Planning System, *Management Science*, 18 (4), P25-P40.

Lodish, Leonard M. (1974): Vaguely right approach to sales force allocations, *Harvard Business Review*, 52 (1), Jan.-Feb., 119-124.

Lodish, Leonard M., Ellen Curtis, Michael Ness und M. Kerry Simpson (1988): Sales Force Sizing and Deployment Using a Decision Calculus Model at Syntex Laboratories, *Interfaces*, 18 (1), 5-20.

Macharzina, Klaus und Joachim Wolf (2008): *Unternehmensführung. Das internationale Managementwissen. Konzepte – Methoden – Praxis*, 6. Aufl., Gabler: Wiesbaden.

Mahajan, Jayashree (1991): A data envelope analytic model for assessing the relative efficiency of the selling function, *European Journal of Operational Research*, 53 (2), 189-205.

Manchanda, Puneet und Pradeep K. Chintagunta (2004): Responsiveness of Physician Prescription Behavior to Salesforce Effort: An Individual Level Analysis, *Marketing Letters*, 15 (2-3), 129-145.

Manchanda, Puneet, Peter E. Rossi und Pradeep K. Chintagunta (2004): Response Modeling with Nonrandom Marketing-Mix Variables, *Journal of Marketing Research*, 61 (4), 467-478.

Marshall, Greg W., William C. Moncrief und Felicia G. Lassk (1999): The Current State of Sales Force Activities, *Industrial Marketing Management*, 28 (1), 87-98.

Martilla, John A. und John C. James (1977): Importance-Performance Analysis, *Journal of Marketing*, 41 (1), 77-79.

McIntyre, Shelby H. (1982): An Experimental Study of the Impact of Judgment-Based Marketing Models, *Management Science*, 28 (1), 17-33.

Mittal, Vikas und Wagner A. Kamakura (2001): Satisfaction, Repurchase Intent, and Repurchasing Behavior: Investigating the Moderating Effect of Customer Characteristics, *Journal of Marketing Research*, 38 (1), 131-142.

Nerlove, Marc und Kenneth J. Arrow (1962): Optimal advertising policy under dynamic conditions, *Economica*, 29 (114), 129-142.

Oliver, Richard L. und Erin Anderson (1994): An Empirical Test of the Consequences of Behavior- and Outcome-Based Sales Control Systems, *Journal of Marketing*, 58 (4), 53-68.

Palmatier, Robert W. (2008): *Relationship Marketing*, Marketing Science Institute, Cambridge (Mass.).

Parsons, Leonard J. und Piet Vanden Abeele (1981): Analysis of Sales Call Effectiveness, *Journal of Marketing Research*, 18 (1), 107-113.

Peiperl, Maury A. (2001): Getting 360 Degree Feedback Right, *Harvard Business Review*, 79 (1), 142-147.

Pfeifer, Phillip E. (2005): The optimal ratio of acquisition and retention costs, *Journal of Targeting, Measurement and Analysis for Marketing*, 13 (2), 179–188.

Proppe, Dennis (2009): Schätzung von Marketing-Modellen mit simulationsbasierten Verfahren, in: Albers, Sönke, Daniel Klapper, Udo Konradt, Achim Walter und Joachim Wolf (Hrsg.): *Methodik der empirischen Forschung*, 3. Aufl., Gabler: Wiesbaden, 433-449.

Proppe, Dennis und Sönke Albers (2009): Choosing Response Models for Budget Allocation in Heterogeneous and Dynamic Markets: Why Simple Sometimes Does Better, *Marketing Science Institute Special Report* 09-202, April 2009, http://www.msi.org/publications/publication.cfm?pub=1485.

Ramaswami, Sridhar N., Srini S. Srinivasan und Stephen A. Gorton (1997): Information Asymmetry between Salesperson and Supervisor: Postulates from Agency and Social Exchange Theories, *Journal of Personal Selling & Sales Management*, 17 (3), 29-50.

Reichheld, Frederick F. (1996): Satisfaction Trap, *Harvard Business Review*, 74 (2), 58-59.

Reichheld, Frederick F. und W. Earl Sasser, jr. (1990): Zero Defection: Quality Comes to Service, *Harvard Business Review*, 58 (5), 105-111.

Reichmann, Thomas (1997): *Controlling mit Kennzahlen und Managementberichten – Grundlagen einer systemgestützten Controlling-Konzeption*, 5. Aufl., München.

Ryans, Adrian B. und Charles B. Weinberg (1979): Territory Sales Response, *Journal of Marketing Research*, 16 (4), 453-465.

Ryans, Adrian B. und Charles B. Weinberg (1987): Territory Sales Response Models: Stability Over Time, *Journal of Marketing Research*, 24 (2), 229-233.

Saxe, Robert und Barton A. Weitz (1982): The SOCO Scale: A Measure of the Customer Orientation of Salespeople, *Journal of Marketing Research*, 19 (3), 343-351.

Schmalenbach, Eugen (1934): *Selbstkostenrechnung und Preispolitik*, 6. Aufl., Leipzig 1934.

Schmittlein, David und Robert A. Peterson (1994): Customer Base Analysis: An Industrial Purchase Process Application, *Marketing Science*, 13 (1), 41-67.

Sharma, Arun (1997): Customer Satisfaction-Based Incentive Systems: Some Managerial and Salesperson Considerations, *Journal of Personal Selling & Sales Management*, 17 (2), 61-70.

Schwepker, jr., Charles H. und David J. Good (2007): Sales Management's Influence on Employment and Training in Developing an Ethical Sales Force, *Journal of Personal Selling & Sales Management*, 27 (4), 325–339.

Siebel, Thomas und Michael Malone (1996): *Virtual Selling: Going Beyond the Automated Sales Force to Achieve Total Sales Quality*, Diane Pub., Darby (Penn.).

Siemens (Hrsg.) (2009): *Business Conduct Guidelines*, (http://w1.siemens.com/responsibility/pool/cr-framework/business_conduct_guidelines_d.pdf)

Siemens (Hrsg.) (2007): *Anti-public-corruption compliance*, Corporate Compliance Office, München, May 2. (http://w1.siemens.com/responsibility/pool/cr-framework/compliance/verbot_korruption_c.pdf)

Sridhar, Shrihari, Murali Mantrala und Sönke Albers (2014): Pharmaceutical Detailing Elasticities: A Meta-Analysis," in: Min Ding, Jehoshua Eliashberg, Stefan Stremersch (eds.): *Innovation and Marketing in the Pharmaceutical Industry: Emerging Practices, Research, and Policies*, Springer, Heidelberg, forthcoming.

Stauss, Bernd (1999): Kundenzufriedenheit, *Marketing ZFP*, 21 (1), 5-24.

Stauss, Bernd und Wolfgang Seidel (2007): *Beschwerdemanagement. Unzufriedene Kunden als profitable Zielgruppe*, 4. Aufl., Hanser, München.

Steenburgh, Thomas J. (2008): Effort or timing: The effect of lump-sum bonuses, *Quantitative Marketing and Economics*, 6 (3), 235–256.

Szymanski, David M. und David H. Henard (2001): Customer Satisfaction: A Meta-Analysis of the Empirical Evidence, *Journal of the Academy of Marketing Science*, 29 (1), 16-35.

Tellis, Gerard J. und Philip Hans Franses (2006): Optimal Data Interval for Estimating Advertising Response, *Marketing Science*, 25 (3), 217–229.

Thomas, Raymond W., Geoffrey N. Soutar und Maria M. Ryan (2001): The Selling Orientation-Customer Orientation (S.O.C.O.) Scale: A Proposed Short Form, *Journal of Personal Selling & Sales Management*, 21 (1), 63-69.

Venkataraman, S. und Stefan Stremersch (2007): The Debate on Influencing Doctors' Decisions: Are Drug Characteristics the Missing Link?, *Management Science*, 53 (11), 1688–1701.

Zoltners, Andris A. und Prabhakant Sinha (2005): Sales Territory Design: Thirty Years of Modeling and Implementation, *Marketing Science*, 24 (3), 313-331.

7 Technologie-Unterstützung im Verkauf

Lernziele

- Der Leser weiß, dass die Effizienz und Effektivität eines Verkaufsaußendienstmitarbeiters durch geeignete technologische Unterstützung gesteigert werden kann.

- Der Leser versteht, dass Verkaufsaußendienstmitarbeiter technologische Unterstützung nur nutzen, wenn nicht nur das Vertriebsmanagement, sondern auch die Verkäufer daraus einen konkreten Nutzen ziehen können.

- Der Leser kennt die Möglichkeiten der technologischen Unterstützung im Verkauf in Form von Informationssystemen und Planungstools sowie eines Online-Zugangs außerhalb des Unternehmens.

- Der Leser kann beurteilen, welche Formen der technologischen Unterstützung im Verkauf unter welchen Bedingungen vorteilhaft sind.

7.1 Überblick

Eine große Rolle beim Verkauf spielt die optimale Informationsversorgung von Kunden oder Interessenten. Dazu muss der Verkaufsaußendienstmitarbeiter auf Kundengespräche bestmöglich vorbereitet sein. Er sollte in der Lage sein, auf der Basis einer umfassenden Dokumentation der bisherigen Anstrengungen die erforderlichen weiteren Schritte planen zu können. Außerdem sollte der Verkaufsaußendienstmitarbeiter die Kunden bzw. Interessenten mit maßgeschneiderten Informationen zu den von ihnen benötigten Produkten oder Lösungen versorgen können. Während früher der Erfolg davon abhing, wie gut der Verkaufsaußendienstmitarbeiter die bisherigen Verkaufsbemühungen in seinem Notizbuch dokumentiert hatte und dem Kunden das relevante Prospektmaterial abliefern konnte, kann heute sowohl die Dokumentation als auch das Bereitstellen von verkaufsunterstützendem Material durch neue Technologien unterstützt werden. Der Zugriff auf das Internet von zu Hause, aber auch von unterwegs erlaubt dabei den Verkäufern eine früher nicht denkbare Informationsversorgung.

Mit der heutigen Generation von Notebooks, Tablets oder Smartphones kann der Verkaufsaußendienstmitarbeiter über Funk (z.B. UMTS oder LTE) seine Daten mit dem zentralen Computer-System, evtl. einer **Customer Relationship Management (CRM)-Software**, seines Unternehmens abgleichen. Außerdem bieten die CRM-Systeme Empfehlungen für durchzuführende Besuche an. Mit Hilfe von Navigationsprogrammen ist es gleichzeitig möglich, die kürzeste Route auszurechnen und per Bluetooth in das Navigationssystem des Autos des Verkaufsaußendienstmitarbeiters zu übertragen. Zur Vorbereitung auf die Kundenbesuche können die Verkaufsaußendienstmitarbeiter per Mobilfunk Kundendaten aus dem CRM-System abrufen. Nach dem Besuch kann jeder Kundenkontakt unmittelbar dokumentiert und die Daten können wiederum per Mobilfunk an die Zentrale übertragen werden, um dem Verkaufsmanagement Berichte in Echtzeit zu liefern (siehe bspw. das leistungsfähige System von i-snapshot). Die Verkaufspräsentation können sich die Verkaufsaußendienstmitarbeiter aus Bausteinen zusammenstellen, die auf einem Server der Unternehmenszentrale liegen und dort laufend gepflegt und aktualisiert werden. Fragen nach dem Liefertermin können sie in den Besprechungen mit ihren Kunden durch Online-Abfragen direkt klären.

Wie wir sehen, werden Verkaufsaußendienstmitarbeiter in ihren Arbeitsabläufen durch Online-Abrufe von Daten, vorgefertigte Präsentationsunterlagen und Planungstools, die das Unternehmen über das Internet zur Verfügung stellt, technologisch in einem Ausmaße unterstützt, wie es noch vor kurzem nicht vorstellbar war. Sprach man ursprünglich von **Computer-Aided Selling** (Link und Hildebrand 1993), weil verkaufsrelevante Daten von einem zentralen Computer abgerufen werden konnten, und später in der englischsprachigen Literatur von **Sales Force Automation**, weil die Unterstützung der Verkaufsprozesse fast vollständig automatisiert werden konnte, so wählt man heute allgemeiner den Begriff Technologie-Unterstützung im Verkauf (Zoltners, Sinha und Zoltners, 2001). Dieser Begriff umfasst auch die Möglichkeit, das Internet nicht nur als **Kommunikationskanal**, sondern auch direkt als **Verkaufskanal** einzusetzen. Wichtig dabei ist, dass alle Teilfunktionen des Verkaufens integriert sind, so dass sämtliche Arbeitsabläufe auf denselben Daten basieren und aufeinander abgestimmt werden können. Das wird dann in der praxisnahen Vertriebsliteratur auch als Customer Relationship Management bezeichnet (Winkelmann 2012).

Aus der bisherigen Beschreibung wird deutlich, dass Technologie abgesehen von sozialen und emotionalen Aspekten inzwischen fast alle Prozesse des Verkaufens (siehe auch Abschnitt 2) unterstützt. **Abbildung 7.1-1** systematisiert die verschiedenen Aspekte der Technologie-Unterstützung im Verkauf.

Abbildung 7.1-1 verdeutlicht, dass das Unternehmen mit den Kunden entweder persönlich über einen Verkaufsaußendienstmitarbeiter oder unpersönlich über das Internet kommunizieren und auch interagieren kann. In beiden Fällen muss das Unternehmen zur Betreuung eines Interessenten oder Kunden wissen, mit wem es zu tun hat, was die letzten Marketing-Maßnahmen waren und welche Aufgaben noch zu erfüllen sind. Als grundlegende Funktionalität bietet entsprechende Customer-Relationship-Management-Software Hilfestellung bei der Dokumentation der Ansprechpartner von Kunden, erfolgter Verkaufsaktivitäten, aber auch von besonderen ausgehandelten Konditionen. Mit derartigen jederzeit abrufbaren Informationen können sich Verkaufsaußendienstmitarbeiter adäquat auf Besuche vorbereiten. Analog stehen alle benötigten Informationen zur Verfügung, wenn der Verkaufsprozess vollständig über das Internet abgewickelt wird.

Unternehmen haben in den letzten Jahren nicht nur in das Bereitstellen von Kundendaten investiert, sondern auch in Computer-Systeme, mit denen die Abwicklung von Aufträgen unterstützt werden kann. Dies fängt an mit der Berechnung eines Liefertermins, geht weiter mit der Eingabe der Fakturierung und endet mit der Zahlung sowie der Steuerung der anschließenden After-Sales-Services. Die Funktionalitäten des Bereitstellens von Kundendaten und der Abwicklung von Aufträgen werden auch **operatives CRM** genannt (Winkelmann 2012, S. 256).

Daneben gehören heutzutage zu einem wirksamen CRM-System im Vertrieb analytische Funktionalitäten (Winkelmann 2012, S. 256). Basierend auf den Daten aus den operativen CRM-Systemen kann man mit Hilfe des **analytischen CRM-Systems** Empfehlungen zu einem Besuchsprogramm für einen gewählten Zeitraum ableiten. Analog können mit Hilfe eines solchen Systems auch Interessenten-Adressen qualifiziert und priorisiert werden. Damit nimmt das analytische CRM-System den Verkaufsaußendienstmitarbeitern all jene Aufgaben ab, die nach Algorithmen ablaufen können, so dass sich die Verkäufer darauf konzentrieren können, was ihre eigentliche Aufgabe darstellt, nämlich Kundengespräche zu führen, um vertrauensvolle Beziehungen aufzubauen, aus denen der Verkauf von Produkten resultiert.

Abbildung 7.1-1   Aspekte der Technologie-Unterstützung im Verkauf

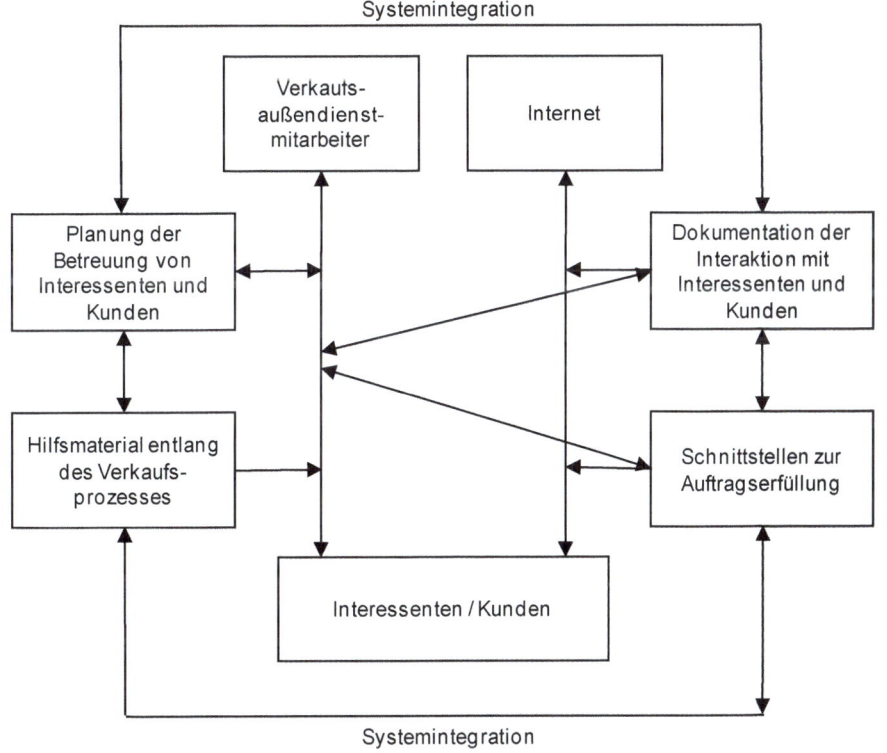

Neben den erwähnten **Planungs-Tools** bietet das analytische CRM auch eine Unterstützung der Abläufe im eigentlichen Verkaufsprozess durch die Bereitstellung von **Hilfsmaterial**. In der Interaktion mit ihren Kunden müssen Verkaufsaußendienstmitarbeiter bspw. über Präsentationsunterlagen verfügen, um die Vorteilhaftigkeit der von ihnen vorgeschlagenen Lösungen darlegen zu können. Dabei werden sie einerseits dadurch unterstützt, dass sie diese Unterlagen nicht selbst erstellen müssen, sondern aus vorgefertigten Bausteinen zusammenstellen können. Andererseits erfordern individuelle Lösungen, dass Produkte auf die speziellen Wünsche der Kunden zugeschnitten werden. Hier werden die Verkaufsaußendienstmitarbeiter durch Software unterstützt, mit der bspw. Zeichnungen von Gebäuden oder maschinellen Anlagen leicht modifiziert und auf die Kundenbedürfnisse angepasst werden können. In inhaltlicher Hinsicht muss dabei geprüft werden, welche Produktkomponenten am besten auf die Kundenwünsche passen bzw. rein technisch gesehen miteinander kombiniert werden können. Dies kann durch **Produkt-Konfiguratoren** geschehen, wie sie insbesondere in der Automobil- und Software-Industrie üblich sind (Herrmann et al. 2007). Schließlich ist die Preisbestimmung bei komplexen Produkten, die zu einem erheblichen Teil aus Dienstleistungen (Systemgeschäft) bestehen oder möglicherweise schwankenden Rohstoffpreisen unterliegen, sehr schwierig. Auf der Basis von zentral laufend aktualisierten Kosteninformationen lässt sich aber mit Hilfe geeigneter CRM-Tools sehr schnell eine Angebotskalkulation durchführen.

Die hier kurz umrissenen Komponenten des Technologie-unterstützten Verkaufens werden in Abschnitt 7.2 näher beschrieben.

Bei dem Einsatz von CRM-Systemen im Vertrieb ist zu beachten, dass damit unterschiedliche Personenkreise unterstützt werden können. Zunächst einmal gilt dies für die **Verkaufsaußendienstmitarbeiter**. Sie können damit im Wege der Selbstorganisation ihre Verkaufsaktivitäten planen. Daneben bieten Systeme, die im Prinzip von mehreren Personen gleichzeitig benutzt werden können, auch die Möglichkeit der Koordination untereinander. Dadurch werden Verkaufsmanager unterstützt, die mit entsprechenden Daten die Möglichkeit einer effektiven Supervision erhalten. Heutzutage werden zudem immer mehr Selling Teams (siehe Abschnitt 3.4.2.2) eingesetzt, die sich untereinander auf der Basis von CRM-Systemdaten abstimmen können. Zur Abwicklung der Aufträge müssen mit Hilfe von CRM-Systemen andere Funktionsbereiche wie die Entwicklung, die Fertigung und der Kundendienst koordiniert werden. Schließlich besteht noch Abstimmungsbedarf zwischen Vertriebspartnern, der durch die gemeinsame Nutzung von CRM-Systemen gedeckt werden kann. So gibt es z.B. im Pharmabereich das Phänomen des Co-Selling, bei dem zwei verschiedene Außendienste ein und dasselbe Produkt verkaufen. Hier kann es sich unter Umständen anbieten, begrenzt Zugriff auf die Besuchsdaten von Ärzten zu gestatten, damit beide Außendienste effektiv aufeinander abgestimmt werden können. Tabelle 7.1-1 zeigt die entsprechenden Möglichkeiten.

Im Unterschied zu einem Verkaufsaußendienstmitarbeiter braucht man für das Internet als **Verkaufskanal** gemäß Abbildung 7.1-1 nur ein ständig aktualisiertes Dokumentations-System und eine Integration mit Enterprise-Resource-Planning-Software (Umble, Haft und Umble 2003) für die **Schnittstellen zur Auftragsabwicklung**. Dies liegt daran, dass dieser

Verkaufskanal im Wesentlichen im Pull-Modus genutzt wird, d.h. erst wenn der Interessent oder Kunde aktiv wird, dann reagiert das System darauf. Das Internet als Verkaufskanal wirft die Frage auf, ob dieser Kanal kannibalistisch zu den Anstrengungen der Verkaufsaußendienstmitarbeiter wirkt und was getan werden kann, um Kanalkonflikte zu bereinigen. Diese Konflikte werden in Abschnitt 7.3 näher beschrieben und Lösungsmöglichkeiten dafür aufgezeigt. In vielen Fällen wird der Kunde auch mehrere Kanäle gleichzeitig nutzen, z.B. sich über das Internet informieren, während der Verkaufsabschluss über den Verkaufsaußendienst erfolgt oder umgekehrt. Deshalb muss eine Koordination der Verkaufskanäle erfolgen. Überlegungen dazu werden ebenfalls in Abschnitt 7.3. diskutiert.

Tabelle 7.1-1   Adressaten des Technologie-unterstützten Verkaufens

Koordination der ... mit ...	Verkaufsaußen-dienstmitarbeiter	Verkaufsteams (Selling Center)
Selbstorganisation	Planung der eigenen Verkaufsaktivitäten	Abstimmung der Rollen im Verkauf untereinander
Verkaufsmanager	Erfolgsmessung Leistungsbeurteilung Supervision, Steuerung	Zuordnung des Erfolgs auf Teammitglieder
Andere Funktionsbereiche	Auftragsbearbeitung bis After-Sales Service	Dienstleistungen entlang der Auftragserfüllung
Partnerorganisationen	Abstimmung der Verkaufsaktivitäten mit Partnerorganisation	Team Building über Organisationen hinweg

In den letzten 20 Jahren sind viele vertriebliche Customer-Relationship-Management-Software-Systeme implementiert worden. Aus den bisherigen Ausführungen gewinnt man den Eindruck, dass diese nur mit Vorteilen verbunden sind. Tatsächlich gibt es viele Berichte, dass sich die Investitionen nicht amortisiert haben. Abschnitt 7.4. beschäftigt sich deshalb mit der Erfolgsmessung und den kritischen Faktoren, die für einen Erfolg oder Misserfolg von Technologien im Vertrieb verantwortlich sind.

7.2   Komponenten der Technologie-Unterstützung

Lernziele

– Der Leser weiß, dass der Verkaufsaußendienstmitarbeiter durch Kontakt- und
   Dokumentations- sowie Auftragsbearbeitungssysteme, Tools für die Planung der
   Verkaufsaktivitäten und Systeme zur Unterstützung des Verkaufsprozesses unter-
   stützt werden kann.

– Der Leser versteht, dass Verkaufsaußendienstmitarbeiter besonders durch Systeme
   des analytischen CRM Vorteile erzielen können.

– Der Leser kennt die zentralen Möglichkeiten der technologischen Unterstützung
   der Planung von Verkaufsaktivitäten und der Unterstützung des Verkaufsprozesses.

– Der Leser kann beurteilen, welche Formen der technologischen Unterstützung
   besonders erfolgreich sind.

7.2.1   Dokumentation der Interaktion mit Interessenten und Kunden

Verkaufsaußendienstmitarbeiter betreuen oft eine Vielzahl von Kunden oder Interessenten, im Industriegeschäft bspw. häufig mehr als 500 Kunden. Dies gilt in ähnlicher Weise
für Pharma-Referenten, die Verkaufsgebiete bereisen, in denen einige Hundert Ärzte zu
besuchen sind. Insbesondere wenn der Verkaufsaußendienstmitarbeiter diese Kunden
fortwährend mit Produkten versorgt, braucht er eine gute **Dokumentation**, wann und wie
man den Kunden kontaktieren kann, welche Mitarbeiter dort wofür zuständig sind und
welche bisherigen Maßnahmen getroffen worden sind. Hier war das oben erwähnte Notizbuch hilfreich, solange es keine Computer-gestützten Systeme gab. Diese Notizbücher
haben jedoch zwei große Nachteile. Zum einen können sie verloren gehen, womit auch das
dort dokumentierte Kunden-bezogene Know-how verloren geht. Dies gilt ebenso, wenn
Verkaufsaußendienstmitarbeiter das Unternehmen verlassen und alle ihre Kunden-
Informationen mitnehmen. Neue Verkaufsaußendienstmitarbeiter müssen dann wieder
von vorne anfangen. Zum anderen lassen sich Notizbuch-Informationen nicht weiterver-
arbeiten. Man kann darin nicht strukturiert und automatisiert suchen, keine Bewertungen
vornehmen oder Kunden nach verschiedenen Kriterien sortieren lassen.

Computer-gestützte Systeme können helfen, diese Informationen systematisch in einer
Datenbank zu speichern, auf die alle am Verkaufsprozess Beteiligten zugreifen können.
Die Datenbank wird mit Funktionalitäten verbunden, um direkt mit den Kunden per Telefon, Fax oder Email in Verbindung treten zu können. Dadurch werden auch vielfältige, in
der englischsprachigen Literatur als **Contact Management** bezeichnete Aktivitäten erlaubt

(Hughes, McKee und Singler 1999, S. 381). Wenn alle Systeme miteinander integriert sind, ermöglichen sie heutzutage auch, aus **Kundendatenbanken** heraus direkt Anrufe bei Kunden zu tätigen.

Verkaufsaußendienstmitarbeiter müssen neben der Betreuung existierender Kunden auch immer wieder versuchen, Neukunden zu akquirieren, da der Kundenbestand aus verschiedenen Gründen ständig schrumpft (siehe Abschnitt 2.2.1). Dazu sind **Adressdateien** nötig, die als Quelle für Maßnahmen zur Neukundengewinnung dienen können. Derartige Daten können von Adress-Brokern wie arvato, Creditreform, Deutsche Post oder Schober gekauft werden, wobei je nach Umfang der Adress-Informationen z.B. über die Ansprechpartner und die Relevanz unterschiedlich hohe Preise für die Adressen zu zahlen sind. Diese Daten sind insbesondere dann gut einsetzbar, wenn sie sich direkt in die entsprechenden Datenbanken des Unternehmens integrieren lassen.

Kontakt- und Dokumentationssysteme müssen ständig aktualisiert werden. Nach Verkaufsaktivitäten wie Besuchen oder Telefonaten sind Verkaufsaußendienstmitarbeiter gehalten, dies zu dokumentieren. Geben Verkaufsaußendienstmitarbeiter auch subjektive Bewertungen über den Erfolg der Kommunikation und den Stand im Verkaufsprozess an, dann wird damit die Grundlage für die in Abschnitt 7.2.3 beschriebenen Planungssysteme geschaffen. Je ausführlicher die dokumentierten Kenntnisse über einen Kunden, die für ihn unternommenen Aktivitäten und die damit verbundenen subjektiven Bewertungen sind, desto eher wird aus einer simplen Datenbank eine Systemkomponente des Customer Relationship Managements (Winkelmann 2012, S. 215 ff.).

7.2.2   Schnittstellen zur Auftragserfüllung

In vielen Situationen ist es für einen Kunden wichtig zu wissen, wann das bestellte Produkt, z.B. eine Maschine oder Software, geliefert werden kann. Während dazu früher Nachfragen bei entsprechenden Disponenten in der Produktion nötig waren, erhält der Verkaufsaußendienstmitarbeiter heute durch den Einsatz von **Enterprise Resource Planning Software** (Umble, Haft und Umble 2003) meist eine konkrete Auskunft über den voraussichtlichen Liefertermin. Nur in den Fällen, in denen der Auftrag eine höhere Priorität bekommen soll, ist eine persönliche Rücksprache mit einem Produktionsmanager nötig.

Genauso wichtig kann es sein, dass der Verkaufsaußendienstmitarbeiter den Auftrag über die gesamte Zeit von der Bestellung bis zur Lieferung verfolgt und insbesondere prüft, ob Ereignisse eintreten, die den zugesagten Liefertermin gefährden. In diesem Fall müssen die Verkaufsaußendienstmitarbeiter analysieren, was getan werden kann, um einer Kundenunzufriedenheit oder gar -abwanderung vorzubeugen. Customer-Relationship-Management-Systeme leisten dies in aller Regel. Eine Weiterentwicklung stellen Order-Tracking-Systeme dar, in denen Kunden selbst den Status ihres Auftrages in Echtzeit online verfolgen können. Sehr fortschrittliche Systeme werden von Paketversendern wie DHL, Fedex und UPS oder Speditionen wie Kühne & Nagel und Schenker angeboten. Durch den Einsatz von GPS- und RFID-Technologie kann dabei jederzeit ermittelt werden, wo sich die jeweiligen Lieferungen befinden. Ein aktuelles Beispiel vermittelt **Insert 7.2-1**.

| Insert 7.2-1 | Sendungsverfolgung bei DB SCHENKER mit smartbox premium |

Transparenz, Sicherheit, Anwenderfreundlichkeit und einfache Verfügbarkeit von Daten sind für die Kunden von Logistikdienstleistern wie DB Schenker von entscheidender wirtschaftlicher Bedeutung. Daher nimmt das Angebot der Sendungsnachverfolgung einen besonderen Stellenwert ein. Für eine umfassende Überwachung von Seefracht- und Landcontainern bietet DB Schenker seinen Kunden die als weltweit einzigartig bezeichnete Visibility-Lösung der „smartbox premium" an. Angebracht an die Container liefert sie mittels GPS-Technologie wichtige Informationen über die Sendung, die über ein Webportal von den Kunden abgerufen werden können. In Echtzeit können die Gütercontainer auf einer Karte online verfolgt und dabei wichtige Parameter wie der Feuchtigkeitsgehalt, Erschütterungen oder auch die Temperatur eingesehen werden, die beispielsweise für Kunden aus dem Pharma- oder Weinhandel von sehr großer Bedeutung sind. Über Filter und Empfehlungen kann zudem das Informationsangebot auf die individuellen Bedürfnisse des Kunden abgestimmt werden und automatisierte Systemmeldungen können beantragt werden, bspw. über den unerlaubten Versuch, den Container zu öffnen. Durch die umfassende Überwachung, hohe Transparenz und die Qualität der Information bietet das System dem Kunden zusätzliche Sicherheit entlang der gesamten Lieferkette. Zudem ergeben sich Potenziale zur Optimierung logistischer Prozesse. Dabei sind sowohl verkürzte Transitzeiten als auch reduzierte Versicherungsprämien der Container möglich. Für DB Schenker stellt die smartbox premium daher einen wertvollen Differenzierungsfaktor gegenüber dem Wettbewerb dar.

(Vgl. www.dbschenker.com/ho-de/produkte_services/spezialprodukte/smartbox.html)

Die Auftragsbearbeitung endet sehr oft nicht mit der Auslieferung eines Produktes oder Systems an einen Kunden. Vielmehr sind häufig After-Sales-Service-Aktivitäten durchzuführen. Dazu gehören z.B. die Inbetriebnahme einer Maschine oder die Abnahme von Software-Systemen. Auch die Erfüllung von Garantien oder die Hilfe bei Problemen mit den Produkten sind zu erwähnen. Untersuchungen belegen, dass Anbieter nur dann mit einem Wiederkauf rechnen können, wenn sie auch im After-Sales-Bereich sehr kundenorientiert vorgehen (Umble, Haft und Umble 2003). Natürlich hat nicht nur der Anbieter zu liefern, sondern der Käufer hat auch vereinbarungsgemäß zu bezahlen. Erfolgt dies nicht rechtzeitig, so hat dies Einfluss auf den erwirtschafteten Gewinn. Noch deutlicher wird dies, wenn ein Kunde seine Verbindlichkeiten nicht erfüllen kann. Hier sollte der Verkäufer sowohl rechtzeitig Warnungen aussprechen und entsprechende Informationen in die Kundendatenbank eingeben als auch Vereinbarungen treffen, um die Erfüllung von Verbindlichkeiten wenn nicht vertragsgemäß, so doch wenigstens mit einer nur begrenzten Verzögerung zu gewährleisten.

7.2.3   Planungssysteme zur Betreuung von Interessenten und Kunden

Sein ganzes Potential entfaltet ein CRM-System erst dann, wenn es nicht nur Funktionalitäten für die Dokumentation bietet, sondern darüber hinaus auch aufbauend auf diesen Informationen unterschiedliche Arten von Auswertungen, Analysen und Empfehlungen erlaubt. Ein derartiges System wird in **Insert 7.2-2** beschrieben.

Insert 7.2-2 Sales Cloud – das aktuelle CRM-System von salesforce.com

Salesforce.com, von Forbes 2013 als innovativstes Unternehmen Amerikas gerankt, gilt als Pionier für Cloud-Computing im Bereich von Geschäftsanwendungen. Die angebotenen Lösungen stehen Unternehmen durch die Cloud-Funktion ohne aufwändige Installationen von Soft- oder Hardware in kürzester Zeit zur Verfügung. Für das Kundenbeziehungsmanagement (CRM) bietet salesforce.com Services an, die von den Unternehmen am Desktop oder mobil auf dem Smartphone und Tablet genutzt werden können. Die sogenannte „Sales Cloud" ist eine sehr leistungsfähige Vertriebs- und CRM-Anwendung, in der die mobile und soziale Vernetzung aller Vertriebsaktivitäten im Vordergrund steht. „Sales Cloud" ist als ubiquitäre Lösung anzusehen, da Interaktionen jederzeit an jedem Ort auf verschiedenen Geräten möglich sind. Das zentrale Webinterface sieht für „leads" (potenzielle Abschlüsse), Kunden und Berichte eigene Bereiche vor. Vertriebsmitarbeitern bietet sich hier die Möglichkeit, Interaktionen mit den Kunden durch vollständig dokumentierte E-Mail- und Telefonsequenzen zu verfolgen, Leads zu generieren oder über die Nutzung der Funktion „Dashboard" bspw. die eigene Leistung zu analysieren. Vorhandene Kundeninformationen können durch die Vertriebsmitarbeiter um zusätzliche Erkenntnisse aus sozialen Netzwerken wie Facebook ergänzt werden. Das Kommunikationstool „Chatter" kann zudem für die Zusammenarbeit und den Austausch in Echtzeit mit Kollegen genutzt werden. Der Aufbau von privaten „Communities" bietet Unternehmen die Möglichkeit, zusätzliche Geschäftsabschlüsse zu erzielen, wobei sie selbst über die Ressourcen für jede wichtige Komponente des Vertriebskanals verfügen können. Nach Angaben von salesforce.com können Kunden durch die Nutzung der „Sales Cloud" ihre Geschäftsabschlüsse beschleunigen und vereinfachen, so dass im Durchschnitt die Anzahl der Verkäufe um 26%, die Produktivität der Mitarbeiter um 32% und die Prognosequalität um 44% gesteigert werden können.

(Vgl. www.salesforce.com/de/sales-cloud/overview/)

Enthält das Dokumentationssystem ausführliche Daten über die Besuche, alle weiteren Verkaufsaktivitäten und den Stand des Verkaufsprozesses bei Stammkunden, so können mit Hilfe von CRM-Systemen Empfehlungen für die Verkaufsaußendienstmitarbeiter abgeleitet werden. Die einfachste Empfehlung besteht darin, auf Basis von Auswertungen aus den Datenbanken Verkaufsaktivitäten abzuleiten, die zu einem bestimmten Termin auszuführen sind. Einen Schritt weiter von einem operativen zum analytischen CRM kommt man, wenn die erzielten Ergebnisse, z.B. Aufträge oder Umsätze daraufhin analysiert werden, inwieweit sie eine Folge der eingesetzten Verkaufsaktivitäten darstellen. Dies kann mit Hilfe von **Data-Mining-Tools** (siehe dazu z.B. Baier, Decker und Schmidt-Thieme 2005) ebenso geschehen wie mit den Methoden, die im Abschnitt 4.2 zur Besuchsplanung beschrieben worden sind. Als einfachstes Ergebnis kann man auf dieser Basis Ranglisten der zu besuchenden Kunden erhalten. Alternativ können Kunden danach segmentiert werden, mit welcher Besuchsfrequenz sie besucht oder mit welchen weiteren Aktivitäten sie betreut werden sollen. Die am weitesten ausgereiften Systeme versetzen Verkäufer und Führungskräfte zudem in die Lage, konkrete Besuchspläne für die nächsten Tage auszuarbeiten. Aufbauend darauf oder auf einem vom Verkaufsaußendienstmitarbeiter modifizierten Besuchsplan können mit Hilfe von Navigationssoftware konkrete Empfehlungen für die zu wählende Route abgeleitet werden (siehe dazu auch Abschnitt 4.6). Dies kann dann mit dem Navigationssystem im Auto des Verkaufsaußendienstmitarbeiters automatisch abgeglichen werden. Am besten sollten Tools untereinander integriert sein, d.h. die Planung sollte auf den Daten beruhen, die in das System durch den Verkaufsaußendienstmitarbeiter selbst eingegeben worden sind.

Die Planungs-Funktionalität von CRM-Systemen spielt auch bei der Akquisition neuer Kunden eine wichtige Rolle. Im Abschnitt 7.2.1 zu den Dokumentationssystemen wurde bereits darauf hingewiesen, dass zur Neukundenakquisition Adressmaterial nötig ist. Da diese Adresslisten in der Regel die Kapazitäten für Besuche durch einen Verkaufsaußendienstmitarbeiter übersteigen, besteht eine zentrale Aufgabe darin, entsprechende Adressen im Voraus zu qualifizieren, was mit Hilfe eines als **Opportunity Management** bezeichneten Systems erfolgt. Als Input können entweder objektive Merkmale oder subjektive Einschätzungen der Kunden dienen. Im ersten Fall muss man eine Analyse der Stammkunden daraufhin vornehmen, welche Charakteristika bei diesen überproportional ausgeprägt sind (Profiling) und dann die potenziellen Kunden nach diesen Charakteristika in eine Reihenfolge der Gewinnungswahrscheinlichkeit bringen. Zur Bestimmung dieser Wahrscheinlichkeiten sind subjektive Einschätzungen vorzunehmen, was kostengünstig durch Telefonate von einem Call-Center realisiert werden kann. Dann besteht die Aufgabe darin, Besuche bei qualifizierten Interessenten zeitnah in die Besuchsplanung von Verkaufsaußendienstmitarbeitern zu integrieren, was ein kompliziertes Planungsproblem darstellt, wenn dabei der Deckungsbeitrag maximiert werden soll. Dafür ist eine Lösung von Smith, Gopalakrishna und Chatterjee (2006) vorgeschlagen worden.

Die Daten aus dem Dokumentations-System können auch für Kontrollzwecke eingesetzt werden. In den beiden folgenden Absätzen wird gezeigt, wie daraus sowohl die Verkäufer als auch das Verkaufsmanagement Nutzen ziehen können.

Die Verkaufsaußendienstmitarbeiter können aus einem leistungsfähigen Planungssystem zu jeder Zeit eine Übersicht der von ihnen erzielten Ergebnisse ihrer Verkaufstätigkeit erhalten. Dies erlaubt ihnen z.B. eine Abschätzung, ob die Umsatzvorgabe hochgerechnet auf das Jahr erreicht werden wird. Außerdem können die Verkäufer damit Schwächen bei bestimmten Kundensegmenten oder Regionen aufdecken. Schließlich kann prognostiziert werden, was die bereits initiierten Verkaufsprozesse bei ihrer Fortsetzung in Zukunft erbringen werden. Dies ist immer dann wichtig, wenn es sich wie bei der Akquisition von Projektgeschäft nicht um eine kontinuierliche Umsatzerzielung handelt. Bei dieser auch als **Pipeline-Management** bezeichneten Kontrolle wird den Verkaufsaußendienstmitarbeitern die Möglichkeit gegeben, die Anzahl der Projekte in den einzelnen Phasen des Verkaufsprozesses und deren Entwicklung über die nahe Zukunft abzuschätzen, was gleichzeitig eine Umsatzprognose über die Zeit erlaubt (Albers und Söhnchen 2005).

Den direkten Vorgesetzten bieten die Daten aus dem Dokumentations-System die Möglichkeit, eine Leistungsbeurteilung der Verkaufsaußendienstmitarbeiter durchzuführen. Im Einzelnen kann die Vertriebsführung die in Abschnitt 6.5 vorgestellten Methoden der Vergleiche über Reaktionsfunktionen, eine Stochastic Frontier Analysis oder eine Data Envelopment Analysis (DEA) durchführen. Diese drei Methoden sind rein datengetrieben. Daneben können Verkaufsmanager die Schwächen bestimmter Verkaufsaußendienstmitarbeiter erkennen und entsprechende Führungsmaßnahmen ergreifen. Auf höheren Führungsebenen können die Daten für verdichtende Berichte und das Monitoring von ganzen Bereichen verwendet werden. Darauf aufbauend können Absatz- und Umsatzprognosen für die Unternehmensleitung abgeleitet werden.

7.2.4 Hilfsmittel entlang des Verkaufsprozesses

Wollen Verkaufsaußendienstmitarbeiter neue Kunden gewinnen, benötigen sie dafür Produktwissen und Lösungskompetenz. Als hilfreich erweisen sich dabei vorbereitende Trainings und entsprechende Informationsbroschüren. Solange ein Unternehmen nur wenige und nicht zu komplexe Produkte anbietet, reichen gedruckte **Informationsbroschüren**. Heutzutage werden aber gerade im Bereich des Maschinenbaus und der Werkzeugindustrie immer mehr individualisierte und gleichzeitig komplexe Produkte nachgefragt. Um diesen Herausforderungen gerecht zu werden, muss der Verkaufsaußendienstmitarbeiter mit leistungsfähigen Computer-unterstützten Systemen ausgestattet werden.

Zur Darstellung von Produkten oder Lösungen kann das Unternehmen den Mitarbeitern entsprechende **Präsentationsunterlagen** bereitstellen, die Power-Point-Präsentationen, aber auch Videos umfassen können. Die Verkaufsaußendienstmitarbeiter können sich diese Dateien vom Server des Unternehmens herunterladen und daraus eine für ihre Zwecke maßgeschneiderte Präsentation zusammenstellen. Hier ist es aber auch möglich, einen Teil dieser Unterlagen den Kunden direkt zur Verfügung zu stellen, was dazu beiträgt, wertvolle Zeit einzusparen und Kosten verursachende Rückfragen zu vermeiden.

Sofern komplexe Produkte auf die Bedürfnisse von Kunden zugeschnitten werden müssen, wie es z.B. oft bei maschinellen Systemen oder Software nötig ist, erfordert dies ein detailliertes Wissen über kombinierbare Produktkomponenten. Zur Unterstützung des Vertriebs bieten sich **Produkt-Konfiguratoren** an, die Computer-Programme darstellen, mit denen geprüft werden kann, ob gewünschte Komponenten miteinander harmonieren. Außerdem gibt es für einige Produkte Programme, die z.B. Kunden-individuelle Zeichnungen erlauben. Diese Programme ermöglichen es bspw. Architekten, die Funktionalitäten von Gebäuden oder Inneneinrichtungen zu ändern, ohne dass vollständig neue Bauzeichnungen angefertigt werden müssen. Ähnliche Programme gibt es auch für die Erstellung von Zeichnungen für maschinelle Anlagen.

Insert 7.2-3   Systeme für den Verkaufsprozess - Wallace & Tiernan und BigMachines

Als Produktlinie von Siemens Water Technologies bietet Wallace & Tiernan (W&T) Chemikaliendosier- und Desinfektionssysteme wie bspw. Mess- und Regelsysteme oder Dosierpumpen zur Erhaltung von Wasserressourcen an. Das Unternehmen vertreibt komplette Systeme, die eine Vielfalt an Komponenten enthalten, welche individuell dem Anforderungsprofil der Kunden entsprechend gewählt und konfiguriert werden. In Deutschland verkauft W&T diese komplexen Systeme im Direktvertrieb. In der Vergangenheit erfolgte die Angebotserstellung und der Bestellprozess manuell durch den Vertriebsmitarbeiter basierend auf dessen Erfahrungen. Durch das Fehlen von automatisierten Prozessen konnte es daher zu invaliden Konfigurationen kommen, und oft nahm der Angebotserstellungsprozess mehrere Stunden in Anspruch. Ein schneller, kundenfreundlicher Service konnte so nicht gewährleistet werden. W&T entschied sich deshalb für die Implementierung einer Softwarelösung der Firma BigMachines. Dem Nutzer wird bei dieser Lösung nach Eingabe der technischen Spezifikationen die bestmögliche Option für die jeweilige Anwendung vorgeschlagen, wobei das Auswählen von inkompatiblen Optionen verhindert wird. Aus der Konfiguration resultieren automatisiert Materialstücklisten, und unter Berücksichtigung der Preise und Discounts für jeden Einzelposten wird ein entsprechendes Angebot kalkuliert. Der Bestellvorgang wurde zudem in das vorhandene System von W&T integriert – so kann ein Angebot automatisch in eine Bestellung umgewandelt werden, ohne dass eine manuelle Dateneingabe erfolgen muss. Die Vertriebsmitarbeiter werden somit in die Lage versetzt, beim Kunden schnell und flexibel umfassende Angebotspakete zu erstellen, die auf die Bedürfnisse der Kunden abgestimmt sind. Die Demonstration des Produkts und jeweiligen Angebots wird zudem durch Bilder und detaillierte Informationen unterstützt. Laut W&T konnte seit der Implementierung der neuen Lösung die durchschnittliche Arbeitszeit pro Angebot um 65% gesenkt werden. Zugleich konnte das Auftragsvolumen erhöht werden.

(Vgl. http://www.bigmachines.com/download/WTCaseStudy.pdf)

Schließlich werden heutzutage immer komplexere Produktlösungen verkauft, die neben den Produkten (Hardware) verschiedene Dienstleistungskomponenten wie z.B. Training, Wartung, Notdienste etc. umfassen, aber auch mit innovativen Preiskonzepten wie z.B. zweiteiligen Tarifen aus Grundpreis und Preis pro Nutzungseinheit vermarktet werden. Hier sind Verkaufsaußendienstmitarbeiter oft überfordert, wenn sie entsprechende Preisalternativen selbst kalkulieren sollen. In der Vergangenheit waren dafür eigene Preiskalkulationsabteilungen zuständig, die komplexe Preisberechnungen vornahmen. Diese Aufgabe kann heutzutage mit Hilfe geeigneter Computerprogramme vor Ort beim Kunden bewältigt werden. Die Verkaufsaußendienstmitarbeiter werden somit in die Lage versetzt, selbst bei komplexen mehrteiligen Tarifen zeitnah den Angebotspreis nennen zu können.

7.3 Rolle des Internet im Multi-Kanal-Vertrieb

Lernziele

- Der Leser weiß, dass das Internet nicht nur als Kommunikations-, sondern auch als Verkaufskanal neben anderen Kanälen eingesetzt werden kann.
- Der Leser versteht, dass die Nutzung des Internet als Kommunikations- und Verkaufskanal Konflikte und Koordinationsprobleme mit sich bringt.
- Der Leser kennt die Möglichkeiten der technologischen Unterstützung des Verkaufs durch Informationssysteme und Planungstools sowie eines Online-Zugangs von zu Hause, unterwegs und beim Kunden.
- Der Leser kann beurteilen, welche Formen der technologischen Unterstützung den höchsten Return on Investment bieten.

Bietet ein Unternehmen Informationen über das Internet (passiv) an, so stellt das Internet einen einseitigen **Kommunikationskanal** dar. Erfragt ein Kunde über Email Informationen und werden diese von Verkäufern bereitgestellt, so handelt es sich um einen zweiseitigen Kommunikationskanal. Über interaktiv gestaltete Seiten eines Webauftritts kann man zudem seine Produkte direkt zum Verkauf anbieten. Werden Verkaufstransaktionen im Internet abgewickelt, stellt das Internet auch einen **Verkaufs- oder Distributionskanal** dar. Da Kommunikation und Verkauf parallel auch über weitere Intermediäre und insbesondere den traditionellen Verkaufsaußendienst erfolgen kann, spricht man von einem **Multi-Kanal-Vertrieb**. Bei der Abstimmung des Internet mit dem Verkaufsaußendienst als Absatzkanäle ergeben sich allerdings **Konflikte** und **Koordinationsprobleme**, die im Folgenden ausführlicher diskutiert werden (siehe dazu auch Abschnitt 2.3.1.4).

Koordinationsprobleme ergeben sich, wenn die Nutzung des Internet als Verkaufskanal Widerstand bei einzelnen Verkaufsaußendienstmitarbeitern hervorruft, weil diese fürchten, dass die über das Internet erfolgten Verkäufe zu Lasten ihrer eigenen Erfolge gehen, sich damit ihre Leistung verschlechtert und sie im Falle einer erfolgsabhängigen Entlohnung mit **Einkommenseinbußen** rechnen müssen. Ob dies so eintritt, hängt davon ab, ob der Verkaufskanal Internet gegenüber den anderen Verkaufskanälen kannibalistisch ist, also ein Mehrverkauf im Internet zu weniger Verkäufen in anderen Kanälen führt. Darauf kann es keine allgemeine Antwort geben. Es ist aber davon auszugehen, dass das Verkaufspotenzial für eine gesamte Branche durch den zusätzlichen Einsatz des Internet nicht substanziell erhöht wird. Demnach müssen Internet-Transaktionen zumindest teilweise zu Lasten anderer Kanäle gehen. Die Frage ist daher, ob auch der Marktanteil des jeweiligen Unternehmens durch den Internet-Kanal unbeeinflusst bleibt, dann wäre der Kanal per Definition kannibalistisch, oder ob man dadurch Marktanteile gewinnen kann, dann wäre der Kanal aus Sicht des jeweiligen Unternehmens nicht kannibalistisch. Man hört immer wieder, dass durch die Internet-Präsenz Interessenten auf einen Anbieter aufmerksam geworden sind, die ohne dieses Medium nie als Kunden hätten gewonnen werden können (siehe Mantrala und Albers 2012 und die dort angegebene Literatur). Offensichtlich gibt es auch Kunden, die das Internet als Verkaufskanal aufgrund der inhärenten Anonymität präferieren und über einen Verkaufsaußendienst gar nicht einkaufen würden. Letztendlich wird diese Diskussion aber dadurch zunehmend obsolet, dass immer mehr Unternehmen das Internet als zusätzlichen Kommunikations-und Verkaufskanal anbieten. Langfristig ist also damit zu rechnen, dass sich durch das Internet die Relation von Mitarbeitern im Innendienst zu Außendienstmitarbeitern vergrößern wird (Mantrala und Albers 2012). Deswegen liegt die Lösung langfristig nicht darin, die Verkaufsaußendienstmitarbeiter auch für Internet-Verkäufe zu entlohnen, um so mögliche Kanal-Konflikte zu entschärfen. Vielmehr wird man auf lange Sicht die Anzahl der Verkaufsaußendienstmitarbeiter reduzieren, so dass jeder Einzelne Umsätze in gewohnter Höhe erzielen kann und damit auch ähnlich hohe Einkommen erzielen kann.

Kanalkonflikte können entstehen, wenn in den Kanälen unterschiedliche Verkaufspreise realisiert werden, also der Internet-Verkauf aufgrund der damit möglichen Kosteneinsparungen zu geringeren Preisen erfolgt als über den Verkaufsaußendienst. Wenn nun der Kunde eine ausführliche (und kostenintensive) Beratung vom Verkaufsaußendienst in Anspruch nimmt, aber dann das Internet als Verkaufskanal wählt, entfällt der Grund für geringe Preise. Hier müssten daher Mechanismen eingesetzt werden, die solches Verhalten verhindern oder nachträglich sanktionieren. Ähnliche Konflikte existieren zwischen beratungsintensiven Händlern und Discountern und sind z.B. diskutiert worden in Verhoef, Neslin, Vroomen (2007).

Kanal-Konflikte können auch dadurch entstehen, dass Kunden einen Kanal wählen, der eine kostenintensive **Informationsbereitstellung** durch den Verkaufsaußendienst vorsieht, der Kunde aber vom Bestellvolumen her diese Kosten gar nicht decken kann. Hier müsste das Unternehmen die Kunden danach segmentieren, über welchen Kanal sie zu betreuen sind. Dabei sind zwei verschiedene Gesichtspunkte gegeneinander abzuwägen. Eine Kommunikation über das Internet kann einerseits nie so effektiv sein wie über einen Verkaufsaußendienst. Verkäufer können auf Fragen sofort reagieren, Gegenargumente bringen und auch versuchen, den Interessenten zu überzeugen. Es ist deshalb davon auszugehen, dass die Wahrscheinlichkeit, einen Kunden über den Verkaufsaußendienst zu gewinnen, wesentlich höher ist als bei ausschließlicher Nutzung des Internet. Andererseits sind die Kosten für Kontakte durch den Verkaufsaußendienst wesentlich höher als im Internet. Beides muss geeignet gegeneinander abgewogen werden, so dass man dann abschätzen kann, welche **Kundengruppen** über welchen Kanal zu betreuen sind (Moriarty und Moran 1990).

In der unternehmerischen Praxis ist festzustellen, dass Interessenten und Kunden unterschiedliche Kanäle entlang des **Verkaufsprozess**es wählen. So mag ein Interessent durch eine Internet-Recherche auf einen Anbieter aufmerksam geworden sein. Er hat dann per Email um weitere Informationen gebeten. Aufgrund des hohen zu erwartenden Umsatzvolumens ist dieser Interessent von einem Verkaufsaußendienstmitarbeiter besucht worden.

Im Nachgang zu diesem Besuch wurden weitere Informationen ausgetauscht, was meist in Form von Links auf bestimmte Informationen im Web erfolgte. Details wurden laufend per Telefon geklärt. Zum Ende hin kann es einen weiteren Verkaufsbesuch geben, während die meisten Prozesse nach Abschluss wieder über neue Medien abgewickelt werden. Hier nimmt der Interessent eine aktive Rolle der Informationssuche ein, was letztendlich auch zu Effizienzgewinnen für das Unternehmen führt, da die Anzahl der Verkaufsbesuche, die nötig sind, bis ein Abschluss erreicht werden kann, abnehmen wird. Ist an diesem Prozess auch noch ein **Innendienst** beteiligt, der Fragen zu technischen Details beantwortet, dann ist sicherzustellen, dass die abgegebene Information von Außen- und Innendienst konsistent gegenüber dem Interessenten bzw. Kunden ist.

7.4   Erfolg der Technologie-Unterstützung

Lernziele

- Der Leser weiß, dass mit einer geeigneten technologischen Unterstützung die Effizienz und Effektivität der Verkaufsaußendienstmitarbeiter gesteigert werden kann.

- Der Leser weiß, dass technologische Unterstützung nur dann zu einer höheren Effizienz und Effektivität der Verkaufsaußendienstmitarbeiter führt, wenn diese Verkäufer dazu motiviert werden, das System auch zu nutzen.

- Der Leser kennt zentrale Möglichkeiten zur Messung des Erfolgs einer Technologie-Unterstützung im Vertrieb.

- Der Leser kann beurteilen, mit welchen Maßnahmen die Implementierung der Technologie-Unterstützung im Vertrieb zum Erfolg geführt werden kann.

Seit einer ersten Studie von Moriarty und Swartz (1989), in der einige Beispiele von **CRM-Implementierungen** berichtet werden, die einen über 100% hinaus gehenden Return on Investment erwirtschaftet haben, sind in der Folgezeit auch viele Berichte über wirtschaftliche Fehlschläge von Investitionen in Sales Force Automation- oder CRM-Systeme erschienen (siehe Rigby, Reichheld und Schefter 2002 sowie den Literaturüberblick von Buttle, Ang und Iriana 2006). Immerhin sind für die Einführung von Komponenten von CRM-Systemen erhebliche Investitionen in Software nötig. Diese bestehen zum einen aus Lizenzkosten pro Arbeitsplatz, die zwischen 2.000 und 5.000 Euro betragen, und zum anderen aus Kosten für die Implementierung und das Training der Anwender. Nimmt man alle Kosten zusammen (Total Cost of Ownership), so haben Befragungen von Unternehmen ergeben, dass diese für ein CRM-System meist über eine Million Euro ausgeben (Winkelmann 2012, S. 277 f.). Diese Investitionen müssen durch entsprechende Mehrerlöse amortisiert werden.

Offenbar kommt es für den **Erfolg von CRM-Systemen** darauf an, wie man die neue Technologie einführt, wie stark die Mitarbeiter motiviert werden, das System zu nutzen, und welche Unterstützung aus dem Management gegeben wird oder gar vom Top Management kommuniziert wird (Buttle, Ang und Iriana 2006). Zur Vertiefung dieser Aspekte werden in Abschnitt 7.4.1 Erkenntnisse zum Erfolgsbeitrag der Nutzung von CRM-Systemen wiedergegeben. Mit einer intensiven Nutzung durch die Verkäufer strebt die Vertriebsleitung eine höhere Effizienz oder Effektivität der Tätigkeit eines Verkaufsaußendienstmitarbeiters an. Inwieweit das erreicht wird, ist Gegenstand von Abschnitt 7.4.2. Am Schluss müssen die Einsparungen bzw. Mehrerlöse den CRM-Investitionen gegenübergestellt werden, um zu wissen, welchen finanziellen Erfolg man als Folge einer Technologie-Unterstützung im Vertrieb erwarten kann. Darauf wird in Abschnitt 7.4.3 eingegangen.

7.4.1   Nutzung der CRM-Technologie

Will man mit seinem CRM-System Erfolg haben, so ist erforderlich, dass es auch genutzt wird, da sonst gar nicht erst positive Wirkungen eintreten können. Empirische Untersuchungen zum **Einsatz von CRM-Systemen** bestätigen durchgehend, dass die Nutzung die wichtigste Voraussetzung für den Erfolg darstellt (Ahearne, Hughes und Schillewaert 2007; Rapp, Agnihotri und Forbes 2008 sowie Becker, Greve und Albers 2009). Allerdings kann es auch zu negativen Effekten kommen, wenn die Nutzung in zu starkem Maße erfolgt und wertvolle Zeit kostet. Der Erfolg hängt also umgekehrt U-förmig von der Nutzung ab, für die Nutzung existiert demzufolge ein optimales Niveau (Ahearne, Srinivasan und Weinstein 2004).

Die Intensität der Nutzung der einzelnen Systemkomponenten von CRM-Systemen hängt nach einer Untersuchung von Avlonitis und Panagopoulos (2005) vor allem von der **wahrgenommenen Nützlichkeit** der Systeme ab und erst nachrangig von den Erwartungen der Mitarbeiter an die Nutzung, der Innovationsorientierung der Verkaufsaußendienstmitarbeiter, der **Einfachheit der Nutzung** und der Ermutigung sowie Unterstützung der Mitarbeiter durch den Verkaufsmanager.

Unabhängig davon ist es erforderlich, nicht nur ein System bereitzustellen, sondern die Anwender, also die Verkaufsaußendienstmitarbeiter, in der geeigneten Nutzung zu schulen. Außerdem muss deutlich erkennbar sein, dass auch das Top Management hinter dem CRM-System steht und dies angewendet wissen will (Ahearne, Jelinek und Rapp 2005).

Bei der wahrgenommenen Nützlichkeit geht es darum, ob der Verkaufsaußendienstmitarbeiter der Meinung ist, dass ihm das System hilft. Schon in Abschnitt 7.2 wurde hervorgehoben, dass der Verkaufsaußendienstmitarbeiter selbst das Informationssystem mit der vollständigen Eingabe relevanter Daten erst zu einer wertvollen Datenbank werden lässt. Durch diese Eingaben verliert der Verkaufsaußendienstmitarbeiter aber zugleich die Hoheit über seine Daten, denn diese können nun auch vom Verkaufsmanager und anderen autorisierten Personen eingesehen werden. Die **Datenhoheit der Verkäufer** galt lange Zeit als gewichtiges Asset und hat viele Unternehmen davon abgehalten, bestimmten Verkaufsaußendienstmitarbeitern zu kündigen. Daneben spielt noch eine Rolle, ob die Verkaufsaußendienstmitarbeiter nicht nur die Grundfunktionen des CRM nutzen, insbesondere die Abfrage von Daten, sondern auch die komplexeren Komponenten des analytischen CRM, da erst dadurch der Nutzenbeitrag eines CRM-Systems voll erschlossen werden kann.

7.4.2   Effizienz und Effektivität von CRM-Systemen

Mit der Nutzung von CRM-Systemen wird die Erwartung verbunden, dass die Verkaufsaußendienstmitarbeiter ihre Aktivitäten effizienter erbringen können, was sich z.B. in der Steigerung der Anzahl der Besuche pro Tag niederschlägt, und durch die analytischen Komponenten auch die Effektivität ihrer Verkaufstätigkeiten steigern hilft, was letztendlich zu höheren Umsätzen führt. Beispiele für die mit der Nutzung von CRM-Systemen angestrebten Effizienz- und Effektivitätsziele sind in **Tabelle 7.4-1** angegeben.

Tabelle 7.4-1   Beispiele für die mit der Nutzung von CRM-Systemen angestrebten Ziele

	Effizienz	Effektivität
Verkaufsprozess	Reduzierte Reisezeit Reduzierung von Fehlern in der Angebotserstellung Anstieg der bearbeiteten Anfragen	Verbesserung der Kunden-Selektion für Besuche Verbesserung der Koordination von Verkaufsteams Verbesserung der Umsatzprognosen Angebot aktueller Informationen
Ergebnis	Reduktion von Kosten Erhöhung der Zeit für das Verkaufen	Verbesserung der Kundenloyalität Erhöhung des Absatzes oder Umsatzes

Sofern relevante CRM-Komponenten intensiv genutzt werden, belegen empirische Untersuchungen, dass mit dieser Nutzung auch die gewünschten Effizienz- und Effektivitätsgewinne einhergehen. In der Studie von Ahearne, Jelinek und Rapp (2005) wird für ein hinreichendes Training der Verkaufsaußendienstmitarbeiter gezeigt, dass durch die **Nutzung von CRM-Systemen** die Anzahl der Besuche pro Tag (Effizienz) und der Grad der Umsatzquoten-Erreichung (Effektivität) gesteigert werden kann. Rapp, Agnihotri und Forbes (2008) berichten, dass sich durch das Implementieren von CRM-Systemen das Verhalten im Sinne eines ausgeprägteren Adaptive Selling verbessert hat. Becker, Greve und Albers (2009) haben von 90 Unternehmen erfragt, um wie viel Prozent sich Metriken entlang des CRM-Prozesses verändert haben. Dabei zeigen die Antworten, dass sich im Mittel die Kundengewinnung um 18,7%, die Kundenzufriedenheit um 20,1% und die Kundenbindung um 24,9% verbessert haben. Ähnliche Leistungssteigerungen werden auch in Längsschnitt-Studien bestätigt. So berichten Jelinek, Ahearne, Mathieu und Schillewaert

(2006), dass die Leistung eines Verkaufsaußendienstmitarbeiters signifikant von der vorherigen Adoption des CRM-Systems abhängt.

Allerdings werden auch **negative Effekte** berichtet. Bereits in Abschnitt 7.4.1 wurde darauf hingewiesen, dass eine intensive System-Nutzung zu Lasten anderer wichtiger Aktivitäten gehen kann. Wenn Verkäufer durch die Nutzung von CRM-Systemen die Erfahrung machen, dass die bereitgestellten Daten nicht hilfreich sind und auch keine intelligenten Planungsempfehlungen gegeben werden, dann wird ein CRM-System selbst dann keinen Erfolg haben, wenn es ursprünglich von den Verkaufsaußendienstmitarbeitern genutzt worden ist (Donaldson und Wright 2004). Paradoxerweise gibt es Fälle, bei denen mit Hilfe von CRM-Systemen zwar die Besuchstätigkeit gesteigert werden konnte, dafür aber die Bereitschaft zur Dokumentation der Ergebnisse nachließ (Moutot und Bascoul 2008).

7.4.3   Wirtschaftlicher Erfolg der CRM-Implementierung

Als Ergebnis der Betrachtungen zu Sales Force Automation- und Customer Relationship Management-Systemen ist soweit festzuhalten, dass Verkaufsaußendienstmitarbeiter Steigerungen der Effizienz und Effektivität ihrer Verkaufstätigkeit erzielen können, wenn sie die Systeme intensiv sowie richtig nutzen und die entsprechenden Tools wirkliche Hilfen bei der Planung und Ausführung der Verkaufsaktivitäten darstellen. Unter diesen Umständen müssten die Unternehmen eigentlich nur Erfolgsmeldungen liefern. In der Tat gibt es mehrere entsprechende empirische Ergebnisse (Winkelmann 2012, S. 272 ff.). Siebel und Malone (1996) als Pioniere auf dem Gebiet der Sales Force Automation berichten unmittelbare finanzielle Erfolge. Engle und Barnes (2000) dokumentieren Umsatzsteigerungen von 22,2 Millionen US-$, interne Verzinsungen von 18% sowie Amortisationszeiträume von sechs bis sieben Jahren. Bei Ryals (2005) konnte durch Optimierung des Customer Lifetime Value mit Hilfe von CRM-Systemen eine Gewinnsteigerung von 270% erzielt werden. Reinartz, Krafft und Hoyer (2004) zeigen, dass insbesondere mit den Phasen der Kundengewinnung und Kundenbindung Erfolge bei der Implementierung von CRM-Systemen erzielt werden können, während CRM-Prozesse im Rahmen der Beendigung von Kundenbeziehungen keine klare Erfolgswirkung zeigen. Krasnikov, Jayachandran und Kumar (2009) zeigen, dass CRM-Systeme helfen, die Kosten um 5,4% zu senken, während die Gewinne um 27,5% gesteigert werden konnten, wobei sich beides über die Zeit verbessert. CRM-Implementierungen sind also mit höheren Kosten verbunden, die sich aber durch stärkere Umsatzverbesserungen amortisieren können.

Es gibt aber auch Veröffentlichungen, in denen über 50% der CRM-Implementierungen als Fehlschläge bezeichnet werden (Buttle, Ang und Iriana 2006, S. 216). Dies kann zum einen daran liegen, dass die Verkaufsaußendienstmitarbeiter nicht dazu gebracht werden konnten, das System hinreichend gut zu nutzen. Zum anderen sollte man bedenken, dass CRM-Implementierungen sehr kostspielig sind und sich bei nur moderaten Effizienz- und Effektivitätssteigerungen aufgrund der hohen Investitionen ein negativer Return on Investment einstellen kann.

Zu guter Letzt besteht das Problem, dass man mit Investitionen in CRM-Systeme keine nachhaltigen Erfolgswirkungen erzielt, wenn die Wettbewerber ähnliches tun. Dies gilt allerdings generell für alle empirisch ermittelten **Erfolgsfaktoren** (Nicolai und Kieser 2002). Empirisch würde man dann zwar erhöhte Investitionen, aber keine Mehrerlöse beobachten. Deshalb ist bspw. die Insight Technology Group dazu übergegangen, den Erfolg von CRM-Investitionen durch ein Opportunitäten-Maß abzubilden, das keine Vor-her-Nachher-Betrachtung darstellt, sondern misst, welches Ergebnis sich eingestellt hätte, wenn man CRM-Investitionen nicht getätigt hätte, und dieses dann mit dem realisierten Ergebnis vergleicht (Winkelmann 2012, S. 276 f.). Dies stellt konzeptionell zwar eine ver-besserte Messung dar, eröffnet durch die subjektive Schätzung des erwarteten Ergebnisses ohne CRM-Aktivitäten aber auch Möglichkeiten zur Manipulation der Bewertung von CRM-System-Investitionen.

Literatur

Ahearne, Michael, Douglas E. Hughes und Niels Schillewaert (2007): Measuring the impact of CRM-based IT on sales effectiveness, *International Journal of Research in Marketing*, 24, 336–349.

Ahearne, Michael, Narasimhan Srinivasan und Luke Weinstein (2004): Effect of Technology on Sales Performance: Progressing from Technology Acceptance to Technology Usage and Consequence, *Journal of Personal Selling & Sales Management*, 24 (4), 297–310.

Ahearne, Michael, Ronald Jelinek und Adam Rapp (2005): Moving beyond the direct effect of SFA adoption on salesperson performance: Training and support as key moderating factors, *Industrial Marketing Management*, 34, 379–388.

Albers, Sönke (1989). *Entscheidungshilfen für den Persönlichen Verkauf*, Duncker & Humblot: Berlin.

Albers, Sönke und Florian Söhnchen (2005): Akquisitionsmanagement im industriellen Projektge-schäft, *Zeitschrift für Betriebswirtschaft*, Special Issue (2), 59-80.

Avlonitis, George J. und Nikolaos G. Panagopoulos (2005): Antecedents and consequences of CRM technology acceptance in the sales force, *Industrial Marketing Management*, 34, 355–368.

Baier, Daniel, Reinhold Decker und Lars Schmidt-Thieme (Hrsg.) (2005): *Data Analysis and Decision Support* (Studies in Classification, Data Analysis, and Knowledge Organization), Springer: Berlin.

Becker, Jan U., Goetz Greve und Sönke Albers (2009): The impact of technological and organizational implementation of CRM on customer acquisition, maintenance, and retention, *International Journal of Research in Marketing*, 26 (3), 207-215.

Buttle, Francis, Lawrence Ang und Reiny Iriana (2006): Sales force automation: review, critique, re-search agenda, *International Journal of Management Reviews*, 8 (4), 213-231.

Donaldson, Bill und George Wright (2004): Salesforce automation in the UK pharmaceutical industry: Why is the strategic potential of these systems not being realised in practice? *International Journal of Medical Marketing*, 4 (3), 251–263.

Engle, Robert L. und Michael L. Barnes (2000): Salesforce automation use, effectiveness and cost bene-fit in Germany, England, and the United States, *Journal of Business & Industrial Marketing*, 15 (4), 216-241.

Herrmann, Andreas, Mark Heitmann, Andreas Brandenberg und Torsten Tomczak (2007): Automo-bilwahl online – Gestaltung des Car-Konfigurators unter Berücksichtigung des individuellen Ent-scheidungsverhaltens, *Schmalenbachs Zeitschrift für betriebswirtschaftliche Forschung* (ZfbF), 59, 390-412.

Hughes, G. David, Daryl McKee und Charles H. Singler (1999): *Sales Management: A Career Path Ap-proach*, South-Western College Publishing: Cincinnati (Ohio).

Jelinek, Ronald, Michael Ahearne, John Mathieu und Niels Schillewaert (2006): A Longitudinal Examination of Individual, Organizational, and Contextual Factors on Sales Technology Adoption and
Job Performance, *Journal of Marketing Theory and Practice*, 14 (1), 7-23.

Krasnikov, Alexander, Satish Jayachandran und V. Kumar (2009): The Impact of Customer Relationship Management Implementation on Cost and Profit Efficiencies: Evidence from the U.S. Commer-
cial Banking Industry, *Journal of Marketing*, 73 (November), 61–76.

Link, Jörg und Volker Hildebrand (1993): *Database Marketing und Computer Aided Selling*, Vahlen:
München.

Mantrala, Murali und Sönke Albers (2012): The Impact of the Internet on B2B Sales Force Size and
Structure, in: Gary L. Lilien and Rajdeep Grewal (eds.): *Handbook of Business-to-Business Marketing*,
Edward Elgar, Cheltenham (UK) and Northhampton (Mass), 539-558.

Moriarty, Rowland T. und Ursula Moran (1990): Managing Hybrid Marketing Systems, *Harvard Business Review*, 68 (6), 146-155.

Moriarty, Rowland T. und Gordon S. Swartz (1989): Automation to Boost Sales and Marketing, *Harvard Business Review*, 67 (1), 88-113.

Moutot, Jean-Michel und Ganaël Bascoul (2008): Effects of Sales Force Automation Use on Sales Force
Activities and Customer Relationship Management Processes, *Journal of Personal Selling & Sales
Management*, 28 (2), 167–184.

Nicolai, Alexander und Alfred Kieser (2002): Trotz eklatanter Erfolglosigkeit: Die Erfolgsfaktorenfor-
schung weiter auf Erfolgskurs, *Die Betriebswirtschaft*, 62 (6), 579-596.

Rapp, Adam, Raj Agnihotri und Lukas P. Forbes (2008): The Sales Force Technology–Performance
Chain: The Role of Adaptive Selling and Effort, *Journal of Personal Selling & Sales Management*, 28 (4),
335–350.

Reinartz, Werner, Manfred Krafft und Wayne D. Hoyer (2004): The Customer Relationship Management Process: Its Measurement and Impact on Performance, *Journal of Marketing Research*, 41 (Au-
gust), 293–305.

Rigby, Darrell K., Frederick F. Reichheld und Phil Schefter (2002): Avoid the Four Perils of CRM,
Harvard Business Review, 80 (2), 101–109.

Ryals, Lynette (2005): Making Customer Relationship Management Work: The Measurement and
Profitable Management of Customer Relationships, *Journal of Marketing*, 69 (October), 252–261.

Siebel, Thomas und Michael Malone (1996): *Virtual Selling: Going Beyond the Automated Sales Force to
Achieve Total Sales Quality*, Diane Pub.

Smith, Timothy M., Srinath Gopalakrishna und Rabikar Chatterjee (2006): A Three-Stage Model of
Integrated Marketing Communications at the Marketing-Sales Interface, *Journal of Marketing Research*, 43 (November), 564–579.

Umble, Elisabeth J., Ronald R. Haft und M. Michael Umble (2003): Enterprise resource planning:
Implementation procedures and critical success factors, *European Journal of Operational Research*, 146,
241-257.

Verhoef, Peter C., Scott A. Neslin und Björn Vroomen (2007): Multichannel customer management:
Understanding the researcher-shopper phenomenon, *International Journal of Research in Marketing*, 24
(2), 129-148.

Winkelmann, Peter (2012): *Vertriebskonzeption und Vertriebssteuerung. Die Instrumente des integrierten
Kundenmanagements* – CRM, 5. Aufl., Vahlen: München.

Zoltners, Andris A., Prabhakant Sinha und Greggor A. Zoltners (2001): *The Complete Guide to Accelerating Sales Performance: How to Get More Sales from Your Sales Force*, AMACOM: New York.

Stichwort- und Firmenverzeichnis

F

G

H

vielfalt liebt einzigartigkeit

Sie können gut mit Menschen umgehen? Sie sind gerne unterwegs? Oder sind Zahlen Ihr Ding? So vielfältig wie Ihre Stärken sind auch die Tätigkeitsfelder für Wirtschaftswissenschaftler/-innen bei BASF. Hier können Sie in ganz unterschiedlichen Bereichen wie z. B. dem Marketing, Vertrieb, Personalmanagement, Controlling oder Supply Chain Management einsteigen und sich nach Ihren Interessen weiterentwickeln. Denn nur wenn sich Arbeit und Interessen ergänzen, ist das Chemie, die verbindet. Bei BASF. Jetzt informieren und bewerben unter: **www.basf.de/karriere**

READY FOR THE NEXT CHALLENGE.

Bernadette, Marketing, Beauty Care

Exciting Internships for Challenge Seekers

Henkel operates worldwide with leading brands and technologies in three exciting business areas: Laundry & Home Care, Beauty Care and Adhesive Technologies. Our success is built on constant innovations and people who strive for excellence. Working at Henkel is much more than just a job. It's a passion.

Every year 1.500 students around the world seize the opportunity to make an impact already as an intern at Henkel. Together with colleagues from over 50 different nations in our global headquarters in Düsseldorf, you will experience firsthand what it means to work at Henkel. And thanks to the exciting combination of daily operations and project work, you will gain valuable job experience. We pay a monthly salary of 800 to 1000 €. On top of that you are entitled to get a bonus of up to 30 % of your accumulated gross salary – depending on your performance. For many of our interns this is the early start of their career as a Henkelaner. Curious now? We hope so! The internship positions listed here are just a small selection of the numerous possibilities Henkel has to offer:

- **International / National Marketing**
- **Sales / Key Account Management**
- **Finance / Controlling / Accounting**
- **International Supply Chain Management**

- **Corporate Human Resources**
- **Corporate Communication**
- **Global Purchasing**

m.henkel.com

(Henkel) Excellence is our Passion

All global vacancies are published on our career page. Apply online if this sounds like your next challenge and get one step closer to starting your new job. Discover our winning culture: **henkel.com/careers**

 facebook.com/henkelcareers

 twitter.com/HenkelJobs

Printed by Printforce, the Netherlands